Hugo Suolahti

Die deutschen Vogelnamen

Die deutschen Vogelnamen

Eine wortgeschichtliche Untersuchung

von

Hugo Suolahti

2., unveränderte Auflage
mit einem Nachwort
von
Elmar Seebold

Walter de Gruyter · Berlin · New York
2000

Unveränderter photomechanischer Nachdruck.
Die Originalausgabe dieses Bandes erschien 1909.

♾ Gedruckt auf säurefreiem Papier,
das die US-ANSI-Norm über Haltbarkeit erfüllt

Die Deutsche Bibliothek – CIP-Einheitsaufnahme

Suolahti, Hugo:
Die deutschen Vogelnamen : eine wortgeschichtliche Untersuchung / von Hugo Suolahti. Mit einem Nachw. von Elmar Seebold. – 2., unveränd. Aufl. – Berlin ; New York : de Gruyter, 2000
ISBN 3-11-016883-9

Printed in Germany
Einbandgestaltung: +malsy, Bremen
Druck und buchbinderische Verarbeitung: Hubert & Co., Göttingen

Vorwort.

In der heutigen Wortforschung greift das rein Sprachliche fortwährend in das Sachliche über. So ist denn auch die vorliegende Untersuchung der deutschen Vogelnamen mit der systematischen Ornithologie eng verknüpft. Die ornithologischen Schriften, die seit dem 16. Jahrhundert reichlicher zu fließen beginnen, nehmen unter den Quellen den hervorragendsten Platz ein. Da die Beschreibungen der Vögel in diesen Schriften oft höchst mangelhaft und ungenau sind, ist die Identifizierung des beschriebenen Vogels recht oft mit beträchtlichen Schwierigkeiten verbunden. Dies gilt insbesondere von den Strandläufern, Regenpfeifern u. a., die je nach der Jahreszeit ihre Farbentracht ändern und demgemäß von den alten Ornithologen oft als besondere Arten aufgefaßt werden.

Von der älteren ornithologischen Literatur glaube ich das Wichtigste berücksichtigt zu haben. Ich zweifle freilich nicht daran, daß eine weitere Ausbeutung der Quellen verschiedenster Art noch manches Interessante zutage bringen würde, aber da die Frist, während deren ich die Bibliotheken in Deutschland benutzen konnte, ausgelaufen und das wichtigste Material schon gesammelt war, entschloß ich mich, vorläufig der Lektüre, die ja beinahe ad libitum fortgesetzt werden kann, ein Ziel zu setzen.

Die Untersuchung der Namen ruht auf geschichtlicher Grundlage und umspannt demnach alle Epochen der sprachlichen Überlieferung. Aus der althochdeutschen (bezw. altniederdeutschen) Zeit habe ich die Belegstellen vollständig mitgeteilt, weil sie bisher noch nicht lexikalisch verzeichnet worden sind und weil ich hoffte, daß die Sammlung vom Herausgeber des zu erwartenden althochdeutschen Wörterbuchs verwertet werden könnte.

Beim Zitieren dieser Belege, die sich durch verschiedenen Druck vom übrigen Texte abheben, habe ich dasselbe Verfahren eingeschlagen wie in meiner Abhandlung über die althochdeutschen Namen der Säugetiere[1].

Da die Feststellung der ältesten Belege und der geographischen Verbreitung derselben in vielen Fällen eine notwendige Bedingung für die richtige Beurteilung des betreffenden Namens ist, habe ich ganz besonders auf diese Dinge mein Augenmerk gerichtet. Zur Bestimmung der heutigen Verbreitung der Namen sind natürlich die Dialektwörterbücher zu Rate gezogen worden. Leider sind einige von diesen nicht so kritisch wie man wünschen möchte. Manchen Irrtum kann man wohl mit Hülfe anderwärtiger Berichte korrigieren, aber eine eingehende Prüfung der Angaben in den Wörterbüchern, wo weitere Hinweise fehlen, ist natürlich unmöglich.

Die Anordnung des Stoffes folgt der üblichen zoologischen Einteilung, wobei die wissenschaftlichen Benennungen nach den Werken von Naumann-Hennicke und Martin angegeben worden sind. Ein besonderes zoologisches Register zählt die lateinischen Rubriken auf, während die entsprechenden deutschen im Universalregister durch fetten Druck hervorgehoben sind.

Als Anhang sind zwei wichtige Quellen aus dem 16. Jahrhundert in extenso abgedruckt.

Herzlichen Dank spreche ich Herrn Professor Friedrich Kluge aus für die freundliche Teilnahme, mit welcher er meine Arbeit begleitet hat.

Helsingfors, den 5. Juli 1909.

Hugo Suolahti.

---

1 (Suolahti-) Palander, Die althochdeutschen Tiernamen I. Die Namen der Säugetiere. Darmstadt. 1899.

Einleitung.

Für eine geschichtliche Untersuchung der deutschen Vogelnamen bieten die zusammenhängenden, fast ausschließlich religiös gefärbten Texte der ersten literarischen Sprachperiode nur äußerst dürftiges Belegmaterial. Um so wichtiger ist der in den Glossen aufgespeicherte Wortschatz, welcher in dem großen Sammelwerke von Steinmeyer und Sievers dem Forscher bequem zugänglich ist. Freilich hat die kirchliche Richtung jener Zeit auch auf die lexikalische Arbeit ihren Stempel aufgedrückt, so daß von den gesamten Glossen die zu der Bibel und anderen religiösen Schriften gehörigen einen besonders breiten Raum einnehmen. Aber unter ihnen befinden sich doch auch die vielen Vogelnamen, welche im Leviticus (11, 17) und Deuteronomium (14, 17) aufgezählt werden und die uns also in zahlreichen Übersetzungen überliefert sind. Auch von den Schriften der profanen Schriftsteller sind einige gut glossiert worden und aus dem Charakter in den Werken des Vergilius, Prudentius u. a. folgt, daß manche Vogelnamen unter den Glossen vorkommen. Das reichhaltigste Material enthalten jedoch die alphabetisch und sachlich geordneten Glossare, von denen das unter dem Namen Summarium Heinrici bekannte spätalthochdeutsche Gruppenglossar und die etwas früher entstandenen Glossen zu einem hexametrischen Verzeichnis der Tiere und Pflanzen besonders ausgiebig sind.

Die letzterwähnte Quelle (Versus de volucribus etc.) ist nicht nur wegen der Glossen des Originals interessant, sondern auch durch die vielen Abschriften, welche aus verschiedenen Zeiten und Gegenden stammen und dementsprechend oft nicht geläufige Namen in der Vorlage gegen übliche Dialektausdrücke austauschen. So bewahren uns die Handschriften der Versus manche alte Zeugnisse für mundartliche Vogelnamen. In einer Melker und einer Wiener Handschrift finden wir z. B. an der Stelle von *wazzerstelza* 'Bachstelze' des Originals die Glosse *hardil(a)*, in welcher die ältere Form des volksetymologisch umgebildeten steirischen Ausdrucks (*Schaf*)*halterl*, (*Kuh*)*herterl* erhalten ist. Die später korrigierte Glosse *wurgelhâhe* in einer bairischen Handschrift aus dem 12. Jh. zeigt uns die alte Gestalt einer dialektischen Bezeichnung für den Neuntöter, die wir in der Form *würgelhôch* bei Konrad von Megenberg und als *Wölgerhod* bei Hans Sachs finden. Interessant sind ferner die Zeugnisse in Wiener, Zwettler und Admonter Handschriften für den rätselhaften bairischen Namen *Uttenschwalbe* und das Wort *Unvogel*, die österreichische Benennung des Pelikans, sowie die Ausdrücke *erdhuon* und *pirchhven*, in welchen alte Namen einer heute in Europa ausgestorbenen Ibisart stecken. Manchmal geben die Handschriften der Versus die Originalglosse in zahlreichen Spielarten wieder, welche in vielen Fällen wirkliche mundartliche Varianten des Namens repräsentieren und daher sorgfältig ausgeschieden werden müssen von den Entstellungen und Irrtümern der Schreiber. Ein instruktives Beispiel hierfür liefert die Glosse *dorndrâil* 'Dorndreher', für welche eine Handschrift *dorndral*, eine andere *dornorahil*, eine dritte *dornacreiel*, eine vierte *dorndroscel* schreibt. Die erste Variante kommt heute als *Dorntral* und *Dorndraller* in Tirol und Steiermark, die zweite als *Doarnrale* in Lienz vor, die dritte liegt der bairischen Dialektform *Dornkræel* zugrunde und die vierte ist als *Dorndröscherl* in Steiermark gebräuchlich.

Die althochdeutschen Glossare, welche oft Konglomerate sind, deren Bestandteile aus verschiedenen Zeiten und Gegenden stammen, sind nur zum Teil inbezug auf Heimat und Entstehungsweise untersucht worden, so daß die Glossen erst einer genauen Prüfung bedürfen, bevor man sie für chronologische oder sprachgeographische Schlüsse verwertet. Es fehlt auch ferner eine Untersuchung über den angelsächsischen Einfluß auf die deutsche Glossenliteratur, welcher auf die Tätigkeit der englischen Missionäre bei der Einführung des Christentums in

Deutschland zurückgeht. Manche angelsächsisch gefärbte Glossen in deutschen Handschriften sind leicht als Mischlinge zu erkennen, andere dagegen, welche durch die Hände vieler Schreiber gegangen sind, verraten nicht so deutlich den fremden Ursprung. Von den Vogelnamen sind die Leviticusglossen *uualhapuh*, *felefer*, *nectrefn*, *roredumble*, *dopfugul* aus angelsächsischen Vorlagen abgeschrieben, und die Glossen *coscirila*, *struth*, *secgisner* in einem Pariser Glossar des 9. Jahrhunderts sind ebenfalls angelsächsischen Ursprungs. Interessanter ist, daß alle althochdeutschen Belege für den Möwennamen auf ein angelsächsisches Original zurückzugehen scheinen.

Da die Textquellen in der mittelhochdeutschen Periode viel reichlicher und mannigfaltiger sind als in der althochdeutschen Zeit, bieten sie auch viel mehr Belege für Vogelnamen. Immerhin ist die Ausbeute verhältnismäßig gering und man ist daher noch immer hauptsächlich auf Glossare und Vokabulare angewiesen. Da diese meistens kompilatorischer Art sind, ist hier dieselbe Vorsicht geboten wie bei der Benutzung der althochdeutschen Glossen. Eine wichtige Quelle der ausgehenden mittelhochdeutschen und der beginnenden neuhochdeutschen Periode ist die von Brucker herausgegebene Sammlung Straßburger Zunftverordnungen des 15./16. Jahrhunderts, wo eine Anzahl Dialektnamen für jagdbare Vögel zum erstenmal bezeugt sind. Diese Namen finden wir wieder in dem Gedicht eines unbekannten Straßburger Verfassers vom Jahre 1554, welcher die ganze Vogelwelt unter ihren heimischen Namen Revue passieren läßt und dadurch eine Quelle von höchstem Wert bildet. Ein Gegenstück zu diesem Vogelbuch ist Hans Sachs' Gedicht "vom Regiment der anderhalb hundert Vögel" (1531), wo wir die in Nürnberg gebräuchlichen Vogelnamen kennen lernen. Aber im 16. Jahrhundert ist für unsere Kenntnis der Vogelnamen auch gut gesorgt durch Quellen anderer Art als die genannten Vogelgedichte. Die Zoologen fangen nämlich jetzt an, in ihren wissenschaftlichen Werken den Namen der Tiere eine besondere Aufmerksamkeit zu widmen.

Die zoologische Wissenschaft des klassischen Altertums hatte im 13. Jahrhundert eine Wiedergeburt erlebt, indem die drei Dominikaner Albertus der Große, Thomas von Cantimpré und Vincenz von Beauvais den Aristoteles wieder zu Ehren brachten und im Anschluß an ihn umfassende systematische Darstellungen schrieben.

Von den drei Männern kommt für uns besonders Albertus in Betracht, der in den lateinischen Text seiner Ornithologie manchmal deutsche Vogelnamen einfügt. Unter diesen Namen, die in den Drucken leider sehr verstümmelt erscheinen, befinden sich auch die interessanten Dialektworte *Gors* (= Grasmücke), *Marcolfus* (= Häher) und *Brobuxe* (= Weihe), welche Albertus offenbar während seines langjährigen Aufenthaltes in Köln hatte kennen gelernt. Aber von den genannten drei Zeitgenossen ist nicht allein Albertus, sondern auch Thomas für uns von Bedeutung, denn seine Schrift "De naturis rerum" erfuhr im 14. Jahrhundert durch den bairischen Geistlichen Konrad von Megenberg eine deutsche Bearbeitung, die unter dem Titel "Buoch der Natur" in mehreren Abschriften erschien. Die hier vorkommenden deutschen Vogelnamen sind freilich meistens nur allgemein übliche Gattungsbenennungen, aber manchmal teilt Konrad doch auch Namen aus seiner heimischen Mundart mit. So erfahren wir, daß der Neuntöter dort *würgelhôch* und der Pirol *pruoder Piro* genannt wird. Derartige Mitteilungen sind jedoch ganz zufälliger Art; ein besonderes Interesse für die Namen finden wir bei Konrad noch nicht. Erst im 16. Jahrhundert tritt dieses in der wissenschaftlichen Fachliteratur deutlich hervor und erreicht seinen Höhepunkt in Konrad Gesners großartigem Werk "Historia animalium", dessen dritter Teil (im Jahre 1555 erschienen) die Vögel behandelt. Von den acht verschiedenen Abschnitten, in welche Gesner die Darstellung jedes Vogels einteilt, ist der erste der Nomenklatur gewidmet. Hier werden die Synonyma aus den verschiedensten Sprachen (u. a. aus italienischen Mundarten) mitgeteilt. Die Gewissenhaftigkeit und Gründlichkeit, welche die Arbeitsweise Gesners überhaupt kennzeichnen, erstrecken sich auch auf die reichhaltigen Sammlungen von Namen.

Die deutschen Vogelnamen hat Gesner zum Teil aus den ornithologischen Schriften seiner Vorgänger kennen gelernt, welche immer gewissenhaft zitiert werden. Einige am Mittel- und Niederrhein gebräuchliche Ausdrücke werden nach Albertus Magnus angeführt, andere stammen aus dem kleinen Namensverzeichnis in dem unbedeutenden "Dialogus de avibus" (1544) des kölnischen Arztes Gybertus Longolius oder aus der reichhaltigeren Sammlung in der im selben Jahre erschienenen Monographie "Avium praecipuarum, quarum apud Plinium et Aristotelem mentio est, breuis et succincta historia", deren Verfasser, der Engländer William Turner, ebenfalls in Köln lebte. Für die in Sachsen üblichen Namen hatte Gesner in Georg Agricolas "De animantibus subterraneis" (1549) eine ziemlich dürftige Quelle, wichtiger waren dagegen die von Eber und Peucer im Jahre 1552 herausgegebenen Vocabula, wo die bei Aristoteles vorkommenden Vogelnamen zusammengestellt, mit kurzen Erklärungen versehen und ins Deutsche übersetzt sind. Neben den hier befindlichen sächsischen Benennungen erscheinen jedoch auch Namen, die zweifelsohne aus Turner übernommen worden sind. Die bei Eber und Peucer vorhandenen Irrtümer hat Gesner zum Teil korrigiert, aber einige Fehler haben bei späteren Autoren viel Verwirrung zustande gebracht. Alle die Namen, welche Gesner den genannten Vorgängern abgeschrieben hat, bilden nur einen geringen Teil des in der Historia avium zusammengebrachten deutschen Namenmaterials; den weitaus größten Teil desselben hat er in der schweizerischen Heimat oder durch seine vielen Korrespondenten in den verschiedenen Teilen Deutschlands kennen gelernt.

Die Autorität Gesners, welche in der ornithologischen Literatur der folgenden Zeiten deutlich zum Vorschein tritt, beherrscht auch die Verzeichnisse von Vogelnamen, so daß sie entweder direkt oder indirekt von Gesner abhängig sind. Dies gilt nicht nur von den Namensammlungen in der eigentlichen Fachliteratur, sondern auch von den Listen in den Vokabularen, wie z. B. in den Nomenclatoren von Junius (1570) und Chytraeus (1581), dem Onomasticon von Golius (1579), dem Vokabular Ostermanns (1591), auch vom deutschen Wb. Henischs (1616) u. a. Alle haben sie den Charakter der Unselbständigkeit und schreiben einander mehr oder weniger ab. Um so willkommener ist es daher, daß einige Autoren der nachgesnerschen Zeit in ihren Werken auch dialektische Synonyma selbständig anführen. So hat z. B. Ostermann neben den aus Gesner abgeschriebenen Namen auch bisweilen moselfränkische Synonyma mitgeteilt, der schlesische Arzt Schwenkfeld, der in seinem Theriotropheum Silesiae (1603) ebenfalls die Namen aus Gesner übernimmt, gibt meistens die mit dem Vermerk Sil. versehene heimatliche Benennung an, und die preußischen Ornithologen des 18. Jahrhunderts Frisch, Klein und Reyger führen manchmal Dialektnamen aus ihrer Heimat an. Eine noch stärkere lokale Färbung haben die Vogelnamen in der Jägerliteratur, wie z. B. in den Jägerpractica von Döbel (1743) und in der Angenehmen Landlust (1720) eines unbekannten Verfassers. Im Vogelbuch des Fischers Leonhard Baldner vom Jahre 1666 lernen wir eine Anzahl mehr oder weniger seltener Vögel unter den in Straßburg verwendeten Benennungen kennen, aber auch hier findet man einen vereinzelten Namen nach "Dr. Geßners Thierbuch" zitiert.

Wenn man das in der ornithologischen Literatur enthaltene Namenmaterial einer eingehenden Prüfung unterwirft, so findet man bald, daß durch das kritiklose Abschreiben der Quellen viele Namensformen geschaffen worden sind, welche in der Literatur immer weiter geschleppt werden, ohne irgend welche Entsprechung im lebendigen Sprachgebrauch zu haben. Teils erweisen sie sich als Druck- oder Lesefehler bei irgend einem Autor, wie z. B. *Höllſine* (statt *Böllhine*) 'Bläßhuhn' bei Henisch, Nemnich usw. und *Schlichtente* (statt *Schluchtente*) bei Schwenkfeld u. a., teils beruhen sie auf alten Irrtümern, wie z. B. *Pfaff* als Name des Ziegenmelkers bei Turner und vielleicht *Triel* neben *Griel* bei Gesner, teils sind sie endlich gelehrte Bildungen der Ornithologen, wie z. B. *Eselschryer* und *Kropfvogel* als Bezeichnungen des Pelikans und *Baumgrille* 'Baumläufer', eine Analogiebildung nach *Hirngrille*. An diese schließen sich die Übersetzungen oder Nachbildungen der in fremdsprachlicher Quellenliteratur befindlichen Vogelnamen an, wie z. B. *Goldadler* und *Meerteufel* in Kleins Historiae avium prodromus, welche auf griech. *chrysaetos* und frz. *diable de mer* in Aldrovandis Ornithologie zurückgehen. Daß derartige totgeborene Ausdrücke wie die vorhingenannten unter Umständen neues Leben erhalten und sich in weitere Kreise verpflanzen können, lehrt die Geschichte des Wortes *Immenwolf*, welches von Gesner im Anschluß an ein italienisches *lupo de l'api* gebildet worden ist.

Wichtiger als diese zufälligen Übersetzungen der deutschen Ornithologen sind einige Nachbildungen lateinischer Vogelnamen, welche durch gelehrte oder religiöse Literatur sich verbreitet haben und im Laufe der Zeit auch in die Volkssprache eingedrungen sind. Ein solches Wort ist der Ausdruck *Ziegenmelker* (= lat. *caprimulgus*), welcher auf dem Glauben beruht, daß der Vogel in der Nacht den Ziegen die Milch aussaugt. Ein anderer derartiger Name ist wohl *Beinbrecher* (= lat. *ossifragus*), womit der Seeadler bezeichnet wird, weil man vermutet, daß er die Knochen von seiner Beute gegen die Felsen zerschmettert. Volkstümlicher als die beiden eben erwähnten Ausdrücke ist der *König*-Name geworden, der in Verbindung mit der Sage von der Königswahl der Vögel durch klassischen Einfluß in Deutschland bekannt wurde und bereits in althochdeutscher Zeit die alte germanische Benennung des Zaunschlüpfers verdrängte. Möglich ist, daß der neue Name, der in den Kompositionsbildungen *Zaunkönig*, *Mäusekönig* usw. besonders populär wurde, bei der Bildung des Ausdrucks *Wachtelkönig* als Muster gedient hat, aber die Vorstellung des Wiesenknarrers als Führer der Wachteln, welche diesem Namen zugrunde liegt, scheint auf das griech.-lat. Synonymon *ortygometra* (d. h. Wachtelmutter) zurückzugehen. Im Gegensatz zu diesen Worten, welche die gelehrte Literatur vermittelt hat, hat sich der Ausdruck *Nachtrabe* (= griech.-lat. *nycticorax*) als biblisches Wort eingebürgert und ist durch moralistische Bücher und Predigten in die breiten Schichten des Volkes gedrungen, wo man den Namen auf Nachtvögel der einheimischen Vogelwelt übertrug und mit mythischen Vorstellungen in Zusammenhang brachte. Es ist anzunehmen, daß eben die sagenhaften Vorstellungen, die sich an alle diese klassischen Vogelnamen anknüpfen, die weite Verbreitung derselben ermöglichten. Die Namen bieten ein instruktives Beispiel dafür, daß manche volkstümliche Vorstellungen auf gelehrten Einfluß zurückzuführen sind und daß die Mitwirkung der Gebildeten bei dem Entstehen von Volksvorstellungen überhaupt nicht außer Acht gelassen werden darf.

Als direkte Entlehnung hat die lateinische Literatur wohl nur den biblischen Namen *turtur* (> *Turteltaube*) in die deutsche Sprache eingeführt. Weitaus größer ist aber die Zahl der auf volkstümlichem Wege entlehnten lateinischen Vogelnamen. Bereits in den ersten Jahrhunderten unserer Zeitrechnung haben die Germanen durch die Römer den *Pfau* (< lat. *pāvo*) kennen gelernt. Gleichzeitig müssen sie auch die Bekanntschaft mit dem Fasan gemacht haben, dessen lateinischer Name *phasiānus* im Althochdeutschen im Anschluß an *huon* zu *fęsihuon* umgestaltet wurde. Die Zeit der Übernahme dieser Namen läßt sich nicht genauer feststellen, spätestens hat die Entlehnung im 6. Jahrhundert stattgefunden. Zu beachten ist, daß der Name des Fasans im Angelsächsischen sich nicht findet, während der Pfauenname dort als *páwa*, *péa* bezeugt ist. Zu der ersten Schicht der lateinischen Lehnworte scheint ferner der Name *Strauß* (< lat. *strūtio*) zu gehören, denn er hat den Charakter eines alten volkstümlichen Lehnwortes. Dagegen ist der Name des *Sittichs* (< lat. *psittacus*) erst in der althochdeutschen Periode übernommen worden, ebenso wie der Ausdruck *ca(p)po* 'verschnittener Hahn', den die in Italien hochstehende Hühnerzucht den Deutschen zuführte. Auch einige lateinische Benennungen einheimischer Vögel haben sich in der deutschen Sprache eingebürgert, aber sie sind nur auf bestimmte Gegenden beschränkt. Das lat. Wort *merula* 'Amsel' hat sich am Mittel- und Niederrhein als *Merle* (ahd. *merla*) festgesetzt und der Ausdruck *Mösch* (ahd. *musca*), welcher in diesen Gegenden für den Sperling gilt, ist wahrscheinlich auch lateinischen Ursprungs. Eine weitere Verbreitung als diese Worte erhielt der lateinische Name *mergus* 'Taucher', welcher im Althochdeutschen als *merrich(o)* bezeugt ist.

Von enger Wechselwirkung zwischen Germanen und Romanen zeugt die Terminologie der Falkenjagd, die in den ersten nachchristlichen Jahrhunderten — wahrscheinlich vom Osten her — in Europa bekannt wurde. Während in den romanischen Sprachen einige wichtige Namen für Falken und Habichte (frz. *gerfaut*, *émérillon*, *épervier*) germanischen Ursprungs sind, stammen andererseits die mittelhochdeutschen Termini *mûȥære* (= anord. *mútari*) 'Mauserfalke' (= lat. *mutarius*), *terzil* 'Habicht- oder Falkenmännchen' (= mittellat. *tertiolus*), *pilgerîn* 'Wanderfalke' (= lat. *peregrinus*), *laner* 'unedler Falke' (= mittellat. *lanarius*) aus dem romanischen Sprachmaterial. Auch der Name *falco* selbst ist wohl ursprünglich ein lateinisch-romanisches Wort. Erst spät bezeugt ist der Ausdruck *Bussard*, welcher auf afrz. *busart* zurückgeht.

Die mächtige französische Kulturströmung, welche im 12. Jahrhundert in Deutschland einsetzt, hat auf die Vogelnamen keinen dauernden Einfluß ausgeübt. Nur am Niederrhein hat sich das französische Wort *perdrix* 'Rebhuhn', das in der höfisch-niederdeutschen Form *pardrîsekîn* in der oberdeutschen Epik erscheint, erhalten. Als höfisches Wort drang auch frz. *calandre* (> *galander*) 'eine Lerchenart' in die deutsche Literatur, aber in der Volkssprache konnte der Name, der keinen heimischen Vogel bezeichnete, nicht Eingang finden. — In den Quellen des 16. Jahrhunderts kommen die aus dem Französischen entlehnten Vogelnamen *Pulvier* (*Pülross*) 'Goldregenpfeifer' (= frz. *pluvier*) und *Pittouer* 'Rohrdommel' (= frz. *butor*) vor; der letztgenannte Name ist noch am Niederrhein üblich. Aus den Jägerkreisen hervorgegangen ist das französische Lehnwort *Bekass*(*ine*) (aus *bécasse*, *bécassine*), das in der ersten Hälfte des 18. Jahrhunderts üblich wird. Dasselbe gilt wohl auch von dem gleichzeitig auftretenden französischen Namen *Milan*. Die in der ornithologischen Literatur verwendeten Ausdrücke *Ralle* (< frz. *râle*, mittellat. *rallus*) und *Cormoran* (< frz. *cormoran* < lat. *corvus marinus*) sind der Volkssprache fremd geblieben. In den an der französischen Sprachgrenze gelegenen Landschaften und besonders in Luxemburg, wo das Deutsche mit französischen Elementen durchsetzt ist, findet man unter den Fremdworten auch manchen Vogelnamen. Von den elsässischen Dialektnamen ist wohl *Roller* 'Mandelkrähe' französischen Ursprungs. Auch die in der Schweiz für Eulen verwendeten Benennungen *Hûri*, *Hüruw* stammen vielleicht aus dem Französischen.

Durch den Vogelhandel, den die südlich der Alpen wohnenden Romanen in deutschen Grenzbezirken trieben, sind einige italienische Namen in die südöstlichen Mundarten gedrungen. Gesner erzählt in seinem Vogelbuch, daß nach der Schweiz bestimmte fremde Eulenarten importiert wurden, für die man einen verhältnismäßig hohen Preis zahlte. Diesem Eulenhandel haben wir es wohl zuzuschreiben, daß der italienische Dialektname *chiuino*, welcher die Zwergohreule bezeichnet, in einem althochdeutschen Glossar als *kiuino* erscheint. Dieselbe Eulenart ist heute unter dem Namen *Tschafit(tel)*, *Schofüttel* (im 15. Jh. bezeugt), der dem gleichbedeutenden italienischen *ci(o)vetta* entlehnt ist, im Südosten des deutschen Sprachgebiets bekannt. Hier kommen auch für die Gartenammer und den Leinfinken die italienischen Namen *Ortolan* (im 17. Jh. in der italienischen Lautform *Ortolano* bezeugt) und *Ziserinchen* (= ital. *sizerino*) vor. Wie diese beiden Ausdrücke, so kam ital. *citrinella*, der Name des südlichen Zitronenfinken, durch den Vogelhandel in die Sprache und ist als *Zitrinle(in)* im 16. Jahrhundert öfters belegt.

Der Hauptimport von Vögeln nach Deutschland wurde jedoch nicht von Italienern, sondern von slavischen Vogelhändlern besorgt. Die Bedeutung des slavischen Vogelhandels geht am besten hervor aus den vielen Lehnworten, welche er in die deutsche Sprache eingeführt hat. Wir können diesen Handel bis ins 13. Jahrhundert zurück verfolgen, wo die slavischen Vogelnamen *zîsic* 'Zeisig' und *stiglitz* 'Stieglitz' in den Abschriften der Versus die Originalglosse *distilfinco* 'Distelfink' zu ersetzen beginnen. Von Albertus Magnus erfahren wir, daß der Name *stiglitz* um die Mitte des 13. Jahrhunderts noch eine beschränkte Verwendung ("apud quosdam") hatte; der Zeisig-Name wird von ihm als Vulgärausdruck bezeichnet. Heute sind beide Namen in Deutschland allgemein üblich. In das 14./15. Jahrhundert fallen die ersten Zeugnisse für das Wort *Krinitz*[1] (= wend. *škrjnc*), mit dem man in den ostmitteldeutschen (nach Popowitsch auch in schwäbischen) Mundarten den Fichtenkreuzschnabel bezeichnet. Aus dem 15. Jahrhundert haben wir auch einen deutschen Beleg für das Wort *hyl* (bei Gesner *Hail*), die czechische Bezeichnung des Gimpels; ein anderes slavisches Synonymon (poln. *śnieguta*) ist im 18. Jahrhundert als *Schnigel* belegt. Im

1 Vgl. S. 141 und Weigand Deutsches Wörterbuch I^5, 1153.

ganzen östlichen Deutschland verbreitet ist der Ausdruck *Tschetscher(lein)* 'Leinfink', dem das poln.-czechische Wort *čečet(ka)* zugrunde liegt. Wenn zu den zahlreichen Varianten dieses Namens — wie höchst wahrscheinlich ist — auch das schweizerische Synonymon *Schössli* gehört, so haben wir das früheste Zeugnis für die Entlehnung in der Glosse *schesslin* aus dem Ende des 15. Jahrhunderts zu sehen. Ungefähr aus derselben Zeit stammt der erste Beleg für den in Niederdeutschland vom Bluthänfling gebrauchten Ausdruck *Ertsche*, *Iritsch*, dessen Etymon das gleichbedeutende czech. *jiřic* ist. In Sachsen und angrenzenden Mundarten wird heute der Grünfink *Wonitz* (*Schwunsch*) genannt; der Name, welcher im 16. Jahrhundert auftaucht, ist entlehnt aus dem polnischen Synonymon *dzwoniec*. Slavischen Ursprungs ist wohl auch der im 16. Jahrhundert bezeugte ostmitteldeutsche Ausdruck *Wüstling* 'Hausrotschwanz'. In Schlesien hat sich der czechische Name *dlesk*, *dlask* 'Kernbeißer' als *Leske*, *Laschke* eingebürgert; das czechische *jikavec*, die Benennung des Bergfinken, hat sich wieder in den südöstlichen Dialekten Österreichs und Steiermarks festgesetzt. Hier ist auch das Synonymon *Pienk* heimisch, das ebenfalls eine slavische Entlehnung zu sein scheint.

Alle die vorhingenannten slavischen Lehnworte sind Bezeichnungen für Sing- und Käfigvögel, welche von den Vogelstellern auf den Markt gebracht wurden. Im Gegensatz zu dieser Gruppe finden wir wieder einige andere aus den slavischen Sprachen übernommene Vogelnamen, welche nicht durch den Vogelhandel vermittelt worden sind. Der ältest bezeugte Name unter diesen ist *Trappe* (> poln.-czech. *drop*). Das Wort, das schon ums Jahr 1200 belegt ist, ist heute allgemein gebräuchlich. Die übrigen Namen haften nur an dem ehemals slavischen Sprachboden, wo die beiden Nachbarstämme früher in enger Berührung mit einander lebten. Solche Dialektnamen sind *Lietze* (vgl. poln. *lyska*) 'Bläßhuhn', *Nörke* (< czech. *norek*, wend. *norjak*) 'Steißfuß', *Tschoie* (< sloven. *šoia*) 'Häher' und *Gôksch* (< czech. *kokoš*) 'Hahn', *Husche* (< wend. *huže*) 'Lockruf und Name der Gans'.

Aus den verwandten germanischen Sprachen haben die Deutschen überhaupt keine Vogelnamen entlehnt. Doch ist zu bemerken, daß einige Wasservögel des hohen Nordens an der norddeutschen Küste unter ihren skandinavischen Namen bekannt sind, und der isländische Name der Eidergans hat eine weite Verbreitung durch den Daunenhandel gefunden. Die nach Deutschland importierten exotischen Vögel haben teils ihre heimischen Benennungen bewahrt, wie der *Sackerfalke* und der *Papagei*, deren Namen arabischer Herkunft sind, teils werden sie nach ihrer Heimat benannt, wie der *Kanarienvogel* und *das indianische Huhn* (= Truthuhn).

Wenden wir uns nach der Ausscheidung der Lehnworte dem heimischen Namenmaterial zu, so finden wir, daß alle germanischen Sprachen gemeinsame Bezeichnungen für den Kuckuck, den Staar, den Sperling, den Zaunkönig, die Schwalbe, die Drossel, die Lerche, die Meise, die Krähe, die Saatkrähe, den Raben, die Taube, das Huhn, die Eule, den Uhu, den Adler, den Habicht, die Schnepfe, den Kranich, den Storch, den Reiher, den Schwan, die Scharbe, die Möwe, die Gans und die Ente bewahrt haben[1]. Den westgermanischen Sprachen gemeinsam sind Benennungen für die Nachtigall, die Amsel, die Goldammer, den Finken, den Distelfinken, den Pirol, den Neuntöter, den Häher, die Dohle, die Elster, die Wachtel, das Auerhuhn[2], die Bekassine, den Seeadler, die Wasserläufer (elsäss. *Steingellel* = ags. *stángella*), die Taucher (elsäss. *Dauche* = ags. *dúce*) und die Pfeifente. Mit dem Nordischen hat das Deutsche einige Namen gemeinsam, welche dem Englischen fehlen: ahd. *spëht* ~ anord. *spǽtr* 'Specht', ahd. *wazzarstëlh* ~ anord. *stelkr* 'eine Art Wasserläufer'; andererseits fehlen wieder dem Deutschen manche Benennungen, welche dem englischen und nordischen Sprachzweige eigen sind, vgl. ags. (*geolw*)*earte* ~ anord. *ertla* 'Bachstelze', ags. *glida* ~ anord. *gleða* 'Weihe'. Auf Grund dieses Namenmaterials kann man natürlich keine richtige Vorstellung davon gewinnen, welche Vögel in der urgermanischen Zeit als verschiedene Arten

1 Dem ahd. *mûsâri* 'Bussard' entspricht in den angelsächsischen St. Galler Glossen die Form *múseri*; doch ist es sehr fraglich, ob diese Glosse rein angelsächsisch ist.

2 Von den Varianten *ûrhano* und *orrehuon* hängt die erstgenannte mit ags. *wórhana* zusammen, während die letztere mit anord. *orre* übereinstimmt.

von einander unterschieden und mit besonderen Namen benannt wurden; denn ohne Zweifel sind eine ganze Menge alter Vogelnamen im Laufe der Zeit spurlos verloren gegangen. Diesen Verlust alter Namen können wir in der historischen Zeit oft deutlich verfolgen. So zeigen uns z. B. die Denkmäler der althochdeutschen Sprachperiode, daß das Wort *wrẹndo*, der alte Name des Zaunkönigs, bereits im Absterben ist und daß der auf antiken Einfluß zurückgehende *König*-Name dessen Platz einnimmt. Den westgermanischen Namen des Seeadlers, der in der althochdeutschen Form *ẹringrioȥ* öfters belegt ist, können wir bis ins 15. Jahrhundert verfolgen, wo die letzten Spuren davon verschwinden. Nur selten ist das Verschwinden des Namens in einer bestimmten Gegend durch das Aussterben des betreffenden Vogels verursacht, wie z. B. beim Namen des Waldraben der Fall ist. In den allermeisten Fällen ist die Ursache dieses Prozesses darin zu suchen, daß immer neue mundartliche Synonyma aufkommen, welche sich auf Kosten der schon vorhandenen verbreiten. Ein charakteristisches Beispiel hierfür bieten die zum Teil aus der Kindersprache hervorgegangenen Dialektnamen für die Ente, die Gans und den Hahn, welche an manchen Orten die alten Gattungsnamen ganz verdrängt haben. Dieser fortwährend sich wiederholende Ersatz alten Namenmaterials durch neues ist der Hauptgrund dazu, daß so wenige indogermanische Vogelnamen im Deutschen erhalten geblieben sind. Europäischen und asiatischen Sprachen gemeinsam sind nur die Namen *Ente* und *Gans*. Auf mehrere europäische Sprachen sich erstreckende Urverwandtschaft zeigen die Namen *Aar*, *Kranich* und *Belche*[1], auch wohl *Drossel* und *Sperling*; dagegen findet das Wort *Staar* nur im Latein und die Namen *Elbs* und *Rebhuhn* (?) nur im Slavischen Entsprechung. Unsicher sind die Gleichungen *Storch* = griech. τόργος, *Amsel* = lat. *merula*, ahd. *kreia* 'junger Kranich' = lat. *grūs*, ganz problematisch wieder *Specht* = lat. *pīcus*, *Schwalbe* = griech. ἀλκυών, *Fink* = griech. σπίγγος, *Gauch* = lit. *gegužė̃*.

Die Schwierigkeiten, welche sich der lautgesetzlichen Er-

1 Über die Verwandtschaft des Wortes *Belche* mit den entsprechenden lateinischen und griechischen Namen vgl. S. 302 f.

schließung des vorgeschichtlichen Wortmaterials hemmend in den Weg stellen, sind besonders auf dem Gebiete der Vogelnamen fühlbar, wo die zahllosen onomatopoietischen Neuschöpfungen in den urverwandten Sprachen oft ein übereinstimmendes Aussehen haben, das leicht den Schein der Urverwandtschaft erweckt. Hier hat man auch mehr als auf manchem anderen Gebiete mit volksetymologischen Analogiebildungen zu rechnen, welche dem vergleichenden Sprachforscher verborgen bleiben. In der historischen Zeit lassen sich diese Wirkungen der Volksetymologie in vielen Fällen klar durchblicken. Besonders leicht fallen der Volksetymologie zum Opfer die aus fremden Sprachen entlehnten Namen, die im einheimischen Wortschatz keine Stütze haben. So hat sich das lat. *phasiānus* im Anschluß an das naheliegende ahd. *huon* 'Huhn' zu *fęsihuon* und die französische Form *faisan* im Anschluß an *Hahn* zu *Faßhahn* verwandelt. Die slavischen Lehnworte *Krinitz* und *Schwunz* werden zu *Grünitz* und *Schwanz* umgebildet und der aus dem Französischen übernommene Name *Bussard* ist im Anschluß an *Aar* zu *Bußaar* umgestaltet worden. Aus dem *Kanarienvogel* haben die Mundarten einen *Kanaljenvogel* gemacht. Aber auch eine Menge einheimischer Vogelnamen sind volksetymologischer Umbildung anheimgefallen. Nachdem im althochdeutschen Kompositum *horgans* der erste Teil ungebräuchlich geworden war, wurde daraus *Heergans* gemacht und in ähnlicher Weise haben sich aus ahd. **horsnëpfa* die Formen *Heerschnepfe*, *Haarschnepfe* und *Harrschnepfe* entwickelt. Der althochdeutsche Name *wargengil* 'Neuntöter' hat in der heutigen schlesischen Mundart die Varianten *Wagenkrengel* und *Gartenkrengel* ergeben, die sich an das Wort *krengeln* 'quälen' anlehnen, und aus dem althochdeutschen Synonymon *dorndrâil* sind in den Dialekten die Formen *Dornreich*, *Dorndreckeler*, *Dornkrœel*, *Dorngreuel* usw. hervorgegangen. Vielfach umgestaltet worden ist auch der *Ammer*-Name, der in der abgeleiteten Form *Ämmerling* zu *Hämmerling* und in der zusammengesetzten Form *Goldammer* zu *Goldhammer*, *Gaulammer* und *Gauleimer* geworden ist. Aus dem alten steirischen Ausdruck *hardil(a)*, der die Bachstelze bezeichnet, hat man später die Formen *Schafhalterl* (Schafhirt), *Sauherterl* und *Kuhherterl* (Sau- und

Kuhhirt) gebildet und im Elsaß erscheint die althochdeutsche Falkenbenennung *wannenweho* als *Mannewächter*. Durch volksetymologische Umgestaltung entsteht ferner aus ahd. *distilzwîo* die Form *Distelzweig*, aus ahd. *lôhfinco* nhd. *Lobfinke*, aus andd. *hliuning* nnd. *Hüling* und aus ahd. *hĕhara*, *hêra* nhd. *Herrenvogel*. In ähnlicher Weise wird *Blaurack* zu *Blaurock*, *Schneekatel* zu *Schneekater*, *Bachstelze* zu *Bockstelze*, *Gelegors* zu *Gelgerst* oder *Gelegôs*, *Neunmörder* zu *Einmörder*, *Hanfmeise* zu *Handmeise*, *Pirol* zu *Bierhol*, *Bierholer* oder *Biereule*, *Haselhuhn* zu *Hasenhuhn*, *Rötelweih* zu *Rötelweib*, *Holbrot(er)* zu *Holbruder*, *Krichente* zu *Kriechente*, *Mer(r)ach* zu *Meerrache*, *Seeteuchel* zu *Seeteufel* usw. In anderen Fällen, wo der Verdacht an volksetymologische Umbildung nahe liegt, ist die ursprüngliche Namensform nicht sicher erreichbar, vgl. z. B. *Grasmücke*, *Rebhuhn*, *Wachtel* und *Hirngrille*.

Eine auffällige Umgestaltung der zusammengesetzten Vogelnamen ist die Umstellung der Kompositionsglieder, welche man in verschiedenen Mundarten beobachten kann. In der Schweiz heißt das Rotkehlchen nicht nur *Rotbrüsteli*, *Hûsröteli* und *Dachröteli*, sondern auch *Brusträteli*, *Rothûserli*, *Rotdacheli*. Man könnte annehmen, daß hier eine gegenseitige analogische Beeinflussung der erstgenannten Namensformen stattgefunden hätte, aber dieselbe Umstellung der Glieder kommt auch in Thüringen vor, wo neben *Râdkelchen* die Form *Kâlredchen*, neben *Rodzâel* die Form *Zâlroden* vorkommt, und durch dasselbe Umstellungsprinzip sind die Doppelformen *Beinsterze* und *Sterzbeinchen* 'Bachstelze' in Oberhessen, *Wîhoppe* und *Hopwîweken* 'Wiedehopf' in Altmark zu erklären. Ohne Zweifel setzt auch der westfälische Name *Kelwitte* (d. h. Kehlweiß) 'Bachamsel' eine Form **Witkele* voraus; unsicher dagegen ist, ob *Domphorn*, eine niederdeutsche Bezeichnung der Rohrdommel, aus *Hordump*, und *Rappenkeib* (d. h. Rabenaas), ein elsässisches Dialektwort für den Raben, aus *Keibrappe* umgebildet ist. Diese sprachliche Erscheinung, welche übrigens einer eingehenden Untersuchung wert wäre, scheint in einer Art Spieltrieb zu wurzeln. Darauf deuten auch solche Formen wie schmalkald. *Steinberze* statt *Beinsterze*.

Eine andere Art Umbildung der Komposita findet dadurch

statt, daß das zweite Kompositionsglied ausgelassen wird. Dieses Abkürzungsprinzip, das aus dem Bequemlichkeitstrieb sich leicht begreifen läßt, ist in der Sprache keine ungewöhnliche Erscheinung. Unter den Vogelnamen findet man mehrere Beispiele dafür. Im Elsaß wird die *Misteldrossel* kurzweg *Mistel* und der *Krammetsvogel* wieder *Krammets* genannt; in der Schweiz erscheint die Form *Räckholter* statt *Räckholtervogel.* In derselben Weise werden im Elsaß und in der Schweiz *Distelfink* zu *Distel*, *Goldfink* zu *Goll* verkürzt und in Schlesien kommt die Form *Luh* statt *Luhfink* vor. In Steiermark hat der Auerhahn den Namen *Brom*, der eine Verkürzung von *Bromhahn* ist. Vielleicht ist auch die dialektische Form *Bleß* als Verkürzung von *Bleßhuhn* und *Burz*, *Burzel* als Verkürzung von *Burzhuhn*, *Burzeltaube* aufzufassen. — Neben den zusammengesetzten Vogelnamen kommen manchmal auch abgeleitete Namensformen vor, welche als Kurzformen zu jenen aufgefaßt werden können, vgl. *Kranabeter*, *Kramser* neben *Krammetsvogel*, *Sprosser* neben *Sproßvogel*, *Zäunert* neben *Zaunkönig*, *Nussert* neben *Nußhäher*, *Stocker* neben *Stockente* usw. Es ist jedoch schwer eine Grenze zu ziehen zwischen diesen Kurzformen und den Ableitungen, welche ohne Rücksicht auf ein Kompositum gebildet sind.

Wenn wir das Augenmerk auf die ableitenden Formantien richten, welche bei der Bildung von Vogelnamen zur Anwendung kommen, so finden wir, daß unter den Namen, welche uns in der althochdeutschen Periode entgegentreten, einige maskuline *a*-Stämme mit unterlaufen: *gouch*, *spëht*, *hraban*, *hruoh*, *ẹringreoȥ*, *gîr*, *storah*, *swan*; von den zwei femininen *i*-Stämmen *gans* und *anut* hat jener früher konsonantisch flektiert[1].

Den weitaus größten Teil des überlieferten althochdeutschen Namenmaterials bilden die maskulinen (*j*)*an*-Stämme und die femininen (*j*)*ôn*-Stämme (eventuelle *ô*-Stämme sind nicht nachzuweisen), vgl. die Maskulina *wrẹndo*, *amero*, *finco*, *sparo*, *hrabo*, *hano*, *krano*, *odobero*, *heigaro*, *wîo*, (*wannen*)*weho*, *aro*, *sprinze* und die Feminina *swalwa*, *drôsca*, *lêrahha*, *meisa*, *sprâ*, *krâwa*, *daha*,

1 In den *a*-Stämmen *habuh* und *kranuh* und in dem maskulinen *i*-Stamm *ẹlbiȥ* ist der auslautende Konsonant ein ableitendes Element, s. S. XXII.

kâ, *kaha*, *aga*, *hĕhara*, *tûba*, *wahtala*, *kreia*, *anita*. Von manchen Namen kommen sowohl maskuline wie feminine Formen vor, vgl. *wituhopfo* neben *wituhopfa*, *snepfo* neben *snepfa*, *staro* neben *stara*, *bẹlihho* neben *bẹlihha*, *scarbo* neben *scarba*. — Von den Bildungen auf (*j*)*an* und (*j*)*ôn* sind ahd. *distilzwîo* (d. h. Distelrupfer), mhd. *wurgelhâhe* (d. h. Würgerhenker) und *rôrphose* (d. h. Rohrzischer) sowie ahd. *nahtigala* (d. h. Nachtsängerin) und wahrscheinlich auch *waȥȥerstelza* (eigtl. wohl Wasserstelzerin) und *grasemucka* (eigtl. wohl Grasschlüpferin) von Verben abgeleitete Nomina agentis. Die neueren Mundarten bewahren noch andere derartige Bildungen, die in der älteren deutschen Überlieferung nicht bezeugt sind: der *Tagschlaf*, der *Kernbeiß*, der *Bienenschnapp*, der *Holzscher*, der *Haberblarr*, der *Erdbüll* und die *Steinschmatz*, die *Schnarre*, die *Nuətebicke*, die *Natterwinde* (vgl. die Glosse *nadaruuinda* in Ahd. Gll. IV, 206[35]), die *Glucke*, die *Dauche* (= ags. *dúce*). Es sind diese Namensformen erstarrte Reste der alten Bildungsweise, die schon seit langem aufgehört hatte, produktiv zu sein.

Das heute übliche Suffix zur Bildung maskuliner Nomina agentis ist *er* (ahd. *âri*), welches in Vogelnamen nicht nur zur Ableitung von Nomina agentis aus Verben, wie z. B. *Zerrer*, *Kleber*, *Baumläufer*, *Nußbicker* usw., zur Anwendung kommt, sondern auch von Substantiven Namen bildet, welche mit dem Grundwort in einem viel loseren Zusammenhang stehen, vgl. *Löffler*, *Mistler*, *Gabler*, *Bruster*, *Kröpper*, sowie *Kranabeter*, *Stocker*[1] u. a. — Bereits im Althochdeutschen finden wir das *âri*-Suffix in den Namen *mûsâri*, *sparwâri*, welche wohl aus älteren Komposita *mûs-aro* und *sparw-aro* umgebildet sind, und in dem Nomen agentis *tûhhâri* (d. h. Taucher). Neben der letztgenannten Namensform findet sich auch die Form *tûhhil*, die eine Ableitung mittels des *ila*-Suffixes ist. In der althochdeutschen Periode war dieses zur Bildung von maskulinen Nomina agentis noch produktiv und konkurriert somit mit der alten (*j*)*an*-Bildung und dem Suffix *âri*, von dem es später verdrängt worden ist; wir finden das Suffix *ila* mit dieser Funktion außer in *tûhhil* noch in den althochdeutschen verbalen Ableitungen *dorndrâil*

1 Vgl. S. XX.

'Dorndreher', *stôȥȥil* 'Stösser', in mhd. *boumhęckel* 'Baumhacker', *gümpel* (d. h. Hüpfer), *beinbrüchel* 'Beinbrecher', in nhd. dial. *Steingellil*, *Nußbickel*, *Mattknitzel*. Auch von Nomina werden mit *ila* oder mit dessen erweiterter Form *ilan*, *ilôn* Namen gebildet, vgl. ahd. *rôtil* und *rôtilo* 'Rotkehlchen' (zu *rôt*), *hardila* 'Bachstelze' (wohl zu ahd. *hard*), mhd. *gręȥȥel* 'Leinfink' (zu *graȥ*), nhd. dial. der *Hanfel* 'Hänfling' (zu *Hanf*), die *Horbel* 'Bläßhuhn' (zu ahd. *horo*). Möglicherweise hat das Suffix in den letztgenannten Vogelnamen auch eine deminutive Nebenbedeutung. Deutliche Deminutivbildungen sind dagegen ahd. *wręndilo* 'Zaunkönig' neben *wręndo* und *drôscala* 'Singdrossel' neben *drôsca* 'Drossel', nhd. *Atzel* (ahd. **agazala*) neben ahd. *agaza*, vielleicht auch *ûwila* 'Eule' neben schweiz. *Ûw* 'Uhu' und *hûchila* 'Eule' neben ndd. *hûc* 'Uhu', mhd. *węrgel* 'Neuntöter' zu *warc* 'Wolf'. Undurchsichtiger ist die Bildungsweise in ahd. *amsala*, *wigla*, *wahtala*, deren Etymologie nicht ganz sicher ist.

Die Ableitungen auf *il* sind manchmal durch das Suffix *inga* erweitert worden und haben so dazu beigetragen, die Suffixform *linga* ins Leben zu rufen, welche bei der Bildung von Vogelnamen besonders beliebt ist. Die altgermanischen Dialekte weisen vereinzelte Namen auf, welche mit der einfacheren Form *inga* gebildet sind, vgl. anord. *meisingr*, andd. *hliuning*, ahd. *amering*; dazu noch nhd. dial. *Ziering*, *Fiting*, *Schnir(r)ing*, *Hüting*. Besonders produktiv ist aber die Suffixform *linga* geworden, die ebenfalls schon in den altgermanischen Sprachen Vogelnamen bildet, vgl. anord. *kjúklingr*, ags. *swertling*, *yrðling*, *dúceling*, *stærling*, ahd. *amerling*, *sperling*, mhd. *durling*, *rudeling*, mnd. *geiteling*, in neueren Mundarten *Bleßling*, *Dröschling*, *Dûmeling*, *Fisterling*, *Flinderling*, *Gerstling*, *Gilbling*, *Greßling*, *Grinschling*, *Grünling*, *Hänfling*, *Hüling*, *Iserling*, *Sprinzling*, *Sticherling*, *Winterling*, *Wüstling*, *Zaunling*, *Zehrling*, *Zitscherling*. Das Suffix gibt diesen Namen, welche fast ausschließlich Bezeichnungen kleiner Singvögel sind, einen deminutiven Anstrich.

Ein altes *k*-Suffix zeigen got. *ahaks* 'Taube' und die althochdeutschen Vogelnamen *habuh* und *kranuh* (neben einfacherem *krano*); wahrscheinlich haben wir dieselbe Bildungsweise auch in mhd. *witewalch* 'Pirol' (neben einfacherem *witewal*) und vielleicht in andd. *hûc* (aus *hû(w)uc?*). Ein ähnliches Suffix, das noch einer genaueren Untersuchung bedarf, finden wir in einigen ostmitteldeutschen Vogelnamen: thür. *Spatzich*, sächs. *Spatzig*, schles. *Spatzger* (zu *Spatz*), thüring. *Lüwich* 'Gimpel' (zu *Lob*, das aus *Lobfink* verkürzt ist, ähnlich wie schles. *Luh*, *Lüch* aus *Luhfink*, *Lohfink*), sächs. *Zschwunschig* 'Grünfink' (zu *Schwunsch* aus poln. *dzwoniec*), schles. *Ganschich* 'Gänserich' (zu *Gansch*), ferner auch in mnd. *wedich* 'Enterich' (zu ndd. *Wet*) und nnd. *Dûwek* 'Täuberich', denen in niederdeutschen Mundarten die Bildungen *Wederik*, *Dûwerik* zur Seite stehen. Ein erweitertes Suffix *ikan*: *ikôn* findet sich in ahd. *bẹlihho*, *bẹlihha* und steir. *Schmelche* 'Singdrossel, Stadtschwalbe usw.' (falls aus **smal-ihha* entstanden), sowie in spätahd. *spẹrche* (aus **sparihho* oder **sparihha*), dessen *k* schon vorgermanischen Ursprungs zu sein scheint. Ob auch in ahd. *lêrihha* der germ. *k*-Laut ableitend ist, muß wegen der dunklen Etymologie des Wortes dahingestellt bleiben.

Das urgermanische Suffix *astrjô(n)* : *istrjô(n)*, welches im Englischen und Niederländischen produktiv blieb, um weibliche Nomina agentis zu bilden, hat sich in einigen Vogelnamen erhalten: andd. *agastra*, ahd. *agalastra* (neben *aga* = ags. *agu*) 'Elster' und ags. *hulfestre*, ostfries. *wilster* (vgl. ags. *hwilpa*) 'Regenvogel', auch wohl im amittelfränk.-andd. *lîst(e)ra* 'Drossel'.

Ein altes Ableitungselement ist ferner *-it-* im ahd. *ẹlbiʒ* 'Schwan' (zu lat. *alb-us*) und wohl auch im spätmhd. *knüllis* 'Streitschnepfe' (zu *knüllen* 'prügeln'). In der Weiterbildung *it-jô* finden wir dieses Suffix in ahd. *agazza* (zu *aga*) 'Elster' und *amirzo*, *ẹmirza* (zu *amar*) 'Ammer', welches in der Schweiz als *Emmeritze* und *Emmeritz* vorkommt.

Die Form *Emmeritz* hat sich an eine Anzahl Namen angelehnt, welche auf *itz* ausgehen. Dieser Typus ist in die Sprache entlehnt mit den slavischen Vogelnamen auf *-ec* oder *-ic* (vgl. *dzwoniec* usw.): *Stieglitz*, *Krinitz*, *Iritsch*, *Ikawitz*, *Wonitz*. An diese Gruppe haben sich dann *Krammitz* (aus *Krammets(vogel)*), *Kibitz* (aus *kîbiʒ*) und *Emmeritz* angeschlossen, und nach dem Muster des letztgenannten Namens hat man dann die Synonyma *Gelitz* (in Schwaben) und *Golitschke*, d. h. *Golditzke* (in Schlesien) geschaffen. Auch die Namen *Girlitz* und *Giritz* zeigen das fremde Suffix.

Die verschiedenen Geschlechter der Vögel werden entweder durch suffixale Ableitung oder durch ganz besondere Namen ausgedrückt. Überhaupt wird jedoch der Geschlechtsunterschied bei Vögeln wenig beachtet. Wie in der Klasse der Säugetiere, so kommt er auch in der Vogelwelt hauptsächlich in Betracht bei den zahmen Tieren. Für den Jäger aber, der zu wilden Vögeln in nähere Beziehung tritt, ist der Geschlechtsunterschied auch hier von Bedeutung, und so unterscheidet er wie bei dem Hausgeflügel den Hahn und die Henne, die Gans und den Gänserich, die Ente und den Enterich. Ebenso hatte der Falkner besondere Namen für den männlichen Falken, Habicht und Sperber; dieser wurde mit dem Namen *sprinze*, die beiden erstgenannten wieder mit dem Ausdruck *terzil* von den weiblichen Vögeln unterschieden. Auch der Vogelsteller, welcher mit der befiederten Welt besonders vertraut ist, unterscheidet immer das Männchen vom Weibchen und verwendet für sie auch manchmal verschiedene Ausdrücke; so wird der männliche Gimpel als *Gügger* von dem weiblichen, der *Quetsch*, unterschieden. Aber wenn wir von Jägern und Vogelstellern absehen, so wird auf den Unterschied der Geschlechter bei wilden Vögeln wenig Acht gegeben. Wo er deutlich hervorgehoben werden soll, geschieht dies heute durch die Ausdrücke *Männchen* und *Weibchen*[1]. In den Dialekten kommen jedoch für den Spatzen, welcher in der nächsten Nähe des Menschen lebt, die Maskulinbildungen *Spetzert*, *Spetzerich* und *Sparkâz* neben *Spatzenmännel* vor.

Eine wichtige Rolle spielt der Geschlechtsunterschied naturgemäß beim Hausgeflügel, zu dem außer Huhn, Gans und Ente auch die Taube gezählt werden muß. Nach der Annahme von Hahn, Schrader u. a. wurde das Huhn bei den Germanen erst in verhältnismäßig später Zeit zum Nutzvogel gemacht, aber vorher war der Hahn als Zeitverkünder schon lange in der Umgebung des Menschen gewesen. Dazu stimmt, daß die ger-

1 In älteren Perioden wurde das weibliche Geschlecht durch Ableitung mittels des Suffixes *innjô* ausgedrückt. Von solchen Femininbildungen sind ahd. *arin* 'weiblicher Adler', *swanin* 'weiblicher Schwan' und *hęnin* 'Henne', *pfâwin* 'Pfauhenne' überliefert. Erhalten hat sich diese Ableitungsart in dem letztgenannten Namen und in Bezeichnungen der weiblichen Taube: *Täubin*, schweiz. *Chütin*.

manischen Sprachen den *Hahn* mit einem gemeinsamen Namen benennen; auffällig ist aber, daß daneben als Gattungsname ein neutraler *es*-Stamm **hôniz* vorkommt, dessen Vokalablaut auf eine sehr frühe Zeit zu weisen scheint. Das weibliche Huhn wird im Westgermanischen mittels einer *jô*-Ableitung vom Hahnennamen, im Nordischen mittels einer *jôn*-Ableitung von der kommunen Benennung bezeichnet. Beim übrigen Hausgeflügel, der Gans, der Ente und der Taube, wo der Gattungsname feminin ist, genügt dieser meistens zur Bezeichnung des Weibchens, während für das Männchen besondere Maskulinbildungen nötig sind[1]. — Das Verhältnis der alten maskulinen Namensform ahd. *ganazzo*, *ganzo* zum Gattungsnamen *Gans* ist nicht völlig klar. Auch im ahd. *anutrehho*, der ältesten Bezeichnung des Entenmännchens, die man offenbar als Kompositum aufzufassen hat, ist das zweite Element (ndd.-engl. *drake*) nicht durchsichtig. Im Anschluß an die Eigennamen auf *-rîch* ist aus ahd. *anutrehho* die nhd. Form *Enterich* hervorgegangen, welche die Analogiebildungen *Gänserich*, *Täuberich*, *Wederik*, *Spetzerich* und auch wohl *Wuderich*, *Schisshöfferich* 'Wiedehopf' hervorgerufen hat[2]. — Die älteste deutsche Bezeichnung der männlichen Taube ist das im 12. Jahrhundert belegte Kompositum *tûbhai*, d. h. Taubenhüter. Im 14. Jahrhundert tritt dann in gleicher Bedeutung die abgeleitete Form *tûber* = mnd. *dûver* auf; im 15. Jahrhundert finden wir die ähnlich gebildete Form *ganzer*, *ganser* 'Gänserich', und in neueren Mundarten erscheint auch die Form *Enter* 'Enterich'. Neben den Maskulinbildungen *Tauber*, *Ganzer* und *Enter* kommen in mittel- und niederdeutschen Mundarten die Formen *Taubert*, *Ganzert*, *Entert* vor, die ihren Typus von den Eigennamen *-hart* bekommen haben[3]; der früheste Beleg *gansz-*

1 Für das Taubenweibchen werden jedoch auch die Femininbildungen *Täubin*, *Chütin* verwendet (s. S. XXIV), und für die Gans und Ente kommen im Elsaß die Formen *Gansläre* und *Entläre* vor, s. S. 424.

2 Wenn die mittelniederdeutsche Form *dûverich* aus der im Anfang des 16. Jahrhunderts bezeugten Form *dûverinc* entstanden ist, die als Weiterbildung von der Maskulinbildung *dûver* aufgefaßt werden kann, so könnte sie bei der Bildung des Typus auf *-rîch* mitgewirkt haben. Aber *dûverinc* ist doch wohl eher als Umbildung von *dûverich* aufzufassen.

3 Dieser Typus findet sich auch in anderen Vogelnamen, vgl. mnd.

hart stammt aus dem 15. Jahrhundert. Schließlich erscheinen auch die Suffixformen *ar(n)* und *horn* in mnd. *dûvar(n)* und *duphorn*, niederhess. *Dubhorn*. Wahrscheinlich liegt allen diesen Varianten ein altes maskulines Suffix zugrunde, welches bereits in ahd. *kataro* 'Kater' und ags. *gandra* 'Gänserich' zum Vorschein kommt. Für Kluges Annahme, daß die ursprüngliche Lautgestalt des Suffixes als *haro* anzusetzen sei, sprechen die Varianten *hart* und *horn*. — Außer den eben erwähnten alten Maskulinbildungen kommen in den Mundarten auch neuere Zusammensetzungen (wie *Entenmann* und *Antvogel*) und vom Gattungsnamen ganz unabhängige Ausdrücke vor. Von den letztgenannten knüpfen *Gockel* 'Hahn', *Rätsche* (und vielleicht *Erpel*) 'Enterich', *Rucker* und *Kûter* 'Täuberich' (schon im 14. Jahrhundert als *kûto* belegt) an die Stimme des Vogels an, während *Wet* 'Enterich' und *Geidl* 'Gänserich' wohl mit Lockrufen in Verbindung stehen und *Gäred*, *Gäber* 'Gänserich' Personennamen sind; der norddeutsche Name *Wart* 'Enterich' bedeutet 'Hüter' und bildet also eine Parallele zu *tûbhai* 'Täuberich'.

Das Junge des Hausgeflügels wurde im Althochdeutschen durch Ableitung mittels des gehäuften Deminutivsuffixes *inkilîn* bezeichnet: *huoninkilîn*, *gęnsinkilîn*, *anitinkilîn*, *tûbiklîn*. Nur die erstgenannte Bildung hat sich als *Hünkel* neben der alten deminutiven *în*-Bildung *Kûchen* (= ndd. *Kûken*, ags. *cýcen*) bis auf unsere Tage erhalten, die übrigen sind von jüngeren Ableitungen oder von anderen Ausdrücken verdrängt worden.

Die neuen Ausdrücke, die nicht allein die alten Deminutivbenennungen, sondern auch die anderen altererbten Namen für die Hausvögel in manchen Gegenden verdrängt haben, sind zum Teil onomatopoietische Bildungen, die oft aus der Kindersprache hervorgegangen sind, zum Teil stehen sie in Verbindung mit den Lockrufen, welche gegen die Vögel verwendet werden. Das Verhältnis dieser Rufe zu den entsprechenden Namen ist nicht immer dasselbe. Während in einigen Fällen der Ruf dem Namen zugrunde liegt, ist in anderen Fällen wieder jener aus diesem sekundär gebildet. Aber wie sich Name und Lockruf auch zu

---

rôkart 'Saatkrähe', *Zâunert* 'Zaunkönig', *Nussert* 'Tannenhäher', *Wuppert* 'Wiedehopf', *Spetzert* 'Spatzenmännchen'.

einander verhalten mögen, in beiden ist der onomatopoietische Charakter in die Augen fallend. Dies führt uns aber über zur Betrachtung der onomatopoietischen Namenbildung und der semasiologischen Gesichtspunkte, die bei der Bildung von Vogelnamen in Betracht kommen.

Daß der Naturlaut, der ja ein so charakteristisches Merkmal der Vögel ist, bei der Benennung derselben eine bedeutende Rolle spielen muß, leuchtet ohne weiteres ein. Für die Erklärung der Vogelnamen ist daher das Studium der Naturlaute eine notwendige Bedingung. Schon bei den älteren Ornithologen begegnet gelegentlich eine Bemerkung über die Stimme des Vogels, aber solche Bemerkungen sind ganz zufälliger Art. Die erste systematische Beschreibung der Vogelstimmen finden wir in der Naturgeschichte Naumanns, der hier seine wertvollen Beobachtungen über diesen Gegenstand mitteilt. Das wichtigste Hilfsbuch ist aber das vor einigen Jahren erschienene "Excursionsbuch zum Studium der Vogelstimmen" von A. Voigt. Mit Hülfe der hier gegebenen exakten Schilderungen kann man in vereinzelten Fällen den Zusammenhang zwischen Naturlaut und Namen ohne Schwierigkeit erkennen. Aber zugleich zeigt das Buch auch, daß man manchmal einen solchen Zusammenhang auch da zu finden meint, wo keiner vorhanden ist, und daß man leicht geneigt ist, einen bekannten Namen in den Ruf des Vogels hineinzulegen; denn sogar ein so scharfer Beobachter wie Voigt ist in dieser Hinsicht schlimm hereingefallen. So behauptet er u. a. im Rufe des Grünfinken das Wort *Schwunisch* zu hören, obgleich dieser Name der polnischen Namensform *dzwoniec* entlehnt ist. Auf irrtümlicher Auffassung sprachlicher Erscheinungen beruht auch die Äußerung, daß ein scharf vibrierend ausgezogener Laut dem Namen *Lerche* und dem englischen Synonymon *lark* zugrunde liege, während, wenn er mehrsilbig gebraucht wird, man auch die niederdeutschen Bezeichnungen *Lawerik* und *Lirike* heraushören könne; alle diese Varianten haben sich bekanntlich aus einer Grundform **laiw(a)rikôn* entwickelt, die entweder ein Kompositum oder ein abgeleitetes Wort ist. Aber der Philologe hat nichts gegen die Behauptung einzuwenden, daß im Namen des *Finken* dessen heller Paarungsruf 'pink' steckt.

Von den in althochdeutscher Periode überlieferten Vogelnamen sind die Bezeichnungen des Finken (ahd. *finco*), der rabenartigen Vögel (*hraban*, *krâwa*, *hruoh*, *daha*, *kâ*, *kaha*, *hëhara*) und Eulen (*ûvo*, *hûwo*, *ûwila*), des Wiedehopfs (*witu-hopfa*), des Reihers (*h*(*r*)*eigaro*), des Kranichs (*krano*, *kreia*), der Rohrdommel (*horo-tumil*) und wohl auch des Kuckucks (*gouh*) lautbildenden Ursprungs und in der späteren Überlieferung häufen sich die onomatopoietischen Synonyma. Wir finden in den neueren Mundarten auch lautnachahmende Benennungen für Drosseln, Laub- und Rohrsänger, Grasmücken, Strandläufer, Enten u. a. Besonders zahlreich sind hier die lautbildenden Benennungen für den Wiedehopf, den Pirol und den Kibitz, welche sich durch auffällige, der menschlichen Stimme ähnelnde Rufe auszeichnen. Derartige Vogelstimmen werden oft vom Volke in Worten gedeutet. Im Wachtelschlage z. B. hört man eine Aufforderung *Flick de Büx*! oder *Bück den Rück*!, in dem hellen Frühlingsrufe der Kohlmeise eine Ermahnung *Sieh dich für*! oder *Spitz die Schar*! und in dem unheimlichen Geschrei des Kauzes den verhängnisvollen Befehl *Komm mit*! Solche Deutungen können, wie es in den genannten Fällen geschehen ist, zu Benennungen der betreffenden Vögel werden. So wird auch der Rotschwanz *Hütik* genannt, weil sein Gezwitscher ein drohendes *hüt dich*! enthalten soll, und der Pirol heißt nach seinem hellen pfeifenden Rufe *Junker Bülow*, *Bierholer* usw. — Zahlreicher als die direkten Nachbildungen der Stimme sind in den Mundarten die Namen, welche sich an ein lautbezeichnendes Verbum anschließen und also die Art des Naturlautes angeben. Die Nachtigall ist der *Nachtsänger* (ahd. *nahtigala*), der *Nachtschläger* oder der *Wirbler* (mhd. *durlinc*), der Wiedehopf der *Rufer*, die Misteldrossel der *Schnarrer* oder *Zerrer*, die Grasmücke der *Buschstotterer*, der Weidenlaubvogel der *Wisper*, die Alpenbraunelle der *Heidepfeifer* oder *Berglisper*, der Häher der *Holzschreier*, der Regenpfeifer der *Flöter*, der Turmfalke die *Lachweihe*, der Nachtreiher der *Quakreiher* usw. Die Stimme des Vogels gibt auch manchmal Anlaß zu einem Vergleich, dem der Name entspringt: *Finkenmeise*, *Wasserrabe*, *Brellochs*, *Himmelsziege*, *Saulocker* u. a.

Außer der Stimme kommt bei der Benennung der Vögel

auch ihre äußere Erscheinung in Betracht. Ein wichtiger Faktor ist hierbei die Farbe des Vogels. Diese kann bisweilen durch eine Ableitung (wie ahd. *ęlbiʒ* (vgl. lat. *albus*), *Rötele*, *Grünling*, *Bleßling*) ausgedrückt werden, gewöhnlich verlangt sie aber eine Kompositionsbildung, vgl. *Rotfink*, *Rotkehlchen*, *Blaumeise*, *Blaufuß*, *Weißärschel*, *Schwarzkopf*, *Blicksterz* usw. Oft wird die Farbe in diesen Komposita nicht direkt, sondern indirekt durch einen Vergleich angegeben, z. B. *Brandvogel*, *Rußvogel*, *Kohlmeise*, *Aschenente*, *Blutfink*, *Ziegelhänfling*, *Himmelmeise*; zu beachten ist die häufige Verwendung des Wortes *Schild*, um bunte Färbung zu bezeichnen: *Schildamsel*, *Schildfink*, *Schildhahn*, *Schildkrähe*, *Schildreiher*, *Schildspecht*. — An diese farbenbezeichnenden Namen schließen sich diejenigen an, welche an irgendein anderes äußeres Merkmal anknüpfen, vgl. z. B. *Zwergvogel*, *Schwanzmeise*, *Großmaul*, *Mauskopf*, *Krummschnabel*, *Dickfuß*, *Ohreule*, *Löffelente*, ferner *Wendehals*, *Wippstertje*, *Schüttelkopf*.

Eine dritte Hauptgruppe bilden die Namen, welche ein besonderes Moment in der Lebensart des Vogels hervorheben. Hierher gehören zunächst die Ausdrücke, die den Aufenthaltsort angeben, wie z. B. *Waldamsel*, *Grasmücke*, *Rohrsperling*, *Zaunkönig*, *Bachstelze*, *Dachschwalbe*, *Steinschmätzer*, *Turmeule*, *Saatkrähe*, *Misteldrossel*. Die letztgenannten zwei Worte führen über zu den Namen, welche auf die Nahrung des Vogels hinweisen, vgl. z. B. *Hänfling*, *Kornvogel*, *Talghacker*, *Kernbeißer*, *Fliegenschnepper*, *Fischadler*, *Lerchenstößel*, *Hühneraar*, *Lämmergeier*. Die Einrichtung des Nestes hat solche Benennungen veranlaßt wie *Backofenkriecher*, *Wollenspinner*, *Kleiber* und *Hohltaube*, während wieder die Unsauberkeit, die im Neste herrscht, dem Wiedehopf die Namen *Stinkhahn*, *Dreckstecher* und der Hohltaube den Namen *hortûbe* (d. h. Kottaube) eingetragen hat. Bestimmte Eigenschaften der Vögel werden ferner betont in Ausdrücken wie *Tagesschlafe*, *Klapperstorch*, *Klatscher*, *Stößer*, *Streitschnepfe* u. a. Eine besondere Kategorie bilden unter diesen die Namen, welche die Vögel nach der Zeit ihres Erscheinens benennen, vgl. *Märzamsel*, *Ôsterenpfîffer*, *Ostervogel*, *Pfingstvogel*, *Frühlingsvogel*, *Sommerrötele* und *Winterrötele*, *Herbstkrähe* und *Winterkrähe*. Besonders zahlreich sind die Namen, die an das winterliche Vorkommen eines Vogels anknüpfen, und oft wird dies durch die Worte *Eis* oder *Schnee* ausgedrückt: *Eisente*, *Eisvogel*, *Schneeamsel*, *Schneefink*, *Schneevogel*, *Schneegitz*, *Schneekater*, *Schneeleschke*, *Schneemeise*, *Schneekächli*, *Schneetahe*, *Schneehuhn*, *Schneegeier*. Einige von diesen Namen beruhen jedoch auf der Vorstellung, daß das plötzliche Erscheinen des betreffenden Vogels im Spätherbst ein Vorzeichen von Schneefall und Kälte ist. Daß die *Schneegans* den Namen erhalten hat, weil sie durch die Art ihres Fluges Schneefall verkündigt, wird bereits von Albertus dem Großen erwähnt. Andere Vögel haben sich wieder durch ihr Geschrei den Ruf von Wetterverkündigern erworben. Als besonders sichere Propheten gelten die *Regenpfeifer* und der Brachvogel, der in den Mundarten daher *Regenvogel*, *Windvogel*, *Wettervogel* und *Gewittervogel* heißt. Das Pfeifen des Zaunkönigs, das ebenfalls Regen verkünden soll, hat ihm den Namen *Naßarsch* eingetragen, und der Wendehals und der Pirol sind an einigen Orten unter den Namen *Regenbitter* und *Regenkatte* bekannt.

Aber in der Volksvorstellung sind die Vögel nicht nur Wetterpropheten, sondern auch Unglückspropheten. Das unheimliche nächtliche Geschrei des Kauzes, das als ein Befehl 'komm mit!' gedeutet wird, gilt als todverkündigend, und daher hat der Vogel die Benennungen *Todesvogel*, *Sterbekauz*, *Leichenhuhn* bekommen; auch der gotische Name *hraiwadûbô* 'Leichentaube' dürfte in ähnlicher Weise zu erklären sein. Ferner erweckt das unerwartete Vorkommen gewisser Vögel in der Nähe der Häuser oder ihr plötzliches Erscheinen in einer bestimmten Gegend unheimliche Vorstellungen. Besonders wird das Auftreten der in großen Scharen ziehenden nordischen Vögel, wie Seidenschwänze, Bergfinken und Rotdrosseln, als ein böses Omen betrachtet, und man nennt sie daher *Totenvögel*, *Pestvögel* oder *Kriegsvögel*. Das sporadische Auftreten des Leinfinken hat den Volksglauben veranlaßt, der dem Namen *Mäusevogel* zugrunde liegt. Die plötzlich verschwindenden Leinfinken sollen sich nämlich in Mäuse verwandeln, aus denen dann zu bestimmter Zeit wieder Vögel entstehen. Eine ähnliche Vorstellung gilt auch von dem Kuckuck, der sich jedes Jahr für eine gewisse Zeit in einen Sperber verwandeln soll und daher dessen Namen *Vogelstößer* führt; der Grund zu dieser Vorstellung ist hier in der Ähnlichkeit der beiden Vögel zu suchen. Einem Volksglauben ist ferner der Ausdruck *Neuntöter* und auch wohl der preußische Name *Hexe* als Bezeichnung der lautlos fliegenden Nachtschwalbe entsprungen. — Von der Heimat der selten oder unregelmäßig erscheinenden Vogelarten haben sich unter dem Volke bestimmte Vorstellungen gebildet, die auch für die Namen verwertet werden. Die bereits erwähnten nordischen Zugvögel werden an manchen Orten *Böhmen* oder *Friesen* genannt, der Bergfink heißt *Spanischer Buchfink*, der schwarzstirnige Würger *Spanischer Dorndreher*, die Blaukrähe *Ungarischer Häher*, der Austernfischer *Türkischer Kibitz*. Manchmal wird die fremde Heimat eines Vogels unbestimmter durch das Epitheton *welsch* (*Welscher Hänfling* oder *Welsche Goldammer*) angegeben, oder der Vogel wird als überseeisch bezeichnet, vgl. *Meeramsel*, *Meerhäher*, *Meerzeisig*, *Meergans*, *Meerhuhn*. Aber auch nach heimischen Landschaften werden bisweilen solche Namen gebildet, vgl. *Rheinschwalbe*, *Rheingans*, *Eisleker Feldhong* (Öslinger Feldhuhn).

Die bei der Bildung von Vogelnamen in Betracht kommenden drei Hauptfaktoren, Stimme, äußere Erscheinung und Lebensart, werden in dem betreffenden Namen nicht immer direkt, sondern sehr oft in der Form einer Metapher ausgedrückt, vgl. z. B. *Ochsenäuglein*, *Däumling*, *Pfannenstiel*, *Blutzapfen*. Manchmal ruft das zu betonende Merkmal einen Vergleich mit anderen Vögeln hervor, wie in *Nachtschwalbe*, *Hohlkrähe*, *Otterfink*, *Waldhäher*; besonders häufig sind natürlich die Vergleiche mit dem Hausgeflügel, vgl. z. B. *Kothahn*, *Goldhahn*, *Leichenhuhn*, *Trappgans*, *Gelbgans*. Auch Vergleiche mit anderen Tierarten kommen manchmal vor, wie die Namen *Birkel* (d. h. Bärchen), *Wieselchen*, *Baumkatze*, *Meisenwolf*, *Habergeiß*, *Wasserochs*, *Filzlaus* zeigen. Interessant sind die Metaphern, welche auf einer Übertragung menschlicher Verhältnisse auf die Vogelwelt beruhen. Der auf Dachfirsten ruhende Mauersegler heißt *Lêendecker* (d. h. Schieferdecker), die auf Schornsteinen weilende Rauchschwalbe *Kameinebotzert* (d. h. Schornsteinfeger), und der weißgezeichnete Flußuferläufer *Fisterling* (d. h. Bäcker); die klappernde Grasmücke ist der *Müller*, die dem Landmann folgende Bachstelze der *Ackermann*, der in gewölbten Nestern wohnende Laubvogel der *Oefener*, die in klirrenden Tönen singende Grauammer der *Strumpfwirker* und der grausame Neuntöter der *Radebrecher*. Besonders beliebt sind Vergleiche mit Geistlichen. Die mit schwarzen Kopfplatten versehenen Grasmücken, Rotschwänzchen, Dorndreher und die Haubenlerche sind *Mönche*, die schwarz und weiß gezeichneten Säger wieder *Nonnen*, der dickleibige Blutfink mit der schwarzen Kappe ist der *Dompfaff* und die in schwarz-weißen Farben gekleidete Bachstelze das *Klosterfräulein*; eine gehaubte Taubenart ist ein *Kapuziner* und das Bläßhuhn ein *Pfaff*. Der scherzhafte Zug, der sich in den Namen dieser Art bemerkbar macht, kommt deutlich zum Vorschein im Ausdruck *Straßenräuber*, der für die auf Landstraßen lebende Haubenlerche verwendet wird, und in den halb schimpfenden Namen *Faule Magd* oder *Alter Knecht*, welche dem im Kornfeld sich versteckenden Wiesenknarrer gegeben werden. Andere Schimpfnamen sind *Windracker* für den Grünspecht und *Jude* oder *Tscheche* für den Spatzen.

Die Übertragung von Benennungen menschlicher Wesen auf die Vögel erstreckt sich auch auf die Eigennamen. Daß gezähmte Vögel wie Papageien, Raben usw. menschliche Namen bekommen, ebenso wie die Hunde, Kühe und Pferde, ist eine psychologisch leicht begreifliche Erscheinung. Solche individuelle Namen können aber in manchen Gegenden auch in appellativischen Gebrauch übergehen. So wird der Staar *Staar-Matz* (d. h. Matthäus) genannt, der Rabe heißt in Luxemburg *Hans*, der Täuberich in Westfalen *Arend* (Arnold), der Gänserich in der Schweiz *Gäber* (Gabriel), in der Pfalz *Gäred* (Gerhard); in Norddeutschland sind *Hannekin* (Johannes), *Klaos* (Nikolaus), *Aleke* (Adelheit) Bezeichnungen für die Dohle. In anderen Fällen ist der appellativische Gebrauch von Eigennamen aber nicht auf diesem Wege entstanden. Die Namen *Jåk* als Bezeichnung für die Rotdrossel und *Louis* als Benennung des Brachvogels sind eigentlich Deutungen des Naturlautes, ebenso vielleicht *Oelrick* als Name des Bussards. *Liebig* 'Gimpel' und *Îsenbart* 'Eisvogel' sind offenbar volksetymologische Umbildungen alter Vogelnamen, und der andere Vögel nachahmende Häher hat den Namen

Markolf nach dem Spötter in der Heldensage bekommen. — Häufiger ist die Verwendung von beliebten Personennamen in Kompositionsbildungen, wo sie überhaupt leicht appellativen Charakter erhalten, vgl. *Alsterkatel*, *Tratschkatel* 'Elster', *Rotkatel* 'Rotkehlchen', *Schneekater* 'Ringdrossel' (zu *Katel* = Katharina), *Gelemätte* 'Goldammer' (zu *Mätte* = Mathilde), ferner *Grôt-Jôchen* 'Zaunkönig', *Dreckjockel*, *Taljockel*, *Ziehholzjockel*, *Waldjakel* 'Buch- oder Bergfink' (zu *Jockel*, *Jakel* = Jakob), *Dackpeter*, *Scherphans* 'Spatz', *Gielhänsjen* 'Goldammer' und *Schwarzer Kasper* 'Ralle', *Wiesenkasper* 'Wiesenknarrer'.

Es würde hier zu weit führen, die Frage näher zu erörtern, in welchem Grade die Vogelsteller und Jäger beim Schaffen der Vogelnamen beteiligt gewesen sind und wie die in diesen Kreisen entstandenen Ausdrücke sich weiter verbreitet haben. In der folgenden Untersuchung sind eine ganze Anzahl von Namen als Jägerworte und Termini der Vogelsteller ausdrücklich bezeichnet worden, ohne Zweifel geht aber der Anteil der genannten Berufsklassen an der Namenbildung über die angegebenen Fälle weit hinaus.

I. Papageien, Psittacidae.

Sittich, Papagei, psittacus.

Ahd. sitich: Sg. Nom. — *sitach* psitacus: H. S. Umordn. III, 8. Versus de volucr. (3 Hss. 12. Jh.), *sitich* (1 Hs. 13. Jh., 1 Hs. 13./14. Jh., 3 Hss. 14. Jh., 3 Hss. 15. Jh.), *sittich* (1 Hs. 15. Jh.), *sitik* (1 Hs. 12. Jh.). *sitih*: cod. Vindob. 1325, 90b[1] (14. Jh.), *sitech*: cod. Mellic. K. 51, 131 (14. Jh.). Versus de volucr. (1 Hs. 14. Jh.), *sitch* (1 Hs. 13. Jh.), *sisitich* (1 Hs. 14. Jh.), *sic sitich* (1 Hs. 13. Jh.), *psitich* (2 Hss. 13. Jh., 1 Hs. 15. Jh.), *pisitech* (1 Hs. 12. Jh.), *pesitich* (1 Hs. 12. Jh.). *siti-chust*: cod. Oenipont. 711, 30a (13. Jh.). *siticust*: Versus de volucr. (1 Hs. 13. Jh.), *sitkv̂st* (1 Hs. 14. Jh.), *pechsteon* (1 Hs. 14. Jh.).

Ahd. mhd. *sitich* m. = mnd. *sidik*, *sedek* sind dem griech.-lat. *psittacus* (in der vulgären Aussprache **psiticus*; wegen *-acus* ~ *-icus* s. Kluge Vorgeschichte[2] § 16 d) entlehnt. Die Zeit der Entlehnung, deren Terminus a quo sich aus dem unverschobenen Dental ergibt, kann nicht näher festgestellt werden; ahd. *ch* < lat. *c* beruht kaum auf Verschiebung, wie Franz Lat.-rom. Elemente S. 33 meint, sondern auf Lautsubstitution. Offenbar hat sich das Wort, welches in den romanischen Volksdialekten nicht vorhanden ist, zunächst in den gelehrten Kreisen in Deutschland eingebürgert. Auf diesen halbgelehrten Charakter der Entlehnung weist auch das Vorkommen der Form *sitikus(t)* mit Bewahrung der lat. Endung. Hieraus ist im 16. Jh. durch Assimilation *Sickuſt*[1] (bei Gesner Hist. avium (1555) S. 691) hervorgegangen.

Verschieden von *sitikust* ist die Variante *hincust* in H. S. XI b: cod. Admont. 269, 61 b[2]; sie geht auf lat. (avis) *indicus* zurück.

Leider fehlen historische Zeugnisse, aus denen man auf den ersten Import der Papageien nach Deutschland schließen

1 Wegen des unorganischen *t* vgl. Paul Mhd. Gramm.[5] § 36 Anm. 7.

könnte. Im Mittelalter wurden Sittiche von Edeldamen in Käfigen gehalten, und Abbildungen derselben erscheinen oft als Verzierungen auf Kleidern und Stoffen, auch im priesterlichen Ornat, vgl. z. B. Meyer Helmbreht 18 (Zs. f. d. A. IV, 322) und Du Cange II, 367 s. v. citacus. Essewein beschreibt im Anzeiger f. Kunde d. d. Vorzeit v. J. 1869 Nr. I Sp. 4f. einen im Nürnberger Museum befindlichen Seidenstoff, der angeblich dem Kaiser Heinrich dem Zweiten (1002—1024) gehört hat; auf violettem Grunde sind da in olivengrüner Farbe einander zugewandte Sittiche abgebildet. — Von den Hunderten von Papageienarten, die man heutzutage unterscheidet, war es der bei den Römern beliebte grüne Halsbandsittich (psittacus torquatus), welcher im Mittelalter nach Deutschland kam. Auf diesen Vogel bezieht sich die Erklärung des Wortes psittacus mit "auis Indiae loquens uiridis coloris" in den Glossen ebenso wie das Epitheton "grüene als ein gras" in den mittelhochdeutschen Texten. Die Berichte einiger mittelalterlichen Dichter von dem schönen Gesang der Papageien brauchen nicht gerade auf Erfindung zu beruhen, denn der Halsbandsittich soll recht angenehm singen können, vgl. Martin Naturgeschichte I, 2, 48.

Eine weitere Verbreitung als das lat.-griech. *psittacus* erhielt der arabische Name *babaghâ*, der sich in fast allen europäischen Sprachen eingebürgert hat. Von den romanischen Namensformen hat sich ital. *papagallo*, dem afrz. *papegaut* am nächsten steht, an *gallo* 'gallus' angelehnt, während afrz. *papegai* (nfrz. dial. *papegai*) = span.-portug. *papagayo* wohl an afrz. *gai* (vulgärlat. *gaius*[1]) 'Häher' anknüpfte. Der orientalische Ursprung der romanischen Worte, auf den schon Adelung aufmerksam gemacht hatte, wird von Anderen bezweifelt, die das arabische Wort für ein portugiesisches Lehnwort halten. Eine völlig sichere Entscheidung ist schwer zu treffen so lange man von der Geschichte der Papageien in Europa nicht besser unterrichtet ist als jetzt. — In der mittelhochdeutschen Literatur tritt das Fremdwort zuerst im Anfang des 13. Jhs. und zwar in der Form *papegân* m. auf; zunächst *papegân* in Gottfrieds von Strassburg Tristan 10 999,

1 Thomas Romania XXXV, 14ff. leitet den Vogelnamen von dem Personennamen *Caius* ab.

darauf *babiân* in Strickers Daniel vom Blühenden Tal (Ed. Rosenhagen) 550 und *papigân* bei Konrad von Würzburg (Ed. Keller S. 378) 31 678. Diese Namensform kann kaum aus dem altfranzösischen *papegai* erklärt werden, sie scheint vielmehr eine direkte Entlehnung aus arab. *babagân*[1] zu sein, welche durch die Kreuzzüge vermittelt wurde, s. Feit Korrespondenzbl. f. ndd. Sprachf. XXV, 83ff. Die heute üblich gewordene Form *Papagei* m., die im 15. Jh. als *papegey*, *papagey* bezeugt ist, stammt aus dem Französischen ebenso wie mnd. *papagoie*, *papegoie*, nndl. *papegaai*[2] (als 'Pfaffenhäher', zu *gaai* 'Häher', aufgefaßt); aus dem Niederdeutschen ist das Wort ins Dänische als *papegøie*, ins Schwedische als *papegoja* übernommen. Auch mittelengl. *papegai*, *popegai*, spätme. und ne. *popinjay* haben ihre Quelle in dem französischen Worte.

Eine schweizerische Variante des Vogelnamens ist *Bappengei*[3] in der Stadt Basel, im 16. Jh. als *Pappengeij* von Gesner S. 691 bezeugt. Aus dieser Quelle stammt wohl *Pappengey* bei Golius Onomasticon v. J. 1579 Sp. 294; die heute im Elsaß volkstümliche Form ist *Bappegei*[4]. — Adelung (1777) III, 956 verzeichnet *Papchen* mit Belegen aus Zachariä[5], das ndd. *Pape* (Brem. Wb. III, 292) bezeichnet er als 'ungewöhnlich'. Diese Namensformen ebenso wie ostfries. *Pâpje* (Ndd. Jb. XI, 112) sind als Verkürzungen von *Papagei* aufzufassen ebenso wie *Pa(p)perl*[6] m. u. n. in Baiern, Tirol und Steiermark; wahrscheinlich gehören sie eigentlich der Kindersprache an. In Luxemburg heißt der Papagei auch *Jako*[7] m., das mit dem Personennamen *Jakob* identisch ist. Als Nomen proprium für Käfigvögel kommt dieser Name öfters vor.

Der Name *Kakadu* m., mit dem man eine Papageiengattung benennt, stammt aus dem malaiischen Worte *kakatûa*. Bereits in dem Orientalischen Reisebericht Andersens v. J. 1669 S. 189, wo "der weissen Papagayen" gedacht wird, tritt das Fremdwort in der umgedeuteten Form *Kakethun* auf; Reyger schreibt da-

1 Im modernen Vulgärarabisch vorhanden.

2 Im Korrespondenzbl. f. ndd. Sprachf. XXV, 60 erklärte J. Winkler das holländische Wort für die ursprüngliche Quelle aller hierhergehörigen Namensformen überhaupt. — 3 Staub-Tobler IV, 1415.

4 Martin-Lienhart II, 67. — 5 Vgl. Grimms Wb. VII, 1434.

6 Schmeller-Frommann I, 399, Frommann D. Mundarten IV, 216 und Unger-Khull 41. — 7 Wb. d. Luxemburg. Mundart. 3. 198.

gegen in seiner Verbess. Hist. der Vögel (1760) S. 25 die fremde Namensform *Kakatoeha.* Adelung Wörterbuch (1775) II, 1467 bucht die Namensform *Kakadu.*

II. Kuckucksvögel, Coccygomorphae.

Typische Kuckucke, Cuculinae.

Kuckuck, cuculus canorus.

Ahd. gauh: Sg. Nom. — *gauh* (cre)cuculus: cod. S Galli 913, 203. *gaulj* geometrix[1]: cod. Parisin. 12269 f. 58 b. *gouh*: cod. S Galli 299 p. 33. cod. S Galli 242, 248 a. Sprichwörter in St. Galler Hs. Notker WPs. 48, 11 (2). ciculos ... idem dicuntur tucos[2]: Gll. Salom. a 1. *goûh* stultus: Notker Ps. 48, 11. *gôuh*: Notker Ps. 48, 11. *gouch*: Versus de volucr. H. S. XI a 2 b. e, cuculus ł fols[3]: g, tucus[2]. ł cuculus: III, 17. *gouhc*: Clm. 14689 f. 47 a. *kovhc*: cod. Selestad. 110 a. *ghoch*: cod. sem. Trevir. f. 112 b, *koch*: cod. Berol. Ms. lat. 8° 73, 123 b[2], *gok*: cod. Guelpherbyt. Aug. 10. 3. 4° f. 89 a, cuculus. ł psitacus: cod. Parisin. 9344 f. 42 b. — Akk. — *gouh* larum: Deuteronom. 14, 15: cod. Oxon. Laud. lat. 92, 21 a. *gouch*: Horatius Serm. I, 7, 31: cod. Parisin. 9345, 74 b. — Dat. — *koûche* stvlto: Notker Ps. 57, 11. — Pl. Nom. — *goucha* stulti: Notker Ps. 93, 8. *koûcha*: Notker Cantic. Deuteronom. 21. *coucha*: Notker W. Cantic. Deuteronom. 21. — Gen. — dero *góucho*: Notker de cons. phil. 1, 8.

Ableitungen und Komposita. — gauhlîhho Adv. 'dem Toren gleich, töricht': *couhlicho* insipienter: Notker Ps. 21, 3 Gl. — gauhheit f. 'Torheit': *góuhhéite* stultitię: Notker de cons. phil. 1, 9. — ureizgauh m. 'Kriegsnarr': — Pl. Akk. — *úreizkóucha*: Notker de cons. phil. 3, 117. — gauhhes-ampfaro 'Gauchampfer' (vgl. Grimm Deutsche Mythologie II[4], 568): *gouches amphere* cuculo panis: cod. Vindob. 10, 337 a, trifolia: Clm. 2612, 93 b[1], cod. Bern. 722, 1, 2 b, cod. Vindob. 2400, 129 a. *gohesamphera* acitvla: cod. Bonn. 218, 49 b, trifolia: Rotul. com. de Mülin. Bern. *goiesamphera* trifolia: cod. Bonn. 218, 49 b.

In den indogermanischen Sprachen wird der Kuckuck meistens nach seinem charakteristischen Rufe benannt. In vielen Namen ist dieser lautmalende Ursprung noch ohne Weiteres zu erkennen, vgl. z. B. lat. *cŭcūlus,* griech. κόκκυξ (κόκκυ 'Ruf des

1 Gemeint scheint ortigometra. l. *gauh* nach Wright-Wülcker 24, 17 geumatrix geac (Steinmeyer).

2 Vgl. Isidor Origines XII, 7, 67 u. die Anm. bei Forcellini s. v.

3 Fols = follis = frz. fou (Steinmeyer).

Kuckucks', κοκκύζω 'rufe Kuckuck'), ai. *kōkilás* 'der indische Kuckuck', *kókas* 'eine Gansart, auch Kuckuck', ir. *cuach*, cymr. *cog*, akslav. *kukavica*, poln. *kukulka*, russ. *kukuška*, (lit. *kukúti* 'Kuckuck rufen').

Eine abweichende Lautgestalt zeigt der alte germanische Name, der allen Dialekten gemeinsam ist: ahd. *gauh*, mhd. *gouch* m. = mnd. *gôk*, mndl. *gooc* (beide letztgenannten Worte nur in der übertragenen Bedeutung 'dummer Mensch'), ags. *géac* und anord. *gaukr*, dän. *gjøg*, schwed. *gök*; aus dem Altnordischen stammen me. *gouke*, ne. *gowk* (in Schottland und nördlichen Dialekten). Mit den vorhin erwähnten Synonyma der urverwandten Sprachen läßt sich germ. **gauk-a* nicht durch sicher erkannte Lautgesetze verbinden; Bugges Kombination PBB. XII, 424 ff. (Noreen Abriß S. 133) beruht auf der Annahme von ganz hypothetischen Lautübergängen. Auch Meillets Versuch in Mémoires de la Soc. Linguist. de Paris XII, 213 eine Verwandtschaft des germanischen Wortes mit dem gleichbedeutenden litauischen *geguzẽ* nachzuweisen, läßt sich nicht ungezwungen durchführen. — Der Vogelname muß daher von intern germanischem Gesichtspunkte aus beurteilt werden. Man kann darin (mit Kluge Et. Wb.[6] S. 135) das auslautende *k* als Suffix (wie in **habuk-* 'Habicht', **kranuk-* 'Kranich') auffassen, wodurch der Name zum idg. Stamme **gheu-* 'rufen' (altind. *havati* 'er ruft', akslav. *zŭvati* 'rufen', anord. *geyja* 'spotten, schelten') geführt werden könnte. Doch machen das Aussehen des germanischen Lautkörpers und das damit im Ablautsverhältnis stehende Verbum *guckôn* 'Kuckuck rufen' (Müllenhoff-Scherer Denkmäler I[3], XXVII, 5) es wahrscheinlich, daß es sich hier um eine ursprünglich onomatopoietische Bildung handelt, die dem germanischen Sprachzweige eigen war.

Eine originelle Deutung hat Uhlenbeck in Arkiv f. nord. fil. XV, 151 ff. für germ. **gauk-a-* erfunden. Danach ist diese Namensform durch die Zwischenstufe **gá-uko-* aus *gá-auko-* entstanden und bedeutet eigtl. 'den mit eigenen Kindern Miternährten oder Miterwachsenen (viell. den fremden Pflegesohn)'. Diese Erklärung knüpft aber nur an den jungen Kuckuck an und läßt sich auch sonst nicht in Einklang bringen mit den einfachen Prinzipien, die man in älterer Zeit bei Benennung der Vögel beobachten kann.

Auf dem niederd.-niederländischen Sprachgebiete ist die altgermanische Benennung in der ursprünglichen Bedeutung verloren gegangen. Statt dessen erscheinen hier junge Bildungen, die mit dem Rufe des Vogels identisch sind: mnd. *kukuk*, mndl. *cucuuc*, *cuccuc*, *coccoc*, *coecoec* und *cockuut* (Verwijs-Verdam Mndl. Wb. III, 1657 u. 1694), nndl. *koekoek*. Zu den niederländischen Namensformen stimmen die in französischen Dialekten neben dem schriftsprachlichen *coucou* (afrz. *cucu*) vorkommenden Varianten *coucouq*, *coucut*, aber wegen der onomatopoietischen Natur dieser Namen ist das gegenseitige Verhältnis derselben schwer zu bestimmen.

Vom Norden her verbreitet sich *cuccuc*, das zum ersten Mal in Glossen des 13. Jhs. (*cuccuc* cod. Oxon. Jun. 83, 4, Ahd. Gll. III, 364^{67} und *gouch. t cucuc* cod. Darmstad. 6, 26a, Ahd. Gll. III, 87^{67}) bezeugt ist, allmählich auch über das oberdeutsche Gebiet hinaus. Auf den frühen Beleg des Wortes in dem oberdeutschen Seifried Helbling (Ed. Seemüller) II, 284: "*kukuk* hiur unde wert" ist kein Gewicht zu legen, da diese Namensform nicht im Reime steht und vom Schreiber der späten Handschrift herrühren wird; dasselbe gilt von dem Belege *guckgug* im Meister Altswert (Ed. Holland u. Keller) 158^{2}. Im 14. Jh. wird das neue Wort von dem Baiern Konrad von Megenberg (Buch der Natur, Ed. Pfeiffer 178^{10}) neben dem alten erwähnt: "cuculus haizt ain *cukuk* oder ain *gauch*". Erst im 15. Jh. beginnen aber die eigentlichen oberdeutschen Zeugnisse; vgl. Grimms Wb. V, 2520 ff. Die alte Benennung *Gauch* weicht allmählich zurück und dürfte jetzt bis auf geringe Reste verschwunden sein; Martin und Lienhart Wb. d. Els. Ma. I, 197 erwähnen das Vorkommen des Wortes im Münstertal.

Häufig sind in den oberdeutschen Quellen des 15./16. Jhs. die zusammengesetzten Namensformen *Guckgauch* und *Gutzgauch*, deren erster Teil zu dem Verbum *gucken* (ahd. *guckôn*) oder dessen Intensivum *guckezen* > *gutzen* 'Kuckuck rufen' gehört. Daneben kommen auch direkte Ableitungen von diesen lautnachahmenden Verba vor: *Gucker*, *Guckezer*. In den verschiedenen Versionen des Märchens vom Zaunkönig (Germania VI, 87 ff. und Bartsch Erlösung S. XLIV), die aus dem 15. Jh. stammen, wird der Kuckucksname durch verschiedene Varianten wiedergegeben: *gouch* (Germania VI, 87), *der guczgäuch* (a. a. O. 88), *der guggouch* (Erlösung a. a. O.), *guckitzer* (Germania VI, 90), *kukuk* (a. a. O. 103). Im Elsaß wird *Gutzgauch* durch Bracks Vocab. v. J. 1495 S. 49a, das Straßburg. Vogelb. v. J. 1554 V. 275, *Guckgauch* durch Dasypodius (1535) S. K 4a bezeugt. Heute sind dort beide Namensformen ausgestorben; nach Martin und Lienhart I, 204 ist *Guguck* fast allgemein geworden, in Sulzmatt und Rufach ist *Gucker* üblich (I, 208). Die Form *Guggouch* wird für die Schweiz durch Ruef Adam und Eva (1550) V. 936 und Gesner (*Guggauch*) S. 548, *Guckgauch* für Schwaben durch Crusius Lat. Gramm. (1562) S. 302 und Frischlin Nomenclator (1588) S. 108 bezeugt, *Gutzgauch* begegnet auf bairischem Sprachgebiet bei Pinicianus Prompt. (1516) C 3a und H. Sachs Regim. der Vögel (1531) V. 231. — Hier findet sich auch die Variante *kuku* zunächst in zwei Vokabularen des 15. Jhs.[1], dann im 16. Jh. bei Stirpianus Gramm. Etym. (1537) S. B 7b, bei Pinicianus Prompt. (Auszug v. J. 1521) C 4b *Gugku*; heute *Gugku*[2] m. in Tirol, *Guggu*[2] m. in Kärnten, *Guck*[3] m. (neben *Guckatz(er)*) in Steiermark, *Gugku*[4] m. (neben *Gucker*, *Guckezer*) in Baiern. Entlehnung dieser Namensform aus ital. *cucco* ist möglich, wahrscheinlicher ist aber, daß sie direkt dem Kuckuckrufe abgelauscht ist. Einige schwedische Dialekte fassen diesen ebenfalls als *kucku* auf und benennen den Vogel danach; außerhalb der indogermanischen Sprachen findet sich dieselbe Auffassung im Finnischen, wo der Ruf mit "kukkuu" wiedergegeben wird. — In der Schweiz kommt die obenerwähnte Namensform als *Guggû* m. (auch als Interjektion) vor; daneben *Gugger* (allgem.), *Guggauch*, *Guggus*, *Guggûser* (bei Gesner S. 548 *Gugckuser*) und das ursprünglich mitteldeutsche *Guggug*[5].

Der Kuckuck ist ein Frühlingsbote, als solcher wird er in Sachsen *Frühlingsvogel*[6] oder, weil er gewöhnlich dort zur Osternzeit eintrifft, *Ostervogel*[6] genannt.

Der Ausdruck *Vogelstösser*[6] im nördlichen Böhmen (*Vogelstössel*[6] in Oberösterreich) ist eigentlich der Name des Sperbers.

1 Diefenbach Nov. gloss. S. 122b. — 2 Lexer Kärnt. Wb. S. 126.
3 Unger-Khull 312. — 4 Schmeller-Frommann I, 886.
5 Staub-Tobler II, 105. 184. 188. — 6 Zs. f. d. Phil. XXI, 208.

Auf den Kuckuck ist er übertragen, weil man meint, daß dieser sich zu einer bestimmten Zeit in einen Sperber verwandele. Der weitverbreitete Aberglaube[1], den schon Aristoteles und Plinius kennen, erklärt sich aus dem habichtartigen Flug des Kuckucks, vor allem aber aus seinem gesprenkelten Gefieder, das dem des Sperbers in täuschender Weise ähnelt. Überhaupt sind wenige Vögel derartig von Sagen umwoben wie der Kuckuck; durch seinen auffälligen Ruf und sein sonderbares Leben und Gebaren bietet er der Volksphantasie zur Mythenbildung reichen Stoff. Der monotone Ruf hat wohl die Veranlassung dazu gegeben, den Vogel für einen Narren zu halten; in mehreren Sprachen ist sein Rufen des eigenen Namens geradezu sprichwörtlich geworden, und bereits bei Notker ist das Wort *gouch* in übertragenem Sinne 'Tor' bezeugt. Für die bei Staub-Tobler Id. II, 105 geäußerte Vermutung, daß dies die ursprüngliche Bedeutung des Wortes sein könnte, fehlt jeder sichere Anhalt.

Eisvögel, Alcedinidae.

Eisvogel, alcedo ispida.

Der Eisvogel wird in Deutschland an den Ufern von Gewässern häufig gesehen. Auch im Winter bleibt er da, wenn er eisfreie Stellen oder Löcher im Eis findet, wo er seiner Nahrung nachgehen kann. Die Franzosen nennen den Vogel *Martin pêcheur* und die Engländer *kingfisher*. Die deutsche Benennung *Eisvogel* knüpft an sein winterliches Leben an ebenso wie der Ausdruck *Eisente* an das des Zwergsägers. Der Name, der zuerst in den spätahd. Glossen (Versus de volucribus und H. S. III, 17) als *isuogel* (= aurificeps) bezeugt ist, findet sich sonst noch im Niederländischen (mndl. nndl. *ijsvogel*); dän. *isfugl*, schwed. *isfågel* sind aus dem Deutschen entlehnt.

Ein schwieriges Problem steckt in dem niederdeutschen Namen *isenbart*, der in den Quellen des 15. Jhs. begegnet; zu den von Schiller-Lübben Mnd. Wb. II, 393 und Diefenbach Glossar. S. 62a, Novum glossar. S. 43b. 298b verzeichneten Varianten *yserenbort*, *ysenbort*, *isernbart*, *ijsenbard* (*yshornbart*, *yshornbort*), die mit *au-*

1 Vgl. Swainson The Folklore S. 113, Rolland Faune populaire II, 95.

rificeps glossiert sind, kommt noch ein weiterer Beleg *yzerbort* in einem Glossar v. J. 1461 (Reifferscheid Mitteil. aus Handschriften der St. Nikolaibibliothek zu Greifswald (1902) S. 12). Eine andere Variante ist *ysengrin* (= aurificeps) in einem angeblich mitteldeutschen Vokabular aus dem 15. Jh. bei Diefenbach-Wülcker Wb. S. 422. Auch einige andere Zeugnisse des Namens finden sich in hochdeutschen Quellen. Im Elbinger Vokabular (Berneker Die preuss. Sprache 1896, S. 244) wird (772) *Ysenbart* unter den Vogelnamen angeführt und im Vocab. theuton. (Nürnberg) v. J. 1482 p 7a wird ebenfalls "*Isenpart* ein vogel. aurificeps" erwähnt. Die erhaltene Vokallänge in diesem Belege verrät den niederdeutschen Ursprung. Gesner, der in seinem Vogelbuch (1555) S. 550 die Variante *Ysengart* schreibt, bemerkt ausdrücklich, daß der Name ihm aus Pommern bekannt ist. Aus dem Vogelbuche hat wohl Schwenkfeld Ther. Sil. (1603) S. 194 *Eysengartt* übernommen; Frischs Teutsch-lat. Wb. verzeichnet (I, 223a) sowohl *Eisen-Gart* m. wie *Eisen-Bart* m. nach älteren Quellen. Adelungs irreführende Angabe (I, 1637), daß der Ausdruck oberdeutsch sei, beruht offenbar darauf, daß er nur die Zeugnisse in den oberdeutschen Quellen kannte.

Alle drei Varianten *Îsenbart*, *Îsengrîn*, *Îsengart*, in welchen der Vogelname überliefert ist, sind alte Personennamen[1]. Die Sitte, Vögel mit Namen der Menschen zu benennen, ist besonders in England und Frankreich wahrzunehmen, aber auch in Deutschland gibt es eine Anzahl Beispiele dafür. In diesem Falle deuten jedoch verschiedene Indizien darauf, daß die obenerwähnten Namen des Eisvogels erst auf sekundärem Wege entstanden sind. Die alten angelsächsischen Epinaler Glossen glossieren lat. *alcyon* mit *isern*[2] (Sweet Old. Engl. Texts S. 38f.), und dieselbe Glosse begegnet nochmals im 11. Jh. in der Form *isen* bei Wright-Wülcker Vocab. I, 349[5]. 350[7]. Auf dem Kontinent entspricht dem ags. Worte die Glosse porfirionem *isarn*: Leviticus 11, 18: cod. S. Pauli XXV d/82, 38a, porfirio *isarn*: cod. Stuttg. th. et phil. 218, 13c; *isarn* porfirionem: Clm. 22201,

1 Vgl. Förstemann Altd. Namenbuch I², 973. 975. 976.

2 Daß die Glosse *alcion* (alchior) nicht = χάλκειον 'ehern' (Corp. Gll. lat. VI, 48) oder *aciarium* (Diefenbach Glossar. S. 21 s. v. *alchion*) ist, steht außer Zweifel. Bereits Holthausen Litbl. f. germ. u. rom. Phil. X, 446 hat auf den richtigen Sachverhalt hingewiesen.

238 b, *isarin*: Clm. 13002, 219 b², *isarnun*: cod. Vindob. 2723, 18 b, cod. Vindob. 2732, 22 b, Clm. 14689, 38 a, cod. Gotwic. 103, 49 b, *isarnvn* porphirio: Clm. 18140, 14 a. Das lat.-griech. *porphyrio* (Purpurhuhn), das zu den biblischen Vogelnamen gehört, wird in den Glossen mit dem Epitheton 'pulcherrima avis' erklärt, und da die Glossatoren keinen Namen für den ausländischen Vogel hatten, so haben sie das lat. Wort mit der Bezeichnung des schönen Eisvogels wiedergegeben. — Der Name *îsarn* ist offenbar als Kompositum *îs-arn* d. h. 'Eis-Aar' aufzufassen [1], aber das Gefühl dafür ist früh verloren gegangen, und der Vogelname ist mit dem Worte *îsarn* 'Eisen' zusammengefallen. Die Bezeichnung des Eisvogels als 'Aar' ist nicht so befremdend, denn er konnte wegen der raubvogelgleichen Art, mit der er sich ins Wasser stürzt, um die Fische zu packen, gut mit den Seeadlern verglichen und danach halb scherzhaft benannt werden; sonst wird er als 'Amsel', 'Schwalbe' 'Specht', 'Huhn' bezeichnet. Das unverständlich gewordene *îsarn* wurde durch den Zusatz 'Vogel' verdeutlicht: *îsanuogal* Clm. 14689 f. 47 a (Ahd. Gll. III, 460^{42}) und *isinuogil* cod. Oenipontan. 711 (Ahd. Gll. III, 671^{33} (13. Jh.); beide Glossen werden mit *porphyrio* übersetzt. So werden auch die niederdeutschen Namensformen *Îsenbart*, *Îsengart*, *Îsengrîn* durch Anlehnung des Namens *Îse(r)n*, *Îsenfogel* an die betreffenden Personennamen entstanden sein.

Außer der Leviticusglosse *isarn*, die vielleicht auf angelsächsischem Einfluß beruht, begegnet die Namensform *îsaro* in Heinrichs Summarium III, 17 (auch XI a 2. b. d. g.). Die Bedeutung des Wortes ist dem Redakteur jedoch nicht klar gewesen; denn er bringt es unter den Adlernamen (*aro*, *stocaro*) und erwähnt *îsfogal* an anderer Stelle. Das lat. Lemma 'porphyrio' zeigt, daß er die Glosse aus einer Vorlage mit biblischen Glossen übernommen hat.

In den meisten Gegenden Deutschlands ist der Name *Eisvogel* bekannt. Schwenkfeld Ther. Sil. (1603) S. 193 gibt ausdrücklich an, daß *Eyßvogel* der schlesische Ausdruck ist; daneben erwähnt er die Benennungen *Waſſer Hünlin*/*Seeſchwalme*. Die

1 Falk und Torp Et. ordb. I, 133 halten *îsarna* für den 'Eisenfarbigen'; dabei bleibt jedoch die Bildungsweise des Vogelnamens, der mit *îsarna* 'Eisen' sich deckt, unklar.

erstere von diesen kommt in Luxemburg als *Wâsserhînchen*[1], in Westfalen als *Wâterhainken*[2] vor. In der Schweiz (im Wehntal) heißt der Eisvogel *Blauamseli*[3], in Sulzmatt (im Elsaß) *Wasseramstel*[4]. Wegen der bunten Farben und des langen spitzen Schnabels nennt man ihn in Steiermark *Wasserspecht*[5]; auch in Luxemburg ist der Name *Wasserspiecht* üblich. Bereits Gesner (S. 684) kennt den Ausdruck *Ein grün blaw Wafferfpechtli*, obgleich er nicht weiß, welchem Vogel er gehört. — Ein luxemburgisches Dialektwort ist *Mattevull*[6] (d. h. Mottenvogel). Dieser Name erklärt sich aus dem Volksglauben, daß die Haut des Eisvogels die Kraft besitze, die Motten zu entfernen; Albertus Magnus erzählt, daß die Tuchhändler getrocknete Häute von Eisvögeln unter die Stoffe zu legen pflegten, um diese vor Mottenfraß zu schützen. Der luxemburgische Ausdruck wird jedoch aus dem Französischen übernommen worden sein, wo die gleichbedeutenden Namen *arnié*, *ar(g)né* u. a.[7] eine weite geographische Verbreitung haben.

Wiedehopfe, Upupidae.

Wiedehopf, upupa epops.

Ahd. wituhoffa: Sg. Nom. — *uuituhoffa* upupa[8] siue opopa iđ: Leviticus 11, 19: cod. Guelpherbyt. Wiss. 29, 82a, Clm. 6227, 50a, *i. uvituhoffa*: Clm. 18528, 1, 73b, *i. wituhoffa*: Clm. 5116, 80b, *uuittuhoffa*: cod. Vindob. 1042, 130b; *vuituhoffa*: Clm. 18140, 14a; *uu*ᶠ*ito hoffa*: cod. SGalli 283, 483, *uuitohoffa*: cod. Carolsruh. Aug. CCXXXI, 12a; cod. Carolsruh. Aug. IC f. 101a, *uuitohoua*: cod. Oxon. Jun. 25f., 107b. *vuitohoffa* upupa[8]: Deuteronom. 14, 18: cod. SGalli 296, 116. *uuite*ⁱ*hoffa*: Leviticus 11, 19: cod. SGalli 295, 127; idest *vvitehoffa*: cod. mon. herem. 184, 298; *videhoffo*: cod. Vatic. Pal. 288, 55d; *uitihof*[9]: cod. SPauli XXV d/82, 38a. *uuituhopfa*[10] oppoba: cod. S Galli 242, 248b. *witihopfa*: cod. Selestad. 110a. *uuitihopha*: Leviticus 11, 19: cod. SGalli 9, 277, *witihoppha*: cod. Stuttg. th. et phil. f. 218, 13c; *witihopha* upupam: cod. Turic. Rhenov. 66, 19, *witehopha* upu-

1 Wb. d. Luxemburg. Mundart 477. — 2 Woeste 317.
3 Staub-Tobler I, 241. — 4 Martin-Lienhart I, 41.
5 Unger-Khull 621. — 6 Wb. d. Luxemburg. Ma. 478.
7 Vgl. Rolland Faune populaire II, 72f. — 8 upupam Vulg.
9 Rasur von *a*: *uitihof*: (Steinmeyer).
10 *f* sicher, *a* aus *o* korr. (Steinmeyer).

pam: cod. Stuttg. herm. 26, 13 b. Clm. 14689 f. 47 a. *vvithoppha* upupam: Leviticus 11, 19: cod. Angelomont. I 4/11, 10 b. *uvito houpfo* uppupam: Servius in Vergil. E. VI, 78: Clm. 18059, 10 a. *wide hopfo*: Rotul. comit. de Mülinen Bern. *witehopho*: Versus de volucr. H. S. III, 17. XI a 2. Gll. Salom. a 1, opupun hvpupa: a 2, *withopfo* perdix: a 1. *witihophe*: Versus de volucr., *witehopfe*: Versus de volucr. *witehophe*: cod. Vindob. 804, 174 a. opupun huppupa: Gll. Salomon. a 2. Leviticus 11, 19. Clm. 4606, 101 b, *withoph*: Clm. 22201, 238 b; *uuidohoppa* vpupam: cod. Carolsruh. S Petri 87, 64 a[1]. *uuidehoppa*: cod. sem. Trevir. R. III. 13, 106 a. *uidehoppa* upupam: Servius in Vergil. E. VI, 78: cod. Lips. civ. Rep. I, 36 b, 19 b. *uuindehoppa*: cod. sem. Trevir. f. 112 b, *uuidehopa*: cod. Guelpherbyt. Aug. 10. 3. 4° f. 89 a, *wideopa*: cod. Parisin. 9344 f. 42 b, *vuiduhoppo*: cod. Berol. Ms. lat. 8° 73, 123 b[2]. *witohoppo* upupam: Leviticus 11, 19: Clm. 14584, 130 a. *uuiduhoppe* upupam: Servius in Vergil. E. VI, 78: cod. Oxon. Jun. Auct. F. 1. 16, 33 b. — Akk. — *vuitahophun*: Leviticus 11, 19: cod. Vindob. 2723, 18 b, cod. Vindob. 2732, 22 b, *witahopphun*: cod. Gotwic. 103, 49 b, *vvitihophun*: Clm. 14689, 38 a, *withopphen*: Clm. 13002, 219 b[2]. *witeopphen* (Terei) Tereus rex tracię fuit. et mutatus est in upupam: Vergil. E. VI, 78: cod. Trident. 1660, 8 a.

Wie der Kuckuck seinen Namen von der auffälligen, der menschlichen Sprache gleichenden, Stimme erhalten hat, so kehrt auch der eigentümliche Paarungsruf des Wiedehopfs, ein dumpf klingendes 'upup' oder 'huppupp' in den Namen des Vogels wieder. Man vergleiche mit diesem Rufe die zahlreichen Benennungen des Wiedehopfs, welche bei Naumann-Hennicke IV, 376 aus den verschiedensten Sprachen gesammelt sind und der onomatopoietische Charakter der meisten Ausdrücke wird ohne Weiteres in die Augen springen. So schließen sich in den indogermanischen Sprachen direkt an die Naturlaute an z. B. lat. *upupa*, griech. ἔποψ, armen. *popop*, neupers. *pûpû*, lett. *puppukis* usw.

Auch in den deutschen Mundarten finden sich Bezeichnungen des Vogels, deren lautbildende Natur ebenso leicht zu erkennen ist, vgl. *Hupphupp*, *Huppke* in Preußen[1], *Hupup* in Mecklenburg[2], *Hupphupp* in Holstein[2], *Huppupp* und *Wuppwupp*[3] in Altmark, *Huppe, Hupke*[4] im Münsterkreise. An diese schließen sich mndl. *hoppe*, nndl. *hop* an, die wohl nicht mit Vercoullie Et. Wb. S. 116 aus frz. *huppe* herzuleiten sind; im Gegen-

1 Frischbier I, 306. — 2 Schiller Zum Tierbuche II, 12.
3 Danneil 251. — 4 Korrespondenzbl. f. ndd. Sprachf. XVI, 85.

teil scheint das französische Wort germanischen Ursprungs zu sein. Aber engl. *hoop*, *hoopoe* (me. *huppe*) ist wahrscheinlich ein französisches Lehnwort; übrigens ist der Wiedehopf in England äußerst selten.

Der Name *Wiedehopf* ist die altüberlieferte Benennung des Vogels, die im Althochdeutschen als *wituhoffa*, *wituhoffo*, *wituhopfa*, *wituhopfo* öfters bezeugt ist; dazu stimmen andd. *widohoppa*, *uuiduhoppe* (Wadstein Kleinere altsächs. Denkmäl. S. 74[32] und 109[20]), mnd. mndl. *wedehoppe*. In dieser Form ist der Vogelname ein Kompositum, dessen erster Teil ahd. *witu* 'Holz, Wald' ist; das zweite Glied gehört zu mhd. *hopfen* (= ags. *hoppian*) und bedeutet demnach eigentlich 'Hüpfer(in)'. Aber die Auffassung des Wiedehopfs als 'Holzhüpferin' ist sicher erst sekundär. Ursprünglich beruht die Zusammensetzung in ihrem letzten Gliede auf dem *hup(p)*-Rufe des Vogels, der den obenerwähnten niederdeutschen Dialektworten zugrunde liegt und der sich lautgesetzlich zu **hoff-ôn*, **hopf-ôn* entwickeln mußte. Gleichwie das zweite Kompositionsglied wird auch das erste anfänglich onomatopoietischer Natur gewesen sein. Der Ruf des Wiedehopfs wird nicht überall in gleicher Weise aufgefaßt; an manchem Ort hört man darin nicht ein 'hupphupp' sondern 'wudwud', 'butbut' und dergleichen Lautgebilde. Im Altkirchenslavischen lautet daher der Vogelname *vudodŭ*[1], und ähnliche Bildungen finden sich auch auf dem deutschen Sprachboden: in der Vorderpfalz *Wuddwudd* m.[2], ebenso in Neumarkt (Tirol) *Wud-Wud*[3], an der kärntischen Grenze *Wudi*[3] (in Salurn *Hod-Hod*[3]); in Steiermark heißt der Vogel *Wudhupf*, *Wudhup* oder *Wuderer*[4] m., in Schleital (im Elsaß) *Wutthahn*[5]. Diese Namensformen machen es sehr wahrscheinlich, daß die Benennung *Wiedehopf* in ihren beiden Teilen lautbildend war und in alter Zeit *wudhup(p)* lautete. Daraus ging durch Anlehnung an *wudu* ~ *widu* (ags. *wudu* ~ ahd. *witu*) die spätere Lautform hervor.

Der Name *Wiedehopf* kommt heute nicht nur in hochdeutscher sondern auch in niederdeutscher Lautgestalt vor. In

1 Miklosisch Et. Wb. S. 396.

2 Heeger Tiere im pfälz. Volksmunde II, 10.

3 Frommann D. Mundarten IV, 56. — 4 Unger-Khull 639.

5 Martin-Lienhart I, 341.

Göttingen und Grubenhagen ist durch Umstellung der Kompositionsteile in *Wîhoppe*[1] m. die Namensform *Hopwîweken*[1] n. (d. h. Hopweibchen) zustande gekommen, außerdem wird der Vogel wegen des beweglichen Federbusches hier auch *Wupkam*[1] m. genannt. An die ahd. Variante (*witu*)-*hoffa* knüpft der Ausdruck *Höfferich*[2] m. in Hessen, welcher ebenso wie *Wuderich*[3] m. in Steiermark nach dem bekannten Typus von *Enterich*, *Gänserich* usw. gebildet ist.

Häufig erscheint das hessische Wort in der Zusammensetzung *Schiesshöfferich*[2] (eigtl. *Schisshöfferich*).

Schon bei den Römern war der Wiedehopf wegen der Unsauberkeit des Nestes in üblem Ruf[4], und in moderner Zeit ist es damit nicht anders bestellt. Der Ausdruck *Kothahn* erscheint bereits in einem Glossar v. J. 1512 (upupa *kothan*, *kathan*[5]), darauf *Kadthan* bei Ryff Tierb. Alberti (1545) S. Q 5b, *Kothan* im Strassburg. Vogelb. (1554) V. 553, *Kathaan*, *Kaathane* bei Gesner (1555) S. 744f.; heute *Gewothân*[6] (*Quôthahn* zu mhd. *quât* 'Kot') oder *Dreckvogel*[6] in der Pfalz, *Chothan*[7] in der Schweiz, *Kothahn, Kothüehnel, Stinkhahn, Schissdreckvogel*[8] im Elsaß, *Misthahn*[9] in der Mark Brandenburg, *Dröckstöchar*[10] im Sarntal (Tirol). An diese Namen reiht sich noch der Ausdruck *Heervogel* an, der nach Heyne Grimms Wb. IV, 761 aus älterem **Hor-fogel* (= Kotvogel) entstanden ist; aus dem Deutschen sind dän. *hærfugl* (neben *hærpop*) und schwed. *härfågel* entlehnt.

Den Namen *Kuckuckskü̈ster*, *Kuckuckskö̈ster*, der in Holstein[11], Mecklenburg[9] und Altmark[12] vorkommt, hat der Wiedehopf erhalten, weil er gewöhnlich 14 Tage früher als der Kuckuck erscheint und durch seinen Ruf die Ankunft dieses Vogels verkündigt. Die Erklärung des Namens hat schon Colerus Calendar

1 Schambach 85. 297. 307.

2 Pfister Nachträge zu Vilmars Id. S. 106 und Kehrein 346.

3 Unger-Khull 639.

4 Plinius nennt den Wiedehopf 'avis pastu obscoena'.

5 Diefenbach-Wülcker Wb. S. 713.

6 Heeger Tiere im pfälz. Volksmunde II, 10 und Pfälz. Id. S. 53.

7 Staub-Tobler II, 1308. — 8 Martin-Lienhart I, 101. 340. 341. 346.

9 Schiller Zum Tierbuche II, 12. — 10 Frommann D. Mundarten IV, 56.

11 Schütze Holst. Id. im Korrespondenzbl. f. ndd. Sprachf. XVII, 4.

12 Danneil 87.

S. 83 (Schiller Zum Tierbuche II, 12) gegeben: "die Meckelburger sagen, der Widehopffe sei des Guckucks Küster. Denn wenn sich der mit seinem Närrischen gelächter oder geschrey auff den Bewmen hören lest, so lest sich auch bald hernach der ander narr, der Gukgug hören". Aus demselben Grunde nennt man den Wiedehopf in Luxemburg *Riffer*[1] (d. h. Ausrufer).

Da der Vogel sich gerne auf Viehweiden aufhält, um dort der Nahrung nachzugehen, heißt er in Tirol *Gänsehirt* und *Fuhrmann*[2], in Preußen *Ossepûper*[3] (d. h. Ochsenpuper). Andere scherzhafte Ausdrücke sind *Wachmeister*[4] m. in Preußen, *Huppúppergeselle*[5] in Fallersleben, *Giggas-Gåggas*[6] in Tirol (Inntal, Leutasch). — Von den onomatopoietischen Bezeichnungen des Wiedehopfs in Luxemburg ist *Butbut*[7] m. entlehnt aus dem frz. *boutt boutt* (in den Nachbardialekten), dagegen ist wohl (*Bösch*)-*buppert*[6] m. (vgl. elsäss. *Puphahn*, *Pupelhahn*[8]) nicht auf frz. *boubou*, *poupou* zurückzuführen, sondern als selbständige Bildung aufzufassen; daneben kommen auch die Varianten *Wuppert*[7] m. und *Fuppert*[7] m. vor. Unklar ist luxemburg. *Mitok*[9] m.

Raken, Coraciidae.

Blaukrähe, coracias garrula.

Die Blaukrähe ist in Deutschland nicht gerade selten, aber da sie die sumpfigen Gegenden durchaus vermeidet und mit Vorliebe ebene sandige Waldstriche aufsucht, ist ihr Vorkommen sporadisch. Das Brutgebiet des Vogels umfaßt nach Naumann-Hennicke IV, 365 die östlichen Teile des deutschen Sprachgebiets. Hier kennt man ihn meistens unter dem Namen *Racke*(*r*), der seinem gewöhnlichsten Rufe, welcher nach Voigt Excursionsbuch S. 167 und Naumann-Hennicke a. a. O. aus einem einfachen oder wiederholten 'rack' besteht, nachgebildet ist. Schwenkfeld

---

1 Wb. d. Luxemburg. Mundart 361.
2 Vgl. Zs. f. d. Phil. XXI, 211.
3 Kein korrumpiertes Wort wie Frischbier II, 113 annimmt.
4 Frischbier II, 450. — 5 Frommann D. Mundarten V, 148.
6 Frommann D. Mundarten IV, 56.
7 Wb. d. Luxemburg. Mundart 40. 51. 122. 493.
8 Martin-Lienhart II, 341. — 9 Wb. d. Luxemburg. Mundart 288.

Ther. Sil. (1603) S. 243 gibt *Rache* als die schlesische Namensform an; Döbel Eröffn. Jägerpr. (1746) S. 52 nennt den Vogel *Blabrack* (Blaurack) wegen des blauen Gefieders, Klein hist. av. prodr. (1750) S. 62 *Blaue Raacke* oder *Racker*. Die letzte Variante, die an den Schimpfnamen angelehnt ist, kommt heute neben *Blauracker* in Preußen [1], Fallersleben [2], Altmark [3] und Göttingen und Grubenhagen [4] vor, aus der Stainzer Gegend in Steiermark wird von Unger-Khull S. 487 *Racke* als die übliche Form angegeben. Popowitsch (Versuch 1780, S. 347), der eine große Anzahl Synonyma nach älteren Quellen zusammengestellt hat, führt nach Zinke die volksetymologisch umgebildete Namensform *Blaurock* an.

Sonst wird der Vogel meistens als Krähe, Häher oder Elster aufgefaßt und benannt. Eber und Peucer Vocab. (1552) S. F 6 a nennen ihn *Krigelſter* oder *Heydenelſter*; die erstere Zusammensetzung ist in ihrem ersten Bestandteile onomatopoietisch gleichwie *Krichentte* (= Krikente) a. a. O. S. E 4 a, vgl. *Krick-Elster* in Döbels Eröffn. Jägerpr. (1746) S. 78. Die Varianten *Krigelelster* oder *Kugelelſter* (bei Schwenkfeld a. a. O.), welche in den Werken der späteren Ornithologen begegnen, sind nur falsche Lesarten von dem Belege bei Eber und Peucer. — Den Ausdruck *Mandelkrahe* bezeugt zuerst Schwenkfeld a. a. O. und erklärt ihn daraus, daß die Vögel zur Erntezeit sich auf den Garbenhaufen, welche man 'Mandeln' nennt, aufzuhalten pflegen; darauf *Mandel-Krähe* in Döbels Eröffn. Jägerpr. (1746) S. 52 neben *Blaue Krähe*, bei Popowitsch a. a. O. auch *Garbenkrähe, Grünkrähe* nach Zinke zitiert. In Obersteiermark soll der Vogel nach Popowitsch *Weizhäher* heißen, das auf denselben Grund zurückzuführen ist wie das synonyme *Mandelkrähe*. Wegen des sporadischen Auftretens sieht man an einigen Orten die Blaukrähe für einen Fremdling an, daher der von Hohberg Adeliches Land-Leben (1687) II, 810 Kap. CXXIII angeführte Ausdruck *der Ungarische Häher* und die Namen *Meer-Häher* in Österreich [5] (Angenehme Land-Lust (1720) S. 177), *Meergratsch* [6] (zu *Gratsch* = Häher) in Tirol. Die Vorstellung, daß fremdartige Vögel überseeisch

1 Frischbier II, 208.

2 Frommann D. Mundarten V, 289. — 3 Danneil 19. 168.

4 Schambach 167 gibt als Bedeutung 'Elster' mit Fragezeichen.

5 Vgl. Popowitsch a. a. O. — 6 Zs. f. d. Phil. XXI, 211.

sind oder vom Meere her kommen, ist nicht nur in diesen Benennungen, sondern auch öfters zu beobachten.

Gesner, dem die in der Schweiz fehlende Blaukrähe nicht von eigener Anschauung bekannt ist, erwähnt (S. 770) die Meißener Dialektnamen *Ein wilde Holtzkrae* und *Halckregel* (vielleicht = *Holzkregel*), *Galgenregel*; anderwärts hat er den Ausdruck *Ein Teütscher Pappagey* gehört, der dem Vogel wegen der bunten Federn gegeben worden ist. Schwenkfeld führt die von Gesner verzeichneten Namensformen an, ersetzt aber das *Halckregel* seiner Vorlage mit *Gals Kregel*. Der letzte Teil des offenbar dialektisch variierenden Namens gehört zu ahd. *kragil* 'garrulus' (*kragilôn* > nhd. *krägeln*) und bezieht sich auf das krächzende Geschrei der Blaukrähe. Vgl. auch *Blaograok*[1] in Mecklenburg.

Als Straßburger Dialektnamen führt Gesner den Ausdruck *Roller* an, der auch im Strassburg. Vogelb. (1554) V. 436 vorkommt. Der Name ist entlehnt aus dem gleichbedeutenden frz. *rollier*.

III. Langhänder, Macrochires.

Ziegenmelker, Caprimulgidae.

Ziegenmelker, caprimulgus europaeus.

Der seltsam klingende Name *Ziegenmelker* beruht auf einem alten weitverbreiteten Volksglauben, von dem bereits die griechischen und römischen Schriftsteller zu erzählen wissen. In der Historia Naturalis (X, 40) berichtet Plinius, daß der Vogel *caprimulgus* (= griech. αἰγοθήλας) in der Nacht die Ziegen in den Ställen besuche, um ihnen die Milch auszusaugen, und daß die Tiere infolge dessen blind werden. Diese Anschauung hat in den verschiedensten Sprachen die Veranlassung zu den Benennungen des eigenartigen Nachtvogels gegeben, vgl. z. B. ital. *succiacapre*, frz. *tette-chèvre*, poln. *kozo-doy*, lit. *oszka-melže*, engl. *goat-sucker*, *goat-owl*, dän. *gjedemelker*.

Auf welche Weise die Vorstellung von dem nächtlichen Übeltäter sich unter den verschiedenen Völkern verbreitet hat,

1 Korrespondenzbl. f. ndd. Sprachf. XVI, 84.

muß hier dahingestellt bleiben. Jedenfalls darf man ziemlich sicher behaupten, daß sie in Deutschland auf gelehrten lateinischen Einfluß zurückzuführen ist. In den Volksmundarten ist der Ausdruck Ziegenmelker nicht fest eingebürgert, und die ersten Zeugnisse des Namens im Mittelalter haben einen gelehrten Charakter. Konrad von Megenberg, dessen naturhistorisches Buch auf Plinius fußt, erwähnt S. 206 [22] den 'caprimulgus' und fügt hinzu "daz spricht ze däutsch *gaizmelk*"; darauf begegnet *gaissmolch* in einem Glossar des 15. Jhs. (Diefenbach Glossar. S. 98b). Gesner kennt den Namen gar nicht und den daran sich knüpfenden Aberglauben nur aus Plinius, Schwenkfeld Ther. Sil. (1603) bemerkt, daß die Hirten niemals den Vogel in den Ziegenställen gesehen haben. Auch in den anderen Quellen dieser Zeit ist der Ausdruck *Ziegenmelker* nicht zu finden. Popowitsch Versuch S. 407 führt ihn nach Halle an, Klein Hist. av. prodr. (1750) S. 81 nennt *Milchsauger, Ziegensauger, Kinder-Melcker*. Nach Staub-Tobler IV, 197 soll *Geissmelcher* heute in Bern vorkommen, und Schambach führt in seinem Wörterbuch von Göttingen und Grubenhagen (S. 308) *Zêgenmelker* an; dazu noch *Kuhmelker* [1] und *Kuatutlar* [2] in Tirol.

Ein ähnlicher auf gelehrten Einfluß zurückgehender Name wie der vorige ist der Ausdruck *Nachtrabe,* der gelegentlich auf unseren Vogel bezogen wird. Das Wort, das in ahd. Quellen oft belegt und dort als Rohrdommel oder Nachtreiher interpretiert wird, ist eine Übersetzung des griech.-lat. Bibelwortes *nocticorax*. In breiteren Volksschichten hat sich der Name offenbar durch Predigten und religiöse Literatur eingebürgert. Hier erscheint er z. T. als Ziegenmelker gedeutet wie z. B. in dem moralisierenden Buche Albertini 'Der Welt Tummel- und Schaw-Platz' (München 1622) IV, 480. Das erste Zeugnis von der volkstümlichen Anwendung des Namens in diesem Sinne gibt Turner, der in einem Briefe an Gesner (vgl. Hist. avium S. 235) behauptet, den Vogel in der Umgegend von Bonn gesehen zu haben, wo derselbe mit dem Namen *Naghtrauen* bekannt sei. Diese Nachricht wird bestätigt durch Angaben von Heeger (Tiere im pfälz. Volksmunde II, 10) und Woeste (Wb. der westf. Ma. S. 182), daß der Ausdruck *Nachtram*

1 Zs. f. d. Phil. XXI, 211. — 2 Frommann D. Mundarten IV, 55.

in der Pfalz, *Nachtrâwe* in Westfalen den Ziegenmelker bedeute. S. Weiteres s. v. Nachtreiher.

Das sehr auffällige Synonymon *Pfaff*, das in den ornithologischen Werken der vier letzten Jahrhunderte immer wiederkehrt, beruht auf einer Mystifikation, die bis auf Turner zurückgeht. In seinem Buche Avium hist. (1544) S. C 5 b erzählt der englische Naturforscher von einer Unterhaltung über die Untaten des Ziegenmelkers, die er auf einer Reise in der Schweiz mit einem alten Mann gehabt hatte; als schweizerischen Namen habe der Mann 'paphum, id est sacerdotum' angegeben. Aber Turner spricht zuletzt den Verdacht aus, daß der Greis ihn nur zum Besten gehabt hat. Eber und Peucer, die Turner benutzt haben, haben das Wort *Pfaff* in die Vocab. v. J. 1552 S. E 5a aufgenommen, und so ist es weiter gewandert.

Ein alter volkstümlicher Name des Ziegenmelkers scheint das von Schwenkfeld für Schlesien bezeugte Wort *Nachtschade* zu sein, das in der Form *Nachtschatten*[1] in Wien, Oberschlesien und dem nördlichen Böhmen vorkommt; dazu noch die umgedeuteten Formen *Nachtschotte* und *Nachtsspade*[2] in der Gláger Monatsschrift (1799) S. 85. Das Kompositum kann auf eine ahd. Grundform **naht-scato* (d. h. Nachtschatten) zurückgehen, und dann wäre der Name auf den geräuschlosen schattenhaften Flug des Vogels zu beziehen. Aber wenn man bedenkt, daß der Ziegenmelker auch als eine Art Nachtgespenst aufgefaßt wird, so könnte man den Namen aus ahd. **nahtscado* (vgl. ags. *scaþa* 'Übeltäter') als 'Nachtbeschädiger', 'Nachtübeltäter' deuten. Die skandinavischen Namensformen, dän. *natskade* 'Ziegenmelker' und schwed. *nattskata* 'Fledermaus', beruhen offenbar auf dem deutschen Worte, das im Anschluß an *skade* (bezw. *skata*) 'Elster' umgedeutet wurde.

Als schlesische Benennung des Ziegenmelkers führt Schwenkfeld noch den Ausdruck *Tageſchláffer* an, Naumann[3] bezeugt ihn für seine anhaltische Mundart, Popowitsch Versuch S. 407 in der Form *Tagſchláfer* auch für Niedersachsen. Eine ältere Bildungsweise tritt zutage in der bei Döbel Eröffn. Jägerpr. (1746) S. 59

1 S. Popowitsch Versuch S. 407 und Zs. f. d. Phil. XXI, 208.
2 Frommann D. Mundarten IV, 178.
3 Naumann-Hennicke IV, 244.

überlieferten Form *Tages-Schlaffe*, die mit preuß. *Tagschlaf*[1] m. auf eine ahd. Grundform **tagaslâfa, *tagaslâfo* (d. h. Tagschläfer) hinweist. Der Name reicht als westfäl. *Dagslåper*[2] in das niederdeutsche Sprachgebiet hinein.

Die nächtliche Lebensart und der schattenhafte Flug haben dem Vogel in Preußen den Namen *Hexe*[3] f. (Klein Hist. av. prodr. (1750) S. 81) und in Luxemburg die Benennung *Doudevull*[4] (d. h. Totenvogel) verschafft. Andere Dialektausdrücke knüpfen an das Aussehen des Vogels an. Wegen der schwalbenartigen Gestalt heißt er in Baiern *Nachtschwalbe* (Popowitsch Versuch S. 406), wegen des krötenartig dicken Kopfes mit dem großen Rachen in Preußen *Großmaul*[3], in Luxemburg *Nuetsmouk*[4] f. (d. h. Nachtkröte); der letztgenannte Ausdruck kann jedoch durch frz. *crapaud volant* veranlaßt worden sein. Als eifriger Insektenfänger führt er die Namen *Mückenstecher*[5] in Österreich, *Fleimouk*[4] f. (d. h. Mückenkröte) in Luxemburg. In vielen Gegenden wird er einfach *Nachtvogel* (Schwenkfeld a. a. O.) genannt.

Segler, Cypselidae.

Mauersegler, cypselus apus, apus apus.

Die Mauersegler, die nur ein geübtes Auge im Fluge von den Schwalben unterscheidet, werden meistens als Schwalben bezeichnet. Eine spezifische Benennung für diese Vogelart ist mhd. *spîre*. Der erste Beleg des Wortes findet sich bei Hugo von Montfort, der die Pluralform *spîren* mit *saphîrn* (in der Hs. *speyrn*: sapheyrn) reimt (106, 163); dazu die Glosse *spier* in einem Vocab. rerum v. J. 1466 bei Diefenbach Novum glossar. S. 222a. Im 16. Jh. wird der Ausdruck von Gesner S. 160 als schweizerisch bezeichnet („nostri *Spyren* nominant"). Für das Elsaß kommt als erstes Zeugnis in Betracht die Namensform *spîren* in der übertragenen Bedeutung 'Seeschwalbe' in der Strassburg. Ordnung des Vogelfangs v. J. 1449 (Brucker Strassburg. Zunftverordn. S. 226), dann *Spiren* apodes bei Dasypodius (1535) S. C1b, *Speiren* bei Golius Onomasticon v. J. 1579 Sp. 290, *ein Speirer*

1 Frischbier II, 391. — 2 Woeste 47. — 3 Frischbier I, 256. 288.
4 Wb. d. Luxemburg. Mundart 64. 111. 308.
5 Popowitsch Versuch S. 407.

in Baldners Vogelb. v. J. 1666 S. 43. Heute kommt der Vogelname als *Speier*[1] f. in Ober-Steiermark, *Spei(e)r* m. in Tirol, *Spir* m., *Spire* f. in schweizerischen Mundarten[2], *Spire* f., *Spirle*, *Spirel*[3] n. im Elsaß vor; vielfach werden damit auch andere Schwalbenarten oder die Schwalbengattung überhaupt bezeichnet. In der Zusammensetzung mit *Schwalbe* erscheint der Name schon früh auf niederdeutschem Gebiet; im 15. Jh. ist *spirsuale* ein paar Mal hier bezeugt, im 16. Jh. *Spyrſwalecke / Waterswalecke* bei Chytraeus Nomenclator (1582) S. 370. Auch aus Mitteldeutschland stammen einige Zeugnisse für das Kompositum. Eber und Peucer Vocab. (1552) S. F 2b haben *Spirſchwalben* apodes, Gesner führt in Hist. avium S. 160 *Spirſchwalben* (hirundo riparia) nach G. Agricola (Sachsen) an, in Sibers Gemma v. J. 1579 S. 40. 42 *Spirſchwalbe.* Aber die erhaltene Vokallänge zeigt, daß die Benennung in diesen Gegenden eigentlich nicht heimisch war, und in den heutigen mitteldeutschen Mundarten scheint der Ausdruck auch nicht bekannt zu sein. Aus Niederdeutschland führt Schiller Zum Tierbuche II, 17 unter mehreren Synonyma für den Mauersegler auch *(S)pîerswålken* an und Franck Et. Wb. 935 verzeichnet *spier* als frühneuniederländisches Wort. — Der Ursprung von mhd. *spîre* ist umso schwieriger zu ermitteln, da man nicht mit Sicherheit sagen kann, ob das Wort von Ober- oder Niederdeutschland sich weiter verbreitet hat; manches spricht jedoch für die erstere Alternative. Weigand Wb. II⁴, 674 denkt an Zusammenhang mit mnd. *spîr* 'kleine Spitze, bes. Kornspitze' (ags. *spîr* 'langer Schößling' u. a.) und dieselbe Auffassung vertritt Franck a. a. O.; der Mauersegler hätte danach seinen Namen von den langen spitzen Flügeln erhalten. Wenn man von der erwähnten Wortsippe ausgeht, könnte man auch an die Bedeutung 'Turmspitze' anknüpfen, die in dän. *spir*, schwed. *spira* und (nach Grimms Wb.) in niederd. *spyr* (in einem Beleg v. J. 1392) bezeugt ist, denn der Vogel hält sich auf Türmen und anderen hohen Gebäuden auf und wird auch deshalb *Turmschwalbe* genannt. Aber in Oberdeutschland, wo der Vogelname verbreitet ist, ist das angenommene Grundwort nicht heimisch.

1 Unger-Khull 523.

2 Vgl. Grimms Wb. X, 1, 2434. — 3 Martin-Lienhart II, 546.

Eine synonyme Benennung ist *Geierschwalbe*, das vorzugsweise am Rhein und in mitteldeutschen Gegenden nachweisbar ist. Zum ersten Male belegt ist der Ausdruck in Turners Avium hist. (1544) S. F 2, wo *Geyrſwalbe* als hochdeutsch bezeichnet wird. Gesner führt S. 160 die Formen *Gerſchwalm* und *Geyrſchwalb* als nicht-schweizerische Worte an; das Strassburg. Vogelb. (1554) V. 433 schreibt *Gerſchwalbe*, Schwenkfeld Ther. Sil. (1603) *Geyer Schwalbe* und Hertel bezeugt *Gîrschwalwe*[1] aus der heutigen Nordhausener Mundart in Thüringen. Als holländischer Name wird *Ghierſwaluwe* von Junius Nomenclator (1581) S. 54 b angegeben. Vercoullie Et. Wb. S. 91 und Woordenboek der nederlandsche Taal IV, 2310 deuten *gierzwaluw* aus dem lautbildenden Verbum *gieren* (mnd. *gîren*), so daß der Name mit Rücksicht auf das schrille Geschrei des Vogels gebildet wäre. Darauf geht auch der westfälische Name *Krîtswalwe* (Woeste Wb. S. 145) zurück, der zu westfäl. *krîten* 'kreischen' gehört; dazu ndl. *steenkrijter* in gleicher Bedeutung.

Den Ausdruck *Turmschwalbe*, der heute im nördlichen Böhmen[2], in Anhalt[3] und wohl noch anderwärts geläufig ist, haben Döbel Eröffn. Jägerpr. (1746) S. 65 und Popowitsch Versuch (1780) S. 526. Ihm entsprechen *Münsterſpyre* bei Gesner a. a. O., *Mauerſchwalbe* bei Schwenkfeld und Döbel a. a. O., *Mauer-*, *Steinſchwalbe* in Kleins Hist. av. prodr. (1750) S. 83. In Mecklenburg sind nach Schiller Zum Tierbuche II, 17 die drei Ausdrücke *Tûrnswålken*, *Mûerswålken*, *Stênswålken* neben *Spîerswålken* üblich, aus Sachsen werden die Namen *Rauchschwalbe*, *Mauerschwalbe*, *Raubschwalbe*[2], aus Steiermark *Zugschwalbe*[4], aus Mittelsteiermark *Speiche*[4] f. angegeben; ndd. Synonyma sind *Thieswalwe*[5] in Münster und *Tônswalw*[5] in Recklinghausen. — In Luxemburg nennt man den Vogel wegen seiner Ruheplätze auf den Dachfirsten *Lêendecker*[6] m. (d. h. Schieferdecker).

1 Thüringer Sprachsch. S. 104.
2 Zs. f. d. Phil. XXI, 208. — 3 Naumann-Hennicke IV, 232.
4 Unger-Khull 523. 656.
5 Korrespondenzbl. f. ndd. Sprachf. XVI, 86. XVII, 5.
6 Wb. d. Luxemburg. Mundart 263.

Schwalben, Hirundinidae.

Schwalbe, hirundo.

Ahd. swalwa: Sg. Nom. — *suualuuua* hirundo: cod. SGalli 242, 248 b. *svaluvva*: Prisciani instit. 123, 7: Clm. 280 A, 22 b. *sualuuua*: Aldhelmi Aenigm. 263, 26: cod. SGalli 242, 32. cod. sem. Trevir. f. 112 b, *suala uua*: cod. Parisin. 9344 f. 42 b. *sualavua*: Esaias 38, 14: Clm. 19440, 296. *swalawa*: cod. Selestad. 109 b. Versus de volucr. Gll. Salomon. a 1. *sualauua*: Vergil. G. I, 377: cod. Parisin. 9344, 14 a; *sualiuua*: cod. Berol. Ms. lat. 4° 215, 26 b. *swaliwa*: H. S. III, 17. *suualeuua* herodium[1]: Deuteronom. 14, 16: cod. Oxon. Laud. lat. 92, 21 a. *svalewa*: Rotul. com. de Mülinen Bern. *suualuua*: Clm. 14689 f. 47 a. *sualuua*: cod. Vatican. Reg. 1701, 2 b. zuizzirondiu *sualuua* arguta hirundo: Vergil. G. I, 377: cod. Selestad. 59 a. *sualua*: Carmen de Philomela 26: cod. Vindob. 247, 223 a. *swalwa*: H. S. III, 17, XI a 2 b e. *suala*: cod. Guelpherbyt. Aug. 10. 3. 4° f. 89 a, cod. Berol. Ms. lat. 8° 73, 123 b. — Gen. — *sualauun*: Esaias 38, 14: Clm. 18140, 107 a. *sualeuuun*: Notker Cantic. Ezech. Reg. 14. *sualiuun*: Notker WCantic. Ezech. Reg. 14.

Das Wort *Schwalbe* ist ein gemeingermanischer Vogelname, vgl. ahd. *swalwa*, mhd. *swalwe*, andd. *suala* (cod. Oxon. Auct. F. 1, 16, 33 b in Ahd. Gll. II, 724[24]), mnd. *swalewe*, *swale*, nnd. *swalwe*, *swale*, mndl. *zwalewe*, nndl. *zwaluw*, afries. *svala* = ags. *swealwe*, me. *swalowe*, ne. *swallow* und anord. *svala* (statt **solua*, Noreen Anord. Gramm.[3] § 79, 8 und § 81 Anm.), dän. *svale*, schwed. *svala*.

German. **swalwôn-* hat de Saussure in Mémoires de la Société Linguist. de Paris VI, 75 mit griech. ἀλκυών 'Eisvogel' verbunden, was lautlich gerechtfertigt ist (germ. Grdf. **swalȝwôn*), aus semasiologischen Gründen aber höchst bedenklich erscheint. Ganz unsicher ist auch die von Schade Altd. Wb. II[2], 900 f., Franck Et. Wb. S. 1226 f. und Falk und Torp Et. ordb. II, 326 f. angenommene Verwandtschaft mit mhd. mnd. *swalm* 'Schwarm', lett. *swalstiht* 'sich hin- und herbewegen', griech. σάλος 'unruhige Bewegung'; dabei bleibt übrigens der germanische *w*-Laut vor dem Suffixe unberücksichtigt.

In mehreren mundartlichen Varianten ist der alte Name

---

1 Offenbar hat der Übersetzer die Worte *hirundo* und *herodius* mit einander verwechselt.

in ganz Deutschland fast die einzige Bezeichnung des Vogels, vgl. alemann. *Schwalm* (aus *swalw'n*), westerwäld. *Schwabelchen*[1], luxemburg. *Schmielber*, *Schmirbel*, *Schmollef*, *Schmorbel*, *Schmurbel*, *Schmuerwel*, *Schmuelmesch*[2], ndd. *Swale*, *Schwâlke*, *Swöœgelke*[3], *Swäœlke*[3], *Swäfelk*, *Swallig*, *Sweigelk*[4] usw.

In Steiermark führt die Schwalbe den Namen *Muttergottesvogel*[5].

Rauchschwalbe, hirundo rustica.

Von den drei Schwalbenarten, welche in Deutschland nisten, hat die Rauchschwalbe durch ihr zutrauliches Wesen in ganz besonderem Grade die Gunst des Menschen erworben. Zum ersten Mal ist der Ausdruck *Rauchswalbe*[6] bei Trochus (im J. 1517) bezeugt[7], wo er mit 'caminaria' glossiert wird; Popowitsch[8], der den Namen aus dem Eichsfeldischen kennt, deutet ihn daraus, daß der Vogel in Küchen nistet. Daher heißt er bei Klein Hist. av. prodr. (1750) S. 82 außer *Rauchſchwalbe* auch *Paurerſchwalbe* (Bauernschwalbe), *Küchen-Schwalbe.* Die Luxemburger nennen ihn *Schâschtechschmuelef*[9] (d. h. Schornsteinschwalbe) und *Kameinebotzert*[9] m. (d. h. Kaminputzer). — In vielen Gegenden ist die Rauchschwalbe mit dem Namen *Hausschwalbe* bekannt. In dem Regiment der Vögel von H. Sachs (1531) V. 230 wird die *Haußschwalb* erwähnt, Gesner (1555) S. 528 bezeugt den Ausdruck *Hußſchwalm* für seine Heimat, das Strassburg. Vogelb. (1554) V. 521 gibt *Rauchſchwalm* und *Haußſchwalm* nebeneinander. Bei Eber und Peucer Vocab. (1552) S. F 2 a, Schwenkfeld Ther. Sil. (1603) S. 286, Döbel Eröffn. Jägerpr. (1746) S. 65 und Popowitsch a. a. O. ist *Hausſchwalbe* ebenfalls die Benennung der Rauchschwalbe. In Steiermark wird sie wegen des tief gefurchten Schwanzes *das Spaltel*, *Spalkel*[10] oder die *Gabelschwalbe*[10] genannt; ein steirisches Dialektwort ist auch *der Speik*[10].

1 Kehrein 371. — 2 Wb. d. Luxemburg. Mundart 387. 388. 389.

3 Schambach 223. — 4 Danneil 217. — 5 Unger-Khull 466.

6 Der Ausdruck ist auch in Niederdeutschland üblich, vgl. *Rôkswâlk* im Korrespondenzbl. f. ndd. Sprachf. XVI, 86.

7 Diefenbach Glossar. S. 93 a. — 8 Versuch S. 526.

9 Wb. d. Luxemburg. Mundart 207. 375.

10 Unger-Khull 261. 521. 524.

Die rotbraune Stirn und Kehle haben dem Vogel den Namen *Blutſchwalbe* eingetragen, den Popowitsch als fränkisch angibt. Schwenkfeld a. a. O. bezieht auf diese Schwalbenart die Benennung *Gübelſchwalbe*, die sonst von der folgenden Art angewendet wird. In Sibers Gemma (1579) wird der Ausdruck *Mawrſchwalbe*, der gewöhnlich von der Turmschwalbe gilt, auf die Rauchschwalbe bezogen.

Stadtschwalbe, hirundo urbica, chelidonaria urbica.

Die Stadtschwalbe ist kleiner als die Rauchschwalbe; ihre Oberseite ist stahlblau gefärbt, die Unterseite und der Bürzel sind weiß. Dieses Weiß des Gefieders hat den österreichischen Namen *Weissärschel* (Popowitsch Versuch S. 526) veranlaßt, dem im Zillertal *Blekarsch*[1] (zu ahd. *blęcchen* 'weiß schimmern') entspricht; *der Plickstertz*, der in H. Sachs' Gedicht Regim. der Vögel (1531) V. 198 mit der *Heubellerch* tanzt, wird auch die Stadtschwalbe sein.

Turner Avium hist. (1544) S. F 2 a nennt diesen Vogel *Kirchſwalbe*, ebenso führen Eber und Peucer Vocab. (1552) S. F 2 a *Kirchſchwalbe* in derselben Bedeutung an. Schwenkfeld Ther. Sil. (1603) S. 288 zählt die Synonyma *Leimſchwalbe*, *Laubenſchwalbe*, *Fenſterſchwalbe*, *Dachſchwalbe* auf. Diese Namen nehmen alle Bezug auf das Nest, welches die Stadtschwalbe in Fensternischen und unter der Dachrinne anlegt und bis auf ein kleines Schlupfloch zumauert.

Den Namen *Spîre* teilt die Stadtschwalbe mit dem Mauersegler. Gesner, in dessen Heimat die Benennung den letztgenannten Vogel bedeutete, nennt in Hist. avium S. 544 ohne genauere Ortsangabe die Ausdrücke *Murſpyre*, *Münſterſpyre*, *Murſchwalbe* und nach G. Agricola *Bergſchwalben/wyſſe Spyren* im Sinne von Stadtschwalbe. Popowitsch a. a. O. kennt *Spirſchwalbe* nur in dieser Bedeutung, und nach Unger-Khull S. 523 soll *die Speier* in Obersteiermark ebenfalls die 'hirundo urbica' bezeichnen. Vgl. auch S. 20 f.

Nach Heeger Tiere im pfälz. Volksmunde II, 10 heißt die Stadtschwalbe in der Germersheimer Gegend *Drecksteier*; schon

---

1 Nemnich Polyglottenlexicon II, 164.

bei Pinicianus Prompt. (1516) S. C 3 a begegnet der Name *Steyr* in der Bedeutung Uferschwalbe.

In Steiermark wird die Stadtschwalbe *Schmelcherl*[1] n. genannt. Eine einfachere Form des Vogelnamens, dessen Deminutivform hier vorliegt, ist steir. *Schmelche*[1] f. 'Singdrossel', das offenbar auf ahd. **smẹlihha* beruht und als Ableitung vom Adj. *smal* 'klein' aufzufassen ist; die Bildungsweise ist dieselbe wie in *Belche* aus ahd. *bẹlihha* 'Blässhuhn'. Die Benennung wird auf die genannten Vögel bezogen, weil diese im Verhältnis zu anderen Arten derselben Gattung klein sind. Vgl. auch S. 95.

In Niederdeutschland kennt man die Stadtschwalbe auch unter dem Namen *Stênswalwe*[2].

Uferschwalbe, hirundo riparia, clivicola riparia.

Die Uferschwalben haben den Namen[3] von ihren Nistplätzen erhalten, zu denen sie lehmige Uferwände und Sandgruben wählen. Zuerst wird der Ausdruck von Turner Avium hist. (1544) S. F 2 a belegt: "Germani eyn *Über ſwalbe* aut *Speiren* nominant", danach *Vberſchwalben* bei Eber und Peucer Vocab. (1552) S. F 2 b, *Uferſchwalbe* in Döbels Eröffn. Jägerpr. (1746) S. 65. Ein Synonymon ist *Erdschwalbe*, das Klein Hist. avium prodr. (1750) S. 83 und Popowitsch Versuch (1780) S. 526 aus anderen Quellen belegen; schon im Elbinger Vokab. 741 *ertswale* (Berneker Die preuß. Sprache S. 244). Aus Österreich führt Popowitsch a. a. O. den Ausdruck *Gestättenſchwalbe* an, der eine ähnliche Bildung wie ags. *stæþswealwe* (= rípariolus) ist. Weitere Synonyma sind *Feelſchwalm* (wohl für *Felsſchwalm*) und *Waſſerſchwalm* bei Gesner Hist. avium S. 545; bei Klein und Popowitsch a. a. O. *Waſſerſchwalbe*, heute in Luxemburg *Wâßerſchmîrbel*[4] und *Grondschmuelmesch*[4] (d. h. Grund-, Bodenschwalbe). Golius Onomasticon (1579) Sp. 292 nennt die Uferschwalbe *Speir ſchwalb* ebenso wie Turner (s. oben); Gesner glaubt, daß dieser Name in Niederdeutschland von der Uferschwalbe, auf hochdeutschem Gebiet von der Turmschwalbe angewendet wird.

---

1 Unger-Khull 547. — 2 Korrespondenzbl. f. ndd. Sprachf. XVI, 85.
3 Ndd. *Oewerswalwe*, Korrespondenzbl. a. a. O.
4 Wb. d. Luxemburg. Mundart 156. 478.

Eine ursprünglich lokale Benennung ist das Wort *Rheinschwalbe*, das sich aus den Rheingegenden dann weiter verbreitet hat. Das Strassburg. Vogelb. v. J. 1554 V. 521 erwähnt unter den Schwalbenarten *die Rheinſchwalmen*, und Gesner (S. 544) kennt den Ausdruck *Rhynvogel* ebenfalls als Straßburger Dialektwort. Aber auch Hans Sachs ist der Name geläufig, denn im Regim. der Vögel (1531) V. 76 tritt *die Reinschwalb* auf. Schwenkfeld, Klein, Popowitsch u. a. verzeichnen den Ausdruck *Rheinſchwalbe* unter den Synonyma für die Uferschwalbe. In vielen Gegenden wird der Name aber von den Seeschwalben gebraucht, die in den Rheingegenden wegen ihrer schwalbenförmigen Gestalt auch *Spîrschwalben* genannt werden. Bei Eber und Peucer Vocab. (1552) S. F 2 b sind die *Reinſchwalben* oder *Spirſchwalben* (marinae aves) gerade die Seeschwalben. Dasypodius (1535) S. C 1 b setzt die *Reinschwalben* ebenfalls den *Spiren* gleich, ohne daß es recht klar ist, welche Vogelart er meint.

Vgl. noch *Nachtschwalbe* 'Ziegenmelker', *Uttenschwalbe* 'der schwarze Storch'.

IV. Spechte, Picidae.

Specht, picus.

Ahd. spëht: Sg. Nom. — *speht* picus: Clm. 14747 f. 63 a. merops: cod. Guelpherbyt. Aug. 10. 3. 4° f. 89 a. loaficus. et picus. unum sunt. i.: cod. Bonn. 218, 62 b. merops: Carmen de Philomela 43: cod. Vindob. 247, 223 a. Prudent. Contra Symmach. I, 234: cod. Bruxell. 9968, 119 d. Clm. 14689 f. 47 a. Versus de volucr. H. S. III, 17, frondator: XI b. meropes: Gll. Salomon. a 1. cod. Selestad. f. 110 a. cod. Vindob. 804 f. 185 b. *spfht* picus, unus deorum ( ) pica dicitur agalstra: Prudent. Contra Symmach. I, 234: cod. Parisin. nouv. acquis. 241, 165 a, Clm. 14395, 171 b. *speht t boumfrosc* frondator: Vergil. E. I, 56: cod. Berol. Ms. lat. 4° 215, 2 b. *speht t hehera*: H. S. XI d. g. *speth. t hehara*: cod. SGalli 299, 26. *speth*: Comment. Anonymi in Vergil. A. VII, 48: cod. Oxon. Auct. F. 1. 16, 98 b. Versus de volucr. frondator: cod. Berol. Ms. lat. 8° 73, 124 b, *sphet*: cod. Parisin. 9344 f. 42 b. *spect'* picus. inde pica a^œ^ga: cod. Bruxell. 10072 f. 88 b. *spét*: Horat. Carm. III. 27, 15: cod. Parisin. 9345, 27 a. *spet*: H. S. III, 17. *vespet*[1]: cod. Berol. Ms. lat. 8° 73, 123 b. *spehte*: Versus de volucr. H. S. XI a 2

1 = vel speht? (Steinmeyer).

(12. Jh.), e (1 Hs. 12. Jh.). *speh*: cod. SGalli 299 p. 33. *spfh*: Prudent. Contra Symmach. I, 234: cod. Colon. LXXXI, 99 b. — Dat. — *spehte at hehera* perdix. auis similis colore pico: Regum I, 26, 20: Clm. 19440, 105.

Ableitungen und Komposita. — spehteszunga 'Pflanzenname'. *scehteszunga* pici lingua: Rotul. comit. de Mülinen Bern.

Den Namen *Specht* hat das Deutsche nur mit den skandinavischen Dialekten gemein. Es entsprechen dem ahd. mhd. *spëht*, mnd. *spëcht* m. im Altnordischen *spǽtr*, dän. *spette*, in norwegischen Dialekten *spetta* und *spett*, auch *hakke-spet* = schwed. *hackspett*. Im Englischen ist *speight* kein heimisches Wort, sondern stammt aus dem Deutschen; der angelsächsische Ausdruck war *fína*. Auch das niederländische *specht* wird von Vercoullie Et. Wb. S. 270 und Kluge Et. Wb.[6] S. 369 als eine Entlehnung aus dem Hochdeutschen betrachtet, während Franck Et. Wb. S. 930 es für einheimisch hält.

Der Name ist verschieden gedeutet worden. Ältere Etymologen, wie Grimm Kl. Schriften I, 267, Schade Altd. Wb. II[2], 849 und Weigand Wb. II[4], 753, dachten an Zusammenhang mit ahd. *spëhôn* 'spähen', wobei verschiedene Gesichtspunkte hervorgehoben wurden: der Specht sei der spähende, d. h. weissagende Vogel oder der Vogel, der die Insekten in der Baumrinde erspäht.

Nach einer anderen Auffassung wäre der Specht eigentlich als bunter Vogel benannt. So stellte schon Pott Et. Forsch. I, 235. II, 600. 602 und KZ. VI, 31 f. ahd. *spëht* zu lat. *pīcus* 'Specht', *pīca* 'Elster' und erblickte die Grundbedeutung des Vogelnamens in lat. *pingo* 'male', griech. ποικίλος 'bunt'. Andererseits hält Kluge a. a. O. Verwandtschaft mit ags. *spëcca* 'Fleck' für möglich, wobei lat. *pīcus* doch wohl fern bleiben müßte; ebenso zieht Tamm Et. ordb. s. v. hackspett das ags. Wort und dän. *spætte* 'Fleck', *rødspætte* 'eine Art Flunder mit roten Sprenkeln' zum Vergleich heran. In der Zs. f. d. Wf. II, 285 f. versucht Much diese Ansicht durch neue Beweise zu begründen, indem er auf die Rindernamen *Spicht* im Salzburgischen und *Specht, Spöcht* in Kärnten hinweist, wo die alte Bedeutung 'bunt' noch zutage trete; es handelt sich aber hierbei höchst wahrscheinlich nur um eine Übertragung des Vogelnamens.

Gegen die Etymologie, wonach der Specht wegen des bunten Gefieders den Namen hätte, könnte man bemerken, daß sie auf die kleinen Spechtarten Bezug nimmt, weniger auf den Grünspecht und den Schwarzspecht. Doch sind es gerade die letzteren Vögel gewesen, die in der Volksvorstellung die wichtigste Rolle spielten. Besonders an den sagenumwobenen Marsvogel der Römer, in dem man den Schwarzspecht erkennt [1], knüpfen sich auch auf germanischem Boden die meisten Märchen vom Spechte, s. Grimm Deutsche Mythol. II⁴, 560 ff. Immerhin ist von den gegebenen Deutungen die letzterwähnte am wahrscheinlichsten.

In dem Vogelnamen muß der auslautende Dental sekundär herangetreten sein. Das zeigt die im Althochdeutschen vorkommende Nebenform *spëch* [2] (mhd. *spech* in zwei Glossenhandschriften des 14. Jhs., Ahd. Gll. III, 21^{24}), die Martin-Lienhart I, 534 für das Elsaß und Heeger Tiere im pfälz. Volksmunde II, 9 für die Pfalz bezeugen; ferner tirol. *Speck* (*Grünspeck*) [3]. Sie kommt auch zur Anwendung in elsässischen und pfälzischen Ortsnamen, vgl. *Spechbach* in Socins Namenb. S. 342. 598. 621. 640. 682 neben *Spechtbach, Spechtrein* bei Förstemann Altd. Namenb. II, 1359. Eine alte Variante dieser dentallosen Form liegt vor in elsäss. *Grünspeich* f. und dem Ortsnamen *Speicheshart* (neben *Spehteshart*) bei Förstemann a. a. O. Zu dieser Lautstufe stimmt auch schwed. *hackspik* 'Specht', wo die Anlehnung an *spik* 'Nagel' unverkennbar ist. — Aus ahd. *spëh* erklärt sich afrz. *espeche* (nfrz. *épeiche*) 'Specht', während das gleichbedeutende afrz. *espoit* auf ahd. *spëht* zurückgeht.

In einem großen Teil des bairisch-österreichischen Dialektgebiets und auf dem gesamten schwäbischen Sprachboden ist der alte Name *Specht* vor neueren Bildungen zurückgewichen. Schon in mittelhochdeutscher Zeit erscheint in bairischen Quellen die Benennung *poumheckel* m. (ahd. **boum-hęckil*) 'Baumhacker'; zuerst *paumheckel* bei Konrad von Megenberg (Ed. Pfeiffer) S. 380^{11}, dann *poumheckel* in einer Version des Märchens vom Zaunkönig

---

1 Keller Tiere des klassischen Altertums s. v. Specht.

2 Vgl. auch die Belege s. v. Grünspecht.

3 Frommann D. Mundarten IV, 55.

aus dem 15. Jh. (Erlösung herausg. von Bartsch S. XLV), *pämhachkel* in einem Vokab. v. J. 1421; andere Belege in Glossaren bei Diefenbach Glossar. S. 358 s. v. merops, 433 s. v. picus, Novum glossar. S. 252 s. v. merops. Im 16. Jh. ist *Paumheckel* durch H. Sachs Regim. der Vögel (1531) V. 179 für Nürnberg bezeugt, Gesner Hist. avium (1555) S. 675 führt *Baŭhecker* aus Kärnten an. Popowitsch Versuch S. 544 bezeichnet *Baumhecker* als die in Österreich übliche Benennung des Vogels, Unger-Khull S. 55 geben das Wort in der Form *Baumhackel* m. aus Steiermark. Synonyme Ausdrücke sind *Baumreiter*, *Baumrutscher* bei Popowitsch a. a. O. nach Heppe zitiert, *Baumjürgel* [1] m. in Steiermark.

Im schwäbischen Dialekt ist *Specht* nach Fischer Wb. I, 719 schriftsprachliches Lehnwort; der landläufige Name ist *Baumpicker* (zu *picken* 'mit dem Schnabel hauen'). In den nördlichen Teilen der Pfalz gilt ebenfalls dieser Ausdruck neben *Rindenpicker* [2], in der Schweiz bezeichnet man stellenweise als *Baumbicker* [3] den Grünspecht. Auch im Ostfriesischen kommt *Bômbicker* [4] als Name des Spechtes vor. Auf Helgoland heißt er *der Holtbecker* [5] (d. h. Holzpicker), in Preußen *der Holtzhacker* (Klein Hist. avium prodr. 1750 S. 26); im badischen Oberlande *der Zimmermann*.

Der Ausdruck *Schiesshuwwerig*, den Kehrein Volksprache S. 346 aus dem Nassauischen anführt und mit *schiwwerig* verbinden möchte, ist eigentlich der Name des Wiedehopfs. In diesem Sinne verzeichnet Pfister Nachtr. zu Vilmar Id. S. 106 die Namensformen *Höfferich* und *Huwwerig* aus Hessen, bemerkt aber, daß die letztere auch vom Specht angewendet wird; vgl. S. 14.

Schwarzspecht, picus martius, dryocopus martius.

Von den zwei Spechtarten, welche der Redakteur des althochdeutschen Summariums unterscheidet, ist *buohspëht* (zu *buohha* 'Buche') 'Buchenspecht' wohl der picus martius. Die Belege in den Hss. des Summariums III, 17 (*bŏchspeht*, *bv̊hcspehte*, *průcspet*) sind das einzige Zeugnis des Ausdrucks.

1 Unger-Khull 55.

2 Heeger Tiere im pfälz. Volksmunde II, 9.

3 Staub-Tobler IV, 1120. — 4 Jb. f. ndd. Sprachf. XI, 111.

5 Frommann D. Mundarten III, 32.

In vielen Gegenden Deutschlands wird der Schwarzspecht als *Krähe* benannt, weil er schwarz von Farbe ist und auch in der Größe der Krähe annähernd gleich kommt; daher auch schwed. *spillkråka*. — Der Name *Hohlkrähe*, welcher auf ahd. **holacrâ* (d. h. Höhlenkrähe) zurückgeht und auf das Nisten des Vogels in Baumhöhlen Bezug nimmt, begegnet zum ersten Mal in den Glossen *holichra* parua parra (d. h. Unglücksvogel) in cod. Oenipontan. 711, 30b (13. Jh.) und *holcra* sepicecula in cod. Vindob. 3213, 116 (14. Jh.), s. Ahd. Gll. III, 28^{27} u. 672^{38}; im 15. Jh. *holckro* im Elbinger Vokab. 724 (Berneker Die preuß. Sprache S. 244). Eine andere Variante ist mhd. *holzkrâ* 'Waldkrähe', das zunächst in der Glosse *holtzchra* merops in cod. Mellic. K. 51, 242 (14. Jh.) belegt ist, s. Ahd. Gll. III, 21^{52}. In Hist. avium (1555) S. 680 erwähnt Gesner sowohl *Holkráe* wie *Holtzkráe* als schweizer. Ausdrücke und Staub-Tobler II, 805 führen aus den heutigen Mundarten außer *Hol-Chräj* und *Holz-Chräj* noch die Synonyma *Berg-Chräj* und *Tül-Chräj* an. Die Benennung *Hohlkrähe* dürfte von diesen Varianten am weitesten verbreitet sein. Aus Sachsen wird sie durch G. Agricola (bei Gesner a. a. O.) als *Holkrahe* und durch Eber und Peucer Vocab. (1552) S. E 7a als *Holkrae* bezeugt; dazu *Holkrae* in Sibers Gemma (1579) S. 40. Schwenkfeld Ther. Sil. (1603) S. 338 bezeugt *Holkrahe* speziell für seine schlesische Heimat. Auf oberdeutschem Sprachboden begegnet *Holkro* bei H. Sachs Regim. der Vögel (1531) V. 194, *Hohlkrahe* in der Angenehmen Land-Lust (1720) S. 102. Popowitsch Versuch S. 202 bezeugt für Österreich die Form *Hohlkran* (zu *Kran* 'Krähe'); heute im nördlichen Böhmen *Hohlkroh*[1], in Tirol *Holderkrå*[2], in Kärnten *Hollekrôge*[3] m. — Unter den Synonyma, die Popowitsch a. a. O. zusammengestellt hat, wird auch der Ausdruck *Spechtgráhe* nach Halle erwähnt; umgekehrt heißt der Vogel auch *Crafpecht* bei Turner Avium hist. (1544) S. H 5b und bei Schwenkfeld a. a. O.

Einige oberdeutsche Bezeichnungen des Schwarzspechts sind durch das Geschrei des Vogels veranlaßt, das mit dem Krähen eines Hahns oder Huhns verglichen wird. Gesner be-

1 Zs. f. d. Phil. XXI, 208.

2 Frommann D. Mundarten IV, 55. — 3 Lexer Kärnt. Wb. S. 143.

richtet in Hist. avium (1555) S. 680, daß einige den Vogel "unrichtig" *Holtzhůn* nennen; Popowitsch a. a. O. teilt den schwäbischen Ausdruck *Holzgöcker* (zu *Göcker* 'Hahn') mit. Nach Staub-Tobler II, 194 ist der Name *Holzgüggel* (zu *Güggel* 'Hahn') in der Schweiz üblich.

Die heute geltende literarische Benennung *Schwarzspecht* kommt schon im Elbinger Vokab. 744 (Berneker Die preuß. Sprache S. 244) vor; auch das Strassburg. Vogelb. v. J. 1554 V. 423, Döbel Eröffn. Jägerpr. (1746) S. 58f., Klein Hist. avium prodr. (1750) S. 26 führen das Kompositum *Schwartzſpecht* an. Nach Popowitsch a. a. O. ist es in Sachsen und Franken geläufig.

In der Schweiz nennt man diese Spechtart in einigen Gegenden *Tannbicker* oder *Forenbicker*[1] (d. h. Tannen-, Föhrenhacker), in Steiermark *Baumnirgel*[2] m., vgl. steir. *Nirgel* 'certhia familiaris'. Unger-Khull verzeichnen auch den Namen *Baumkatze*[2] aus einer Quelle v. J. 1786 als Bezeichnung einer Spechtart.

Grünspecht, picus viridis.

Ahd. gruonspëht: Sg. Nom. — *gruonspeht* merops nomen avis: Priscian. instit. 322, 9: Clm. 18375, 80 b. merops. ł loaficus: cod. Parisin. 9344, f. 42 b. Clm. 14689 f. 47 a. *grxonspfht*[3]: Vergil. A. IX, 702: cod. Parisin. 9344, 147 a. *gruon speht* frondator: cod. Berol. Ms. lat. 8° 73. *grůnspeht*: cod. Lugdun. Voss. lat. 4° 51 f. 162 b. Versus de volucr. H. S. XI a 2. b. d. e. Gll. Salomon. a 1. *gruenspeht*: Priscian. instit. 322, 9: Clm. 280 A, 45 b. laoficus: H. S. III, 17. *gronspeht* loaphicus ł merops: cod. Cheltenham. 7087, 144 a. *ghronspeht*: cod. sem. Trevir. f. 112 b. *cruonspeht* loaficus: Clm. 14689 f. 47 a. *grv̂nispeht* merops. eł loaficus: cod. Selestad. 110 a. *grǒner speht*: cod. Vindob. 804 f. 185 b. *gruonsphet*: cod. sem. Trevir. R. III. 13, 107 a, loaphicus: cod. sem. Trevir. R. III. 13, 107 a. *gruon sp^h &*: Carmen de Philomela 43: cod. mus. Britann. Add. 16894, 245 b. *gruonsp&h* loaphicus eł merops: cod. Vatican. Reg. 1701, 2 b. *gruonspeth* loaficus: cod. SGalli 299, 26. *grunspeth*: H. S. XI g, laoficus: g. *gruonspet*: Priscian. instit. 322, 9: cod. Colon. CC, 62 b. cod. Berol. Ms. lat. 8° 73, 123 b. *grunispet* picus: Vergil. A. VII, 189: cod. Parisin. 9344, 116 b. *grv̂nspechto*: Gll. Salomon. c.: cod. mus. Britann. 18379, 109 b (13. Jh.). *cruonspheto*: cod. Florentin. XVI, 5, 141 a (13. Jh.). *grůnspehte* loaficus: H. S. XI a 2 (1 Hs. 12. Jh.), *grv̂nspech*: b (1 Hs. 13./14. Jh.), *grvnspech* laoficus: g (1 Hs. 12. Jh.). *grunespech*: Clm. 14584 f. 118 a (14. Jh.). — Pl. Nom. *grvonspehta*: Vergil. G. IV, 14: Clm. 18059, 175 c.

1 Staub-Tobler IV, 1119.

2 Steir. Wortsch. 55. 56. — 3 D. h. *gruonspecht*.

Mit dem altüberlieferten Namen ist der *Grünspecht* heute in den meisten Gegenden bekannt, wo das Wort *Specht* noch erhalten ist; Popowitsch nennt von diesen Gebieten Sachsen, Franken und Wetterau.

Der Vogel verrät seine Anwesenheit schon aus der Ferne durch seinen hellen Ruf, der an das Wiehern eines Pferdes erinnert und daher den Ausdruck *Wieherspecht* hervorgerufen hat. Dieser auffällige Ruf wird als Zeichen bevorstehenden Ungewitters aufgefaßt und ist die Veranlassung gewesen zur Entstehung der Benennung *Windracker*, welche in Altmark vorkommt. Nach Danneil Wb. S. 247 heißt der Grünspecht hier auch *Schreiheister* (zu *Heister* 'Elster') und bei den Bienenwirten *Immenwulf*, weil er im Winter den Bienen in den Körben nachstellt.

In den Benennungen *Immenwolf*, *Bienenwolf* hat Grimm (Wörterbuch I, 1820) eine uralte Bildung von dem Typus *Beowulf* zu erkennen geglaubt und nach der Angabe Danneils könnte man in der Tat geneigt sein, den Ausdruck für volkstümlich zu halten. Doch ist der Name sicher eine ganz junge gelehrte Bildung, die von Gesner erfunden ist. In seinem Vogelbuche (1555) S. 575f. schildert er den im südlichen Europa brütenden aber in Deutschland und in der Schweiz seltenen Bienenfresser (merops apiaster), für den er Namen aus den romanischen Sprachen anführt. Unter diesen Ausdrücken nennt er auch das napolitanische Dialektwort *lupo de l'api* und nach diesem hat er den deutschen Ausdruck *Imbenwolff* gebildet, den er übrigens ausdrücklich als erfundenes Wort bezeichnet. Auf Gesners Autorität hin hat sich die Neubildung bald weiter verpflanzt; Golius Onomasticon (1579) Sp. 293 übersetzt 'merops' mit '*Grünſpecht oder ein Immenwolff*', ebenso Junius Nomenclator (1581) S. 58a, Chytraeus Nomenclator (1582) S. 374 u. a. In Spangenbergs Ganskönig V. 124 figuriert *Immenwolff* unter anderen Vogelnamen. Klein Hist. avium prodr. (1750) S. 111 führt *Imb-Wolff* mit derselben Bedeutung wie Gesner an.

Eine steirische Bezeichnung des Grünspechts ist *Grünnigel*[1] m., das eine ähnliche Bildung wie *Saunigel* (als Schimpfwort) ist; in der Schweiz heißt der Vogel *Baumbicker*[2], vgl. S. 30.

1 Unger-Khull 311. — 2 Staub-Tobler IV, 1120.

Rotspecht, picus major, dendrocopus major.

Im Verhältnis zu den beiden großen Spechtarten spielen die Buntspechte in der Volksvorstellung eine untergeordnete Rolle. Sie werden meistenteils nach der gesprenkelten Farbe benannt und in der früheren ornithologischen Literatur nur teilweise als besondere Arten von einander unterschieden.

Die Benennung *Rotſpecht*, welche auf die roten Scheitel- und Schwanzfedern der Buntspechte zielt, findet sich zuerst belegt bei Pinicianus Prompt. (Auszug v. J. 1521) S. C 4b, dann im Strassburg. Vogelb. (1554) V. 424 und bei Gesner Hist. avium (1555) S. 684 (nicht aus der Schweiz), *Roth- oder Bunt-Specht* in Döbels Eröffn. Jägerpr. (1746) S. 58. — Das Synonymon *Elſterſpecht* wird zuerst von Turner Avium hist. (1544) S. H 5b, dann von Eber und Peucer Vocab. (1552) S. F 6a bezeugt. Gesner a. a. O. S. 680 teilt auch die schweizerische Namensform *Aegerſtſpecht* (*Agerſtenſpecht*) mit und erwähnt den Ausdruck *Wyßſpecht*; Schwenkfeld Ther. Sil. (1603) S. 339 verzeichnet ebenfalls *Elſter Specht / Weis Specht*. Popowitsch, der a. a. O. den Namen *Buntſpecht* für den normalen hält, gibt die Variante *Atzelſpecht* aus der Wetterau. — Im Strassburg. Vogelb. v. J. 1554 V. 423 wird der Ausdruck *Schiltſpecht* genannt, der gleich *Buntspecht* ist; in Vogelnamen bezeichnet *Schild* (in der Bedeutung 'Flecken') öfters die bunte Gefiederfarbe, vgl. *Schildamsel*, *Schildkrähe*, *Schildhahn*. Nach Martin-Lienhart II, 904 heißen die Buntspechte in Waldhambach (im Elsaß) *Ziemer* m. (d. h. Drossel), was ebenfalls durch die Gefiederfärbung veranlaßt ist; in Sulzmatt nennt man sie *Krüzvögel*[1].

Die obengenannten Namen werden nicht allein von dem Rotspecht, sondern auch von den übrigen **Buntspechten,** vor Allem vom picus medius (dendrocopus medius) angewendet. Mehrdeutig ist *Grasſpecht*, das bei Eber und Peucer Vocab. (1552) S. F 6a auf den **Kleinspecht** (picus minor, dendrocopus minor), von Schwenkfeld Ther. Sil. (1603) S. 338 in der Form *Graſe Specht* auf den Grünspecht bezogen wird. Beide Spechtarten bewegen sich oft auf dem Boden im Gesträuch und Gras. — In

1 Martin-Lienhart I, 100.

Ostermanns Vocab. (1591) S. 333 wird der Kleinspecht wegen seiner Winzigkeit *Meiſenſpechtlen* (d. h. Meisenspechtlein) genannt.

Wendehälse, Jyngidae.

Wendehals, jynx torquilla.

Seinen Namen hat der Vogel von den eigentümlichen Geberden bekommen, welche er mit dem schlangenartig drehbaren Halse ausführt. Im 16. Jh. ist die Form *Windhals* (zu *winden*, im Mhd. *wint-halsen* 'den Hals drehen') in Oberdeutschland öfters bezeugt: in H. Sachs' Regim. der Vögel (1531) V. 126 *der Windhals*, im Strassburg. Vogelb. v. J. 1554 V. 444 *Windthals*, in Gesners Hist. avium (1555) S. 552 und bei Golius Onomasticon (1579) Sp. 292 *Windhalß*. Aus Mitteldeutschland ist *Winthals* durch Eber und Peucer Vocab. (1552) S. F 4a bezeugt, aber die Bedeutung des Namens ist den Glossatoren nicht klar. Die eigentlich mitteldeutsche Form scheint *Wendehals* zu sein; Schwenkfeld Ther. Sil. (1603) S. 356 bezeichnet sie als schlesisch, und aus Sachsen wird sie durch Sibers Gemma (1579) S. 40 und Döbels Eröffn. Jägerpr. (1746) S. 59 bezeugt. Ein Synonymon ist *Tráehalß* bei Gesner a. a. O. Heute im Elsaß *Dräjhälsel* [1] n., *Renkhälsle*, *Wildhälsle* n., *Windhals* [2], in Luxemburg *Dreihälsjen* [3] m., in Preußen *Drehhals* [4], auf Helgoland *Drâiervink* [5].

Andere Namen sind durch den Vergleich des Halses mit einer Schlange veranlaßt. Bereits bei Gesner a. a. O. werden mehrere Varianten: *Naterhalß*, *Naterwendel*, *Naterzwang* erwähnt; bei Hohberg Adel. Land-Leben (1687) II, 799 Kap. CXIX *die Natterwinde*, in der Angenehmen Land-Lust (1720) S. 238 *das Natterwindel*. Von diesen Benennungen verzeichnet das preußische Wörterbuch Frischbiers II, 56 den Ausdruck *Natterwendel* m. (auch *Matterwendel*), der in Steiermark *Natterwindel* [6] m. lautet; dazu *Otterfink* [7] im Sarntal (in Tirol).

Von steir. *Natterwindel* verschieden ist *Natterwidel* [6] m., dessen zweites Kompositionsglied eine Ableitung von dem Natur-

1 Staub-Tobler geben *Träjhals* mit der Bedeutung 'Wiedehopf'.
2 Martin-Lienhart I, 328. — 3 Wb. d. Luxemburg. Mundart 70.
4 Frischbier I, 148. — 5 Frommann D. Mundarten III, 32.
6 Unger-Khull 473. — 7 Frommann D. Mundarten IV, 55.

laute des Vogels ist. Nach Voigt Excursionsbuch S. 178 klingt dieser ungefähr so wie man das *Weidweidweid* beim gewandten Vorlesen sprechen wird. Daher heißt der Wendehals in Girlan (in Tirol) *Wid-Wid*[1]. Wie der Ruf der Spechte, so gilt auch der des Wendehalses als Vorzeichen des Regens; daher der Name *Regenbitter*[1] an der Grenze von Kärnten und Tirol. In der Mitte des April pflegt dieser Frühlingsvogel in Deutschland einzutreffen; in der Schweiz ist er als *Osteren-Pfîffer*[2] bekannt[3].

Als eifriger Nachsteller von Ameisen hat der Wendehals in Lübeck den Namen *Myrenjäger* bekommen; vgl. nndl. *mierenjager*, frz. dial. *fourmilier*, engl. dial. *emmethunter* neben den allgemein geltenden Benennungen, die wie im Deutschen auf den drehbaren Hals Bezug nehmen.

V. Sperlingsvögel, Passerinae.

Erdsänger, lusciola.

Nachtigall, lusciola luscinia, erithacus luscinia.

Ahd. nahtagala: Sg. Nom. — *nahtagala* filomella: cod. Parisin. 12269 f. 58 b. nocticorax : cod. Carolsruh. Aug. CXI, 85 c. lvscinia: cod. SGalli 299 p. 33. Noctuam. id est que nocte uolat. ł coruus marinus. siue vuuila. ut alii uolunt. alii lusciniam uoluerunt esse id est *nahtagala*. Nocturnus nahtram: Leviticus 11, 16: cod. SGalli 295, 126. 127, *nahtagalah*: cod. SGalli 9, 276. *nathagala* luscinia: cod. S. Galli 242, 248 b. achalantida id est auis: Commentar. Anonymi in Vergil. G. III, 338: cod. Oxon. Auct. F. 1. 16, 89 b. *nahthrā ł nahtigala* corax: cod. Vindob. 162, 20 a. *nahtigala*: cod. sem. Trevir. R. III. 13, 105 b. *natigala*[4]: cod. Berol. Ms. lat. 8° 73, 124. *nachtigala* luscinia: Gll. Salomon. a 1. *nachtigal* luscinia: Versus de volucr. *naht egala* luscia ł filomela: Clm. 14747 f. 62 b. *nahtegala* paruula [ales]: Aviani fabulae 21, 1: cod. Trevir. 1464, 263 a. Carmen de Philomela 3: cod. Vindob. 247, 222 b. lusciniam: Versus de volucr. luscinia: H. S. III, 17. XI a 2, *nathegala*: b: cod. Kilian. 47, 15 b. luscinia ł philomela: Clm. 14689 f. 47 a. *nahtecala* noctua: cod.

---

1 Frommann D. Mundarten IV, 55. — 2 Staub-Tobler V, 1084.

3 In England und Skandinavien spielt der Wendehals dieselbe Rolle als Verkündiger des Kuckucks wie der Wiedehopf in Deutschland; daher heißt er in englischen Mundarten *cuckoos footman*, *cuckoos mate* usw. (Swainson The Folklore S. 103), in Schweden *göktyta*, in Finnland *käenpiika* (d. h. Kuckucksmagd). — 4 Das mittlere *a* aus Korr. (Steinmeyer).

Vindob. 162, 35 a. *nachtegala* de achalantide[1]. ł lvscinia: Aldhelmi Aenigm. 252, 26: cod. SGalli 242, 26. lusciniam: Servius in Vergil. E. VI, 78 (II, 141 L): cod. Lips. civ. Rep. I. 36 b, 19 b. *nahtegalle* luscinia: H. S. XI a 2: cod. Vindob. 2400, 106 b. *nahtegal* lusciniam: Versus de volucr., filomenam: Versus de volucr. lvscinia: H. S. III, 17 (1 Hs. 12. Jh.), XI g (1 Hs. 12. Jh.)[2]. *naht gala*: cod. Guelpherbyt. Aug. 10. 3. 4° f. 89 a, *nahtgala*: cod. sem. Trevir. f. 112 b. luscinia: cod. sem. Trevir. R. III. 13, 107 a. *nathgala* acredula: Gll. Salomon. a 1. *natgala* noctua: Vergil. G. I, 403: cod. Parisin. 9344, 14 a. caradrion. ł laudula. et lucinula: cod. Parisin. 9344 f. 42 b. *nahtgal* luscinia. Gll. Salomon. a 1. *nahtigela* lusciniam: Versus de volucr., *nahtegila*: Versus de volucr., *nahtegela*: Versus de volucr. *nahtegela* luscinia: H. S. XI b. g, *nahtegel*: e (1 Hs. 12. Jh.). luscinia: Versus de volucr. (1 Hs. 12. Jh.). *nahkela* nocticorax: cod. SGalli 911, 211. *nahtgella* acredula: Gll. Salomon. a 1: Clm. 22201, 5 c. *nahtegula* luscinia: cod. Selestad. f. 110 a. lusciniam: Versus de volucr.: cod. Admont. 476, *nahtegla* nicticorax: cod. princ. de Lobkow. 489, 56 b. luscinia: Gll. Salomon. a 1: Clm. 13002, 89 c. — Akk. — noctuam. nus nocturnvs. nahtram. noctuam. i. coruus marinus que in nocte uolat. i. uwilla. alii lusciniam. i. *nahtegulun* uolunt esse: Leviticus 11, 16: cod. Stuttgart. th. et phil. f. 218, 13 c. — Pl. Akk. — *nahtegelun*: Horat. Serm. II, 3, 245: Clm. 375, 151 a.

Die *Nachtigall* hat ihren Namen von dem berühmten Gesange erhalten, den sie in nächtlicher Stunde ertönen läßt; german. **nahtagalôn* ist in dem zweiten Kompositionsgliede eine Ableitung von *galan* 'singen'. Die Bildung, die also den Vogel als 'Nachtsängerin' bezeichnet, ist westgermanisch: ahd. *nahtagala*, mhd. *nachtegal(e)* = andd. *nahtigala* (Wadstein Kleinere altsächs. Sprachdenkm. S. 107 [22. 23]), mnd. *nachtegal(e)*, nnd. *nachtegalle*, mndl. *nachtegale*, nndl. *nachtegaal*, fries. *nachtegael* und ags. *nihtegale*[3], me. *nightengale*, ne. *nightingale*[4]. In die skan-

1 De Achalantide ł fehlt Ed. (Steinmeyer).

2 *al* auf Rasur (Steinmeyer).

3 Whitman The birds of Old English Literature XIX verzeichnet als angelsächsische Namen der Nachtigall auch die Ausdrücke *frocx*, *heapene* und *geolewearte*. Von diesen ist jedoch der erste = *frox* 'Frosch'; das lat. Lemma *luscinius* bezeichnet den Laubfrosch. Das zweite Wort ist in der angeführten Glosse richtig *hearpen* geschrieben und bedeutet also die Harfen; griech. ἀηδόνες (aidoneae), womit der ags. Ausdruck glossiert ist, wird in übertragener Bedeutung von Musikinstrumenten gebraucht. Wegen des dritten Wortes s. S. 93.

4 Von dem eingeschobenen Nasal in engl. *nightingale* handelt Ritter in Arch. f. d. Stud. d. neuer. Sprach. u. Lit. CXIII, 31 ff.

dinavischen Sprachen ist der Name aus dem Deutschen übernommen: dän. *nattergal*, älter dän. auch *nakte(r)gale*, schwed. *näktergal*. — Ähnliche Bildungen wie *Nachtigall* sind elsäss. *Steingall* (*Steingellel*) 'Wasserläufer' (= ags. *stángella*) und engl. *yaffingale* 'Grünspecht'.

Der *i*-Vokal in der Kompositionsfuge von nhd. *Nachtigall* ist nicht sicher erklärt. Behaghel in Pauls Grundriß I² 710 sieht darin einen alten Laut, der durch Einfluß des folgenden *g*-Lautes erhalten blieb (wie in *Bräutigam*). Ob im Althochdeutschen ein Wechsel des Mittelvokals (*a* : *i*) vorhanden war, ist jedoch schwer zu ermitteln. Abgesehen von dem Beleg *nahtigala* in cod. Vindob. 162 fehlt jede Stütze für die Annahme einer i-Stufe des Kompositionsvokals, und eine umgelautete Form ist auch später nirgends bezeugt. Die Form *Nachtgall*, die bereits im Althochdeutschen belegt ist, begegnet in oberdeutschen (und mitteldeutschen) Quellen des 15./16. Jhs. öfters neben *Nachtigal(l)* und *Nachtigalle*.

Andere Namen für die Nachtigall sind selten. Als Ausdruck der Vogelsteller nennt Schwenkfeld Ther. Sil. (1603) S. 296 das Wort *Dörling*, welches nach Frommanns D. Mundarten IV, 165 in der Gegend um Breslau gebraucht wird; Adelung bezeichnet in seinem Wörterbuche I, 338 *Därrling* als preußisch. Der Name ist schon im 13. Jh. in der Glosse *durlinc* (= turdus) in cod. Admont. 759 (Ahd. Gll. III, 26 ³⁸) bezeugt und gehört zusammen mit dem in Thüringen vorkommenden Verbum *dorlen* 'wirbeln' (wozu *Dorl* 'Kreisel'). Die Nachtigall hat also diesen Namen ('Wirbler') von dem trillernden Gesange.

Eine luxemburgische Bezeichnung des Vogels ist *Bliedermännchen* m. [1] (eigtl. Blättermännchen).

Sprosser, lusciola philomela, erithacus philomela.

In Deutschland ist der Sprosser heute ein östlicher Vogel, dessen Brutgebiet sich nach Naumann-Hennicke I, 7 auf die nordöstlichen Teile des Reiches beschränkt; doch auch in Niederösterreich und Steiermark kommt er vereinzelt vor. Schwenkfeld, der ihn in Ther. Sil. (1603) S. 296 als *eine groſſe Nachtigalle*

1 Wb. d. Luxemburg. Mundart 35.

von der vorhingenannten kleineren Art unterscheidet, gibt außer der naturwissenschaftlichen Beschreibung keine anderen Nachrichten von dem Vogel, als dass er im Winter Schlesien verläßt, um in wärmere Länder zu ziehen. Ausführlicher ist der Verfasser der Angenehmen Land-Lust (1720) S. 334, welcher erzählt, daß der *Sproſſer* oder *Sproßvogel* "in Leipzig ſehr wohl bekannt" ist "und ſoll" — wie man ihm versichert hat — "aus dem Anhaltiſchen dahin gebracht werden, allwo... es deren ſo viel / als anderer Orten der gemeinen Nachtigalen giebet"; "weil die Sproſſer vor rar gehalten werden / gilt ein ſolcher vier / fünff / auch ſechs Thaler". Weiter heißt es a. a. O., daß der Vogel sich von der gewöhnlichen Nachtigall dadurch unterscheidet, daß er "am Schwantz nicht ſo roth iſt / daher auch eben zu Leipzig die gemeinen Nachtigalen zum Unterſchied / *Rothvógel* genennt werden"... — Es handelt sich bei den angeführten Namen offenbar um Fachausdrücke der Vogelsteller, welche die beiden Nachtigallenarten auf den Markt brachten. Im Gegensatz zu dem lebhafter gefärbten *Rotvogel* wurde die größere Art, die eine trübere muschelfleckige Zeichnung an der Brust hat, *Sprossvogel* (zu *Sprosse* 'Hautflecken') genannt. Der Unterschied in der Färbung der beiden Arten ist aber so gering, daß nur Fachleute die obengenannten Ausdrücke haben erfinden können. Aus dem Kreise der Vogelsteller stammt auch der Ausdruck *Davidsvogel*, der die Schlagweise der Sprosser angibt, vgl. Naumann-Hennicke a. a. O. S. 8 und Voigt Excursionsbuch S. 30 f.

In Preußen werden — wie Klein Hist. avium prodr. (1750) S. 73 berichtet — die Sprosser als *Nachtſchläger* von den gewöhnlichen Nachtigallen oder *Tagschlägern* unterschieden.

Rotkehlchen, lusciola rubecula, erithacus rubeculus.

Die Heimat dieses kleinen Waldsängers ist, den höchsten Norden ausgenommen, ganz Europa, und überall ist er mit Namen bekannt, welche die rote Farbe der Kehle und Brust hervorheben, vgl. z. B. engl. *Robin redbreast*, schwed. *rödhake*, frz. *rouge-gorge*, ital. *petti-rosso*, russ. *krasnošeika* usw.

Die älteste deutsche Benennung ist ahd. *rôtil* oder *rôtilo*: cupude = *rotil* in Versus de volucribus, cupuda = *rotilo* in Heinrichs

Summarium III, 17. Außer dieser Bildung vom Adj. *rot* mittelst des -*ila*(*n*)-Suffixes, das hier wohl deminutiven Charakter hat, ist noch eine *ling*-Ableitung *rûdelinc* (in der Hs. *rûdeline*) belegt in cod. Oxon. Jun. 83, 4 (Ahd. Gll. III, 365^{22}) = nhd. *Röthling* (Angenehme Land-Lust (1720) S. 285). Den deutschen Worten entspricht im Angelsächsischen *rudduc* > me. *ruddōk*, ne. dial. *ruddock* mit demselben Suffix wie in ahd. *habuh* und *kranuh*.

Auf ahd. *rôtilo* beruht nhd. *Rötele*, ein alemannisches Wort, das im 16. Jh. bei Gesner Hist. avium (1555) S. 699 angeführt wird und in Fischarts Gargantua 308 begegnet [1]. Der einfache Name ist in neuerer Zeit meistens zurückgetreten vor Kompositionsbildungen, von denen Gesner a. a. O. *Waldrötele* und *Winterrötele* erwähnt. In Baiern und Österreich entspricht der Ausdruck *Rotkropff* bei H. Sachs Regim. der Vögel (1531) V. 102, *Rotkröpflein* bei Hohberg Adel. Land-Leben (1687) II, 805 Kap. CXXI; auch Gesner verzeichnet a. a. O. *Rotkropff*, *Rotkröpfflin*, Eber und Peucer Vocab. (1552) S. F 7a *Rotkropfflin*. Popowitsch Versuch S. 478 bezeichnet *Rotkröpfel* n. als österreichisches Wort, Unger-Khull S. 507 verzeichnen es aus Steiermark.

In Mitteldeutschland (und im bairischen Dialekt) scheint eigentlich das schriftsprachliche *Rotkehlchen* heimisch zu sein. Turner Avium hist. (1544) S. H 8a liefert den ersten Beleg *Rôtkelchen*, darauf *Rotkelchyn* bei Eber und Peucer Vocab. (1552) S. F 7a, *Rotkälinden* im Vocab. triling. (1560) S. 89, *Rotkelchin* in Sibers Gemma (1579) S. 43, *Rottkählichen* bei Schwenkfeld Ther. Sil. (1603) S. 345, *das Rothkehligen* in der Angenehmen Land-Lust (1720) S. 282. Vilmar Id. 331 gibt an, daß *Rotkehlchen* in Hessen vorkommt, Hertel Sprachsch. S. 198 bezeugt dasselbe für Thüringen, und Schambach Wb. S. 166 führt *Râdkelken* aus der benachbarten niederdeutschen Mundart von Göttingen und Grubenhagen an. Dän. *rødkielk* 'Rotkehlchen' ist ein deutsches Lehnwort.

In einigen Gegenden von Thüringen (Winterstein, Vogtei, Ruhla) gilt anstatt *Râdkelchen* die Namensform *Kâlredchen* [2], die durch Umstellung der Kompositionsglieder zustande gekommen ist. Die gleiche Erscheinung ist auch in den Namen des Rot-

1 Martin-Lienhart II, 306. — 2 Vgl. Hertel 198.

schwänzchens zu beobachten und zwar in verschiedenen Mundarten. — Auf ostmitteldeutschem Sprachgebiet erscheinen von dem Namen Varianten, die an den Eigennamen *Kâte* 'Katharina' anknüpfen: *Rotkätchen*[1] in Sachsen, *Rotkatel*[2] in Schlesien und im nördlichen Böhmen.

Die weiteste geographische Verbreitung von allen Bezeichnungen des Vogels hat der Name *Rotbrust* mit seinen Varianten. Zuerst ist dieser Ausdruck bei Turner a. a. O. belegt, darauf *Rotprüſtlin* im Strassburg. Vogelb. (1554) V. 630, *Rotbrůſtle* bei Gesner a. a. O. S. 699, *Rotbruſtlein* bei Golius Onomasticon (1579) Sp. 294, *Rothbrůſtlein* bei Aitinger Bericht v. d. Vogelstellen (1631) S. 376 usw. Heute ist die Benennung als *Rotbrüstle*, *Rotbrüsterle*[3] im Elsaß, *Rotbrüstel*, *Rotbrüstler*, *Rotbrüsteli* und *Bruströteli*[4] in der Schweiz üblich; in Luxemburg lautet der Name *Routbröschtchen*[5], in Hessen *Rôtbrüstchen*[6], in Altmark *Rôtböst*, *Rôtbosk*[7], in Westfalen *Rôdbörstken*[8], in der Grafschaft Ranzau *Rôdboss*[9], im Ostfriesischen *Rôdborstje* neben *Gêlborstje*[10] (d. h. Gelbbrüstchen), im Nordfriesischen *Gûlbük*[11] (d. h. Gelbbauch).

Weitere Synonyma derselben Art wie die vorigen sind *Rothälseli*[12], *Rotgügger*[12] (*Gügger* 'Gimpel') und *Rökle* f., *Rêkli*, *Rêkelti*[12] (vgl. *Röki* 'starke Röte', *rôken* 'sich röten') in der Schweiz, *Routschatzla*[13] in Schlesien. — Gesner berichtet in Hist. avium S. 700, daß die Vogelsteller seiner Heimat eine Art Rotkehlchen *Kâtſchrötele* nennen.

In der Schweiz werden einige Namen des Rotschwänzchens auch vom Rotkehlchen gebraucht.

Blaukehlchen, lusciola suecica, erithacus cyaneculus.

Weit weniger bekannt als das Rotkehlchen ist sein Vetter, das Blaukehlchen, welches den Namen dem schönen blauen

1 Albrecht Die Leipziger Mundart S. 193.
2 Weinhold Beitr. zu einem schles. Wb. S. 41, Zs. f. d. Phil. XXI, 210.
3 Martin-Lienhart II, 200. — 4 Staub-Tobler V, 864.
5 Wb. d. Luxemburg. Mundart 365.
6 Vilmar 331. — 7 Danneil 175. — 8 Woeste 217.
9 Korrespondenzbl. f. ndd. Sprachf. XVII, 2.
10 Jb. f. ndd. Sprachf. XI, 111. — 11 Johansen Nordfries. Spr. S. 119.
12 Staub-Tobler II, 197. 1209. VI, 842. — 13 Zs. f. d. Phil. XXI, 210.

Kehlfleck verdankt, der durch ein schwarzes und ein rostrotes Band von dem heller gefärbten Bauche geschieden wird. Mitten auf der blauen Brust tritt ein ganz weißer Stern hervor, der die Farbenschönheit des Vogels noch erhöht. Auf diese eigentümliche Färbung bezieht sich der Ausdruck *Wegflecklin*, den Gesner Hist. avium (1555) S. 793 aus Straßburg kennt. In der deutschen Bearbeitung des Vogelbuches durch Heuslin wird der Name wohl richtig gedeutet: "Der teutsch namen ist im vom wëg her gegeben: dann es in wëgen, äckeren stets sitzt; andersteils von der blauwen masen der brust". Allerdings wird diese Erklärung von Staub und Tobler I, 1190 angezweifelt, die unter Hinweis auf *Wegesterz* 'Bachstelze' den Namen mit *wegen* 'bewegen' verknüpfen möchten. Aber für die Richtigkeit der Heuslinschen Auffassung spricht der Vogelname *Erdfleckel* im Strassburg. Vogelb. v. J. 1554 V. 434. Die Namen *Erd-Fleckel* und *Wegflecklîn* beruhen wohl auf einer älteren Zusammensetzung *Fleck-Kele*, *Fleck-Kelîn* (d. h. Fleckkehlchen), die eine ähnliche Bildung wie *Rôtkelîn* ist. Das Kompositum ist aber dann als *Fleckel* 'Fleckchen' aufgefaßt worden, und daraus erklärt sich die Bildung *Wegfleck* im Strassburg. Vogelb. V. 432.

Auch andere Namen des Vogels sind genaue Parallelen zu denen des Rotkehlchens, vgl. *Blaubrüstli*, *Bläuwerli* [1] in der Schweiz, *Blaukropf* [2], *Blaukröpfel* [2] n. in Steiermark, *Blôbröschtchen* [3] f. in Luxemburg, hochd. *Blaukehlchen* (in der Angenehmen Land-Lust (1720) S. 122 "von etlichen *Blaukehligen* genennet") = ndd. *Blâgkelken* [4] in Göttingen und Grubenhagen; auf Helgoland nennt man ihn *Blauhemmelvink* [5]. — Im Münsterkreise heißt das Blaukehlchen *Knechtvügelken* [6], wohl weil der Vogel im Herbst auf Kartoffel- und Krautfeldern sich aufhält; übrigens gilt der Ausdruck auch vom Rotkehlchen.

Rotschwanz, ruticilla.

Den Namen *Rötele* teilt der Rotschwanz mit dem Rotkehlchen. Im Gegensatz zu diesem, dem *Winterrötele*, heißt

1 Staub-Tobler V, 864. — 2 Unger-Khull 90.
3 Wb. d. Luxemburg. Mundart 36. — 4 Schambach 25.
5 Frommann D. Mundarten III, 32.
6 Korrespondenzbl. f. ndd. Sprachf. XVI, 85.

jener bei Gesner (1555) S. 699 *Summerrötele*, "weil er beim Herannahen des Winters wegzieht oder sich versteckt". Als schweizerischen Ausdruck nennt Gesner noch *Hußrötele*, das er aus dem Aufenthalt des Vogels in der Nähe der Häuser und in Gärten erklärt. In den heutigen schweizerischen Mundarten ist *Hûsröteli* oder — mit Umstellung der Kompositionsteile — *Rôthüserli*[1] die allgemein übliche Bezeichnung für Rotschwänze (und Rotkehlchen), daneben auch *Baumröteli*, *Dachröteli*[1] und umgestellt *Rotdacheli*[1], ferner *Rökle*, *Rêkli*, *Rêkelti* (s. S. 41). Im Elsaß kommt neben *Husrôterle*[2] (in Reichenweier) die Benennung *Hussel* f. (in Oltingen im südlichsten Elsaß) vor, die bei Martin und Lienhart I, 386 (mit Fragezeichen) als 'Hausseele' gedeutet wird. Vielleicht liegt hier eine Umdeutung von **Hûserle* vor, die eine Kompromißform von *Rôthûse(r)li* und *Rôtele* sein könnte.

Aus Deutschland kennt Gesner den Namen *Rotſchwentzel* durch seine Straßburger Korrespondenten, und ein direktes Zeugnis aus dieser Gegend ist *Rotſchwentzlin* im Strassburg. Vogelb. (1554) V. 631 f.; in den heutigen elsäss. Dialekten *Rôtſchwänzle*, *Rôtschwänzel* n., *Rôtschwanzer* m., *Hûsrôtschwänzele*[2]. Der Ausdruck ist auch in Mitteldeutschland stellenweise volkstümlich; Hertel Sprachschatz S. 198 bezeugt ihn für die Vogtei, und Schambach Wb. S. 166 führt aus dem benachbarten niederdeutschen Dialekt in Göttingen und Grubenhagen *Râdſwenſeken* an. Von älteren Autoren verzeichnen Schwenkfeld Ther. Sil. (1603) S. 346 *Rottschwanz* und der österreichische Verfasser der Angenehmen Land-Lust (1720) S. 285 *Rothſchwäntzlein* (heute *Roatschwenzle*[3] in Sette Communi).

Die Bezeichnung des Vogels als 'Rotschwanz' ist in allen Gegenden Deutschlands geläufig, aber die Namensform variiert je nachdem welches Synonymon für den zweiten Kompositionsteil in der betreffenden Landschaft gilt. Aus der Gegend um Frankfurt am Main nennt Gesner die Variante *Rotzägel*, welche auch in Salzungen (in Thüringen) als *Rodzâel* (Dem. *Rodzêlche*)[4]

1 Staub-Tobler II, 1748. V, 864. VI, 842.
2 Martin-Lienhart II, 305. 528.
3 Frommann D. Mundarten IV, 54. — 4 Hertel 198. 261.

vorkommt. Die Ruhlaer Mundart hat wie beim Namen des Rotkehlchens (s. S. 40) die beiden Kompositionsteile umgestellt, so daß der Name hier *Zâlroden*[1] lautet. In Turners Avium hist. (1544) S. H 8a wird das Rotschwänzchen *eyn Rótſtertz* genannt, danach *Rotſtertz* bei Eber und Peucer Vocab. (1552) S. F 7a; Golius Onomasticon (1579) Sp. 294 führt *Rotſchwenzlein* / *Rotſtertzlein* vielleicht nach Gesner an. Für die niederdeutsche Lautform *Rotstert* hat Diefenbach Glossar. S. 230a zwei frühe Belege aus dem Anfang des 16. Jhs., Gesner kennt sie aus Murmelius; Junius Nomenclator (1581) S. 60a verzeichnet *Rootſtertken* als niederländisches Wort. Heute ist *Rô(d)stert* in Niederdeutschland allgemein[2]; Hertel Sprachsch. 198 bezeugt *Rudšderze* für Altenburg in Thüringen.

Wie sich der Vogelname *Rotschertz* in H. Sachs' Regim. der Vögel (1531) V. 197 zu der vorhin benannten Benennung verhält, ist schwer mit Bestimmtheit zu entscheiden, da die Bedeutung des Namens nicht feststeht und andere Zeugnisse dafür fehlen. Aber die Umgebung, in welcher der Vogel in dem Gedichte erscheint, läßt vermuten, daß es der Gartenrotschwanz ist. Wenn das Wort einfach nicht für *Rotstertz* (: Plickstertz) verdruckt ist, so liegt die Annahme an eine Umdeutung nahe.

Zu den vorhinerwähnten Namensvarianten gesellt sich noch *Rotschwaferl* oder *Rotschweiferl* (d. h. Rotschweifchen) in den östlichen Alpen[3], in Tirol auch *Roatvogl*[4].

Nach Gesner Hist. avium (1555) S. 699 sollen die Rotschwänze irgendwo auch *Wynuógele* genannt werden.

Hausrotschwanz, ruticilla tithys.

Die ältere ornithologische Literatur trennt die beiden Rotschwänze nicht als besondere Arten von einander, und in den heutigen Mundarten werden sie auch oft mit demselben Namen benannt.

Das enge Zusammenleben mit dem Menschen hat dem Hausrotschwanz den Namen eingetragen, dessen schweizerische

---

1 Hertel 198. 261.

2 Vgl. Woeste 218, Schambach 166, Korrespondenzbl. f. ndd. Sprachf. XVII, 1. 5. — 3 Zs. f. d. Phil. XXI, 210.

4 Frommann D. Mundarten IV, 54.

Form *Hûsrôteli* bereits erwähnt wurde; aus demselben Vorstellungskreise ist auch *Dachröteli* hervorgegangen. Zu diesen gesellen sich die Ausdrücke *Dachgrätzer*[1] (zu *grätzen* 'mit gespreizten Beinen ausschreiten') und *Dachspatz*[1] aus dem Elsaß; wegen *Husduper* m. vgl. Martin-Lienhart Wb. d. els. Ma. II, 702.

In den südöstlichen Gegenden von Deutschland ist der Vogel mit Namen bekannt, die mit dem Worte *Brand* zusammenhängen. In Steiermark (Wechselgebiet und Ernstal) nennt man ihn *das Branderl* oder *Brandvogel*[2]; in Kärnten *der Branter*[3], in Tirol *das Brantele*[4], in Baiern *der Prandvogel* (H. Sachs Regim. der Vögel V. 196), *das Rotbrändelein*[5], im schwäbischen Tirol *das Brandelein*[6]. — Man hat die Namen in Zusammenhang gebracht mit der abergläubischen Vorstellung, daß das Rotschwänzchen, wenn man ihm etwas zuleide tut, das Feuer in das Haus bringt; *das Brandzeiserl*, welches in Unger-Khulls Steir. Wortsch. S. 109 als sagenhaftes und geheiligtes Vöglein erwähnt wird, ist offenbar das Rotschwänzchen. In diesem Aberglauben ist jedoch die Feuersbrunst nichts Charakteristisches; denn das Unglück kann nach anderer Version auch in anderer Form das Haus treffen, z. B. so, daß die Kühe rote Milch geben usw. Die obengenannten Namen des Rotschwänzchens haben nichts mit mythologischen Vorstellungen zu tun, sondern erklären sich aus der schwarzen Brustfärbung des Vogels, die ihm in Baiern den Namen *Brandreiterl* und in den Alpen die Benennung *Russvogel*[7] verschafft hat; vgl. auch die Namen des Gartenrotschwanzes. Es ist eine ganz gewöhnliche Erscheinung, daß man schwarzgefärbte Tiere mit *Russ*, *Kohle*, *Brand* vergleicht und sie danach benennt; so heißt der schwarzgefärbte Fuchs *Brandfuchs*, die schwarzgezeichnete Meise *Brandmeise*, die schwarze Seeschwalbe und der Auerhahn *Brandvogel*, die Amsel *Kohlamsel*, der Rabe *Kohlrabe*.

Ein steirischer Name des Hausrotschwänzchens ist *Marvogel* (aus ahd. **marah-vogel* 'Pferdevogel'?) bei Unger-Khull S. 450.

1 Martin-Lienhart I, 287. II, 552. — 2 Unger-Khull 108.
3 Lexer Kärnt. Wb. S. 38. — 4 Frommann D. Mundarten IV, 54.
5 Schmeller-Frommann I, 360 f. — 6 Fischer I, 1347.
7 Zs. f. d. Phil. XXI, 210.

Gartenrotschwanz, ruticilla phoenicurus.

Dieser Name, durch welchen man in der Wissenschaft die ruticilla phoenicurus von ihrem nächsten Verwandten zu unterscheiden pflegt, erklärt sich aus der Vorliebe des Vogels für Obstgärten, worin alte Bäume sind. Dem ungenannten Verfasser der Angenehmen Land-Lust (1720) S. 287 ist der Ausdruck *Garten-Rothſchwäntzlein* bereits bekannt.

Im Gegensatz zu dem Hausrotschwanz, dessen eintönige Laute kaum Gesang genannt werden können, ist der Gartenrotschwanz ein guter Sänger; daher wird er in Luxemburg als *Stênuechtegeilchen*[1] f. (d. h. Steinnachtigällchen) von dem *Routschwänzchen*[1] m. unterschieden. Der Vergleich mit der Nachtigall tritt schon zutage in den Ausdrücken *Baumnachtgállin* | *Holnachtgállin* (Ein Rotſchwånzlin), die in Ostermanns Vocab. (1591) S. 337 begegnen; der letztere Ausdruck bedeutet 'Höhlennachtigall' und bezieht sich auf das Nisten des Vogels in Baumhöhlen. Die Benennung *Baum nacht gallen* wird auch von Henisch Teutſche Sprach (1616) Sp. 219 im Sinne von Rotschwanz erwähnt; daneben steht als Synonymon *Baummiſch*, das als *Baummüsch* (ahd. **boummusca*) = Baumsperling zu verstehen ist. — Das steirische Dialektwort *Hollerrötel*[2] m. u. n. ist = Hollunderrötel (zu steir. *Holler*).

Der Lockruf des Gartenrotschwanzes hat mit dem des Hausrotschwänzchens große Ähnlichkeit; Voigt Excursionsbuch S. 36 umschreibt ihn mit "fuid teck teck teck". In der Schweiz deutet man dies als eine Warnung "Hüete dich! Hüete dich![3]" und stellt es in Zusammenhang mit Unglücksfällen, die der Rotschwanz dem Plünderer seines Nestes bringen kann. Nach Danneils Wb. S. 88 wird das Locken des Gartenrotschwanzes in Altmark als 'Hüt-dick-dick-dick' aufgefaßt und der Vogel daher *Hütik* oder *Hüting* genannt. Dieser Name ist auch in der ostfriesischen Mundart üblich[4]. In Preußen hat der Ruf — wie Klein Hist. avium prodr. (1750) S. 77 bezeugt — dem Rotschwänzchen die Benennung *Saulocker* eingetragen, "weil er also ſchmatzet, wie die Landleute, wenn sie die Schweine zum Troge rufen;

1 Wb. d. Luxemburg. Mundart 366. 424. — 2 Unger-Khull 353.
3 Staub-Tobler II, 1748. — 4 Jb. f. ndd. Sprachf. XI, 112.

welches er thut, ſo lange die Jungen noch unter ſeiner Pflege ſind"[1]. Ein Synonymon ist *Koschkelocker*[2], vgl. Frischbier Preuß. Wb. I, 412 f.

In Ther. Sil. (1603) S. 346 nennt Schwenkfeld als schlesische Bezeichnung des Rotschwanzes den Ausdruck *Wúſtling*; für Sachsen wird derselbe durch Eber und Peucer Vocab. (1552) S. E 7a und für die Nürnberger Gegend durch H. Sachs Regim. der Vögel (1531) V. 104 bezeugt. In diesen östlichen Gegenden Deutschlands ist der Name auch heute in verschiedenen Varianten üblich: in Schlesien als *Wústlig*[2], im nördlichen Böhmen als *Schwarzwistlich*[3] m., in Sachsen als *Rotwispel*[3]. Bei Naumann-Hennicke I, 56 werden für den Vogelnamen drei Etymologien als möglich hingestellt: 1) Das Wort könne in der Form Wüstling ursprünglich sein und sei auf den Aufenthalt des Rotschwanzes bei öden Ruinen usw. zurückzuführen; 2) es könne mit dem engl. Verbum *whistle* 'pfeifen' zusammenhängen; 3) der Name könnte aus dem Slavischen stammen und mit dem böhmischen Dialektworte *Chvistek* identisch sein. Die letzte Annahme ist wohl die richtige. Das Fehlen des Ausdrucks im Westen des Landes und die divergierenden Namensformen in den östlichen Mundarten, von denen einige kein deutsches Aussehen haben, weisen auf slavischen Ursprung.

Neben *Wüſtling* wird bei Eber und Peucer a. a. O. das Synonymon *Schnepfflein* (d. h. Schnapperchen) angeführt; vgl. Fliegenschnepper. In Preußen nennt man den Vogel *Bienenschnapp*[4] m., im Elsaß *Immenbicker*[5].

Einige Namen des Gartenrotschwanzes sind von der hübschen Färbung des männlichen Vogels hergeholt. In Altmark nennt man ihn wegen der weißen Stirn *Stärmann Hütik*[6], in Steiermark *Weissblattel*[7] n. (zu mhd. *plate* 'kahler Kopffleck'); andererseits teilt er hier mit der schwarzköpfigen Grasmücke die Benennung *Schwarzblattel*[7] n., was sich aus dem schwarzen Flecken auf der Kehle begreifen läßt. Bei Reyger wird *Schwarz-*

1 Vgl. Reyger in der Bearbeitung des Kleinschen Werkes (1760) S. 78. — 2 Frommann D. Mundarten IV, 191.

3 Zs. f. d. Phil. XXI, 210. — 4 Frischbier I, 81.

5 Martin-Lienhart II, 27. — 6 Danneil 209.

7 Unger-Khull 562. 628.

kehlein als wissenschaftlicher Name erwähnt. An diese Namen reihen sich noch an: *Zâlmynich*[1] (d. h. Zagelmönch) in Thüringen, *Smockkeikel*[2] (*Smock* 'Rauch') auf Helgoland, *Kaminbutzel*[3] n. (d. h. Schornsteinfeger) im Elsaß.

Ein schweizerischer Ausdruck für diesen Vogel ist *Hûsgütterli* bei Staub-Tobler II, 534.

Merle, petrocincla.

Steinmerle, petrocincla saxatilis, monticola saxatilis.

Der schöngefärbte Vogel ist in Deutschland eine seltene Erscheinung. Nach Naumann-Hennicke I, 126 findet man die Steinmerle vereinzelt in der Schweiz, Vogesen, Tirol, Österreich, Salzburg und in dem Rheingebirge; sehr selten ist sie in den böhmischen, schlesischen und thüringischen Bergen. Aus diesen Gegenden stammen auch die wenigen älteren Zeugnisse für die Namen dieses Vogels.

Gesner, der ein Exemplar der Steinmerle aus Graubünden erhalten hatte, berichtet in Hist. avium S. 701, daß der Vogel dort *Steintrôſtel* (d. h. Steindrossel) oder *Steinrôtele* genannt werde. Der letztere Ausdruck, den er S. 265 auch für Österreich bezeugt, begegnet bereits bei H. Sachs Regim. der Vögel (1531) V. 87 in der Deminutivform *das Stainrötlein.* Den Namen *Steinrôtl* (als Maskulinum) nennt im 17. Jh. Hohberg, welcher angibt, daß der Vogel "an dem Fluß Etſch / wo er mit den Tyroliſchen Gebûrgen grântzet / in den Schrofen und Felſen gefunden" wird, daß er selbst ihn aber auch "zu Unter-Oeſterreich bey Zebing und Schônberg / und zu Droſendorff in den alten Gemâuern geſehen" (Adeliches Land-Leben II, 805 Kap. CXXI). Auch Schwenkfeld, der in Ther. Sil. (1603) S. 347 die Steinmerle in seiner Heimat als äußerst selten bezeichnet, kennt sie aus eigener Anschauung; er hat einen Vogel erhalten, der nicht weit von Schmiedeberg gefangen worden war. Außer dem Namen *Stein Rôtele* werden a. a. O. die Ausdrücke *Blaw Stein Amſel / Stein Droſſel / Klein Blaw Zimmer* (d. h. Drossel) erwähnt. In Döbels Eröffn. Jägerpr. (1746) S. 54 heißt der Vogel *Stein-Amſel*; heute

1 Hertel 261. — 2 Frommann D. Mundarten III, 33.
3 Martin-Lienhart II, 131.

in Luxemburg *Grousse Routschwänzchen*[1]. Aus Steiermark wird der Ausdruck *Steinrötel* m. durch Unger-Khull S. 573 bezeugt; *Stainridel* m. bei Schmeller-Frommann Bayer. Wb. II, 59. Ein bairisches Synonymon ist *Birglerch* (d. h. Berglerche) a. a. O.

Blaumerle, petrocincla cyanea, monticola cyanus.

In seinem Vogelbuche handelt Gesner S. 266 von dem *Blawuogel*, den sein Augsburger Freund Raphael Seiler ihm ausführlich geschildert hat, und vermutet, daß es der 'turdus saxatilis' oder die Steinmerle sei. Liest man jedoch die Schilderung, die Seiler a. a. O. von dem Vogel gibt, so findet man, daß es sich hier um die Blaumerle handelt. Nach Naumann-Hennicke I, 131 kommt diese nur in den südlichsten Provinzen des deutschen Sprachbodens, z. B. Tirol, in der Schweiz und den Vogesen vor. Gesners Gewährsmann gibt an, daß der Blauvogel nur in dem Gebirge um den Etschfluß und in der Umgebung von Innsbruck zu finden sei. — Ein frühes Zeugnis des Ausdrucks *Blauvogel* ist die Glosse *blaifögeli* turdus im Vocabularius optimus XXXVII, 113 (Ed. Wackernagel S. 43).

Steinschmätzer, saxicola.

Steinschmätzer, saxicola oenanthe.

Die öden unfruchtbaren Landschaften mit Steinbrüchen, Ziegeleien, großen Steinhaufen u. dgl. sind die Orte, wo man die Steinschmätzer antrifft und ihre schmatzenden oder schnalzenden Töne hören kann. Von diesen ist der Name des Vogels hergeleitet, der in den Mundarten in verschiedenen Variationen vorkommt. In der Literatur des 16. Jhs. begegnet er zuerst in der femininen Form *Stainschmatzs* bei H. Sachs Regim. der Vögel V. 174; Eber und Peucer Vocab. (1552) S. F 8a erwähnen ebenfalls *die Steinſchmatzen*, aber im Sinne von Turmfalke. Dieselbe Bildungsweise wie in *Steinschmatze* (zu mhd. *smatzen*) erscheint auch im Kompositum *die Steinklatsche* in Döbels Eröffn. Jägerpr. (1746) S. 63; in der Angenehmen Land-Lust (1720) S. 302 wird der Vogel *der Steinbeiſſer* genannt. — Naumann erwähnt aus dem Anhalter Dialekt die Namen *Steinfletschker* und

1 Wb. d. Luxemburg. Mundart 366.

Steinpicker. Auch in Niederdeutschland kennt man den Vogel mit dem Namen *Stênbicker* [1] (in Altmark), *Steinpicker* [2] (in Göttingen und Grubenhagen), *Stênpicker* [3] (in Mecklenburg); aus dem Deutschen stammt dän. *stenpicker*.

Verschieden von diesen zusammengesetzten Benennungen, welche mit Rücksicht auf die kurzen harten tök-tök-Rufe des Steinschmätzers gebildet sind, ist mitteld. *Steinrutscher* [4] (in Thüringen), das wohl als Ableitung von *Steinrutsche* (mnd. *stênrudse*) 'Steinhaufe' aufzufassen ist. In Göttingen und Grubenhagen wird der Vogel auch *Steinartsche* [5] (d. h. Steinhänfling) genannt, in Luxemburg heißt er *Brôchschösser* [6] (d. h. Brachfeldscheißer); Campe verzeichnet den Namen *Schollenhüpfer*.

Von der Färbung des Gefieders sind hergeleitet die Ausdrücke *Wîssbrüstli* [7] in der Schweiz, *Witkeleken* [8] (d. h. Weißkehlchen) in Göttingen und Grubenhagen, *Blackstiärt* [9] (d. h. Schwarzschwanz) im Münsterkreise. Auf die schwarzweiße Farbe bezieht sich auch der ostfriesische Name *Walhâkster* [10] (d. h. Wallelster).

Wiesenschmätzer, Pratincola.

Braunkehlchen, Pratincola rubetra.

Die beiden Wiesenschmätzer haben mit dem Steinschmätzer manche gemeinsame Züge, auch die schmatzenden Laute sind jenen charakteristisch. Daraus erklärt sich, daß die Namen dieser Vögel teilweise in einander übergehen. Der von Schwenkfeld Ther. Sil. (1603) S. 330 geschilderte *Steinfletſche* ist der braunkehlige Wiesenschmätzer, und in diesem Sinne wird das schlesische Wort in Frommanns D. Mundarten IV, 187 aus einer Quelle v. J. 1781 abermals belegt. Nach Frischbiers Wb. II, 367 werden die Ausdrücke *Steinfletscher* und *Steinpatscher* auch in Preußen von den Wiesenschmätzern gebraucht.

Nach der Brutzeit pflegt das Braunkehlchen die feuchten Wiesen zu verlassen und begibt sich dann auf Kräuterfelder und

1 Danneil 211. — 2 Schambach 209.
3 Korrespondenzbl. f. ndd. Sprachf. XVI, 84. — 4 Hertel 201.
5 Schambach 209. — 6 Wb. d. Luxemburg. Mundart 47.
7 Staub-Tobler V, 865. — 8 Schambach 301.
9 Korrespondenzbl. f. ndd. Sprachf. XVI, 85.
10 Jb. f. ndd. Sprachf. XI, 114.

in Gemüsegärten, um zwischen den hohen Stengeln der Pflanzen den Insekten nachzugehen. Es hat daher in der Schweiz (in Bern) den Namen *Krûtvögeli*[1] bekommen; in Baiern wird das Vorkommen des Ausdrucks *Krautvogel* bereits durch H. Sachs Regim. der Vögel (1531) V. 206 bezeugt, aber hier scheint er den Wiesenpieper zu bedeuten. Eine synonyme Benennung ist vielleicht das Straßburger Wort *Bürſtner*, das Gesner in Hist. avium (S. 357. 604. 700) nicht identifizieren kann; der Name ist vielleicht verwandt mit schweiz. *Burst* 'mit Borstengras bewachsene Wiese' und der dazu gehörigen Wortsippe.

In Luxemburg hat man für das Braunkehlchen eine ganze Menge verschiedener Dialektnamen. Von diesen sind *Jódek*[2] m. und *Jipjäppchen*[2] m. lautnachahmende Bildungen ebenso wie frz. *chick chack*[3] im wallonischen Teile von Luxemburg. Andere Ausdrücke sind *Wisegimchen* m. (d. h. Wiesenkümmel), *Wisepillo* (zu *Pillo* 'Gimpel'), *Grâspillo*, *Wisevilchen* (d. h. Wiesenvögelchen), *Keivilchen* (d. h. Kuhvögelchen), *Strefmännchen*[4] m. (zu *strêfen* 'die Samenkapseln vom Flachs abtrennen').

Im Gegensatz zu dem Braunkehlchen, dem *Brûnbrüstli*, nennt man in der Schweiz den **schwarzkehligen Wiesenschmätzer** (pratincola rubicola) *Schwarzbrüstli*[5]; in Göttingen und Grubenhagen teilt er den Namen *Witkeleken*[6] mit dem Steinschmätzer. — Ein schweizerisches Synonymon ist *Grasrägg* (vgl. Staub-Tobler Id. VI, 768); im Münsterkreise heißt der Vogel *Heidefink*[7].

Drosseln, Turdinae.

Drossel, turdus.

Ahd. drôsca, drôscala: Sg. Nom. — ***throsga*** tvrdella: cod. SGalli 299 p. 33. ***drosca***: cod. SGalli 299, 26. cod. SGalli 242, 248b. turdus: Carmen de Philomela 17: cod. Vindob. 247, 222b, ***drusca***: cod. mus. Britann. Add. 16894, 244b. ***trosca*** turdus: cod. Selestad. 109b. ***drôscha*** uiscum mistil () uiscus nascitur de fimo turdelarum auium id est: Vergil. A. VI, 205: Clm. 18059, 199c. ***droscha***: Clm. 14689

1 Staub-Tobler I, 695. — 2 Wb. d. Luxemburg. Mundart 201.
3 Vgl. Rolland Faune populaire II, 257.
4 Wb. d. Luxemburg. Mundart 222. 336. 429. 488.
5 Staub-Tobler V, 865. — 6 Schambach 301.
7 Korrespondenzbl. f. ndd. Sprachf. XVI, 85.

f. 47a. *drorcha*: H. S. III, 17. *droscala* turdus: H. S. XIb. *droskilla*: Versus de volucr. *drôschela*: H. S. III, 17: Clm. 2612, 34b, XI a 2. *droshla*: cod. Vatican. Reg. 1701, 2b. *trosla* merulus: cod. sem. Trevir. R. III. 13, 107a. *drosel*: Versus de volucr. *drôssele*: H. S. III, 17: cod. Vindob. 2400, 42a.

Der Name der Drossel erscheint in den germanischen Idiomen in mehreren Varianten, die mit einander zusammenzuhängen scheinen, aber lautgesetzlich sich nicht unter einen Hut bringen lassen. Die im Althochdeutschen bezeugte Namensform *drôsca* (*drôscala*) stimmt wohl zu dem einmal (im Corpusglossar 2063, Sweet Old. Engl. Texts S. 103) belegten ags. *þraesca* (Grdf. **þrauski̯an-*), mit welchem die Form *þrýsce*[1] (> me. ne. *thrush*) aus **þrûski̯ôn* im Ablautsverhältnis steht. — Verschieden von diesen Worten ist mnd. *drôsle*, das mit ags. *þróstle* (> me. *þrostel*, ne. *throstle*) vielleicht aus einer Grundform **þramstalôn* hervorgegangen ist; die Länge des *ô* (aus älterem *â*) wird erwiesen durch die weitere Entwicklung der niederdeutschen Namensform zu *Dråssel* im Westfälischen, *Drausel*(*e*)[2] in Göttingen und Grubenhagen und *Draussel* im Mecklenburgischen[3]. — Eine dritte Nebenform ist mhd. *drostel*, das wohl als Schwundstufenbildung zu anord. *þrǫstr* (> dän. *trost*, schwed. *trast*) aufzufassen ist. Diese Namensform weist auf urgerm. **þrastu-*, das mit mittelir. *truid* (aus **trozdi-*) am nächsten verwandt ist und mit lat. *turdus* 'Drossel' (aus **tr̥zdos*), lit. *strãzdas* und lett. *strazds* 'dass.' im Verhältnis des Vokalwechsels steht. Griech. στροῦθος 'Sperling, kleiner Vogel' ist kaum verwandt. Auch akslav. *drozgŭ*, czech.

1 *þrysce* = sturtius Zs.f.d.A. XXXIII, 241^{53}, *þryssce* = strutio Wright-Wülcker I, 286^{24}, *þrisce* = trutius Wright-Wülcker I, 260^{30}. Die lat. Lemmata *trutius* und *truitius* (im Corpusglossar a. a. O.), die Solmsen IF. XIII, 138 Anm. 2 unklar sind, sind keltisch-lat. Glossen, vgl. mittelir. *truid* 'Drossel'.— In den Corpus-Gll. gehört das Lemma *trita* zu breton. *tret*.

2 Schambach 47.

3 Die Quantität der ahd. und ags. Worte wird sehr verschieden angesetzt: Bosworth-Toller Ags. Dict. u. Sweet The Stud. Dict. of Ags. schreiben sowohl *þrysce* wie *þrostle* ohne Längezeichen, ebenso Falk u. Torp Et. ordb. II, 382; Walde Lat. et. Wb. S. 642 nimmt für ahd. *drôsca* und ags. *þrýsce* Länge, für ags. *þrostle* sowohl Länge wie Kürze an. — Richtig scheinen Kluge Et. Wb.^{6} S. 83 und Sievers IF. XIII, 138f. die Quantität des Stammvokals beurteilt zu haben. Vgl. auch Kluge Litbl. f. germ. u. rom. Phil. (1898) XIX, 14.

poln. *drozd*, russ. *drozdŭ*, serb. *drozd*, *drozak* 'Drossel' sind eher als Entlehnungen aus dem Deutschen denn als urverwandte Worte zu betrachten. Anklingende Namensformen bieten noch bretonische Dialekte: *drask* (Belle-Ile-en-Mer, Ch. de La Touche), *draskl* (Morbihan, Taslé)[1]. Henry Lexique etymologique S. 106 führt sie auf älteres **tresklo-* für **tredsklo* zurück und verbindet sie mit breton. *tred* 'Staar', während Baist Zs. f. rom. Phil. XXXII, 432 das keltische Wort für eine frühe Entlehnung aus dem Angelsächsischen hält; a. a. O. wird auch frz. *trâle* mit Diez als german. Lehnwort betrachtet im Gegensatz zum Dict. général, wo keltische Herkunft angenommen wird.

Eine klare lautgesetzliche Ordnung in die Menge von Varianten zu bringen, will nicht gelingen; vgl. Walde KZ. XXXIV, 516. Es ist möglich, daß in letzter Instanz den idg. Drosselnamen ein onomatopoietisches Wort zugrunde liegt, das von der Stimme des Vogels geholt ist. Im Lateinischen wird diese Stimme durch das Verbum *trucilāre* wiedergegeben (Carmen de Philomela V. 17: "Dum turdus trucilat, sturnus dum pusitat ore", s. Anthologia latina, Ed. Riese I, 2, 224, Leipzig 1870).

Von den ahd. Namensformen *drôsca* und *drôscala* scheint die letztere deminutive Bedeutung zu haben und die kleine Singdrossel zu bedeuten. In dieser Bedeutung hat sie sich erhalten, während *drôsca* schon in der ahd. Periode ausstirbt und in den Mundarten durch andere Synonyma ersetzt wird. Mhd. *drôscele* ist vorzugsweise dem bairisch-österreichischen Sprachgebiet eigen; im 16. Jh. *Troschel* bei H. Sachs Regim. der Vögel (1531) V. 109, in Sachsen *Sangdruſchel* bei Eber und Peucer Vocab. v. J. 1552 S. F 8^{b}. Heute reicht bair.-österreich. *Droschel* auch in das oberhessische Gebiet und als *Drouschel*, *Druschel* in die Wetterau; ein vereinzeltes *Droschel* im Westen des schwäbischen Gebietes (Neuhausen)[2]. Daran schließt sich der Bezirk von schwäb. *Drǒštl*[2], schweiz. *Drostl*, *Tröstle*, elsäss. *Drostel*, *Drostle*[3], in Tirol *Drostle*, *Draəstl*[4], auch anhalt. *Drustel*[5], thüring.

1 Vgl. Rolland Faune populaire II, 240 u. 244.

2 Fischer II, 405.

3 Martin-Lienhart II, 766. — 4 Frommann D. Mundarten IV, 346.

5 Naumann-Hennicke I, 202.

Drosdel[1] (im Harz), die auf mhd. *drostel* beruhen; im 16. Jh. elsäss. *Troſtel* bei Dasypodius (1535) S. J 1a und im Strassburg. Vogelb. (1554) V. 397, schweiz. *Troſtel* in Ruefs Adam und Eva (1550) V. 968 und in Gesners Hist. avium (1555) S. 729 neben *Droſchele.*

Die heute in der Schriftsprache geltende Form *Drossel* gehört eigentlich den nieder- und mitteldeutschen Mundarten an. In ahd. Zeit ist *trosla* in den wahrscheinlich moselfränkischen Glossen der Trierer Hs. belegt; dazu *drosel* und *drossele* in zwei Hss. des 11./12. Jhs., *drosilla* in cod. Florentin. XVI, 5 (13. Jh.), *drossela* in cod. Oxon. Jun. 83, 4 (13. Jh.). Einige spätere Belege führen in die Gegend von Köln: im 14. Jh. *drosela* im Kölner Doppelblatt (Ahd. Gll. III, 26[25]), im 16. Jh. *Droeſſell* bei Longolius Dial. de avibus (1544) S. G 2[a], *eyn Droſſel* aut *eyn Durſtel* bei Turner Avium hist. (1544) S. J 6a; Gesner Hist. avium S. 729 führt die Formen *Troſſel* nach Tragus, *Trusel* nach Murmellius an. Schwenkfeld Ther. Sil. (1603) S. 361 gibt *Drossel* als schlesisch an. Auf dieser Namensform beruht auch *Drusel*[2] f. in der Pfalz.

Amsel, turdus merula.

Ahd. amsala, amusla: Sg. Nom. — *amsala* merula ...: H. S. III, 17. Gll. Salomon. a 1. *amslala*[3]: cod. Selestad. f. 110a. *amsela*: cod. Wirziburg. Mp. th. 4° 60, 104a. Versus de volucr. *amsila*: Gll. Salomon. a 1. *amsila*: H. S. XIb. Versus de volucr., *amsel*: Versus de volucr. cod. Vindob. 804 f. 172b. H. S. XI a 2, *amsla*: a 2. Carmen de Philomela 13: cod. Vindob. 247, 222b, cod. mus. Britann. Add. 16894, 244 b. cod. Vatican. Reg. 1701, 2 b. Clm. 14689 f. 47 a. *amfsla*: cod. SGalli 299 p. 33. cod. SGalli 299, 26. cod. SGalli 242, 248b. *amphsla*: Gll. Salomon. a 1. Gregorii dial. 2, 2 p. 213: cod. Vindob. 2723, 106a, cod. Vindob. 2732, 120a, Clm. 19440, 232, *amph*^{s}*la*: Clm. 18140, 228a, *amphsala*: Cgm. 5248, 2, 2b. *amphsela*: H. S. XI g. *ampsila*: Versus de volucr. *amasla*: Gregorii dial. 2, 2 p. 213: cod. Carolsruh. SPetri 87, 85b. *amusla*: cod. sem. Trevir. R. III. 13, 107a. *amissila*: Versus de volucr. *amissel*: H. S. XI e. *ansia*: cod. Parisin. 9344 f. 42b. *ansla*: cod. Parisin. 12269 f. 58b. *ansela*: cod. Oxon. Jun. 83, 4 (13. Jh.). — Pl. Akk. — *amfsela*: Horat. Serm. II, 8, 91: Clm. 375, 164a.

---

1 Hertel 85. — 2 Heeger Tiere im pfälz. Volksmunde II, 11.
3 Das mittlere *a* aus Corr. (Steinmeyer).

Die Amsel wird in der Volksvorstellung gewöhnlich nicht als eine Drosselart aufgefaßt, ebensowenig wie in der älteren zoologischen Literatur. Das geht auch aus den Namen des Vogels hervor, die meistens keine Beziehungen zu Drosselbenennungen aufweisen.

Dem ahd. *amsala* (mhd. *amsel*) entspricht im Angelsächsischen *ósle* 'Amsel' (me. *ósle*, ne. *ousel*) < **amsle*, aber in den nächstverwandten kontinentalen Dialekten fehlt der Name; statt dessen gelten hier *lîstera* und *merla* (vgl. unten).

Die meisten mundartlichen Formen des Vogelnamens sind aus der ahd. Form *amsala* hervorgegangen, vgl. elsäss. *Amsel* (*Amstel*)[1], schweiz. *Amstel*, schwäb. *Amsl* und *Amšl*[2], die letztere Form auch im östlichen Thüringen[3], in Baiern und Kärnten[4], *Omšl*[3] in der Wetterau. Dagegen beruhen elsäss. *Amalse*[1], hess. *Ummelše*[3], mansfeld. *Amessl*[3], hanau. *Ômeste*[3], heanz. *Omischl*, *Amischl*[5], bair. *Amuksl*, österreich. *Ômaksl*[3] (schon im 14. Jh. *ammuxsel* Ahd. Gll. III, 26[57]) auf der ahd. Nebenform *amusla*. Die im Hennebergischen und Westthüringischen üblichen Benennungen *Ansbel*, *Onšpel*, *Ụnsbel* (im Westerwald *Anspel*, *Unspel*, in Marienberg *Ospel*, *Uspel*)[6] haben sich wohl aus der ahd. Variante *ampsla* durch die Zwischenstufe **amspel* > *anspel* entwickelt. Der Labial der ahd. Namensform ist ein sekundärer Übergangslaut, ebenso wie in dem alten Völkernamen *Ampsivarii* neben *Amsivarii* oder in der frühneuhochdeutschen Form *kömpst* statt *kömst* usw.; vgl. auch die Schreibung *Ambſel* bei Aitinger Bericht v. d. Vogelstellen (1631) S. 180. Eine sekundäre Lautform ist auch das altbezeugte *ansla*[7], das durch Angleichung des Nasals an den folgenden *s*-Laut aus *amsala* hervorgegangen ist, wie ahd. *haranscara* aus *harmscara*.

Eine sichere Deutung des westgerman. Vogelnamens fehlt. Am wahrscheinlichten ist noch die alte Zusammenstellung mit lat. *merula* 'Amsel', das sich mit westgerman. **amuslôn-*: **amslôn* aus idg. **ames-* entwickelt haben könnte.

---

1 Martin-Lienhart I, 41. — 2 Fischer I, 169.
3 Kluge Et. Wb.[6] S. 13. — 4 Lexer Kärnt. Wb. S. 6.
5 Frommann D. Mundarten VI, 340.
6 Kluge Et. Wb.[6] S. 13, Hertel 60, Kehrein 301.
7 *ansia* ist wohl verschrieben für *ansla*.

In den Gegenden am Mittel- und Niederrhein ist der germanische Amselname durch lat. *merula* verdrängt worden. Der früheste Beleg des Lehnwortes ist *merla* = merula in cod. Berol. Ms. lat. 8⁰ 73, 124a; später *amsla ł merla*: H. S. III, 17: cod. Darmstad. 6, 26 (13. Jh.); *merla*: Versus de volucr.: Kölner Doppelbl. (14. Jh.); *merlin*: cod. Mellic. K. 51, 99, cod. Vindob. 1325, 79b (14. Jh.). Im 16. Jh. *Merll* bei Longolius Dial. de avibus (1544) S. G 2a (*Merl* bei Turner Avium hist. (1544) S. F 6b).

Heute gilt *Mêrel*, *Mierel*[1] f. (in Komposita auch von anderen Drosselarten) in Luxemburg, *Merdel*[2] f. in Westfalen; im Niederländischen *meerl* aus mndl. *mêrle*. Wann die Entlehnung aus dem Lateinischen stattgefunden hat, ist nicht möglich genauer zu bestimmen, aber zur frühesten germanisch-römischen Entlehnungsschicht gehört das Wort nicht. Da der Stammvokal nicht zu *i* erhöht worden ist, muß ein vulgärlat. **merla* ohne Mittelvokal (ital. *merlo*, frz. *merle*) das Etymon gewesen sein. Durch den höfischen Einfluß des 12./13. Jhs. (speziell auf die Autorität Heinrichs von Veldeke hin) wurde der niederrheinische Ausdruck auch in der oberdeutschen Poesie eingeführt, ohne daß er sich jedoch in der lebenden Sprache einbürgern konnte. Tirol. *Merle*[3] (im Sarntal) ist aus dem Italienischen übernommen.

In denselben Gegenden, wo das lateinische Lehnwort sich verbreitet hat, hat man für die Amsel auch einen einheimischen Dialektnamen, der im Niederländischen *gieteling* und in Westfalen (Recklinghausen und Münster) *Geitlink*[4] m. lautet; Woeste Wb. S. 70 gibt westfäl. *Gaidling* m. in der weiteren Bedeutung 'Drossel' (*grîse* und *swarte Gaidling* = Singdrossel und Schwarzdrossel). Im Ostfriesischen entspricht *Geitel*[5] mit anderem Suffix. Diefenbachs Glossarium S. 358c bietet für das niederrheinische Wort einen Beleg *geytelinck* aus der Gemma gemmarum v. J. 1507 und im Novum glossar. S. 252a wird *ghetelinck* nach einer niederländischen Gemma aus dem Jahre 1500 belegt. Die ältesten Zeugnisse für das Auftreten des Vogelnamens sind die Glossen

1 Wb. d. Luxemburg. Mundart 284.
2 Woeste 174. — 3 Frommann D. Mundarten IV, 52.
4 Korrespondenzbl. f. ndd. Sprachf. XVI, 85. XVII, 5.
5 Jb. f. ndd. Sprachf. XI, 111.

getfugla merula in cod. sem. Trevir. f. 112 b, *getfugile*: cod. Guelpherbyt. Aug. 10. 3. 4° f. 89 a. Altniederd. *gêtfugal* gehört zum Worte *gêt*, *geit* 'Geiß' und bedeutet also eigentlich 'Geißvogel'; mnd. *geitelink* und ostfries. *geitel* sind Ableitungen (mit Suff. *inga*, *ila*) von demselben Worte[1]. Daß Vögel nach Haustieren benannt werden, kann man öfters beobachten. Synonyme Bezeichnungen derselben Art sind westfäl. *Kaudråssel* (d. h. Kuhdrossel) 'Misteldrossel' (*swarte Kaudråssel* 'Amsel'), schweizer. *Rossamsel* 'Ringamsel'.

Wegen der schwarzen Färbung nennt man die Amsel in der Schweiz auch *Kolamsel*[2]; in Hessen ist *Schwarzamsel*[3] der übliche Name des Vogels, in der Grafschaft Ranzau *Swattdrôssel*[4]. Auf den gelben Schnabel der Amsel weist der Ausdruck *Gúlnabbet*[5] auf Helgoland. Luxemburgische Benennungen sind *Stackmierel* (= Stockmerle, d. h. Waldamsel) und *Mierzmêrel*[6] (d. h. Märzamsel).

Ringdrossel, turdus torquatus.

Von der Schwarzdrossel unterscheidet sich diese größere Art vornehmlich durch ein weißes halbmondförmiges Schild auf der Brust. Daher hat der Vogel die Namen *Ringamsel* (zunächst bei Gesner Hist. avium (1555) S. 583), *Schildamsel* (in Döbels Eröffn. Jägerpr. (1746) S. 53), in Steiermark *Kranzamsel*[7], in Luxemburg *Krâchmierel*[8] (d. h. Kragenamsel) erhalten.

Von den beiden Varietäten der Ringdrossel ist die südliche Ringamsel (turdus alpestris) ein Gebirgsvogel, der die böhmischen und sächsischen Bergketten und die Alpen in Baiern und der Schweiz bewohnt. Auf diese Lebensweise beziehen sich die Ausdrücke *Pirgamschel* bei H. Sachs Regim. der Vögel (1531) V. 141, *Pirckamſell* bei Eber und Peucer Vocab. (1552) S. F3b, *Birgamſel* / *Steinamſel* bei Gesner (1555) S. 584 (und Schwenk-

---

1 Franck Et. Wb. S. 296 vermutet Verwandtschaft mit mhd. *giuden* 'jubeln, prahlen'. — 2 Staub-Tobler I, 241.

3 Vilmar 377. — 4 Korrespondenzbl. f. ndd. Sprachf. XVII, 2.

5 Frommann D. Mundarten III, 32.

6 Wb. d. Luxemburg. Mundart. 285. 418. — 7 Unger-Khull 408.

8 Wb. d. Luxemburg. Mundart 242.

feld Ther. Sil. (1603) S. 301), *Bergamſel* (*Burgamſel*) bei Henisch Teutſche Sprach (1616) Sp. 69; auch in Schwaben (Memmingen) *Bergamsel*[1].

Auf die Bewohner der Ebene muß der Gebirgsvogel den Eindruck eines Fremdlings machen, und in noch höherem Grade gilt dies von der nordischen Ringamsel, die im Winter nach Mittel- und Südeuropa wandelt. Daher erklären sich die Ausdrücke *Meeramſel*, *Seeamſel* bei Aitinger Bericht v. d. Vogelstellen (1631) S. 352, in der Angenehmen Land-Lust (1720) S. 288 und bei Döbel Eröffn. Jägerpr. (1746) S. 53; vgl. Meerhäher S. 16. Für gewisse Gegenden in der Schweiz galt die Ringamsel zu Gesners Zeit als eine *Kureramſel* (Hist. avium S. 584), welche die Heimat in der Stadt Chur in Graubünden hatte; in Luxemburg wird der Vogel *Reimêrel*[2] (d. h. Rheinmerle) genannt. — Da der Vogel im Winter, im März, zu erscheinen pflegt, heißt er in Meißen, Hessen und Thüringen — wie Gesner (a. a. O. S. 730) von seinen Korrespondenten erfahren hat — *ein Meertziſche Drueſſel*; auch Aitinger a. a. O. S. 343 führt den Ausdruck *Mertz Ambſel* an.

Schwenkfeld erwähnt a. a. O. den Namen *Schneeamſel*; in Steiermark noch heute *Schneeamschel*[3]. In Baiern heißt der Vogel *Schneekater*[4]. Offenbar ist dieser letztgenannte Name, den bereits Ostermann Vocab. (1591) S. 337 als *Schneekatter*[5] und Henisch a. a. O. als *weiß Schneekater* bezeugen, ebenso wie der bairische Pflanzenname *Schneekater*, *Schneekaterle*, eigentlich identisch mit der Koseform des Eigennamens *Katharina*, welche *Katel*, *Katerle* lautet; vgl. Rôtkatel 'Rotkehlchen' S. 41.

Andere Synonyma, die in der älteren Literatur begegnen, sind *Waldamſel*, *Hagamſel* (zu *Hag* 'Gehölz') bei Gesner S. 580. 584 und Schwenkfeld S. 301. 302, *Stockziemer* (zu *Ziemer* 'Drossel') bei Döbel a. a. O. — Den Ausdruck *Roßamſel* erklärt Gesner daraus, daß der Vogel im Pferdemiste Würmer sucht. Daher heißt die Ringamsel auch in einer englischen Mundart *cowboy*[6] 'Rinderhirt'.

---

1 Fischer I, 869. — 2 Wb. d. Luxemburg. Mundart 355.
3 Unger-Khull 551. — 4 Schmeller-Frommann II, 563.
5 Der Name wird hier als Bezeichnung der Misteldrossel angegeben.
6 Vgl. Swainson The Folklore S. 8.

Misteldrossel, turdus viscivorus.

In den althochdeutschen Glossen erscheint der Ausdruck *brâchfogal* im Sinne von Drossel: *brachfogil* turdus: Versus de volucr. *brachvogel*: H. S. III, 17. *prachvogel*: cod. Vindob. 804 f. 185 b. *bratuogel*[1]: cod. Berol. Ms. lat. 8° 73, 124b. — Plur. Nom. — *brahuogele* turdis: Horatius Serm. II, 2, 74: Clm. 375, 144b. Aus mittelhochdeutscher Zeit bringen Diefenbachs Glossar. S. 602b und Novum glossar. S. 374a einige Zeugnisse für *brachvogel*, wo das Wort ebenfalls mit 'turdus' übersetzt wird.

Welche Drosselart hier gemeint ist, kann man natürlich nicht aus den Belegen ersehen. Auch in Ebers und Peucers Vocab. (1552) S. E 5a, wo *brachvogel* als Übersetzung des lat. 'collurio' mit dem Zusatz "ex turdorum genere" angeführt wird, steht die Bedeutung der Glosse nicht fest; aus der kurzen Beschreibung möchte man auf die Weindrossel schließen. In Niederdeutschland ist *Brâkvagel* aber heutzutage in einigen Landschaften der Name der Misteldrossel, vgl. z. B. Schiller Zum Tierbuche III, 18. — Der Begriff in dem Ausdrucke, der den Vogel nach dem Aufenthalte auf Brachfeldern bezeichnet, ist überhaupt ein sehr dehnbarer, und die Ornithologen des 16. Jhs. bemühen sich oft vergebens zu ermitteln, welche Vögel in gegebenem Fall mit der Benennung gemeint sind.

Der Name *Misteldrossel*, der zur wissenschaftlichen Artbezeichnung geworden ist, erklärt sich daraus, daß der Vogel im Herbst sich hauptsächlich von Mistelbeeren nährt. Diese Eigenschaft der Misteldrossel war schon den alten Römern bekannt, und das lateinische Sprichwort "turdus ipse sibi cacat malum"[2] nimmt darauf Bezug. Inwiefern der deutsche Ausdruck durch den lateinischen Zunamen 'viscivorus' beeinflußt worden ist, kann nicht mit Bestimmtheit ermittelt werden. Jedenfalls ist der Vogelname schon im 16. Jh. in den deutschen Mundarten geläufig. Gesner bezeugt in Hist. avium (1555) S. 728 die Ableitung *Miſtler* und das Kompositum *Miſtelfinck* für seine schweizerische Heimat, und in Baiern ist *Miſtler* bei H. Sachs

1 = *bracuogel*.

2 Durch den Unrat des Vogels gedeiht das Mistelgewächs, woraus der Vogelleim zum Fangen der Drosseln bereitet wird.

Regim. der Vögel (1531) V. 190, bei Aitinger Bericht v. d. Vogelstellen (1631) S. 343 und in der Angenehmen Land-Lust (1720) S. 208 belegt; im Vocab. triling. (1560) S. 89 lautet der Name *Mitzler*. Aus dem Elsaß ist *Mifteler* zunächst durch das Strassburg. Vogelb. (1554) V. 437 bekannt, darauf *Mistler* in Spangenbergs Lustgarten (1621) S. 493. Martin und Lienhart verzeichnen diese Bildung gar nicht, geben aber (I, 734) aus Altenschweiler die Namensform *Mistel* f. Man hat wohl hierin eine Verkürzung von *Misteldrostel* zu sehen, von der gleichen Art wie schweiz. *Reckholter* (für *Reckholterdrostel*). Popowitsch Versuch (1780) S. 379 gibt den Ausdruck *Miftler* auch als sächsisch an.

Viele Mundarten benennen die Misteldrossel mit onomatopoietischen Benennungen, die auf den schnarrenden Lauten des Vogels beruhen. Gesner bezeichnet a. a. O. die Bildung *Schnerrer* als bairisch, Schwenkfeld Ther. Sil. (1603) S. 359 bezeugt neben *Schnarre*[1] den Ausdruck *die Schnerre* für Schlesien. Durch einen Beleg bei Döbel Eröffn. Jägerpr. (1746) S. 53 kommt dieser auch für Sachsen in Betracht; im nördlichen Böhmen *der Schnarrer* (Zs. f. d. Phil. XXI, 210), in Anhalt *Schnärre*[2], in Mecklenburg *Schnarr*[3], im Oberinntal (in Tirol) *Schnarrezer*[4] (vgl. mhd. *snarz*), auf Helgoland *Snarker*[5]. Diese Namensformen werden auch von dem Wiesenknarrer angewendet. — Aus Kärnten nennt Gesner a. a. O. für die Misteldrossel den Namen *Zerrer*; Popowitsch a. a. O. S. 380 führt *Zarrezer* aus Österreich und *Zárrer* aus Steiermark (bei Unger-Khull S. 643 *Zarer*, *Zarrer* m.) an. In Steiermark bedeutet das Verbum *zaren*, *zarren* dasselbe wie schriftd. *zerren* (auch 'laut schreien'); dazu auch *Zarheher* 'Häher'. Zum selben Stamme wie die zuletztgenannten Synonyma gehört noch *Ziering*, das Gesner erwähnt, ohne die Heimat des Ausdrucks anzugeben.

Eine in hochdeutschen Dialekten verbreitete Bezeichnung für Drosseln ist das Wort *Ziemer*, welches in verschiedenen

1 Nach Popowitsch "die *Schnarre* in Schlesien".
2 Naumann-Hennicke I, 226.
3 Schiller Zum Tierbuche III, 18.
4 Frommann D. Mundarten IV, 55.
5 Frommann D. Mundarten III, 32.

Lautgestaltungen auftritt. Die ersten Zeugnisse des Namens fallen in das 15. Jh. Im Vocab. theuton. (Nürnberg 1482) S. pp 5b lautet die betreffende Glosse *zemer* ſpecht prachuogel turdus ł cranwidsfogel und im Vocab. inc. theuton. ante lat. (Nürnberg 1482) S. 15a *ziemer* turdus; dazu *szimar* im Elbinger Vokabular 730 (Berneker Die preuß. Sprache S. 244). In Straßburg ist der Vogelname durch Ordnungen des Vogelfangs (Brucker Strassburg. Zunft-Verordn. S. 183. 226. 229. 258. 266) im 15. Jh. (zuerst im J. 1425) öfters bezeugt; hier werden die *Ziemern* (*Ziem*(*m*)*er*) unter den jagdbaren Vögeln aufgezählt. Aus derselben Gegend stammt der Beleg *Weckolderziemer* im Strassburg. Vogelb. v. J. 1554 V. 436; darauf *Ziemer* in Spangenbergs Lustgarten (1621) S. 493 und *Zimmer* im Ganskönig V. 123. Aus den heutigen elsäss. Mundarten führen Martin und Lienhart II, 904 *Ziemer* mit den Bedeutungen 'Drossel', 'Krammetsvogel', 'Buntspecht' an; die letztere Bedeutung, die schon im Vocab theuton. (s. oben) erscheint, ist offenbar sekundär, vgl. S. 34. Auf mitteldeutschem Sprachgebiet wird das Wort zunächst für Sachsen bezeugt durch die Variante *Zimmer* bei Eber und Peucer Vocab. v. J. 1552 S. F8a; Branky Zs. f. d. Phil. XXI, 210 gibt als sächsische Lautformen *Ziemer*, *Zeimer*, *Zeiner*, *Zeumer* mit der Bedeutung 'Wachholderdrossel' an. Bei Schwenkfeld, der im Ther. Sil. (1603) *Ziemer* als schlesisch bezeichnet, wird der Name von den drei Drosselarten 'turdus pilaris', 'turdus viscivorus' und 'turdus iliacus', aber nicht von der Singdrossel 'turdus musicus' gebraucht. Auch Gesner behauptet in Hist. avium S. 720, daß *Ziemer* in gewissen Gegenden die gemeinsame Bezeichnung für Drosseln ist. Aitinger Bericht von dem Vogelstellen (1631) hat von dem Begriff keine deutliche Vorstellung wie aus S. 343 a. a. O. hervorgeht: "Es ſtreiten viel Weidleut / ja auch wol gelahrtere Månner ob ein Miſteler ein Zimmer sey oder nicht / dieweil ich dann daſſelbige ſelbſt nicht gewiß weiß / kan ich auch nichts gewiſſes darvon ſetzen". Popowitsch versucht die mundartlichen Bedeutungsunterschiede einigermaßen zu bestimmen, indem er Versuch S. 283 und 380 angibt, daß *Ziemer* in Schlesien und Sachsen die Wachholderdrossel und die Rotdrossel bedeute, während in der Niederpfalz die Misteldrossel *Ziemer* und im Hohenlohischen

Zemer heiße. — Wie manche andere Ausdrücke für Drosseln (ahd. *lîstera*, *merla*, mhd. *kranewitvogel*, altniederd. *gêtfugel*), hat wahrscheinlich auch *Ziemer* ursprünglich eine bestimmte Art bezeichnet, dann aber seinen Geltungsbereich erweitert, insbesondere dort, wo der alte Drosselname nur auf die Singdrossel beschränkt wurde. Der Ursprung des Wortes ist dunkel.

In Luxemburg nennt man diese Drosselart *Schneileischter* [1] m. (d. h. Schneedrossel); sonst wird diese Bezeichnung von der Ringamsel und von der Wachholderdrossel angewendet.

Wachholderdrossel, turdus pilaris.

Wie die vorhin erwähnte Art, so hat auch die Wachholderdrossel den Namen von der Nahrung bekommen, welche bei diesem Vogel aus Wachholderbeeren besteht. Je nach dem Synonymon, welches die Mundarten für den Wachholderbaum gebrauchen, erscheint auch der Vogelname in verschiedenen Varianten. In der mittelhochdeutschen Zeit ist *kranewitevogel* (zu *kranewite* < ahd. *kranawitu* 'Wachholder') die übliche Bezeichnung des Vogels. In den Quellen des 13., 14. und 15. Jhs. ist das Wort öfters in der volleren Lautgestalt belegt, daneben aber in kontrahierter Form *kramatvogel* z. B. in einem Vocab. rerum v. J. 1468 aus Augsburg [2], im 16. Jh. bei Hans Sachs Fabeln V, 58, bei Dasypodius (1535) S. J 1a, *Kramatsvogel* im Strassburg. Vogelb. (1554) V. 583, *Kromtvogel* in Bracks Vocab. rerum (Bodensee) [2], *Krometfogel* bei H. Sachs Regim. der Vögel (1531) V. 88. In Mitteldeutschland ist der Name in der Form *Krammeßvógell* überliefert bei Longolius Dial. de avibus (1544) S. G 2a, *Krammeſuógel* bei Turner Avium hist. (1544) S. J 6a, Eber und Peucer Vocab. (1552) S. F 8a, *Kramet(s)vogel* bei Schwenkfeld Ther. Sil. (1603) S. 358. Auf diesen Varianten beruhen *Kranawetsvogel* in Österreich (Popowitsch S. 283), *Krammetsvogel* und *Krammsvogel* [3] in Steiermark, *Krammetsvogel* [4] im Elsaß, *Kransföggel* [5] in Fallersleben, *Krammsvogel* in Mecklenburg [6], Holstein [7], der Grafschaft

1 Wb. d. Luxemburg. Mundart 391.

2 Diefenbach Novum glossar. S. 374a. — 3 Unger-Khull 408.

4 Martin-Lienhart I, 100. — 5 Frommann D. Mundarten V, 153.

6 Schiller Zum Tierbuche III, 18.

7 Korrespondenzbl. f. ndd. Sprachf. XVII, 4.

Ranzau [1], *Kråm(e)svuogel* [2] in Westfalen. An einigen Orten erscheinen statt des zusammengesetzten Namens Kurzformen wie *Kranabeter* [3] m. in Steiermark, *Krammser* [4] m. in Thüringen, *Krammutzer*, *Krammis*, *Krammitz* [5] m. im Elsaß; die letzgenannten zwei Varianten sind ähnliche Bildungen wie *Mistel* (s. S. 60), wobei die Vogelnamen auf *-itz* (*Emmeritz*, *Stigelitz* usw.) auch mögen mitgewirkt haben. — Aus dem ndd. *Kramsvogel* (= nndl. *kramsvogel*) sind dän. *kramsfugl* und schwed. *kramsfågel* entlehnt.

In der Schweiz ist *Chrammisvogel* in Aargau und Basel geläufig, die übliche schweizerische Namensform ist aber *Reckoltervogel*, welches Staub-Tobler I, 694, II, 1189 schon aus mittelhochdeutscher Zeit belegen; *Räckholter* in Ruefs Adam und Eva (1550) V. 968 ist eine Verkürzung des vorhingenannten Ausdrucks, vgl. Mistel S. 60. Bei Dasypodius (1535) S. J 1a erscheint der Name in der umgedeuteten Form *Rechtholtervogel.*

Die dritte Namensform ist *Wachholteruógel* bei Turner a. a. O., *Weckolderziemer* im Strassburg. Vogelb. V. 436, *Wacholter Ziemer* bei Golius Onomasticon (1579) Sp. 295.

Meistenteils werden diese Namen von der Wachholderdrossel gebraucht, doch schwankt auch hier in einigen Gegenden die Bedeutung. In Mecklenburg ist nach Schiller Zum Tierbuche III, 18 *Krammsvogel* eine Bezeichnung für alle Drosselarten, abgesehen von den Amseln. In Luxemburg ist der *Krômesvull* [6] die Rotdrossel, und in diesem Sinne wird auch z. B. in Recklinghausen der Ausdruck gebraucht, während die Wachholderdrossel *dubbelde Kråmsvuogel* heißt.

Das letzterwähnte Wort ist eigentlich ein Terminus der Jägersprache, welche für die Drosseln auch die Ausdrücke *Halbvogel* und *Ganzvogel* gebraucht. Nach Döbels Eröffn. Jägerpr. werden die großen Drosselarten, von denen 4 zu einem Spieß gehen, zu den *Ganzvögeln* gezählt, während die kleineren Arten, d. h. die Weindrossel und die Amseln *Halbvögel* heißen. Diesen Ausdruck kennt schon der Verfasser des Strassburg. Vogelb.

---

1 Korrespondenzbl. f. ndd. Sprachf. XVII, 2. — 2 Wœste 57.
3 Unger-Khull 408. — 4 Hertel 146. — 5 Martin-Lienhart II, 519.
6 Wb. d. Luxemburg. Mundart 249.

(1554) V. 590 sowie Gesner Hist. avium S. 730 (aus der Gegend um Frankfurt am Main), Hohberg Adeliches Land-Leben (1687) II, 809 Kap. CXXII zählt auch die *Kranwetsvögel* zu den *Halbvögeln*.

Wie die Misteldrossel, so ist auch die Wachholderdrossel vielfach nach ihrer Stimme benannt worden, für welche u. A. die schak-schack-Rufe charakteristisch sind. Auf diesen Lauten beruhen die Benennungen *Schacker*, *Schachtdraussel* [1] in Mecklenburg, *Schacher* [2] in Lübeck, *Schacker* [3] in Altmark, *Schacke* [4] f. in Göttingen und Grubenhagen, *Schnagezer* [5] in Steiermark. In Luxemburg heißt der Vogel *Tschaktschakat* [6] m. (= frz. *chack-chack* [7] im wallonischen Teile von Luxemburg) und mit Anschluß an den Eigennamen *Jakob* auch *Jako* m. und *Jâkerl* [6] m., vgl. Jako 'Papagei' S. 3. — Auf die Stimme der Misteldrossel bezieht sich auch das westfälische Dialektwort *der Schrîck*, welches mit ags. *scrîc* 'turdus' übereinstimmt; die alte Bildung ist auf dem Kontinent im Sinne von Wiesenknarrer im 16. Jh. bezeugt, vgl. s. v. Wiesenknarrer.

Von der blaugrauen Färbung des Oberkörpers hat die Wachholderdrossel bei Schwenkfeld (1603) S. 360 den Namen *Blaw Ziemer*, welcher neben *Gros Ziemer* als schlesischer Ausdruck bezeichnet wird. Frischbier Preuß. Wb. I, 88 verzeichnet *Blauziemer* nach Bujacks Naturgeschichte, aber dieser hat wohl den Ausdruck von seinen preußischen Vorgängern Klein und Reyger, die ihrerseits aus Schwenkfeld geschöpft haben. — Da der Vogel in Deutschland ein Durchzugsvogel ist und noch bis in den Winter hinein zieht, begreift sich der Name *Schneevogel* [8], der in Steiermark vorkommt. Auf Helgoland nennt man ihn den *Lansknecht* [9].

Rotdrossel, turdus iliacus.

Die Rotdrossel gehört dem Norden Europas an und unternimmt von dort aus regelmäßige Wanderungen nach dem Süden.

---

1 Schiller Zum Tierbuche III, 18.
2 Korrespondenzbl. f. ndd. Sprachf. XVI, 83.
3 Danneil Wb. S. 181, wo das Wort als Misteldrossel erklärt wird.
4 Schambach 180. — 5 Zs. f. d. Phil. XXI, 210.
6 Wb. d. Luxemburg. Mundart 198. 444.
7 Rolland Faune populaire II, 238.
8 Unger-Khull 551. — 9 Frommann D. Mundarten III, 32.

Wie der Bergfink und der Seidenschwanz, erscheint sie gewöhnlich in zahlreichen Scharen und in den Gegenden, wo die Vögel sich dann plötzlich niederlassen, hat die Landbevölkerung von der Heimat der Fremdlinge ihre eigenen Gedanken. In einigen Landschaften werden sie als Böhmen aufgefaßt, und diese Anschauung läßt sich in das 16. Jh. verfolgen. In seinem Vogelbuche bemerkt Gesner von den Rotdrosseln, daß sie fremde Vögel sind, die — wie man ihm versichert hat — in Ungarn oder Böhmen ihre Brutplätze haben. Aus diesem Glauben erklären sich die Ausdrücke *Boemerle / Bómerlin / Beemerziemar / Behemle*, die S. 729 als Bezeichnungen der Rotdrossel erwähnt werden [1]. Bei H. Sachs Regim. der Vögel (1531) V. 172 ist *das Bemlein* dagegen der Bergfink und im Strassburg. Vogelb. (1554) V. 383 wird die schwarze Meerschwalbe *Bomerlin* genannt. In Deutschland sind diese Ausdrücke weit verbreitet; Woestes Wb. der westf. Ma. S. 25 f. nennt *Bêmer* und *Beimchen* als Bezeichnungen der Rotdrossel und des Seidenschwanzes, das Luxemburgische Wörterbuch S. 17 führt *Bämchen* m. ebenfalls als Namen der Rotdrossel an, und in der Pfalz werden die Bergfinken *Behemmer* [2] genannt.

Turner, der in Köln lebte, nennt in Avium hist. S. J 7a die Rotdrossel *Uueingaerdsuoegel* (d. h. Weinbergvogel) und dieser Ausdruck ist noch heute in jenen Gegenden lebendig, denn das Luxemburgische Wörterbuch verzeichnet S. 475 *Wangertsdreischel* (d. h. Weinbergdrossel) und *Wangertsvull* (d. h. Weinbergvogel) als Namen der Rotdrossel. Von Turner haben vielleicht Eber und Peucer Vocab. (1552) S. F 8b den Ausdruck *Weingartvogel* übernommen, den sie neben *Weindrufchel* anführen. Gesner Hist. avium (1555) S. 729 nennt den letztgenannten Namen in der Form *Wyntroftel*. Später ist das Wort öfters belegt: bei Schwenkfeld Ther. Sil. (1603) S. 361 *Wein Droffel*, ebenso bei Aitinger Bericht v. d. Vogelstellen (1631) S. 347, Döbel Eröffn. Jägerpr. (1746) S. 53 usw. — Offenbar haben die nordischen Vögel diese Namen wegen ihrer herbstlichen Raubzüge in den Weinbergen erhalten.

1 Danach *Böhmlein*, *Bőhemle*, *Bőmerle*, *Behemle*, *Behemerle* bei Henisch Teutsche Sprach (1616) Sp. 252. 448.

2 Heeger Tiere im pfälz. Volksmunde II, 11.

Die Namensformen *Wintze* und *Winſel*, die Gesner a. a. O. aus seiner eigenen Heimat kennt, schließen sich an die vorhingenannten Benennungen an und sind als 'Winzer' zu deuten. Man möchte die weite Verbreitung dieser Ausdrücke auf den Einfluß der Vogelsteller zurückführen, welche sicherlich auch zur Verbreitung des Böhmennamens beigetragen haben. — Ganz unklar ist der Ausdruck *Wisel*, der in Ruefs Adam und Eva (1550) V. 968 begegnet und in anderer Lautform als *Weisel* (= turdus montanus) im Voc. triling. (1560) S. 89 bezeugt ist.

Lokale Ausdrücke, welche Gesner aus den schweizerischen Mundarten kennt, sind *Bergtrostel* (in Glarus) und *Gîxerle* (in Basel); der letztere ist von dem Verbum *gîxen* 'in hohem feinem Tone pfeifen' abgeleitet. Wegen der pfeifenden Stimme wird der Vogel auch von Schwenkfeld a. a. O. *Pfeiffdroſſel* genannt; als spezifisch schlesische Ausdrücke werden die Namen *Heide Droſſel* und *Klein Ziemer* erwähnt. In Österreich heißt der Vogel — wie Popowitsch Versuch S. 475 angibt — *Leimdroſſel* "weil die Eichelmisteln, aus denen der Leim gemacht wird, um Vôgel zu fangen .... ihre Nahrung ist" und *Winterdroſſel* "weil sie zu Anfang der Kälte" nach Österreich kommt. Der wissenschaftliche Ausdruck *Rotdrossel*, welcher auf die rostroten Unterdeckflügel deutet, findet sich schon bei Gesner a. a. O. in der Form *Rottroſtel*.

Der Vulgärname *Bitter*, welcher aus der Kölner Gegend durch Longolius Dialog. de avibus (1544) S. G 2 a belegt ist, hängt offenbar zusammen mit dem westfälischen Namen *Bitterfinke*, der nach Woeste Wb. S. 32 "einen gewissen Vogel, der mit Krammetsvögeln auf Vogelherden gefangen wird" bezeichnet. Weitere Beziehungen fehlen.

Singdrossel, turdus musicus.

Vor allen Drosselarten kommt der alte Gattungsname der Singdrossel zu. Ob das Deminutivum *drôscala* schon in althochdeutscher Zeit vorzugsweise diese kleine Art bezeichnete, läßt sich nicht sicher ermitteln, obgleich das Gegenüberstellen von 'turdus = *brachfogal*' und 'turdela = *droscala*' im Summarium Heinrici auf eine beschränktere Bedeutung des letzteren Wortes deutet. Jedenfalls unterscheidet Albertus Magnus De animalibus S. Y 4 b mittellat. *turdela* von *turdus* und deutet es als die Singdrossel: "turdella eſt auis muſica quantitatem et fere colorem turdi preferens, quae vulgo *droſchele* vocatur". In der mittelhochdeutschen Poesie wird mit *drôschele* oder *drostel* besonders die Singdrossel gemeint, und im 16. Jh. wird der Name in weitem Umfange als spezifische Bezeichnung dieses Vogels gebraucht. Für die Schweiz kann man diese Bedeutung aus Gesners Hist. avium S. 729 feststellen, denn hier wird von dem 'turdus minor' gesagt, daß die Schweizer ihn "einfach" *Troſtel* nennen. Ebenso ist im Strassburg. Vogelb. V. 397 die *Troſtel*, welche als Sänger der Nachtigall nicht viel nachsteht, die Singdrossel. In Mitteldeutschland gilt *Drossel* gleichfalls in diesem engeren Sinne. Für die Kölner Gegend wird dies durch Turner erwiesen, der in Avium hist. S. J 7 a die drei Arten, den Krammetsvogel, den Weinbergvogel und die Drossel aufzählt; für Schlesien kommt Schwenkfelds Ther. Sil. (1603) in Betracht, wo 'turdus musicus' als *Droſſel* den *Ziemern* gegenübergestellt wird. Naumann [1] gibt an, daß die Singdrossel im Anhaltischen schlechtweg *Drustel* heiße; in Steiermark gelten die Deminutivbildungen *der Dröschling* [2] und *das Dröscherl* [2] in diesem Sinne.

Das heute in der Literatur übliche Kompositum *Singdrossel* geht auf Eber und Peucer Vocab. (1552) S. F 8 b zurück, wo es in der Form *Sangdruſchel* vorkommt; daher haben Gesner, Schwenkfeld u. a. die Bildung aufgenommen. Der Ausdruck *Wyßtroſtel*, den Gesner zuerst erwähnt, charakterisiert diese Drosselart gegenüber der *Rotdrossel* und dem *Blauziemer*.

Weiter verbreitet sind in den deutschen Mundarten Namen, welche dem Lockruf des Vogels abgelauscht sind. Die Varianten weichen nur wenig von einander ab. Die nord- und mitteldeutsche Namensform *Ziepdruſchel* ist Gesner speziell aus Sachsen bekannt; daher stammen auch die Belege *Zipdrossel* in Sibers Gemma v. J. 1579 S. 44, *Zipp Droſſel* und *die Zippe* in Döbels Eröffn. Jägerpr. (1746) S. 53; heute in Thüringen *die Zib* [3], in Altmark *Zipp* [4], im Münsterkreise *Sippe* [5], in Mecklen-

1 Naumann-Hennicke I, 202. — 2 Unger-Khull 175. — 3 Hertel 265.
4 Danneil 252. — 5 Korrespondenzbl. f. ndd. Sprachf. XVI, 86.

burg *Zipp(draussel)* [1]. Aitinger Bericht v. d. Vogelstellen (1631) S. 341. 345 scheint die Benennung *Zibdroſſel* („so etzliche Nationen Weißdroſſel nennen") von Gesner zu haben. In der Wetterau lautet die entsprechende Benennung *Zitdroſſel* [2], in Steiermark *Zickdröſcherl* [2].

Nach Popowitsch Versuch S. 615 heißt diese Drosselart (und nicht die Rotdrossel) in Österreich *Weindrossel*. Andere Synonyma sind *Mueramstel* [3] (= Sumpfamsel) in Zinsweiler im Elsaß, *Buschdrådel* [4] in Recklinghausen, *Schmelche* [5] f. in Steiermark (s. S. 26); vgl. auch Geitlink S. 56.

Ein alter Vogelname ist vorhanden im westfäl. *Lîster* [6] m., das im Lüdensch. und Bergischen die Singdrossel bezeichnet. Die älteste überlieferte Form ist *lîstera* (= sepicecula) in den althochdeutschen Versus de volucribus; einige Hss. dieser Gruppe schreiben *listra* (so auch cod. Oxon. Jun. 83, 4 (13. Jh.)), andere auch *listir*. Das Verbreitungsgebiet des Namens deckt sich mit dem von *merla* und *geitlink* und umfaßt demnach die Gegenden am Mittel- und Niederrhein. Auf dem altmittelfränkischen *lîstera* beruhen luxemburg. *Leischter* (*Leischtchen*) [7] f. und siebenbürg. *Leister*; dazu stimmen mndl. *lijstere*, nndl. *lijster* und friesisch *lyster* (*klyster*). Die mittelniederdeutschen Belege lassen auf die Singdrossel schließen, was mit der westfälischen Bedeutung des Wortes übereinstimmt, in Luxemburg wird damit die Misteldrossel und im Friesischen und Neuniederländischen die Drossel im allgemeinen bezeichnet. Vielleicht hat sich auch hier aus der Artbenennung ein Gattungsname entwickelt, wie bei den Worten *Krammetsvogel*, *Merle*, *Ziemer*, *Gaidling* u. a. — Die Vorgeschichte des Vogelnamens ist nicht aufgeklärt; als verfehlt müssen die Deutungsversuche in Verwijs und Verdams Mndl. Wb. IV, 642 und von Lehmann KZ. XXXXI, 392 betrachtet werden.

---

1 Schiller Zum Tierbuche III, 18.
2 Popowitsch Versuch S. 616.
3 Martin-Lienhart I, 41.
4 Korrespondenzbl. f. ndd. Sprachf. XVII, 5.
5 Unger-Khull 547. — 6 Woeste 162.
7 Wb. d. Luxemburg. Mundart 265.

Sänger, Sylviadae.

Grasmücke, sylvia hortensis oder simplex; sylvia nisoria u. a.

Ahd. grasemucca: Sg. Nom. — *grasemucca* philomenam (lusciniam): Versus de volucr. (2 Hss. 12. u. 14. Jh.), *grasimugga* (2 Hss. 11./12. u. 12. Jh.), *grasemugge* (1 Hs. 13. Jhs.), *grasemuke* (1 Hs. 13. Jh.), *grasemuch* (1 Hs. 12. Jh.), *grasmucka* (1 Hs. 13. Jh.), *grasmuga* (14. Jh.), *grasmuggo* (13. Jh.), *grasmuche* (13. Jh.), *grasmuc* (1 Hs. 12. Jh., 1 Hs. 14. Jh., 5 Hss. 15. Jh.). — Akk. — *grasmokun*: Versus de volucr. (1 Hs. 12. Jh.)

Der Ausdruck *Grasmücke*, welchen wir den im Gras, Schilf und Gesträuch lebenden Singvögeln geben, ist trotz der Kleinheit derselben etwas auffällig. Die vielen Varianten, in denen diese Benennung vorliegt, legen den Verdacht nahe, daß wir mit einer sekundären Bildung zu tun haben. Aber die Umgestaltung liegt in der Zeit sehr weit zurück, denn bereits in althochdeutscher Zeit wurde das Kompositum ähnlich wie heute aufgefaßt. Die Vermutung, daß der Name auf einer älteren Zusammensetzung **grâ-smucka* beruhen würde [1], ist nicht sehr wahrscheinlich, eher wird das Kompositum **grasa-smucka* gelautet haben. Der zweite Bestandteil ist eine alte Ableitung von *smucken* (mhd. *smücken* 'schmiegen', vgl. mhd. *smiegen* = schmiegen, ags. *smúgan*, anord. *smjúgan* 'schleichen') und hat Parallelen in skandinavischen Vogelnamen wie schwed. *gärdsmyg* 'Zaunschlüpfer', dän. *græssmutte* 'Grasmücke' (eigtl. Grasschlüpfer), *gjærdesmutte* 'Zaunschlüpfer'. Danach sind die 'Grasmücken' eigentlich 'Grasschlüpfer', wie sie denn noch heute in Niederdeutschland *Heckenkrüper* 'Heckenschlüpfer' und in England *nettlecreeper* 'Nesselschlüpfer' usw. heißen.

Der Name ist über das ganze hochdeutsche Gebiet verbreitet. Im 16. Jh. ist er in Nürnberg bei H. Sachs Regim. der Vögel (1531) V. 142, in der Schweiz bei Gesner Hist. avium (1555) S. 357, im Elsaß bei Dasypodius (1535) S. J 1b und im Strassburg. Vogelb. (1554) V. 639 belegt. In Mitteldeutschland wird der Ausdruck durch die Glosse *Grasmücklein* bei Eber und Peucer Vocab. (1552) S. E 6b als sächsisch bezeugt, Schwenkfeld

---

1 Vgl. z. B. Schiller Zum Tierbuche II, 11.

Ther. Sil. (1603) S. 255 bezeichnet die alte Form *Grasemúcke* (die auch Gesner erwähnt) als schlesisch, und aus Sachsen wird diese durch Sibers Gemma v. J. 1579 S. 40 belegt. Schmeller-Frommanns Bayer. Wb. I, 1567 gibt *Grasmuck* als Maskulinum an, was für die Echtheit der sonst zweifelhaften ahd. Form *grasmuggo* zu sprechen scheint. — Auch in Niederdeutschland ist der Name heute nicht unbekannt, so gilt *Gras(s)mügg* [1] z. B. in Mecklenburg und Lübeck.

Am Mittelrhein wird im 16. Jh. die Namensform *Graſmuſcha* von Turner Avium hist. S. D 6a erwähnt; Diefenbach-Wülckers Wb. S. 633 bringt einen Beleg *graſemuſch* schon aus dem Jahre 1420. Dies ist die mittelrheinisch-niederrheinische Variante des Vogelnamens, heute als *Grâsmösch* [2] f. in Luxemburg und *grâsmusch*, *grâsmosch* in den Niederlanden vorhanden. Im Süden reicht sie als *Grasmisch* [3] f. (für *Grasmüsch*) in das nassauische Gebiet hinein. In Luxemburg gilt daneben *Grâsmek* [2] f. (zu *Mek* 'Mücke'); auch Turner kannte die Form *Graſmuklen* (S. C 3b). — Das rheinländische Wort bedeutet eigtl. 'Grassperling' (altmittelfränk. *musca* = ndl. *mösch* 'Sperling'). Daher auch *Grasspatz* bei Schwenkfeld a. a. O.; vgl. mhd. *grasvink* 'Grasmücke' Ahd. Gll. III, 30 [50].

Nach dem Typus von *Grasmücke* sind die gleichbedeutenden Namen *Hêdmucke* [4] in Westfalen und *Stoasmack* [5] in Sette Communi sowie schweiz. *Hûsmugg* [6] 'Rotschwänzchen' geschaffen worden.

In Waldeck gilt die Variante *Grashucke* [7], in der westlichen Pfalz *Grashetsche*, *Grashitsche* [8], wo der zweite Teil der Zusammensetzung zum onomatopoietischen Verbum *hetschen* gehört. Mit Rücksicht auf den Grasmückengesang sind auch andere Synonyma gebildet, vgl. *Dorngätzer* [9] in der Wetterau, *Heckenschmätzerle* (im Eselkönig 223) [9], *Schmetsche* [10] in Hessen,

1 Korrespondenzbl. f. ndd. Sprachf. XVI, 83 und Schiller a. a. O.
2 Wb. d. Luxemburg. Mundart 152.
3 Kehrein 171. — 4 Woeste 97.
5 Frommann D. Mundarten IV, 55. — 6 Staub-Tobler IV, 130.
7 Schiller Zum Tierbuche II, 11.
8 Heeger Tiere im pfälz. Volksmunde II, 11.
9 Grimm Wb. II, 1297. IV, 2, 748. — 10 Vilmar 359.

Buschstatzger [1] in Schwaben (zu *Statzger* 'Stotterer' bei Golius Onomasticon), *Heckenstöœterken* [2] (d. h. 'Heckenstotterer') = sylvia cinera in Göttingen und Grubenhagen, *Staudenweltscher* [3] (d. h. Buschstotterer, zu *weltschen* 'unverständlich reden') = sylvia hortensis oder simplex, *Kerschgagele* [3] (d. h. 'Kirschengackler') = sylvia curruca in Tirol. Luxemburgische Ausdrücke für die Grasmücken sind *Grâtsch* [4] f. und *Schatterchen* [4] f. (d. h. 'Klappergrasmücke', zum tonmalenden Verbum *schattern*, vgl. elsäss. *Schätter* 'Kinderklapper, Blechbüchse mit Steinen' usw.).

In Westfalen heißen die Grasmücken *Smielenstrieper* oder *Smielentrecker* [5] (d. h. 'Halmstreifer' oder 'Halmzieher'), im Münsterkreise *Dragge* [6], in Thüringen *Grawische* [7] (d. h. Grauweißchen), in der ostfriesischen Mundart *Hofsinger* [8].

Schwarzkopf, sylvia atricapilla.

Die Kirche und das Klosterwesen spielen bei Benennungen von Pflanzen und Tieren eine hervorragende Rolle. Besonders bei Pflanzennamen kommt die kirchliche Nomenklatur in großer Ausdehnung zum Vorschein, aber auch in der Vogelwelt findet man die Mönche und Nonnen, Pfaffen und Klosterfrauen.

Unter den Grasmücken ist die schwarzköpfige sylvia atricapilla der Mönch. In dem Regim. der Vögel (1531) V. 140 betet *das Münchlein* das gracias, wodurch das Vorkommen des Ausdrucks im bair.-fränk. Dialekt erwiesen wird. Für die sächsische Mundart kommt der Beleg *Münchlein* bei Eber und Peucer Vocab. (1552) S. E 4b in Betracht, und für Schlesien wird der Name durch Schwenkfeld Ther. Sil. (1603) S. 227 bezeugt. In Anhalt nennt man den Vogel *Plattmönch* [9], im nördlichen Böhmen (*Platt*)*mönch* und *Schwarzblattl* [10] n. (zu *Platte* 'Tonsur der Mönche'); in Preußen heißt er — bei Reyger Verbess. Hist. der Vögel (1760) S. 80 — *Klosterwenzel* [11] (zum Eigennamen *Wenzel* 'Wenceslaus')

1 Fischer I, 1554. — 2 Schambach 78.
3 Frommann D. Mundarten IV, 53. 55.
4 Wb. d. Luxemburg. Mundart 152. 375. — 5 Woeste 244.
6 Korrespondenzbl. f. ndd. Sprachf. XVI, 85.
7 Hertel 109. — 8 Jb. f. ndd. Sprachf. XI, 111.
9 Naumann-Hennicke II, 151. — 10 Zs. f. d. Phil. XXI, 210.
11 Frischbier I, 381.

und *Mauskopf*[1]. In der Schweiz sind die Namen *Schwarzblättli*[2] und *Schwarzchopf*[2] (schon bei Gesner Hist. avium (1555) S. 370 für die Schweiz bezeugt) üblich, in Sette Communi *Sbarzköpfle*[3], in der Pfalz *Schwarzplättel*[4], ndd. *Swattköppken*[5] in Recklinghausen, *Swattplättchen*[5] im Münsterkreise.

Unklar ist der elsässische Ausdruck *Jüntele* (*Rebjüntele*)[6].

Dorngrasmücke, sylvia cinera, sylvia sylvia.

Der Ausdruck *Kuckucksamme*, welchen man manchmal den Grasmücken beilegt, scheint besonders der Dorngrasmücke zu gehören. Schon die Zoologen des klassischen Altertums kannten die Sitte des Kuckucks, die Eier von kleinen Singvögeln ausbrüten zu lassen, und in der mittelalterlichen Ornithologie werden die Äußerungen, welche sich bei Plinius über diesen Gegenstand finden, öfters wiederholt. Aber nicht nur in der wissenschaftlichen Literatur wie z. B. bei Konrad von Megenberg (Ed. Pfeiffer) 178, 24 u. a., wird von der Grasmücke als Amme des Kuckucks geredet, auch in der Poesie findet man Anspielungen auf das Verhältnis dieser Vögel zu einander, vgl. z. B. Freidanks Bescheidenheit (Ed. Grimm) 143, 22 f. und Hugo von Trimbergs Renner V. 7668. In den lebenden Mundarten scheint diese Anschauung nicht zu wirklicher Namengebung verwertet worden zu sein.

In Anhalt und im nördlichen Böhmen wird diese Grasmücke *Weißkehlchen*[7] genannt, doch wird der Ausdruck auch von der folgenden Art gebraucht. Auf Helgoland heißt sie *Grôt Kattünjer*[8] ('große Katzengrasmücke', zu *Ünjer* 'Grasmücke').

Zaungrasmücke, sylvia curruca.

Der Gesang der Zaungrasmücke besteht aus einem energischen und lauttönenden Klappern, das Voigt Excursionsbuch

1 Frischbier I, 381. — 2 Staub-Tobler III, 415. V, 200.
3 Frommann D. Mundarten IV, 55.
4 Heeger Tiere im pfälz. Volksmunde II, 10.
5 Korrespondenzbl. f. ndd. Sprachf. XVI, 85. XVII, 5.
6 Martin-Lienhart I, 408.
7 Zs. f. d. Phil. XXI, 209 und Naumann-Hennicke II, 168. 174.
8 Frommann D. Mundarten III, 32.

S. 75 mit 'didlididlidlidlidlid' umschreibt. Daraus erklären sich die Namen *Müller*[1] in der Schweiz, *Müllerl*[2] in Obersteiermark, *Tuddelgrâtsch*[3] (zu *tuddelen* 'unverständlich schwatzen') und *Jadekerchen*[3] m. (zu *jaderen* 'leeres Gerede führen') in Luxemburg, vgl. auch *Schatterchen* (S. 71). — Andere luxemburgische Ausdrücke sind *Böschgrâtsch*[3] (eigtl. Waldgrasmücke), *Heckegrâtsch*, *Heckerchen*[3] m. und *Jâkchen*[3] m. im Anschluß an den Eigennamen *Jâk* 'Jakob'. In der Grafschaft Ranzau nennt man diesen Vogel (und auch den Schwarzkopf) *Tard*[4].

Die Grenzen, welche die Wissenschaft dem Grasmückennamen setzt, werden nicht von dem lebendigen Sprachgebrauch innegehalten; der Ausdruck wird auch von anderen kleinen Sängern als den erwähnten fünf Sylvia-Arten angewendet, wie z. B. von dem Zaunkönig, dem Braunkehlchen usw.

Gartenlaubvogel, sylvia hippolais, hypolais philomela.

Als Sänger überragt der Gartenlaubvogel alle seine Verwandten. Voigt, der in seinem Excursionsbuch S. 58 ff. den Gesang dieses Vogels ausführlich schildert, weist auf die große Kunstfertigkeit und die Mannigfaltigkeit der Motive, die darin zutage treten; auch als Nachahmer von Stimmen anderer Vögel ist der Gartenlaubvogel ein Meister. Diesen Eigenschaften verdankt er die Namen *Spottvogel* (nndl. *spotvogel*, frz. *contrefaisant*, *moqueur*), luxemburg. *Kapellemêschter*[5], böhm. *Sprachmeister*[6], holstein. *Lischallerlei*, *Lischenallerlei*[7]. An diese Benennungen schließen sich die von Naumann (Ed. Hennicke) II, 82 aus dem Anhalter Dialekt mitgeteilten Ausdrücke *Tideritchen* und *Schackruthchen* an, die offenbar onomatopoietischer Natur sind. Unklar ist der schlesische Name *Ixlin* bei Schwenkfeld Ther. Sil. (1603) S. 307; daneben der Ausdruck *gelber Sticherling*, der den Vogel als Fliegenschnapper bezeichnet. Unter den Namen *Stich[er]ling*

---

1 Staub-Tobler IV, 186. — 2 Unger-Khull 468.
3 Wb. d. Luxemburg. Mundart 40. 171. 198. 445.
4 Korrespondenzbl. f. ndd. Sprachf. XVII, 1.
5 Wb. d. Luxemburg. Mundart 210.
6 Zs. f. d. Phil. XXI, 209.
7 Korrespondenzbl. f. ndd. Sprachf. XVII, 1. 2.

und *Mückenstecher* werden mehrere Arten kleiner Singvögel verstanden.

Das Nest des Gartenspötters besteht aus Hälmchen und Wollfasern, Spinngeweben usw. und zeichnet sich durch große Sorgfalt und Kunst in der Bauart aus. Daher nennt man den Vogel im Münsterkreise *Siedenspinner*[1]; bei Woeste Wb. d. westfäl. Ma. S. 329 wird der Vogelname *Wullenspenner* ohne Bedeutungsangabe angeführt. — Luxemburgische Dialektausdrücke sind *Biervilchen*[2] (d. h. Beervögelchen) und *Ichtelchen*, *Ichterchen*[2]. Das letztere Wort scheint = lat. *icterus* (griech. ἴκτερος) zu sein, welches einen kleinen gelblichen Vogel bezeichnet, dessen Anblick von Gelbsucht befreien soll. Danach kann man zweifeln, ob der Name in volkstümlichem Gebrauch ist.

Fitislaubvogel, sylvia trochilus, phylloscopus trochilus.

Von dem Gartenspötter unterscheiden sich die übrigen Laubsänger bezüglich ihrer Nistart dadurch, daß jener sein Nest auf Bäumen anlegt, während diese wieder tief in dichtem Gestrüpp oder unmittelbar auf dem Boden nisten. In der Form erinnern die Nester, welche gewölbt sind und ein seitliches Schlupfloch haben, an Backöfen, und dieser Umstand ist oft der Anlaß gewesen zur Benennung des Vogels, vgl. z. B. engl. *ovenbird*, *oventit*, finnisch *uunilintu* (Ofenvogel) usw.

In Deutschland sind derartige Benennungen aus den mittel- und niederdeutschen Mundarten bekannt. Bereits Gesner erwähnt in Hist. avium (1555) S. 762 einen kleinen hübsch singenden Vogel, den man in der Gegend um Frankfurt am Main *Oefener* nenne. In Hessen werden die Ausdrücke *Backofenkröffer*[3] und *Backöfelchen*[3] von dem Fitislaubvogel und dem Zaunkönig angewendet, im Münsterkreise und in Recklinghausen ist *Backüöfken*[4] der Weidenlaubvogel. In diesen Zusammenhang gehört auch *Eädmügelken*[4] in Münster als Bezeichnung des Fitislaubvogels; die Bildung ist wohl als *Erdmücklein* aufzufassen und im Anschluß an das Wort *Grasmücke* entstanden.

1 Korrespondenzbl. f. ndd. Sprachf. XVI, 86.
2 Wb. d. Luxemburg. Mundart 28. 192. — 3 Vilmar 23.
4 Korrespondenzbl. f. ndd. Sprachf. XVI, 85. XVII, 5.

Die Namen *Fitis*, *Fiting* und *Fitichen*, welche Naumann (Ed. Hennicke) II, 117 aus seiner heimatlichen Mundart nennt und auf denen der heute übliche wissenschaftliche Ausdruck beruht, sind von den weichen sanften Tönen des Vogels hergeleitet. Auch in Westfalen kommt der lautnachahmende Name vor; es ist leicht, in dem Vogel *Füting*, dessen Stimme nach Woeste Wb. S. 313 'füt' lautet, den Fitislaubvogel zu erkennen. In Nordtirol lautet der entsprechende Ausdruck *Wuiterle*[1]. Staub-Tobler I 695. IV, 1119 führen nach Meisner und Schinz die Namen *Laubvogel* und *Wîdenpickerli* als Bezeichnungen des Fitislaubvogels an.

Waldlaubvogel, sylvia sibilatrix, phylloscopus sibilatrix.

Der unbekannte Verfasser der Angenehmen Land-Lust (1720) schildert S. 322 einen kleinen Vogel, der im April "ſeine Ankunfft an allen Ecken der Gårten ausruffet" und der unter dem Namen *das Wiſperlein* bekannt sei; Popowitsch Versuch (1780) S. 628 und Unger-Khull Wortsch. S. 637 nehmen den Ausdruck für Steiermark in Anspruch. Der Vogelname ist eine Ableitung von mhd. *wispeln* 'pfeifen' (*wiſpeln* oder pfeyffen als die ſlangen = ſibilare, Vocab. theuton. Nürnberg 1482 S. oo 3a) ebenso wie steir. *Wisperl* 'Weidenpfeifchen'.

Die Benennung bezieht sich auf den Waldlaubvogel, dessen Stimme aus einer Reihe schwirrender Töne besteht; in Voigts Excursionsbuch S. 57 sind sie notiert als 'st wst wistist wst wist wist wist wististist — sippsippsipsipsipsirrrrrrr'. Aus diesen Lauten erklärt sich auch der Ausdruck *Sîbchen*[2] m., womit der Vogel in Luxemburg bezeichnet wird. Ein anderes luxemburgisches Wort ist *Bliedervilchen*[2] (d. h. Blättervögelchen).

Als Synonymon zu *Wisperlein* wird in der Angenehmen Land-Lust S. 115 *Weidenzeißlein* erwähnt; bei Döbel Eröffn. Jägerpr. (1746) S. 66 begegnet ebenfalls der Name *Weidenzeisig*. Dieser Ausdruck — und wahrscheinlich auch *Wisperlein* — wird noch von anderen kleinen Laubsängern angewendet. Aus der

1 Frommann D. Mundarten IV, 56.
2 Wb. d. Luxemburg. Mundart 35. 408.

Beschreibung des Vogels in der Angenehmen Land-Lust möchte man fast auf den Fitislaubvogel schließen.

Als österreichisches Synonymon zu *Wisperlein* führt Popowitsch a. a. O. *Nifferl* an.

Weidenlaubsänger, sylvia rufa, phylloscopus rufus.

Der kleinste aller Laubsänger ist der Weidenlaubvogel, der sich in Erlengebüsch und Weidendickicht aufhält und von dort seinen eintönigen Gesang erschallen läßt. Diese charakteristischen Töne des Vogels, die gleichmäßig auf einander folgen, hörte Voigt (Excursionsbuch S. 54 f.) als 'dalp dalp dalp dalp zip' oder 'zilp zilp zilp zalp', und als 'zilp-zalp' werden sie gewöhnlich auch von anderen Beobachtern der Vogelstimmen wiedergegeben. Es ist danach nicht schwer, in dem kleinen Vogel, welchen Gesner in Hist. avium (1555) S. 763 *Wyderle* (von *Wîde* 'Weide') oder *Zilzepfle* "a frequenti uoce *Zilzel* / uel *tiltapp*" nennt, den Weidenlaubvogel wiederzuerkennen. In Luxemburg ist er noch heute als *Zillzäppchen*[1] bekannt. Vgl. engl. *chip-chop*, *chiff-chaff*[2] in gleicher Bedeutung.

Das immer in gleichem Takt wiederholte 'zilp-zalp' des kleinen Sängers scheint auch den Schlüssel zum Verständnis des bei H. Sachs im Regim. der Vögel (1531) V. 104 bezeugten Vogelnamens *Flinderling* zu liefern, für den sonstige Zeugnisse vollständig mangeln. In Nürnberg wurden — wie man aus Adelungs Wb. II, 207 ersehen kann — von dünnem Messing ausgestanzte Figuren verfertigt, die man *Flinder* nannte, und die Handwerker dieser Art hießen *Flinderschläger*. Wahrscheinlich ist der Vogelname *Flinderling* ein Nürnberger Dialektwort und bezeichnet den Weidenlaubvogel, dessen eintönige Hammerschläge an das Hämmern der Flinderschläger erinnerten; derselbe Vergleich liegt auch den synonymen Benennungen *Schmittl*, *Schmiedel*[3] d. h. der Schmied (bei Wien) zugrunde. Zu beachten ist noch, daß der Flinderling in dem genannten Gedichte mit dem *Wüstling* die Tischgesellschaft vor Mücken

1 Wb. d. Luxemburg. Mundart 504.

2 Swainson The Folklore S. 25.

3 Naumann-Hennicke II, 103.

wehrt, was zu den Eigenschaften des Weidenlaubsängers (bair. *Mückenvogel*[1]) gut stimmt.

Goldhähnchen, sylvia cristata, regulus regulus.

Der Name des Vogels ist hergeleitet von dem gelben Scheitelfleck, der den Vergleich mit einem Hahnenkamm herausgefordert hat. Diefenbach-Wülckers Wb. S. 630 belegt das Wort zuerst in der Form *golthune* (wohl für *golthane*) und *goldhandel* aus zwei Vokabularen des 15. Jhs. Im 16. Jh. erscheint *Goldhan* bei H. Sachs Regim. der Vögel (1531) V. 167, *Goldhenlin* bei Eber und Peucer Vocab. (1552) S. F 8 a, *Goldhenlein* in Sibers Gemma v. J. 1579 S. 43. Daneben begegnet die bereits erwähnte umgedeutete Form mit dem sekundären Dental als *Goldhendlin* in Turners Avium hist. (1544) S. J 5 b und Gesners Hist. avium (1555) S. 696. Gesner kennt den Namen aus Frankfurt am Main, Straßburg und Baiern, Popowitsch Versuch (1780) S. 139 aus Österreich, Franken und Schlesien; ein direktes Zeugnis aus Schlesien ist *Gold Hånlin* bei Schwenkfeld Ther. Sil. (1603) S. 345. Zu den schon angeführten sächsischen Belegen kommt noch *Gold-Håhngen* in Döbels Eröffn. Jägerpr. (1746) S. 66. Aber der Name ist auch auf niederdeutschem Sprachgebiete bekannt; das Korrespondenzbl. f. ndd. Sprachf. XVI, 85 bezeugt *Goldhiänken* aus dem Münsterkreise. — In der Schweiz findet sich neben *Goldhäneli*[2] auch die umgestaltete Namensform *Goldhämmerli*[2], die im Anschluß an den Namen der Goldammer entstanden ist; ebenso ist *Goldhämmerchen* oder *Goldhämmelchen*[3] im Anhalter Dialekt die Bezeichnung des Vogels. In Steiermark kommt neben *Goldhahnl*[4] der Ausdruck *Asterhahnl*[4] (im Ennstal) vor.

Als lokale Benennungen des Goldhähnchens nennt Gesner a. a. O. *Strüſſle* 'Sträußchen' (aus Bern), *Thannmeiſsle* 'Tannenmeislein' und *Ochſeneugle* 'Ochsenäuglein'; das letztgenannte Wort, das auf die Kleinheit des Vogels zielt, ist eine Nachbildung

1 Naumann-Hennicke II, 103.
2 Staub-Tobler I, 218 und II, 1307.
3 Naumann-Hennicke II, 224.
4 Unger-Khull 30. 299.

des ital. Namens *occhio bovino* (= frz. dial. *œil de bœuf*[1]). Wegen seiner Kleinheit heißt der Vogel bei Popowitsch a. a. O. S. 160 auch *der teutſche Kolibri*. Der Name *Wald Zinslin* 'Waldzeisig', den Schwenkfeld a. a. O. erwähnt, soll sich auf den "sittichgrünen Rücken" beziehen, s. Popowitsch a. a. O.

In der Eifeler Mundart benennt man das Goldhähnchen mit dem Eigennamen *Gellert* (eigtl. *Goldhart*?)[2], in der Heanzer Mundart heißt es *Guldstangerl*[3] n. (vgl. *Stangel* 'kleines Stück'), in Luxemburg *Dommendek*[4] (d. h. Daumendick). Luxemburg. *Domenek*[4] m. ist umgebildet aus der vorhingenannten Namensform im Anschluß an den gleichlautenden Eigennamen (Dominik). Eine dritte Namensform ist *Doumvilchen*[4].

Gelegentlich gibt man dem Goldhähnchen den Namen *Sommerkönig*, im Gegensatz zu dem Zaunschlüpfer, welcher der Winterkönig ist, vgl. z. B. Klein Hist. av. prodr. (1750) S. 76. In volkstümlichem Gebrauch dürfte dieser Ausdruck jedoch nicht sein; die lebenden Mundarten halten immer den Zaunschlüpfer für den König der Vögel. Vgl. auch Zaunkönig S. 80 ff.

Rohrsänger, Calamoherpinae.

Drosselrohrsänger, sylvia turdoides u. a.

Die Rohrsänger werden in den meisten Gegenden einfach als *Rohrsperlinge* benannt und teilen diesen Namen mit der Rohrammer (emberiza schoeniclus), s. Rohrammer S. 108. Der Vergleich mit dem Sperling mag zum Teil auf der Ähnlichkeit der Gestalt und Färbung beruhen, zum Teil mag dabei auch das laute Geschnatter dieser Vögel mitgewirkt haben. Besonders der Drosselrohrsänger (sylvia turdoides, acrocephalus arundinaceus) zeichnet sich durch eigentümliche Töne aus, die aus mehreren Kehlen hervorgebracht eine ohrenbetäubende Wirkung machen. Voigt[5] umschreibt den Gesang dieses Vogels mit 'karr karr

---

1 Rolland Faune populaire II, 302.
2 Frommann D. Mundarten VI, 14.
3 Frommann D. Mundarten VI, 344.
4 Wb. d. Luxemburg. Mundart 66.
5 Excursionsbuch S. 65.

karr kiet kiet kiet'; daher der holländische Name *Karrakiet*, in Mecklenburg *Karrakarrakîkîk*[1]. In Deutschland hat dieser Gesang "der dollen Rohrsperlinge"[2] die Redensart "schimpfen wie ein Rohrsperling" hervorgerufen.

In Hist. avium (1555) beschreibt Gesner S. 627 einen Vogel, den die Vogelfänger der Schweiz *Wydenſpatz* 'Weidenspatz' nennen und der in der Straßburger Gegend als *Rorgytz* oder *Rorgeutz* bekannt ist; aus der Beschreibung wird man nicht recht klug, welche Art Rohrsperlinge hier gemeint ist. Der Name, der auch im Strassburg. Vogelb. (1554) V. 437 bezeugt ist, beruht auf einer älteren Form **Rôrgickeze* (zu *gickezen* > *gîtzen*, wie mhd. *guckezen* > *gûtzen*, *Gutz-gauch*); die Frequentativbildung *gickezen* (aus *gicken*) gehört zu dem onomatopoietischen Stamme *gick*, der auch in anderen Vogelnamen, wie *Gücker*, *Gickerlein*, zur Anwendung kommt.

Überhaupt gleichen die einzelnen Arten der Rohrsänger einander derartig, daß es einem Ungeübten schwer fällt, sie von einander zu unterscheiden; daher werden sie auch gewöhnlich mit dem gemeinsamen Namen *Rohrsperling* (bei Klein Hist. av. prodr. (1750) S. 72 *Bruch-Droſſel*, *Weiden-Droſſel*, *Rohr-Droſſel*) bezeichnet.

Der Drosselrohrsänger führt in Luxemburg den Namen *Jeizert*[3] m. (eigtl. Schreihals, zu *jeizen* 'schreien').

Luxemburgische Dialektausdrücke für **den Sumpfsänger** (sylvia palustris, acrocephalus palustris) sind *Wâssergrâtsch*[3] f. (d. h. Wassergrasmücke), *Weidepeiferchen*[3] m. (d. h. Weidenpfeiferchen), *Weideschlöfferchen*[3] m. (d. h. Weidenschlüpferchen) und *Hiddemecher*[3] m. (d. h. Hutmacher); im Münsterkreise heißt der Vogel *Leisdragge*[1] (d. h. Rohrgrasmücke) und *Reidmese*[1] (d. h. Rohrmeise).

Der **Teichrohrsänger** (sylvia arundinacea, acrocephalus streperus) wird in Preußen *Rohrwrangel*[4] m. (zu (*w*)*rangen* 'ringen') genannt.

1 Schiller Zum Tierbuche II, 16.
2 Aitinger Bericht v. d. Vogelstellen (1631) S. 335.
3 Wb. d. Luxemburg. Mundart 180. 199. 477. 480.
4 Frischbier II, 231.

Schlüpfer, Troglodytinae.

Zaunkönig, troglodytes europaeus.

Ahd. wrẹndo: Sg. Nom. — *uurendo* betriscus: cod. Parisin. 9344 f. 42 b, *uurendilo*: cod. sem. Trevir. f. 112 b, *vurendelo*: cod. Guelpherbyt. Aug. 10. 3. 4° f. 89 a, *vuertlo*: cod. Berol. Ms. lat. 8° 73, 124 a. *uurentol*: cod. sem. Trevir. R. III. 13, 104 a. *r(entilo)* (biturus) ł rupido: Cgm. 187. *rentile* biturus ł rupido: cod. Oenipont. 711, 30 b (13. Jh.). *renzilo* bitunvs: cod. Vatic. Reg. 1701, 2 b.

In dem spärlich belegten ahd. *wrẹndo*, *wrẹndilo* ist ein alter Name des Zaunkönigs bewahrt. Zu *wrendo* stimmen ags. *wrœnne*[1], me. *wrenne*, ne. *wren* mit gleicher Bedeutung; die Worte weisen auf eine gemeinsame Grundform **wrandi̯an-*, wo ein lautgesetzlicher Schwund von *d* eintreten konnte, vgl. Kluge Vorgeschichte [2] § 55 a. Eine andere Ablautstufe scheinen anord. *rindill* (in *rindilþvari*, Snorra-Edda II, 489 [3]), isländ. *rindill* (Fritzner Ordb. III, 114 und Cleasby-Vigfusson Icel. dict. S. 497) zu haben; die Bildung ist hier dieselbe wie im deutschen *wrendilo*, wo das Suffix *ila(n)*- deminutive Bedeutung hat. In Kluge-Lutz' English Etymology S. 231 wird die Vermutung ausgesprochen, daß der Vogelname mit ahd. asächs. *(w)renno* 'Zuchthengst' identisch sei. Aber abgesehen von semasiologischen Bedenken, die die Zusammenstellung der beiden Worte erweckt, scheint das Wort *wreno* 'Hengst' eine ältere Lautstufe *wrainio* vorauszusetzen, vgl. Palander Ahd. Tiernamen I, 87 f. — Die ahd. Belege des Vogelnamens deuten auf mittelfränkisch-niederfränk. Sprachgebiet; daher wird man die in cod. Vatic. Reg. 1701 belegte Form *renzilo* für eine falsche Verhochdeutschung des Schreibers halten können.

Ein anderer althochdeutscher Name des Zaunkönigs ist *kuningilîn* 'Königlein', das in den Versus de volucribus als *cuni(n)gilîn*, *kuninc* (= pitrisculus) und in H. S. III, 17 ebenfalls als *kunicli*, *chunegel*, *kunich* belegt ist. An den König-Namen

---

1 Whitman The birds of Old English Literature XX schreibt unrichtig *wrǣnne* mit Längezeichen und identifiziert den Namen mit dem Adj. *wrǣne* 'geil'. Die Kürze des Stammvokals wird schon durch die Nebenform *wœrna* erwiesen.

knüpft sich die weitverbreitete Sage von der Königswahl der Vögel.

Eines Tages sammelten sich alle Vögel — so erzählt diese Sage — um einen aus ihrer Mitte zum König zu wählen. Die Krone sollte demjenigen zuerkannt werden, der beim Wettfliegen sich in die höchsten Luftregionen aufschwingen könnte. Der Adler erhob sich höher als alle anderen, aber als er siegesfroh wieder sich senken wollte, schwang sich ein kleines Vögelchen, das unbemerkt auf den Rücken des Adlers geschlichen war, noch höher in die Luft hinauf. Trotz dem Zorn des Adlers wurde das Königreich diesem Vogel — dem kleinsten von allen — zugesprochen, und er wurde mit einer Krone geschmückt. — Die Sage ist alt. Schon Plinius Naturalis hist. X, 74 spielt auf sie an, indem er sagt: "[Dissident] aquilæ et trochilus, si credimus, quoniam rex appellatur auium"; auch bei Aristoteles Hist. animalium IX, 11 findet man eine ähnliche Anspielung.

Die verschiedenen Sprachen erteilen die Königswürde entweder dem Goldhähnchen oder dem Zaunschlüpfer; in Deutschland ist der letztgenannte Vogel der anerkannte König. Daß aber das Goldhähnchen der echte König war, dafür spricht die Krone, mit welcher die Natur es ausgestattet hat — die lebhaft gefärbten Kopffedern, die, wenn sie gesträubt werden, eine kronenartige Form annehmen. Es besteht kaum Zweifel daran, daß gerade dieser eigenartige Kopfschmuck des Vogels die Sage von der Königswahl[1] veranlaßte, wie auch Uhland bereits vermutet hat.

Der lat. Name *regulus* bezieht sich auf das Goldhähnchen, ebenso die griechischen Ausdrücke βασιλεύς, βασιλίσκος und τύραννος. Mit der Sage eng verbunden ist der Königsname für die beiden Zwerge der Vogelwelt bei verschiedenen Völkern zu finden, vgl. afrz. *roitelet*, *roitel*, lit. *karalius*, poln. *krolik* usw. Man darf annehmen, daß die Sage und der Name durch antiken Einfluß sich verbreitet haben und daß sie zu den Deutschen

1 Die Sage vom Zaunkönig ist behandelt worden von Pfeiffer in Germania VI, 80ff., Uhland Fabellieder in den Schriften zur Geschichte der Dichtung und Sage III, 83, Hildebrand in Grimms Wb. V, 1700f.; vgl. auch Swainson The Folklore S. 35ff. und Rolland Faune populaire II, 293ff.

erst in christlicher Zeit gekommen sind. Denn die übrigen altgermanischen Idiome wissen nichts von dem Königsnamen; der altgermanische Name des Zaunkönigs war das bereits erwähnte ahd. *wrẹndo*. — Daß in Deutschland und größtenteils auch in Frankreich der Königsname von dem Goldhähnchen auf den Zaunkönig überging, kann man aus der viel größeren Popularität erklären, welche der letztere Vogel hier genießt. Sobald der eigentliche Grund der Sage vergessen war und nur der Gegensatz von dem größten und dem kleinsten Vogel übrig blieb, war es natürlich, daß die Sage sich an die vielen anderen Legenden und Vorstellungen anschloß, welche sich an den Zaunkönig bei den westeuropäischen Völkern knüpfen.

Das althochdeutsche *kuniclîn*, vor dem der altgermanische Name *wrẹndo* zurückwich, wird im 15. Jh. z. B. in dem Vocab. theuton. (1482) S. r 7 b als *kuniglein* überliefert und unzweideutig auf den Zaunkönig bezogen; schon früher wird diese Bedeutung von Albertus Magnus bezeugt. In dieser einfachen Namensform ist das Wort an einzelnen Orten bis in die Neuzeit hinein erhalten geblieben, vgl. *Chünigli*, *Chüngeli* [1] n. in der Schweiz, *Künigle* [2] n. in Liebsdorf im Elsaß, *Kinniachal* [3] n. in der Heanzer Mundart; auch verdeutlicht als *Kineksvîlchen* [4] in Luxemburg, *Königvögerl* [5] in Steiermark.

Weit üblicher sind aber in den heutigen Mundarten Zusammensetzungen mit dem alten Namen, wo das erste Kompositionsglied irgend eine Eigenschaft des Vogels hervorhebt. Bereits im 15. Jh. begegnet in Niederdeutschland der Ausdruck *nettelko(n)ni(n)c* [6] (Diefenbach Glossar. S. 413 c, Nov. glossar. S. 281 a). Der Vocab. theuton. (1482) S. x 4 b verzeichnet *neſſelkunig* in hochdeutscher Form, aber die Glosse stammt ohne Zweifel aus Niederdeutschland wie manches andere Wort in diesem Vokabular. Gesner Hist. avium S. 626 kennt *Neſſelkünig* aus der Gegend um Rostock; heute kommt der Ausdruck *Nettelkönning* [7]

---

1 Staub-Tobler III, 327. — 2 Martin-Lienhart I, 447.
3 Frommann D. Mundarten VI, 333.
4 Wb. d. Luxemburg. Mundart 223. — 5 Unger-Khull 403.
6 Vgl. auch Jb. f. ndd. Sprachf. VI, 127. XVI, 113.
7 Schiller Zum Tierbuche II, 17.

in Mecklenburg, *Niətelküənink*[1] in Westfalen, *Nettelkönink*[2] in der ostfriesischen Mundart vor. Der Name zielt auf das Schlüpfen des Vogels im Gras und Gestrüpp hin.

Da er auch den Winter in Deutschland verbringt und mitten im Schnee und Eis sein munteres Lied ertönen läßt, hat man ihn in Mitteldeutschland *Schneekönig* getauft. Gesner a. a. O. S. 626 bezeichnet *Schnykünig* als sächsisch, daher denn auch *Schneekóning* bei Eber und Peucer Vocab. (1552) S. F 8 a. Für Schlesien wird dieser Ausdruck von Schwenkfeld Ther. Sil. (1603) S. 324 und für Böhmen durch Popowitsch Versuch S. 633 bezeugt; in Thüringen ebenfalls *Schneekönig*[3] und in Oberösterreich *Schneekinigerl*[4]. Eine andere Variante ist *Winterküninck*, das Gesner aus Rostock anführt; nndl. *winterkongje*. Diefenbachs Glossar. S. 413 c belegt das niederdeutsche Wort als *winterkoninc* schon aus einem Vokabular v. J. 1420.

Auf die gleiche Anschauung wie *Nesselkönig* geht der Name *Dornkönig* zurück; Gesner führt ihn in der Form *Thurnkónick* aus Sachsen an. Ein tirolischer und kärntischer Dialektname ist *Pfutschkini*, *Pfutschkünig*[5] (zu *pfutschen* 'schlüpfen').

In den westlichen Gegenden von Deutschland ist der Zaunschlüpfer der *Mäusekönig*. Aus dem Elsaß, wo *Mûskünig*[6] heute weit verbreitet ist, bezeugt das Strassburg. Vogelb. v. J. 1554 V. 537 *Meuß kónig* als volkstümlichen Namen des Vogels. Im Norden reicht er über das pfälzische Sprachgebiet hinaus als *Meiskinek*[7] in das Luxemburgische und als *Muysconinxken* (bei Junius Nomenclator (1581) S. 60 b) in das Niederländische.

Von allen zusammengesetzten Namensformen, welche auf dem alten Königsnamen beruhen, hat der Ausdruck *Zaunkönig* die weitaus größte geographische Verbreitung; er ist heute auf dem gesamten deutschen Sprachgebiete bekannt. Zuerst tritt der Ausdruck im 15. Jh. (in einem mitteldeutschen Glossar)[8] auf, im 16. Jh. begegnet er bei Turner Avium hist. (1544) S. H 7a, Eber

---

1 Woeste 185. — 2 Jb. f. ndd. Sprachf. XI, 112.
3 Hertel 217. — 4 Zs. f. d. Phil. XXI, 219.
5 Frommann D. Mundarten IV, 55. 487. VI, 304.
6 Martin-Lienhart I, 447. — 7 Wb. d. Luxemburg. Mundart 282.
8 Diefenbach Glossar. S. 413c. 490b.

und Peucer Vocab. (1552) S. F 8a, Siber Gemma (1579) S. 43. Es sieht aus, als ob das Wort aus Mitteldeutschland ausgegangen wäre und sich dann südwärts verbreitet hätte, denn für Gesner gilt der Ausdruck noch als sächsisch, und die früheren oberdeutschen Quellen haben dafür andere Bildungen. Auch heute scheint der Name in Oberdeutschland nicht recht heimisch zu sein. Die ältere oberdeutsche Benennung ist *Zaunschlüpfer*, welches schon im 13. Jh. in der alten Bildungsweise *zûnsluphe* (Ahd. Gll. III, 714[38]) begegnet; daneben die *ila*-Ableitung *zûnsluphil* auch schon seit dem 13. Jh. in den Versus de volucribus (Ahd. Gll. III, 24[16]. 28[26.27]. 29[5]) belegt. Im 15. Jh. ist *zawnſlupffel* im Vocab. theuton. (1482) S. r 7 a, *zunſchlypfel* in Bracks Vocab. v. J. 1495 S. 49a verzeichnet; im 16. Jh. *Zaunſchlüpfferlin* in Ryffs Tierb. Alberti (1545) S. K 5a, *Zaunſchlipfflin*, *Zunſchlipffle* bei Gesner a. a. O., *Zunſchlüpffer* im Strassburg. Vogelb. (1554) V. 541 usw. Neben *Zaunschlupfer* und *Zaunschliefer* kommt in Steiermark auch die Namensform *Zaunkerl*[1] (in Tirol *Zaunkonkerl*[2]) n. vor, im Elsaß die Kurzform *Zümerle*[3] n. neben *Zum(en)schlüpfer(le)*[3] (zu *Zûm* 'Zaun') und *Hagschlüpferle*[3] (d. h. Heckenschlüpferlein) nebst anderen Varianten; *Zaunling* bei Henisch-Wizaldus 900 Geheimnuss S. 333, *Zäunert* bei Goekingk Gedichte (1782) II, 51. In Mecklenburg und Göttingen und Grubenhagen gilt *Tûnkrüper(ken)*[4], in Schlutup *Tûnhüpper*[5], in Preußen *Tûnkeschlîker*[6] = hd. *Zaunchenschleicher*[6], in Ostfriesland (*Hâge)krûperke*[7] (d. h. Heckenkriecherchen).

Einige Dialektnamen des Zaunkönigs sind von seiner Stimme hergeleitet. Charakteristisch für diese sind die schnurrenden zerrr-Laute, welche nach Voigt Excursionsbuch S. 84 mit kurzen harten zick- oder tjick-Lauten abwechseln. Im Elsaß nennt man den Vogel *Zisele*[8] (d. h. Zeisig), auf Helgoland *Tjürk*, *Tjürn*[9]; der letztgenannte Name geht von den schnurrenden Lauten aus, die dem Zaunkönig im Anhalter Dialekt die Benennung *Zaun-*

1 Unger-Khull 644. — 2 Zs. f. d. Phil. XXI, 210.
3 Martin-Lienhart II, 455. 470. 904.
4 Schiller Zum Tierbuche II, 17, Schambach 236.
5 Korrespondenzbl. f. ndd. Sprachf. XVI, 84.
6 Frischbier II, 488. — 7 Jb. f. ndd. Sprachf. XI, 113.
8 Martin-Lienhart II, 915. — 9 Frommann D. Mundarten III, 32.

schnurz[1] und im Elsaß *Zûnschnärzer*[2] (vgl. Misteldrossel S. 60) eingetragen haben. Zu dieser Namensgruppe gehören noch ostfries. *Tûnkrîter*[3] (zu *krîten* 'schreien', vgl. westfäl. *Krîtswalwe*) und ohne Zweifel auch elsäss. *Zûmenriger*[4]. Dieses Wort ist in seinem zweiten Bestandteile identisch mit den alten Straßburger Ausdrücken *Reger*, *Rieger*, die Regenpfeifer bezeichnen, ferner auch mit elsäss. *Rigerle* 'Grille'. Diese scheinen mit steir. *Regerl* 'Krickente' lautmalende Worte zu sein; vgl. steir. *regeln* 'schnattern'. — Da das Pfeifen des Zaunkönigs als Zeichen des Regens gilt, hat er in Nassau den Namen *Naßarsch*, *Naßaschelche*[5] erhalten.

Schließlich hat auch die Winzigkeit des Vögelchens eine Menge mundartlicher Benennungen desselben veranlaßt. Gesner nennt unter den Synonyma, die er zusammengetragen hat, den Ausdruck *Dumeling* (d. h. Däumling), den Woeste Wb. S. 62 s. v. *Dúmling* als westfälisches Wort verzeichnet (ndl. *Dumeling* bei Junius Nomenclator (1581) S. 60 b); im Elsaß kommen die Namen *Dûmenzwitscherle* und *Dûmenschlupferle*[6] vor. Auch in Schweden nennt man den Zaunkönig *tummeliten*, in Dänemark *tommeliden* 'Däumling'. Ähnliche Ausdrücke sind noch *Zitzerl*[7] n. (eigtl. kleines Stückchen) in Österreich und Steiermark, *Zwergvogerl*[7] in Steiermark, *Mûsevogel*[8] (vgl. oben *Mäusekönig*) in der Schweiz, *Zonkbutz* m., *Zonkebitzchen*[9] m. (aus *Zonk* 'Zaun' und *Butz* 'Geschöpfchen') und *Spîzelek*[9] m. (zu *spîzech* 'schmächtig') in Luxemburg, *Grôt-Jôchen*[10] (d. h. Groß-Joachim) in Mecklenburg. Die südöstlichen Synonyma *Nuserle* (d. h. Nüßchen) und *Ochsenögele*, die in Frommanns D. Mundarten IV, 55 erwähnt werden, sind Übersetzungen der entsprechenden italienischen Namen.

Das backofenförmige Nest des Zaunkönigs, welches an die Nester der Laubsänger erinnert, hat die Benennungen *Backöfelchen*, *Backofenkröffer*[11] in Hessen, *Backofenschlüpfer*[12] in der

1 Naumann-Hennicke II, 197. — 2 Martin-Lienhart II, 508.
3 Jb. f. ndd. Sprachf. XI, 113. — 4 Martin-Lienhart II, 243.
5 Kehrein 291. — 6 Martin-Lienhart II, 470. 928.
7 Popowitsch Versuch S. 633, Unger-Khull 650. 659.
8 Staub-Tobler I, 695. — 9 Wb. d. Luxemburg. Mundart 415. 508.
10 Schiller Zum Tierbuche II, 17. — 11 Vilmar 23.
12 Heeger Tiere im pfälz. Volksmunde S. 11.

Pfalz und *Backôwelken*, *Backôwenkrûperken*[1] n. in Göttingen und Grubenhagen veranlaßt.

Wasserschwätzer, Cinclus.

Wasseramsel, cinclus aquaticus.

Der Name begegnet zuerst bei Gesner Hist. avium (1555) S. 584 neben dem Synonymon *Bachamfel.* Heute sind diese Ausdrücke die üblichen Bezeichnungen des Vogels, doch variiert das zweite Kompositionsglied nach den mundartlichen Synonyma des Amselnamens, vgl. westfäl. *Wâtergaidling*[2], luxemburg. *Bâchmierel*, *Wâssermêrel*[3]. Sonst wird die Wasseramsel auch als Star aufgefaßt und benannt, vgl. altwestfäl. *bikistarn* bei Woeste Wb. S. 317, luxemburg. *Wâssersprôn*[3]; ähnlich nndl. *waterspreeuw*, norweg. *strömstare.* Die blendend weiße Kehle des Vogels hat in Westfalen den Namen *Kelwitte*, *Kiəlwitte*[4] (eigtl. Kehlweiß) veranlaßt, der aus demselben Umstellungsprinzip hervorgegangen ist wie schweiz. *Bruströteli*, thüring. *Kâlredchen* u. a., s. S. 40.

Braunelle, Accentor.

Heckenbraunelle, accentor modularis.

Das Wort *Braunelle* macht den Eindruck eines Fremdworts, ist aber ohne Zweifel eine einheimische Bildung. Für Gesner gilt der Name als ein Ausdruck der Vogelfänger: "*Prunellas* aucupes nostri vocant auiculas a colore qui obscure ruffus est", Hist. avium (1555) S. 627. Doch ist das Wort im 16. Jh. auch schon in weiteren Kreisen bekannt, denn Hans Sachs erwähnt im Regim. der Vögel (1531) V. 119 *das Praunellen* (: Zimelschellen); in der Angenehmen Land-Lust (1720) S. 107 und in Zorns Petino-Theologie (1742) II, 390 wird *Braunellein*, bei Klein Hist. avium prodr. (1750) S. 79 *Braunelchen* geschrieben.

Der Name ist eine Ableitung von mhd. *brûn* 'braun' und bezieht sich auf das Gefieder des Vogels, welches aus braunen, rötlichen und grauen Federn besteht. Parallele Benennungen in anderen Sprachen sind frz. *brunette*, mittelengl. *donnek*, neuengl.

---

1 Schambach 15. — 2 Woeste 317.
3 Wb. d. Luxemburg. Mundart 15. 478. — 4 Woeste 124f.

dunnock (zu *dun* 'braun'); heute kommt *Brûnel*, *Brûnle* in der Schweiz als Name brauner Kühe und Pferde vor. Der Vogelname **brûnele* ist dann mit dem Pflanzennamen *Brunelle* oder *Braunelle* zusammengefallen.

Wegen der schieferfarbigen Brust heißt der Vogel in Luxemburg *Blôschösser*[1] (d. h. Blauscheißer). Offenbar ist auch das ndd. Synonymon *Îserling* in Göttingen und Grubenhagen als eine Ableitung von *îser* 'Eisen' zu verstehen und auf die Farbe der Braunelle zu beziehen; vgl. norweg. *jernspurv* (d. h. Eisensperling).

Luxemburgische Ausdrücke sind ferner *Heckesteisser*[1] (d. h. Heckenstößer) und *Zonkschlöffer*[1] (d. h. Zaunschleicher). Im Münsterkreise nennt man den Vogel *Piepvugel*[2], in der Grafschaft Ranzau *Heidpiper*[2], in der Schweiz *Muggenbicker*[3] und *Herdvögeli*[3].

In den Alpen wohnt eine verwandte Art von Braunellen, die lerchengroße **Alpenbraunelle** oder *Alpenlerche* (accentor alpinus, collaris), welche in der Schweiz mit den Namen *Bluemvogel*, *Blüemdvogel*, *Gadenvogel*, *Gadenröteli*[3] bekannt ist. Wegen des vibrierenden Pfeifens nennt man sie hier auch *Tütteli*, *Trittli*[3], in Tirol *Berggrötscherle*[4] (vgl. steir. *gritschen* 'zirpen'). Wahrscheinlich ist auch der Ausdruck *Jochlisper*, den Schmeller-Frommann Bayer. Wb. II, 680 für einen kleinen Alpenvogel anführen, die Bezeichnung der Alpenbraunelle. In Baiern werden gewisse Stellen in der Alpenkette *Joch* genannt; der Vogelname hängt mit diesem Ausdruck zusammen und bedeutet demnach 'Berglisper' oder 'Bergsperling' (zu *-spar* > *-sper* 'Sperling').

Bachstelzen, Motacillinae.

Weiße Bachstelze, motacilla alba.

Wegen der steifen stelzenartigen Gangart hat die Bachstelze im Althochdeutschen den Namen *wazzerstelza*, d. h. 'Wasserstelzler': *wazzerstelza* luciliis: Versus de volucr. ydrox: H. S.

1 Wb. d. Luxemburg. Mundart 37. 172. 508.
2 Korrespondenzbl. f. ndd. Sprachf. XVI, 86. XVII, 2.
3 Staub-Tobler I, 694. IV, 1119.
4 Frommann D. Mundarten IV, 52.

III, 17. tappula: Gll. Salomon. a 1. Daneben ist auch *wazzerstellia* (= tappus [1]) in cod. Lugdun. Voss. lat. 4° 51 f. 162b belegt, und diese Form wird bestätigt durch *wazzerstella* (= ydrox) in H. S. III, 17: cod. mon. herem. 171, 24. — Ahd. *wazzerstelza* ist eine dem oberdeutschen Sprachgebiete gehörende Namensform, welche in den alemannischen und schwäbischen Quellen des 15./16. Jhs. öfters begegnet. Heute gilt diese Bildung im Elsaß, in Schwaben, in der Schweiz und als *Wasserstelzer* [2] m. auch in Steiermark. Auf dem mitteldeutschen Sprachboden ist *Wafferfteltz* bei Turner Avium hist. (1544) S. D 3a und wohl danach bei Eber und Peucer Vocab. (1552) S. F 4a bezeugt; in mitteldeutschen Mundarten ist das Wort nicht geläufig.

Dagegen ist die heute in der Schriftsprache geltende Form *Bachstelze* sowohl in Oberdeutschland wie in Mitteldeutschland heimisch. Sie erscheint zuerst in bairischen Handschriften des 14. Jhs.: *pachsteltz* in cod. Oenipontan. 355, 15 a, cod. Vindob. 3213, 116 b, *pachstelze* in Clm. 4350, 3 a (Ahd. Gll. III, 28^{25} u. 30^{33}), schwäb. *bachstelz* in fol. Stuttgart. (Ahd. Gll. III, 28^{25}); im 15. Jh. ist das Wort öfters in oberdeutschen und mitteldeutschen Glossaren belegt. Von den Autoren des 16. Jhs. haben H. Sachs Regim. der Vögel (1531) V. 143 die Maskulinform *Pachsteltz*, Eber und Peucer Vocab. (1552) S. F 4a *Bachsteltz*, *Wafferfteltz*, Gesner Hist. avium S. 593 (1555) *Wafferfteltz* und *Bachfteltz*, das Strassburg. Vogelb. (1554) V. 454 *Bachfteltzen* (Pl.). Heute kommt im Elsaß neben *Bachstelz* [3] f. ein maskulines *Bachstelzer* [3] vor, in Schwaben ist *Bachstelz* [4] (woneben die umgestaltete Form *Bockstelz* [4]) regelmäßig maskulinen Geschlechts. Eine landschaftliche Verschiedenheit in der Anwendung der Ausdrücke *Bachstelze* < *ahd. *bachstelzo*, *-a* 'Bachstelzler(in)' und *Wasserstelze* scheint auf oberdeutschem Sprachgebiet nicht bestanden zu haben, vielmehr findet man sie als parallele Synonyma. In der Straßburger Gegend z. B. gebraucht Baldner Vogelb. (1666)

1 Sonst ist nur das Deminutiv *tappula* belegt; in der Hs. . . *azzerstellia*. (Steinmeyer). — Unsicher ist, ob *stibola* = *stelze* in Ahd. Gll. IV, 217^{54} als *tippula* (= tappula) = *wazzerstelze* aufzufassen ist, wie Steinmeyer a. a. O. vermutet; *stibola* gehört wohl eher zu *stiua*.

2 Unger-Khull 621. — 3 Martin-Lienhart II, 594.

4 Fischer I, 562.

S. 71 den letzteren Ausdruck, im Gegensatz zu dem Verfasser des Vogelbuchs v. J. 1554, der *Bachstelze* verwendet.

Verschieden von diesen Namensformen sind mitteldeutsche und niederdeutsche Komposita, die als zweiten Teil das Wort *Stërz* (ndd. *Stërt*) aufweisen. Diese weisen auf den beweglichen, fortwährend wippenden Schwanz des Vogels hin und schließen sich an eine Reihe von Synonyma anderer Sprachen an, welche die Bachstelze von demselben Gesichtspunkte aus benennen, vgl. z. B. engl. *wagtail*, dän. *rumpevrikker*, frz. *hoche-queue*, ital. *squassa-coda*, auch griech. σεισοπυγίς. In Niederdeutschland sind derartige Bildungen schon in mittelalterlichen Glossaren bezeugt. Die mnd. Variante *quikstert*, *quek(e)stert* gehört zum Adj. *quik* 'lebendig' (*queken* 'beleben'), doch mag bei den Formen mit *e* im Stamme auch Anlehnung an *quek* 'Vieh' bestanden haben (vgl. *Viehstelze*, *Kuhstelze* und auch *Bockstelze*), wie in der Form *quakstert* an *quaken* 'schwatzen'. Auf diesen älteren Namensformen beruhen jetzt *Kwickstêrt* in Altmark[1], Lippe[2], Lübeck[3], *Quickstyärt* im Münsterkreise[4], *Queckstêrt* in Holstein[4], nndl. *kwikstaart*, ostfries. *Kwikstert*[5]; schwed. *quickstjert* stammt aus dem Niederdeutschen. In Preußen kommt neben *Quêkstert*[6] (*Quêksterz*) und *Quikstert*[6] (*Quiksterz*) auch *Quêkstelz*[6] vor, die eine Kompromißform von den vorhingenannten Worten und dem hochd. *Bachstelze* ist.

Eine andere Variante ist *Wippstert(je)* (zu *wippen*) in Ostfriesland[5], Westfalen[7], Holstein[4], Fallersleben[8], Göttingen und Grubenhagen[9], Altmark[1], den niederdeutschen Bezirken von Hessen[10] und in Preußen, wo auch die Bildungen *Wipp(en)zagel*[11] (*Wöppzågel*) und *Wippquecksterz*[11] vorkommen; dän. *vipstiert* ist ein ndd. Lehnwort. — Eine oberdeutsche Parallele *Wipperer* wird in Unger-Khulls Wortsch. S. 631 aus Steiermark angeführt.

---

1 Danneil 2. — 2 Frommann D. Mundarten VI, 365.
3 Schumann Zs. f. d. Wf. IX Beih. S. 3.
4 Korrespondenzbl. f. ndd. Sprachf. XVI, 83. XVII, 4 f.
5 Jb. f. ndd. Sprachf. XI, 112f. — 6 Frischbier II, 202.
7 Woeste 326. — 8 Frommann D. Mundarten V, 296.
9 Schambach 300. — 10 Vilmar 455. — 11 Frischbier II, 202.

Eine dritte Variante ist mnd. *wagestert* (zu *wagen* 'sich bewegen'), wovon *Wagenstêrtje*[1] in Altmark und Fallersleben[2] eine Umbildung ist. Auf hochdeutschem Gebiet entspricht *wegstarcz* (zu *wegen* 'bewegen') in einer Handschrift aus dem 15. Jh. (Ahd. Gll. III, 28[25]).

Auch die Form *Bewesterz*[3] (d. h. Bebeschwanz) kommt (in Göttingen und Grubenhagen) vor.

Schwer zu beurteilen ist *begistarz*, *begisterz* (= sepicedula) in Heinrichs Summarium III, 17 (cod. Vindob. 2400, 42 a, Clm. 2612, 24 b, cod. mon. herem. 171, 24, cod. sem. Trevir. 31, 15 a, cod. princ. de Lobkow. 434, 9 a, *bechsterz*: cod. Darmstad. 6, 27 a, *begester*: Clm. 23796, 173 a; dazu aus den Versus de volucribus *bechesterze* im Kölner Doppelbl., Ahd. Gll. III, 31[35]). Die Belege weisen auf die westmitteldeutsche Mundart, und hier begegnen heute Namensformen, welche auf der ahd. Form zu beruhen scheinen: *Bâisterz*, *Beisterz* und *Beinsterze*[4] im Westthüringischen, Hennebergischen und Schmalkaldischen; diese sind im Anschluß an *Bein* umgestaltet. Bereits in einem Vokabular v. J. 1502 erscheint *beynstercz* und in einem noch früheren v. J. 1421 *beinstelcz*, danach *fusszstelcz* in einem Vocab. rerum aus dem 15. Jh.[5]. Durch Umbildung und die Umstellung der Kompositionsglieder, welche man auch sonst bei Vogelnamen beobachten kann, sind die Ausdrücke *Steinberz*[6] im Schmalkaldischen, *Stealtsbainche*, *Stoarzebainche*[7] in Oberhessen zustande gekommen, vgl. S. 40. 86. — Wahrscheinlich ist altwestmitteld. *begisterz* aus einer mnd. Namensform **bekestert* < **bekestelt* (*Bêkesteltje*[8] in Göttingen und Grubenhagen) 'Bachstelze' zu erklären. Für diese Annahme spricht der Umstand, daß eine Kompromißform von *Wegestarz* und *Bachstelz* schon früh bestanden hat, wie der Beleg *pach stelcz stercz* in einer Glosse des 15. Jhs. (Ahd. Gll. III, 31[34]) beweist. Ferner fällt ins Gewicht, daß diese Form gerade in dem Grenzbezirk zwischen Hochdeutsch und Niederdeutsch vor-

1 Danneil 2. — 2 Frommann D. Mundarten V, 296.
3 Schambach 23. — 4 Hertel 66, Vilmar 30.
5 Diefenbach-Wülcker Wb. S. 226. — 6 Vilmar 30.
7 Nach einer Mitteilung von Prof. Kluge.
8 Schambach 20.

kommt, welcher hier in Betracht kommt, vgl. oberhess. *Bachstearz* [1], luxemburg. *Bâchstierzelchen* [2], westfäl. *Biəkstert* [3].

Nach den bereits vorhandenen Typen sind dann noch weitere mundartliche Varianten geschaffen worden. In Luxemburg sind die Ausdrücke *Pânestierzchen* (d. h. Pfannenstielchen), *Pânesteisserchen*, *Pânestêrchen*, *Pânewippchen* [4] m. gebräuchlich, in der Grafschaft Ranzau *Plôgstert* und *Pluchstert* [5] (d. h. Pflugsterz), von denen die ersteren auf den langen Schwanz der Bachstelze [6] hindeuten, die letzteren wieder in die Gruppe von Synonyma hinüberführen, welche den Vogel in Zusammenhang mit dem Ackerbau bringen.

Die Bachstelze ist nämlich ein treuer Freund des Landmannes, in dessen Fußstapfen sie fortschreitet, um in der aufgepflügten Furche Würmer zu sammeln. Daher wird sie auch in vielen Gegenden *Ackermann* genannt. Im 16. Jh. ist der Ausdruck *Ackermennchen* in einem mitteld. Vocab. rerum v. J. 1517 und in der niederdeutschen Form *Ackermenneken* bei Chytraeus Nomenclator v. J. 1581 Sp. 374 bezeugt. Gerade in Mittel- und Niederdeutschland ist dieser Name heute am weitesten verbreitet. In der Form *Ackermann* oder gewöhnlich als Deminutivum *Ackermännchen*, bezw. *Ackermœnneken* ist er vorhanden in Thüringen [7], Niederhessen [8], Göttingen und Grubenhagen [9], Altmark [10], Holstein [11], Preußen [12]; in Ostfriesland *Akkermantje* und *Bômantje* [13]. Auch auf oberdeutschem Sprachgebiet ist der Ausdruck nicht unbekannt; in Steiermark heißt der Vogel ebenfalls *Ackermannl* [14], in Tirol *Bauvogel* [15]. Das steirische Dialektwort *Hotterl* [14] n. gibt der Bachstelze die Rolle eines Pferdetreibers auf dem

1 Nach einer Mitteilung von Prof. Kluge.

2 Wb. d. Luxemburg. Mundart 15. — 3 Woeste 31.

4 Wb. d. Luxemburg. Mundart 327.

5 Korrespondenzbl. f. ndd. Sprachf. XVII, 1.

6 Im Geistlichen Vogelsang S. 4 wird der Schwanz der Bachstelze 'Pfannenstiel' genannt; "Die Bachsteltz thut offt schnappen vnndt fengt der mucken viel, es hört nicht auff zu knappen ihr langer Pfannenstiel", s. Grienhaber Aeltere deutsche Sprachdenkmale religiösen Inhalts (1842).

7 Hertel 58. — 8 Vilmar 7. — 9 Schambach 6.

10 Danneil 1 f. — 11 Korrespondenzbl. f. ndd. Sprachf. XVII, 3.

12 Frischbier I, 15. — 13 Jb. f. ndd. Sprachf. XI, 111.

14 Unger-Khull 11. 351. — 15 Frommann D. Mundarten IV, 54.

Felde, denn *hott*, von dem der Vogelname offenbar abgeleitet ist, ist der Anruf für Zugtiere. Zu dieser Gruppe von Synonyma gehört noch der Ausdruck *Schollenhoppler*[1] (d. h. Schollenhüpfer) im Elsaß.

Von der gelben Art wird die weiße Bachstelze in einigen niederdeutschen Gegenden als *Blau Ackermann* oder *Wîte Ackermann*[2] (d. h. Weißer A.) unterschieden. Wegen der schwarzweißen Tracht nennt man sie auch — wie Gesner Hist. avium S. 593 berichtet — *Kloſterfreuwle*, vgl. Schwarzkopf S. 71.

S. auch Gelbe Bachstelze.

Gelbe Bachstelze, motacilla flava, budytes flavus.

Im Gegensatz zu dem *Ackermann* oder der weißen Bachstelze ist die gelbe der *Viehhirt*, der in der Gesellschaft von Rindern und Pferden angetroffen wird und auf den niederen Viehtriften seiner Nahrung nachgeht. In Preußen wird der Vogel *Kuhstelze* (Klein Hist. avium prodr. (1750) S. 78), anderwärts auch *Viehstelze* genannt. — In Steiermark wird die gelbe Bachstelze als *Schafhalterl*[3] von der weißen unterschieden, die *Sauhalterl* oder *Kuhhalter*[3] genannt wird; neben diesen Namensformen kommen auch die Varianten *Sauherterl*[3] und *Kuhherterl*[3] (d. h. Sau- und Kuhhirt) vor. Die Ausdrücke haben sich offenbar erst sekundär zu der heutigen Form entwickelt, denn eine ältere Namensform ist bewahrt in den mhd. Glossen *hardell* in cod. Mellic. K 51, 242 und *wazz*^{s} *stelcz hard*^{s}*lla* in cod. Vindob. 1325, 106 b (Ahd. Gll. III, 31^{32}) und diese läßt sich nicht als 'Hirt' deuten. — Unwahrscheinlich ist die von Lehmann in KZ. XXXXII, 87 gegebene Erklärung, wonach das althochdeutsche Wort zu ags. *hraþian, hradian*, *hratian* 'hasten' gehören würde. Der Vogelname ist wohl eine Ableitung mittels des Suffixes *-ila* von ahd. *hard*[4] 'Wald'. In Baiern hat dies Wort die Bedeutung 'Boden, aus Sand und Kies bestehend und nur mit weniger trockenen und an sich unfruchtbaren Damm-Erde

1 Martin-Lienhart I, 361.

2 Vgl. Schambach und Danneil sowie Korrespondenzbl. a. a. O.

3 Unger-Khull 419. 519.

4 Das Wort hat im Ahd. auslautendes d, nicht t, vgl. PBB. XXX, 567.

überzogen', im Elsaß bedeutet *Hard* auch sumpfiges Wiesengelände usw.

Die Vorliebe des Vogels für Viehweiden hat ihm den Namen *Rinderſchyffer* eingetragen, den Gesner S. 594 aus der Schweiz anführt; bei H. Sachs Regim. der Vögel (1531) V. 225 heißt er *die Küscheissen* und eine elsässische Variante ist *Roſsdrecklin* im Strassburg. Vogelb. (1554) V. 382. — In Tirol soll der Volksglaube vorkommen, daß die Seelen der Bachstelzen früher vierfüßigen Haustieren, besonders Kühen, gehörten; diese Vorstellung ist aus dem Zusammenleben der Vögel mit den Viehheerden leicht begreiflich, vgl. Zs. f. d. Mythol. II, 422.

Überhaupt wird die gelbe Bachstelze mit denselben Namen benannt wie die weiße; wo der Unterschied deutlich gemacht werden soll, geschieht dies durch die Voranstellung der charakteristischen Farbenbenennung. — In Thüringen heißen die gelben Bachstelzen *Kiesläufer* oder *Kiespullchen*[1] (zu *Pulle* 'Hühnchen'). Unklar ist der Ausdruck *Ryſerle* bei Gesner a. a. O.

Diese Bachstelzenart ist ein Frühlingsvogel, der im April erscheint, wenn die Saatzeit beginnt; daher heißt sie in Preußen *der Sämann*[2].

Der luxemburgische Name *Wanterpânestierzchen* (d. h. Winterbachstelze), der im Wb. der Luxemburg. Mundart S. 475 mit der Bedeutung 'Kuhstelze' angeführt wird, ist ohne Zweifel die **Gebirgsbachstelze** (motacilla sulphurea, motacilla boarula), die öfters den Winter über in Deutschland bleibt. Im nördlichen Böhmen kennt man sie mit dem Namen *Wasserbachstelze*[3] (in der Angenehmen Land-Lust (1720) S. 96 bezeugt); auf Helgoland heißt sie *Gúlblabber*[4]. In der Schweiz teilt der Vogel den Namen *Herdvögeli*[5] mit der Heckenbraunelle und dem Wasserpieper.

Die angelsächsische Glosse *geolewearte* = luscinus bei Wright-Wülcker Vocab. I, 132[23], welche Whitman The birds of Old Engl. Literature XIX, 3 unter den Ausdrücken für die Nachtigall verzeichnet, ist offenbar als *geolew-earte* 'gelbe Bachstelze' aufzufassen. In dem hier vorkommenden ags. *earte* haben

1 Hertel 134. — 2 Frischbier II, 246.
3 Zs. f. d. Phil. XXI, 210. — 4 Frommann D. Mundarten III, 32.
5 Staub-Tobler I, 694.

wir nämlich eine westgermanische Form von dem alten Namen der Bachstelze, welcher in der abgeleiteten Form *ertla* (aus **artilô*) im Altnordischen vorhanden ist; auf dieser beruhen schwed. *ärla*, dän. *erle*. Das lat. Lemma der ags. Glosse findet sich als luscinus in deutschen Glossaren.

Pieper, Anthus.

Das Straßburg. Vogelb. v. J. 1554 nennt unter kleinen Vögeln die in der Gesellschaft des *Meyvogels* auftreten, *das Gickerlin graw* (V. 433), *Gickerlin grün* (V. 434) und *das Weidengickerlin* (V. 435). Gesner kennt diese Ausdrücke durch seine Straßburger Korrespondenten; in Hist. avium erwähnt er S. 762 f. *das Gickerlin* oder *Gückerlin* und *das Weidengückerlin*; im 17. Jh. begegnet *Gickherlin* (*Geikerlen*, *Ginckherlin*[1]) nochmals in der Straßburger Gegend, in Baldners Vogelb. (1666) S. 71. Es sind mit diesem Straßburger Ausdruck Pieperarten gemeint, die den Namen ihrem pfeifenden Lockrufe verdanken; das Wort ist eine Ableitung von dem onomatopoietischen Verbum *gicken* 'piepen'. In der Schweiz lauten die entsprechenden Benennungen *Gîpser(li)* und *Gîxer*[2] (zu *gîpsen*, *gîxen* 'in feinem hohem Tone piepsen'); das Synonymon *Winsler* (zu *winseln*), das Staub-Tobler II, 395 erwähnen, erscheint als *Winserlein* schon in der Angenehmen Land-Lust (1720) S. 336. Ein niederdeutscher Ausdruck ist *Pieperken*[3] im Münsterkreise.

Baumpieper, anthus arboreus oder trivialis.

Der häufigste von den Piepern ist in Deutschland der Baumpieper, welcher sich auf Bäumen aufhält, aber ebenso oft auch auf einer mit Schmielengras und Heidekraut bewachsenen Lichtung angetroffen wird. Dieser Vogel ist *das Gickerlin graw* des Straßburger Vogelbuchs.

Gesner erwähnt den Baumpieper an zwei verschiedenen Stellen seines Vogelbuchs (S. 76. 762) unter den Namen *Grynerlin* und *Grienuógelin*, ohne freilich zu wissen, welcher Vogel damit gemeint ist. Das erstgenannte Wort, das von *greinen* 'weinen,

1 Vgl. Martin-Lienhart I, 206. — 2 Staub-Tobler II, 395.
3 Korrespondenzbl. f. ndd. Sprachf. XVI, 86.

winseln' hergeleitet ist, begegnet als *Greynerlein* [1] bei H. Sachs im Regim. der Vögel (1531) V. 205 und als *Greinerlin* in Sachsen bei Eber und Peucer Vocab. (1552) S. E 4 a; später haben verschiedene Quellen das Wort aus Gesner abgeschrieben. Die Variante *Grienvogel* ist an *Grien* 'Kiessand' angelehnt worden.

Neben dem *Greynerlein* tritt in dem Regim. der Vögel V. 206 der *Krautvogel* auf; Popowitsch Versuch S. 515 bezeichnet dieses Wort als einen Dialektausdruck, welcher "in Nürnberg und im Lande ob der Aens" vorkomme. Hans Sachs meint a. a. O. mit den beiden Namen offenbar den Baum- und den Wiesenpieper (oder den Brachpieper), deren Benennungen meistenteils in einander übergehen. Ähnliche Bildungen wie *Krautvogel* sind die Synonyma *Breynvogel* [2] (zu *Brein* 'Körner der Hirse, des Hafers usw.') in Österreich und (vielleicht) *Schmel-*, *Schmelchvogerl* [3], (zu *Schmele*, *Schmelche* 'Federgras') in Steiermark. Die letzteren Namen können jedoch ebenso wie das gleichbedeutende *Schmelcherl* auf dem mhd. Adj. *smal* 'gering, klein, schmal', beruhen; vgl. auch S. 26. Wahrscheinlich ist der Name *Schmervogel*, der nach Popowitsch S. 514 in Sachsen, Schlesien, Krain und der Lausitz gilt, nur eine Umbildung der vorhingenannten Benennung; Popowitsch glaubt freilich, daß die Vögel diesen Namen wegen der Fettigkeit haben. — Schlesische Dialektnamen für den Baumpieper sind *Stoppelvogel*, *Stópling* (von dem Aufenthalt des Vogels auf Stoppelfeldern) und *Spies Lórche* bei Schwenkfeld Ther. Sil. (1603) S. 349. In Sachsen ist der letzterwähnte Name durch Döbel Eröffn. Jägerpr. (1746) S. 58 bezeugt, wo von der *Spieß-Lerche*, welche "an etlichen Orten *Kraut Vógelgen*" heißt, gehandelt wird; im Anhalter Dialekt ist *Spisslerche* [4] die übliche Bezeichnung dieses Piepers. Der Name ist wohl daraus zu erklären, daß der Vogel spießweise verkauft wurde, vgl. Grimms Wb. X, 2471.

Meistens werden die Pieper als Lerchen aufgefaßt, denen sie in mancher Hinsicht sehr ähnlich sind; andererseits haben

1 "Das Greynerlein thet auch sehr weynen" bei H. Sachs a. a. O.
2 Popowitsch Versuch S. 514.
3 Unger-Khull 547 und Popowitsch a. a. O.
4 Naumann-Hennicke III, 46.

sie auch mit den Bachstelzen einiges gemeinsam. In der Angenehmen Land-Lust (1720) S. 96 beziehen sich die Ausdrücke *Gereuthlerche / Waldbachſteltze*, *Feldbachſteltze* auf den Baumpieper (oder den Brachpieper, anthus campestris). Eine schweizerische Benennung des Vogels ist *Baumbicker*[1], eine steirische *Leimvogel*[2]. Dieser Ausdruck kommt als *Leimen-Vógelein* bei Frisch Vorstellung der Vögel (1763) II, II, 5 vor und wird dort von den "Leimen-Klősen" erklärt, unter denen die Vögel ihr Nest bauen.

Den **Wiesenpieper** (anthus pratensis) kennt man in Luxemburg mit dem Namen *Wiseschnipsert*[3] m.; in der Schweiz (in Bern) heißt er *Pîplerche*[4]. — Die Ausdrücke *Diester* und *Hiester*, welche Naumann aus dem Anhaltischen erwähnt, sind ebenso wie viele andere ähnlich lautende Varianten, onomatopoietisch und beruhen auf den ist-ist-Lauten des Vogels, welche Voigt Excursionsbuch S. 110 schildert; vgl. auch ital. *pispola* in gleicher Bedeutung.

Die seltenste von den Pieperarten ist der **Wasserpieper** (anthus aquaticus oder spinoletta), ein Gebirgsvogel, dessen Brutplätze nach Naumann-Hennicke III, 87 in den höchsten Regionen der deutschen Mittelgebirge und in den Alpen sind. Dieser Vogel ist *das Gickerlin grún* des Straßburg. Vogelbuchs und *das Geikerlen* bei Baldner Vogelb. (1666) S. 71, wo als Synonymon auch der Ausdruck *Ein Waſſerlerch* angeführt wird. In der Schweiz wird der Wasserpieper *Ârenpfîffer*[5], *Gîpserli*, *Gîxer* (s. oben S. 94) genannt.

Lerchen, Alaudidae.

Lerche, alauda.

Ahd. lêrihha: Sg. Nom. — *lerihha* caradrion: Leviticus 11, 19: cod. SGalli 9, 277; *lefricha*: cod. SGalli 283, 483; *reliha*[6]. *lericha*: cod. SPauli XXV d/82, 38a, *heigr t ardua at lericha*[7]: cod. Stuttg. th. et phil. 218, 13c; *lericha. i. aloda*: Clm. 17114, 74a; *lericha*: cod.

1 Staub-Tobler IV, 1119. — 2 Unger-Khull 435.

3 Wb. d. Luxemburg. Mundart 488. — 4 Staub-Tobler III, 1381.

5 Staub-Tobler V, 1084.

6 *lericha* über (dem damit getilgten) *reliha* (Steinmeyer).

7 *r* aus *c* corr. (Steinmeyer).

SGalli 295, 127; cod. Guelpherbyt. Wiss. 29, 82a; cod. Carolsruh. Aug. CCXXXI, 12a; cod. mon. herem. 184, 298. cod. Vindob. 10, 338a. cod. SGalli 299, 26. laudula: cod. SGalli 299 p. 33[1]. laudeola: Clm. 14747f. 63a. *lêricha*: Deuteronom. 14, 18: Clm. 4606, 104b; *lericha*: cod. SGalli 296, 116; cod. Turic. Rhenov. 66, 22. laudala: Liber glossarum: fragm. Carolsruh. U H 1f. 1a. scylla: Vergil. G. I, 405: cod. Berol. Ms. lat. 4° 215, 27b. laudula: Versus de volucr. laudula: H. S. III, 17, XIa 2, caradrion: a 2, b, laudula: b, e, caradrion: e, g, laudula: g. laudula et caradrivs et philomela: cod. Selestad. 109b. cod. Lambac. cart. 291, 1a. philomena: Arnulfi delic. cleri 520: cod. Vindob. 388. *lerica*. i. aloda: Leviticus 11, 19: cod. Vindob. 1042, 130b, Clm. 6227, 49b, Clm. 18528, 1, 73b, Clm. 5116, 80b, *lerehha*. i. aloda: Clm. 18140, 14a. *lericla*[2]: Rotul. com. de Mülinen Bern. *leraha*: cod. SGalli 242, 248b. *leracha* laudula: cod. Vatic. Reg. 1701, 2b. laudula: Clm. 14689 f. 47a. cod. sem. Trevir. R. III. 13, 104a. Gll. Salomon. a 1. Deuteronom. 14, 18: cod. Admont. 508, 8b. *lêracra*[3] karradria: cod. Cassell. Astr. f. 2f. 9b. *lercha*: cod. Vindob. 804, 169a, cod. Wirziburg. Mp. th. 4° 60, 101a, laudula: cod. Vindob. 804, 172b, cod. Wirziburg. Mp. th. 4° 60, 103b. *lerche*: H. S. XIa 2, laudula: a 2. Versus de volucr., *lerich*: Versus de volucr., *lerch*: Versus de volucr. *le uuerka* scylla: Vergil. G. I, 405: cod. Parisin. 9344, 14b. cod. Guelpherbyt. Aug. 10. 3. 4°f. 89a, *leuuerca*: cod. Berol. Ms. lat. 8° 73, 124a. cod. Vatican. Reg. 1701, 2b. *levverca* luscina. et acredula. unum. est: cod. Bonn. 218, 58a. *lewerka* alauda ł caradrion: cod. Cheltenham. 7087, 144a. *lewerch*: cod. Vindob. 804f. 185b. — Akk. — *lericha* (Scylla) mutata in laudulam: Vergil. G. I, 405: cod. Trident. 1660, 18b. *leracha* charadrionem[4]: Leviticus 11, 19: Clm. 22201, 238b, *lerahhun*: cod. Vindob. 2732, 22b, cod. Vindob. 2723, 18b, *lerachun*: cod. Gotwic. 103, 49b, *lerachen*: Clm. 13002, 219b.

Der Name der Lerche ist gemeingermanisch: ahd. *lêrihha*, mhd. *lêrche*, *lërche*, mnd. *lêwerike*, *lêwerke*, mndl. *leewerike*, *leewerke*, nndl. *leeuwerik* m., neuwestfries. *ljuerck* (< **liūrk*(*e*), s. PBB. XIX, 379), ags. *láwrike* und (daraus durch Metathese entstanden) *láwerke*: *lǽwerke*, me. *larke*, ne. *lark* (dial. *laverock*, *lavrock* bei Swainson The Folklore S. 92) und altnorweg. *lǽvirke* m., altschwed. *lǽrikia* (< **laiwrikia*), dän. *lerke*, schwed. *lärka*. Die verschiedenen Namensformen sind aus einer Grundform **laiw*(*i*)*rik-ôn* (**laiw*(*a*)*rikôn*)

1 *lericha*: *e* von zweiter Hand aus *i* corr. (Steinmeyer).

2 Wohl verschrieben für *lericha*.

3 Die Verschreibung wohl durch das lat. Lemma *karradria* verursacht.

4 Charadrion in der Vulgata (Steinmeyer).

hervorgegangen. Den germanischen Vogelnamen hatten Pictet KZ. VI, 192 und Jacob Grimm Kleine Schriften II, 124 mit gleichbedeutendem _alauda_ (nach Thurneysen Thesaurus s. v. ein gallisches Lehnwort im Lateinischen) zu kombinieren versucht; heute wird dieselbe Zusammenstellung von Falk und Torp Et. ordb. I, 453 aufrechterhalten und Verwandtschaft mit lat. _laus_ 'Lob', gäl. _luaidh_ 'sprechen', got. _liuþôn_ 'singen' angenommen. Diese Annahme setzt voraus, daß germ. _*laiwaz_ aus idg. _*lawə_ entstanden sei, was Bugge PBB. XXIV, 451 f. mit Hinweis auf anord. _ló_, _lóa_ (aus _*lôw_ < _*lâw_) 'Strandpfeifer' beweisen wollte. Eine sicherere Deutung des Namens bleibt noch zu wünschen. — An germ. _*laiwa-(rikôn)_ erinnert finn. _leivo_, estn. _lõiw_ 'Lerche', aber gegen Entlehnung aus dem Germanischen spricht die dialektische Nebenform _lieve_. Möglicherweise hat die Übereinstimmung des germ. und des finn. Wortes ihren Grund darin, daß beide ursprünglich onomatopoietische Bildungen sind. — Aus alter Zeit sind einige Ortsnamen erhalten, welche mit dem Lerchennamen gebildet sind: _Lerihhunfelt_, _Lerikfeld_ bei Förstemann Altd. Namenb. II, 983.

Die niederdeutsche Form, die das inlaut. _w_ behält, erstreckt sich auch über das mittelfränkische Gebiet. Daher im Karlmeinet _lêwercke_; heute in Luxemburg _Leiweck(elchen)_ m., _Leierchen_[1] f. In cod. Vatic. Reg. 1701 und cod. Vindob. 804 stehen sowohl _lêraha_ als _lêwerka_; die Schreiber haben die Namensformen, die in ihren Vorlagen verschieden glossiert waren, als verschiedene Vogelnamen aufgefaßt und daher wohl beide aufgenommen.

Der alte Name ist heute auf dem gesamten Sprachgebiet geläufig. Synonyma sind selten; in Aargau und Basel kommt ein Ausdruck _Rêrekli_[2] (_Êrekli_) vor, der nicht sicher deutbar ist, in Luxemburg wird von der Lerche auch der Name _Lûtvull_[1] gebraucht. Das luxemburgische Synonymon _Leimännchen_[1] m. beruht auf dem alten Namen.

Eine genaue Scheidung der einzelnen Artbenennungen, welche in der älteren ornithologischen Literatur begegnen, ist nicht möglich, denn die Bedeutung der Namen variiert oft je

1 Wb. d. Luxemburg. Mundart 263. 267. 273. 527.

2 Vgl. Staub-Tobler I, 403. VI, 1227.

nach der Landschaft. Auch werden die Lerchen und Pieper vielfach zusammengeworfen.

Haubenlerche, alauda cristata, galerita cristata.

Das Strassburg. Vogelb. v. J. 1554 erwähnt an Lerchenarten die "Feldt lerch / Lerch im Wald / im Tobel / Herbſt lerch / vnd Lerch mit dem Kobel". — Die letzte Art ist die Haubenlerche, welche in den heutigen elsäss. Mundarten *Kobellerch* [1] (zu *Kobel* 'Federhaube') heißt; aus der Schweiz führt Gesner Hist. avium S. 79 *Kobellerch* an. Auch die Synonyma der übrigen Mundarten sind fast alle von dem charakteristischen Schopfe des Vogels hergeleitet. In Baiern ist der entsprechende Ausdruck *Heubellerch* zuerst bei H. Sachs im Regim. der Vögel (1531) V. 198 belegt, Eber und Peucer Vocab. (1552) S. E 3b bezeugen ihn aus Sachsen, Schwenkfeld Ther. Sil. (1603) S. 192 wahrscheinlich aus Schlesien; Turner Avium hist. (1544) S. E 1b hat den Ausdruck *Copera* von den Kölner Vogelstellern gehört. In Preußen hat man für den Vogel die Namen *Haubenkobbellerche*, *Kapplerche* (zu *Kappe* 'Mütze'), *Schubslerche* (zu *Schubs* 'Schopf') und *Spitzkopf*, *Spitznickel* [2], welche auf die spitzige Form des Kopfschmuckes hinweisen. Auf schwäbischem Dialektgebiet kommt der Name *Butschlerche* [3] (zu *Butsch* 'Federschopf') vor, in Luxemburg *Hauweleierchen* [4] (d. h. Haubenlerche), in Niederdeutschland *Toplârk* [5] und *Töppellârk* [5] (d. h. Zopflerche).

Im Adelichen Land-Leben (1687) II, 791 Kap. CXIII nennt Hohberg "die Håubel Lerchen / die man in Oeſterreich *Kottmúnch* nennet". Der Name 'Kotmönch' zielt auf die Haube des Vogels, nimmt aber auch auf seinen Lieblingsaufenthalt auf den breiten Landstraßen Bezug, wo er seine Nahrung an den verschiedenartigen Abfällen findet. Mehrdeutig ist die Benennung *Kothlerche*, die nach dem Verfasser der Angenehmen Land-Lust (1720) S. 339 in Mähren eine Lerchenart, in seiner eigenen Heimat aber "die Steinbeiſſer" bezeichnen soll. Aus der Schweiz wird der Ausdruck *Wáglerche* zuerst von Gesner a. a. O.

---

1 Martin-Lienhart I, 418. 609. — 2 Frischbier I, 275.
3 Fischer I, 1560. — 4 Wb. d. Luxemburg. Mundart 170.
5 Korrespondenzbl. f. ndd. Sprachf. XVI, 83. XVII, 2.

S. 79 bezeugt. Unter den vielen preußischen Dialektnamen kommt auch der scherzhafte Ausdruck *Strassenräuber*[1] vor.

Heidelerche, alauda arborea, lullula arborea.

Diese Lerchenart hat den Namen von den dürren Heidelandschaften, welche sie für ihren Aufenthalt bevorzugt. In Mitteldeutschland ist der Ausdruck *Heydlerch* in Turners Avium hist. (1544) S. E 1a zuerst belegt, darauf als schlesisches Wort bei Schwenkfeld Ther. Sil. (1603) S. 193; H. Sachs Regim. der Vögel (1531) V. 122 gebraucht die Form *Heydellerch.* Heute ist diese Benennung auch in Niederdeutschland verbreitet[2]. — Andere Namen sind *Sanglerch* bei Eber und Peucer Vocab. (1552) S. E 3b, *Holtzlerch* bei Longolius Dial. de avibus (1544) S. F 6a, *Baumlerch, Waldlerch* bei Ryff Tierb. Alberti (1545) S. J 5b, Gesner Hist. avium S. 79, *Mittellerche* bei Schwenkfeld a. a. O. Heute im Elsaß *Säglerch*[3], in Luxemburg *Böschleierchen* (d. h. Waldlerche), *Böschlûtert*[4] m.

Der charakteristische Gesang der Heidelerche wird durch mehrfach wiederholte Tonsilben 'lulululu' wiedergegeben; bereits Gesner bezeichnet ihn als "lü lü saepius repetitum". Darauf bezieht sich die Benennung *Lurlen,* welche in Hist. avium S. 78 aus der Umgebung Basels angeführt wird.

Feldlerche, alauda arvensis.

Bekannter als die Heidelerche ist in den meisten Gegenden die größere Feldlerche. Der Name *Veldt Lerche* erscheint zunächst in Ryffs Tierb. Alberti (1545) S. J 5b und darauf bei Schwenkfeld a. a. O. S. 91, Hohberg a. a. O., u. a. Eber und Peucer Vocab. (1552) S. E 4a haben dafür den Ausdruck *Steinlerch,* bei H. Sachs a. a. O. V. 237 *Stainlerch*; in der Angenehmen Land-Lust (1720) S. 213 begegnet das Synonymon *Kornlerche.* Schweiz. *Himmellörchli* ist bereits bei Gesner Hist. avium S. 178 als *Himmellerch* bezeugt.

Eine große Rolle spielte in der Dichtung des deutschen

1 Frischbier II, 378.

2 Vgl. Schiller Zum Tierbuche II, 13, Korrespondenzbl. f. ndd. Sprachf. XVI, 85.

3 Martin-Lienhart I, 609. — 4 Wb. d. Luxemburg. Mundart 41.

Mittelalters die s. g. **Kalanderlerche** (alauda calandra, melanocorypha calandra), welche wegen des kräftigen schönen Gesanges in ihrer Heimat besonders geschätzt wird. Diese wird nur im Süden Europas angetroffen; in Deutschland ist der Vogel nicht heimisch. Der mhd. Name *galander*, *golander* (= mnd. *galander*) wurde in der Zeit der französischen Kulturströmung (etwa ums Jahr 1200) aus dem gleichbedeutenden afrz. *calandre* entlehnt. In der eigentlichen Volkssprache hat sich das Wort nicht eingebürgert; vgl. Grimms Wb. IV, I, 1155.

Finken, Fringillidae.

Goldammer, emberiza citrinella.

Ahd. amero: Sg. Nom. — *amero* amarellus: H. S. III, 17. *amere*: cod. Oxon. Jun. 83, 4. *amare*: Versus de volucr.: cod. Stuttg. th. et phil. 218 f. 22 b, cod. Stuttg. th. et phil. 210, 135 a, *amer*: cod. princ. de Wallerst. I. 2. fol. 21, 175 b, *amirzo*: cod. mon. herem. 239 p. 784, cod. Prag. princ. de Lobkow. 489, 56 b. H. S. XI d: cod. Florent. XVI, 5, 89 b. *amarze*: Versus de volucr.: cod. Admont. 106, cod. Admont. 476, Clm. 22213, 163 a, *emerza*: folium Frankofurtense, *ameriz*: fol. sem. theot. Gotting. Müller I, 6. *amirz*: H. S. III, 17: cod. princ. de Lobkow. 434, 9 a. *amerinch*: H. S. III, 17: cod. Vindob. 2400, 42 a. Versus de volucr.: Clm. 19488, 121 a, cod. Admont. 759, 55 b, Clm. 4350, 3 a, Clm. 17194 f. 221 b, cod. ol. Argentor. 157, cod. Zwettl. 293, 25 a, *amaringk*: cod. Vindob. 12840, 2 a, *amrinch*: Clm. 12665, 142 a, *æmerinch*: Clm. 4660, 56 a, cod. Vindob. 85, 42 b, *emerinch*: cod. Vindob. 1325, 106 b, cod. Mellic. K 51, 242, Clm. 23496, 10 a, *ämärinkk*: Clm. 11481, 82 b, *amerlinch*: Clm. 614, 31 b, *ämerling*: Cgm. 649, 526 b, *ēmerling*: cod. Gotting. Luneb. 2 f. 181 ab, *ämmerling*: folium Stuttgartense.

Ahd. *amero* (mhd. *amer*) ist ein westgermanischer Vogelname, vgl. asächs. *amer* (in Ahd. Gll. IV, 245[22]) und ags. *amore* (älter *omer*, *emer*), ne. *yellow-ammer*. Den Namen, der auf die Grdf. **amar-(an)*: **amar-ôn*: **amir-* zurückweist, hat Weigand Wb.[4] s. v. Ammer (und später Liebich PBB. XXIII, 223 f.) mit ahd. *amar* 'Sommerdinkel' verbunden, was mit Rücksicht auf synonyme Benennungen wie *Kornvogel*, *Gerstammer* semasiologisch ganz ansprechend ist. Nur bleibt dabei die Bildungsweise des Vogelnamens unklar, denn dieser fällt mit ahd. *amer*, *amaro* 'Sommerdinkel' (s. Björkman Zs. f. d. Wf. III, 263) vollständig zusammen. Danach ist es nicht ganz sicher, ob der Zusammenhang der beiden Worte primär oder erst sekundär ist, wie etwa in ahd. *distelzwî*, das sowohl Distelzweig wie Distelfink bedeutet; vgl. auch unten *Gelgerst*, *Gelgirsch*.

Neben *amaro* begegnen im Althochdeutschen auch erweiterte Bildungen, einerseits *amering*, *amerling* (mit Suffix *-inga*, *-linga* gebildet, wie asächs. *hliuning* 'Spatz', nhd. *Hänfling* u. a.), andererseits *amirzo* : *amirza* (mit einer **tj-an* : **tj-ôn*-Erweiterung, wie im ahd. *agazza* 'Elster' neben *aga*).

Die erstere Ableitungsform ist in dem Beleg *ämrinch* bei Konrad von Megenberg (Ed. Pfeiffer) S. 223[31] vorhanden; im 16. Jh. *Emerling* bei H. Sachs Regim. der Vögel V. 175, *Emmerling* bei Eber und Peucer Vocab. (1552) S. F 3 b, *Eimmerling* bei Ostermann Vocab. v. J. 1591 S. 336, darauf *Eimerling* bei Henisch Teutſche Sprach (1616) Sp. 836 usw. Von Popowitsch Versuch (1780) S. 159 wird *Aemmerling* für Österreich und "mehr andere Gegenden" angegeben. Es ist dies die bairisch-österreichische Namensform, welche in Steiermark in der Form *Ammering*[1] vorhanden ist, als *Emmerling* und *Hemmerling*[2] sich in das schwäbische Dialektgebiet hineinstreckt und Ausläufer in die mitteldeutschen Mundarten sendet. Für Sachsen kommen außer dem Belege bei Eber und Peucer im 16. Jh. noch die von Gesner Hist. avium (1555) S. 628 nach Agricola angeführte Variante *Hemmerling* und die gleichlautende Glosse in Sibers Gemma v. J. 1579 S. 41 in Betracht; später *Aemmerling* in Döbels Eröffn. Jägerpr. (1746) S. 61. Heute kommt *Hamerling*[3] in Thüringen vor.

Auf der anderen Ableitung *amirizo*, *amiriza* beruhen *Embritz* und *Emmeritz*, die Gesner a. a. O. als heimatliche Namensformen angibt. Heute gelten die Varianten *Ammeritz*, *Emmeritze*, *Ämerze*, *Imbrütze*[4] (doch auch *Gelwamer*, *Gelwämmetli*[4]) in der Schweiz ganz allgemein, ebenso *Emmeritz*, *Embritz*[2] m. u. f. auf dem schwäbischen Dialektgebiet. Der Labial in *Embritz* ist als Übergangslaut aufzufassen; die ältere Form war *am(i)rizo*. — Nach Fischer a. a. O. erscheint in Schwaben neben den an-

1 Unger-Khull 18. — 2 Fischer II, 702. — 3 Hertel 59.
4 Staub-Tobler I, 218 f.

geführten Namensformen auch eine weit verbreitete Form *Lemeritz* [1]; das vorgeschlagene *l* ist hier ohne Zweifel durch eine falsche Auflösung des Kompositums **Gel-Emeritz* 'Gelb-Ammer' entstanden.

Die alte einfache Namensform *amar(o)* ist in den Mundarten fast nur in Zusammensetzungen erhalten geblieben, deren erstes Glied die hochgelbe Gefiederfarbe am Kopf und Unterteil des Vogels hervorhebt. Bereits in Glossen des 13./14. Jhs. tritt das Kompositum *goltamir* auf (cod. Oenipont. 355, 14 b, cod. Vindob. 3213, 116 b in Ahd. Gll. III, 25[4]), daneben die im Anschluß an *Hammer* umgedeutete Form *golt ham^e^e* in cod. Lips. 106, 1 c (Ahd. Gll. III, 24[63]) und dann öfters belegt [2]; in mnd. Hss. *goltamer*. Im 16. Jh. wird *Goldammer* durch Eber und Peucer Vocab. (1552) S. F 3 b aus Sachsen bezeugt, daher auch *Goldammer* in Döbels Eröffn. Jägerpr. (1746) S. 61; als schlesisch wird diese Form von Schwenkfeld Ther. Sil. (1603) S. 228 bezeichnet. Popowitsch Versuch (1780) S. 158 nennt außerdem noch Thüringen und Hessen als ihr Verbreitungsgebiet; im Nachbardialekt von Göttingen und Grubenhagen ist der Ausdruck als *Goldâmel* [3] m. oder als deminutives *Goldöœmerken* [3] ebenfalls vorhanden.

Übrigens reicht diese Namensform über das Hessische in die Pfalz und tief in das Elsaß hinein. Auf diesem Gebiete ist das Kompositum teilweise durch Assimilierung und Kontraktion zu abweichender Lautgestalt gekommen. Schon im 15. Jh. [4] begegnet die assimilierte Variante *Gollammer*, die Gesner a. a. O. erwähnt; in Zehners Nomenclator v. J. 1645 Vorrede v. J. 1609 S. 232 ist *Golmar*, bei Popowitsch S. 139 *Gollmer* m. (nach Ludwig und Kramer) belegt. Heute kommen in Thüringen die Formen *Gâlamer*, *Galmer* [5] m., in der nördlichen Pfalz *Golmer(t)* [6], im Elsaß *Golammer*, *Galammel* vor. — Etwas auffälliger ist die Variante *Gaulammer*, die Gesner a. a. O. aus der Straßburger Gegend anführt; zu der Ortsangabe stimmt *Gaulhamer* im Strass-

1 Fischer II, 702.
2 Vgl. Diefenbach-Wülcker Wb. S. 629. — 3 Schambach 67.
4 Diefenbach Glossar. S. 28 a. 283 c s. v. amarellus und icter.
5 Hertel 108.
6 Pfälz. Id. S. 55, Heeger Tiere im pfälz. Volksmunde II, 12.

burg. Vogelb. v. J. 1554 V. 446. Aus den heutigen elsäss. Dialekten führen Martin und Lienhart Wb. I, 36 und 335 *Gelgaulammer* (Ingweiler) und *Guelhammer* (Illkirch) an. Eine Anlehnung an *Gaul* scheint sicher vorzuliegen, aber befremdend ist, daß diese Variante als *goulammll* bereits im 15. Jh.[1] zu finden und im 16. Jh. auch in Baiern bezeugt ist. Hier gibt Ostermann Vocab. v. J. 1591 S. 336 *Gauleimer* und *Golammer* als heimatliche Formen an, daher wohl *Gauleimer* / *Golammer* bei Henisch Teutſche Sprach (1616) Sp. 836. — Bei Popowitsch Versuch S. 158 gilt von den verschiedenen Varianten des Namens *der Goldhammer* als die normale Namensform; sie wird als volkstümliche Form in der Pfalz von Heeger[2] angegeben. Die gleiche Anlehnung an das Wort 'Hammer' hat auch der angelsächsische Vogelname erfahren. Die Glosse *clodhamer* bei Wright-Wülcker Vocab. I, 287[17] bedeutet nicht den Krammetsvogel, wie Sweet in The Stud. Dict. S. 35 und Whitman The Birds of Old Engl. Lit. XVII, 5 behaupten, sondern die Goldammer; vgl. wegen des ersten Kompositionsgliedes *Goldie* und *Coldfinch*[3] in heutigen Dialekten.

In niederdeutschen Gegenden ist der alte Vogelname meistenteils unbekannt; dafür begegnen hier andere Synonyma, von denen der niederländische Name *Gors* bereits alt bezeugt ist. Die ersten Belege zeigen, daß das Wort am Mittel- und Niederrhein heimisch war. In dem lateinischen Texte des Albertus Magnus (s. Gesner a. a. O.) wird der Vogel 'citrina' erwähnt, "quam alij *gurſam*, alij ameringam vocant". Einige Jahrhunderte später taucht der Name in der zusammengesetzten Form *gelegorse* (Horae belgicae 7, Nr. 5)[4], *gelegorsze* (Vocab. v. Trochus 1517)[4], *gheylgoersz* (Kölner Gemma 1507)[4] auf, darauf wieder in der Umgebung von Köln *eyn Geelgorſt* in Turners Avium hist. (1544) S. F 4 a, *eyn Geelgórß* bei Longolius Dial. de avibus (1544)

1 Diefenbach-Wülcker Wb. S. 629.

2 Pfälz. Id. S. 55, Heeger Tiere im pfälz. Volksmunde II, 12.

3 Swainson The Folklore S. 70.

4 Diefenbach-Wülcker Wb. S. 624, Diefenbach Glossar. S. 159 c. 164 a. 413 c; die Belege *gelegurze*, *ghelewurcze* kommen hier nicht in Betracht, da sie mit *crucus* glossiert sind und damit wohl crocus 'Safransblume' gemeint ist.

S. G 2a. Eber und Peucer erwähnen Vocab. (1552) S. E 8a *Geelgorſt* als eine ihnen geläufige Benennung ("ego eam eſſe conijcio, quam uocamus —"); der Beleg darf jedoch nicht für Sachsen in Anspruch genommen werden, denn schon die Orthographie beweist, daß er von Turner herstammt. Gesner a. a. O. spricht die Vermutung aus, daß diese Namensform niederdeutsch sei; Popowitsch führt das Kompositum nach älteren Quellen an, daneben aber auch die einfache Form *der Gors* als "altes Wort". — Franck hat im Et. Wb. S. 310 für niederländ. *Gors* an Zusammenhang mit *Gras* gedacht, dabei geht er aber von der unrichtigen Annahme aus, daß die alte Bedeutung des Wortes 'Grasmücke' gewesen sei. Die vielfach vorkommende Verwechslung der Grasmücke (curruca) und der Goldammer in den Vokabularen beruht offenbar darauf, daß beide Vögel als Pflegeeltern des Kuckucks gelten. Dieses Verhältnis zum Kuckuck tritt zum Vorschein in dem von Gesner zitierten alten Sprichwort: "Du loneſt mir wie der Guckauch dem Gorſe" (auch ... "wie dem Guckauch die Gorſe", vgl. S. 356. 628), wobei Gesner *Gors* mit *curruca* übersetzt. Nur im Niederländischen ist der Name *Gors* oder *Geelgors*, für den bis jetzt eine sichere Deutung fehlt, unverändert erhalten geblieben. Aber seine weitere Verbreitung in Niederdeutschland geht hervor aus den Ausdrücken *Geele Girsch*[1] (um Neuwied) und *Gälgerſt* (*Gälgatsch*, *Gälgäsk*)[2] in Altmark, welche als Umdeutungen des alten Namens im Anschluß an *Girsch* oder *Gœseke* 'Girsch, Geißfuß' einerseits und *Gerste* andererseits aufzufassen sind. Sonst wird die Goldammer in niederdeutschen Mundarten vielfach als 'Gelbgans' benannt. Gesner kennt *Gålgenſiken* durch seine Rostocker Korrespondenten. Heute heißt der Vogel *Gelegôs*, *Gelgâseken*[3] in Westfalen, *Gelgôsch*[4] in Lübeck, *Gellgaus*[4] in Mecklenburg, *Geäle Gäus* in der Mark, *Gelbgüssel*[1] in der Ukermark usw. Möglicherweise beruhen auch diese Ausdrücke ursprünglich auf der Benennung *Gelegors*. Zum ersten Mal ist *Gelegose* in den Horae belgicae (Diefenbach Glossar. S. 413c) bezeugt.

Von den sonstigen Bezeichnungen der Goldammer knüpfen

1 Schiller zum Tierbuche II, 11. — 2 Danneil 60.
3 Woeste 75. — 4 Korrespondenzbl. f. ndd. Sprach. XVI, 83f.

die meisten, ebenso wie die vorhinerwähnten Komposita, an die gelbe Farbe des Vogels an.

In Gesners Hist. avium S. 628 werden von derartigen Synonyma *Gilbling* (ohne Ortsangabe) und *Gilwertſch*, *Gilberiſchen* (heute in der Schweiz *Gilwerich*, *Gilberisch*, *Gilbrätsch*, auch *Gilber*, *Gilwer*[1]) aus Freiburg im Breisgau erwähnt. Es sind wohl diese Namensformen analogisch mit (Gelb-) *Emmerling* und (Gel-) *Emmeritz* gebildet; nach dem letzteren Typus auch schwäb. *Gelitz* (zu *gel* 'gelb'). In Preußen heißt der Vogel *Gelbbauch* oder *Gêlbauch* und *Gelbfink*[2], wozu *Gelpfiter* (zu *Pfit* 'Fink') in Stüelingen (Schwarzwald) eine Parallelbildung ist. In der Grafschaft Ranzau heißt die Goldammer *Gêlkomesch*[3], das im Korrespondenzblatt XVI, 83 als 'Gelbkopfmeischen' gedeutet wird; eher zu *Musch* (Gêlkomusch = Gelbkopfsperling). Der westfälische Name *Gelemätte*[4] beruht auf der Koseform des Eigennamens *Margarethe* oder *Mathilde*; luxemburg. *Gielhännsjen*[5] m. ist eigtl. 'Gelbhänschen'. Sonst heißt der Vogel in Luxemburg auch *Gielemännchen*[5] oder *Gieleker*[5] m. Nicht ganz klar ist der Ausdruck *Grinschling*[6] im Anhaltischen, *Grünschling*, *Grünschleng*[7] in Preußen, *Grinsling*[6] im Brandenburgischen, nach Adelung (1774) I, 219 *Grünzling* in der Mark; bei Colerus Oecon. rur. (1603) *Gründschling*[8], bei Döbel Eröffn. Jägerpr. (1746) S. 61 *Grünschling*. Schles. *Golitschke*[9] ist eine slavische Bildung.

Die Goldammer verbringt auch den Winter in Deutschland und hat daher den Namen *Winterlerche* (bei Popowitsch nach Heppe Wohlred. Jäger angeführt) erhalten. In der schwäbischen Mundart nennt man sie *Schneegitz*, d. h. Schneepfeifer (von *gickezen* oder *gitzen* 'pfeifen'), vgl. Rôrgitz S. 79. — Zur Winterszeit sieht man die Goldammern bei den Kornscheunen auf dem Lande oder auf den Straßen in den Städten, wo sie ihre Nahrung suchen. Daher nennt man sie im Elsaß *Kotvogel* und *Gersten-*

1 Staub-Tobler II, 295. — 2 Frischbier I, 224.
3 Korrespondenzbl. f. ndd. Sprach. XVI, 83f. — 4 Woeste 75.
5 Wb. d. Luxemburg. Mundart 135f.
6 Popowitsch Versuch S. 139. — 7 Frischbier I, 258.
8 Vgl. Zs. f. d. Phil. XXI, 213.
9 Weinhold Beitr. zu einem schles. Wb. S. 28.

vogel[1], in der Schweiz auch *Kornvogel*[2]; der letztgenannte Ausdruck, den Gesner a. a. O. aus Glarus bezeugt, begegnet bereits im 15. Jh.[3].

Das elsäss. Dialektwort *Plotzer* wird von Martin-Lienhart II, 176 auf den schwebenden Flug des Vogels (*plotzen* 'fallen (mit Geräusch)') bezogen.

Grauammer, emberiza miliaria, miliaria calendra.

Nach Brehms Tierleben (Vögel I³, 343) hat die Grauammer, vom Osten kommend, erst im vergangenen Jahrhundert sich in Deutschland als Brutvogel verbreitet. Gesner, der ein im Winter eingefangenes Exemplar gesehen hat, gibt dem Vogel den Namen *ein wyſſe Emberitz* wegen der weißlichen Unterseite, vgl. Hist. avium S. 629. Mit einigem Zweifel identifiziert er die Grauammer mit dem 'passer magnus', den Turner in Avium hist. (1544) S. G 6b *Gerſthammer* nennt; von dieser Quelle haben Eber und Peucer Vocab. (1552) S. F 6b, Schwenkfeld u. a. den Namen aufgenommen. Als schlesische Bezeichnungen des Vogels gibt Schwenkfeld Ther. Sil. (1603) S. 290 die Namen *Gerſtling* und *Gerſtvogel*; daneben wird auch der Ausdruck *Welſcher Goldammer* erwähnt, der die Grauammer als Einwanderer bezeichnet. Klein hat in Hist. avium prodr. (1750) S. 91 für den Vogel die offenbar preußischen Ausdrücke *Knust* und *Knipper*, von denen der erstere eigtl. 'kleine dicke Person' bedeutet und die Fettigkeit des Vogels hervorhebt. Der Name *Knipper* bezieht sich auf die Stimme, die aus einem klirrenden 'zick zick zick schnirrrrps' besteht; vgl. preuß. *knippen* 'mit hörbarem *Knipp* schließen, z. B. ein Schloß'. Nach Voigt Excursionsbuch S. 118 sollen die Vogelsteller den Gesang der Grauammer mit dem Geräusch vergleichen, welches eine Strumpfwirkermaschine verursacht und ihr daher den Namen *Strumpfwirker* geben.

Ein Zugvogel ist in Deutschland **die Gartenammer** (emberiza hortulana), welche in der Wissenschaft auch *der Ortolan* genannt wird. Der Name stammt aus dem Italienischen und wird von Hohberg Adeliches Land-Leben (1687) II, 803 in der

1 Martin-Lienhart I, 100. — 2 Staub-Tobler I, 694.
3 Vgl. Diefenbach Glossar. S. 283c.

italienischen Lautgestalt *Ortolano* angeführt; in der Angenehmen Land-Lust (1720) S. 197 *der Hortulan*, in Döbels Eröffn. Jägerpr. (1746) S. 56 *der Ortolahn* usw.

In den südwestlichen Gegenden Deutschlands trifft man als Nistvogel **die Zaunammer** (emberiza cirlus), in der Schweiz *Zûn-Gilwerig* genannt; in diesen Teilen von Deutschland, in der Schweiz und in Österreich nistet auch die sogenannte **Zippammer** (emberiza cia), welche den Namen von ihrem Lockrufe hat. Es ist dies der Vogel, den Gesner a. a. O. beschreibt und nach den schweizerischen Vogelstellern *Wisemmertz* (d. h. Wiesenammer) nennt.

Ein Bewohner des hohen Nordens ist **die Schneeammer** (emberiza nivalis, plectrophenax nivalis), in schneereichen Wintern erscheint sie aber scharenweise in Deutschland und läßt sich auf Stoppelfeldern und Heiden nieder. Schwenkfeld Ther. Sil. (1603) S. 256 nennt diesen Vogel *Winterling* und erwähnt als volkstümliche Ausdrücke die Namen *Schneevogel* und *Neuvogel*. Im Münsterkreise heißt er *Snêfink*[1], in Steiermark *Schneeammerling*[2].

Rohrammer, emberiza schoeniclus.

Der Vogel hat seinen Namen von dem Aufenthalt im Rohr und Schilf bekommen; er vermeidet das Gebirge und sucht nur die schilfreichen Teiche und Sümpfe auf. In der Angenehmen Land-Lust (1720) S. 231 wird er mit den Namen *der Moß-Emmerling* oder *Rohrsperling* genannt. Meistenteils kennt man die Rohrammer mit dem letzteren Namen und zählt sie mit den Rohrsängern zu den Sperlingen. Gesner (S. 627) bezeichnet den Ausdruck *Rorſpar* als schweizerisch. Im Elsaß wird der Vogel *Riedspatz* oder *Rohrspatz*[3] (zuerst im Strassburg. Vogelb. (1554) V. 533), in Mitteldeutschland *Rohrsperling* (zuerst *Rhorſperling* bei Eber und Peucer Vocab. (1552) S. F 6 b) genannt; auch schon mnd. *rôrsperling*. Die mittelrheinische Namensform *Reydtmûß* (= Reitmûsch) gibt Turner Avium hist. (1544) S. F 2 b, heute in den Niederlanden *rietmosch*, in Luxemburg

1 Korrespondenzbl. f. ndd. Sprachf. XVI, 86.
2 Unger-Khull 551. — 3 Martin-Lienhart II, 552.

Weidemösch[1] f. Im Münsterkreise ist die entsprechende Form *Leislünink*[2], ostfries. *Reitlünink*[3]. Vgl. auch Rôrgitz und Wydenspatz S. 79.

Fink, Fringilla.

Ahd. finco: Sg. Nom. — *uinco* fringilla: cod. SGalli 913, 204a. cod. Guelpherbyt. Aug. 10. 3. 4° f. 89a. *finco*: cod. SGalli 299, 26a. singellus: cod. SGalli 242, 248b. peringellus: cod. sem. Trevir. f. 112b, *vinco*: cod. Parisin. 9344 f. 42b, cod. Berol. Ms. lat. 8° 73, 123b. cod. Selestad. 110a. Versus de volucr. Gll. Salomon. a 1. H. S. III, 17, XIa 2. b. d. e. f. g. *uincho*: Clm. 14689 f. 47a. *fincho*: cod. Vatic. Reg. 1701, 2b. *fingo* peringellus: cod. sem. Trevir. R. III. 13, 108a. *vinke*: Versus de volucr., *vinch*: Versus de volucr.

Der Finkenname ist in den westgermanischen Sprachen verbreitet, vgl. mnd. mndl. *vinke*, nnd. *finke*, nndl. *vink* und ags. *finc*, me. ne. *finch*; dän. *finke*, schwed. *fink* (älter *finke*) sind nach Falk und Torp Et. ordb. I, 158 entlehnt aus dem Niederdeutschen. Die kontinentalgermanischen Namensformen gehen auf die Grdf. **fink-(i)an-* zurück, während die englische Benennung auf einem *i*-Stamm **fink-i-* beruht. In den romanischen Sprachen ist der Vogelname in annähernd gleicher Form wie in den germanischen vorhanden: ital. *pincione*, span. *pinchon*, *pinzon*, frz. *pinson* < Grdf. **pinciōnem*. Aus direkter Entlehnung kann die Übereinstimmung der beiden Sprachgruppen jedoch nicht erklärt werden, ebensowenig wie das Verhältnis zu dem Keltischen, das ebenfalls Finkennamen mit übereinstimmendem Aussehen aufweist: cymr. *pinc*, breton. *pint*, daneben auch cymr. *ysbincyn* (**spink*). Thurneysen Keltoromanisches S. 73, der die Unmöglichkeit einer Urverwandtschaft der germanischen und keltischen Worte betont, erklärt die cymr. Form **spink* für eine Entlehnung aus dem engl. *spink* 'Fink', das seinerseits wieder aus dem Nordischen (schwed. *spink* 'Spatz', dän. dial. *spinke* 'eine Art Sperling') stammt. Die romanischen Namensformen und cymr. *pinc* seien wieder aus einer Vermischung des deutschen *fink* und *spink* oder direkt aus der letzteren Form geflossen. Aber die Ähnlich-

---

1 Wb. d. Luxemburg. Mundart 480.
2 Korrespondenzbl. f. ndd. Sprachf. XVI, 86.
3 Jb. f. ndd. Sprachf. XI, 113.

keit in dem Lautkörper erstreckt sich noch über andere Sprachgebiete, vgl. czech. *pěnkava* 'Fink', slovak. *pinka*, *penkava*, *pinkavka*, sloven. *penkica* 'Zeisig' u. a. slavische Namen, die vielleicht hierher gehören; dazu magyar. *pinty*, *pinc*, *pintyöke* 'Fink', die Schuchardt Zs. f. rom. Phil. XV, 113 aus roman. **pincio* oder aus Vermischung des roman. **pincione* und des deutschen *finco* (daraus venez. *finco*) erklärt.

Es ist nicht nötig, die weitgehende Übereinstimmung der oben angeführten Finkennamen durch direkte oder indirekte Entlehnung zu deuten, denn sie hat offenbar ihren Grund in dem onomatopoietischen Charakter des Vogelnamens, welcher auf dem kurzen, hellen pink-pink-Rufe des Buchfinken beruht. In mehreren von einander divergierenden Varianten kommt dieser charakteristische Ruf des Finken in seinen Benennungen zum Vorschein; zu der bereits erwähnten Namensform gesellen sich noch engl. dial. *chink-chink*, *pink*, *pink-twink*[1], schwed. *tvinnt*[2] 'Buchfink' in Ångermanland, Vesterbotten, Norrbotten, frz. dial. *quinquin*, *toin*, *touin*, breton. *tint* (neben *pint*)[3] u. a. Wegen der onomatopoietischen Natur des Finkennamens scheint die Möglichkeit ausgeschlossen, das Verhältnis des germanischen Wortes zu griech. σπίγγος 'ein kleiner Vogel (Fink)' (Hesych: σπιγγον. σπίνον) neben σπίζα 'dass.' zu bestimmen; die von Benfey I, 535 angenommene Urverwandtschaft bleibt ganz hypothetisch.

Buchfink, fringilla caelebs.

Der bekannteste und allgemeinste von allen finkenartigen Vögeln ist der Buchfink, welcher diesen Namen seiner Vorliebe für Bucheln verdankt. Der Ausdruck, der heute ziemlich allgemein gilt, ist seit dem 13. Jh. belegt; die ersten Zeugnisse für *buchfinke*, *buchfinck* finden sich in den Handschriften der Versus de volucribus (Ahd. Gll. III, 24^{45}). Bei Eber und Peucer Vocab. (1552) S. E 7 a wird der Buchfink mit dem Namen *Rotfinck* benannt. Auf die Färbung des Vogels weist auch der Ausdruck *Schildfink* hin, den Staub-Tobler I, 868 anführen; wie in

1 Swainson The Folklore S. 62.
2 Rietz Svenskt dialektlexicon S. 767.
3 Rolland Faune populaire II, 174f.

den Namen *Schildspecht*, *Schildkräe*, wird mit *Schild* hier die Buntheit des Gefieders ausgedrückt[1]. Sonst wird der Buchfink auch oft nur mit dem bloßen Gattungsnamen genannt; im schlesischen Dialekt wird *Finke* weiblich gebraucht[2]. Weit verbreitet sind die Ausdrücke *Dreckfink*, *Mistfink* (schon im 13. Jh. *mistuinke* Ahd. Gll. III, 55[18]), *Kotfink* (zuerst bei H. Sachs Regim. der Vögel (1531) V. 171), schwäb. *Dreckjockel*[3] (zu *Jockel* 'Jacob'), welche sich daraus erklären, daß die Buchfinken mit Hausspatzen, Goldammern und anderen Vögeln ihre Nahrung an den Abfällen auf den Straßen suchen.

Wie bereits erwähnt wurde, wird der Lockruf des Buchfinken als 'pink' oder in ähnlich klingenden Lautgebilden als Name des Vogels verwendet. Dem Verfasser des Strassburg. Vogelb. ist der Zusammenhang zwischen dem Rufe und dem Namen aufgefallen, wie aus seiner Bemerkung "Finck / finck / finck iſt doch ihr geſchrey" hervorgeht. Ähnlich wird der Finkenruf in Altmark aufgefaßt, wo der Vogel singt: "Ick, ick, ick will hin zu dir! Du, du, du komm her zu mir! Flink, flink, flink!".. oder "t'schink! t'schink! t'schink will ick, un vor ên twê Drî Bêr!"[4]. In Luxemburg wird der Buchfink *der Penkerchen*[5] genannt. Andere Namen sind dem kurzen klangvollen Pfiff nachgebildet, den Voigt Excursionsbuch S. 138 mit dem 'huit' des kleinen Laubsängers vergleicht. Daher heißt der Vogel in Frankreich *huit*[6], im Elsaß *Pfit*[7], in Luxemburg *Boupitt*[8] m. Onomatopoietisch sind auch die synonymen Benennungen *Boufek*[8] m. in Luxemburg = *Bofex*[9] m. in der nördlichen Pfalz, *Buechtschippes*[10] m. im Elsaß.

Bei den Vogelstellern und Finkenliebhabern werden die Buchfinken als Sänger beurteilt und danach in viele verschiedene

1 Der angelsächsische Ausdruck *ragufinc* meint ebenfalls den Buchfinken, denn das lat. Lemma *scutacus*, *scutatis* (Wright-Wülcker Vocab. I, 260[24]. 286[19]) ist = *scutatus* und gehört zu *scutum* 'Schild'.

2 Weinhold Beitr. zu einem schles. Wb. S. 20. — 3 Fischer II, 346.

4 Danneil 21. — 5 Wb. d. Luxemburg. Mundart 334.

6 Rolland Faune populaire II, 175. — 7 Martin-Lienhart II, 141.

8 Wb. d. Luxemburg. Mundart 38. 40.

9 Heeger Tiere im pfälz. Volksmunde II, 11.

10 Martin-Lienhart II, 773.

Arten eingeteilt. Je nach der Melodie des Schlags werden die Vögel verschieden benannt. In dem Bericht von dem Vogelstellen (1631) S. 360 handelt Aitinger von dem Finkengesang: "Der Fincken ist gar mancherley Geschlecht / so nirgend dann am Gesang zu vnterscheiden / ... doch fallen die Fincken auf nachfolgende Gesänge gerne ein. Als vff Reiterzu / Bloweide / Blotzdiebier / zum Bier gehe Fritz / Heintzerweh / vnd Zwatgrion etc." Eine noch größere Auswahl von solchen technischen Ausdrücken bietet Georgica Helvetica curiosa (1705) S. 831, wo auch bloß die 'fürnehmste' Sänger aufgezählt werden: "Ritscher oder Weitschuh / der Ziehende vnd Lachende / der Wildsfeuer oder Dißdered / darauff folgen der Groß- rollende / der Klein- rollende / der Sitzaufrühl / der Musquetierer / der Malvasier / der Kůh-Dieb / der Sparbarazier / der Doideret / der Gut-Jahr / der Mit so viel / der Zizigall / der Pfinkelster etc." Aus Thüringen nennt Hertel Sprachsch. S. 176. 256. 259 einige bekannte Finkenschläge: "Reit- zu- schlag, Weinbeere, Weingesang, Kotschengewirr". Weit über die fachmännischen Kreise bekannt war der berühmte "Reit-zu- schlag"; bereits das Strassburg. Vogelb. v. J. 1554 V. 409 erwähnt unter den Singvögeln den *Reitherzů*. In den Beiträgen zu einem schles. Wb. S. 77 zitiert Weinhold nach Stoppe den Vers "das Ohr hört keine Finken nicht den sogenannten *Reiter* schlagen" und in Hauptmanns Versunk. Glocke (1897, 7. Aufl. S. 157 (5. Akt)) beruht der Name *Finkferling* ebenfalls auf einer Schlagart des Buchfinken. — Wahrscheinlich steht auch der in Steiermark vorkommende Ausdruck *Ziehholzjokel*[1] irgendwie im Zusammenhang mit dem Gesang des Buchfinken. In Obersteiermark wird der Vogel auch einfacher *Holzjoggel*[1] genannt; der zweite Teil des zusammengesetzten Namens ist eine Koseform von 'Jakob', vgl. oben schwäb. *Dreckjockel*.

Ein luxemburgischer Dialektname für den Buchfinken ist *Schwengskäppchen*[2] (d. h. Schweinsköpfchen).

Bergfink, fringilla montifringilla.

Die Heimat der Bergfinken ist in den nördlichen Ländern. Von da aus wandern sie im Herbst in großen Scharen nach

1 Unger-Khull 354. 651. — 2 Wb. d. Luxemburg. Mundart 403.

Deutschland und im Winter zieht strenge Kälte oder starker Schneefall sie in die Nähe der menschlichen Wohnungen. In einigen Gegenden werden sie wegen dieser Lebensart, ebenso wie die Rotdrossel und der Seidenschwanz, als 'Böhmen' aufgefaßt; in der Pfalz wird der Name *Behemmer* [1] gerade für den Bergfinken gebraucht, und auf diesen Vogel können sich auch die schwäbischen Belege für *Böhemlein*, *Böhemerlein* (*Bechemlin* aus dem J. 1560) beziehen, welche Fischer Wb. I, 737. 1268 anführt. In Luxemburg heißt der Vogel *der Eisleker Poufank* [2] d. h. der Öslinger Buchfink (von Öslingen, einem bergigen Teile des lux. Landes), im Münsterkreise *der Spanske Bookfink* [3] (der spanische Buchfink). — An anderen Orten, wie in Obersteiermark, hat der Bergfink den Namen *Schneefink* [4]; bei Eber und Peucer Vocab. (1552) S. E 7 a *Schneefingk*, *Winterfingk*.

Gesner Hist. avium S. 374 gibt an, daß man in der Schweiz den Bergfinken *Waldfinck* oder *Thañfinck* nenne; beide Ausdrücke sind im Elsaß durch das Strassburg. Vogelb. (1554) V. 469f. bezeugt. Heute ist auch in Schwaben *Tannfink* [5] die übliche Bezeichnung dieser Vogelart. Daneben kommt auch der Name *Taljockel* [5] m. (d. h. 'Taljakob') vor, der sich aus dem Lieblingsaufenthalte des Bergfinken, den Gebirgstälern mit ausgedehnten Nadelholzwaldungen, erklärt; so auch der Ausdruck *Bergfinck* in der Angenehmen Land-Lust (1720) S. 3. In Steiermark ist der entsprechende Ausdruck *Waldjakel* [6] 'Waldjakob' (s. Holzjoggel S. 112). Ein luxemburgischer Name bezeichnet den Bergfinken als *Âkervilchen* [7] m. (Ackervögelchen); ähnlich auch *Stoppelfink* [8] im nördlichen Böhmen. Gelegentlich wird der Vogel auch als *Mistfink* [9] bezeichnet aus demselben Grunde wie der Buchfink.

Für die Stimme des Bergfinken ist ein langezogener quäk-Laut charakteristisch, welcher dem Vogel den Namen *Quecker* verschafft hat. Zunächst wird der Ausdruck durch Eber und Peucer Vocab. (1552) S. F 7 a als sächsisch bezeugt; in der betref-

1 Heeger Tiere im pfälz. Volksmunde II, 11.
2 Wb. d. Luxemburg. Mundart 340.
3 Korrespondenzbl. f. ndd. Sprachf. XVI, 85. — 4 Unger-Khull 551.
5 Fischer II, 39. 55. — 6 Unger-Khull 615.
7 Wb. d. Luxemburg. Mundart 4. — 8 Zs. f. d. Phil. XXI, 210.
9 Vgl. z. B. Staub-Tobler I, 867, Zs. f. d. Phil. a. a. O.

fenden Glosse werden mehrere Finkenarten zusammengeworfen. Schwenkfeld, der in Ther. Sil. (1603) S. 229 auf die Quec-Quec-Laute hinweist, gibt *Quecker* als schlesisches Wort; darauf *Quecker* bei Aitinger Bericht v. d. Vogelstellen (1631) S. 162 und Hohberg Adeliches Land-Leben (1687) II, 799 Kap. CXX, *Quácker* in der Angenehmen Land-Lust (1720) S. 248 und bei Döbel Eröffn. Jägerpr. (1746) S. 61. Wie aus den erwähnten Zeugnissen hervorgeht, ist der Ausdruck vorzugsweise auf ostmitteldeutschem Boden heimisch; heute in Thüringen und dem nördlichen Böhmen [1] *Quäcker* [2], in Göttingen und Grubenhagen und Preußen [3] *Quœker* [4] m., aber auch auf Helgoland *der Quêker* [5].

In Baiern und in der Schweiz lautet der entsprechende onomatopoietische Name *Gegler* [6] (zuerst bei Hans Sachs Regim. der Vögel V. 189), in Tirol *Gåggezer* [7]. Auf das zerrende Geschrei des Vogels bezieht sich ferner noch der Ausdruck *Zehrling* in Döbels Eröffn. Jägerpr. (1746) S. 61; vgl. *Zerrer*, *Ziering* 'Misteldrossel' S. 60.

Die Benennung *Igawitz* (*Igowitz*, *Igawitzer*) [8], welche in Mittel- und Oststeiermark für den Bergfinken gebraucht wird, ist entlehnt aus dem gleichbedeutenden czechischen Namen *jikavec*. Eine Nebenform mit unorganischem *n* im Anlaut (wie *Nigel* für *Igel* usw.) ist *Nigowitz*, *Nigowitzer* [8]. Diese ist schon bei Hohberg Adel. Land-Leben (1687) II, 799 Kap. CXX als *Nickawitz* belegt; in der Angenehmen Land-Lust (1720) S. 248 wird *Nicabitz* als österreichischer Name des "Quåckers" erwähnt. — Auch das österreichische Synonymon *der Pienk* [9] ist eher als Entlehnung aus dem Slavischen denn als eine direkte Nachbildung des Lockrufes des Buchfinken zu betrachten; vgl. S. 109 f.

In der Literatur des 16. Jhs. begegnet der Ausdruck *Rowert* als Bezeichnung des Bergfinken. Das Wort ist aus Turners Avium hist. (1544) S. D 6a abgeschrieben, wo es als deutsche Benennung des Vogels angeführt wird. Der Vogelname ist iden-

1 Zs. f. d. Phil. XXI, 210. — 2 Hertel 187.
3 Frischbier II, 196. — 4 Schambach 163.
5 Frommann D. Mundarten III, 32.
6 Schmeller-Frommann I, 882 u. Staub-Tobler II, 140.
7 Frommann D. Mundarten IV, 54. — 8 Unger-Khull 365. 478.
9 Schmeller-Frommann I, 394.

tisch mit dem Eigennamen *Robert* und bildet also eine Parallele zum schwäb. *Jockel*, steir. *Jakel*, *Joggel*. Doch liegt der Verdacht nahe, daß der in Köln lebende Engländer Turner den Vogelnamen aus seiner Heimat kannte, denn in englischen Dialekten ist *Roberd*[1] ein Name des Buchfinken, in Deutschland finden sich aber keine weiteren Beziehungen dazu.

Distelfink, fringilla carduelis.

Ahd. distilfinco: Sg. Nom. — *thistilfinco* carduelus: cod. SGalli 242, 248b. cod. SGalli 299, 26. *thistil uinco* acalantida: Vergil. G. III, 338: cod. Parisin. 9344, 29a. *distilfincho*: cod. Vatic. Reg. 1701, 2b. Versus de volucr. *distiluincho*: cod. Selestad. 110a. H. S. III, 17, XIe. *distilui*, *ncho*: cod. Lambac. cart. 291, 1a. *distiluinco* achalantis et carduelis: cod. sem. Trevir. R. III. 13, 103a. H. S. XI a 2, b. g, achalantus carduelis ł carduellus: e. *distiluinez*[2]: Gll. Salom. a 1: cod. Admont. 3, 49a. *disteluinke*: cod. Cheltenham 7087, 144a.

Der *Distelfink* ist nach den Disteln benannt worden, deren Köpfe er plündert, um sich von den Samen zu nähren. Ebenso gehört der lateinische Name *carduelis* (ital. *cardello*, frz. *chardonneret*) zu *carduus* 'Distel'.

Eine ähnliche Benennung wie *Distelfink* aus ahd. *distilfinko* (mndl. nndl. *distelvink*; auch engl. dial. *thistlefinch*) ist ahd. *distilzwî* (*distilzuui* carduelus: cod. Vatican. Reg. 1701, 2b. achanthis auis i.: H. S. XIh: fragm. mus. germ. acc. 42517, 1c. *distilziu*: Clm. 14689 f. 47a). Diese Variante hat eine Entsprechung im gleichbedeutenden ags. *þisteltwige* (*lînetwige* 'Hänfling'), welches die ältere Lautform bewahrt. Der zweite Teil des Kompositums ist eine Ableitung von ahd. *zwîôn*: *zweiôn* 'rupfen, pflücken' (mhd. *zwîgen* 'abzwicken, pflücken'; vgl. auch mhd. *zwicken* 'rupfen, zerren' = ags. *twiccian* 'dass.'), so daß der Name eigentlich 'Distelrupfer'[3] bedeutet. Die erst im 11. Jh. bezeugte Form *distilzwî* hat bereits eine volksetymologische Umbildung in Anlehnung an *zwî* 'Zweig' erfahren. Dagegen hat man wohl in *distilwizo* in cod. Florent. XVI, 5, 92a (Ahd. Gll. III, 296[13]) für **distilzwîo*

1 Swainson The Folklore S. 63.

2 am *z* geändert. l. *distiluinco* (Sievers). Vielleicht hat aber die Vorlage *distilzuuie* gehabt.

3 Vgl. Weigand Zs. f. d. A. IX, 392.

die ursprünglichere Lautgestalt zu sehen. Eine abweichende Bildung ist ags. *þisœltunga*[1], dem mhd. *distelzwang* entspricht. Auch hier bewahrt das Angelsächsische die ältere Bildungsweise gegenüber dem bereits umgestalteten mittelhochdeutschen Worte. In seinem zweiten Bestandteile enthält das Kompositum eine Ableitung von ags. *twengan* 'rupfen, zerren' = ahd. *zwangen*; die Bedeutung dieser Namensform ist also ebenfalls 'Distelrupfer'.

Aber noch eine dritte ahd. Variante scheint aus demselben semasiologischen Ausgangspunkt zu deuten zu sein. Der Vocabularius SGalli (cod. SGalli 913, 203) bietet die Glosse *zuuistilauin*[co] cardelle, die Kluge in seinem Etymol. Wb.[6] s. v. zwitschern als 'Zwitscherfink' erklären möchte, indem er darin eine germ. Wurzel **twis* 'zwitschern' vermutet. Doch fragt es sich, ob nicht hier vielmehr eine Parallele zu den vorhingenannten Varianten vorliegt, denn *zwistila-* kann als Ableitung von dem Stamme **twist-* mit der Grundbedeutung 'spalten' (anord. *tvistra* 'zerteilen', ags. *twislian*, westfäl. *twisseln* 'spalten') aufgefaßt werden.

Heutzutage ist der Ausdruck *Distelfink* sowohl auf hoch- wie niederdeutschem Sprachgebiet allgemein verbreitet. In der Schweiz ist daneben auch die Namensform *Disteli*[2], im Elsaß *Dischel*, *Dissele*, *Disserle*[3] (neben *Dischelfink*[3]) vorhanden. Diese Formen sind als Kurzformen des zusammengesetzten Vogelnamens zu verstehen, ähnlich wie schweiz. *Reckholter* für *Reckholtertrostel*, elsäss. *Mistel* für *Misteldrostel*, vgl. S. 60. 63.

Die alten Varianten *distilzwî* und *distelzwang* (zuerst *tistelzwang* folium Francofurtense in Ahd. Gll. III, 31[54]) sind in der Schweiz, im Elsaß und in Schwaben heimisch, vgl. schweiz.-elsäss. *Distelzwig*[3] (zuerst in Ryffs Tierb. Alberti (1545) S. I 5 b *Distelzweig*), schwäb. *Distelzweiglein*, *Distelzwinglein*[4]; s. auch Grimms Wb. II, 1197. Der schweizerisch-schwäbische Ausdruck *Distelvogel*, welcher im 16. Jh. bei Ryff a. a. O. und Gesner Hist. avium (1555) S. 236 begegnet, ist schon im 13. Jh. Ahd. Gll. III, 714[58] bezeugt.

Aus der Rostocker Gegend führt Gesner Hist. avium

1 Nur einmal belegt in den Glossen Zs. f. d. A. XXXIII, 241.

2 Staub-Tobler I, 868. — 3 Martin-Lienhart II, 720. 723. 923.

4 Fischer II, 232.

(1555) S. 236 den Namen *Rotkögelken* d. h. Rotkäppchen (mhd. *kogel* 'Kappe') als Bezeichnung des Distelfinken an; wegen des roten Kopfbandes hat der Vogel auch in englischen Dialekten die Namen *redcap* oder *King Harry Redcap*[1]. Bei den deutsch redenden Rhätiern soll der Distelfink, wie Gesner sich zu erinnern glaubt, *Turns* heißen; als friesischen Ausdruck bezeichnet er *Petter*, vgl. ostfries. *Pütterke* in den Jahrb. f. ndd. Sprachf. XI, 113. Ein luxemburgisches Synonymon für den Distelfinken ist *Goldvilchen*[2] m. oder *Goldschmatt*[2] m. (d. h. Goldschmied); der letztere Ausdruck ist identisch mit mittellat. *aurificeps* (= aurifex), womit *Goldfink* (Dompfaffe) glossiert wird.

Eine weite Verbreitung hat das slavische Lehnwort *Stieglitz* erhalten, welches im 12. Jh. aus dem sloven. *ščegljec*[3] 'Distelfink' entlehnt wurde. Das früheste Zeugnis von dem Worte auf deutschem Sprachboden gibt Albertus Magnus in De animalibus: "Carduelis est auicula parua que carduis insidet que apud nos diſtelfinch apud quosdâ v-o *ſtygelicz* ab imitatione vocatur vocis". Die ältesten Handschriften der Versus de volucribus schreiben *distilfinco*, vom 13. Jh. an erscheint daneben das Fremdwort in den ostmitteldeutschen und bairischen Abschriften, vgl. *disteluinch. stigliz* cod. Lips. Paulin. 106, 1 d, *stiglitz ł distelvinch* cod. Mellic. K 51, 242, *stiglitz. distelvink* cod. Oenipont. 355, 15 a, *stigelicz distelvink*: cod. Vindob. 3213, 116 b, *stiglitz* Cgm. 649, 526 b, *stiglicz* Clm. 3537, 330 b, cod. Vindob. 12840, 2 b, *stigliz* Clm. 12665, 142 c, *stiglitz*ᵉ cod. Vindob. 1325, 107 a, *stigelicz* Clm. 4350, 3 a (Ahd. Gll. III, 31$^{55 \text{ff.}}$), *stiglicz* Clm. 3537, 380 b (Ahd. Gll. 25^{4}). Im Niederdeutschen ist *Steg(e)litze, Stegelisse* seit dem 15. Jh. bezeugt[4].

Im 16. Jh. wird *Stigelitz* neben *Distelfinck* von Turner Avium hist. (1544) S. C 2 a angeführt, Eber und Peucer Vocab. (1552) S. E 5 a haben ebenfalls *Stiglitzen* neben *Diſtelvincken*; für Schlesien wird das Fremdwort *Stieglitz* von Schwenkfeld Ther.

---

1 Vgl. Swainson The Folklore S. 58.

2 Wb. d. Luxemburg. Mundart 149.

3 = czech. *stehlik*, poln. *szczygieł*.

4 Vgl. Diefenbach-Wülcker Wb. S. 866 und Jb. f. ndd. Sprachf. VI, 127. XVI, 113.

Sil. (1603) S. 233 als die übliche Benennung des Vogels bezeugt. Aber Gesner kennt es nur aus seinen literarischen Quellen. — Teilweise umgestaltet scheint der Ausdruck heutzutage im ganzen östlichen Deutschland und am Mittelrhein sich in den Mundarten eingebürgert zu haben, vgl. bair. *Stigelhitz*[1], thüring. *Sdeleze*[2], preuß. *Stieglitzk*[3], mecklenburg. *Stiegellitsch*[4], in Hamburg und Holstein *Steilitsch*[4], auf Helgoland *Siblitschvink*[5], in Altmark *Stiglitsch*[6] und in Luxemburg *Stirlitz*[7] m.

Erlenzeisig, fringilla spinus, chrysomitris spinus.

Der heute in Deutschland allgemein gebrauchte Ausdruck *Zeisig* ist, ebenso wie *Stieglitz*, ein östliches Lehnwort, dem czech. *čiž*, *čižek* (= poln. *czyż*, russ. *čižŭ*) zugrunde liegen. Auf den beiden czechischen Parallelformen beruhen mhd. *zîse* (schon bei Gottfried von Strassburg) und *zîsic* (zuerst bei Albertus Magnus De animalibus: quoddam autem croceum paruum quas vulgariter *cisich* vocatur) und mnd. **sîse* (*czîtze*), *sîsek*, mndl. *sijs*; dän. *sise* (alt) und schwed. *siska* sind aus dem Niederdeutschen übernommen. Die kürzere Namensform, als *zijs* (cicendula, cincedula) in Clm. 614, 31b und *czeis* in Clm. 11481, 83a (Versus de volucr.) überliefert, ist in Steiermark als *Zeis*[8] m. vorhanden. Sonst ist das Fremdwort in der Form *Zeisig* oder in der vorzugsweise oberdeutschen Weiterbildung *Zeislein*, *Zîsle* verbreitet. Die letztgenannte Namensform erscheint in den Glossen *zeisel* cod. Mellic. K 51, 242, *czeislen*: cod. Gotting. Luneb. 2f. 181ab, *caiselin* Clm. 4350, 3a und in anderen Belegen bei Lexer Mhd. Wb. III, 1135. Im 15 u. 16. Jh. ist der Ausdruck ganz geläufig: *zeyßlein* im Vocab. theuton. (1482), S. pp 5a, *zißlin* in Bracks Vocab. (1495) S. 49a, *Zeißle* bei Pinicianus Prompt. (1516) S. C 2b, *Zißlin* im Strassburg. Vogelb. (1554) V. 409. Auffällig ist die Nebenform *Zinsle* bei Gesner S. 1, *Zinßlein* bei Golius Onomasticon v. J. 1579 Sp. 293. Heute ist *Zîsel*, *Zeisel* in Oberdeutschland allgemein,

1 Schmeller-Frommann II, 743. — 2 Hertel 235.
3 Frischhier II, 371.
4 Korrespondenzbl. f. ndd. Sprachf. XVI, 84. XVII, 3. 4.
5 Frommann D. Mundarten III, 32. — 6 Danneil 212.
7 Wb. d. Luxemburg. Mundart 425. — 8 Unger-Khull 647.

auch in der Pfalz *Zeisel, Zeiserle*[1] und in Luxemburg *Zeiselchen*[2] m.; Schwenkfeld Ther. Sil. (1603) S. 297 gibt als schlesische Formen *Zeifel* und *Zeisich*. Die letztere ist die eigentliche mitteldeutsche Lautform; daneben auch schles. *Zeiske*[3], preuß. *Zîske*[4] = ndd. *Zisk* (in Altmark auch *Zickrdütsch*[5]). Aus ndd. *sîsikîn*[6] (im Münsterkreise *Siesken*[7]) = mitteld. *cisichin* z. B. im Kölner Doppelbl. Ahd. Gll. III, 39[11], thüring. *Zisgen*[8] stammen engl. *sisken*, dän. *sisken, sisgen* (älter *sisiken*).

Andere Namen für den Zeisig sind selten. Nach Turners Avium hist. (1544) S. F 4 b soll der Vogel von einigen *Engelchen* genannt werden. Martin und Lienhart führen Wb. I, 384 aus Colmar das Synonymon *Waldhüsele* an.

Von seiner Vorliebe für Erlen, deren Samen er frißt, hat der Zeisig den Namen *Erlenzeisig* erhalten; Hohberg Adeliches Land-Leben II, 802 Kap. CXX gebraucht den Ausdruck *Erlenfinck*.

Bluthänfling, fringilla cannabina, acanthis cannabina.

Wie der Distelfink nach seiner Lieblingsnahrung benannt worden ist, so hat auch der *Hanffink* oder der *Hänfling* seinen Namen von den Sämereien erhalten, welche er verzehrt; daher heißt der Vogel im Französischen *linotte*, im Russischen *konopljanka* (zu *konopelĭ* 'Hanf') usw.

Die mhd. Komposita *haneffinke* (= mnd. *hanepvinke*[9] im Lübecker Schulvokab. v. J. 1511) und *hanefvogel* (bei Hohberg Adel. Land-Leben II, 801 Kap. CXX *Hanfffink* oder *Hånfling*) fehlen in den meisten heutigen Mundarten. Diese benennen den Vogel mit Namen, welche als Ableitungen von *Hanf* gebildet sind. Im Mittelniederdeutschen erscheint zunächst die *-linga*-Bildung *hennepling*, welche besonders dem nieder- und mitteldeutschen Sprachgebiete eigen ist: in Mecklenburg *Hämplink*[10], in Altmark *Hämpling, Hämperling*[11], in Göttingen und

1 Heeger Tiere im pfälz. Volksmunde II, 11.
2 Wb. d. Luxemburg. Mundart 499.
3 Weinhold Beitr. zu einem schles. Wb. S. 108.
4 Frischbier II, 495. — 5 Danneil 232.
6 Jb. f. ndd. Sprachf. XVI, 113.
7 Korrespondenzbl. f. ndd. Sprachf. XVI, 86. — 8 Hertel 263.
9 Jb. f. ndd. Sprachf. XVI, 113; die Handschrift schreibt *Hāne prinke.*
10 Korrespondenzbl. f. ndd. Sprachf. XVI, 84. — 11 Danneil 74.

Grubenhagen *Hemperling*[1], in Thüringen *Hemperling* und *Hampfl̈ch*[2], in Hessen *Henfterling*[3] (im Poet. Staarstecher (1730) S. 153 *Hämpferling*), in Schlesien *Henffling* (Schwenkfeld Ther. Sil. (1603) S. 294); aus dem Niederdeutschen ist das Wort als *hämpling* ins Schwedische übernommen. — In der bairisch-österreichischen Mundart entspricht eine *ila*-Bildung: bair. *Hänfelein*[4], österr. *Hanöferl*[5], steir. *Hanefel* m., *Haneferl*[6] n.

Eine synonyme Variante ist *Flachsfink*[7] im Elsaß, *Fluesfenkelchen*[8] in Luxemburg, *Flassfinke*[9] in Westfalen, *vlasvink* in Holland; im 16. Jh. *Flasfink* in Turners Avium hist. (1544) S. I 1b, *Flacksfinckle* in Ryffs Tierb. Alberti (1545) S. K 6, *Flachsfinck* im Strassburg. Vogelb. (1554) V. 469, bei Gesner Hist. avium S. 567 *Flachsfinck* und *Lynfinck*.

Eine niederdeutsche Bezeichnung des Hänflings ist *Artsche*, *Artje*[10] in Göttingen und Grubenhagen, *Artsch* (*Grauartsch*[11]) in Altmark, *Artsche*[12] f. in Fallersleben, *Ertsche*, *Ertseke*[13] in Holstein, *Irdisk*[14] auf Helgoland. Die Annahme von Falk und Torp Et. ordb. I, 333, daß dieser Name mit anord. *ertla* 'Bachstelze' und weiterhin mit anord. *arta* 'Krickente' zusammenhängen würde, ist nicht richtig. Die älteste gemeinsame Form, auf welche alle Dialektvarianten zurückgehen, ist mnd. *ertse*(*ken*) (Ratsversamml. d. Tiere Ed. Bruns[15]) oder vielmehr *yrfz*(*ke*) im Lübecker Schulvokab. v. J. 1511 (Jb. f. ndd. Sprachf. XVI, 113), und diese Form ist eine Entlehnung aus gleichbedeutendem czech. *jiřic*. Das Lehnwort, das in Lübeck und der Grafschaft Ranzau noch als *Iritsch*[16] (> dän. *irisk*(*e*)) bewahrt ist, gehört zur selben Gruppe östlicher Entlehnungen wie *Zeisig*, *Stieglitz* u. a.

Wegen der grauen Farbe des Gefieders nennt man den Hänfling in Hessen *Grohenfterling*[17], in Altmark *Grauartsch*[18],

1 Schambach 79. — 2 Hertel 114.
3 Saul Beitr. zum Hess. Id. S. 9. — 4 Grimm Wb. IV, 2, 435.
5 Zs. f. d. Phil. XXI, 212. — 6 Unger-Khull 327.
7 Martin-Lienhart I, 122. — 8 Wb. d. Luxemburg. Mundart 113.
9 Woeste 302. — 10 Schambach 13. — 11 Danneil 7.
12 Frommann D. Mundarten V, 50.
13 Korrespondenzbl. f. ndd. Sprachf. XVII, 3.
14 Frommann D. Mundarten III, 32. — 15 Schiller-Lübben Wb. I, 733.
16 Korrespondenzbl. f. ndd. Sprachf. XVI, 83. XVII, 2.
17 Saul a. a. O. — 18 Danneil a. a. O.

in der Grafschaft Ranzau *Grauiritsch*[1], während wieder der Ausdruck *Blaudartsche*[2] in Göttingen und Grubenhagen auf die blutrote Stirn- und Brustfarbe des männlichen Vogels weist. Darauf bezieht sich ebenfalls der ostfriesische Name *Rubîntje*[3], den schon Gesner a. a. O. S. 567 in der Form *Rubin* kennt. — Die verschiedene Färbung des männlichen und weiblichen Vogels hat gelegentlich zu der Annahme geführt, daß von den Hänflingen zwei verschiedene Arten existierten. Bei Eber und Peucer Vocab. (1552) S. F 8b werden dafür die Namen *Zigelhemffling* und *Heidenhemffling* angeführt; der erstere Ausdruck bezeichnet das Männchen nach der ziegelfarbigen Brust.

Als 'Sperling' benennt den Hänfling der ndd. Name *Hemplühnke*[4] (ostfries. *Hemplüning*); vgl. schwed. dial. *hampetäkling* (Rietz Svenskt Dialektlexicon S. 240). Luxemburgische Dialektworte sind *Wangertsfluesfenkelchen*[5] und *Grosangsvilchen*[5] m.

Ein Straßburger Dialektname für den Hänfling ist *Gyntel*, den Gesner a. a. O. S. 763 verzeichnet. Bei Wickram Pilger 3670 (IV, 241) begegnet das sonst nicht nachweisbare Wort in der Form *Gintlin*.

Leinfink, fringilla linaria, acanthis linaria.

Ein naher Verwandter des Hänflings ist der Leinfink oder der Birkenzeisig, welcher in Deutschland nur als Durchzugsvogel erscheint. Seine Wanderzüge finden ganz unregelmäßig statt, und da, wo die Scharen der Birkenzeisige plötzlich erscheinen, wird dies vielfach als ein Unglückszeichen aufgefaßt und mit Tod und Pest in Zusammenhang gesetzt. Daher erklärt sich der Name *Totenvogel*, den Schwenkfeld Ther. Sil. (1603) S. 344 anführt. Auch andere abergläubische Vorstellungen knüpfen sich an die streichenden Birkenzeisige. Schwenkfeld erzählt a. a. O., daß bei den schlesischen Bauern geglaubt wird, daß die Vögel aus Mäusen entstehen und im Frühjahr wieder zu Mäusen verwandelt werden, weil man sie

1 Korrespondenzbl. f. ndd. Sprachf. XVII, 2.
2 Schambach a. a. O. — 3 Jb. f. ndd. Sprachf. XI, 113.
4 Korrespondenzbl. f. ndd. Sprachf. XVII, 3.
5 Wb. d. Luxemburg. Mundart 156. 475.

im Sommer nicht mehr sieht. Deswegen werden sie denn auch von den Bauern *Meusevogel* genannt. — Wegen der streichenden Lebensart faßt man die Leinfinken in vielen Gegenden als überseeische Vögel auf, ähnlich wie Seidenschwänze, Mandelkrähen und andere sporadisch auftretende Vogelarten. In der Angenehmen Land-Lust (1720) S. 158 wird für sie der Name *Meer-Zeißlein* verwendet. Popowitsch Versuch S. 477 bezeugt den Ausdruck *Meerzeisel* für Österreich, Baiern und Franken, Unger-Khull Wortsch. S. 456 führen *Meerzeiserl* aus Steiermark an. Der Name wird in einigen Gegenden auch auf verwandte Vögel übertragen, vgl. Zs. f. d. Phil. XXI, 211.

Gesner, der in Hist. avium S. 568 den Leinfinken als einen seltenen Gast in der Schweiz bezeichnet, nennt ihn mit dem Namen *Schőfferle*, welchen er von den Vogelstellern gehört hat und erwähnt dazu die Variante *Tschütscherle*, die ihm aus Nürnberg bekannt ist. Dieser Ausdruck ist in zahlreichen Variationen auf deutschem Sprachboden verbreitet. Die nürnbergische Namensform begegnet als *Zötscherlein* bereits bei Hans Sachs Regim. der Vögel (1531) V. 169. Aus Sachsen wird *Zőtfcherlin* durch Eber und Peucer Vocab. (1552) S. F 7 b und aus Schlesien durch Schwenkfeld a. a. O. bezeugt; ein älterer schlesischer Beleg v. J. 1583 ist *Tschetscherlein*[1]. Döbel Eröffn. Jägerpr. (1746) S. 64 schreibt *Zitscherling* oder *Zwitscherling*; heute in Schlesien *Tschœtscher*, in Thüringen und Steiermark *der Zetscher*[2]. Bei Hohberg Adeliches Land-Leben (1687) II, 801 Kap. CXX lautet die österreichische Namensform *Tschekerle*, bei Klein Hist. av. prodr. (1750) S. 99 wird die Variante *Tschetzko* als preußisch angegeben, in Litauen "mundgerechter" *Schetschke*, *Scheschke* (s. Frischbier Wb. II, 414). Im nördlichen Böhmen ist *Tschädschlich*[3] die übliche Lautform, in Anhalt *das Schättchen*[4]. — Chytraeus Nomenclator (1582) S. 376 führt den Namen in der Form *Schnetz* an. Die von Gesner angeführte heimatliche Form, welche heute in der Schweiz als *Schössli* (*Bluetschössli*)[5] vorkommt, ist schon in der Glosse *Scheßlin* (canapellus) in Bracks Vocab. (1495) S. 49 a

1 Frommann D. Mundarten IV, 189.

2 Hertel 263, Unger-Khull 645. — 3 Zs. f. d. Phil. XXI, 211.

4 Naumann-Hennicke III, 301.

5 Staub-Tobler I, 868 s. v. Lînfink.

belegt; nachher *Geſchößlin* in Ostermanns Vocab. (1591) S. 335. — Diese letzteren Namensformen, für welche in Grimms Wb. s. v. Schösserle Zusammenhang mit *schiessen* vermutet wird, können von den vorhingenannten nicht getrennt werden; sie sind ohne Zweifel alle auf denselben Ursprung zurückzuführen. Eine direkte Bildung dieses Namens im Anschluß an den Lockruf des Vogels, welcher nach Naumann 'tschüttschütt' lautet, wäre denkbar. Zieht man aber in Betracht, daß der Birkenzeisig in Deutschland kein einheimischer Vogel ist, dagegen in den slavischen Ländern sehr häufig ist, so darf man die deutschen Namensvarianten als Entlehnungen aus dem czech.-poln. Synonymon *čečetka*, (russ. *čečetŭ*) betrachten. Dafür spricht auch der Umstand, daß der Name in den westlichen Gegenden von Deutschland fehlt. Demnach reiht sich *Zötscherlein* an die Namen *Stieglitz*, *Zeisig*, *Iritsch*, *Ikawetz* an, welche ihre Heimat in den slavischen Sprachen haben.

Eine österreichische Bezeichnung des Leinfinken ist *Gråslein* bei Hohberg a. a. O., *Gråslein*, *Gråßlein* in der Angenehmen Land-Lust (1720) S. 4 und 158, *Gråsel* nach Popowitsch Versuch S. 477 um Wien; Gesner (S. 248) kennt den Ausdruck in der Form *Greßling*. Der Name begegnet als *gręzel* schon in dem mhd. Gedichte 'Jüngling' Konrads von Haslau V. 259 (Zs. f. d. A. VIII, 558). Mhd. *gręȥel*, nhd. *Gressling* sind abgeleitet von mhd. *graȥ* 'Tannen- und Fichtensprossen' und beziehen sich ebenso wie *Henfel*, *Hänfling* (zu *Hanf*) auf die Nahrung des Vogels.

Dem Hänfling kommt der Leinfink in der Färbung ziemlich nahe. Auch der männliche Leinfink hat eine rote Brust und ein rotes Stirnband. Auf dieses bezieht sich der Ausdruck *Rotblettle* (zu mhd. *blate* 'Kopfplatte') bei Golius Onomasticon (1579) Sp. 292, *Rotplättlein* bei Popowitsch a. a. O., *Plättlein-Zeisig* bei Schmeller-Frommann II, 1156. — Oft wird der Vogel zu den Hänflingen gezählt und als *Rothånfling* oder *kleiner Karminhänfling* von dem gemeinen Hänfling oder dem *Steinhånfling* (Angenehme Land-Lust (1720) S. 341, Popowitsch S. 475) unterschieden. Gesner führt (S. 568) das Synonymon *Stockhenfling* aus der Gegend um Frankfurt am Main an. In Steiermark wird auch der Name *Steinzeiserl* [1] gebraucht.

1 Unger-Khull 573.

Das Wort *Ziserinchen*, welches Popowitsch a. a. O. als Bezeichnung des Leinfinken anführt, ist romanischen Ursprungs: frz. *sizerin*, ital. *sizerino*.

Zitronenfink, fringilla citrinella, chrysomitris citrinella.

Die eigentliche Heimat des Zitronenfinken ist in den südeuropäischen Ländern. Nach Naumann-Hennicke III, 288 ist er auch in der Schweiz, in Österreich und Tirol nicht selten und geht in Deutschland bis zu den Gebirgen Norddeutschlands, Schlesiens, Sachsens und Thüringens herauf.

Gesner[1] nennt den Vogel mit dem italienischen Namen *citrinella*, den er aus Trient und anderen Gegenden in Italien kennt; im Index des Vogelbuchs ist *Zitrynle* unter den deutschen Benennungen erwähnt. In Baiern begegnet *Zitrinlein* bei Hans Sachs Regim. der Vögel (1531) V. 120; darauf *Citrinlein* bei Golius Onomasticon (1579) Sp. 291, *Citrynlin* in Ostermanns Vocab. (1591) S. 335, *Citrinlein* bei Hohberg Adel. Land-Leben (1687) II, 806 Kap. CXXI. Bei Chytraeus Nomenclator (1581) S. 371 *Citrinichen*, in der Angenehmen Land-Lust (1720) S. 196 *Citrinigen*. Heute gilt *Zitrênl*[2] in Tirol und teilweise in der Schweiz; hier werden die Zitronenfinken auch *Schneevögel*[3] genannt.

Haussperling, fringilla domestica, passer domesticus.

Ahd. sparo: Sg. Nom. — *sparo* passer: cod. SGalli 913, 200b. cod. SGalli 242, 248b. cod. Guelpherbyt. Aug. 10. 3. 4° f. 89a. cod. Vatic. Reg. 1701, 2b. Versus de volucr. H. S. III, 17. cod. Selestad. f. 109b. Notker Ps. 83, 4. 123, 7, 101, 8 (Glosse). Notker WPs. 101, 8 (3 Mal). 123, 7. *spáro*: Notker Ps. 83, 4. 101, 8 (2 Mal). *spar*: Versus de volucr. — Dat. — (mit demo) *sparen*: Notker WPs. 101, 8. — Pl. Nom. — *spáren*: Notker Ps. 113, 7. *sparen*: Notker WPs. 10, 2. 113, 7. — Dat. — *sparon*: Tatian 44, 20. — Akk. — *sparon*: Tatian 44, 20.

Der Name des Sperlings ist gemeingermanisch, vgl. ahd. *sparo*, mhd. *spar(e)*, mnd. nur in der Ableitung *sparlink*, *sperlink*, ags. *spearwa*, me. *sparwe*, ne. *sparrow*, got. *sparwa*, anord. *spǫrr*,

1 Hist. avium S. 248.

2 Frommann D. Mundarten IV, 52. — 3 Staub-Tobler I, 696.

dän. *sparv*, schwed. *sparf*. Im urdeutschen Paradigma **sparwo-*: **spar*(*w*)*un* konnte *w* lautgesetzlich schwinden, wodurch die Nebenform ohne *w* erklärt wird, welche im ahd. *sparo*, mhd. *spar*(*e*) (neben mhd. *sparwe* im 15. Jh.[1] und *sparwâri* 'Sperber') vorhanden ist.

Der germanische Name ist urverwandt mit altpreuß. *spurglis* 'Sperling' (*sperglas* in *sperglawanags* 'Sperber'), griech. σπέργουλος 'kleiner Vogel', σπόργιλος 'dass.' (J. Schmidt KZ. XXII, 316) und σπαράσιον in der Hesychglosse σπαράσιον. ὄρνεον ἐμφερὲς στρουθῷ 'ein dem Sperling ähnlicher Vogel' (Hoffmann BB. XXI, 140); in den erstgenannten slavischen und griechischen Worten scheint der Guttural *g* ein Suffix zu sein, das seine germanische Entsprechung in der spätahd. Namensform *sperke* hat. Nach Schade Altd. Wb. II², 847 deutet man die idg. Benennung des Sperlings aus der Wurzel **spar* 'zappeln' (in griech. σπαίρω 'zucke, zapple', altind. *sphuráti* 'zuckt' u. a.); der Sperling wäre danach der 'Hüpfling' im Gegensatz zu den fliegenden Vögeln, vgl. Hoffmann a. a. O.

Die normale ahd. Form *sparo*, welche bis in die nhd. Zeit hinein sich verfolgen läßt, ist heute in den Mundarten überall ausgestorben, vgl. Grimms Wb. X, 1, 1919. Doch findet man hie und da noch erstarrte Reste der alten Namensform. Auf niederdeutschem Gebiet zeugen von ihrem einstigen Vorkommen der Ortsname *Sparenberg*[2] und die Kompositionsbildungen *Spardeif*[3] 'Sperling' (vgl. unten), *Sparkâz*[3] m. 'männlicher Sperling' in Göttingen und Grubenhagen, *Sperlotze*[2] in Wresserode bei Gandersheim, *Sparlüntje*[2] in Dörfern bei Braunschweig. — Auch der hessische Dialektname *Huspe*, welcher nach Pfister Nachtr. zu Vilmar Id. S. 112 im Niederlahngaue üblich sein soll, gehört zu diesen Resten, denn darin steckt offenbar ein früh verdunkeltes Kompositum *Husspar* (> *Husper*) 'Haussperling', welches in dieser Form noch im 16. Jh. bei Gesner Hist.

1 *sparwa* Kölner Doppelbl. (Versus de volucr.) Ahd. Gll. III, 31³⁹, *sparwe*, *sparbe* in kölnischen Hss. des 15. Jhs. bei Diefenbach Glossar. S. 415a, *sperwelinc* in einer kölnischen Quelle des 15. Jhs. in Frommanns D. Mundarten II, 453b.

2 Korrespondenzbl. f. ndd. Sprachf. XXVII, 18. 65. 72.

3 Schambach 202. 203.

avium S. 619 bezeugt ist. An die Stelle des allmählich seltener werdenden alten Namens rücken Nebenformen, welche in der Übergangszeit des Althochdeutschen in das Mittelhochdeutsche zuerst zu belegen sind. Im 11. Jh. erscheint die Ableitung *spẹrling* mit demin. *linga-* Suff., ursprünglich um den jungen Sperling zu bezeichnen[1]: *sperilig* passer: cod. Berol. Ms. lat. 8° 73, 123b, darauf im 13. Jh.: *sperlinc*: Versus de volucr.: cod. Lipsiens. Paul. 106, 1d, *sperlinh* mirle: cod. Vindob. 1118, 79b; mnd. *sparlink, sperlink.*

Diese heute schriftsprachlich gewordene Namensform ist eigtl. mittel- und niederdeutschen Mundarten eigen. Die Ableitungsform *sperch(e)*, deren *k*-Suffix möglicherweise vorgermanischen Datums ist, ist zuerst in Glossenhandschriften des 11. und 12. Jhs. belegt: *spêrche* passer: H. S. III, 17: cod. Vindob. 2400, 42a, *sperch*: Versus de volucr.: cod. Vindobon. 85, 42b, darauf: *sperche*: cod. Admont. 759, 55b, *sperch*: cod. Vindob. 1118, 79b (13. Jh.), cod. Mellic. K 51, 242, cod. Vindob. 1325, 107a, *spech*: cod. Zwettl. 293, 25a, *spirch*: Clm. 11481, 83a (14. Jh.), *sperk*: cod. Vindob. 3213, 116b; *sperchk*: H. S. III, 17: Clm. 23796, 173a (15 Jh.); in Priester Konrads Predigtbuch: *zwêne sperchen* (s. Lexer Mhd. Wb. Nachtr. S. 368) und *sperche* in Wernhers Marienlied, Hoffmann Fundgruben II, 154 usw. Für die in Grimms Wb. X, 1, 1941. 2163 ausgesprochene Vermutung, daß die Namensform eigentlich femininen Geschlechts gewesen sei und das Sperlingsweibchen bezeichnet habe, fehlt es an Beweisen. In der älteren Überlieferung sind beide Genera bezeugt, und in den heutigen Mundarten ist *Sperk* (*Spirk*) meistens Maskulinum. Das Verbreitungsgebiet dieser Variante umfaßt Steiermark[2], Kärnten[3], Baiorn[4] und Franken[4] und reicht im Norden als *Sberke*[5] bis Salzungen in Thüringen.

Eine Nebenform zu ahd. *sparo* ist mhd. *spatz* (zuerst bei Albrecht von Halberstadt Anfang des 13. Jhs. bezeugt). Nach dem Vorgang von Weigand Wb. II², 752 wird das Wort meistens als eine Koseform zu *sparo* aufgefaßt. Eine andere Deutung geben Falk und Torp Et. ordb. II, 260 s. v. spat II, welche

---

1 Ob das lat. Lemma *passerculus* bei Scheraeus (Zs. f. d. Wf. II, 199), wie in Grimms Wb. X, 1, 2163 angenommen wird, noch für den deminutiven Charakter des Suffixes spricht, ist fraglich.

2 Unger-Khull 525. — 3 Lexer Kärnt. Wb. s. v. sporkn.

4 Schmeller-Frommann II, 685. — 5 Hertel 240.

mhd. *spatz* als selbständige alte Bildung zu griech. σφαδάζω ʻzappelnʼ stellen. Diese Auffassung beruht demnach hauptsächlich auf der unsicheren Hypothese, daß ahd. *sparo* ʻder Hüpflingʼ bedeute. Ursprünglich eine oberdeutsche Bildung, hat *Spatz* im Verlaufe der Zeit sich immer weiter in den Mundarten verbreitet, so daß das Wort auch in der Pfalz[1] und Luxemburg[2], in hessischen und nassauischen Mundarten (als Femininum[3]) geläufig ist; in Thüringen kommt eine Weiterbildung *Spatzich*[4] = sächs. *Spatzg*[5] vor. Aber auch in das niederdeutsche Sprachgebiet dringt das Wort schon ein; aus Göttingen und Grubenhagen[6] und aus der Umgebung von Hannover[7] wird es ausdrücklich angegeben.

Eine niederdeutsche Benennung des Sperlings ist *Lüning* aus mnd. *luninc*, altniederd. *hliuning* schon im 9. Jh. („duo passeres *hliuningos*") in den Essener Evangeliarglossen bei Wadstein Kleinere asächs. Sprachdenkm. S. 49^{19} u. Ahd. Gll. IV, 288^{44}). Das Wort ist völlig unklar; ein neuer Deutungsversuch von Berneker IF. VIII, 284 befriedigt nicht. Am Mittel- und Niederrhein wird der Sperling mit einem eigenen Dialektnamen benannt, dessen älteste historische Lautform in der Glosse *muscha* in cod. Parisin. 9344 f. 42b begegnet. Nach Steinmeyer Zs. f. d. A. XV, 30 ist das Glossar mit Tiernamen, von dem die Pariser Hs. des 11. Jhs. eine Abschrift bietet, in der zweiten Hälfte des 9. Jhs. auf mittelfränkischem Sprachgebiet — in der Lahngegend — entstanden. In diese Gegenden führt auch der Beleg *aggermuscha* in cod. Darmstad. des Summarium Heinrici aus dem 13. Jh. (Ahd. Gll. III, 88^{5}); darauf *musche* in cod. Oxon. Jun. 83, 4 ebenfalls aus dem 13. Jh., *musche* in einer niederfränkischen Psalmenübersetzung des 14. Jhs. (Lexer Mhd. Wb. I, 2257) und einer kölnischen Quelle des 15. Jhs. in Frommanns D. Mundarten II, 446a. Ferner mnd. *musche* bei Schiller-Lübben Mnd. Wb. III, 139, mndl. *mussce* (*musce*, *muysch*, *musch*, *mossche*, *mosch*) bei Verwijs-Verdam Mndl. Wb. IV, 2026. Bei Gesner a. a. O.

1 Heeger Tiere im pfälz. Volksmunde II, 11.
2 Vgl. Wb. d. Luxemburg. Mundart 105 s. v. Feldšpatz.
3 Kehrein 380. — 4 Hertel 230.
5 Albrecht Die Leipziger Mundart S. 213. — 6 Schambach 203.
7 Häpke Volkstümliche Tiernamen S. 303.

S. 619 wird *Músche* als niederdeutscher Ausdruck bezeichnet. Der Name ist wahrscheinlich entlehnt aus lat.-roman. *musca*. Im klassischen Latein bedeutet das Etymon 'Fliege'; als Vogelname erscheint es nur in Ableitungen im Französischen: afrz. *mussun*, *mousson*, normann. *moison* 'Sperling', welche auf eine Grundform **muscio* hinweisen. Aus dieser erklärt sich die umgelautete deutsche Maskulinform *Müsche*[1].

Heutzutage kommen in Niederdeutschland die drei Synonyma *Sparlink*, *Lünink* und *Musche* vor, und zwar sind die erstgenannten Worte hauptsächlich in den Gegenden östlich von der Elbe verbreitet, während das letztgenannte westlich von der Elbe heimisch ist. Die Grenzen sind jedoch nicht scharf gezogen, und an manchen Orten werden zwei oder sogar alle drei Synonyma neben einander gebraucht. Auf Grund der vorhandenen Angaben lassen sich die Verbreitungsbezirke ungefähr folgendermaßen bestimmen. Der Name *Musch* oder *Mosch* gilt in den Niederlanden und im Friesischen[2]; in den Rheingegenden, wie in Geldern, Viersen, Breyell, in Köln[3], in der Eifel, in Luxemburg *Mösch*[4] f. (= siebenbürg. *Mösch*). Am rechten Rheinufer kommt der Name in Westfalen in der Form *Müsche*[5] f. vor und erstreckt sich als *Mŏ̂sch* im Nordosten bis Lübeck[6]; in Mecklenburg wird das Wort zwar im Ausdruck *Musch-Lünk* angewendet, aber nicht mehr als Vogelname empfunden, sondern als *Musch* = frz. *monsieur* aufgefaßt, s. Tremsens plattd. Gedichte, herausg. v. Eggers (1875) S. 21. Als Grenzpunkte des Verbreitungsgebietes kommen weiterhin in Betracht Elberfeld und Unterbarmen (*Mösche* f.), im Süden der Westerwald, wo *Müsche* m. nach Pfister Nachtr. zu Vilmar Id. S. 185 als minder üblicher Ausdruck vorkommt, im Südosten der Ravensberg, wo *Mösche* neben *Lüling* gebraucht wird. Vgl. auch nassauisch. *Grasmisch* S. 70. — In dieses Verbreitungsgebiet des Wortes *Musche*, *Mösch*

1 Als Kriterium für die Zeitbestimmung der Entlehnung kann ags. *muscfleotan* = bibiones bei Wright-Wülcker I, 121[22] nicht verwendet werden. Die Glosse ist nämlich nicht mit Sievers Anglia XIII, 319 *múscfléoge* zu lesen, sondern als *mustfléoga* d. h. Mostfliege aufzufassen (so auch bei Sweet The Stud. Dict. S. 121). — 2 Dijkstra Wb. s. v.

3 Hoenig Wb. S. 115. — 4 Wb. d. Luxemburg. Mundart 291.

5 Woeste 180. — 6 Schumann Zs. f. d. Wf. IX, Beih. S.3.

greift vielfach dasjenige von *Lüning* und dessen Nebenformen über. Im Nordwesten reicht *Lüning*, *Lünink* ins ostfriesische Gebiet hinein (Jb. f. ndd. Sprachf. XI, 112), östlich davon kommt es vor in Oldenburg, davon südlich im Münsterlande und in Lippe[1] und Waldeck (*Liuling*); hier sind Recklinghausen und Duisburg (*Lênk*) die westlichen Grenzpunkte, im Süden kommt das sächsische und westfälische Hessen[2] in Betracht und als südöstliche Grenzpunkte Göttingen und Grubenhagen[3], wo der Name schon selten ist. Im Norden geht das Verbreitungsgebiet ostwärts von Oldenburg über Bremen, Hamburg, Lübeck nach Holstein, Mecklenburg und Altmark[4]. — Östlich von hier herrscht der Ausdruck *Sparling*, *Sperling* (in Preußen, Pommerellen und Pommern). Im Nordwesten geht er nach Mecklenburg-Strelitz, wo er neben *Lüning*, *Lünk*, und nach Lübeck, wo er neben *Lünk* und *Môsch* vorkommt; in Göttingen und Grubenhagen ist *Sparling* der übliche Ausdruck, während *Lüning* selten ist. Ferner gilt jener Name auf dem ganzen niederd. Harz, in Quedlinburg und Schöppenstedt, bei Gandersheim in Wresserode (selten); auch in den Wesergegenden soll *Sparling*, *Sperling* der geläufige Name des Vogels sein. Vgl. Korrespondenzbl. f. ndd. Sprachf. XVI, 83 ff., XVII, 1 ff. und XXVII, 18 ff. 65. 72, auch IV, 52. 68 f., V, 55.

In manchen Gegenden von Niederdeutschland wird der Haus- oder der Feldsperling als der Stehler des Korns bezeichnet: in Göttingen und Grubenhagen *Spardeif* m. (Sperling-Dieb)[5], im Münsterkreise *Debbert*[6], in Geldern und Umgegend *Korrefräter*[7]; in Kleins Hist. av. prodr. (1750) S. 88 werden die Ausdrücke *Speicher-Dieb* und *Korn Werffer* erwähnt. Ein Lübecker Ausdruck für den Vogel ist *Dackpeter* (Dach-Peter) oder *Dacklünk*[8]. Andere niederdeutsche Lokalnamen für den Sperling sind *Schrupp(e)*[7] in Kempen, *Scherphans*[7] 'Zirphans' (vgl. westfäl. *schirpen* 'zirpen', preuß. *Scherp* 'Wachtelkönig') in Leuth (Geldern);

1 Frommann D. Mundarten VI, 354.
2 Vilmar 254. — 3 Schambach 127. — 4 Danneil 129.
5 Schambach 202. — 6 Korrespondenzbl. f. ndd. Sprachf. XVI, 85.
7 Korrespondenzbl. f. ndd. Sprachf. IV, 68.
8 Korrespondenzbl. f. ndd. Sprachf. XVI, 83.

Hüling in Oberbarmen ist wahrscheinlich eine Entstellung aus *Lüling* im Anschluß an *hülen* 'weinen', vgl. Korrespondenzbl. f. ndd. Sprachf. IV, 52.

In hochdeutschen Mundarten schließen sich an die letztgenannten Synonyma Ausdrücke an, welche ebenfalls von der zirpenden Stimme des Sperlings ausgehen. Aus Thüringen führt Hertel Sprachsch. S. 268 den Namen *Zwulg* unter Hinweis auf hess. *zwilgen* 'zirpen' an; dazu elsäss. *Zwilch* m. als gelegentliche Benennung für einen jungen Spatz bei Martin-Lienhart II, 925. In Steiermark ist *Tschirp*[1] m. (zu *tschirpen*, *zirpen*) eine ähnliche Bildung; in Luxemburg wird der Sperling *Jadeker*[2] m. (vgl. *jaderen* 'schwätzen') genannt.

Luxemburg. *Kârbutsch*[3] (aus *Kâr* 'Korn' und wahrscheinlich *Butz* 'Geschöpfchen') ist eine Art Kosename für den Spatzen ebenso wie hess. *Spirrwatz*[4] m. (vgl. thüring. *Watz* 'kleiner, dicker Mensch'). Dagegen wird der Vogel an anderen Orten mit Schimpfnamen benannt, vgl. *Dachscheißer*[5] in der Leipziger Mundart. Im Elsaß heißt er *Jud*[6] (Jude), in Steiermark *Tschech*[7] m. (Tscheche). Unklar ist der Ausdruck *Spunsk*[8] m. in Salzungen (Thüringen).

Der männliche Spatz heißt in Göttingen und Grubenhagen *Sparkâz*, in Luxemburg *Möschemännchen*[9] m., in der Pfalz *Spatzenmännel*[10], daneben aber auch *Spetzert*[10] und *Spetzerich*[10] nach dem Typus von *Tauber*, *Ganser*, *Täuberich*, *Gänserich*, *Enterich*.

Feldsperling, fringilla montana, passer montanus.

Die althochdeutsche Glosse *ahasparo* (*abasparo*) in H. S. III, 17, die eigentlich 'Wassersperling' (*aha* = Wasser) bedeutet, enthält den ältestüberlieferten Namen für den Feldsperling. Die mittelfränkische Darmstädter Handschrift des Summariums

1 Unger-Khull 179. — 2 Wb. d. Luxemburg. Mundart 198.
3 Wb. d. Luxemburg. Mundart 212.
4 Saul Beitr. zum Hess. Id. S. 15. — 5 Albrecht 98.
6 Martin-Lienhart I, 403. — 7 Unger-Khull 179. — 8 Hertel 232.
9 Wb. d. Luxemburg. Mundart 291.
10 Heeger Tiere im pfälz. Volksmunde II, 11.

übersetzt das lat. Lemma 'passer agri' mit *aggermuscha* d. h. Ackersperling; im 15. Jh. begegnet der Ausdruck *ackerspar* (Diefenbach Novum glossar. S. 282a).

Auch die heutigen Mundarten bezeichnen vielfach den Feldsperling nach seinen Aufenthaltsorten, zu denen er schilfreiche Lachen und freie Felder und Wiesen wählt; sein Nest legt der Vogel in den Höhlen der Bäume an. Eber und Peucer Vocab. S. F 6b nennen ihn *Bawmſperlink*, *Mosſperlingk*; zu dem letzteren Namen stimmt *Moß-sperck* bei Hans Sachs im Regim. der Vögel (1531) V. 169. Gesner Hist. avium S. 627 führt nach Tragus den Ausdruck *Waldſpatz* an; in Döbels Eröffn. Jägerpr. S. 65 wird der Feldsperling oder "der wilde Sperling" *die Holtz-Muſchel* genannt, das offenbar eine Umdeutung des rheinischen Synonymons *Musche* ist. — Die Namen *Wydenſpatz*, *Weidenſperling*[1], *Rorſpar* bei Gesner, Schwenkfeld u. a. teilt der Feldsperling mit den Rohrsängern und der Rohrammer. Nach Naumann-Hennicke III, 371 ist *Rohrsperling* im Anhalter Dialekt der übliche Name des Vogels. Der Ausdruck *FeldSperling* ist zuerst bei Schwenkfeld Ther. Sil. (1603) S. 323 bezeugt.

Als Korndieb steht dieser Sperling in ebenso üblem Ruf wie sein Verwandter, der Haussperling. Im 16. Jh. begegnet 'das leidige Spetzel' als Bezeichnung dieser Vögel: "paſſer ist *das leidige Spetzel*" in Ryffs Tierb. Alberti (1545) S. Q 2a und "Haußſpatz und Rhorſpatz wer ſie kent / Vnd *das leidig Spetzel* genent" im Strassburg. Vogelb. (1554) V. 534. Der Verfasser des Vogelbuches hat offenbar den Ausdruck seinem Vorgänger abgeschrieben. — Klein nennt in Hist. av. prodr. (1750) S. 88 den Feldsperling *Gerſten-Dieb*, *Feld-Dieb*; in Luxemburg heißt er *Kârmösch*[2] f. Bei Hans Sachs Regim. der Vögel (1531) V. 195 ist *Korspercken* offenbar als *Kornspercken* aufzufassen.

In Niederdeutschland begegnet in einem Urkundenbuche v. J. 1313 *Muyrſperling* als Eigenname[3]. Das Wort ist eine Bezeichnung des Feldsperlings, der 'Mauersperling' genannt wird,

---

1 Vgl. frz. *saulet* in gleicher Bedeutung, Rolland Faune populaire II, 163.

2 Wb. d. Luxemburg. Mundart 213.

3 Korrespondenzbl. f. ndd. Sprachf. XXVII, 65.

weil er sein Nest auch auf Mauern anbringt, vgl. luxemburg. *Mauerspatz*[1] m. = frz. *moineau de mur*(*aille*)[2].

Der *Pirgſpatz* im Regim. der Vögel (1531) V. 146 kann der Feldsperling oder der in Deutschland seltene **Steinsperling** (fringilla petronia, petronia petronia) sein.

Girlitz, fringilla serinus, serinus serinus.

Die eigentliche Heimat des Girlitzes sind die Mittelmeerländer, aber im Laufe der letzten Jahrhunderte hat er seinen Verbreitungsbezirk immer mehr nordwärts verschoben, so daß er schon früh in Süddeutschland heimisch geworden und in der letzten Zeit bis nach Norddeutschland vorgedrungen ist. Statistische Angaben über die Erweiterung des Verbreitungskreises geben Brehm Tierleben (Vögel I³, 304 f.) und Naumann-Hennicke III, 275.

Zum ersten Mal begegnet der heute übliche Name des Vogels in der Form *Girlin* im Strassburg. Vogelb. (1554) V. 409 im Zusammenhang mit anderen Finkennamen; Gesner Hist. avium (1555) S. 249 gibt *Gyrle* als die elsässische Namensform und aus Frankfurt a. M. die Varianten *Girlitz* und *Grylle.* Die letztere Form ist als Kompositum (der) *Hirngrill* schon bei Hans Sachs Regim. der Vögel (1531) V. 113 und dann als *Hirengryll* bei Eber und Peucer Vocab. S. E 5b und bei Gesner (*Hirngryllen*) bezeugt. Später begegnet *Hirngrillen* bei Hohberg Adel. Land-Leben (1687) II, 806 Kap. CXXI, *der Hirngrill* in der Angenehmen Land-Lust (1720) S. 196. Heute soll *Hirngrilla*[3] im Oberinntal (Tirol) vorkommen, Unger-Khull Wortsch. S. 349 verzeichnen *Hirngrillerl* n. als steirischen Namen. Allem Anschein nach ist der Name *Hirngrille* von den südöstlichen Gegenden des deutschen Sprachgebietes weiter vorgedrungen und zwar durch die Vogelsteller dieser Gegenden. Gesner berichtet a. a. O., daß die Vögel in Kärnten und in der Umgegend von Trient gefangen werden und noch der Verfasser der Angenehmen Land-Lust (1720) S. 196 nennt die "Hirngrillen" fremde Vögel, welche aus Tirol nach Deutschland gebracht

1 Wb. d. Luxemburg. Mundart 280. — 2 Rolland a. a. O. S. 164.
3 Frommann D. Mundarten IV, 54.

werden. Wie der Vogelname, welcher nur in der umgebildeten Lautgestalt überliefert ist, ursprünglich gelautet hat, ist schwer zu sagen. Der zweite Teil des Kompositums kann aus der Form *Girle* entstanden sein, welche in den westlichen Gegenden Deutschlands zuerst auftritt und als eine Nachbildung der Stimme des Vogels aufgefaßt werden kann. Daraus kann die Variante *Girlitz*[1], welche nach Gesners Vogelbuch von Chytraeus Nomenclator (1582) S. 376 wiederholt wird, im Anschluß an *Stieglitz* gebildet worden sein. Andererseits hat man aber den Verdacht, daß alle diese Namensformen auf einen fremden Namen zurückgehen. Nach Unger-Khull a. a. O. S. 293 ist der Ausdruck *Girliz*[2] heute in Obersteiermark in der Bedeutung 'Fink' vorhanden. — In der älteren ornithologischen Literatur erscheint der Name *Hirngrille* oft als Bezeichnung des Baumläufers. Der Irrtum, der dann die analogische Neubildung *Baumgrille* veranlaßt hat, rührt, wie viele andere, von Eber und Peucer her, welche das Wort als Glosse zu 'certhia' geben.

Zu Gesners Zeit wurden die Girlitze auch in einigen Teilen der Schweiz gefangen und hier *Schwáderle* oder *Fádemle* genannt. Die Ausdrücke sind nicht ganz klar; der erstere wird in Grimms Wb. IX, 2173 vielleicht richtig aus *schwadern* 'schwatzen' gedeutet.

Kanarienvogel, fringilla canaria.

Der Vogel ist nach seiner afrikanischen Heimat, den Kanarischen Inseln, benannt worden. Für den Import der Kanarienvögel nach Europa, der im 16. Jh. angefangen hat, sind einige Angaben in der damaligen ornithologischen Literatur von besonderem Interesse. Zum ersten Mal werden die Vögel von dem in Köln wohnenden Engländer Turner (im Jahre 1544) erwähnt, der sie aus seiner Heimat kennt: "Huius generis sunt, quas Anglia aues *canarias* uocat", vgl. Avium historia S. F 4b. Gesner selbst hat noch keinen Kanarienvogel gesehen, aber in seinem Vogelbuche (1555) S. 234 druckt er eine Schilderung desselben ab, welche er seinem Augsburger Freunde Rafael Seiler verdankt. Der hier beschriebene Vogel ist noch der grün-

1 Das gleichbedeutende slovenische Wort *grilec* scheint eher aus dem Deutschen zu stammen als umgekehrt. — 2 Unger-Khull 293.

gefärbte Stammvogel, von dem sich später der gelbe Kanarienvogel in den Käfigen entwickelt hat. Nach Seiler nannten die Vogelverkäufer die Kanarienvögel *Zuckervögele*, weil diese in ihrer exotischen Heimat sich von der Zuckerpflanze nähren. — Noch zur Zeit Schwenkfelds waren die Vögel äußerst selten, denn im Ther. Sil. (1603) S. 298 wird erzählt, daß die kostbaren Fremdlinge nur von den Reichen und Vornehmen gehalten werden. So besitze der kaiserliche Kammerherr Sigismund Czedlitz ein Paar von diesen Vögeln, welche Schwenkfeld *Canarien Vogel*, *Zucker Vogel*, *Canarien Zeisle* nennt.

In den Reisebeschreibungen des 17. Jhs. wird der Kanarienvögel öfters gedacht; es kommen da die Namensformen *Canarienvogel* (Rollenhagen Ind. Reysen (1605) S. 268, Schultze Ostind. Reise (1676) S. 3a), *Canarivogel* (Hemmerham Reisebeschr. (1664) S. 4, Hesse Ostind. Reisebeschr. (1687) S. 26) zur Anwendung. — In den heutigen Mundarten ist der Name in volkstümlicher Weise umgestaltet, vgl. z. B. *Kanari*[1] m. in Steiermark, *Kanari*, *Kanali*, *Kardinali*, *Kanâlfôkl*, *Kanânefœjele*[2] im Elsaß, *Karnarivogel*, *Kardinarienvogel*, *Kardinalvogel*[3] in der Schweiz, *Kanaljenvogel*[4] in Thüringen, Sachsen und Preußen, *Kanâljen*[5] m. in Luxemburg, *Kalummer Vauhl*, *Kalummer*[6] in Niederhessen usw.

Kernbeißer, coccothraustes vulgaris, coccothraustes coccothraustes.

Die Kernbeißer nähren sich von allerlei Baumknospen, ganz besonders gerne verzehren sie aber Kirschen, deren Kern zuerst von dem Fleische befreit und dann mit dem dicken Schnabel aufgeknackt wird. Nach Brehm Tierleben (Vögel I³, 277) geschieht dies mit solcher Gewalt, daß man es auf 30 Schritt hören kann.

Der Name, welcher diese Eigenschaften des Vogels charakterisiert, ist in der alten Bildungsweise **kernbîze* in einer Version des Märchens vom Zaunkönig (Germania VI, 90) überliefert;

---

1 Unger-Khull 377. — 2 Martin-Lienhart I, 100. 445. 468.

3 Staub-Tobler I, 694.

4 Hertel 129, Albrecht Die Leipziger Mundart S. 142, Frischbier I, 332.

5 Wb. d. Luxemburg. Mundart 208.

6 Pfister Nachtr. zu Vilmar Id. S. 124.

die Handschrift des 15. Jhs. schreibt *kernbeyss*. Gesner Hist. avium S. 264 bezeichnet diese Bildung als österreichisch, ebenso Popowitsch Versuch S. 235; in der Angenehmen Land-Lust (1720) S. 197 *der Kernbeiss*. Unger-Khulls Wortsch. S. 384 gibt *Kernbeiß* m. aus Steiermark. In Baiern ist die Form *Kerenbeisser* zuerst bei Hans Sachs im Regim. der Vögel (1531) V. 130, in Sachsen *Kernbeyſſer* bei Eber und Peucer Vocab. (1552) S. F 2b bezeugt. Eine schweizerische Variante ist *Steinbyſſer* bei Gesner a. a. O. (auch heute *Steinbîsser*[1]); schweiz. *Bollebick* (Knospenbeißer), das vorwiegend für den Blutfinken angewendet wird, hat Gesner auch im Sinne von 'Kernbeißer' gehört. In Ostermanns Vocab. (1591) S. 334 begegnet unter anderen Synonyma für den Vogel die Bildung *Steinknipper*.

Andere Namen bezeichnen ihn speziell als Kirschenfresser. Im westlichen Deutschland wird *Kirsfincke* zuerst von Turner Avium hist. (1544) S. F 3a erwähnt, danach *Kirchfincke* bei Eber und Peucer a. a. O., *Kirschfincke* bei Aitinger Bericht v. d. Vogelstellen (1631) S. 165 und Döbel Eröffn. Jägerpr. (1746) S. 55. Gesner kennt *Kirßfinck* aus Frankfurt a. M. Weiter südlich ist *Kirsfinck* im Elsaß zuerst durch das Strassburg. Vogelb. (1554) V. 469 bezeugt, darauf *Kirschfinck(e)* bei Golius Onomasticon (1579) Sp. 291 und Spangenberg Ganskönig V. 137; heute ist der Ausdruck im Elsaß ganz geläufig[2]. Chytraeus Nomenclator (1582) S. 374 hat die Variante *Kaſſeberfinck* (Kirschbeerfink).

Aus der Schweiz führt Gesner u. A. das Synonymon *Klepper* (zu *kleppen* = ndd. *kneppen* 'knallen'), ohne bestimmte Ortsangabe dagegen den Ausdruck *Kirſeſchneller* an; bei Aitinger a. a. O. *Kirſchknepper*, bei Döbel a. a. O. *Kirſchknepper*, *Kirſchschneller*. Heute kommt die Form *Chirsichlepfer*[3] in der Schweiz vor; im Elsaß *Kirsenklepfer*, *Kirsenkleppe(ri)*, *Kirschenknuppe(r)*[2], in Rheinhessen *Kirschenknäpper*[4], in Luxemburg *Kîschteknäppchen*, *Kîschteknappert*[5] m. (zu *Kîsche* 'Kirsche'), im Münsterkreise *Kiässenknäpper*[6].

1 Staub-Tobler IV, 1692. — 2 Martin-Lienhart I, 122. 496. 506.
3 Staub-Tobler III, 679. — 4 Kehrein 225.
5 Wb. d. Luxemburg. Mundart 225.
6 Korrespondenzbl. f. ndd. Sprachf. XVI, 85.

Wegen des starken Schnabels wird der Kernbeißer in Steiermark *Dickschnåbel*[1] genannt; der gleichbedeutende Name *Dickmaul* begegnet zuerst bei Aitinger a. a. O. — Das schlesische Dialektwort *Lesske*, *KirſchLeske* bei Schwenkfeld Ther. Sil. (1603) S. 236 (heute auch *Laschke*[2] m.) ist entlehnt aus czech. *dlesk*, *dlask* = poln. *klesk*. — Der Ausdruck *Lyßklicker*, den Schwenkfeld a. a. O. unter den Synonyma für den Kernbeißer erwähnt, ist eine Bezeichnung des Flußuferläufers. Der Irrtum ist dadurch veranlaßt, daß Eber und Peucer diesen Vogel *Steinbeiſſer* nennen. Schwenkfeld hat mit diesem Namen auch den Straßburger Ausdruck *Lyßklicker*, welchen Gesner als Synonymon zum "Steinbeiſſer" Ebers und Peucers erwähnt, auf den Kernbeißer bezogen.

Grünfink, coccothraustes chloris, chloris chloris.

Der Vogel wird meistenteils mit Namen bezeichnet, welche sich auf die gelbgrüne Farbe des Gefieders beziehen. Gesner Hist. avium S. 247 nennt die Ausdrücke *Grűnfinck* und *Grűnling*, welche heute in den Mundarten ziemlich allgemein verbreitet sind; im Elsaß heißt der Vogel *Gelbfink*[3]. Aus Frankfurt a. M. erwähnt Gesner das Synonymon *Tutter*, welches wohl als '(Ei-) Dotter' zu verstehen ist und auf die gelbe Farbe hinweist.

Einige Benennungen bezeichnen den Grünfinken nach seiner Nahrung, die aus Hanfsamen, Rübsamen und dergleichen besteht. Solche Ausdrücke sind *Rappfinck* (zu *Rapp* 'Reps') und *Hirßuogel* (zu *Hirse*) bei Gesner S. 248, *Hirschvogel*[4] heute in Steiermark. Der von Gesner S. 247 angeführte Name *Kuttvogel* wird durch das Strassburg. Vogelb. (1554) V. 591 nach dem Elsaß verlegt; in dem Onomasticon von Golius (1579) Sp. 291 und in Spangenbergs Gansköníg V. 141 kommt das Wort ebenfalls vor. Frischs und Adelungs Erklärungsversuche, welche von dem Naturlaut ausgehen, sind verfehlt. Wahrscheinlich beruht der Ausdruck auf dem elsässischen Jägerworte *Kütt* 'Schwarm von Vögeln' und erklärt sich daraus, daß die Grünfinken scharenweise umherstreichen. Wegen dieser unsteten Lebensweise heißt der Vogel in Schlesien *Welſcher Henffling* (Schwenkfeld Ther.

1 Zs. f. d. Phil. XXI, 210.
2 Weinhold Beitr. zu einem schles. Wb. S. 51.
3 Martin-Lienhart I, 122. — 4 Unger-Khull 349.

Sil. (1603) S. 295). Der Name *Grônhämp(er)ling* [1] in Altmark bezeichnet ebenfalls den Grünfinken als 'Hänfling'.

In Hans Sachs' Regim. der Vögel (1531) V. 101 begegnet der Vogelname *Wonitz*, den Eber und Peucer Vocab. (1552) S. F 3 a dem Grünfinken beilegen. Das Wort ist entlehnt aus gleichbedeutendem poln. *dzwoniec*. Darauf geht auch zurück die Lautform *Schwuntz* in Döbels Eröffn. Jägerpr. (1746) S. 61 u. a.; heute *Schwunsch* [2] in Anhalt, *Swunsch* [3] in Altmark. Daneben erscheinen auch zahlreiche umgestaltete Namensformen. Frisch Teutsch-lat. Wb. II, 251 c erwähnt eine von diesen Varianten, indem er sagt, daß die Wenden den Grünfinken "Schwunitz genannet, woraus die unwiſſenden Vôgel-Fånger *Schwanz* gemacht und diesen Vogel *Grûnſchwanz* genennet". In Dähnerts Pommer. Wb. (1781) S. 162 ist der Ausdruck *Grönſchwanz* verzeichnet; Döbel a. a. O. nennt neben *Schwuntz* auch *Schwanſchel*. Aus Sachsen werden die Lautvarianten *Quuntsch*, *Schwunz*, *Zschwunschig* angegeben [4].

Gimpel, pyrrhula europaea, pyrrhula pyrrhula.

In dem Vogelglossar der Pariser Handschrift 12269 f. 58 b aus dem 9. Jh. begegnet der Name *lohfinco* (= aiccido), den Kluge Engl. Studien XXII, 563 aus der heutigen westfälischen Mundart nachweist. In mittelhochdeutscher Zeit begegnet *lovinke* [5] nur einmal in der "lere von guoter spîse" (Zs. f. d. A. V, 14). Schwenkfeld Ther. Sil. (1603) S. 262 bezeichnet *Loh Fincke* als die schlesische Benennung des Gimpels, Aitinger Bericht v. d. Vogelstellen (1631) S. 364 führt ebenfalls *LoheFincke* (fem.) an. Branky Zs. f. d. Phil. XXI, 211 bezeugt den Ausdruck *Lohfink* für das nördliche Böhmen. Wahrscheinlich ist der Vogelname eine Zusammensetzung mit ahd. *lôh* 'Wald, Gebüsch' und bedeutet demnach 'Waldfink'. In der umgestalteten Form *Lobfinck* wird er aus Sachsen durch Eber und Peucer Vocab. (1552) S. E 4 b bezeugt und dazu stimmt ndd. *Looffink* bei Berghaus Sprachsch. der Sassen II, 412. — Die schlesische Form *Luh*

1 Danneil 70. — 2 Naumann-Hennicke III, 349. — 3 Danneil 319.
4 Zs. f. d. Phil. XXI, 210.
5 Wackernagel Zs. f. d. A. V, 14, Schmeller-Frommann I, 1501 und Lexer Mhd. Wb. I, 1883 lesen *lovirke* und bringen den Namen mit *lêwerke* 'Lerche' in Zusammenhang.

bei Schwenkfeld a. a. O. und *Lüch* bei Zehner Nomenclator (1622) S. 270 sind wohl Verkürzungen des Kompositums wie *Mistel* für *Misteldrostel* (s. S. 60). — Ebenso sind sächs. *Schwarzlob* [1] und schmalkald. *Lüft* [2] offenbar als Kurzformen der umgestalteten Namensform *Lobfink* aufzufassen. Wahrscheinlich gehört auch westthüring. *Lüwich* [3] zu *Lob* ebenso wie *Spatzich* zu *Spatz*, in dieser Form ist der Name aber identisch mit dem Eigennamen *Liebig* (ahd. *Liuuicho*).

Eine synonyme Benennung des Gimpels ist *Goldfinck* bei Eber und Peucer a. a. O. (danach bei Gesner Hist. avium S. 702, Golius Onomasticon (1579) Sp. 292); Turner [4], von dem der Ausdruck vielleicht in die vorhinerwähnten Werke aufgenommen ist, hält ihn als gleichbedeutend mit Distelfink. Heute wird der Gimpel in einigen Gegenden von Niederdeutschland (im Münsterkreise und in Recklinghausen) *Goldfink* [5] genannt; ndl. *goutvink* (bei Junius Nomenclator (1581) S. 55a *Goutvincke*). — Unsicher ist, ob schweiz. *Gol(l)* [6] (zuerst bei Gesner a. a. O. S. 702), *Goller* [6], elsäss. *Gol* n., *Rotgolle* (*Kol*, *Koller*) [7] als *Gold* aus *Goldfink* (wie *Golammer* aus *Goldammer*) aufzufassen sind; dann wären die alemannischen Synonyma ähnlich zu beurteilen wie die mitteldeutschen *Luh* und *Schwarzlob*.

Wegen der zinoberroten Unterseite, die dem Vogel die Benennung *Goldfink* verschafft hat, heißt er bei Turner Avium hist. (1544) *Blôdtfinck*, Gesner a. a. O. S. 702 *Blůtfinck*, im Vocab. triling. (1560) S. 89 und in der Angenehmen Land-Lust (1720) S. 151 *Blutfink*, bei Hohberg Adel. Land-Leben (1687) II, 801 Kap. CXX *Blut-* oder *Rohtfinck*. Heute kommt *Bluelfink* [8] in der Schweiz und im Elsaß vor, auch in der Siegerländer Mundart *Blôtfenke* [9]. Das Vokabular von Ostermann (1591) S. 335 nennt das Synonymon *Bluedzapf* (Blutzapfen), auch bei Henisch Teutſche Sprach (1616) Sp. 1173 *Blutzapff*. Zu dieser Gruppe

1 Zs. f. d. Phil. XXI, 210. — 2 Vilmar 254.
3 Kluge Et. Wb.[6] S. 146. — 4 Avium historia (1544) S. C 2a.
5 Korrespondenzbl. f. ndd. Sprachf. XVI, 85. XVII, 5.
6 Staub-Tobler II, 214. — 7 Martin-Lienhart I, 212. 431.
8 Staub-Tobler I, 868, Martin-Lienhart I, 122.
9 Heinzerling Probe eines Wörterbuches der Siegerländer Mundart Progr. des Realgymn. zu Siegen (1891) S. 27.

gehört noch *Rotvogel* bei Gesner a. a. O., im Strassburg. Vogelb. (1554) V. 591, und bei Golius Onomasticon (1579) Sp. 294.

Auf die Färbung des Vogels bezieht sich auch der Ausdruck *Dompfaff*; der Gimpel wird wegen der schwarzen Kappe und vielleicht der vollen Figur mit einem Geistlichen verglichen. Zuerst ist der Name *Thumpfaff* aus Sachsen bezeugt durch Eber und Peucer Vocab. (1552) S. E 4 b, daher auch bei Döbel Eröffn. Jägerpr. (1746) S. 62. Eine andere Variation ist ndd. *doemher* (= fringilla) in einem Vokab. v. J. 1542 [1]; Gesner kennt *Thumherr* durch seine Rostocker Korrespondenten. Die Ausdrücke sind heute auf mittel- und niederdeutschem Sprachgebiet verbreitet: *Dônpfaff* [2] in Thüringen, *Daumpâpe* [3] in Göttingen und Grubenhagen, *Dômpaop* [4] in Altmark und Mecklenburg, *Dômpâp*, *Dûmpâp* [5] in Preußen. Aus dem Niederdeutschen ist der Vogelname als *domherre* (*dompap*) ins Dänische, als *domhärre* ins Schwedische übernommen worden. — Für die Gegend von Frankfurt am Main bezeugt Gesner die einfache Bildung *Pfåfflin.*

Da der Vogel sich von den Knospen verschiedener Baumarten nährt, hat er in der Schweiz die Namen *Bollenbîsser* (Knospenbeißer), *Boll(en)bick(er)* [6] (Knospenpicker) erhalten; Gesner erwähnt neben *Bollenbyſſer, Bollebick* auch die Benennung *Brommeiß* (Knospenmeise).

Der heute häufig gebrauchte Name *Gimpel* ist ein vorzugsweise bairisch-österreichisches Wort. Zuerst kommt *Gümpel* — doppelsinnig gebraucht — bei Oswald von Wolkenstein 71, 3 vor, darauf *Gümpel* bei Hans Sachs Regim. der Vögel (1531) V. 135, *Gympel* bei Gesner als österreichische Namensform, *Gůmpel* bei Hohberg Adel. Land-Leben (1687) II, 801 Kap. CXX, *Gimpel* in der Angenehmen Land-Lust (1720) S. 151. Aber auch in Sachsen ist *Gumpell* bei Eber und Peucer Vocab. (1552) S. E 4 b bezeugt, danach *Gůmpel* in Döbels Eröffn. Jägerpr. a. a. O. Der Name ist abgeleitet von *gumpen* 'hüpfen' und bezieht sich auf die ungeschickten und hüpfenden Bewegungen des Vogels auf der Erde.

1 Jb. f. ndd. Sprachf. VI, 127. — 2 Hertel 83. — 3 Schambach 40.
4 Danneil 36 und Korrespondenzbl. f. ndd. Sprachf. XVI, 84.
5 Frischbier I, 143. — 6 Staub-Tobler IV, 1120.

Unter der Menge von Synonyma, die Gesner a. a. O. zusammengetragen hat, wird auch der Name *Hail* erwähnt. Damit identisch ist der Vogelname *hyl* in einer Version des Märchens vom Zaunkönig aus dem 15. Jh. (Erlösung herausg. von Bartsch S. XLIV). Der Name ist ein slavisches Lehnwort und geht auf czech. *heyl*, *hýl* = poln. *gil* zurück. Ebenso ist *Schnigel* (danach vielleicht *Rothſchlegel*) bei Döbel a. a. O. entlehnt aus poln. *śniegula*[1]. Im deutschen Luxemburg wird der Gimpel *Pillo*[2] m. genannt. Der Name, welcher auch auf andere Vögel übertragen wird, kommt als *pilo*[3] im französischen Luxemburg vor; dazu *Pilart* als brabantisches Wort bei Gesner a. a. O.

Nach Voigt Excursionsbuch S. 125 unterscheidet sich die Stimme des weiblichen Gimpels von dem Pfeifen des männlichen Vogels dadurch, daß sie weniger rein ist und tiefer klingt. Nach diesen Lauten ist der Ausdruck *Quetsch* gebildet, den Eber und Peucer a. a. O. als spezielle Bezeichnung des Weibchens anführen; er begegnet schon früher bei Hans Sachs im Regim. der Vögel (1531) V. 229. — Ein schweizerischer Name für den männlichen Vogel ist nach Gesner die Bildung *Gügger* (zu *güggen* 'pfeifen'; vgl. S. 94); heute wird das Wort (gewöhnlich zusammengesetzt *Rotgügger*) in der Schweiz ohne Unterschied des Geschlechts für den Gimpel verwendet[4]. Die Geschlechtsbezeichnungen sind offenbar Termini der Vogelsteller, ebenso wie der Ausdruck *Hellſchreyer* in der Angenehmen Land-Lust (1720) S. 153.

Fichtenkreuzschnabel, loxia curvirostra.

Von den loxia-Arten ist der kleine oder der Fichtenkreuzschnabel der einzige in Deutschland heimische Vogel. Er lebt in dem deutschen Mittelgebirge, besonders im Harz und in Thüringen, doch ist sein Aufenthaltsort von dem Samenreichtum der Nadelwälder in hohem Grade abhängig und daher sehr veränderlich.

Im 15. Jh. begegnet als Name des Kreuzschnabels der Ausdruck *crînis* in einer Version des Märchens vom Zaunkönig

1 = wend. *sněhula*, czech. *sněhule*, russ. *snigiri* 'Gimpel'.
2 Wb. der Luxemburg. Mundart 336.
3 Rolland Faune populaire II, 168. — 4 Staub-Tobler II, 196 f.

(Germania VI, 99) und die Nebenform *kriwittze* im Elbinger Vokab. (Berneker Die preuß. Spr. S. 244), im 16. Jh. *Krinitz* bei Eber und Peucer Vocab. (1552) S. F 4 a. In Schwenkfelds Ther. Sil. (1603) S. 252 werden die Formen *Krinitz* und *Krinis* als schlesisch in Anspruch genommen; Döbel Eröffn. Jägerpr. (1746) S. 56 schreibt *Grinitz*, der Verfasser der Angenehmen Land-Lust (1720) S. 336 *Grúnitz*. Popowitsch Versuch (1780) S. 293 kennt *Kriniz* aus Schlesien und Schwaben; dazu wird aus Schlesien auch die Variante *Grims*[1] angegeben, aus dem nördlichen Böhmen *Krims*[2], aus Mähren *Grenes*[3], aus Thüringen (allgemein) *Grünitz*[4]. Der Name ist, wie so viele andere Benennungen für Finkenvögel, aus den slavischen Sprachen übernommen; hier entspricht als Etymon dem mhd. *krînis* czech. (russ.) *krivonos*[5] (d. h. Krummschnabel). Im Anschluß an die Bildungen *Stiglitz*, *Wonitz*, *Girlitz* ist die Form *Krinitz* entstanden, welche dann teilweise an *grün* angelehnt und zu *Grünitz* umgebildet worden ist.

Eine einheimische Bezeichnung für diese Vögel ist *krumpschnabl* in einer Version des Märchens vom Zaunkönig (Germania VI, 90), *Krumbschnabel* bei Hans Sachs Regim. der Vögel (1531) V. 226, *Krum̃ſchnabel* bei Gesner Hist. avium S. 508. Popowitsch S. 294 bezeichnet diesen Ausdruck als österreichisch. Ein synonymer Name, welcher ebenfalls von den hakenförmig gekrümmten Schnabelspitzen des Vogels hergeleitet ist, ist *Kreuzvogel* in Steiermark (Unger-Khull Wortsch. S. 413), *Krüzvogel*[6] in der Schweiz (*Krützvogel* bei Gesner a. a. O.) und im Elsaß (*Creutzvogel* in Spangenbergs Ganskönig V. 121); Martin und Lienhart I, 100 geben allerdings 'Buntspecht' als Bedeutung an. Nach Popowitsch S. 293 ist der Name *Kreuzvogel* auch in der Wetterau üblich. Als schlesisches Synonymon führt Popowitsch den Ausdruck *Christvogel* an, den er daraus erklärt, daß der Kreuzschnabel "um Weihenachten auf den Fichtenbäumen seine Jungen aushecket". Wahrscheinlicher ist jedoch,

1 Frommann D. Mundarten IV, 170. — 2 Zs. f. d. Phil. XXI, 210.
3 Frommann D. Mundarten V, 465. — 4 Hertel 110.
5 = poln. *krzyvonos*. Sloven. *grinec* stammt wohl aus dem Deutschen.
6 Staub-Tobler I, 694.

daß dieser Name durch die Benennung *Kreuzvogel* veranlaßt wurde, indem man hier das *Kreuz* im christlichen Sinne faßte.

In Kleins Hist. av. prodr. (1750) S. 96 wird der Ausdruck *Kreutz-Schnabel* erwähnt, der als *Krützschnoabel*[1] in Mecklenburg und *Krützsnawel*[1] in Lübeck vorkommt. Aus Preußen wird das Synonymon *Zapfenbeißer*[2] angegeben, welches Popowitsch S. 294 mit den Ausdrücken *Tannenvogel*, *Tannenpapagey* nach Halle anführt; bei Unger-Khull a. a. O. S. 641 gilt *Zapfenbeißer* als steirischer Name.

Schwenkfeld gibt im Ther. Sil. S. 253 an, daß die schlesischen Vogelsteller nach der Farbe verschiedene Arten Kreuzschnäbel unterscheiden: "Rote, Geelbe, Graue, Bundte, Recht oder Lincks geſchrenckte Kriniſſe". Durch diese Farbenbenennungen sind die verschiedenen Stufen angedeutet, durch welche die lange dauernde Umfärbung des Fichtenkreuzschnabels stattfindet.

Dagegen sind die *Roß Kriniſſe* oder *groſſe Kriniſſe* a. a. O. wirklich eine verschiedene Art. Die Ausdrücke beziehen sich auf den im Norden heimischen **Kiefernkreuzschnabel** oder *Hakengimpel* (loxia enucleator, loxia pityopsittacus), der in Deutschland manchmal angetroffen wird. In Preußen soll dieser Vogel *Paradiesvogel*[3] genannt werden.

Wie die unregelmäßig streichenden Vögel überhaupt, so gelten auch die Kreuzschnäbel als Vorzeichen von Pest oder teueren Zeiten, vgl. Schwenkfeld a. a. O.

Fliegenfänger, Muscicapidae.

Grauer Fliegenfänger, muscicapa grisola.

In den althochdeutschen Glossen wird der Vogelname *snepfo* bezw. *snepfa* (d. h. *Schnepfe*) manchmal mit lat. *ficedula* übersetzt, das die Bezeichnung für Grasmücken oder Fliegenfänger ist; in den späteren Vokabularen wird daher der lateinische Ausdruck auch mit *grasmucke* wiedergegeben. — Daß es sich in den betreffenden althochdeutschen Belegen nicht bloß um eine falsche Glossierung des Namens der Schnepfe (scolopax) handelt, zeigt die weitere Geschichte.

1 Korrespondenzbl. f. ndd. Sprachf. XVI, 83. 84.
2 Frischbier II, 487. — 3 Frischbier II, 121.

Im 16. Jh. erscheint *Schnepfflein* wieder einmal mit *ficedula* glossiert bei Eber und Peucer Vocab. (1552) S. E 7a, und hier bezeichnet das Wort unzweideutig einen vom Fliegenfang lebenden Singvogel, den Rotschwanz. Der Name *Schnepfflin* wird a. a. O. damit begründet, daß der Vogel mit offenem Munde gierig nach Fliegen trachtet. Junius, der diese Glosse durch die Vermittlung Gesners in seinen Nomenclator (1581) S. 56a aufgenommen hat, bezeichnet *Sneppe* als entsprechenden niederländischen Namen. In dieser Lautgestalt begegnet der Vogelname bereits im 15. Jh. in der Glosse ficedula = *fliege*, *sneppe* [1], welche in *fliegesneppe* 'Fliegenschnepper' zu verbessern ist. Die Bildung *Fliegenſchnepper* (Döbel Eröffn. Jägerpr. (1746) S. 62) ist heute besonders in Niederdeutschland als Name des grauen Fliegenfängers (oder des Rotkehlchens) geläufig. In Göttingen und Grubenhagen und im Münsterkreise lautet die Namensform *Fleigensnepper* [2], anderwärts auch *Muggensnapper* [3]; auf hochdeutschem Sprachgebiet *Fliegenſchnáperl* [4] in Österreich, *Fliegenschnapperl* [5] in Steiermark.

Im ahd. Ausdruck *snepfo* sind offenbar zwei verschiedene Vogelnamen zusammengefallen: *snëpfo* = scolopax, Schnepfe (vgl. dieses Wort) und *snępfo* (aus **snap-j-an*) 'Fliegenschnepper'. Der letztere ist nur in der niederdeutschen Lautform **snęppe* erhalten geblieben. Aus diesem Zusammenfall der beiden Namen erklärt sich dann der Umstand, daß lat. *ficedula* gelegentlich auch im Sinne von Schnepfe aufgefaßt wurde. So z. B. bei Albertus Magnus De animalibus S. Y 3a: "Nepa est auis longi rostri, in dorso colores habet perdicis et in ventre nisi ... hanc fiscedulam quidam vocant".

Eber und Peucer Vocab. (1552) S. E 6b haben für den grauen Fliegenfänger den Namen *Fligenſtecher*, wozu *Muggenſtecher* bei Gesner Hist. avium S. 594 eine Variante ist; später begegnet *Muckenſtecher* in Spangenbergs Gansköniq V. 138, *Mückenſtecher* bei Popowitsch a. a. O. neben *Fliegenſpießer*,

1 Diefenbach Novum glossar. S. 173a.
2 Schambach 272, Korrespondenzbl. f. ndd. Sprachf. XVI, 85.
3 Häpke Volkstümliche Tiernamen S. 302.
4 Popowitsch Versuch S. 398. — 5 Unger-Khull 242.

das nach Halle angeführt wird. Als schlesische Namensform gibt Schwenkfeld Ther. Sil. (1603) S. 307 *Sticherling* an.

Weitere Varianten sind *Muggen-Chlöpfer*[1] in der Schweiz, *Beiefrösser*[2] (d. h. Bienenfresser) in Luxemburg, *Mückenfanger*[3] in der Grafschaft Ranzau. — In Preußen heißt der graue Fliegenfänger *Schurek* m., das bei Frischbier Wb. II, 323 als poln. *szurek* 'Schelmchen' oder als onomatopoietische Bildung gedeutet wird. Der Dialektname scheint eher auf russ. *štšurka* 'Bienenfänger' zurückzuführen zu sein. Unklar ist der luxemburgische Name *Izeckelchen*[4] m.

Aus Mecklenburg erwähnt Nemnich Polyglottenlexicon II, 666 als Bezeichnung des grauen Fliegenfängers den Ausdruck *De graag Hüting* (= Das graue Rotschwänzchen); ein anderes ndd. Synonymon ist *Tûnsinger*[5].

Vom grauen Fliegenfänger wird **der schwarze** (muscicapa atricapilla) gewöhnlich nicht durch besondere Benennungen unterschieden. In Bern (in der Schweiz) heißt die letztgenannte Art *Tôte-Vögeli*[6] (Totenvogel). Gesner bezeichnet a. a. O. S. 763 den Namen *Todtenuógele*, welchen er als Synonymon zu *Flügenſtecherlin* anführt, als einen Ausdruck der Vogelsteller. An den Namen knüpft sich die Vorstellung, daß der Vogel vor herannahender Pest häufiger wahrzunehmen ist. Schwenkfeld Ther. Sil. (1603) S. 307 nennt den schwarzen Fliegenfänger mit dem schlesischen Namen *Nóſſelfincke*, welcher nicht sicher deutbar ist. Dieser Vogel wird in Luxemburg als *Fleiefänker*[7] (Fliegenfänger) bezeichnet.

Seidenschwanz, bombicilla garrula, ampelis garrulus.

Der Seidenschwanz gehört, wie die Rotdrossel, der Bergfink u. a., zu den nordischen Brutvögeln, die als Wintergäste die südlicheren Länder besuchen und deren plötzliches massenhaftes Erscheinen hier als Zeichen des Unglücks aufgefaßt wird. Als Fremdling teilt der Seidenschwanz den 'Böhme'-Namen mit

1 Staub-Tobler III, 679. — 2 Wb. d. Luxemburg. Mundart 24.
3 Korrespondenzbl. f. ndd. Sprachf. XVII, 2.
4 Wb. d. Luxemburg. Mundart 197.
5 Häpke Volkstümliche Tiernamen S. 302.
6 Staub-Tobler I, 697. — 7 Wb. d. Luxemburg. Mundart 111.

den vorhingenannten Vögeln. Gesner, der (Hist. avium S. 674) ihm sogar die wissenschaftliche Benennung 'garrulus bohemicus' gibt, kennt den Ausdruck *Behemle* oder *Beemerle* aus Nürnberg; hier ist *das Bemlein* schon früher direkt bezeugt durch Hans Sachs Regim. der Vögel (1531) V. 172. In den schweizerischen Quellen des 17. Jhs. werden die Seidenschwänze öfters *Behmen* oder *Böhembli* genannt; ebenso begegnet *Bohemlein* in diesem Sinne bei Aitinger Bericht v. d. Vogelstellen S. 334, *Böhmlein* in der Angenehmen Land-Lust S. 104. Heute findet sich *Bêmer*[1] als Bezeichnung des Seidenschwanzes in Westfalen, und in Frankreich ist *jaseur de Bohème* (der böhmische Schwätzer) der allgemein geltende Ausdruck. Zur Verbreitung dieses Namens mag einerseits die literarische Tradition beigetragen haben, andererseits werden auch die Vogelsteller ihren Anteil daran haben. — In Oberschlesien werden die Seidenschwänze nach Popowitsch Versuch S. 539 nicht *Böhmen* sondern *Friesen* genannt. Vgl. S. 65 und 113.

Der italienische Gelehrte Ulysses Aldrovandi erwähnt in seiner Ornithologie mehrere Fälle, wo die Seidenschwänze in seiner Heimat als Verkündiger schwerer Pestepidemien erschienen seien. In Deutschland wird dieses Aberglaubens von Aitinger gedacht, der in seinem Berichte von dem Vogelstellen (1631) S. 339 berichtet: "Es ſeynd viel Leute der ſonderlichen meynung / daß wenn dieſer Vogel [der Seidenschwanz] bey uns geſehen werde / daß es jederzeit ein beſonder Omen vnd bedeutung habe / ja der drey Principal Heuptſtraffen / Krieg / Peſt / Thewrung / oder Hunger mit ſich bringen / wiewol ſie vielmahls in etzlichen Landsarten in viertzehen vnd mehr jahren nicht geſehen werden — — —". Auf diesen Volksglauben beziehen sich die Namen *Pestvogel*[2] in Österreich, der Schweiz und Schwaben, *Todtenvogel*[2] in Österreich und Steiermark, *Kriegsvogel*[2] in der Schweiz, *Pestvugel*[3] im Münsterkreise.

Da der Seidenschwanz in Deutschland ein Wintergast ist, nennt ihn Schwenkfeld Ther. Sil. (1603) S. 229 einen "Schneevogel" oder *Schnee Leſchke* (d. h. Schneekernbeißer). Ein regens-

1 Woeste 26. — 2 Popowitsch Versuch S. 539. 540, Fischer I, 943, Staub-Tobler I, 694 f. — 3 Korrespondenzbl. f. ndd. Sprachf. XVI, 86.

burgisches Dialektwort ist *Pfeffervöglein*, das Hohberg Adel. Land-Leben (1687) II, 796 Kap. CXVII als einen Ausdruck der "gemeinen Leute" erwähnt; die Benennung soll sich auf das zarte, "wolgeſchmackte" Fleisch beziehen, das wie "lieblich gewûrzt" ist.

Der heute allgemein übliche Ausdruck *Seydenſchwantz* wird zuerst in Sachsen durch Eber und Peucer Vocab. (1552) S. E 7b belegt und in der Form *Seideſchwantz* von Schwenkfeld a. a. O. als schlesisch bezeichnet. Auch bei Golius Onomasticon (1579) Sp. 292 wird *Seidenſchwentzlein* und bei Chytraeus Nomenclator (1582) S. 373 *Sidenſchwentzken* verzeichnet; weiter *Seidenſchwântzel* bei Hohberg, *Seidenſchwentzlein* bei Aitinger (S. 334) und in der Angehmen Land-Lust a. a. O., *Seiden-Schwantz* bei Döbel Eröffn. Jägerpr. (1746) S. 55. Der Name, den Popowitsch Versuch S. 539 aus "Sachsen, Schlesien, der Wetterau etc." anführt, ist nicht nur in Mitteldeutschland, sondern auch in Niederdeutschland (Mecklenburg[1]) und in Oberdeutschland (z. B. Steiermark[2]) verbreitet. Nach dem deutschen Namen, der sich auf das weiche Gefieder des Vogels bezieht, ist schwed.-dän. *sidensvans* gebildet.

Synonyme Namen sind *Zinzerelle* bei Gesner a. a. O. und österreich. *das Zuserl* bei Popowitsch S. 540; für beide Ausdrücke wird von den genannten Autoren onomatopoietischer Ursprung vermutet.

Würger, lanius.

Ahd. dorndrâil: Sg. Nom. — *dorndragel* furfario[3]: H. S. III, 17, *dorndragil*: III, 17. furfarius: Versus de volucr.: cod. Admont. 106, *dornodrâgil*: fol. sem. theot. Gotting. Müller I, 6, A 13 (13. Jh.). H. S. III, 17: cod princ. de Lobkow. 434, 9a (13 Jh.). *dorndregil*: Versus de volucr., *dorndrigil*: Clm. 23496, 10b, *dorntugel*: Clm. 22213, 163a. *dorndra:l*: cod. Vatic. Reg. 1701, 2b. *dorndrail*: Clm. 14689 f. 47a. Gll. Salom. a 1. *dorndral*: Versus de volucr. *dorndrel*: Versus de volucr.

---

1 Korrespondenzbl. f. ndd. Sprachf. XVI, 84. — 2 Unger-Khull 591.

3 Das unklare mittellat. Wort *furfario*, *furfarius* ist vielleicht als *perforarius* (d. h. Durchstecher) aufzufassen; auch *perforaculum* erscheint im Corp. Gll. lat. II, 453[27] (III, 204[24]) als *furfuraculum*. Dabei kann das Wort sich an *fur* 'Räuber' angelehnt haben.

Die Lebensweise der Würgerarten ähnelt in mancher Hinsicht derjenigen der Raubvögel. Wie diese, so greifen auch die Würger, sofern ihnen passende Nahrung mangelt, andere Vögel an, die nicht viel kleiner sind als sie selbst, und würgen dieselben ab. — Diese grausamen Eigenschaften kommen denn auch zum Ausdruck in den volkstümlichen Benennungen der lanius-Arten; in England nennt man sie *butcherbird*, *murderingpie*, in Frankreich *écorcheur* oder *agasse cruelle* usw.

Der althochdeutsche Name *dorndrâil* enthält als zweiten Bestandteil eine *-ila*-Ableitung vom Verbum *drâen* 'drehen' und bedeutet demnach 'Dorndreher'. Der Ausdruck erklärt sich aus der Eigenart des Vogels, seine Beute auf spitze Dornen aufzuspießen. In zahllosen Umbildungen läßt sich diese Bildung in den hochdeutschen Mundarten weiter bis in die Neuzeit hinein verfolgen. Im 16. Jh. begegnet *Dorendreer* bei Hans Sachs Regim. der Vögel (1531) V. 147 auf bair.-fränk. Sprachgebiet, *Dorendreer* bei Eber und Peucer Vocab. (1552) S. F 3a in Sachsen, *Thorntráer* bei Gesner Hist. avium S. 557, *Dorndrewer* im Strassburg. Vogelb. V. 442 (*dorndrewe*[1] schon in den Hildegardglossen des 13. Jhs.) und *Dorndráher* bei Golius Onomasticon (1579) Sp. 293. Heute ist *Dorndreher* (im Elsaß *Dorndräjer*[2]) in süd- und mitteldeutschen Mundarten allgemein verbreitet; auch im Münsterkreise soll ndd. *Däondreiher*[3] üblich sein. Die ältere *ila*-Bildung ist in Steiermark in den Formen *Dorntrail*, *Dorndraller*[4] m., in Tirol (Oberinntal) in *Doarntrāl*[5] m. erhalten. — Schon in den frühmittelhochdeutschen Handschriften der Versus de volucribus, welche diesen Namen abschreiben, erscheint er vielfach umgestaltet. Eine solche Umgestaltung ist *dorndrahsel*: Clm. 4350, 3a, *dorndrechsel*: Clm. 3537, 330b, Clm. 614, 31b, Cgm. 649, 526b, eine andere *dorndroscel* (*-drosel*, *-droscle*, *-droschel*, *-drauschel*) in cod. Oenipont. 355, 14b, cod. Vindob. 3213, 116b, cod. Lips. Paulin. 106, 1c, Clm. 24727 f. 106b. 107a, cod. Mellic. K 51, 242. Aus der heutigen mittelsteirischen Mundart führt das Wörterbuch von Unger-Khull S. 162 *Dorndröscherl* und

1 Ahd. Gll. III, 404^{17}. — 2 Martin-Lienhart II, 747.
3 Korrespondenzbl. f. ndd. Sprachf. XVI, 85. — 4 Unger-Khull 162.
5 Frommann D. Mundarten IV, 54.

Dorntreischerl n. (d. h. Dorndrossel) an, gibt aber — auffällig genug — als Bedeutung 'Drossel' an. In einem Glossar des 13./14. Jhs. (Zs. f. d. Wf. V, 20) wird die Form *dornacreiel* belegt, wo der Vogelname an *krœen* angelehnt und also als 'Dornkräher' aufgefaßt worden ist; daher *Dornkrœel* [1] in Baiern und weiter umgebildet *Dorngreuel* [2] in Österreich (*Totengräuel* [3] in Salzburg). — Eine alte Variante ist ferner *dornorahil* in cod. Admont. 476, daraus *Doarnrale* [4] in Lienz, *der Dornreich* in der Angenehmen Land-Lust (1720) S. 111, *Dornreicher* bei Popowitsch Versuch S. 416 als österreichische Form bezeichnet; *Dornreiher* [3] in Oberösterreich. — Im 16. Jh. begegnet bei Gesner die Bildung *Thornkretzer*, die von schweiz. *kretzen* 'kratzen, ritzen' (*kretzo* 'alietus' im Vocab. optimus XXXVII, 35, S. 42) abgeleitet ist; später ist das Wort nochmals belegt [5]. Im Schwäbischen findet der Vogelname sich umgebildet zu *Dorndreckeler* [6], im Anschluß an *dreckelen* 'mit Dreck arbeiten'; in Steiermark kommt die Variante *Dorntreiber* [7] vor, im Etschtal (Tirol) *Dorngansl* [4] (Dorngänschen).

Ungefähr auf demselben Verbreitungsgebiet wie der ebenerwähnte Ausdruck mit seinen Varianten kommt das althochdeutsche Synonymon *wargengil* vor, welches in mehreren Handschriften überliefert ist.

Belege: Sg. Nom. — *wargengil* cruricula: H. S. III, 17: cod. mon. herem. 171, 24, cod. princ. de Lobkow. 434, 9a, cod. Darmstad. 6, 27a. *wargengel*: Versus de volucr.: cod. Mellic. K 51, 242, *warkengel*: fol. Francofortense, cod. princ. de Lobkow. 489, 56b, cod. princ. de Wallerst. I, 2 (Lat.), 175b, *warchengil*: cod. Admont. 106, cod. Admont. 476, Clm. 17194 f. 221b, cod. olim Argentorat. A 157, cod. Stuttgart. th. et phil. 210, 135a, cod. Stuttg. th. et phil. 218 f. 22b. H. S. III, 17: cod. Trevir. 31, 15a, *warchengel*: cod. Vindob. 2400, 42a, Clm. 23796, 173a. Versus de volucr.: Clm. 23496, 10b, *warechengil*: cod. mon. herem. 239 p. 784. *warcgengel*: Gll. Hildegardis. *wargingel*: cod. Oxon. Jun. 83, 4. *warchelgel*: Versus de volucr.: fol. Stuttgartense.

Die Belegstellen reduzieren sich auf ein einziges selbstständiges Zeugnis des Vogelnamens in den Versus de volucribus.

---

1 Schmeller-Frommann I, 542. — 2 Popowitsch Versuch S. 416.
3 Zs. f. d. Phil. XXI, 209. — 4 Frommann D. Mundarten IV, 54.
5 Staub-Tobler III, 934 und Popowitsch Versuch S. 415.
6 Fischer II, 280. — 7 Unger-Khull 162.

Aus dieser Quelle hat offenbar das Summarium das Wort aufgenommen, und die Hildegard- und Junius-Glossen sind wieder vom Summarium abhängig.

In der Form, wo dieser Name des Würgers überliefert ist, scheint es ein Kompositum zu sein. Wilhelm Grimm hat es in Zs. f. d. A. VI, 333 als *warc-gęngil* (d. h. Wolfgänger) gedeutet, so daß der Vogel eigentlich ein in Wolfsgestalt umherstreichender böser Geist sei. Eine ähnliche Auffassung ist im Schweizerischen Idiotikon I, 334 vertreten. Eher könnte man vielleicht an ags. *wergenga*, longobard. *wargengus* (Lex Rothari 390) 'Varäger, umherstreichender Fremdling' anknüpfen. Da manche Würgerarten nordische Vögel sind, welche in Deutschland nur als wandernde Gäste angetroffen werden, so konnte man sie als Varäger auffassen, ebensogut wie man in dem Seidenschwanz einen Böhmen oder einen Friesen sah.

Aber das Aussehen des ahd. Wortes als Kompositum ist offenbar erst sekundär, denn die entsprechende angelsächsische Namensform *wearginkel* bewahrt die ursprünglichere Stufe des Vogelnamens und diese läßt sich am einfachsten als eine deminutive Ableitung mittels des Suffixes *-inkil* von ags. *wearg* (ahd. *warc* 'Räuber', anord. *vargr* 'Wolf') deuten. Demnach wäre der Würger wegen seiner grausamen Tätigkeit als 'der kleine Wolf' benannt worden. Eine Würgerart wird noch heute als *Meisenwolf* bezeichnet[1]. — Im Englischen ist *weargincel* später umgestaltet worden; es kommt im Mittelenglischen in der Form *wariangle* einmal bei Chaucer Canterbury Tales[2] vor und findet sich als *wariangle*, *weirangle*, *wirrangle*[3] in den heutigen Mundarten.

In Deutschland ist *Warkengel*, *Werkengel* im 16. Jh. bei Gesner a. a. O. S. 558 bezeugt, der den Ausdruck aus "Strassburg, Frankfurt und anderen Gegenden" hat. Ein direktes Zeugnis aus dem Elsaß ist *Werckkengel* im Strassburg. Vogelb. (1554) V. 444. Nachher ist der Ausdruck in den westlichen Gegenden von Süd- und Mitteldeutschland ausgestorben. Länger hat er sich dagegen im Osten erhalten, obgleich die Umgestaltung hier

1 Vgl. Verf. Zs. f. d. Wf. IX, 176 f.

2 Vgl. Wright Engl. Dial. Dict. VI, 385.

3 Vgl. Wright a. a. O. und Swainson The Folklore S. 47.

immer weiter fortgeschritten ist, so daß die alte Namensform fast unerkennbar geworden ist. Bereits in einer Handschrift der Versus de volucribus aus dem 12. Jh. (Clm. 2612, 34b) begegnet die Variante *warchrengil*, worauf die schlesische Form *War Krengel*, welche Schwenkfeld Ther. Sil. (1603) S. 291 neben *Wankrengel* bezeugt, und die heutigen Variationen *Wartenkrengel*[1] (in Glaz), *Gartenkrengel*[1], *Wagenkrengel*[1] und auch einfach *Krengel*[1] (im Anschluß an *krengeln* 'quälen') beruhen. Eine andere von Schwenkfeld erwähnte Lautform ist *Wurg Engel*, heute in Göttingen und Grubenhagen *Wörgengel*[2] m.

Eine Parallelform zur westgermanischen Deminutivbildung *warginkil* ist mhd. *wẹrgel* (im Renner Hugos von Trimberg V. 8689 und im Jüngling Konrads von Haslau V. 259[3]) = mnd. *worgel*; in den ahd. und mhd. Versus de volucribus sind die Formen *wargil*, *wergil*, *worgel* öfters belegt. Diese Namensform ist mittels des Suffixes *-ila-*, das hier offenbar deminutiven Charakter hat, von *warc* abgeleitet, so daß hier ebenfalls 'der kleine Wolf' die ursprüngliche Bedeutung war. Heute in Baiern *Wörgl*[4], in Fallersleben *Spêt-Wörgel*[5]. — Den jetzt von der Wissenschaft angenommenen Ausdruck *Würger* nennt Popowitsch Versuch S. 415.

Besondere Aufmerksamkeit verdient die Glosse *wurgelhahe* (crupicula) in Clm. 19488, 121a (Versus), die ein späterer Schreiber durch Änderung des *u* in *e* und Ausstreichen von *hahe* in *wergel* korrigiert hat; in Clm. 4460, 56a ist die unverstandene Namensform als *wurdelhahe* abgeschrieben worden. Hier liegt wieder eine von den vielen Varianten des alten Namens vor. In dem Kompositum, dessen erster Teil eine *-ila*-Ableitung von *wurgen* 'würgen' ist, gehört der zweite Teil zu *hâhan* 'hängen', so daß die Bildung eigtl. 'Würgerhenker' bedeutet; vgl. *hacher*[6] 'Henker' (im Jahre 1408 belegt). Eine französische Parallele dazu ist *pendière*[7] (d. h. Henkerin) als Bezeichnung des Würgers in den Vogesen. Das spätalthochd.

1 Weinhold Beitr. zu einem schles. Wb. S. 47.
2 Schambach 304. — 3 Zs. f. d. A. VIII, 558.
4 Schmeller-Frommann II, 998.
5 Frommann D. Mundarten V, 295.
6 Frommann D. Mundarten V, 371. — 7 Rolland Faune populaire II, 149.

wurgelhâhe ist eine bairische Variante, die im 14. Jh. von Konrad von Megenberg (Ed. Pfeiffer) S. 179, 15 als volkstümlicher Ausdruck bezeichnet wird: "und wæn, ez (coredulus) sei ain klain vogel, der haizt auf dem gäw *würgelhôch*". Auf dieser Form beruht ohne Zweifel auch der Vogelname *Wölgerhod*, der bei Hans Sachs Regim. der Vögel V. 195 begegnet.

Auffällig ist der Ausdruck *Handwerk*, mit dem die österreichischen Falkenfänger den großen Würger benennen. Vielleicht liegt diesem Worte ein Kompositum *hang-warc* 'Henker-Würger' von der gleichen Art wie die vorhingenannte Variante zugrunde. Den Anlaß zu dergleichen Bildungen konnte der alte Vogelname *warchengil* durch falsche Auflösung der Glieder (*warc-hengil* = Wolfhenker) bieten.

Ein Dialektwort aus Göttingen und Grubenhagen ist *Radbreker*, *Râdbrâker*[1] m. (Radebrecher).

Besonders auf mittel- und niederdeutschem Gebiete heimisch ist der Name *Neunmörder*, welcher der Volksvorstellung entsprungen ist, daß der Würger an einem Tage neun Vögel tötet. Zuerst begegnet *Nuin mürder* in Turners Avium hist. (1544) S. F 8a, darauf *Neunmörder* im Strassburg. Vogelb. (1554) V. 443. Gesner, der den Aberglauben kennt, welcher sich an den Vogelnamen knüpft, bezeugt die Varianten *Nüntöder* / *Nünmörder* für Westfalen, Hessen und Thüringen. Heute kommen im Elsaß die Formen *Nüntöter*, *Nünemörder*, *Ülenmörder*, *Rimörder*[2] vor, in der Pfalz *Neuntöter*[3] (bisw. umgebildet zu *Eintöter*[3]), in Luxemburg *Neimêrder*[4] und *Leimêrder*[4], in Westfalen *Niəgenmårder*[5] (*Niəgenmåner*[5]), in Göttingen und Grubenhagen *Nêgendôter*, *Nêgenmarder*[6], in Altmark *Nägnmörer*[7], in Hannover *Negenmörder*[8], in Mecklenburg *Negenmürer* und *Negendöder*[9].

In manchen Gegenden werden die Würger als Elstern oder Häher benannt, wobei wohl das Geschrei der verbindende

---

1 Schambach 166. — 2 Martin-Lienhart I, 706. II, 727.
3 Heeger Tiere im pfälz. Volksmunde II, 10.
4 Wb. d. Luxemburg. Mundart 265. 298. — 5 Woeste 185.
6 Schambach 144. — 7 Danneil 143.
8 Häpke Volkstümliche Tiernamen S. 302.
9 Schiller Zum Tierbuche II, 14.

Vergleichungspunkt ist. Gesner a. a. O. S. 557 nennt die Ausdrücke *Waldhäher* und *Waldherr* aus Freiburg; vielleicht ist die Glosse *walder* in Clm. 23496, 10 b (Versus de volucribus) 12. Jh. mit diesen Namen identisch, obwohl sie als Lemma *fulica* hat. — Popowitsch Versuch 415 f. gibt unter den Synonyma für den Würger die Namen *Dornhäher*, *Grigelalſter* (nach Kramer), *Krückälſter* (vgl. Krigelster = Blaurake S. 16) und *Wildälſter*; in Westfalen heißt der Vogel *Dårnexter*[1] (Dornelster), im Elsaß *Dornägerste*[2], in Preußen *Kaddigheister*[3] (Wachholderelster), *Sprockheister*[3] (Strauchelster), und in Oberösterreich *Buschälster*[4]. Die Bildung *Speralster*, welche Popowitsch a. a. O. aus Österreich angibt (in Steiermark *Sperrgalster*[5]), ist vielleicht aus **Spar-alster* (Sperlingselster) entstanden. Eine ähnliche Bezeichnung des Würgers ist ital. *gazza sparuiera* oder *passera gazera* bei Aldrovandi Ornithologia (1610) I, 198 b.

Gelegentlich werden die Würger mit Namen bezeichnet, die auf den dicken Kopf dieser Vögel Bezug nahmen, so z. B. *Dickkopp Nägnmörer*[6] in Altmark, *der Dickschädel*[7] in Steiermark.

In erster Linie beziehen sich die obengenannten Synonyma auf **den rotrückigen Würger** (lanius collurio), welcher die häufigste Art in Deutschland ist. In Oberösterreich soll dieser Vogel *Blaukopf*, *Alsterweigl* oder *Kleiner Stecher*, im nördlichen Böhmen *Dornhitsche* oder *Steinfletscher* heißen[8]. In der Angenehmen Land-Lust (1720) S. 113 wird er *Schilfdornreich* genannt; auch sonst werden kleine Würgerarten *Rohrspatzen* oder *Rohrsperlinge* genannt, vgl. Popowitsch Versuch S. 416 und Reyger Verbess. Hist. der Vögel (1760) S. 53.

Seltener ist **der schwarzstirnige** lanius minor, der jedoch in verschiedenen Gegenden von Deutschland als Brutvogel vorkommt. In der Angenehmen Land-Lust (1720) S. 112 wird er der *Meiſenkönig* genannt, "weil er natürlich einer Hanfmeiſe gleich ſiehet"; im nördlichen Böhmen heißt er *Meisenwolf*[8], in Steiermark *Spanischer Dorndreher*[8]. Wegen der schwarzen Kopf-

1 Woeste 48.
2 Martin-Lienhart I, 21. — 3 Frischbier I, 324. II, 357.
4 Zs. f. d. Phil. XXI, 209. — 5 Unger-Khull 525.
6 Danneil 143. — 7 Unger-Khull 153.
8 Zs. f. d. Phil. XXI, 209.

platte hat der Vogel von den österreichischen Vogelkrämern den Namen *Mönch*[1] bekommen.

Einige von diesen Ausdrücken gelten auch gelegentlich von **dem großen Würger** (lanius excubitor), der bei den steirischen Vogelfängern unter dem Namen *der Zwergel*[1] bekannt ist. Wenn dieser Ausdruck nicht eine Verdrehung des Namens *Wergel* ist, so könnte der Zwergname dem Vogel gegeben worden sein, weil er im Verhältnis zu den Falken als der kleinste Raubvogel erschien. Reyger, der in der Verbess. Hist. der Vögel (1760) S. 52 f. nach seinem Vorgänger Klein die Würger zu den Falken zählt, nennt sie a. a. O. *Afterfalken.* In Preußen heißt der große Würger *Wächter*[2], wahrscheinlich deshalb, weil er auf Strauchspitzen Umschau zu halten pflegt; *Spottvogel*[3] wird er genannt, weil er den Gesang der kleinen Singvögel geschickt nachahmt.

In Süddeutschland tritt **der Rotkopfwürger** (lanius rufus oder senator) häufiger auf als in den nördlicheren Gegenden. Gesner hat ihn nur in Italien gesehen und weiß für ihn keinen deutschen Namen zu nennen. In manchen Gegenden wird er als *Rotkopf* von den übrigen Arten unterschieden.

Meise, parus.

Ahd. meisa: Sg. Nom. — *meisa* parix: cod. SGalli 299, 26. cod. SGalli 242, 248b. cod. Guelpherbyt. Aug. 10. 3. 4° f. 89a, cod. Parisin. 9344 f. 42b, cod. Berol. Ms. lat. 8° 73, 123b, cod. sem. Trevir. f. 112b. petrix: cod. Lugdun. Voss. lat. 4° 162b. cod. Vatic. Reg. 1701, 2b. Versus de volucr. H. S. III, 17. XI a 2. b. e. g. petrix: Gll. Salom. a 1. Clm. 14689 f. 47a. cod. Selestad. 110a. *mesa*: cod. sem. Trevir. R. III. 13, 108a.

Die Benennung *Meise* ist in allen germanischen Sprachen vorhanden, abgesehen vom Gotischen, wo Belege naturgemäß fehlen. Zu ahd. *meisa*, mhd. *meise* und mnd. nnd. *mêse*, mndl. *mêse*, nndl. *mees* stimmen ags. *máse*, me. *mǫse*, ne. (umgestaltet im Anschluß an *mouse* 'Maus') *tit-mouse*[4], *coalmouse*[4] und schwed.

1 Popowitsch Versuch S. 416. — 2 Frischbier II, 451.

3 Zs. f. d. Phil. XXI, 209.

4 Dieselbe Umbildung im dän. *musvit* und im schweiz. *Maus* (in Zusammensetzungen), wo die Vermischung der umgelauteten Form *Mäusli* (aus *Maus*) mit *Meisli* die Umgestaltung veranlaßt hat.

mes, norweg. *meis*, dän. *meise*. Im Altnordischen ist nur eine deminutive Ableitung *meisingr* belegt, aus welcher frz. *mésange* (dial. *mésingue* in der Normandie, *mésingle* in der Picardie usw.) entlehnt worden ist; schon im 10. Jh. ist mittellat. *misinga* bezeugt, vgl. Hatzfeld-Darmesteter s. v. mésange. Die Vorgeschichte des germanischen Vogelnamens **mais-ôn* ist dunkel. Die von Stokes Urkelt. Sprachsch. S. 205 angenommene Verwandtschaft mit cymr. *mwyalch*, corn. *moelh*, breton. *moualch* 'Amsel' < Grdf. **meisalko-* (und lat. *merula* 'dass.') ist unsicher.

Kohlmeise, parus major.

Dieser Name, den der Vogel seinem kohlschwarzen Scheitel verdankt, begegnet als *kolmeis* zuerst im 15. Jh. in einer Version des mhd. Gedichtes vom Zaunkönig (Germania VI, 94); im Angelsächsischen entspricht dieselbe Bildung *colmáse*. Der Ausdruck ist in Deutschland weit verbreitet. Im 16. Jh. ist *Kólmeyſe* in der Kölner Gegend bezeugt durch Turner Avium hist. (1544) S. G 5b und (*Kólmeyß*) durch Longolius Dial. de avibus (1544) S. G 2a. Im Elsaß erscheint die Benennung *Kolmeyſe* zuerst im Strassburg. Vogelb. (1554) V. 453, in Baiern *Kolmaiß* bei Hans Sachs Regim. der Vögel (1531) V. 176, in Sachsen *Kolmays* bei Eber und Peucer Vocab. (1552) S. F 5a, in Schlesien *ein Kolmeiſe* bei Schwenkfeld Ther. Sil. (1603) S. 318. Gesner Hist. avium S. 615 kennt *Kolmeiß* aus seiner Heimat, aber als Bezeichnung der ähnlich gefärbten Sumpfmeise. In Niederösterreich wird die Kohlmeise *Kohlmann*[1], im nördlichen Böhmen *Meisköhler*[1] genannt; ähnlich in Frankreich *charbonnier*.

Ein synonymer Name, der ebenfalls mit Rücksicht auf den schwarzen Schädel des Vogels gebildet ist, ist *Brantmeyſe* im Strassburg. Vogelb. V. 452, heute in Straßburg *das Brandele*[2]; vgl. auch S. 45.

Ein dritter derartiger Ausdruck ist schweiz. *Spiegelmeiß* bei Gesner a. a. O; auch in Sachsen *Spigelmays* bei Eber und Peucer a. a. O., heute *Spiegelmeise*[3] in Steiermark und Nieder-

1 Zs. f. d. Phil. XXI, 209. — 2 Martin-Lienhart II, 193.
3 Unger-Khull 526 und Zs. f. d. Phil. XXI, 210.

österreich. — Wegen der gelben Unterseite heißt der Vogel in Steiermark auch *Gelbmeise*[1].

Der gewöhnliche Lockruf der Kohlmeise ist nach Voigt Excursionsbuch S. 88 ein kurzer, heller pink-Laut, fast wie der des Buchfinken; daher erklärt sich der Name ***Finkenmeise*** bei Popowitsch Versuch S. 344. Die Töne in dem am allgemeinsten bekannten Frühlingsruf des Vogels werden nach Voigt a. a. O. von dem Volke mit 'Sitzida Sitzida' umschrieben oder je nach der Provinz mit anderen Variationen. Im nassauischen Dialekt hat die Kohlmeise von diesen Tönen den Namen *Schmidetseasch*[2] d. h. 'Schmiede das Sech' erhalten; am Rhein heißt sie *Spitzeschar*[2] d. h. 'Spitz die Pflugschar'. In der Altmarker Mundart werden die Schlagweisen der Kohlmeise als 'Sî di väör' (Sieh dich für), 'Düwelsdreck', 'Kîk int Krôs', 'Kîk in' t Ei' oder 'Schinkendêw' verstanden, daher die Dialektnamen *Kîk-int-Ei*, *Schinkendêw*[3]. Der letzterwähnte Ausdruck weist auch auf die Vorliebe des Vogels für Fleisch und Speck hin. Bereits im Altnordischen begegnet als Bezeichnung der Meise der Name *spiki*, welcher aus *spik* 'Speck' abgeleitet ist[4]; im Angelsächsischen entspricht die Zusammensetzung *spic-máse*, nndl. *spekmuis*. Im Schwedischen wird die Kohlmeise *talgoxe* (Talgochs), im Dänischen auch *kjødmeis* (Fleischmeise) genannt; in Frankreich heißt sie *lardière* (von *lard* 'Speck'). — Eine ähnliche Bildung wie die vorigen ist ndd. *Spinndicke*[5] im Münsterkreise; der Name gehört zu asächs. *spind* 'Speck'. Preußische Ausdrücke sind *Talgmöske* und *Talghacker*[6]; bei Döbel Eröffn. Jägerpr. (1746) S. 64 *Pickmeise*.

Blaumeise, parus coeruleus.

In Zürich, der Heimatstadt Gesners, heißt diese Meise *Blâmeis* (Staub-Tobler IV, 466). In Hist. avium hat Gesner S. 616 nach der heimischen Benennung *Blawmeiß* den wissenschaftlichen Ausdruck 'parus cœruleus' gebildet, der noch heute allgemein gilt. Im Elsaß ist das Wort *Blawmeyſe* durch das Strass-

1 Unger-Khull 278. — 2 Kehrein 356. — 3 Danneil 99. 136. 163.
4 Falk und Torp Et. ordb. II, 261.
5 Korrespondenzbl. f. ndd. Sprachf. XVI, 86. — 6 Frischbier II, 392.

burg. Vogelb. (1554) V. 452 bezeugt, heute kommt neben *Blaümeis* auch die Ableitungsform *Bläuele*[1] in Straßburg vor (in Niederösterreich *Bloritschn, Blauhedschn*[2]). Diese Benennung, welche durch die blaue Farbe der Flügel veranlaßt worden ist, ist ziemlich allgemein verbreitet. In Sachsen wird *Blaw Mays* durch Eber und Peucer Vocab. (1552) S. F 5a bezeugt (später *Blawmeise* in Döbels Eröffn. Jägerpr. (1746) S. 64), in Schlesien schreibt Schwenkfeld Ther. Sil. (1603) S. 320 *Blaw Meißlin*, in Niederdeutschland *Blawmeſeke* bei Chytraeus Nomenclator (1582) S. 375; heute im Münsterkreise *Blaomeise*[3]. Auf die blaue Farbe des Vogels bezieht sich auch der luxemburgische Name *Himmelmês*[4]; Ostermanns Vocab. v. J. 1591, welches auch moselfränkische Worte enthält, verzeichnet bereits den Ausdruck *Himmelmeis*.

Ein mitteldeutscher Ausdruck ist *Meelmeyſe* in Turners Avium hist. (1544) S. G 5b, *Meelmeyß* bei Longolius Dial. de avibus (1544) S. G 2a, *Meelmays* bei Eber und Peucer Vocab. (1552) S. F 5a; schon im 15. Jh. begegnet *melmeise* in zwei mitteldeutschen und einem oberdeutschen Vokabular[5]. Aus Steiermark wird *Mehlmeise*[6] heute in der Bedeutung 'Kohlmeise' angegeben. — Nach der Nahrung, welche die Blaumeisen auf den Höfen und bei den Häusern finden, haben sie auch noch andere Namen erhalten. In Kleins Hist. av. prodr. (1750) S. 85 werden sie *Kåſemeischen* genannt; der Ausdruck *Kœsemêse(ke)*[7] ist heute in Göttingen und Grubenhagen und in Westfalen üblich. Ein anderer westfälischer Name ist *Hampmêse*[8] (daraus vielleicht umgestaltet *Handmêse* 'Kohlmeise'), dem im Elsaß *Kudermeis*[9] (zu *Kuder* 'Hanfabfall') entspricht. In der Angenehmen Land-Lust (1720) S. 219 wird wieder die Sumpfmeise mit dem Namen *Hanfmeise* benannt. — Vor allen anderen Arten ist die Blaumeise ein Insektenfresser; daher der Name *Pynmaiß* (d. h. Bienenmeise) bei Hans Sachs Regim. der Vögel (1531) V. 170, *Bymeyſe* bei Gesner S. 616 als Nürnberger Ausdruck angeführt;

1 Martin-Lienhart I, 722. II, 150. — 2 Zs. f. d. Phil. XXI, 209.
3 Korrespondenzbl. f. ndd. Sprachf. XVI, 85.
4 Wb. d. Luxemburg. Mundart 181.
5 S. Diefenbach-Wülcker Wb. S. 757.
6 Unger-Khull 456. — 7 Schambach 97 und Woeste 121.
8 Woeste 91. — 9 Martin-Lienhart I, 722.

heute *Bennmeise*[1] in Obersteiermark (vielleicht aus *Binmeise* im Anschluß an *Benne* 'Krippe' umgestaltet).

Am Mittelrhein heimisch ist der Ausdruck *Pimpelmeyß*, den Longolius Dial. de avibus (1544) S. G 2a zuerst erwähnt; am Niederrhein wird *Pimpelmeeſe* (neben *Meelmeeſe*) von Junius Nomenclator (1581) S. 59a bezeugt. Im heutigen Niederländischen wird neben *pimpelmees* auch einfach *pimpel* gesagt; in Niederdeutschland wird *Pümpelmêsk* in der Bedeutung 'parus major' von Danneil Wb. 163 als altmärkisches Wort verzeichnet.

Sumpfmeise, parus palustris oder subpalustris.

Die Sumpfmeise hat einen schwarzen Scheitel und Hinterkopf und wird daher — wie Gesner S. 615 berichtet — in der Schweiz *Kolmeiß* genannt; heute *Swattkoppmêse*[2] im Münsterkreise. Oben ist der Vogel graugefärbt, unten weiß, und die ganze Tracht hat in England den Vergleich mit einer verschleierten Nonne hervorgerufen: "Angli nonnam à similitudine cum velata monacha habet, nominant", Turner Avium historia (1544) S. G 6a. In Döbels Eröffn. Jägerpr. (1746) S. 64 wird der Vogel aus diesem Grunde *Schleyer-Meiſe* genannt. — Auf die graue Rückenfarbe beziehen sich die Synonyma *Aeſchmeißle* (d. h. Aschenmeise) bei Gesner und schles. *Graw Meißlin* bei Schwenkfeld Ther. Sil. (1603) S. 320.

Die übrigen Namen des Vogels benennen ihn nach den sumpfigen Stellen, in denen er den Sommer gerne verbringt. Ein derartiger Name ist *Kotmaiß* in Hans Sachs' Regim. der Vögel (1531) V. 143, *Kaatmeißle* bei Gesner a. a. O.; heute *Chôtmâse*[3] in der Schweiz, *Keatnerle*[4] in Kärnten. Im Strassburg. Vogelb. (1554) V. 455 ist der entsprechende Ausdruck *Murmeyſe* (zu *Muer* 'Sumpf'), bei Gesner *ein Můrmeiß* oder *Reitmeiß*; in Niederdeutschland *Reitmeeſke* (im Brem. Wb. III, 469), *Reitlünk*, *Reitnüsker*[5]. In Mittel- und Untersteiermark heißt der Vogel *Lahnmeise*[6] (zu *Lahne* 'träge fließendes Wasser, versumpfter Einbruch eines Flusses an dessen Ufer').

1 Unger-Khull 66. — 2 Korrespondenzbl. f. ndd. Sprachf. XVI, 86.
3 Staub-Tobler IV, 466. — 4 Lexer Kärnt. Wb. S. 165.
5 Häpke Volkstümliche Tiernamen S. 303. — 6 Unger-Khull 424.

Tannenmeise, parus ater.

Da auch diese Meisenart einen schwarzen Oberkopf und Hals hat, wird sie gleich der großen Meise und der Sumpfmeise in manchen Gegenden 'Kohlmeise' genannt, wie bereits Gesner Hist. avium S. 616 bemerkt. In Döbels Eröffn. Jägerpr. (1746) S. 64 heißt sie *Schwarzmeiſe*.

Gesner, der a. a. O. S. 617 eine besondere Art 'parus sylvaticus' aufstellt, die jedoch nur eine Spielart ist, nennt dafür die Namen *Waldmeißle* / *Thannmeißle* und *Waldzinßle* (Waldzeisig); in der Angenehmen Land-Lust (1720) S. 219 lautet der entsprechende Name *Holtzmeiſe*, heute in der Schweiz ebenfalls *Holzmeisli* [1].

Die schlesische Bezeichnung der Tannenmeise ist *Hunds-Meiſe* (Schwenkfeld Ther. Sil. (1603) S. 320); in Steiermark heißt sie *Spermeise* [2] (Grimms Wb. X, 2063), in Österreich *Sperrmaiſe* [3] und *Kreuzmaiſe* [3], in Nassau *Hannesmieschen* [4] (d. h. Johannesmeise), in Luxemburg *Wantermes* [5] (d. h. Wintermeise), im Elsaß dagegen *Summerkränzle* [6].

Im Regim. der Vögel (1531) V. 170 läßt Hans Sachs unter den Meisenarten auch die *Thonmaiß* auftreten; damit scheint die Tannenmeise gemeint zu sein, aber der Name ist nicht ganz durchsichtig.

Als synonyme Benennung mit den bereits angeführten Ausdrücken führt Gesner das Wort *Zilzelperle* an und weist dabei auf die Laute 'zul zilp zalp', welche der Vogel singen soll. Vgl. auch S. 76.

Haubenmeise, parus cristatus.

Von den anderen Meisenarten unterscheidet sich dieser Vogel besonders durch den spitzen Federbusch, der ihm zu dem Namen verholfen hat. Je nach den Ausdrücken, welche in den verschiedenen Landschaften für den Kopfschmuck gebräuchlich sind, variiert auch der Vogelname. Bei Hans Sachs im Regim. der Vögel (1531) V. 145 heißt die Haubenmeise *Heubel-*

1 Staub-Tobler IV, 466.
2 Unger-Khull 525. — 3 Popowitsch Versuch S. 344.
4 Kehrein 185. — 5 Wb. d. Luxemburg. Mundart 475.
6 Martin-Lienhart I, 521.

maiß, ebenso *Heybelmais* bei Eber und Peucer Vocab. (1552) S. F 5 b, in Gesners Hist. avium S. 617 *Kobelmeiß* / *Strußmeißlin*, im Strassb. Vogelb. V. 456 *Koppelmeyſe*, bei Schwenkfeld Ther. Sil. (1603) S. 321 *Strausmeislin*, bei Chytraeus Nomenclator (1582) S. 375 ndd. *Topmeseke*, bei Döbel Eröffn. Jägerpr. (1746) S. 64 *Kupp-Meiſe*, in der Angenehmen Land-Lust (1720) S. 219 *Schopfmeiſe*, bei Klein Hist. av. prodr. (1750) S. 85 *Haubenmeise*. Im Elsaß kommt heute der Ausdruck *Kobelmeis*[1] vor, in der Schweiz *Huppmeisi* und *Waldhuppeli*[2], in Tirol *Tschaupmoas*[3], im nördlichen Böhmen *Koppmeise*[4]. Vgl. Haubenlerche S. 99.

Eine synonyme Benennung ist *Heidenmays* bei Eber und Peucer a. a. O.

Schwanzmeise, parus caudatus oder aegithalus caudatus.

Wie bei der vorigen Art der spitze Federbusch, so fällt bei dieser der lange Schwanz auf. Lexers Mhd. Wb. belegt aus den spätmittelhochdeutschen Weistümern den Namen *sterzmeise*, der in der niederdeutschen Form *Styärtmêse*[5] (= nndl. *staartmees*) im Münsterkreise üblich ist; *Stertmeſeke* bei Chytraeus Nomenclator (1582) S. 375. In Baiern erscheint die Variante *Zaglmaiß* bei Hans Sachs Regim. der Vögel (1531) V. 197 und in Sachsen *Zagelmays* bei Eber und Peucer Vocab. v. J. 1552 S. F 5 b; daraus ist die Form *Zahl-Meiſe* bei Klein Hist. av. prodr. (1750) S. 85 geworden. Aus der Schweiz führt Gesner Hist. avium S. 617 die Namensform *Schwantzmeißlin* an; auch Schwenkfeld Ther. Sil. (1603) S. 319 und Döbel Eröffn. Jägerpr. (1746) S. 64 schreiben *Schwantz-Meiſe*. In Luxemburg heißt der Vogel *Lângschwänzchen*[6] m. (= nndl. *langstaart*).

Ein charakteristischer Ausdruck für den langbeschwänzten kleinen Vogel ist *Pfannenstil*, das Gesner a. a. O. aus der Schweiz kennt; im Elsaß, wo der Name noch heute gebräuchlich ist[7], begegnet er zuerst im Strassburg. Vogelb. (1554) V. 449

---

1 Martin-Lienhart I, 722. — 2 Staub-Tobler IV, 466.
3 Frommann D. Mundarten IV, 55. — 4 Zs. f. d. Phil. XXI, 209.
5 Korrespondenzbl. f. ndd. Sprachf. XVI, 85.
6 Wb. d. Luxemburg. Mundart 259.
7 Martin-Lienhart II, 592.

und bei Golius Onomasticon (1579) Sp. 294. Nach Fischer Wb. I, 1012 ist der Ausdruck auf schwäbischem Sprachgebiet wohl allgemein verbreitet; auch in der Pfalz *Pfannenstielchen*[1], in Niederösterreich soll ebenfalls *Pfånastiel*[2] bekannt sein. Eine Verdrehung dieses Namens ist *Pfanneſtiglitz* bei Eber und Peucer a. a. O. — Auch in französischen Dialekten findet man ähnliche Ausdrücke wie 'Pfannenstiel', vgl. *manche de poele*, *queue de casse* u. a. bei Rolland Faune populaire II, 309.

Bei Gesner heißt die Schwanzmeise auch *Berckmeißle*, weil sie häufig im Gebirge angetroffen wird; vielleicht ist auch der von Lexer Mhd. Wb. aus den Weistümern angeführte Vogelname *bermeise* als *bercmeise* zu lesen. — Im Südosten des deutschen Sprachgebietes kommt der Ausdruck *Schneemeiſe* vor, den der Verfasser der Angenehmen Land-Lust (1720) S. 219 zuerst bezeugt; heute gilt der Name auch in Nord-Böhmen[2] und Ober-Steiermark[3], *Schneamoas* in Tirol[4], *Schneemasn*, *Schneeguckerl* in Niederösterreich[2]. — Nicht ganz klar ist, wie man die tirolische Benennung *Pelzmeise* auffassen soll. Vielleicht ist sie eine Umgestaltung von **Bolzmeise*, wo *Bolz* auf den langen Schwanz hinweisen würde. Der Vogel wird auch *Teufelsbolzen* und im Anhalter Dialekt *Teufelspelzchen*[5] genannt.

In der Schweiz kommen die Ausdrücke *Brâm-Môs*, *Brôm-Môs*[6] (Knospenmeise) vor, die dann auch für den Gimpel verwendet werden. — Ein luxemburgischer Dialektname ist *Kreichen*[7] f. (Deminutivform von *Krei* 'Elster'); der Vergleich mit der Elster ist durch den langen Schwanz veranlaßt.

Spring- oder Spechtmeisen, Sittinae.

Spechtmeise, sitta caesia.

Eine Art Übergangsform zwischen Meisen und Spechten ist der Klettervogel, der in der heutigen Wissenschaft als

1 Heeger Tiere im pfälz. Volksmunde II, 12.
2 Zs. f. d. Phil. XXI, 209; vgl. auch Schmeller-Frommann I, 886.
3 Unger-Khull 551. — 4 Frommann D. Mundarten IV, 55.
5 Naumann-Hennicke II, 246. — 6 Staub-Tobler IV, 466.
7 Wb. d. Luxemburg. Mundart 244.

Spechtmeise bezeichnet wird. Wie die volkstümlichen Benennungen zeigen, wird der Vogel einerseits zu den Spechten, andererseits auch zu den Meisen gezählt.

Turner Avium hist. (1544) S. I 3a führt als deutsche Bezeichnung der Spechtmeise den Ausdruck *Meyſpecht* an, den Gesner Hist. avium S. 683 mit "picus Maij" übersetzt. Sachlich ist diese Deutung etwas zweifelhaft, und man wird deshalb die Namensform eher auf eine ursprünglichere Lautgestalt *Meyſ-ſpecht* 'Meisenspecht' zurückzuführen haben. Wegen der blaugrauen Oberseite hat der Vogel den Namen *Blawſpechtle* erhalten, den Gesner besonders für Kärnten bezeugt. Schwenkfeld Ther. Sil. (1603) S. 340 scheint *Blaw Specht* als die schlesische Benennung zu betrachten, weil er sie den anderen Synonyma voranstellt, und als sächsisch wird *Blauſpecht* von Popowitsch Versuch (1780) S. 545 ausdrücklich angegeben; daher denn auch *Blaw-Specht* bei Döbel Eröffn. Jägerpr. (1746) S. 59.

Aus den mhd. Weistümern belegt Lexer Wb. I, 335 den Ausdruck *boummeise* (Baummeise), und als Meise wird der Vogel auch durch den bairischen Namen *Klebermaiß* bei Hans Sachs Regim. der Vögel V. 180 bezeichnet. Gerade aus der Heimatstadt Sachs' kennt auch Gesner Hist. avium S. 683 die Nebenform *Kláber.* In der Zusammensetzung *Rinnenkláber* führt Gesner S. 244 diesen Namen als Bezeichnung des Baumläufers an; in derselben Bedeutung auch *Rindenkleberlin* bei Ostermann Vocab. (1591) S. 333. Das Strassburg. Vogelb. (1554) V. 445 hat das Kompositum *Baumkleber.* Eine andere Lautstufe dieses Namens erscheint im bair. *Klayber* bei Hans Sachs a. a. O. V. 102 und schweiz. *Chleiber*[1] (in Graubünden), steir. *Kleiber*[2]. Mit den deutschen Benennungen hängt offenbar ags. *rindeclifer* (einmal überliefert, s. Wright-Wülcker I, 427[29]) zusammen. Der Vogelname ist eine Ableitung von ahd. *kleiben* 'kleben': *klëbên* 'dass.' und läßt sich aus dem Umstande erklären, daß die Spechtmeise die Öffnung ihres Nestes, das sie in Baumhöhlen einrichtet, bis auf ein kleines Flugloch mit Lehm und Speichel zuklebt. Doch ist auch eine andere Auffassung des Namens **kleibâri*: **klëbâri* möglich. Geht man von der intransitiven Bedeutung des betreffen-

1 Staub-Tobler III, 615. — 2 Unger-Khull 392.

den Verbums 'festkleben, sich anklammern' aus und knüpft man dabei besonders an das anord. *klîfa* 'klettern' an, so kann man den Vogelnamen als 'Kletterer' deuten. Dann würde das Kompositum *Rindenkleber* mit dem westfälischen Dialektnamen *Renneklæter*[1] (aus **Rendeklæter*) begrifflich zusammenfallen und dessen Gebrauch im Sinne von Baumläufer (certhia familiaris) sich ohne weiteres begreifen; dieser Vogel ist nämlich ein Kletterer wie die Spechtmeise, aber kein Nestkleber.

Dieselben Gesichtspunkte machen sich auch geltend bei der synonymen Benennung *Chlán* bei Gesner S. 683 (heute in der Schweiz auch *Baum-Chlân*, *Bopper-Chlân*[2]) oder *Klener*, die in der Angenehmen Land-Lust (1720) S. 104 und bei Popowitsch Versuch (1780) 545 als österreichische Namensform bezeichnet wird. Der Name ist abgeleitet von dem Verbum *klenen*, in dem die Bedeutungen 'kleben' und 'klettern' sich ebenfalls berühren; mhd. *klënen* ist nur im ersteren transitiven Sinne bezeugt, schweiz. *chlänen* bedeutet wieder 'klettern'. Wenn der Vogel ursprünglich als der Kletterer bezeichnet worden ist, so hat jedenfalls später sich auch die Auffassung desselben als 'Kleber' geltend gemacht. In französischen Mundarten heißt die Spechtmeise sowohl *grimpard*[3] 'Kletterer' wie *maçon*[3] 'Maurer'.

Von der Eigenheit, harte Samenkörner in Baumritzen aufzuhacken, hat die Spechtmeise den Namen *Nufßbickel*, welchen Gesner von seinen Strassburger Korrespondenten erfahren hat, aber auch aus anderen Gegenden kennt. Im Elsaß, wo *Nusbickel* zuerst im Strassburg. Vogelb. (1554) V. 442 und *Nußbicker* bei Golius Onomasticon v. J. 1579 Sp. 295 bezeugt ist, kommt der Ausdruck noch heute vor[4], ebenso *Nussbicker(li)*[5] in der Schweiz. In Mitteldeutschland kennt Popowitsch Versuch S. 545 den Namen *Nußpicker* aus der Wetterau, nach Pfister Nachtr. zu Vilmar Id. S. 354 wird er hie und da in Hessen gebraucht, und als westfäl. *Nuətebicke*[6] f. erstreckt er sich in das niederdeutsche Sprachgebiet hinein. Andere Varianten dieser Benennung sind mittelfränk. *Nushákker* bei Turner Avium hist.

1 Woeste 213. — 2 Staub-Tobler III, 650.
3 Rolland Faune populaire II, 76f. — 4 Martin-Lienhart II, 27.
5 Staub-Tobler IV, 1119. — 6 Woeste 187.

(1544) S. I 3 a, sächs. *Nushacker*, *Nushaer* bei Eber und Peucer Vocab. (1552) S. F 7 b, ndd. *Nôtebiter* (Nußbeißer) bei Chytraeus Nomenclator (1582) S. 376; heute in Westfalen auch *Nuətkap*[1] m. Ähnliche Synonyma sind engl. *nuthatch*, frz. *casse-noix*, schwed. *nötväcka* u. a.

Unklar sind die Namen *Tottler* und *Kottler*, die Gesner für die Spechtmeise aus der schwäbischen Mundart anführt. Möglicherweise sind es onomatopoietische Bildungen nach dem Lockrufe des Vogels, der nach Voigt Excursionsbuch S. 100 'tuit' oder 'twät twät twät' lautet. Als Ableitung von schwäb. *tötelen* würde der erstere Name einen Vogel bedeuten, der klagend wie eine Glocke zur Leiche läutet. Popowitsch Versuch S. 545 gibt den Namen nach Maaler in der Form *Tôdter*.

In Tirol wird die Spechtmeise *Höllenjaggl*[2] und *Schmalzbettler*[2] genannt.

Baumläufer, certhia familiaris.

Die Lebensart der Baumläufer erinnert in mancher Beziehung an die der Spechtmeisen; vor allem ist beiden das Klettervermögen gemeinsam. Daher werden auch vielfach die Benennungen der ersteren auf die letzteren übertragen und umgekehrt.

In der Schweiz werden sowohl Spechtmeisen wie Baumläufer mit dem Ausdruck *Chlân* bezeichnet; gelegentlich werden diese als *Haberchlänli*[3] von jenen, den *Spitzchlänli*[3], unterschieden. Eine charakteristische Bezeichnung des Baumläufers ist *Blindchlân* bei Gesner Hist. avium S. 683, denn das tastende Kriechen des Vogels durch das Laub erinnert an die Bewegungen der Blinden.

Überall auf dem deutschen Sprachboden kehrt in den Namen des Vogels der Begriff 'Baumläufer' wieder, obschon die Ausdrücke landschaftlich immer etwas variieren. In Sachsen begegnet die Benennung *Baumkletterlein* bei Eber und Peucer Vocab. (1552) S. E 6 b; Schwenkfeld Ther. Sil. (1603) S. 348 bezeichnet *Baumkletterlin* als schlesisch. Im Elsaß kommt *Baümklettle*[4] n.

1 Woeste 187. — 2 Zs. f. d. Phil. XXI, 211.
3 Staub-Tobler III, 650. — 4 Martin-Lienhart I, 498.

heute stellenweise vor. Die Variante *Baumlauffer* wird zuerst von Ostermann Vocab. (1591) S. 333 in der Bedeutung 'Spechtmeise' bezeugt, dagegen ist *Baumläufferlein* in dem Sinne von 'certhia' in der Angenehmen Land-Lust (1720) S. 104 verwendet. Popowitsch Versuch (1780) S. 545 gibt ausdrücklich *Baumlauferl* n. als österreichisches Wort an, auch in Luxemburg *Bâmläfert*[1] m., *Bâmläferchen*[1] m. (certhia und sitta) neben *Böschläfer*[1] m., in Recklinghausen *Bômlöper*[2], im Münsterkreise *Balkenleiper*[3]. — Andere Spielarten von diesem Namen sind sächs. *Baumritterchen* (Beleg aus dem Jahre 1517[4]), *Baumreuter* (Döbel Eröffn. Jägerpr. (1746) S. 59); *Bâmkrecher*[5] in Luxemburg, *Baumkrebsler*[6] in Schwaben, *Bamreffler*, *Bamkröffler*[7] in Tirol.

Die Benennung *Paumheckel*, welche der Baumläufer mit dem Spechte gemein hat, scheint bei Hans Sachs Regim. der Vögel (1531) V. 179 jenen Vogel zu bedeuten; in derselben Bedeutung erscheint das Wort auch bei Eber und Peucer Vocab. (1552) S. E 6 b. Auch *Baumbicker*[8] in der Schweiz und im Elsaß ist eine gemeinsame Benennung für Baumläufer und Spechte, s. S. 30. Andere Varianten sind *Ränenbicker*[8] im Elsaß, *Boll(en)-bick(er)*[8] (Knospenpicker), *Muggenbickerli*[8] (Mückenpicker) in der Schweiz, *Baumkipperlein*[9] in Schwaben. — Der Ausdruck *Scherzenvögelin*, den Ostermann Vocab. (1591) S. 333 anführt, gehört zu moselfränk. *Scherze* 'Rinde' und bedeutet also 'Rindenvöglein'.

In Göttingen und Grubenhagen wird der Vogel *die Snarre*[10] 'Schnarrerin' genannt; vgl. S. 60.

Irrtümlich wird der Baumläufer bei Schwenkfeld und anderen Ornithologen mit dem Namen *Hirngrille* bezeichnet, der dem Girlitz gehört, vgl. S. 133.

Eine Zwischenform von Spechtmeise und Baumläufer ist der **Alpenmauerläufer** (tichodroma muraria). Der hübschgefärbte

1 Wb. d. Luxemburg. Mundart 17. 40.
2 Korrespondenzbl. f. ndd. Sprachf. XVII, 5.
3 Korrespondenzbl. f. ndd. Sprachf. XVI, 85.
4 Diefenbach-Wülcker Wb. S. 170.
5 Wb. d. Luxemburg. Mundart 17. — 6 Fischer I, 718.
7 Frommann D. Mundarten IV, 54.
8 Staub-Tobler IV, 1119 f., Martin-Lienhart II, 27.
9 Fischer I, 718. — 10 Schambach 199.

Vogel ist ein Bewohner des Hochgebirges von Mittel- und Südeuropa, im Herbst zieht er sich aber in naheliegende Städte und Dörfer der Ebene und wird hier auf Mauern und Türmen angetroffen. Gesner schildert den Vogel, den er von eigener Anschauung kennt, unter dem Namen *Murſpecht* und *Klättenſpecht*; heute ist er als *Mûrchlän*, *Fluehchlän* (auch einfach *Chlän*)[1] in der Schweiz bekannt. Popowitsch Versuch S. 545 hat ebenfalls den *Mauerſpecht* an den steilen Mauern und Felswänden beobachtet, wo der Vogel mit großer Geschicklichkeit klettert. — Die Bedeutung 'sitta europaea', welche Martin-Lienhart II, 534 für *Murspechtle* angeben, ist wohl nicht richtig; auch die Heimat des Ausdrucks in den Vogesen (Sulzmatt) spricht dafür, daß es sich um den Alpenmauerläufer handelt.

Staare, Sturnidae.

Staar, sturnus vulgaris.

Ahd. stăra: Sg. Nom. — *stara* sternulus: cod. SGalli 299 p. 33. tvrnus ł sturnus: cod. SGalli 299, 26. turdus: cod. SGalli 242, 248b. Clm. 14747 f. 63a. sturnus: cod. SGalli 270, 65. turdus: cod. Parisin. 9344 f. 42b. tvrdvs: cod. Vatic. Reg. 1701, 2b. sturnus: Carmen de Philomela 17: cod. Vindob. 247, 222b, cod. mus. Britann. Add. 16894, 244b. turdus: cod. sem. Trevir. R. III. 13, 109b. sturnvs ł sternulvs. et fassa[2]: cod. Selestad. 109b. fassa: Clm. 14689 f. 47a. strunius: Clm. 14689 f. 47a. sturnus: Versus de volucr. sturnus: Gll. Salom. a 1. sturnus: H. S. III, 17, XIa2. d. e, turdus: a2, *staro* sternus ł sternulus: b, *star*: g. sturnus: Versus de volucr., *stare*: Versus de volucr., fulica[3]: Clm. 22213, 163a. — Pl. Nom. — *stara* comum herba letalis et perniciosa hac sturni vescuntur sine periculo: H. S. XIe: cod. princ. de Lobkow. 435, 10a.

Der Name *Staar* ist die alte gemeingermanische Bezeichnung des Vogels. Dem ahd. *stara*, mhd. *star* entsprechen in den verwandten Dialekten ags. *stœr* (me. ne. *stare*) und daraus abgeleitet *stœrling* (Zs. f. d. A. XXXIII, 241[54]), me. *sterling*, ne. *starling* sowie anord. *stare*, dän. *stær*, schwed. *stare*. German.

1 Staub-Tobler III, 650.

2 = griech. φάcca 'Ringeltaube', das offenbar mit ψάρ 'Staar' verwechselt wurde.

3 *stare* kann hier für *scare* stehen, das wieder aus *scarbe* entstanden ist.

**stara-(n)-*: **starô-(n)* ist urverwandt mit gleichbedeutendem lat. *sturnus* (aus **stṛn-*); unsicher ist die Verwandtschaft mit ags. *stearn* 'Seeschwalbe' (*tearn* bei Wright-Wülcker I, 286[7]), ne. dial. *starn*, *stern* (Swainson The Folklore S. 202. 204), fries. *steern* 'dass.' (Häpke Volkst. Tiernamen S. 307) und anord. *þerna*, dän. *terne*, schwed. *tärna* 'dass.', die mit gleichbedeutendem apreuß. *starnite* urverwandt sind.

Inbezug auf die Quantität des Stammvokals im german. *stă̂r-* herrscht Schwanken; während einige für ahd. *stara* und ags. *stær* Länge ansetzen, sehen andere den Stammvokal für kurz an. Entscheidend für die Vokalkürze des ags. Wortes ist die Pluralform *stearas* in der Rushworth-Handschrift der altnorthumbrischen Evangelienübersetzung (Lindelöf Glossar S. 80). Für die ahd. Form wird wieder Länge vorausgesetzt durch die heutige schwäbische Form *Kštōr* (bei Kauffmann Schwäb. Mundart S. 43) und die Schreibungen *stor*: Clm. 12265, 142a (13. Jh.), *stuare*: cod. Zwettl. 293, 25a (14. Jh.) und in anderen Glossenhandschriften. Andere mundartliche Formen deuten aber auf alte Kürze in Übereinstimmung mit dem Sachverhalt im Angelsächsischen.

Eine Prüfung der mhd. Reimbelege erweist, daß, abgesehen von dem schwäbischen Dichter Marner und einem Beleg in der Reimchronik Otakers, die — bairisch-österreichischen — Dichter des 13. Jhs.[1] mhd. *star* mit Worten reimen, welche kurzen Stammvokal haben; die Reime des 14. Jhs.[2] sind nicht beweisend. Innerhalb des deutschen Sprachgebietes zeigt der Vogelname *stă̂ra* also den Ablaut *a* : *â*.

Das mask. Geschlecht des Namens, das später überhand

1 Marner (Ed. Strauch S. 97) XI, 3: *stâr*: Regimâr: hâr: jâr; Tannhäuser (v. d. Hagen Minnesinger II, 92b): *stăr*: ăr; Der Taler (v. d. Hagen a. a. O. II, 147a): *stăr*: dăr: offenbăr; Ulrich von Lichtenstein Frauendienst (Ed. Lachmann S. 92, 11): *stărn*: varn; Ulrich v. d. Türlin Willehalm (Ed. Singer S. 183) CL, 31: *stărn*: vărn; Lohengrin (Ed. Rückert) S. 73, V. 2719: *stărn*: gevărn; Otakers Reimchronik V. 48269: *stărn*: schărn, dagegen V. 96059: *stârn*: wârn.

3 Hadamar v. Labers Jagd (Ed. Stejskal) V. 528: *stâren*: fâren; Meister Altswert (Ed. Holland u. Keller S. 221, 14): *stârn*: gebârn; Liedersaal (Ed. Lassberg II, 388) V. 124: *stâr*: wâr.

nimmt, ist zuerst in der schwachen Form *staro* im 12. Jh. bezeugt. In neuerer Zeit geht die schwache Flexion z. T. in die starke über, vgl. hierüber Grimms Wb. X, 2, 256 f. Bair.-österr. *stärl* ist als deminutive *-ila*-Ableitung aufzufassen, vgl. Grimms Wb. a. a. O.

Da der Staar ein guter Freund des Weideviehs ist, das er von lästigem Ungeziefer befreit, hat er den Namen *Rinderſtaar* erhalten, den Gesner Hist. avium S. 715 zuerst erwähnt. Eine andere Kompositionsform ist *Felstar* (*Feldstar*) bei Hans Sachs im Regim. der Vögel V. 72. Im Namen *Staarmatz*, den man an manchen Orten besonders den Käfigvögeln beilegt, ist *Matz* eine Koseform des Namens *Matthäus*. Überhaupt überträgt man gerne Personennamen auf gezähmte Vögel; so heißt z. B. der Papagei und der Rabe *Jakob*, der Kanarienvogel *Emanuel* usw., vgl. Wackernagel Germania IV, 154.

Eine beschränktere geographische Verbreitung als ahd. *stăra* > nhd. *Staar* hat die synonyme Benennung *sprâ*, *sprêa*, welche in den Glossen einige Mal belegt ist: *spra* turdus: cod. Guelpherbyt. Aug. 10. 3. 4° f. 89 a; sturnus[1]: H. S. III, 17: cod. Darmstad. 6, 26 b (13. Jh.); *stara spra* sturnus: cod. Oxon. Jun. 83, 4 (13. Jh.), *sprea* sturnus: cod. sem. Trevir. R. III. 13, 109 b. Die Belege entstammen Handschriften, welche auf mittelfränkischem Gebiet geschrieben sind oder niederdeutschen Einfluß aufweisen. — Im 15./16. Jh. ist der Name als *spree*, *sprehe*, *sprew*[2] einige Mal in den Glossaren bezeugt; auf niederdeutschem Sprachgebiet erscheinen gleichzeitig auch Formen mit Nasal nach dem Stammvokal (*sprên*, *spraen*, *sprien*, *spreyn*, *spryne*[2]), welche in den heutigen Mundarten weit verbreitet sind. Diese letzteren haben sich offenbar aus den obliquen Kasus der älteren bezeugten Formen zu selbständigen Namensformen entwickelt und den Nasal also aus den schwachen Kasusendungen bezogen.

Heute ist dieses Wort in Niederdeutschland und in den Rheingegenden die übliche Benennung des Vogels. In Preußen

1 *spra* auf Rasur. (Steinmeyer.)

2 Diefenbach Glossar. S. 558 b. 602 b, Nov. glossar. S. 252 a. 374 b, Schiller-Lübben Mnd. Wb. IV, 344, Jb. f. ndd. Sprachf. VI, 127, Grimms Wb. X, 2, 9.

kommt es in den Varianten *Spreh(e)*, *Sproh* f. und *Sprên*[1] (im Samlande) vor, in Pommern *Sprên*[2], in Vorpommern *Sprei*[3], in Mecklenburg *Sprên*[4], in Lübeck *Sprê*, *Sprei*[4], in der Grafschaft Ranzau *Sprê* f.[4], auf Helgoland *Sprin*[5], in Altmark *Sprê*, *Sprägn*[6], in Göttingen und Grubenhagen *Sprëe*, *Spreie*, *Sprëne*[7] f., in Westfalen *Språwe*, *Språle*[8] f. (im Münsterkreise *Spreie*, *Spraol*[9], in Recklinghausen *Språnke*[9]), in den Niederlanden *spreeuw* (aus mndl. *sprewe*), in Groningen *Sproa*[10], nordfries. *Sprien*. Am Rhein geht der Name weit hinauf nach dem Süden: in Luxemburg *Spreif* f., *Sprô* f., *Spron*[11] m. (= siebenbürg.-sächs. *Sprô*[12]), in Hessen-Nassau *Sprah*, *Sprahl*, *Sproh*[13], in Oberhessen *Sprin*[14], in Kurhessen *Sprin*, *Sprên*, *Sprê*, *Sprêhe*[15] f., im ganzen Elsaß bis zur schweizer. Grenze *Spree*, *Gespree*, *Sprehe*, *Spreele*, *Sprejer*[16]. Hier berührt sich das Wort mit dem Synonymon *Star*; "der *Spreh*, den man ein *Staren* nennt" heißt es im Strassburg. Vogelb. (1554) V. 415.

Die Grundformen, aus denen die mundartlichen Varianten sich entwickelt haben, dürften als **sprâ(w)-ôn*, **sprâj-ôn* anzusetzen sein und diese weisen auf Zusammenhang mit mhd. *sprǣwen*, *sprǣjen*, mndl. *spraeien* 'spritzen' usw., so daß der Staar — wie Schmeller (-Frommann) Wb. II, 695 angenommen hat — wegen der gesprenkelten Färbung des Gefieders, die nach beendigter Mauser eintritt, benannt worden wäre. Im Elsaß wird *Sprehe* auch für andere buntscheckige Vögel, die Drossel und den Tannenhäher, verwendet. Vgl. auch lat. *sturninus* 'staarfarbig, gesprenkelt'. — Aus dem Deutschen ist die Benennung als *esprohon* (nfrz. dial. *éprouon*) in das Altfranzösische übernommen worden; wallon. *sproon* und *sprewe* bei Rolland Faune populaire II, 152.

---

1 Frischbier II, 355. — 2 Dähnert Wb. (1781) S. 450.
3 Wb. d. Mecklenburg.-Vorpommerischen Mundart s. v.
4 Korrespondenzbl. f. ndd. Sprachf. XVI, 84. XVII, 2.
5 Frommann D. Mundarten III, 32. — 6 Danneil 205.
7 Schambach 206. — 8 Woeste 251.
9 Korrespondenzbl. f. ndd. Sprachf. XVI, 86. XVII, 2.
10 Molema Wb. S. 398. — 11 Wb. d. Luxemburg. Mundart 416 f.
12 Kisch Wb. d. Nösner Mundart s. v. — 13 Kehrein 384.
14 Crecelius 801. — 15 Vilmar 394. — 16 Martin-Lienhart II, 555.

Mehrdeutig ist der alte Beleg *strala* = turdus cod. Parisin. 12269f. 58b. Kluge Engl. Stud. XX, 263 ändert die Glosse in *sprala* (= westfäl. *Sprâle*), Steinmeyer Ahd. Gll. IV, 356[33] nimmt den Beleg für die Namensform *stara* in Anspruch, indem er darin Verderbnis aus *stala* vermutet. Es fragt sich jedoch, ob die Glosse überhaupt geändert werden soll; Brehm Tierleben (Vögel I³, 381) nennt den Staar *Strahl*, Naumann-Hennicke IV, 7 erwähnen unter den Synonyma für den Vogel u. A. *Rinderstral*, und der buntscheckige Tannenhäher oder Staarhäher hat nach Nemnich Polyglottenlexicon I, 1237 u. a. den Namen *Waldstral*. Ältere neuhochdeutsche Zeugnisse für diese Namensform fehlen.

Das niederdeutsche Dialektwort *Sprutter*, welches Häpke[1] aus Emden anführt, gehört wohl zu mnd. *sprote* 'Fleck, Sprosse', *sprût(e)* 'Sommersprosse' und nimmt also wie *Sprehe* Bezug auf das weißgetüpfelte Gefieder des Vogels; vgl. Sprosser S. 38. Molema a. a. O. führt aus Groningen den Namen in der Form *Prutter* an. Andere niederdeutsche Dialektnamen des Staars sind *Quatter*[1] in Emden, *Blutter*[2] im Ostfriesischen.

In Steiermark (in der Umgebung von Graz) soll der Staar *Zimmermann*[3] genannt werden, im Elsaß (in Niffer) heißt er *Pfersichklepfer*[4] (d. h. Pfirsichverzehrer).

Pirol, oriolus galbula, oriolus oriolus.

Der älteste historisch überlieferte Name für den Pirol ist mhd. *witewal*. Die frühesten Belege stammen aus Handschriften der Versus de volucribus, welche die Originalglosse 'herodius *wiltfalco*' mit dem Pirolnamen vermischen: herodius *wildˢvalch odˢ witwal* Clm. 614, 31b, *witewal* cod. princ. de Wallerst. I. 2 (Lat.) f. 21, 175b. Ein dritter Beleg — wie die beiden vorhingenannten aus dem 13. Jh. — ist *wedewal* icter in cod. Oxon. Jun. 83, 4. Später begegnet der Name öfters in mittelhochdeutschen, mittelniederdeutschen und mittelniederländischen Glossaren. Heute ist *weduwaal* die niederländische Namensform; ostfries. *Wîdewâl*[5], in Altmark *Widewaol*[6], in Preußen *Wiedewol*,

1 Volkstümliche Tiernamen S. 303. — 2 Jb. f. ndd. Sprachf. XI, 111.
3 Unger-Khull 652. — 4 Martin-Lienhart I, 496.
5 Jb. f. ndd. Sprachf. XI, 113. — 6 Danneil 247.

Wittewald[1]. In der umgedeuteten Form *Wiegelwagel*[2] kommt der Name im Münsterkreise vor, daneben *Wielewal*[2] (= ndl. *wielewaal*).

Mehrere übereinstimmende Zeugnisse beweisen, daß der Ausdruck am Mittel-Rhein geläufig war. Zunächst kommt als Gewährsmann Albertus Magnus in Betracht, der in seinem Buche De animalibus als deutsche Bezeichnung des Pirols ***veide vuali*** (auch *widdewal*) angibt; darauf *wedewal* im mittelfränkischen Karlmeinet-Gedicht (Ed. Keller S. 88[34]) und dem damit zusammenhängenden Gedichte von Karl und Ellegast (Germania IX, 337) sowie *weduwal* in den niederrheinischen Marienliedern von Bruder Hans (Ed. Mynzloff) V. 4075. — Im 16. Jh. ist *Witwol*, *Weidwail* durch Turner Avium hist. (1544) S. I 7 a und *Wedewål* durch Longolius Dial. de avibus (1544) S. G 2 a in der Kölner Gegend bezeugt.

Eber und Peucer Vocab. (1552) S. E 8 a können die Glosse *Widwol* von Turner übernommen haben, aber die weitere Verbreitung des Namens auf hochdeutschem Gebiet wird durch Gesner Hist. avium S. 684 bezeugt, der ihn in der Form *Wittewalch* als in der Schweiz üblich bezeichnet. Diese erweiterte Namensform, welche als *Wiedewalch*[3] noch heute in der Schweiz vorkommen soll, ist bereits im 15. Jh. in der Glosse *wilwalch* (für *witwalch*) cod. Vindob. 12840, 2 a (in Ahd. Gll. III, 23[17]) und als *wittenwalch*[4] im Vocab. rerum von Liebinger zu Landau (1466) belegt. In Österreich kommt *Witwaldlein* (mit der Bedeutung eines grüngelben Laubsängers) in der Angenehmen Land-Lust (1720) S. 322 vor.

Der in Deutschland früher offenbar allgemein verbreitete Vogelname (mhd. *witewale*, mnd. *wedewale*) ist eine westgermanische Bildung, welche in England auch erst seit der mittelenglischen Zeit als *wudewale* (heute in Dialekten *whitwall woodwal*[5]) begegnet. In der Grdf. **wuduwal-ôn*: **widuwal-ôn* ist nur das erste Glied (= Holz, Wald) erkennbar, das zweite, welches auch im engl. *hickwall* (älter *highwale*, *hechewal*, *hygwhele*) 'Grünspecht' vorhanden ist, entzieht sich einer sicheren Beurteilung.

Daß die alte Bildung in Deutschland auf sporadische Reste

1 Frischbier II, 468. 477.
2 Korrespondenzbl. f. ndd. Sprachf. XVI, 87. XVII, 5.
3 Stalder Id. II, 450. — 4 Diefenbach Nov. glossar. S. 273 b.
5 Swainson The Folklore S. 100.

beschränkt geworden ist, dazu hat das Auftreten synonymer Populärnamen beigetragen, welche in neuerer Zeit entstanden sind und sich rasch verbreitet haben.

Von diesen ist am weitesten verbreitet der heute in der wissenschaftlichen Sprache angewendete Name *Pirol* mit seinen Varianten. Nach einem Hinweis bei Frisch Teutsch-lat. Wb. I, 161b haben unter anderen Lexer Mhd. Wb. II, 274, Martin und Lienhart Wb. d. Elsäss. Ma. II, 81 den Ausdruck auf mittellat. *pirulus* zurückgeführt. Aber dieses Wort tritt erst im 13. Jh. im Cod. Reg. 4120 als Name des Stars auf und entbehrt jeder Stütze in den romanischen Volksdialekten.

Das älteste erreichbare Zeugnis des deutschen Vogelnamens findet man bei Konrad von Megenberg (Ed. Pfeiffer) S. 217[27]: "Wir haizen in ze däutsch *pruoder Piro* nâch seiner stimm: wan er ruoft mit seinr stimm, sam er sprech pruoder Piro". Im Vocab. theuton. (Nürnberg) 1482 S. e 3 b werden zwei verschiedene Varianten desselben Namens angeführt: "*Bruder hiltroff*. hictrix auis quedã gilfa ictrix idẽ oder *bruder birolff* idẽ". Gesner Hist. avium S. 684 kennt *Bierolff* / *Brůder berolff* aus Frankfurt am Main, im Elsaß ist *Birolff* durch das Strassburg. Vogelb. (1554) V. 272 bezeugt, bei Golius Onomasticon (1579) Sp. 296 *Byrolt*, vulgo *Brůder bierolff*. Auf sächsischem Sprachgebiet erscheinen die Formen *Byrolt*, *Tyrolt* bei Eber und Peucer Vocab. (1552) S. F 8 b, die letztere begegnet in Baiern bei Hans Sachs Regim. der Vögel (1531) V. 105. Als hessische Variante gibt Gesner den Ausdruck *Gerolff* und ohne Ortsangabe (S. 763) *Zierolf*. Schwenkfeld Ther. Sil. (1603) S. 312 verzeichnet *Bierholt*, *Bierolff*, *Beerhold*, *Kirſchholdt*; die beiden letzteren Namensformen deuten auf die Vorliebe des Vogels für Kirschen. Henisch Teutſche Sprach (1616) Sp. 374. 529. 578 hat die verschiedenen Varianten aus den älteren Quellen abgeschrieben.

Zu diesen Namensformen in der älteren neuhochdeutschen Überlieferung gesellen sich aus den heutigen Mundarten *Bieroller*[1] in Geudertheim (im Elsaß), in Sachsen (Leipzig) *Pîrholer*[2], (Dresden) *Biereule*[2], in Preußen *Bierhol*, *Bierhahn*,

1 Martin-Lienhart II, 81.

2 Albrecht Die Leipziger Mundart S. 183.

Bierhold, *Bülau*, *Bülow*, *Herr von Bülau*, *Junker Bülow*, *Schulz von Thierau* oder *Tharau* [1], in Altmark *Schult von Bülau* oder *Tülau*, (im Süden) *Koch von Külau* [2], in Göttingen und Grubenhagen *Vôgel Bülo* [3], ebenso in Lübeck und der Grafschaft Ranzau *Vagel Bülo* [4]. — Schon Frisch Teutsch-lat. Wb. (1741) I, 161b berichtet, daß die Bauern in Havelland in der Mark Brandenburg den Vogel *den Schulzen von Milo* nennen und daß er "bei den durſtigen Brüdern, an einigen Orten *Bier-Hohler*" heißt.

Die zahllosen Namensformen stehen in engster Verbindung mit dem hellen flötenden Rufe des Pirols, in dem man sich leicht einbildet, menschliche Worte zu hören. In Niederdeutschland ist der auffällige Ruf mit dem bekannten Namen *Bülow* verknüpft worden, in vielen Gegenden wird er wieder als 'Bier hol!' gehört. Ältere Varianten knüpfen teilweise an die auf *-olf* oder *-holt* endenden Eigennamen an, wobei ohne Zweifel die Hähernamen *Markolf*, *Marwolt* und *Herold* als Muster gedient haben. — Der alte Typus, auf den die alten Dialektnamen weisen, ist bair. *piro*, das man wohl mit Megenberg für eine direkte Nachbildung des Naturlautes halten darf. Aus diesem läßt sich auch der Name *vichauz* in einer Version des Märchens vom Zaunkönig aus dem 15. Jh. (Erlösung herausg. von Bartsch XLIV) begreifen, der als *Gugelfyhaus* bei Hohberg Adel. Land-Leben II, 796 Kap. CXVI belegt ist und heute in Wien *Gugelvieraus*, in Steiermark *Gugelfliehauf*, *Gugelfrühauf*, *Gugelüberdichhab* [5] (*Gugler* [5] m.) lautet. Eine ähnliche Bildung ist *Weyrauch-Vogel* [6] bei Döbel Eröffn. Jägerpr. (1746) S. 54 sowie ostfries. *Goliath* [7]. In der finnischen Sprache wird der Pirolruf als 'kuha kiehuu' (der Zander kocht) gedeutet, und der allgemein übliche Name lautet daher 'kuhankeittäjä' (Zanderkocher). — Die schriftsprachliche Form *Pirol* stammt aus der sächsischen Mundart; sie begegnet als *Pyrohl* bei Döbel Eröffn.

1 Frischbier I, 82. — 2 Danneil 189. — 3 Schambach 35.

4 Korrespondenzbl. f. ndd. Sprachf. XVI, 84. XVII, 2.

5 Unger-Khull 313.

6 Vgl. Frisch Vorstellung der Vögel (1763) III C 1a: "Gleichwie andere ſeinen Namen *Wyrock*, welcher das i und o hat, für Plat-teutſch angesehen, und haben ihn verfälſcht *Weihrauch* ausgeſprochen".

7 Häpke Volkstümliche Tiernamen S. 302.

Jägerpr. (1746) S. 54. Der Name findet Anklang im czech. *brhel* 'Pirol', das wohl als eine deutsche Entlehnung zu betrachten ist. Die umgekehrte Möglichkeit, daß das slavische Wort das Etymon der deutschen Wortsippe wäre, ist weniger wahrscheinlich.

In einigen Gegenden hat der Pirol den Namen *Pfingstvogel* erhalten, weil er erst spät im Frühjahr, um die Pfingstzeit, eintrifft. Der Ausdruck, der von Döbel a. a. O. unter anderen Synonyma erwähnt wird, ist in Steiermark[1], Preußen[2] und Göttingen und Grubenhagen[3] gebräuchlich. In letztgenannter Gegend kommt neben *Pinkestvôgel*[3] auch der Name *Regenkatte*[3] (Regenkatze) vor, der den Pirol unter die vielen Regen verkündenden Vögel weist.

Da der Vogel zur Zeit der Fruchtreife die Obstgärten besucht, um Kirschen und Beeren zu holen, heißt er auch *Kirschvogel*. Döbel nennt den Namen in Eröffn. Jägerpr. (1746) S. 54, ebenso der Verfasser der Angenehmen Land-Lust (1720) S. 201 und Klein Hist. av. prodr. (1750) S. 66; in Westfalen *Kirssfuegel*[4], nndl. *kersevogel*, ostfries. *Karsvogel*[5]. Turner Avium hist. (1544) S. I 7 a führt den kölnischen Dialektnamen *Kerſenriſe* (d. h. Kirschenreifer) an. Auf die Vorliebe des Pirols für Früchte weisen auch die umgedeuteten Namensformen *Beerhold* und *Kirschhold* hin, vgl. oben S. 171.

Die schöne gelbe Gefiederfarbe und die helle flötende Stimme haben den Namen *Goldmerle*, den Gesner S. 684 aus Niederdeutschland anführt, veranlaßt. Heute ist *Goldmêrel*[6] f. in Luxemburg die übliche Bezeichnung des Pirols, ebenso *goudmerel* in den Niederlanden; in der Pfalz lautet der entsprechende Ausdruck *Goldamsel*, *Gelamsel*[7], in der Schweiz *Goldamsel*[8], in Tirol *Goldschmeazr*[9] (d. h. Goldschmätzer).

Gesner erwähnt a. a. O. S. 763 einen schöngefärbten Vogel, der in der Umgebung von Frankfurt am Main *Wiggügel* heißen soll. Damit ist wohl der Pirol gemeint und der Name ist wohl

---

1 Unger-Khull 77. — 2 Frischbier II, 139.
3 Schambach 155. 169. — 4 Woeste 127.
5 Häpke Volkstümliche Tiernamen S. 302.
6 Wb. d. Luxemburg. Mundart 149.
7 Heeger Tiere im pfälz. Volksmunde II, 10.
8 Staub-Tobler I, 241. — 9 Frommann D. Mundarten IV, 54.

als *Wit-gückel* (vgl. elsäss. *Gücker* S. 94, schweiz. *Gügel*) d. h. 'Waldpfeifer' zu verstehen.

In Ostermanns Vocab. (1591) S. 334 wird der Name *Hindvogel* als Bezeichnung des Pirols in der Moselgegend erwähnt.

Rabenvögel, Corvidae.

Rabe, corvus corax.

Ahd. hraban: Sg. Nom. — *hraban* coruus: cod. SGalli 242, 248a. *raban*: cod. Parisin. 12269 f. 58b. *râban*: Williram 88, 2. *rauan*: cod. Guelpherbyt. Aug. 10. 3. 4° f. 89a. *rabbo. ł ravin*: Versus de volucr.: cod. Admont. 106. — *hram*: cod. SGalli 911, 79, cod. Parisin. 7640, 128e. cod. SGalli 913, 198a. *ram*: Aldhelmi Aenigm. 266, 25: cod. SGalli 242, 37. Rotul. com. de Mülinen Bern. corax: Phocae ars 425, 22: Clm. 14689, 46a. *râm*: Carmen de Philomela 28: cod. Vindob. 247, 223a. — *rabo* corvv^s ł cauannus: Clm. 14689 f. 47a. *râbo*: Versus de volucr.: cod. Admont. 476. *rabe*: cod. Vindob. 804 f. 185 b. Versus de volucr., *rab*: Versus de volucr. — *rappo*: cod. Selestad. f. 110a. Versus de volucr. *rabbo*: Versus de volucr.— Pl. Nom. — *râbena*: Notker Capella de nupt. I, 21. — *ramma*: Sedulii Carm. pasch. I, 170: cod. Carlsruh. Aug. CCXVII, 104b. — Gen. — (dero) *rammo*: Notker Ps. 146, 9. (dero) *ramme*: Notker WPs. 146, 9 (2 Mal).

Die germanischen Sprachen haben für den Raben eine gemeinsame alte Benennung: ahd. *hraban*, mhd. *raben*, mnd. *raven*, ags. *hræfn*, me. ne. *raven*, anord. *hrafn*, dän. *ravn*. Der aus dem 6. Jh. stammende Runenstein von Järsbärg bewahrt das urgerman. **hraƀ-n-az* in der Form *HaraƀanaR* mit svarabhaktischen a-Vokalen. Aus derselben Zeit wie der runische Eigenname ist auch *Hraban* als Name des Sohnes des Frankenkönigs Chlotar geschichtlich überliefert, s. Förstemann Altd. Namenbuch 1^2, 870.

Durch Assimilation hat sich aus **hraƀ-n-* die Nebenform **hramn-a-*, **hramm-a-* entwickelt, die sich im ahd. *hram(-mes)*, ags. *hræmn*, *hram*, *hræm*, norweg. *ramn*, aschwed. *ram(p)n*, schwed. dial. *ramn* vorfindet. Gewöhnlich hält man die Assimilierung erst für einzelsprachlich[1]. Doch findet sich die assimilierte Form schon in Eigennamen des 6. Jhs. ebenso früh

1 S. z. B. Noreen Abriß S. 141, Braune Ahd. Gramm.^{2} § 125 Anm. 1, Sievers Ags. Gramm.^{3} §§ 188, 1 und 193, 2, Bülbring Altengl. Elementarb. § 485.

wie die nichtassimilierte: *Gumthechramnus* (bei Venantius Fortunatus), *Gundhramnus*, *Cramnus Marius*, s. Förstemann Altd. Namenb. I², 703 ff. und 869 ff. Eine andere Assimilationsform ist erhalten im ahd. *rappo*, das auf westgerm. **hrabb-n* mit Konsonantenverdoppelung vor *n* zurückgeht.

Schließlich liegt im ahd. *rabo*, mhd. *rabe* = mnd. *rave*, westfäl. *Râwe*, nndl. *raaf* eine urgerman. Flexionsvariante **hrab-an* zugrunde. In dieser Form hat man wohl die älteste Flexionsweise des Namens zu erblicken. Während das german. Wort früher mit gleichbedeutendem griech. κόραξ, κορώνη 'Krähe', lat. *cornix* 'dass'. für urverwandt gehalten wurde, hat es Holthausen in KZ. XXVII, 623 von den letzteren getrennt und mit lat. *crepo* 'knattere, krache', ai. *kṛpatî* 'jammern' verbunden[1]. Daß das germ. **hrab-an* eine onomatopoietische Bildung ist, die von der Stimme des Vogels hergeholt wurde, dürfte sicher sein; doch ist es kaum mehr möglich, den Grad der Verwandtschaft mit den auswärtigen Schallworten zu bestimmen. Am ehesten möchte man, von dem Rufe des Vogels ausgehend, den Labial für ein idg. Suffix *-bh-* halten, wobei zunächst griech. κόραφος 'ein Vogel (wahrscheinlich aus dem Rabengeschlechte)' heranzuziehen wäre; die übrigen Synonyma in den verwandten Sprachen würden erst in zweiter Linie in Frage kommen. — In den germanischen Sprachen war der Rabenname bei der Bildung von Eigennamen ganz besonders beliebt, vgl. Förstemann a. a. O.

Die nordischen Sprachen bieten außer dem gemeingermanischen Vogelnamen noch zwei alte Synonyma: anord. *korpr* (schwed. norweg. *korp*) und *krummi*, *krumsi*, *kramsi* (norweg. dial. *krump*). Das erstgenannte Wort wird bei Falk und Torp Et. ordb. I, 404 (nicht ganz überzeugend) mit schwed. dial. *garpa*, *karpa* 'schnattern' in Zusammenhang gebracht, das letztere zu mhd. *krimmen* 'mit den Krallen greifen' gestellt. Der anord. Name

---

1 Eine andere Auffassung vertritt Hirt PBB. XXIII, 306, indem er die germ. Form **hramn-a* für die ursprüngliche hält, woraus **hrabna* sich sekundär entwickelt habe. Im idg. **krəmno* sei *mn* Suffix, mit dem germanischen Worte urverwandt wären gr. κόραξ 'Rabe', κορώνη 'Krähe', lat. *cornix* 'dass.', lit. *szárka* 'Elster' u. a.

krummi aus **krump-a-n*, womit mhd. *krimvogel* 'Raubvogel' sich vergleichen läßt, hat vielleicht einen westgermanischen Reflex in dem Ortsnamen *Cramfestnesta* (im 8. Jh., s. Förstemann Altd. Namenb. II, 422) hinterlassen; dieselbe Bildung ist der Ortsname *Rammennest*[1] im Elsaß. Übrigens scheint derselbe Vogelname auch im estn. *kromp* (Gen. *krombi*) 'Rabe' vorhanden zu sein, das im westlichen Estland üblich ist[2]. Das estnische Wort ist offenbar als Entlehnung von den benachbarten schwedischen Inselbewohnern anzusehen.

Von den vier althochdeutschen Parallelformen *raban*, *rabo*, *ram*, *rappo* ist die erste bereits in mittelhochdeutscher Zeit ausgestorben. — In ganz Nieder- und Mitteldeutschland gilt die zweite Lautform, die sich als *Rabe* in der Schriftsprache eingebürgert hat; stellenweise wird das Wort feminin gebraucht, so in Luxemburg *die Rôf*[3] und in Göttingen und Grubenhagen *die Râwe*[4]. In der Pfalz ist *Rabe* selten, im Elsaß kommt die Form nur in den Komposita *Nachtraab* und *Wasserraab* im 17. Jh. bei Baldner vor. — Auf diese westlichen Landstriche beschränkt ist die dritte Variante *Ramm*, die im Mittel- und Nord-Elsaß als feminines *die Ramme* (im Strassburg. Vogelb. (1554) V. 299 Plur. *Rammen*), in der Westpfalz als *Ramm*[5], in Luxemburg als *Ramm*[6] f. gilt.

Im Süd-Elsaß und in der Schweiz, wo ahd. *ram* von Notker geschrieben wurde, ist diese Form verloren gegangen. Dafür wird hier die vierte Variante *Rapp* gebraucht, die allgemein süddeutsch ist und auch in das Mitteldeutsche hineinreicht. Auf schwäbischem Dialektgebiet, im Elsaß[7] und in der Pfalz[5] ist die Nebenform *Krapp* allgemein verbreitet, in Basel hat *Chrapp*[8] oder *Grapp*[8] die Bedeutung 'Krähe'. Nach Kauffmann Schwäb. Mundart S. 199 ist *Krapp* aus **Ge-Rapp* (mit dem üblichen Präfix) entstanden. Ältere Zeugnisse für diese Form mangeln; das Strassburg. Vogelb. kennt sie nicht, erst Popowitsch

1 Martin-Lienhart I, 790. — 2 Wiedemann Estn.-deutsches Wb. s. v.
3 Wb. d. Luxemburg. Mundart 362. — 4 Schambach 168.
5 Heeger Tiere im pfälz. Volksmunde II, 10.
6 Wb. d. Luxemburg. Mundart 349. — 7 Martin-Lienhart I, 521.
8 Staub-Tobler II, 786. III, 841.

(1780) S. 483 führt sie aus der hohenlohischen Mundart an. Der Beleg *crab*, den Hildebrand in Grimms Wb. V, 2066 von dem Holzschnitt im Simplicissimus für die Variante *Krapp* in Anspruch nimmt, ist wohl als *craw(e)* 'Krähe' aufzufassen.

In manchen Gegenden werden Raben und Krähen nicht von einander unterschieden, sondern beide Arten unter ein- und derselben Benennung begriffen. Andererseits wird der Rabe auch durch verdeutlichende Komposita bezeichnet, welche an einigen Orten den einfachen Rabennamen gänzlich verdrängt haben. — Eine solche Bildung ist *Kolckrabe*, das Gesner Hist. avium S. 321 aus Sachsen anführt; im 18. Jh. wird es hier durch Döbel Eröffn. Jägerpr. (1746) S. 79 bezeugt. Popowitsch a. a. O. schreibt *Golkrabe*. Der Ausdruck erstreckt sich auch in das niederdeutsche Dialektgebiet, wo er als *Kulkrabe*[1] in Fallersleben, *Kulckrave* in Braunschweig, *Kolkrâwe*[2] im Münsterkreise üblich ist. Möglicherweise ist die Behauptung Gesners, daß der Name onomatopoietisch sei, richtig; in diesem Fall würde er sich aus *kolken* 'aufstoßen, sich erbrechen' erklären. Doch ist auch denkbar, daß in dem Kompositum ein ursprünglicheres **kol-krâwe* (Kohlkrähe) steckt, wo das erste Glied, wie öfters in Vogelnamen, die kohlschwarze Farbe bezeichnet. Für diese Annahme spricht die Kompositionsform *Kohlrabe* im Vocab. triling. (Prag 1560) S. 88, *Kol-Rabe* bei Schwenkfeld Ther. Sil. (1603) S. 244. Die Namensform *Goldrabe*, welche Popowitsch Versuch (1780) S. 454 aus dem Hohenlohischen und der Wetterau angibt und aus dem im Sonnenschein wie Gold glänzenden Gefieder des Vogels deuten möchte, ist umgedeutet aus *Kolkrabe*. — Eine andere Variante ist ndd. *Kluncker-Râve*[3] in Hamburg (*Klunkrâv*[3] in der Grafschaft Ranzau). — In Steiermark wird der Ausdruck *Jochrabe*[4] (vielleicht zu *Joch* 'Berggipfel' wie *Jochlisper*, S. 87) angewendet.

In der mittelhochdeutschen Literatur begegnet zweimal der Ausdruck *kopp(e)* als Bezeichnung des Raben. Im 16. Jh. kommt das Wort bei Hans Sachs im Regim. der Vögel (1531)

1 Frommann D. Mundarten V, 154.
2 Korrespondenzbl. f. ndd. Sprachf. XVI, 85.
3 Korrespondenzbl. f. ndd. Sprachf. XVII, 2. 3.
4 Unger-Khull 367.

V. 93 vor, wo "*der Kop* den Pirckhan zum Rappen" schickt; ferner im Strassburg. Vogelb. (1554) V. 299, wo *Kopp* mit den verwandten Namen Rappen / Steinrappen / Rammen erwähnt wird. Heute ist *Kueb*[1] in Luxemburg, *Kob*[2] auf der Eifel der Name des Kolkraben. Vielleicht ist der Vogelname ursprünglich eine Koseform des Personennamens *Jakob* (vgl. z. B. tirol. *Kôb*[3]) gewesen, den man öfters als Nomen proprium dem Raben beilegt und der als *Schaak*[4] (aus *Jacques*) in der Pfalz zum Appellativum des Vogels geworden ist. In Luxemburg wird *Hans*[5] als Appellativbenennung für den Raben angewendet, im Elsaß heißen die gezähmten Raben *Hansel*[6].

Für die Auffassung des mhd. *kopp* als *Jakob* spricht der Umstand, daß in den beiden Belegstellen (Hadamar von Laber V. 529 Ed. Schmeller S. 132 und Der Wartburgkrieg V. 1749 Ed. Simrock S. 231) das Wort als Anrede und in geringschätzigem Sinne gebraucht wird. Mhd. *koppen* (*koppezen*) 'krächzen' könnte eine Ableitung von dem Namen sein.

Vielfach ist der Rabenname vor neueren Bildungen zurückgewichen, die in direktem Anschluß an das Gekrächze des Vogels gebildet sind. So gibt Hertel Sprachsch. S. 190 an, daß in Salzungen (Thüringen) für *Rabe* gewöhnlich *Kräke* gesagt wird; nach Vilmar Id. S. 222 ist dies der Name des Raben auch im sächsisch-westfälischen Hessen und sonst einzeln im hessischen Dialektgebiet[7]. Im östlichen Hessen ist *Gâke* der übliche Ausdruck, im Schmalkaldischen *der Gâk*[8] (dazu *gâken* 'schreien' [von rabenartigen Vögeln]), an der mittleren Werra *Kake*[9]. Ähnliche onomatopoietische Bildungen kommen auch in anderen Mundarten vor: in Luxemburg *der Gâkgâk*[10], *Hansgâk*[10] (vgl. oben *Hans*), in der Schweiz *Gâgg*, *Gâgger*, *Gugâgger*[11], im Elsaß *Quäker*[12], im badischen Oberlande *die Quâke*, in der Pfalz *Krack*[13] u.a.

1 Wb. d. Luxemburg. Mundart 252. — 2 Frommann D. Mundarten VI, 16.
3 Frommann D. Mundarten VI, 158. — 4 Pfälz. Id. 120.
5 Wb. d. Luxemburg. Mundart 164. — 6 Martin-Lienhart I, 359.
7 Nach Pfister Nachträge zu Vilmar Id. S. 221 hier *Kracke*.
8 Vilmar 114. — 9 Pfister (Erstes) Ergänzungsheft S. 6.
10 Wb. d. Luxemburg. Mundart 124. 165.
11 Staub-Tobler II, 164. — 12 Martin-Lienhart II, 210.
13 Heeger Tiere im pfälz. Volksmunde II, 10.

An die Eigenschaft der Raben, sich bei Aas und Leichen einzustellen, knüpft der Name *Galgenvogel* (in der Schweiz[1] und im Elsaß[2]) an, für den Grimms Wb. IV, I, 1, 1179 einige Belege bringt[3]; vgl. auch *Galgenrabe* a. a. O. 1176. Vielleicht hat auch der Schreiber der Glosse "ciconia storch. uł *galchrabe*"[4] in cod. Mellic. K 51, 31 mit dem zweiten deutschen Worte den 'Galgenraben' (mhd. *galc* 'Galgen') gemeint. Jedenfalls hat er die Vorlage unrichtig abgeschrieben; denn hier muß die betreffende Stelle *galchrahe* gelautet haben, welches, ebenso wie lat. ciconia, Brunnenstengel bedeutet. — Im Elsaß wird der Rabe auch *Rappenkeib*[2] (ursprünglich wohl *Keib-Rapp* 'Aasrabe') genannt, in der Schweiz *Plâgvogel*[1] (d. h. Aasvogel).

Krähe, corvus corone und cornix.

Ahd. krâ(w)a: Sg. Nom. — *chraa* cornix: cod. SGalli 299 p. 33. *craa*: Paralipom. I, Prol. Hieronymi[5]: cod. SGalli 292, 117, cod. Carolsruh. SPetri 87, 77a. *chrauua*: cod. SGalli 242, 248a. *cr̂awa*: H. S. XIa2: Clm. 2612, 68b. 69a. *craha* garrula: cod. Parisin. 12269 f. 58b. *craia*: Prudent. Apoth. 298: cod. SGalli 292, 171; cod. mon. herem. 316, 135b. Versus de volucr. cornicula: cod. sem. Trevir. f. 112b, *kraia*: cod. Berol. Ms. lat. 8° 73, 123b. *chraia*: Clm. 14747 f. 63a. *chraga* cornicum ( ): Paralipom. I, Praefatio: Clm. 18140, 52a. *crage*: Versus de volucr. *crâ*: Prisciani inst. 165, 14: Clm. 280 A, 30a. *cra* cornicula: cod. Guelpherbyt. Aug. 10. 3. 4° f. 89a. *crá*: cod. Selestad. f. 109b. *kra*: H. S. III, 17. XIa 2. b. e. g. *chra*: Versus de volucr. Gll. Salom. a 1. Clm. 14689 f. 47a. Vergil. E IX, 15: cod. Selestad. f. 59b. *crha* noctva ł cornix: Clm. 14689 f. 47a. *kre*: Horat. Carm. III, 27, 16: cod. Parisin. 9345, 27a. — Pl. Gen. — *chraiono*: Paralipom. I, Praefatio: cod. Vindob. 2723, 31b, cod. Vindob. 2732, 38a, *chraona*: Clm. 14689, 39b, *craion*: Clm. 22201, 239g, *orain*: Clm. 13002, 222a. *chrarior*[6] cornice: Prudent. Contra Symmach. II, 571: cod. Parisin. nouv. acquis. 241, 187a.

Wie für den Raben, so haben die germanischen Sprachen auch für die Krähe eine gemeinsame Benennung: ahd. *krâja*, *krâ(w)a*, mhd. *krâ(w)e*, *krâ*, asächs. *krâia* in den Straßburg. Gll. (Wadstein Kleinere altsächs. Denkm. S. 107 [19]), mnd. *krei(g)e*, *krâ*, mndl.

1 Staub-Tobler I, 693. 695. — 2 Martin-Lienhart I, 100. 417.

3 Zu den zwei Belegen, die Grimms Wb. aus Spangenberg und Stieler bringt, ist ein älterer bei Lindener Katzipori (1558) S. 180 hinzuzufügen.

4 Ahd. Gll. IV, 183[59]. — 5 *cornicum* in der Vulgata.

6 *ari* auf Rasur. Entstellt aus *chraion*? (Steinmeyer).

crâie, *crâ*, nndl. *kraai*, fries. *krie*, ags. *cráwe*, me. *crǫwe*, ne. *crow*; die nordischen Sprachen haben nur eine erweiterte Bildung, welche im Altnordischen als *kráka* 'Krähe' und *krákr* 'Rabe' (schwed. *kråka*, dän. *krage*, norweg. *kraake*) erscheint. Der Name **krǣ-ôn* steht im engsten Zusammenhang mit dem Verbum *krǣ(j)en* 'krähen', das im ahd. *krâwen*, mhd. *krǣjen*, ags. *cráwan* usw. vorliegt. In letzter Instanz liegt den Worten eine Schallwurzel zugrunde, die eine Nachbildung des krächzenden Geschreis raben- und krähenartiger Vögel ist.

Die erweiterte Form der nordischen Benennung wird verschieden beurteilt. Kauffmann PBB. XII, 523 führt sie auf eine germ. Grdf. **krǣg-n-* (> **krǣkk-*) zurück, ebenso Helluvist Arkiv f. nord. fil. VII, 143 und Noreen Abriß S. 164, wobei dieser an Ablautsverhältnis mit ahd. *kragil* 'schwatzhaft' und lat. *graculus* 'Dohle' denkt. Bei Falk und Torp Et. ordb. I, 407 wird ein besonderes *k*-Suffix mit Hinweis auf *alke*, *finke* u. dgl. angenommen; aber in den angeführten Vogelnamen ist *k* nicht ableitend, und überhaupt kommt wohl in Vogelnamen ein derartiges Suffix nicht vor. Wahrscheinlich sind die nordischen Formen als onomatopoietische Weiterbildungen aufzufassen wie auch gleichbedeutendes *Krâke* in deutschen Mundarten. Es ist nicht möglich, einen strengen lautgesetzlichen Maßstab an diese schallnachahmenden Worte anzulegen, welche sich auch an vorhandene onomatopoietische Verba haben anlehnen können.

Aus germ. **krǣ-ôn-* sind im Althochdeutschen vier verschiedene Parallelformen entstanden, je nachdem, ob ein Übergangslaut sich entwickelte oder nicht. Im ersteren Falle bildeten sich die Namensformen *krâja*, *krâwa* und *krâha*, während im letzteren Falle durch Kontraktion die Namensform *krâ* hervorging. Diese vier Formen liegen den späteren mundartlichen Varianten zugrunde, deren Einzelheiten zu verfolgen der Mundartenforschung überlassen werden muß. Eine frühe Bezeichnung des Umlauts erscheint in der Glosse *cre* aus dem 11. Jh. (andere Fälle bei Braune Ahd. Gramm². § 34 Anm. 2). Wegen der Bezeichnung des Übergangslautes mit *g* in *chraga* vgl. Braune a. a. O. § 117. — Reichhaltiges Belegmaterial für die einzelnen mundartlichen Varianten aus den späteren Entwicklungsperioden in

Grimms Wb. V, 1965. In manchen Mundarten sind an die Stelle des alten Krähennamens neuere Bildungen getreten, von denen einige bereits unter den Benennungen des Raben angeführt wurden. — In Möhra und Breitingen (Thüringen) ist *Gake*, das in Hessen und in der Schweiz den Raben bedeutet, die Bezeichnung für die Krähe[1]. Ebenso werden *Krake* (*Krage*) f. in Salzungen und Waldfischa und *Krak* m. in Brotteroda (Thüringen) für die Krähe gebraucht[1]; auch schweizer. *Grâgg*[2] m. und f. in derselben Bedeutung. Schon in ahd. Zeit erscheint eine derartige erweiterte Bildung in der moselfränkischen Glosse *crecula* (= cornicula) cod. Parisin. 9344 f. 42 b. Nach dem Vogelnamen ist der Ortsname *Creklenbach* (südöstl. von Darmstadt) gebildet, der aus derselben Zeit — dem 11. Jh. — überliefert ist (Förstemann Altd. Namenb. II, 421). Die einfachere Bildung, von der altmoselfränk. *krekula* mittels des Suffixes *-lô(n)* abgeleitet ist, ist bewahrt im luxemb. *Krek*[3] f. 'Elster'. Mit anderer Vokalstufe wird der Naturlaut wiedergegeben in mnd. *krakelen* 'lautes Geschrei erheben', *krakele* 'Geschrei, Lärm (von Vögeln)' usw. Eine dritte Vokalstufe erscheint in *Krikelster*, *Krikente*. — In Kärnten heißt die Krähe *Poangratsche*[4] (d. h. Bohnengrätscher); das von Lexer erwähnte Synonymon *Tschoie*[4] m. ist ein slovenisches Lehnwort. Aus der Kindersprache stammt der ndd. Ausdruck *Kreiahlke*[5] (vgl. *Alke* 'Dohle', eigentl. eine Koseform des Namens *Adelheit*) in Hamburg und Holstein, sowie sächs. *Huppelkrah*[6] (Hüpferkrähe) in Leipzig, *Hoppdekrôe* (aus *Hopp du Krôe*) in Schlesien (Weinhold Beitr. zu einem schles. Wb. S. 46).

Von der schwarzgefärbten **Rabenkrähe** (corvus corone), die bei Eber und Peucer Vocab. (1552) S. E 7 a *Schwartzkrae*, bei Gesner Hist. avium S. 308 *Hußkrâe* (= Hauskrähe) genannt wird, unterscheidet sich die **Nebelkrähe** (corvus cornix) allein durch die Farbe des Gefieders, das nur an den Flügeln, am Kopf und am Schwanz schwarz, sonst aber aschgrau ist. Auf diese Fär-

1 Hertel 102. 145. — 2 Staub-Tobler II, 725.
3 Wb. d. Luxemburg. Mundart 246.
4 Frommann D. Mundarten IV, 493.
5 Korrespondenzbl. f. ndd. Sprachf. XVII, 3. 4.
6 Albrecht Die Leipziger Mundart S. 138.

bung weist der Ausdruck *Schiltkrae*, der in Sachsen durch Eber und Peucer a. a. O. bezeugt und von Schwenkfeld Ther. Sil. (1603) S. 241 (*Schilt Krahe*) als schlesisch bezeichnet wird; das erste Glied des zusammengesetzten Namens ist in gleicher Bedeutung wie 'bunt' gebraucht (vgl. *Schildspecht* S. 34).

Das Synonymon *Bundtekråe* (*Pundterkråe*) gibt Gesner a. a. O. S. 319 aus Niederdeutschland an. Hier sollen die Knaben beten: "Pundterkråe gott gåbe dir den raage Du bringſt den kalten winter ins lande", und in Westfalen gilt nach Gesner das Sprichwort "Eine Bundtekråe macket gheinen winter". In manchen Gegenden von Deutschland erscheint die Nebelkrähe als Bote des Winters im Spätherbst und hat auch daher die Namen *Winterkrae* (Gesner S. 308), *Winterkrey* (Strassburg. Vogelb. (1554) V. 297) und *Herpſtkråe* (Ostermann Vocab. (1591) S. 333) erhalten.

Auch der in der Wissenschaft geltende Ausdruck *Nebelkrähe* erklärt sich gerade daraus, daß der Vogel zu der Zeit einzutreffen pflegt, wo die Herbstnebel sich einstellen. Schon bei Walther von der Vogelweide findet sich der Name *nebelkrâ*, nachher im Vocab. theuton. (1482) S. x 3b *nebelkra oder nebelrapp*, im 16. Jh. *Nebelkra* bei Hans Sachs Regim. der Vögel (1531) V. 124, *Nebelkrae* bei Eber und Peucer a. a. O. Danach ist der Name also eigentlich in Baiern, Sachsen und angrenzenden Mundarten heimisch; in Thüringen (Winterstein) kommt der Ausdruck *Nawelrawen*[1] vor. Im Elsaß kommt die Benennung nicht vor[2]; Golius (Onomasticon 1579 Sp. 291) und Fischart haben sie aus literarischen Quellen, ebenso der Verfasser des Strassburg. Vogelb. V. 296.

In den althochdeutschen Glossen begegnet einige Mal der Ausdruck *herbistram* (d. h. Herbstrabe): *herbistram* istrix: Clm. 14747 f. 63a. *herbistra* istria: cod. SGalli 299 p. 32. *herbistramu*: cod. Selestad. f. 109b. *herbistram*: H. S. III, 17. Trotz der mittellat. Lemmata, die 'Eule' bedeuten (ital. dial. *istria*, *stria*), ist hier wohl die Nebelkrähe gemeint; vgl. luxemburg. *Hierschtkueb*[3] (= Herbstrabe) als Bezeichnung der Saatkrähe und den Ausdruck *Herbstkrähe*.

1 Hertel 172. — 2 Martin-Lienhart I, 516.
3 Wb. d. Luxemburg. Mundart 177.

Saatkrähe, corvus frugilegus.

Ahd. hruoh: Sg. Nom. — *hruoh* graculus: cod. SGalli 242, 248 a. *hruok*: cod. Parisin. 9344 f. 42 b, *hrok*: cod. sem. Trevir. f. 112 b. *hruohc*: Aldhelmus de laud. virg. 142, 19: cod. Turic. C 59, 6 b, *rofah*[1]: cod. mon. herem. 32, 195; :: *ruoh*[2]: cod. SGalli 242, 60, *ruoh*: cod. Parisin. 16668, 26 b, Clm. 19440, 87; cod. Vindob. 969, 5 b; Clm. 23486, 7 b. cod. SGalli 299, 26. Carmen de Philomela 28: cod. Vindob. 247, 223 a, cod. mus. britann. Add. 16894, 245 a. cod. Vatican. Reg. 1701, 2 b. *rŭoh*: cod. SGalli 270, 64. *ruok*: cod. Guelpherbyt. Aug. 10. 3. 4° f. 89 a. *ruohc*: Leviticus[3]: cod. Fuld. Aa 2, 43 a. craculus ł garrvlvs[4]: Clm. 14689 f. 47 a. *ruoch*: Versus de volucr. Gll. Salomon. a 1. *rv̊ch*: cod. Selestad. f. 110 a. H. S. III, 17. XI a 2, g, *rŏch*: b. cod. Vindob. 804 f. 185 b. *ruch*: Versus de volucr. *rv̂ch*: H. S. III, 17: Clm. 2612, 34 a, *rv̂cho*: XI e: cod. princ. de Lobkow. 435, 16 b, *rv̊che*: a 2: cod. Vindob. 2400, 102 b. *ruche*: Versus de volucr.: 22213, 163 a, *rŏche*: Clm. 19488, 121 a. *rouca* garula: Leviticus: cod. Parisin. 2685, 50 b; *ruoph* garrula a garrilitate uoce dicitur. id: cod. SPauli XXV d/82, 39 a. *rv̊z*: Gll. Salom. a 1: Clm. 17152, 70 e.

Für die Saatkrähe besitzen die germanischen Sprachen einen besonderen alten Namen, der im Althochdeutschen *hruoh* lautet. In den verwandten Dialekten entsprechen mnd. *rôk(e)*, mndl. nndl. fries. *roek*, ags. *hróc*, me. *rǫk*, ne. *rook* und anord. *hrókr*, dän. *raage*, schwed. *råka*. Wie überhaupt die Benennungen der zum Rabengeschlechte gehörigen Vögel, ist auch dieser Name nach dem Gekrächze des Vogels gebildet, welches nach Voigt Excursionsbuch S. 152 aus verschieden abgetönten *krah*, *kroah*, oder knarrendem *krrr* besteht. Zum germ. **hrôka-* (aus idg. **krō^u g-*, vgl. griech. κρώζω 'krächzen, kreischen') gehört durch Ablautsverhältnis anord. *hraukr* 'Seerabe (pelecanus ater)'; eine dritte Ablautsstufe ist got. *hrûkjan* 'krähen'. Die anklingenden Benennungen der slavischen Sprachen (akslav. *krukŭ* 'Rabe', lit. *krauklȳs*) sind ähnliche onomatopoietische Bildungen wie der germanische Vogelname. Ob estn. *rôgas* (Gen. *rōka*) 'Saatkrähe' eine alte german. Entlehnung ist oder erst spät aus dem Deutschen übernommen worden, läßt sich nicht absolut sicher entscheiden, da in Finnland der Vogel nicht vorkommt und die ausschlaggebende finnische

1 d. h. *roah* (mit übergeschriebenem *f*) (Steinmeyer). — 2 Rasur von *ro* (Steinmeyer).
3 *graculus* nicht in der Vulgata (Steinmeyer).
4 *ł garrvlvs* Zusatz zweiter Hand (Steinmeyer).

Benennung daher fehlt. Aus dem Althochdeutschen entlehnt ist gleichbedeutendes franz. *freux*, s. Hatzfeld-Darmesteter I, 1120.

Im Verhältnis zu den Namen der anderen Krähenarten begegnet die alte Benennung der Saatkrähe in der literarischen Überlieferung selten. Teils hängt dies davon ab, daß der Vogel von den Raben oder Schwarzkrähen, denen er in der Färbung ziemlich gleich kommt, nicht immer unterschieden wird, teils aber auch davon, daß der alte Name in manchen Landschaften außer Gebrauch kam.

Von den Autoren des 16. Jhs. verzeichnet Longolius Dial. de avibus (1544) S. G 2b die Namensform *Roeck*, welche sich mit der niederrheinischen Lautform deckt. Als Name des Raben wird *Rôk* im Hamburg. Id. von Richey (1755) und in Schützes Holst. Id. (1800) angeführt, in Westfalen werden die Formen *der Rauk* und *die Rôke* von Woeste Wb. S. 211 bezeugt. In Mitteldeutschland erscheint *Roocke* / *Rooche* bei Schwenkfeld Ther. Sil. (1603) S. 242 und wird hier als schlesisch bezeichnet. Eine abweichende Lautstufe zeigt sächs. *Rücke* f. in Döbels Eröffn. Jägerpr. (1746) S. 79 (schon im Jahre 1502 *rucke*[1] in einem alphab. Wb.), dazu *Hafer-Ricke* in Meißen nach Nemnich Polyglottenlexicon I, 1242. Ob hier alte Ablautformen oder Neubildungen bezw. Umdeutungen vorliegen, ist schwer zu entscheiden. In Grimms Wb. VIII, 1341 wird als Name der Dohle eine Form *Ruchert* angeführt, welcher mnd. *rôkart* 'Saatkrähe' entspricht; es sind Erweiterungen des alten Namens im Anschluß an die gewöhnlichen Eigennamen auf -*(h)art*. — Von den oberdeutschen Quellen der älteren neuhochdeutschen Zeit hat das Regim. der Vögel (1531) V. 177 die Akkusativform *die Ruchen*, der Vocab. triling. (1560) S. 88 *Ruhen* (= spermologus); in Gesners Hist. avium S. 503 *Růch* als volkstümlicher Ausdruck. Der elsässischen und schweizerischen Volkssprache fehlt der Name; auch in der bairisch-österreichischen Mundart scheint er nur sporadisch vorzukommen.

In mittelniederdeutschen Quellen ist *Karok* als Name der Saatkrähe belegt; Dähnert Wb. (1781) S. 219 verzeichnet es als pommerisches Wort. In Preußen lautet der Name *Karechel*

1 Diefenbach Novum glossar. S. 196 b.

(Klein Hist. av. prodr. (1750) S. 59), *Kareichel*, *Kareikel*[1]. Wenn das niederdeutsche Wort nicht aus einem slavischen Dialekte (akslav. *krukŭ*) entlehnt ist, könnte es als ein Kompositum *Kâ-Rôk* (zu *Kâ* 'Dohle') 'Dohlenkrähe' aufgefaßt werden. Die erweiterten preußischen Formen scheinen an ndd. *Rêkel* 'fauler Mensch' angelehnt worden zu sein.

An einigen Orten, wie in Steiermark, wird mit dem Ausdruck *Winterkrähe*[2] die Saatkrähe und nicht die Nebelkrähe verstanden; ebenso in Luxemburg *Wanterkueb*[3] m. (Winterrabe). Nach dem Luxemburgischen Wb. S. 177 würde auch mit dem Ausdruck *Hierschtkueb* m. (Herbstrabe) die Saatkrähe gemeint sein; vgl. S. 182.

Der wissenschaftliche Name *Saatkrähe* ist in Westfalen volkstümlich, vgl. Woeste Wb. S. 222 s. v. *Sådkraige* und Korrespondenzbl. f. ndd. Sprachf. XVI, 86; ältere Zeugnisse für das Wort fehlen.

Dohle, corvus monedula; lycus monedula.

Ahd. taha: Sg. Nom. — *tâha* gariola et monedula: cod. Selestad. f. 110a. *taha* monedula: Ruodliep III, 174: Clm. 19486, 11b, X, 21: cod. SFloriani 2a. monedula: Versus de volucr. cariola: Clm. 14689 f. 47a. cornicvla: Clm. 14689 f. 47a. cetauca: Gll. Salom. a 2. Hythin, filius progne. et dicitur *taha*. ł pro[4] pirihhôn ł. auis italica quę fasan dicitur: Horat. Carm. IV, 12, 5: Clm. 375, 62b. *tâha* monedula: H. S. III, 17, cetauca: XI a 2, *daha* corriola: b. *trahe* monedula: Versus de volucr.: Clm. 23496, 10a.

Der althochdeutsche Dohlenname *taha* ist verwandt mit mittelengl. *dawe* (seit dem 15. Jh. nachweisbar), ne. *daw* (*jackdaw*) 'Dohle'; die vorauszusetzenden westgermanischen Grundformen **dahw-ôn* und **da(g)w-ôn* zeigen grammatischen Wechsel. — Wahrscheinlich war der alte Name eine lautnachahmende Bildung, ebensowie ahd. *kaha*, altniederd. *kâ*, neuengl. *jack*, poln. *kava* u. a. In den verschiedenen Gegenden wird der hell klingende kurze Lockruf der Dohle zwar etwas verschieden aufgefaßt, allein man erkennt doch in den nachgebildeten Namen

1 Frischbier I, 337.
2 Unger-Khull 635. — 3 Wb. d. Luxemburg. Mundart 475.
4 Ausradiert (Steinmeyer).

die charakteristischen Töne 'kjä', 'jack' in annähernd übereinstimmender Weise. Außerhalb der indogermanischen Sprachen bietet das Finnische die Dohlennamen *naakka* und *hakki(nen)*, die mit engl. *jack* und etwa vorgerm. **dhakw* denselben Typus aufweisen.

Das althochdeutsche Wort ist, wie die weitere Entwickelungsgeschichte lehrt, auf ein relativ enges geographisches Gebiet beschränkt. In mittelhochdeutscher Zeit begegnet *tahe* in den Gesta Romanorum S. 114, bei dem Baiern Konrad von Megenberg (Ed. Pfeiffer) S. 206, 28 ff. und dem Tiroler Hans Vintler V. 1621. 1626. 1630; ferner *dach* im Vocab. theuton. (1482) S. e 5b, *tahen* [1] Vocab. ex quo (Inntal 1429), *tachen* [1] Vocab. rerum (Milstatt 1502). Im 16. Jh. ist *Tahe* in Nürnberg bezeugt durch Hans Sachs Regim. der Vögel (1531) V. 124, Gesner Hist. avium (1555) S. 503 führt *Taha* als rätisches und *Steintahe* als bairisches Wort an. Von Popowitsch Versuch (1780) S. 83 wird die Benennung *die Dáche* aus Steiermark (*Dahe*, *Dache* f. bei Unger-Khull Wortsch. S. 139) und die Form *der Dächer* aus Wien angegeben; in Tirol *Dåche*, *Dåcht* [2], in Sette Communi *Taga* [3], lusern. *Tachele* [4], weiter in der schwäbischen Mundart *Dahe*, *Dache*, *Dählein* [5]. — Aus dem Deutschen ist **tahala* als *taccola* (mittellat. *tacula* Du Cange VI, 487) in das Italienische übernommen. Die Bedeutung des ital. Wortes wird von Körting Et. Wb.³ S. 942 und in anderen Wörterbüchern fälschlich als 'Elster' angegeben; Gesner S. 509 kennt es im Sinne von Alpenkrähe aus der Gegend von Locarno und Verona und in der Bedeutung 'Dohle' aus anderen Mundarten.

Verschieden von ahd. *taha*, obgleich für identisch damit angesehen, ist unser neuhochdeutsches Wort *Dohle*. Die Geschichte desselben läßt sich bis ins 13. Jh. zurückverfolgen. Zuerst erscheint *tole* (= monedula) in cod. Lips. Paul. 106, 1 c (Versus de volucribus), im 14. Jh.: *tul* vel cach fol. Stuttg., *tul* fol. Francofurt. (Ahd. Gll. III, 22⁴⁶), *tula* Vocab. optimus 82 (Ed. Wackernagel S. 43); im 15. Jh. ist der Name öfters in Glossaren belegt. Von den Quellen des 16. Jhs. hat Dasypodius (1535)

1 Diefenbach Novum glossar. S. 256a. — 2 Schöpf Id. s. v.
3 Frommann D. Mundarten IV, 55. — 4 Zingerle Wb. s. v.
5 Fischer II, 31.

S. H 4b *Dol oder Dul*, das Strassburg. Vogelb. (1554) V. 293 *Důlen* (Plur.), Golius Onomasticon (1579) Sp. 292 *Důl*; heute ist *Duel*, *Dohl*[1] im Elsaß im Absterben. In der Schweiz schreibt Ryff in seinem Tierbuche Alberti (1545) S. I 3 *Duolen* und S. P 4 b *Dul*, Gesner Hist. avium S. 503 *Tul* / *Dole*, bei Pinicianus Prompt. (1516) S. C 2 b *Tull*, im Vocab. triling. (Prag 1560) S. 88 *Tole*; in Mitteldeutschland bei Alberus Dikt. (1546) S. Z 2 b *Dol*, auch bei Luther *Thol*, *Dole*. Heute ist *Dohle*[2] in Thüringen üblich, auch in Westfalen *Dole*[3] f.; auf schwäbischem Sprachgebiet *Dull* f. (*Dullack* m.), daneben auch *Dol*[4] f.

Eine Nebenform ist *dalle* (= monedula) in cod. princ. de Wallerstein I, 2 (Lat.) fol. 21, 175b (Versus de volucribus), *tallen* in Hugos v. Trimberg Renner V. 19431, *tale* in einem Gedicht aus dem 14. Jh. (Zs. f. d. A. V, 15), *talichin* in den Mitteldeutschen Gedichten herausg. von Bartsch III, 5; im 15. Jh. *dale*, *thale* in Glossaren bei Diefenbach Glossar. S. 366b. Von den Quellen des 16. Jhs. haben u. a. Ebers und Peucers Vocab. (1552) S. F 1 b *Dale* und *Talhe* (für *Thale*), darauf schles. *Thale* bei Schwenkfeld Ther. Sil. (1603) S. 305. In den heutigen Mundarten findet sich *Dale*[5] f. in Schwaben, *Dâle*, *Tâle*, *Dâlke*, *Tâlke*[6] in Preußen, *Dâleke*, *Tâleke* (*Dôleke*)[7] f. in Göttingen und Grubenhagen, *Taleke*[8] f. in Fallersleben, *Taolk*[9] in Altmark und Mecklenburg.

Auf den Anklang des Wortes *Dohle* an das lat. Suffix in *monedula*, *acredula* usw., welcher Gesner a. a. O. S. 501 veranlaßte, in dem deutschen Namen eine Korrumpierung des lat. Wortes zu erblicken, haben nachher Frisch Teutsch-lat. Wb. I, 200 c, Kauffmann Schwäb. Mundart S. 74 und andere aufmerksam gemacht. Doch ist die lautliche Übereinstimmung hier ohne Zweifel zufällig. Wahrscheinlich gehören die verschiedenen Varianten des Vogelnamens zu einem halb onomatopoietischen Stamme, der in mundartlichen *dalen*, *tallen* 'schwatzen', *tullen*, *dulitschen* usw. vorhanden ist; danach hat der Vogel seine Namen wegen der sprichwörtlich gewordenen Geschwätzigkeit erhalten.

---

1 Martin-Lienhart II, 678. — 2 Hertel 82. — 3 Woeste 54.
4 Fischer II, 447. — 5 Fischer II, 38. — 6 Frischbier I, 129. II, 393.
7 Schambach 38. — 8 Frommann D. Mundarten V, 298.
9 Danneil 222, Korrespondenzbl. f. ndd. Sprachf. XVI, 84.

Sicher onomatopoietisch ist das mittel- und niederdeutsche Synonymon, welches in althochdeutschen Handschriften als *kâ(a)* überliefert ist: *câa* ciptacus[1]: cod. Guelpherbytan. Aug. 10. 3. 4° 89a, *kaa* phsitachus[1]: cod. sem. Trevir. f. 112b; *ka* monedula: cod. Cheltenham. 7087, 144a; *cha* chuvueta: cod. SGalli 299 p. 33; im 13. Jh.: *ca* monedula: H. S. III, 17: cod. Darmstad. 6, 23b, *ka*: cod. Oxon. Jun. 83, 4, *cha*: Ahd. Gll. IV, 184[49]. Der Charakter der Handschriften weist die Benennung *kâ(a)* in das mittelfränkische und niederdeutsche Sprachgebiet; hier ist mnd. *kâ* öfters belegt, ebenso mndl. *cauwe*. Heute gelten in den Niederlanden *kauw* und *ka*, in der friesischen Mundart *ka*, in Osnabrück *Kâe* (BB. II, 225), im Münsterkreise *Hillekan* und *Hillekane*[2] (zu *Hille* für *Hilde* 'Heuboden'), in Hessen *Kaeje*[3] (in der Bedeutung 'Elster' "im Kreise Hünfeld, bei Vacha, Heringen und weiter"). Im Anhalter Dialekt heißt die Dohle *Schneekäke*[4], das wohl = ndd. *kâ(e)ke* (bei Gesner S. 504 *Kaycke* und *Gacke* als sächsische Worte) ist. Unsicher ist, ob altmärkisches *Kauk*[5], helgoländ. *Kauk*[6], preuß. *Kawke*[7] aus den slavischen Sprachen stammen (poln. *kava*, *kavka*, czech. *kavka*) oder ob die slavischen Worte als germanische Entlehnungen zu betrachten sind. Bereits im Lübecker Schulvokabular v. J. 1511 findet sich die Form *Kauke*[8] (vielleicht = **Kâweke*).

In den verwandten germanischen Idiomen finden sich Dohlennamen, die an andd. *kâa* anklingen: dän. *ka* (selten), norweg. *kaie*, schwed. *kaja*, nordmittelengl. *kaa*, *ka* (auch *coo*, *co*), ne. dial. *kae*, *ka*; engl. *caddaw*, *cawdaw* ist ein Kompositum aus *ca* + *daw* ebensowie *jack-daw*, niederd. *Krei-Ahlke*. Die englischen Worte werden im NED. V, 648 für Entlehnungen aus dem Nordischen angesehen; bei den nordischen Namen ist jedoch die Möglichkeit der Entlehnung aus dem Niederdeutschen nicht ausgeschlossen. — Nach Körting Et. Wb.[3] S. 568, Hatzfeld-Darmesteter

1 Da die Dohle, wie der Sittich, ein redebegabter Vogel ist, erklärt sich die Glossierung des Wortes psittacus mit *câa*.

2 Korrespondenzbl. f. ndd. Sprachf. XVI, 85. — 3 Vilmar 190.

4 Naumann-Hennicke IV, 79. — 5 Danneil 97.

6 Frommann D. Mundarten III, 32. — 7 Frischbier I, 350.

8 Jb. f. ndd. Sprachf. XVI, 113.

I, 433 ist ndd. *kâa* (mndl. *kauwe*) als Grundwort für afrz. *choë* 'Alpenkrähe'[1] und frz. *chouette*[2] 'Dohle' zu betrachten.

Der angelsächsische Name *céo*, *cío*, den Sievers Ags. Gramm.[3] § 114, 2 auf eine Grundform **cī-ô-* (in den Epinaler-Erfurter Glossen *chyae*, *ciae*) zurückführt, hängt mit den vorhin besprochenen Ausdrücken nicht direkt zusammen. Man hat wohl darin eine selbständige Dialektbenennung zu sehen, welche dem kjäh-Rufe des Vogels nachgebildet ist.

In Niederdeutschland werden die Dohlen an manchen Orten mit Personennamen benannt, welche zu völligen Appellativbenennungen geworden sind. Bereits im Mittelniederdeutschen begegnet *Al(l)eke*[3] (Koseform von *Adelheit*) als Bezeichnung der Dohle; Gesner führt a. a. O. S. 503 *Aelke* als sächsischen Ausdruck an. In Göttingen und Grubenhagen ist *Âleke*, *Âlke*[4] f. die übliche Benennung des Vogels. In Altmark heißt er *Klaos*[5], in Lübeck *Klas*[6] (aus *Nicolaus*). Auch *Hannckin*[7], das Gesner a. a. O. 504 als die in Flandern vorkommende Benennung der Dohle bezeichnet, ist eigtl. ein Personenname, das Deminutivum von *Hann* für *Johann*; in Elsfleth kommt das Kompositum *Hannekâ*[8] vor. Im Elsaß werden die Raben *Hansel* genannt.

Auffällig ist als Dohlenname das Wort *Wachtel*, welches Gesner aus der Gegend um Rostock kennt und das durch Nemnich Polyglottenlexicon I, 1245 bestätigt wird. Preußische Dialektausdrücke sind *Kollatz* und *Bijacke* f. sowie *Litauer*[9].

Teils wird die Dohle in den lautmalenden Namen mit einbegriffen, welche von Krähen und Raben gelten, so z. B. in den schweizerischen Ausdrücken *Gâgg* und *Gwâgg*[10]. Schon Gesner kennt *Graacke* im Sinne von Dohle.

---

1 Vgl. Zs. f. roman. Phil. XVI, 520.

2 Vgl. *chuvueta* in Cod. SGalli 299 p. 33.

3 Aus dem Niederdeutschen sind dän. *allike*, schwed. *alika* (in Schonen) entlehnt.

4 Schambach 6. — 5 Danneil 103.

6 Korrespondenzbl. f. ndd. Sprachf. XVI, 83.

7 Bei Junius Nomenclator (1581) S. 57b wird der Name *Hanneken* geschrieben.

8 Häpke Volkstümliche Tiernamen S. 303.

9 Frischbier I, 83. 404. — 10 Staub-Tobler II, 164. 843.

Alpendohle, corvus pyrrhocorax oder pyrrhocorax pyrrhocorax.

In zwei alten St. Gallener Handschriften aus dem 8. und 10. Jh. (cod. SGalli 913, 203 und cod. SGalli 242, 248a) findet sich die Glosse *caha* cornicula. Dieses Wort darf nicht mit dem niederdeutschen Namen *kâ* verwechselt werden; die weitere Geschichte des Wortes lehrt, daß es sich hier um eine Dialektbenennung für die in den Schweizer-Alpen wohnende Alpendohle handelt.

Im 14. Jh. ist der Ausdruck in der Glosse *tul vel cach* in fol. Stuttg. (Versus de volucr.) zufällig belegt. Gesner erwähnt ihn (Hist. avium S. 509) in der Zusammensetzung *Alpkachlen* (Plur.), welche ihm aus der Umgebung von Glarus als Bezeichnung der Alpendohle bekannt ist. Aus den heutigen schweizerischen Mundarten bezeugen Stalder Id. II, 80 *Kächli* und Staub-Tobler Id. III, 120 *Schnêchächli* in derselben Bedeutung; einfaches *Chäch* kommt im Sinne von 'Häher' vor. — Der Name **kah-ô(n)* gehört zum selben Stamme wie mhd. *kacheln*, ahd. *cahhezen* 'laut lachen' usw. und schließt sich an die vielen Benennungen von rabenartigen Vögeln an, welche sich auf die Stimme derselben beziehen. Mittelengl. *choge*, ne. *chough* 'Alpenkrähe' ist mit dem deutschen Worte nicht direkt verwandt.

Der schweizerische Ausdruck ist in der mittellateinischen Form *caccula* einmal belegt, s. Du Cange II, 11.

Turner Avium hist. (1544) S. E 5b unterscheidet die Alpendohle von der gemeinen Art als *Bergdôl*, ebenso machen Eber und Peucer Vocab. (1552) S. F 1b einen Unterschied zwischen den *Berckdalen* und *vnſeren Dalen*. Gesner nennt a. a. O. S. 507 mehrere Synonyma aus den schweizer. Mundarten. Außer *Alpkachlen* sollen die Vögel in Glarus auch *Wilde Tulen* genannt werden, in Wallis *Alprapp* (Alpenrabe), bei den Rätiern *Beenen*, anderwärts *Steinhetzen* (zu *Hetze* 'Elster'). Nach Staub-Tobler Id. III, 805 heißt die Alpendohle in einigen Gegenden der Schweiz *Alp-Chräje*, *Berg-Chräje*, *Schnê-Chräje*, nach Stalder Id. s. v. *Schneetahe*. Auch in Steiermark sind die Vögel unter den Namen *Almdahe*, *Schneedahe* und *Steindahe*[1] bekannt.

---

1 Unger-Khull 16. 551. 572.

Gesner (s. 503) kennt den Ausdruck *Steintahe* aus Baiern als Bezeichnung der **Alpenkrähe** (corvus graculus, pyrrhocorax graculus); dieser Vogel soll bei den Rätiern mit dem Namen *Taha* verstanden werden, während die gemeine Dohle hier *Tulla* genannt wird. An der tirol.-kärntischen Grenze wird die Alpenkrähe *Tåglåster*[1] (eigl. 'Dohlenelster', zu *Tage* 'Dohle') genannt, im Oberinntal *Tåcha*, *Schneatåcha*[1]. — Die *Pirgkra* bei Hans Sachs im Regim. der Vögel (1531) V. 227 ist entweder die Alpendohle oder die Alpenkrähe.

Elster, corvus pica.

Ahd. agalstra: Sg. Nom. — *ágalstra* pica[2]: Anhang z. alten u. neuen Testam.: Clm. 14747, 96b. *agalstra*: Clm. 14747 f. 63a. cod. SGalli 299, 26. cod. SGalli 242, 248a. cod. Berol. Ms. lat. 8° 73, 123b. cod. Parisin. 9344 f. 42b. Carmen de Philomela 33: cod. Vindob. 247, 223a, cod. mus. Britann. Add. 16894, 245c. gaia: Gll. Salomon. a 1: cod. Admont. 3, 148a, Clm. 17152, 66a, cod. mon. s. cruc. 17, 101a, cod. Zwettl. 1, 70a, liber impressus 84a, piales: Clm. 17152, 119a. pica: Gll. Salom. c: cod. mus. Brit. Add. 18379, 121b. Versus de volucr.: cod. mon. herem. 239 p. 784. picus, unus deorum spfht ( ) pica dicitur: Prudent. Contra Symmachos I, 234: cod. Parisin. nouv. acquis. 241, 165a, Clm. 14395, 171b; *agalastara*: cod. Prag. VIII H 4, 65a. *aga*, *lastra* graia[3]: cod. Vatic. Reg. 1701, 2b. *hehera agalastra*[4]: Clm. 14689 f. 47a. *agalastra* gaia: Gll. Salom. a 1: Clm. 22201, 64e, *agalestra* piales: cod. mon. s. cruc. 17, 164b, cod. Zwettl. 1, 126a. *agalstera*: H. S. XI d: cod. Florent. XVI, 5, 110b, *agelstra*: e: cod. princ. de Lobkow. 435, 25b. piales: Gll. Salom. a. 1: lib. impressus 160b. Versus de volucr.: cod. Vindob. 85, 42b, Clm. 23496, 10a, *agilstra*: cod. Admont. 106, cod. Admont. 476, cod. Stuttg. th. et phil. 210, 135a, cod. Stuttg. th. et phil. 218 f. 22b. cod. Selestad. f. 109b. gaia: Gll. Salom. a 1: cod. mus. boh. Prag. 126b, piales: Clm. 17403, 126a. *egelstere*: cod. Oxon. Jun. 83, 4. *agelestra*: H. S. III, 17: Clm. 2612, 34a, XI g: Clm. 17151, 17c, Clm. 17153, 60a, Clm. 17194, 203, *egelestra*: a 2: Clm. 2612, 81a, *agelstere*: cod. Vindob. 2400, 112a, *agelstre*: III, 17: cod. Vindob. 2400, 41b. *ageleistera*: Versus de volucr: Kölner Doppelbl., *agelstir*: Clm. 614, 31b, *agelsturr*: fol. Stuttgart. *agelster*: cod. Vindob. 804 f. 185b. H. S. XI a 2 cod. Graec. 859, 11a, *aglestera*: b: cod. Admont. 269, 62a. *aglastra* gaia: Gll. Salom. a 1: Clm. 13002, 62c, *aglistra* piales: Clm.

1 Frommann D. Mundarten IV, 53. 55.

2 *pica* nicht biblisch (Steinmeyer). — 3 l. *gaia* (Steinmeyer).

4 *agalastra* von zweiter Hand unter *hehera* (Steinmeyer).

22201, 123e, Clm. 13002, 117c, ***aglister*** gaia: cod. Vindob. 2276, 71c. ***aglistre***: cod. Mellic. K 51, 242, ***aglist*ˢ**: Clm. 4660, 56a, ***aglest*ˢ**: cod. princ. de Wallerst. I. 2 (Lat.) fol. 21, 175b, cod. Vindob. 1118, 79b, ***aglaster***: Clm. 3537, 330b, ***agerlast'***: cod. Gott. Luneb. 2 f. 181ab, ***agerlust*ˢ**: Clm. 11481, 82b, ***algester***: Clm. 17194 f. 221b, ***alister***: cod. Admont. 759, 55b, ***alster***: cod. Oenipont. 355, 14b, cod. Vindob. 1325, 106b, Cgm. 649, 526b, cod. Vindob. 3213, 116b, ***alst*ˢ**: Clm. 19488, 121a, Clm. 4350, 3a. H. S. III, 17: Clm. 23796, 173a. ***ailster***: cod. Vindob. 901, 26a. ***alstira*** gaia: Gll. Salom. a 1: Clm. 17403, 71h. ***alstra***: H. S. III, 17: cod. Darmstad. 6, 24a. ***agelusᵃt***: Versus de volucr.: Clm. 22213, 163a, ***agelsᵃt***: fol. Francofurt., ***agilst***: fol. sem. theot. Gotting. Müller I, 6, ***agilst¯***: cod. olim Argentor. A. 157. ***agel, ᵉstᵃ***: H. S. III, 17: cod. sem. Trevir. 31, 14b, ***algerist***: cod. mon. herm. 171, 23, ***algerist˜***: fol. olim. Heidelberg. ***agistra***: cod. sem. Trevir. R. III. 13, 108a. ***agaistra***: cod. sem. Trevir. f. 112b, ***agestra***: cod. Guelpherbyt. Aug. 10. 3. 4° f. 89a. ***agist***: Versus de volucr.: cod. Zwettl. 293, 25a.

Der Name der Elster erscheint in den angeführten Glossenhandschriften in zahlreichen Varianten, welche in der weiteren Sprachentwicklung sich noch vermehren. In einem ausführlichen Aufsatz in KZ. XXXIV, 344—380 hat Bruinier die einzelnen Namensformen zusammengestellt und dabei eine Fülle von Belegmaterial zusammengetragen, aber in seiner Beurteilung des Stoffes dürfte der Verfasser oft nicht das Richtige getroffen haben.

Die überlieferten althochdeutschen Belegformen lassen sich auf zwei Grundformen *agalstra* und *agastra* zurückführen, von denen die erstere die normale althochdeutsche Benennung ist, während die letztere auf mittelfränk.-niederfränk. Gebiet ihre eigentliche Heimat hat. Daß wir es hier mit bereits erweiterten Namensformen zu tun haben, beweist das einmal belegte angelsächsische Synonymon *agu* bei Wright-Wülcker I, 132^{11}. Auf dem Kontinent ist die Kurzform in einer deutschen Glosse überliefert, die nicht ganz frei von dem Verdachte angelsächsischen Ursprungs ist: *aᵆga* picus spect'. inde pica: cod. Bruxell. 10072 f. 88^{b} (Ahd. Gll. IV, 228^{3}); doch scheint die aus dem 14. Jh. stammende Glosse *age* pica in Clm. 14745 f. 82c der Versus de volucribus für kontinentales Weiterleben des Wortes zu sprechen. Dazu die Erweiterung *agazza* in der Glosse pica. ł *agaza*[1] *agilsᵃt* in cod. Florentin. XVI, 5, 141a aus dem 13. Jh.

1 *z* aus *h* korrigiert (Steinmeyer).

Die Geschichte des westgerm. Namens **ag-ô* ist noch unaufgeklärt. Bruiniers Meinung, daß das Wort eine Ableitung von germ. **agan* 'sich fürchten' sei und daß die Elster eigtl. als 'die scheue' aufgefaßt worden wäre, ist nicht sehr wahrscheinlich; auch läßt sie sich nicht gut in Einklang bringen mit den semasiologischen Gesichtspunkten, welche sich bei Benennung von Vögeln geltend machen.

In den skandinavischen Sprachen wird die Elster mit internen Benennungen benannt. Schon im Altnordischen bezeugt ist der Ausdruck *skjór*, woraus norweg. *skjor*, *skjør* neben *skjære* = schwed. dial. *sker*, *skära*. Eine sichere Deutung des Namens fehlt. — Eine synonyme Benennung ist dän. *skade*, schwed. *skata*, die bei Falk-Torp Et. ordb. II, 167 mit Rücksicht auf den langen spitzen Schwanz des Vogels zu schwed. *skate* 'hervorstechende Spitze' gestellt wird.

Von den erweiterten Formen, in welchen der westgermanische Elstername sich in spätere Perioden hinein erhalten hat, zeigt ahd. *agaza* ein noch nicht ganz aufgeklärtes Suffix, welches auch im ahd. *amirzo*, **amirza* (schweiz. *Emmeritze*) vorhanden ist. In dieser Form haben die romanischen Sprachen den deutschen Vogelnamen übernommen: afrz. nfrz. *agace* und ital. *gazza* 'Elster' (dial. *agassa*, *agazza*, s. Tommaseo und Bellini Dict. s. v.); die mittellat. *agazia* und *aigatia* bei Du Cange I, 139 c, 154 c sind in ganz späten Belegen überliefert. Das französische Wort liegt den englischen Synonyma *haggess*, *haggiss* zugrunde, s. NED. V, 20.

In der vollen Lautgestalt ist das vereinzelte ahd. *agaza* später nicht nachweisbar. Aber in der heutigen schwäbischen Dialektbenennung *Hetze* wird man trotz der Behauptung von Fischer Wb. I, 115 eine Fortsetzung von ahd. **agiza* zu sehen haben; Bruiniers Annahme, daß hier eine Koseform von *hĕhara* vorläge, ist unwahrscheinlich.

Neben ahd. *agaza* ist also eine Form **agiza* mit *i* als Bindevokal wie im ahd. **amiriza* (schweiz. *Emmeritze*) anzunehmen. Darauf beruhen *Hätz* bei Pinicianus Prompt. (1516) S. C 2b, *Hetz* in Bracks Vocab. (1495) S. 49 a, im Auszug von Pinicianus Prompt. (1521) S. C 4b, *Hetze* im Strassburg. Vogelb. (1554) V. 270 usw. Das anlautende *h* in *Hetze* (**ẹgeze*) ist sekundär wie in

Hemmerling für *Emmerling*. Nach Fischer a. a. O. gilt *Hetze* heute auf dem schwäbischen Gebiete nördl. vom obersten Neckar, Saalgau (Scheer), Biberach bis in den äußersten Norden des Landes. Um die Donau bis Ehingen und am oberen Neckar bis Rothenburg wird eine Namensform *Nagelhetz* (sporadisch dafür auch *Adelhetz*) angewendet, welche man mit Fischer für eine Kontamination von *Agelster* und *Hetz* anzusehen hat; das Anlauts-*n* ist sekundär wie in *Nigowitz* neben *Igowitz* (vgl. S. 114) und sonst öfters.

Aus einer erweiterten Form **agazala* ist, wie Kluge Et. Wb.[6] s. v. Elster bemerkt hat, die heutige Namensform *Atzel* entstanden; nach Bruiniers Ansicht wäre auch diese eine Koseform (von *aga*). Die Zwischenstufe, welche die seit dem 15. Jh. öfters bezeugte erleichterte Form *Atzel* mit der hypothetischen ahd. Grundlage verbindet, ist *ackzel*[1] in einem Dict. lat.-germ. (Mainz) des 15. Jhs. Auf **agizala* beruht mhd. *etzelein* in den Sieben Meistern 91, 24[2]. — Nach Popowitsch Versuch (1780) S. 35 ist *Atzel* die in Hessen, im Elsaß und in der Wetterau übliche Namensform. Im Süden reicht diese bis in die Schweiz hinein, wo sie als aargauisches *Atzle* selten, aber in den Formen *Hatzle*, *Hätzle* (auch *Häxle*)[3] mit unorganischem Anlaut als Bezeichnung des Hähers weiter verbreitet ist. Über das Elsaß[4], die Pfalz[5], Hessen-Nassau[6], Westerwald und Wetterau erstreckt sie sich an den Ufern des Rheins bis nach Waldeck und Kassel im Norden, vgl. Bruinier S. 353. In Kurhessen wird *Atzel* nach den Angaben von Vilmar Id. S. 18 im Fuldaischen, im Haungrund und sonst einzeln im Osten angewendet, im Schmalkaldischen[7] sowie in Göttingen und Grubenhagen[8] ist das Wort nur in übertragener Bedeutung vorhanden. Nach Preußen, wo *Atzel* von Frischbier Wb. I, 34 verzeichnet wird, ist es — wie Bruinier vermutet — von den Auswanderern gebracht worden.

Für die althochdeutsche Normalform *agalstra* gibt Bruinier

---

1 Diefenbach-Wülcker Wb. S. 36. — 2 Bruinier a. a. O. S. 354.
3 Staub-Tobler II, 1831. — 4 Martin-Lienhart I, 86.
5 Heeger Tiere im pfälz. Volksmunde II, 10.
6 Kehrein 50. — 7 Frommann D. Mundarten VII, 139.
8 Schambach 14.

eine eigentümliche Erklärung. Von der Variante *alster* ausgehend, konstruiert er eine Urform **alhstrô*, welche mit althochd. *alacra* 'mergulus' und griech. ἀλκυών 'Eisvogel' zu einer Wurzel **alk-* 'schillernd glänzen' (altind. *arc* 'strahlen') gehöre. Die Form *agalstra* sei aber ein Kompositum **ag-alhstrô* 'der scheue Schillervogel'. Diese Etymologie, welche die ahd. Glosse *alacra* unrichtig verwertet, muß als gänzlich verfehlt bezeichnet werden.

Wie *agaza*, so ist auch *agalstra* eine Erweiterung von *aga*, wo zwei verschiedene Suffixe, *-l-* (vielleicht in deminutiver Bedeutung) und *-(i)strjôn* (wie im ags. *hulfestre* (neben *huilpe*) und vielleicht im andd. *lîstera* 'Amsel') zu erkennen sind. Die durch Häufung der Suffixe und Schwund des unbetonten Mittelvokals entstandene schwere Konsonantenverbindung ist bereits in althochdeutscher Zeit in verschiedener Weise erleichtert worden, so daß mehrere Lautvarianten entstanden sind, welche in den Mundarten sich bis in die Neuzeit hinein verfolgen lassen.

Von diesen wird *Aegerſt* bei Gesner Hist. avium S. 666 als schweizerisch bezeugt; in Staub-Toblers Schweiz. Id. I, 125 wird sie mit einer Menge anderer mundartlicher Varianten angeführt. Im Elsaß läßt sich nach den Angaben von Martin-Lienhart Wb. I, 21 *Ägerste* nordwärts bis in die Nähe von Colmar verfolgen; auf dem schwäbischen Dialektgebiet wird der Verbreitungsbereich dieser Namensform von Fischer a. a. O. an die obere Donau bis nach Sigmaringen im Osten verlegt. Von hier ab östlich in Oberschwaben, Allgäu, Bairisch-Schwaben und an der Donau unterhalb Sigmaringen und Südhang der Alb herrscht die Lautform *Kägersch*, deren *k* man vielleicht aus onomatopoietischer Umbildung erklären darf.

Die Variante *alster* (aus *aglster*) erscheint schon in bairisch-österreichischen Handschriften des 12. Jhs. und ist auch heute die bairisch-österreichische Namensform geblieben; im Norden reicht sie in das Schmalkaldische und kommt als *Gakalsder* [1] in Thüringen (Brotteroda) vor, in Göttingen und Grubenhagen ist *Alster* [2] selten. Neben der kontrahierten Form finden sich in Steiermark die volleren *Aglaster*, *Aglister*, *Agalster* [3]; aus der letztgenannten hat sich wohl *Galster* [3] (im Anschluß an *Galst*

1 Hertel 89. — 2 Schambach 8. — 3 Unger-Khull 13. 264.

'Lärm, Geschrei') dadurch entwickelt, daß der Mittelvokal einen stärkeren Ton an sich zog und den anlautenden Vokal stumm machte. In Schlesien wird nach Weinhold Beitr. zu einem schles. Wb. S. 5 *Agláster*, *Aláster* [1] betont, ebenso tirol. *Agláster* [2]. In Kärnten lautet der Name *Agàlster*, *Aglester*, *Åglåster* [3], im Erzgebirge *Ålastr* [4]. — Neben diesen Namensformen kommen in einigen Gegenden auch auffällige Varianten vor. Aus dem Anhalter Dialekt führt Popowitsch Versuch (1780) S. 35 *Schalaster*, aus dem Glazischen und aus Großglogau *Schulaster* an. Weinhold a. a. O. nennt *Schaláster* aus Schlesien; weiter ist diese Form in Siebenbürgen [5] vorhanden. In Schlesien (und der Oberlausitz [4]) finden sich auch die Namensformen *Scholáster*, *Schólaster* [6]; in Böhmen *Schalaster* [5]. In Deutschungarn und Posen kommt eine Form *Tschokalaster* oder *Tschôgelester* (vgl. *Tschoi* 'Häher' S. 201), in letztgenannter Gegend auch *Schagaster* vor [5]. — Die Komposita *Alsterkâdl* [7] in Preßburg, *Schirigadl* [8] in Tirol und *Galsterkatel* [9] (in übertragener Bedeutung) in Steiermark sind mit der Koseform des Eigennamens *Katharina* gebildet, ebenso wie die Vogelnamen *Rotkâtel* 'Rotschwänzchen' und *Schneekater* 'Ringdrossel'. Der steirische Ausdruck *Tratschkatel* [9] gehört zum Verbum *tratschen* 'schwatzen', die Synonyma *Tschaderkatel* f., *Tschadel* f., *Tschaderer* m. in derselben Mundart gehören mit dem schallbildenden Verbum *tschadern* 'rauschen, plätschern' zusammen; weniger durchsichtig ist *Goister* [9] f. in Oststeiermark.

Die schriftsprachliche Namensform *Elster* ist die sächsische Lautform, welche im 16. Jh. bei Eber und Peucer Vocab. (1552) S. F 6a belegt ist; nach Bruinier ist sie auch in den Mundarten von Hessen, Thüringen und der Wetterau heimisch. Wahrschein-

1 Die Variante *Algarte*, die Bruinier nach Naumann II, 101 anführt und mit *Eisengart* 'Eisvogel' vergleicht, ist schon bei Schwenkfeld Ther. Sil. (1603) S. 333 verzeichnet. Sie beruht wohl auf ahd. **algastra* (im 12. Jh. *algerist*).

2 Schöpf Id. s. v. — 3 Lexer Kärnt. Wb. S. 84.

4 Kluge Et. Wb.[6] s. v. Elster.

5 Vgl. Bruinier a. a. O. S. 355. 367.

6 Mitteilungen der schles. Gesellsch. f. Volkskunde Heft XIX, 82.

7 Frommann D. Mundarten VI, 181. — 8 Zs. f. d. Phil. XXI, 208.

9 Unger-Khull 164. 178. 264. 298.

lich hat sich diese Variante aus ahd. *ẹgilistra* (> *eglstra*) entwickelt, wie *Alster* aus ahd. *agalastra*.

An den althochdeutschen Typus *agalstra* mit seinen Varianten schließt sich in Niederfranken und Niederdeutschland die Form *agastra*: *agistra* an, wo das Suffix -(*a*)*strjôn*: -(*i*)*strjôn*[1] direkt an den Stamm **ag*-(*ô*) angetreten ist. Außer der Glosse *agistra* in der Trierer und der Wolfenbüttler Handschrift begegnet in der älteren Periode asächs. *agastriun* (= pice) in den Straßburger Glossen. Im weiteren Verlaufe der Sprachentwicklung erscheinen neben mndl. *ecstre*, *ankster*, mnd. *egester*, *exter* auch die Lautformen *hegester*, *heister* mit unorganischem *h* wie in *Hetze* und *Hämmerling*. Da die niederdeutschen Namen — wie die Bezeichnungen der Elster überhaupt — auch für den Häher verwendet werden, ist es wohl möglich, daß das Anlauts-*h* durch mnd. *hēger* beeinflußt worden ist; Bruinier nimmt eine Kompromißform von *Heger* und *Agastra* an.

Heute findet man auf niederländisch-niederdeutschem Sprachboden die Formen mit und ohne *h* neben einander: nndl. *Ekster*, ostfries. *Âkster*, *Häkster* (*Âkster*, *Heister*, *Hêster*)[2], in Recklinghausen *Jäkster*[3], westfäl. *Ekster* 'Elster', *Hiəkster*[4] f. 'Häher'; auf Helgoland[5], in Holstein[6], Angeln[7], Ditmarschen[7], Lübeck[8], Mecklenburg[9] *Heister*, in letztgenannter Gegend ebenso wie in Altmark[10] auch *Hêster*, *Hâster*, in Pommern *Hâster*[7], in Preußen *Heister*, *Heigster*, *Hêgster*, *Hâster*, *Heisker*[11] m.; in Göttingen und Grubenhagen berühren sich ndd. *Ekster* und *Hekster*[12] mit den hochdeutschen Formen *Alster* (und *Atzel*), welche hier jedoch selten sind. — Die preußische Dialektbenennung *Spachheister*, *Spochheigster* (vgl. Frischbier Wb. II, 345) ist nicht recht deutlich. Es scheinen darin zwei verschiedene Ausdrücke kon-

---

1 Vgl. Kluge Stammbildung² § 48ff.
2 Doornkaat-Koolman Ostfries. Wb. I, 20, Jb. f. ndd. Sprachf. XI, 111.
3 Korrespondenzbl. f. ndd. Sprachf. XVII, 5.
4 Woeste 66 und 101f. — 5 Frommann D. Mundarten III, 32.
6 Korrespondenzbl. f. ndd. Sprachf. XVII, 2.
7 Kluge Et. Wb.⁶ s. v. Elster.
8 Korrespondenzbl. f. ndd. Sprachf. XVI, 84.
9 Schiller Zum Tierbuche I, 9. — 10 Danneil 80.
11 Frischbier I, 283. — 12 Schambach 55.

taminiert worden zu sein. Vielleicht lautete der Vogelname eigentlich *Sprachheister* (Schwatz-Elster), wie das Verbum *sprachheistern* 'lästern' vermuten läßt. Bruinier will auch dieses Dialektwort aus **speg-* 'schillern' als den 'Schillervogel' erklären.

Aus der Mundart von Fallersleben wird in Frommanns D. Mundarten V, 291 der Ausdruck *Schare* f. als Bezeichnung der Elster angeführt.

In Hessen wird die Elster in einigen Gegenden mit den lautbildenden Namen *Kaeje*, *Kaeke*, *Käke* bezeichnet, die eigentlich Bezeichnungen der Dohle sind. In Luxemburg heißt die Elster *Krei*[1] f. (= Krähe) oder *Krek* f. (vgl. oben S. 181).

Eichelhäher, corvus glandarius.

Ahd. hëhara: Sg. Nom. — *speth. ł hehara* picus: cod: SGalli 299, 26. ***hehara***: cod. SGalli 242, 248b. pica: Gll. Salom. a 1. orix[2]: Versus de volucr.: cod. Vindob. 85, 42b. atacus: Leviticus 11, 22: cod. Vindob. 2723, 18b, cod. Vindob. 2732, 22b, ***hehera***: Clm. 18140, 14a, Clm. 14689, 38a; cod. Stuttg. theol. et phil. fol. 218, 13c; ***hêhera***: Anhang z. alt. u. neuen Testam.: Clm. 14747, 96b. ***hehera*** perdix. auis similis colore pico spehte al: Regum I, 26, 20: Clm. 19440, 105. gagis: cod. Vatic. Reg. 1701, 2b. orix: Versus de volucr. orix. ł glandare: H. S. III, 17, attacus: XI a 2. b, picus : b. cod. Selestad. f. 109b. pica: Gll. Salom. a 1, attacus auis: d: Clm. 23496, 1d. ***hehera agalastra***[3] pica: Clm. 14689 f. 47a. ***hehera. ł.*** uel ut quidam uolunt hiumbel attacus: H. S. XI e, ***hehera ł hūmel***: g, ***speht ł hehera*** picus: g. ***hehar*** attachus: Leviticus 11, 22: cod. Gotwic. 103, 49b, ***wehir***: Clm. 13002, 219b, ***heher***: Clm. 22201, 238b. orix: Versus de volucr.

Als Bezeichnung des Eichelhähers ist der Ausdruck *Häher* in den westgermanischen Sprachen verbreitet. Dem ahd. *hëhara* entsprechen mit grammatischem Wechsel mnd. *hëger* (zuerst in der Glosse *hegher* (= graculus) in cod. Cheltenham. 7087, 144a belegt) und ags. *higre* (*higora*)[4]. Der angelsächsische Name wurde

1 Wb. d. Luxemburg. Mundart 244. 246.

2 Das Lemma *orix* ist wohl nicht mit Diefenbach-Wülcker Wb. S. 644 s. v. Häher als *ortyx* (d. h. ὄρτυξ 'Wachtel') aufzufassen, sondern als lat. ***oricus*** = loquax (Corp. Gll. lat. VII, 31) zu ***os*** 'Mund'; der Häher ist also der Schwätzer wie im lat. Lemma ***garrulus*** die Dohle.

3 ***agalastra*** von zweiter Hand unter ***hehera*** (Steinmeyer).

4 Whitman The Birds of Old Engl. Lit. XXV, 1 gibt unrichtig die Bedeutung als 'Specht' an. Das Lemma ***picus*** ist mehrdeutig, aber ***gaia***

in mittelenglischer Zeit von dem altfranzösischen Worte *gai*, *jai* (ne. *jay*) verdrängt, das auch ins Mittelniederländische als *gay* (nndl. *gaai*) eindrang. — Die skandinavischen Dialekte haben für den westgermanischen Hähernamen jüngere einheimische Bildungen: schwed. *skrika* (*nötskrika*), norweg. *skrike* (zum Verbum *skrika* 'schreien').

Ziemlich allgemein gilt der westgermanische Vogelname **hĕhar-ô(n)*: **hig(u)r-ôn* als urverwandt mit griech. κίσσα (*κικια) 'Häher' und altind. *kiki(-dîvi)* 'der blaue Holzhäher'. Aber abgesehen davon, daß das altindische Wort streng lautgesetzlich nicht zum griechischen stimmt[1], bleibt bei der Zusammenstellung dieser Worte mit dem germanischen Vogelnamen der stammauslautende Konsonant im letzteren unberücksichtigt. Dagegen stimmt die westgermanische Benennung in ihrer Bildungsweise vollständig überein mit den altnordischen Reihernamen *hére* (**hĕharo*) und *hegre*, welche mit dem gleichbedeutenden ahd. *heigaro* durch Ablaut verbunden sind, und dieses kann von ags. *hrâgra* nicht getrennt werden. Die zweifache Bedeutung, welche in diesen mit einander zusammenhängenden Namensformen zutage tritt, erklärt sich aus dem onomatopoietischen Ursprung derselben. Sowohl der Reiher wie der Häher sind nach ihrem rauhen Geschrei benannt worden, und der gemeinsame Name wird etwa **kraikr-* **krikr-* gelautet haben. Der Ausfall des ersteren *r*-Lautes, der die nordischen Benennungen und die althochdeutsche Parallelform *heigaro* neben *reigaro* geschaffen hat, ist dissimilatorischer Art gewesen[2]. Der gebrochene Stammvokal in anord. *hegre* ist vielleicht analogisch eingeführt nach der Parallelform *hĕhara*, anord. *hére*, wo die Brechung vor *h* als lautgesetzlich gilt.

Während das schriftsprachliche *Häher* die regelmäßige Fortsetzung von ahd. *hĕhara* ist, in welchem die Kürze des Stamm-

bezeichnet den Häher. Entscheidend ist die Stelle in den Rätseln 25, wo *Higora* als Nachahmer von verschiedenen Vogelstimmen dargestellt wird.

1 Vgl. Brugmann Grdr. I², 576.

2 Osthoff PBB. XIII, 415 erörtert die Gründe, welche die Dissimilation haben hervorrufen können; doch läßt sich wohl die sporadische Erleichterung des Lautkörpers auch ohne weiteres aus dem onomatopoietischen Charakter desselben begreifen.

vokals u. a. aus mhd. Reimen hervorgeht[1], finden sich in einzelnen Mundarten auch kontrahierte Formen, die schon im Althochdeutschen bezeugt sind. Bereits im 9. Jh.: *hera* tragis[2]: cod. Parisin. 12269 f. 58b; im 12. Jh.: *hera* Versus de volucr.: cod. mon. herem. 239 p. 784 (*hêra* fol. Francof., 14. Jh.); im 13. Jh.: *heera*: cod. Oxon. Jun. 83, 4, *hera*: H. S. III, 17: cod. Darmstad, 6, 24a. Die kontrahierten Namensformen kommen heute in der Schweiz als *Hêr* m., *Hêre* f. und *Hêrenvogel*[3] vor.

Diese Lautformen wurden volksetymologisch mit *Hêr* 'Herr' in Zusammenhang gebracht, und dadurch entstanden die Nebenformen *Herre* (im Strassburg. Vogelb. (1554) V. 270) und *Herrenvogel*, die Gesner Hist. avium (1555) S. 673 aus Freiburg (in der Schweiz) kennt. Heute wird der Ausdruck *Herrenvogel* von Martin-Lienhart Wb. I, 100 aus Dehlingen im Elsaß angeführt; auch im badischen Oberlande (z. B. in Freiburg im Breisgau) ist er der übliche Name des Vogels und kommt auch in der westlichen Pfalz[4] vor.

In Glarus (in der Schweiz) hat die kontrahierte Namensform *Hêrenvogel* einen gutturalen Vorschlag erhalten, so daß hier *Gêrenvogel*[3] gesagt wird. Auch in Mitteldeutschland kommt dieselbe Erscheinung vor; denn thüring. *Kêr*[5] muß auf *Hêr* beruhen, ebenso wie osthess. *Kêre*[5] (an der Werra) auf *Hêre* und schmalkald. *Käher*[6] auf *Häher*; vgl. schwäb. *Kägersch* für *Ägersch* 'Elster' S. 195.

Der Übergang des mhd. *hëhere* (ahd. *hëhara*) in das maskuline Geschlecht, das nicht nur in der Schriftsprache sondern auch in den meisten Mundarten vorkommt, ist zuerst im Jüngeren Titurel (Ed. Hahn S. 202) V. 2031 sicher bezeugt. Die Geschlechtsveränderung wurde dadurch veranlaßt, daß der Name nach Schwund des unbetonten Auslauts-*e* sich an die vielen maskulinen Nomina agentis auf *-er* anschloß. Neben dem einfachen Hähernamen kommen in einigen Landschaften auch zusammen-

1 Bei Wolfram v. Eschenbach Willehalm (Ed. Lachmann[5]) 407, 10: *hëher* : swëher.

2 Die Bedeutung der Glosse wird sichergestellt durch ags. *higrae* = traigis bei Wright-Wülcker Vocab. I, 52[7].

3 Staub-Tobler I, 693 f. II, 1555.

4 Heeger Tiere im pfälz. Volksmunde II, 10. — 5 Hertel 132.

6 Regel Die Ruhlaer Mundart S. 214 und Vilmar 189.

gesetzte Namensformen vor. Im Ther. Sil. (1603) S. 336 gibt Schwenkfeld *Nus Hår* als schlesischen Ausdruck; in Steiermark heißt der Eichelhäher wegen des kreischenden Geschreis auch *Zarheher*[1] (vgl. *Zarer*, *Zarrer* 'Misteldrossel'). Aus der Stimme des Vogels ist der tirolische Name *Korngreggen*[2] und vielleicht auch das Synonymon *Gratsch*[2] (in Kärnten *Äckergratsch*[2]) hergeleitet; das letztgenannte Wort wird auch für die Elster verwendet. Überhaupt gehen die Namen für Häher und Elstern vielfach in einander über. So hängen z. B. die Ausdrücke *Hatzel*, *Håtzler* und *Baumhåtzler*, die Gesner a. a. O. S. 673 als Namen des Eichelhähers anführt und die heute in diesem Sinne in der Schweiz weit verbreitet sind, mit den Elsternamen lautlich zusammen, vgl. S. 194. Die Benennung *Hårzle*[3] im Aargau, *Härzel*[4] im Elsaß (Obbruck und Dollern) ist vielleicht auf älteres *Hår-* (= Häher)-*Hatzel* oder *Hår-Atzel* zurückzuführen. Andere lokale Ausdrücke aus der Schweiz sind *Gertsche*[5] f. und *Gëlwetsch*[5] m. (zu *gelw* 'gelb'), sowie (*Hêren-*)*Gâgg*(*el*)[6] und *Gâgsch*[5]; auch in der westlichen Pfalz *Herrengäker*[7] (vgl. ital. *gagia* im Kanton Tessin und die romanische Glosse *gagis* in cod. Vatican. Reg. 1701). — Kärnt. *Tschoie*[2] und steir. *Tschoi*[8] m. stammen aus dem sloven. *šoia*.

Als schwäbische Bezeichnung für den Eichelhäher erwähnt Gesner den Ausdruck *Jáck*, der heute an manchen Orten in der Schweiz geläufig ist[9] und als *Jäcke*[2] im Vorarlberg vorkommt. Es ist dies eine Kurzform des Eigennamens *Jakob* ebenso wie engl. *jack* als Name der Dohle. Da in Frankreich *Jacques* als Name des Hähers sehr weit verbreitet ist, so darf man wohl für die deutschen Ausdrücke romanischen Ursprung annehmen; allerdings ist auch in Preußen *Jäckel*[10] die Bezeich-

---

1 Unger-Khull 643. — 2 Frommann D. Mundarten IV, 53.

3 Staub-Tobler II, 1657. — 4 Martin-Lienhart I, 377.

5 Staub-Tobler I, 694. II, 167 f. 295. 447.

6 Aus einem Kochbuch v. J. 1672 führen Martin-Lienhart Wb. d. Elsäss. Ma. I, 205 s. v. *Gägge* die Vogelnamen "hären Gägge oder Specht, gerupfft. . ." usw. an, wobei sie auf bair. *Gagker* 'Goldfink', *Gägkler* 'Bergfink' verweisen. Hier ist jedoch wohl *Härengägge* (= Eichelhäher) zu lesen.

7 Heeger Tiere im pfälz. Volksmunde II, 10. — 8 Unger-Khull 179.

9 Staub-Tobler III, 34. — 10 Frischbier I, 286.

nung für den Häher. Die Namen *Girau* und *Richau*, welche Gesner als brabantische Synonyma anführt und die Henisch Teutsche Sprach (1616) Sp. 1623 ihm abgeschrieben hat (auch bei Diefenbach Nov. glossar. S. 164 s. v. glandarius), sind französisch. *Girau* ist = frz. *Gerard*, *Richau* = frz. *Richard*: beide Eigennamen werden in französischen Mundarten für den Häher verwendet.

In Niederdeutschland gilt in manchen Gegenden der alte Name *Heger*[1], an anderen Orten wird der Vogel mit denselben Benennungen bezeichnet, welche für die Elster verwendet werden, vgl. westfäl. *Hiəkster* 'Häher' (*Exter* 'Elster'), in Recklinghausen *Hîkster* 'Häher' (*Jäkster* 'Elster'), im Münsterkreise *Hykster* 'Häher' (*Jängster* 'Elster'), in Natangen (Ostpreußen) *Heigster* 'Häher'; vgl. S. 197.

Auf mnd. *holtschrage* beruht mecklenburg. *Holtschrâg*[2], auf mnd. *holtschere* wieder *Holtscherre*[2] in der Mark. Die mecklenburgischen Varianten *Holtschrâf*[2] oder *Holtschraow*[3] bezeichnen ebenfalls den Vogel nach seinem schnarrenden Laut als 'Waldschreier', vgl. anord. *skrafa* 'schwatzen, plaudern', isländ. *skrâfa* 'einen rasselnden Laut von sich geben'. Auch in mitteldeutschen Dialekten kommt diese Benennung vor. Eber und Peucer Vocab. (1552) S. E 7 b führen den Ausdruck *Holtzſchreyer* unter anderen Synonyma an; Diefenbach Glossar. S. 267 c belegt hd. *holtzschere t. reche* (l. *ruche*) (neben ndd. *holtscere*) aus einem Vocab. lat.-german. In Preußen heißt der Vogel auch *Holzhacker*[4] = *Holthäk*[5] in Lübeck.

Den Namen *Markolf*, der als Bezeichnung des Hähers an manchen Orten geläufig ist, haben die Naturforscher aus dem Geschrei des Vogels heraushören wollen; u. a. meint Brehm, daß der Häher "gar nicht selten und recht deutlich das Wort Margolf" ausspricht. Die richtige Deutung hat Jakob Grimm im DWb. II, 419 gegeben; danach ist der Name von dem Spötter *Markolf* in der Heldensage auf den Vogel übertragen worden.

---

1 Vgl. Schambach 77, Danneil 73, Korrespondenzbl. f. ndd. Sprachf. XVI, 83. XVII, 2.

2 Schiller Zum Tierbuche II, 11.

3 Korrespondenzbl. f. ndd. Sprachf. XVI, 84.

4 Frischbier I, 297. — 5 Korrespondenzbl. f. ndd. Sprachf. XVI, 85.

Der Häher ist ein geschickter Nachahmer von Stimmen anderer Vögel und wird als solcher schon in dem angelsächsischen Runenrätsel dargestellt. Der älteste Beleg des genannten Namens ist *Marcolfus* bei Albertus Magnus (De animabilus S. Y 2 a) der auch die Erklärung desselben gibt: "hec auis omnes inclamat et omnium uoces imittatur propter quod etiam a quibusdam marcolfus uocatur". Im 15. Jh. ist der Ausdruck öfters bezeugt: *marcolf* (= icter) in einem lat.-niederdeutschen Vocab. v. J. 1420, *markolf* (= garrulus) in einem ndd. Vocab., *marcolff* reger (= graculus) in einem lat.-niederd. Vocab. ex quo [1], *marckopff* in einer Version des Märchens vom Zaunkönig (Germania VI, 88); darauf rucke *margkolff* [2] in einem alphabet. Wb. aus dem Jahre 1502. — In Avium historia (1544) S. H 3 b erwähnt Turner *Mercolphus* als den deutschen Namen des Hähers, Eber und Peucer Vocab. (1552) S. E 7 b führen das Wort ebenfalls in der latinisierten Form *Marcolfus* an, danach Gesner, Schwenkfeld u. a. Die Verbreitung des Namens beschränkt sich auf die Gebiete am Mittel- und Niederrhein: *Mârkola*, *Markollef* [3] in Luxemburg, *Moadkohlf* [3] auf der Eifel, *Markohle* [4] in Münster *Márkol* [5] in Breckerfeld, *Marolwe* in Marienheide, *Markólwe* [5], *Makólwe* [5] in Hemer, *Marklof* [5] in Elberfeld, *Markolf* [6] in Recklinghausen; in den Niederlanden *maarkolf*, *meerkol*. Ein volkstümlicher Ausdruck in strengem Sinne ist der Vogelname wohl nicht gewesen. Im westfäl. *Markólwe* verrät der Akzent den gelehrten Ursprung aus *Marcolfus*; auch gibt Winkler Korrespondenzbl. f. ndd. Sprachf. XXVI, 22 von dem niederländischen Worte an, daß es nicht volkstümlich gebraucht wird.

Außer *Markolf* finden sich bereits im 15. Jh. andere Varianten, die ebenfalls den Häher als den Spötter benennen. Von den verschiedenen Versionen des Märchens vom Zaunkönig hat eine statt *Markolf* den Namen *Marwolt* (Germania VI, 90), eine andere setzt dafür *Herolt* (Germania VI, 100),

---

1 Diefenbach Glossar. S. 258 a. 267 c. 283 c.

2 Diefenbach Nov. glossar. S. 196 b.

3 Wb. d. Luxemburg. Mundart 277.

4 Korrespondenzbl. f. ndd. Sprachf. XVI, 85. — 5 Woeste 170.

6 Korrespondenzbl. f. ndd. Sprachf. XVII, 5.

dazu *herolt* (= graculus) in einem Vocab. ex quo des 15. Jhs. (Diefenbach Glossar. S. 267 c). Beide Ausdrücke sind Bezeichnungen des Narren oder des Spötters; *Morolt* ist die komische Person in der Sage (Salomon und Morolf), *Herolt* wird im 15. Jh. histrio (= Narr, Possenreißer) glossiert. In Frischbiers Preuß. Wb. I, 286 wird *Herold* (*Herolz*) als Name des Hähers verzeichnet. Doch ist es damit nicht gesagt, daß der Ausdruck wirklich in Preußen noch üblich sei, denn in das genannte Dialektwörterbuch sind auch Vogelnamen von Klein Hist. avium prodr. und Reyger Verbess. Hist. der Vögel aufgenommen, welche diese ihren Vorgängern abgeschrieben haben. Die genannten Autoren geben *Heerold* als Namen einer ausländischen Häherart; für den einheimischen Vogel hat Klein (S. 61) die Ausdrücke *Holtz-Heher* und *Heerholtz*, von denen der letztere eine falsche hochdeutsche Auslegung von *Heer-(h)olt* zu sein scheint. Zur Entstehung der Variante *Herolt* hat wahrscheinlich die kontrahierte Benennung *Hêr* (für *Heher*) auch beigetragen. Man könnte sogar vermuten, daß hier der Ausgangspunkt für die anderen Varianten *Markolf* und *Marwolt* zu suchen wäre; doch lassen sich die Anfänge der Geschichte des Wortes *Herold* nicht klar erkennen.

Nachdem einmal die Namen *Markolf* und *Marwolt* da waren, wurden weitere Varianten dadurch geschaffen, daß man an anklingende Ausdrücke anknüpfte — eine Erscheinung, die man besonders an den Namen des Pirols verfolgen kann. Das Wort *Markolf* gab den Anstoß zum Namen *Markwart*[1], womit in dem Reineke Vos der Häher genannt wird („Markwart de Hegger"); eine andere Variante ist *Margraff*[1], die Gesner a. a. O. S. 673 erwähnt. Auf dieser beruht der Name *Margrub*[2] 'Häher' in der Pfalz.

In dem Kapitel des Vogelbuchs, wo Gesner von dem Tannenhäher handelt, nennt er (S. 238) einen Vogel, den man in Meissen *Nußhäer* und in der Lausitz *Gabich* nennt. Als Name des Hähers ist *Gabecht*, *Gabsch*[3] noch heute in Sachsen üblich. An ags. *gabban* (anord. *gabba*) 'spotten' wird man wohl nicht

1 Die älteren Deutungen dieser Namen von Woeste Korrespondenzbl. f. ndd. Sprachf. II, 40 und Jellinghaus a. a. O. S. 64 sind verfehlt.

2 Pfälz. Id. S. 91. — 3 Zs. f. d. Phil. XXI, 208.

denken können. Der gleichbedeutende wendische Vogelname *kabija* (Pfuhl Wb. S. 242) ist vielleicht ein deutsches Lehnwort.

In Luxemburg heißt der Eichelhäher *Brachfrösser*[1] (vgl. *Brach* 'sinnloses Gerede', *Brachjâk* 'Schwätzer' u. a.), ein anderer luxemburgischer Lokalausdruck ist *Gottesvergiess*[1] oder *Gottesverreider*[1].

Tannenhäher, corvus caryocatactes, nucifraga caryocatactes.

Den Hähernamen hat der Vogel mit der vorigen Art gemein, von der er sich sowohl in Aussehen wie in Lebensart deutlich unterscheidet. Das Vorkommen des Tannenhähers ist in Deutschland nur sporadisch und hängt teilweise von der Reichlichkeit der Zirbelnüsse oder Zapfen ab, von denen er sich hauptsächlich nährt.

Die Namen des Vogels nehmen meistenteils gerade auf diese Lieblingsnahrung Bezug. Im Regiment der Vögel (1531) V. 148 ist der *Nußheer* wohl der Tannenhäher; Schwenkfeld verwendet den Ausdruck für den Eichelhäher, Eber und Peucer geben *Nushaer* im Sinne von Spechtmeise. Gesner Hist. avium S. 237 führt außer *Nußhäher* noch die Varianten *Nußbrecher*, *Nußbretſcher*, *Nußbicker* an; *Nußkrahe* bei Schwenkfeld Ther. Sil. (1603) S. 310, bei Popowitsch Versuch (1780) S. 554 (nach Halle) *Nußbeißer*, *Nußknacker*. Im Elsaß nennt man den Tannenhäher *Nussenkracher*[2], in der Schweiz *Nussbicker*, *Haselnussvogel* und *Nussjâk*[3] (zu *Jâk* 'Häher'), in Steiermark *Nussbeißer* (in der älteren Sprache), *Nusskragel* m., *Nusstschagele* m., *Nusstschargel* m., *Nussgrankel* m. und *Nusserl*[4] n. (vgl. z. B. steir. *Haneferl* = Hänfling S. 120), in Tirol *Nussgratscher*[5] (vgl. *Gratsch* 'Häher'), *Nusskretscher*[5], in Kärnten *Nussgraggl*, im nördlichen Böhmen *Nusshackl*[6], in Sachsen *Nusshäher*[6], *Nussert*[6] (vgl. *Zäunert* 'Zaunschlüpfer' S. 84). — An diese Benennungen schließen sich an: *Holzkrähe*[7], *Zirbentschoi*[7] (*Zirbel* 'Alpenkiefer' + *Tschoi* 'Häher'), *Zirbenheher*[7] in Steiermark, *Zirmkråge* (Zirbelkrähe), *Zirm-*

1 Wb. d. Luxemburg. Mundart 43. 151.
2 Martin-Lienhart I, 514.
3 Staub-Tobler I, 695. III, 34. IV, 1119. — 4 Unger-Khull 480.
5 Frommann D. Mundarten IV, 56. V, 440.
6 Zs. f. d. Phil. XXI, 210. — 7 Unger-Khull 355. 653.

gratsch[1] in Tirol. Den Ausdruck *Tannenhäher* führt Popowitsch a. a. O. nach älteren Quellen an; von den a. a. O. verzeichneten Synonyma bezieht sich *Staarhäher* auf das staarartig weiß betüpfelte Gefieder des Vogels, *Birghäher* (im Lande ob der Aens) bezeichnet ihn als Gebirgsvogel.

Wegen des kreischenden Geschreis hat der Tannenhäher in der Schweiz die Namen *Râggi, Räghêr, Zäpfenräggi*[2] erhalten. Popowitsch führt a. a. O. nach Hübner die alte Bildung *Holzſcheer* m. (d. h. Waldschreier) an, vgl. S. 202. — Onomatopoietisch ist vielleicht auch der Name *Tschack* (*Tschank*)[3] m., der in Steiermark vorkommt; doch kann er auch mit schweiz. *Jâk* 'Häher' identisch sein. Ein anderes steirisches Synonymon ist *Grauamaschel*[3] (d. h. Grauamsel).

VI. Tauben, Columbidae.

Taube, columba.

Ahd. tûba: Sg. Nom. — *tuba* columba: cod. SGalli 242, 248b. *tûba*: Williram 43, 2. 5. 12. 77, 6. 104, 1, *tuba*: 38, 2. 3. 77, 2. Notker Cantic. Ez. regis 14. Carmen de Philomela 20: cod. Vindob. 247, 222b, cod. mus. Britann. Add. 16894, 244b. Versus de volucr. cod. Selestad. f. 109b. Notker Ps. 67, 14 Gl. Notker W Cantic. Ez. reg. 14. *tvba*: Clm. 14689 f. 47a. *tûpa*: Aldhelmi Aenigm. 256, 1: cod. SGalli 242, 38. *duba*: Otfrid I, 26, 8. Rotul. com. de Mülinen Bern. *duua*: cod. Berol. Ms. lat. 8° 73, 123b, *du ua*: cod. Guelpherbyt. Aug. 10. 3. 4° f. 89a, *dufa*: cod. sem. Trevir. f. 112b. *tube*: cod. Vindob. 804 f. 185b. *tubę* columba spiritus sanctus: Gll. Salom. a 2: Clm. 17152, 194c. — Gen. — *tubun*: Tatian 90, 2. *tûbun*: Notker Ps. 54, 7. 67, 14. *chind tupun* filius columbe: cod. Parisin. 7640, 126f, *khind tupū*: cod. SGalli 911, 48. *dubun*: Otfrid II, 7, 36. — Dat. — *dubun*: Otfrid I, 25, 25. — Akk. — *tubun*: Tatian 14, 4. 6. *tûbun*: Notker Capella de nupt. 2, 45. — Pl. Nom. — *tubun*: Tatian 44, 11. palumbe: cod. SGalli 299 p. 33. *tûbon*: Williram 89, 1. 11. — Gen. — *tubono*: Lucas 2, 24: cod. SPauli XXV a/1, 2a. *dubono*: Otfrid I, 14, 24. *tûbon*: Williram 22, 2. 54, 2. 7. — Akk. — *tubun*: Tatian 117, 2.

Komposita. — tûbberi (Pflanzenname): *tûpbere* mora: Clm. 2612, 92b, cod. Bern. 722, 1, 1b, cod. Vindob. 2400, 128a. *dufbere*: cod. Bonn. 218, 50. *mulbere ł dvbere*: H. S. IV, 6: cod. Turic. C 58,97.

1 Frommann D. Mundarten IV, 56.

2 Staub-Tobler V, 770. — 3 Unger-Khull 178. 304.

— tûbûnkropf (Pflanzenname): *isencrut od taubēcropf* ubena[1] *l* columbina: L. Apuleii de med. herbar. lib. IV: cod. Londin. Harl. 4986, 3a. — tûbhaie (palumber): *tubhaie* palumber: cod. Vindob, 804 f. 185b. — tûbhûs (Taubenhaus): *tubhus* columbar: H. S. VII, 9.

Das Wort *Taube* ist ein gemeingermanischer Vogelname. Aus den verwandten Dialekten stellen sich dem ahd. *tûba* (mhd. *tûbe*) zur Seite: mnd. mndl. *dûve*, nndl. *duif*, me. *douve*, ne. *dove*, anord. *dúfa*, dän. *due*, schwed. *dufva*; das Gotische bewahrt den Namen in dem Kompositum *hraiwa-dûbô* d. h. Leichen-Taube (= griech. τρυγών).

Im Angelsächsischen ist der Name nicht bezeugt. Die Wörterbücher von Kluge, Kluge-Lutz, Falk-Torp u. a. verzeichnen freilich ein ags. *dúfe*, allein diese Form scheint mit Unrecht aus dem Belege *dúfedoppan westennes* (= pellicano solitudinis) in Lamb. Psalmen (ums Jahr 1000) erschlossen worden zu sein. Es handelt sich hier um den Namen eines Wasservogels, der nichts mit dem Taubennamen zu tun hat. Der zweite Teil des Kompositums *dúfedoppa*, der von dem Verbum **duppjan* 'tauchen' (ags. *dyppan*, norweg. *duppa*, schwed. *doppa*) abgeleitet ist und in den Namen *dop-ęnid* und *dop-fugel* 'Tauchente, Taucher' vorkommt, erscheint als selbständiger Vogelname in der ags. Glosse *fugeldoppe* (bei Wright-Wülcker I, 131[20]), die offenbar in *fugel doppe* zu trennen ist, vgl. auch schwed. *dopping* 'anas clangula' mit anderem Suffix. Das erste Kompositionsglied gehört zum Verbum *dúfan* 'tauchen' und ist als Verdeutlichung des in seiner Bildungsweise nicht mehr durchsichtigen Namens *doppe* aufzufassen. Ähnlich sind auch die heutigen mundartlichen Formen *divedapper*, *divedop*, *divy duck* neben *diver* und *dabber* (Swainson The Folklore S. 216) zu beurteilen.

Der gemeingermanische Taubenname ist im Englischen erst um das Jahr 1200 bezeugt (s. Murray NED. III, 621). In der angelsächsischen Überlieferung begegnen dafür die Ausdrücke *culfre* und *cuscote*, von denen der erstere vielleicht mit lat. *columba* zusammenhängt. Pogatscher nimmt in der Festschrift zum VIII. allgem. deutschen Neuphilologentage (1898) S. 103 ff. als Etymon mittellat. *columbula* (roman. **columbra*)

1 l. U[s]bena; verbenacam Ed. (Steinmeyer).

an, das durch keltische Vermittlung in England eingeführt worden sei.

Die synonyme Benennung *cuscote*[1] welche in den Mundarten als *cushat* 'Holztaube' weiter lebt, ist als alte Kompositionsbildung aufzufassen. Dies geht hervor aus den skandinavischen Namensformen *skuda*[2] in dem dänischen Dialekt der Insel Bornholm und *skuta*[3] in der schwedischen Mundart auf der Insel Fårö bei Gotland; beide Mundarten gebrauchen das Wort im Sinne von 'Holztaube'.

Der Name **scot-ôn-* ist wohl eine Tiefstufenbildung vom Verbum *scéotan* 'sich rasch bewegen, sich stürzen' und bezieht sich auf den Flug des Vogels. Der Anlaut im angelsächsischen Namen *cúscote* war ursprünglich vielleicht eine Nachbildung des kū-Rufes der Holztaube (vgl. *Girr-Taube* usw.), wurde aber dann an *cú* 'Kuh' angelehnt; vgl. *cowscot* und *cowshot* (Wright Engl. Dial. Dict. I, 847). Auf deutschem Sprachboden kommt der Vogelname in dem Glossar des Pariser codex 12269 (9. Jh.) als *coscirila* (= palumpos) vor. Die Glosse ist aus einer angelsächsischen Vorlage abgeschrieben.

In dem alten Vogelnamen **dûbôn-* hat man eine Ableitung von ags. *dúfan*, anord. *dúfa* 'tauchen' sehen wollen, die eigentlich einen Wasservogel bezeichnet habe und dann auf die Taube übertragen worden sei; dabei wird auf das Verhältnis von lat. *columba* 'Taube' und griech. κόλυμβος 'Taucher' hingewiesen[4]. Wie man sich auch zu der angenommenen Verwandtschaft des griechischen und lateinischen Wortes verhalten mag (vgl. z. B. Prellwitz BB. XXII, 102 f.), so ist die gegebene Deutung unwahrscheinlich, denn in einer Bildung *dûbôn* 'Tauchvogel' hätte man doch den Zusammenhang mit dem dazu gehörigen Verbum ebenso fühlen müssen wie in dem deutschen Vogelnamen 'Taucher', und eine Übertragung des Namens auf die Taube ist daher nicht denkbar. Eine andere von Feist Got. Et. S. 27 aufgestellte und von Kluge und Falk-Torp als möglich angenommene Erklärung knüpft an die Farbenbezeichnung an, welche im altir.

1 In den Epinaler Glossen 829: *cuscutan* palumbes.

2 Kalkar Ordbog til det ældre danske Sprog III, 805.

3 Rietz Svenskt dialektlexicon S. 609 a. — 4 Vgl. Kluge Et. Wb.[6] S. 390, Skeat A concise Et. Dict. S. 151, Falk-Torp Et. ordb. I, 118 u. a.

dub 'schwarz' und griech. τυφλός 'blind' vorliegt, so daß die *Taube* nach der Farbe benannt worden wäre, wie etwa griech. πέλεια 'Waldtaube' (zu πελιός 'grauschwarz') u. a. Auch diese Etymologie scheint jedoch mit Hinsicht darauf, daß das betreffende Adjektiv in den germanischen Sprachen nirgends nachzuweisen ist, ganz hypothetisch.

Am meisten Beachtung verdient die Annahme, daß der germanische Name **dûbôn* eine onomatopoietische Bildung sei. Außerhalb der indogermanischen Sprachen bietet das Finnische ein instruktives Beispiel. Hier heißt die Taube *kyhky(nen)*, und es besteht kaum ein Zweifel daran, daß der Ausdruck das Rucksen der Holztaube wiedergibt, welches Voigt Excursionsbuch S. 211 (ohne diesen Namen zu kennen) mit *kuhku*, *kuhu* umschreibt. Das Charakteristische in dem Ruf des Vogels besteht in dem langgezogenen dumpfen Vokallaut, der denn auch bei Auslegung der Taubenstimme in verschiedenen Sprachen zum Vorschein kommt. Nach Swainson The Folklore S. 166 f. umschreibt man in England den Ruf der Holztaube u. a. durch die Verse: "Take two-o coo, Taffy! Take two-o coo, Taffy"! oder "Curr dhoo! curr dhoo! Love me and I'll love you", oder "The dove says, coo, coo, what shall I do? I can scarce maintain two". Ähnlich nach Rolland Faune populaire VI, 124 in Frankreich, wo der Ruf als "Roucou!" oder "Brou! Brou! Brou! Coucou" aufgefaßt wird; daher *roucouler* 'rucksen'. — Dazu stimmt auch die Auslegung dieses Rufes bei den Deutschen als 'ruck, rucku' (in den Gedichten Beheims aus dem 15. Jh. (IX, 622): "ein taub auch schreiet *rucku*").

Ob im german. **dûb-ôn* der Labial noch zum Stamme gehört oder ein idg. Suffix-*bh*- (wie im griech. κόραφος, κάλαφος) ist[1], muß dahingestellt bleiben.

Nachdem die Taube bei den Deutschen zum Zuchtvogel geworden und auf diese Weise dem menschlichen Vorstellungskreis näher getreten war, wurde naturgemäß der Unterschied zwischen den Geschlechtern mehr betont, als dies bei wilden Vögeln der Fall ist. Wie bei dem anderen Hausgeflügel, der Ente und der Gans, wo der Gattungsname weiblich ist, so

1 Vgl. Falk und Torp Et. ordb. I, 118.

wird auch bei der Taube das Männchen durch abgeleitete Maskulinbildungen benannt. Die älteste uns überlieferte Bezeichnung für den Täuberich ist das Kompositum *tubhaie* (d. h. 'Taubenheger' oder 'Taubenhüter') in cod. Vindob. 804 f. 185 b (mit 'palumber' glossiert). Der Ausdruck scheint dem bairischen Sprachgebiet eigen zu sein und ist nochmals im 14. Jh. als *taubhai* bei Konrad von Megenberg (Ed. Pfeiffer) S. 181[17] belegt.

Andere Maskulinbildungen sind aus der althochdeutschen Sprachperiode zufällig nicht bezeugt; erst im 14. Jh. erscheint die Ableitungsform *tûber*[1] = mnd. *dûver*[1]. Die alte Lautgestalt des Suffixes, das zur Maskulinbildung bei Tieren (*Ganser*, *Enter*, *Kater*) angewendet wird, ist noch nicht sicher ermittelt worden; vgl. Kluge in PBB. XIV, 585 f., wo als Grundform **haro* angenommen wird. Dasselbe Suffix wie in der mhd. und mnd. Lautform *tûber*~*dûver* ist jedenfalls *-ar* und *-arn* in mnd. *dûvarne*, *dûvar*(*n*). Die allgemeine Annahme, daß hier der mnd. Vogelname *arent* 'Adler' stecken würde, welcher dieselbe indogermanische Urbedeutung wie griech. ὄρνις 'Vogel' noch bewahrt hätte, ist durchaus unwahrscheinlich. Das westfäl. Wort *Årent* 'Täuberich', welches als Beweis herangezogen wird, ist die mundartliche Form des Eigennamens *Arnold* und gehört in dieselbe Gruppe von Vogelnamen wie pfälz. *Gäred* (d. h. Gerhard), schweiz. *Gäber* (d. h. Gabriel) für den Gänserich, ndd. *Klaos* (d. h. Nicolaus) oder *Âleke* (d. h. Adelheid) für die Dohle u. a. — Der Maskulintypus *Tauber* ist in Nieder- und Mitteldeutschland heimisch: in Holstein *Duffert*[2], in Hamburg und Lübeck *Düffer*(*t*)[2], in Altmark *Düwer*, *Diwwert*, *Düffert*[3], in Fallersleben *Debber*[4], in Preußen *Taubert*, *Täubert*, *Tiffert*, *Düffert*[5], in Thüringen *Duberd*, *Diberd*, *Dyberd*[6], in der Pfalz *Täubert*[7]; der schwäbischen Volksmundart scheint *Tauber* (*Täubert*), das in den literarischen Quellen vorkommt, eigentlich nicht anzugehören, vgl. Fischer Wb. II, 104. In ganz

1 Hugos von Trimberg Renner V. 7020, Diefenbach Glossar. S. 134a, Schiller-Lübben Wb. I, 607, Jb. f. ndd. Sprachf. VI, 127.

2 Korrespondenzbl. f. ndd. Sprachf. XVI, 83. XVII, 2. 3.

3 Danneil 37. — 4 Frommann D. Mundarten V, 53.

5 Frischbier I, 140. II, 396. 401. — 6 Hertel 242.

7 Heeger Tiere im pfälz. Volksmunde II, 9.

Niederhessen und Fulda ist *Dubhorn*, *Dübhorn* die üblichste Namensform. Sie beruht auf mnd. *dûvarn* und ist im 15. Jh. als *duphorn*, *duyfhorn* und *dubhern* (in einer Hs. bei Konrad von Megenberg gegenüber *tubhai* der älteren Hss.) bezeugt; bei Vilmar Id. S. 409 wird *Dubhorn* schon im 14. Jh. als Name einer adeligen Familie im Odenwald nachgewiesen.

Eine Erweiterung mittelst des bekannten maskulinen *inga*-Suffixes ist mnd. *duverinc* in Horae belgicae VII, 11[1] und im Lübecker Schulvokabular v. J. 1511[2], und daraus ist vielleicht durch Erleichterung *duverich* (Kieler Vokab. aus dem Jahre 1419) entstanden, wie etwa *kunic* für *kuning*. Durch Anlehnung an die Eigennamen auf *-rîk*, hd. *-rîch* (wie *Friderich* usw.) wäre dann der Typus *Täuberich* (*Enterich*, *Gänserich*) hervorgegangen. Wahrscheinlicher ist jedoch, daß der Ausgangspunkt für diesen Typus im ahd. *anuttracho* 'Enterich' zu erblicken ist, das im Anschluß an die genannten Eigennamen sein Suffix umbildete und die analogischen Neuschöpfungen *Gänserich* und *Täuberich* hervorrief. In diesem Fall wäre mnd. *dûverink* als eine Umgestaltung aus *dûverich* zu betrachten. — Diese Bildungsweise ist wie *Tauber* auf nieder- und mitteldeutschem Sprachgebiet heimisch: in Altmark *Döwwerk*[3] und *Döwwek*[3], in Westfalen *Düwek*[4] (für *Düwerik*, wie *Lêwek* für *Lêwerk*), in Preußen *Dîwrik*, *Diffrick*, *Düfrick*[5]; *Tuberich*[6] in Örmingen (im nördlichen Elsaß).

In Oberdeutschland wird das Taubenmännchen durch onomatopoietische Maskulinbildungen benannt, welche das Rucksen des Vogels wiedergeben. Aus der Schweiz ist eine derartige Benennung in der Glosse *tub kûto* im Vocabularius optimus XXXVII, 37 (Ed. Wackernagel S. 42) bezeugt; heute schweiz. *Chût*[7]. Weiter verbreitet ist das Wort in der Weiterbildung *kuter*, die zuerst im 15. Jh. bei Diefenbach Glossar. S. 134a (*tubenkutter* in Bracks Vocab. (1495) S. 49a) belegt und im 16. Jh. als *Kuuter* in Gesners Hist. avium S. 268 und als *Keutter* bei Golius Onomasticon (1579) Sp. 291 bezeugt ist; heute in der

1 Schiller-Lübben Wb., Nachträge S. 112.
2 Jb. f. ndd. Sprachf. XVI, 113. — 3 Danneil 37.
4 Woeste 64. — 5 Frischbier I, 140.
6 Martin-Lienhart II, 644. — 7 Staub-Tobler III, 570f.

Schweiz *Chuter*, *Chutter*[1], im Elsaß *Kütter*[2], in Schwaben *Kauter*[3]. Das Verbum, das die Stimme des Taubenmännchens wiedergibt, lautet in der Schweiz *chûten*, *chûteren* (elsäss. *kitteren*) aus mhd. *kuteren*, *kuttern*; im Schwedischen ist der entsprechende Ausdruck *kuttra*, außerhalb des indogermanischen Sprachzweiges im Finnischen *kuhertaa*.

Ein synonymer Name, der von mhd. *ruckezen* (nhd. *rucksen*, ndd. *rûkûken*; frz. *roucouler*) ausgeht, ist schweiz. *Rûgger*[4], elsäss. *Rucker*[5] (pfälz. *Grugser*[6]), in Mittelhessen *Ruckert*[7], siebenbürg. *Rukes*[8]. Ein elsässischer Lokalausdruck ist *Roller*[9] (in Lutterbach), welcher das geschlechtliche Moment hervorhebt; vgl. *rollen* 'schäkern, rammeln'.

Gewöhnlich wird das Weibchen der Taube im Gegensatz zum Männchen einfach mit dem femininen Gattungsnamen bezeichnet. — Seltener sind feminine Ableitungen wie bair. *Täubinn* bei Schmeller-Frommann Wb. I, 579, elsäss. *Tübene*[9] (in Bracks Vocab. (1495) S. 49a *tubin*, bei Golius Onomasticon (1579) Sp. 291 *Teubin*), thüring. *Diwen*[10], oder schweiz. *Chütin*[11].

Um das Junge der Tauben zu bezeichnen, gab es im Althochdeutschen die gehäufte Deminutivbildung *tubiclin*, welche im Tatian VII, 3 belegt ist; dazu *tubiklín* pipiones in den Lichtentaler Glossen in Zs. f. d. Wf. IX, 222 a. — Später werden die üblichen Deminutivsuffixe angewendet oder der Begriff wird durch ein Adjektiv umschrieben. Aus seiner Mundart gibt Gesner Hist. avium (1555) S. 269 an: "Nos circumscribimus *ein junge Tub*; uel diminutiuo utimur *ein Tüble*". Hie und da kommen Ausdrücke vor, welche auf Lockrufen beruhen, so z. B. *Tîse* oder *Tisse*[12] f. in Schlesien.

Holztaube, columba palumbes.

Dieser Ausdruck, mit dem die wilde Taubenart bezeichnet wird, begegnet schon in den althochdeutschen Glossen:

1 Staub-Tobler III, 570 f. — 2 Martin-Lienhart I, 483.
3 Fischer II, 101. — 4 Staub-Tobler VI, 776.
5 Martin-Lienhart II, 250. — 6 Heeger Tiere im pfälz. Volksmunde II, 9.
7 Vilmar 333. — 8 Frommann D. Mundarten IV, 195.
9 Martin-Lienhart II, 251 f. 644. — 10 Hertel 242.
11 Staub-Tobler III, 572. — 12 Weinhold Beitr. zu einem schles. Wb. S. 98.

Sg. Nom. — *holztuba* seu *hegetuba* palumbes: Versus de volucribus, *holztuba*: Versus de volucribus. Vergil. E. I, 57: cod. Selestad. f. 52b. — Pl. Nom. — *holztuben*: H. S. III, 17. Dazu die niederdeutsche Glosse *holt duua* in cod. Berol. Ms. lat. 8° 73, 124b, im Mittelniederdeutschen *holtdûve*, mndl. *houtdûve*, nndl. *houtduif*. Dem deutschen Namen entspricht im Angelsächsischen das gleichbedeutende *wudu-culfre* = Waldtaube.

Als *Holztaube* bezeichnet man heute sowohl die palumbes- als die oenas-Art; die erstere wird von Gesner Hist. avium S. 298 als *groß Holtztub* von der letzteren unterschieden. Das Synonymon *Plochtub*, welches Gesner a. a. O. erwähnt, begegnet als *Plochtaub* (elsäss. *Ploch* 'Baumstamm') im Strassburg. Vogelb. (1554) V. 333; heute in Steiermark *Blochtaube*[1]. Ein anderes steirisches Synonymon ist *Burrtaube*[1] (zu *burren* 'murren, knurren'), das auf das Rucksen des Vogels hinweist. In Luxemburg wird die große Holztaube *Böschdauf*[2] (Waldtaube) oder *Dekdauf*[2] (dicke Taube) genannt.

Weit verbreitet sind die Namen, welche den Vogel nach dem weißen Halsring benennen. In alten Glossen erscheint: *rin gil du ua* palumbes: cod. Guelpherbyt. Aug. 10. 3. 4° f. 89a. *rīgelduffe*: Juvencus I, 231: cod. Guelpherbyt. Helmostad. 553, 77b. Der Ausdruck ist besonders in Mittel- und Niederdeutschland heimisch. In Köln ist *Ringel taube* durch Turner Avium hist. (1544) S. D 1b, in Sachsen durch Eber und Peucer Vocab. (1552) S. E 6a, in Schlesien durch Schwenkfeld Ther. Sil. (1603) S. 314 bezeugt; *Ringeltaubn* im Strassburg. Vogelb. (1554) V. 334, *Ringeltub* ohne Ortsangabe bei Gesner a. a. O. In mnd. Vokabularen kommt *ringelduve* öfters vor. Heute wird der Ausdruck *Ringeldûwe*[3] aus Westfalen und Recklinghausen, *Rengeldauf*[4] aus Luxemburg angegeben; ndl. *ringduif*, schwed. *ringdufva*, engl. *ringdove*. In Steiermark lautet der entsprechende Name *Kreistaube*[5]. — Als 'Ringtaube' ist wohl auch andd. *męnistûba* aufzufassen in der Glosse: *menistuba* palumbes. columbę sunt. quas dicimus: Comment. Anonymi in Vergil. E I, 57: cod. Oxon. Auct. I. 16, 83b. Der Name scheint

1 Unger-Khull 93. 131. — 2 Wb. d. Luxemburg. Mundart 40. 59.
3 Woeste 215, Korrespondenzbl. f. ndd. Sprach. XVII, 5.
4 Wb. d. Luxemburg. Mundart 358.
5 Unger-Khull 411.

asächs. *męni* (ahd. *męnni*) 'Halsband' als erstes Glied der Zusammensetzung zu haben.

Gänzlich rätselhaft ist die ahd. Benennung *attûba* in einigen Glossenhandschriften: ***addubun. t. heitubin*** palumbes: H. S. XIb: cod. Admont. 269, 62a (12. Jh.), ***addubim***: Clm. 3215, 20a (13/14. Jh.), ***at*** ***tube*** palmides: H. S. XI f: Clm. 12658, 230a (14. Jh.). Das Wort taucht noch einmal auf bei H. Sachs im Regim. der Vögel (1531) V. 200 und zwar in der Form *Ataub*; später verschwinden alle Spuren. Daß es sich hier um die Benennung der großen Holztaube handelt, ergibt sich aus dem Textzusammenhang bei Hans Sachs, wo die *Ataube* neben den zwei anderen Hauptarten "Holtaub" und "Türteltaub" auftritt. Zusammenhang des Wortes mit got. *ahaks* 'Taube', wie ihn Grimm im DWb. I, 590 vermutet, ist nicht wahrscheinlich. Übrigens ist auch das got. Wort selbst noch nicht sicher aufgeklärt; nach Holthausens Hypothese in IF. V, 274 würde es eine urverwandte Entsprechung in lat. *accipiter* 'Habicht' (aus **aci-piter*) haben, indem dies eigtl. den Taubenstößer bedeutet hätte. Der *k*-Laut des gotischen Wortes ist vielleicht das bekannte Suffix, welches in ahd. *habuh* und *kranuh* erscheint, vgl. Kluge Stammbildung[2] § 61b.

Hohltaube, columba oenas.

Wie der Ausdruck 'Holztaube', so ist auch 'Hohltaube' schon in althochdeutscher Zeit belegt:

Sg. Nom. — ***heigituba t holotuba*** palumbes: cod. Selestad. f. 109b. ***heketuba holetvba***[1]: Clm. 14689 f. 47a. ***ho le duba***: cod. Parisin. 9344 f. 42b. — Pl. Nom. — ***holatubun***: Carmen de Philomela 21: cod. Vindob. 247, 222b, cod. mus. Britann. Add. 16894, 245a.

Der Name, der mit ahd. *hol* 'Loch' gebildet ist, erklärt sich daraus, daß diese Taubenart in Baumhöhlen nistet (vgl. *holicrâ* 'Specht' S. 31). Im 16. Jh. begegnet *Holtaub* bei Hans Sachs Regim. der Vögel (1531) V. 202, *Húltaub* im Strassburg. Vogelb. (1554) V. 334, *Holtaube* bei Schwenkfeld Ther. Sil. (1603) S. 240 (nicht als schlesisches Wort). Popowitsch Versuch (1780) bezeichnet *Hohltaube* als österreichischen Namen. Unger-Khulls Steir. Wortschatz S. 353 belegt *Holltauben* aus einer Quelle aus dem

1 ***holetvba*** von zweiter Hand unter ***heketuba*** (Steinmeyer).

Jahre 1689; die Bedeutung ist unrichtig angegeben. Heute kommt *Holdûwe*[1] in Westfalen, *Hueldauf*[2] in Luxemburg vor.

Der schweizerische Ausdruck bei Gesner S. 295 ist *Lochtub*, das nach Martin und Lienhart II, 644 auch im Elsaß (in Sulzmatt) gebräuchlich ist. Vielfach werden diese Tauben ebenso wie die größere Art auch schlechthin als 'wilde Tauben' bezeichnet. Schwenkfeld gibt a. a. O. ausdrücklich an, daß dies in Schlesien die volkstümliche Benennung ist. — In einigen mittelhochdeutschen Handschriften, welche die Vogelnamen der Versus de volucribus abschreiben, kommen die Glossen ***hůrtaub*** (Clm. 11481, 82b), ***hartobe*** (Clm. 14745 f. 82c), ***horntaube*** (Ahd. Gll. III, 25[30]) vor. Aus ihnen läßt sich ein althochdeutscher Name **horotûba* 'Kottaube' erschließen und damit kann nur die Höhlentaube gemeint sein, welche ebenso wie der Wiedehopf und die Blaurake den Schmutz vom Neste nicht fortträgt, so daß ein wirklicher Verwesungsprozeß entsteht. Wie überhaupt die zusammengesetzten Vogelnamen, welche mit *horo* gebildet sind, so ist auch dieser Ausdruck Umgestaltungen anheimgefallen, nachdem das erste Kompositionsglied ungebräuchlich wurde. Aus Steiermark bezeugt Unger-Khulls Wortschatz S. 328 die Benennung *Harttaube*, welche auf dem althochdeutschen **horotûba* zu beruhen scheint. Als Bedeutung wird zwar 'Turteltaube' angegeben, aber die Bedeutungen der Benennungen für Taubenarten sind a. a. O. auch sonst nicht immer richtig mitgeteilt. Naumann-Hennicke verzeichnen *Haortaube* = columba oenas ohne nähere Angabe.

Turteltaube, columba turtur.

Ahd. turtulatûba: Sg. Nom. — ***turtulatvba***[3] turtur: cod. SGalli 242, 248b. ***turtulatuba***: Carmen de Philomela 20: cod. Vindob. 247, 222b, ***turtilituba***: cod. mus. Britann. Add. 16894, 244b. ***tur tul duba***: cod. Parisin. 9344 f. 42b, ***turtulduua***: cod. Guelpherbyt. Aug. 10. 3. 4° f. 89a. ***turtultube***: H. S. XI a 2: cod. Vindob. 2400, 121a, ***turteltuba***: Clm. 2612, 87b. ***turteltube***: Versus de volucr. cod. Vindob. 804 f. 185b. ***turtiltuba***: Versus de volucr. H. S. III, 17. cod. Selestad. f. 109b. ***tvrtiltvba***: Clm. 14689 f. 47a. — Gen. — ***túrtultûbon***: Williram 16, 1, ***turteltûbon***: 40, 1. — Pl. Akk. — ***turtilitubun***: Tatian 7, 3.

---

1 Woeste 104. — 2 Wb. d. Luxemburg. Mundart 189.

3 So am wahrscheinlichsten (Steinmeyer).

Von den alten germanischen Dialekten hat nur das Gotische für die Turteltaube eine einheimische Bezeichnung. Wenigstens wird angenommen, daß got. *hraiwa-dûbô* (eigtl. Leichen-Taube) die Turteltaube ist, weil das griech. τρυγών des Bibeltextes diese Bedeutung hat. Der gotische Ausdruck erklärt sich aus dem bei indogermanischen Völkern nicht ungewöhnlichen Glauben, daß die Taube ein Unglücksvogel ist. Schrader, der im Reallexikon S. 607 ff. hierfür mehrere Beispiele bietet, will die abergläubische Auffassung gewisser Vögel als Unglücksboten oder Todesverkündiger aus dem plötzlichen überraschenden Erscheinen derselben erklären.

Doch hat man hier auch mit anderen Faktoren zu rechnen, vor allem mit dem unheimlichen und düsteren Geschrei gewisser Vogelarten, ganz besonders der Eulen, die daher *Leichenhühner* und *Totenvögel* genannt werden. Wahrscheinlich ist auch der gotische Name *hraiwa-dûbô* durch das dumpf und melancholisch klingende 'kuh ku' oder 'huh huhhuh' der wilden Taubenarten veranlaßt, das man als ein Vorzeichen des Todes empfunden haben mag. In England ist die Felsentaube (columba livia) der Todesbote, s. Swainson The Folklore S. 168.

Abgesehen vom Gotischen haben die altgermanischen Idiome den lateinischen Namen der Turteltaube, die onomatopoietische Bildung *turtur*, entlehnt, die im Angelsächsischen als *turtur*(*e*) und (gewöhnlich) *turtle*, im Altnordischen als *turture* überliefert ist. Daß es sich hier nicht um eine gemeinsame germanische Entlehnung handelt, zeigt vor allem der unverschobene Dental im althochdeutschen *turtulatûba*. Das Wort ist mit der christlichen Literatur bei den germanischen Völkern bekannt geworden, und die häufige Anwendung des Vogelnamens beruht meistens nicht auf lebendiger Anschauung, sondern steht im Zusammenhang mit der christlichen Tradition, in welcher die Turteltaube eine symbolische Bedeutung hat.

Der älteste althochdeutsche Beleg aus dem 8. Jh. gibt noch das lat. Wort in unveränderter Gestalt: zuuei. kenestidiu. *ṭurturono* par turturum: Luc. II, 24: cod. SPauli XXV a 1, 2 a[1].

1 Später hat Notker das lateinische Wort im deutschen Texte: der *túrtur* in der Psalmenübersetzung 83, 4.

In cod. sem. Trevir. R. III. 13, 109 b ist die dissimilierte Namensform *t˜tulo*, in cod. sem. Trevir. f. 112 b *t˜tila* belegt, die zu ags. *turtle* stimmt. Daraus sind elsäss. *Turtel*[1] f. und schwäb. *Turtel*[2] hervorgegangen; im 16. Jh. *Turteltûb* / *Turtel* bei Gesner Hist. avium S. 303.

Die normale althochdeutsche Namensform ist jedoch *turtula-tûba* (mhd. *turtel-tûbe* = mnd. *turtel-*, *tortel-*, *tarteldûve*, nndl. *tortelduif*). In der Nebenform *turtilitûba* (Tatian) ist das Suffix des Fremdwortes im Anschluß an einheimische Bildungen auf *il-*(*în*) umgestaltet; daher die mhd. Umlautsform *türteltûbe*, im 16. Jh. *Türteltaub* bei Hans Sachs Regim. der Vögel V. 204. Auch sonst hat das Lehnwort lokale Umgestaltungen erfahren. Wahrscheinlich liegt eine solche vor in der Glosse turdella = *tutella* in cod. Selestad. 109b, die Steinmeyer Ahd. Gll. III, 460^{30} mit der Glosse *drosilla* (= Drossel) in cod. Florent. XVI, 5, 141 a vergleicht. Die Variante in den Schlettstädter Glossen erhält nämlich eine Bestätigung durch die heute in Oltingen, Heidweiler und Wittenheim (im Elsaß) übliche Namensform *Tutteltube*[3]. Auch die Variante *Gürteltaube*, die Schmeller-Frommanns Bayer. Wb. I, 944 als mhd. *gürteltûbe* aus bairischen Handschriften belegt und die in Vokabularen des 15. Jhs. in der Form *gurteltaub*[4] begegnet, mag aus *turtel-*, *türteltûbe* umgestaltet worden sein. Zu beachten ist noch *gulte* = turtur in Clm. 14745 f. 82 c (14. Jh.) in Ahd. Gll. III, 22^{33}. Wenn elsäss. *Kränzletube* wirklich — wie Martin-Lienhart Wb. II, 644 angeben — die Turteltaube und nicht vielmehr die Ringeltaube bezeichnet, könnte man die Ausdrücke aus dem schwarzen silberfarbig gezäumten Querstreifen am Halse des Vogels verstehen. — In Luxemburg hat man den Namen *Dûrteldauf* zu *Ûrteldauf*[5] 'Urteilstaube' umgebildet.

Außer den drei bereits erwähnten Taubenarten nistet in Europa noch **die Felsentaube** (columba livia). Nach Brehm Tierleben (Vögel) II³, 414 beschränkt sich ihr Brutgebiet hier

1 Martin-Lienhart II, 718. — 2 Fischer II, 513.

3 Martin-Lienhart II, 644.

4 Diefenbach Glossar. S. 603 a, Frommann D. Mundarten IV, 305.

5 Wb. d. Luxemburg. Mundart 452.

auf einige nordische Inseln und die Küsten des Mittelmeergebietes. In Deutschland kommt sie als Brutvogel nicht vor. Gesner kennt diese Tauben von Hörensagen; sie sollen in einigen rhätischen Gegenden vorkommen und dort *Steintuben*, columbae saxatiles, genannt werden (Hist. avium S. 294). Im Forst- und Jagdlexicon (1773) III, 544 wird der Vogel ebenfalls *Steintaube* genannt; den in der Fachwissenschaft üblichen Ausdruck *Felsentaube* bezeugt Popowitsch (1780) S. 570 nach Halle. Von der Felsentaube stammt unsere gezähmte Haustaube ab.

Haustaube.

Ahd. hegetûba: Sg. Nom. — *hegetuba* palumbes: H. S. XI a2. g. Versus de volucr., *holztuba.* seu *hegetuba*: Versus de volucr. *heketuba holetvba*[1]: Clm. 14689 f. 47a. *heigituba t holotuba*: cod. Selestad. f. 109b. *hagetvba*: H. S. XI e: cod. princ. de Lobkow. 435, 25a. *hagetǒb*: Versus de volucr.: cod. Vindob. 85, 42b, *heitǒbe*: Versus de volucr. *heitube*: Gll. Salom. a 2: Clm. 17152, 210b. *haitube*: cod. Vindob. 804 f. 185b. — Pl. Nom. — *hegetubun* palumbes, columbę: Horat. Carm. III, 4, 12: Clm. 375, 35a. Horat. Serm. II, 8, 91: Clm. 375, 164a. *hekitubin*: Vergil. E. I, 57: cod. Selestad. f. 62b. *addubun. t heitubin*: H. S. XI b: cod. Admont. 269, 62a.

Wann die Taube bei den germanischen Völkern zum Nutzvogel wurde, kann aus Mangel an historischen Zeugnissen nicht festgestellt werden. In den Kapitularien Karls des Großen werden die Tauben zu dem Hausgeflügel gezählt, das "dignitatis causa" gehalten werden sollte, vgl. Schrader Reallexikon S. 852 ff.

Die älteste deutsche Bezeichnung der gezähmten Taube scheint im ahd. *hegetûba* vorzuliegen. Aus dem Lemma 'palumbes', wonach die Bedeutung des deutschen Wortes als 'Holztaube' angesetzt wird, kann nicht erschlossen werden, welche Taubenart gemeint ist. Aber wenn man von der deutschen Glosse ausgeht, so deutet der Zusammenhang von ahd. *hegetûba* mit *hegen* und *hagetûba* mit *hac* 'Gehege' darauf, daß es sich hier um zahme oder halbzahme Tauben handelt, die in Parks oder Gehegen vorkommen; vgl. *tûbhaie* S. 210. In mhd. Zeit ist der Ausdruck *heitûbe*, *hactûbe* noch belegt, stirbt aber bald aus. In den Quellen des 16. Jhs. werden die gezähmten Tauben *Zametauben*

1 *holetvba* von zweiter Hand unter *heketuba* (Steinmeyer).

(bei Eber und Peucer Vocab. (1552) S. E 5b), *Zamtaub* (im Strassburg. Vogelb. (1554) V. 332), *Hußtube* (bei Gesner Hist. avium S. 268) genannt. Bei Schwenkfeld Ther. Sil. (1603) S. 237 werden die Namen *Heimiſche Taube*, *Flug Taube* und *Schlag Taube* angeführt. Der letztgenannte Ausdruck, der bereits im Vocabularius optimus XXXVII, 95 (Ed. Wackernagel S. 43) belegt ist, wird von Gesner (kaum richtig) als Synonymon zu "Holtztub" angeführt. Bei Junius Nomenclator (1581) S. 55b ist ndl. *Slach duyue* die Haustaube.

Die *Flugtauben* erwähnt auch Hohberg Adeliches Landleben II, 397 Kap. CXVII als gemeine Art im Gegensatz zu anderen kostbaren Arten. Genaue Angaben über die Tauben findet man bei Popowitsch Versuch (1780) S. 568. Er unterscheidet die *Haustauben*, "die nicht auf das Feld fliegen, sondern in den Stuben erzogen werden", von den *Feldtauben* oder *Flugtauben*, "welche außer dem Winter ihre Nahrung auf den Feldern suchen, und gemeiniglich kleiner als die *Stubentauben* sind".

Diese "Feldtauben" werden schon im 15. Jh. erwähnt. In einer Version des Märchens vom Zaunkönig (Erlösuug, herausgegeben von Bartsch S. XLV) erscheint neben der *hactûbe* auch die *felttûbe*, außerdem kommt der Ausdruck in einem Vokab. aus dem Jahre 1466[1] vor, im 16. Jh. *Feldttaub* im Strassburg. Vogelb. V. 333. Gesner nennt S. 268 die *Veldtuben by den hüſeren* auch *Veldböck*, im Strassburg. Vogelb. V. 340 heißen sie *Feldrecken*[2]. In Westfalen, Altmark, Göttingen und Grubenhagen und in Preußen sind diese Tauben unter dem Namen *Feldflüchter*[3] bekannt; bei den Taubenliebhabern in Holstein heißen sie *Hicksen*[4], in Preußen *Spocht*[5]. Der Ausdruck *Pastetentaube*, den Klein Hist. av. prodr. (1750) S. 118 neben *Pauertaube* erwähnt, kommt nach Adelung III, 978 daher, daß man die Feldtauben in die Pasteten zu füllen pflegt. Synonym mit *Feldtaube* ist wohl der Ausdruck

1 Diefenbach Novum glossar. S. 278a.

2 In dem Vogelnamen hat *Recke* die verschlechterte Bedeutung, die in der Schweiz und im Elsaß vorkommt.

3 Woeste 288, Danneil 44, Schambach 258, Frischbier I, 184.

4 Korrespondenzbl. f. ndd. Sprachf. XVII, 3.

5 Frischbier II, 355.

haidtaub[1] in einem Vokab. vom Jahre 1429 und *heidentube*[2] im Vocab. inc. theuton. ante lat. (1515); in Unger-Khulls Steir. Wortsch. S. 336 wird für *Heidtaube* die Bedeutung 'Wildtaube' angesetzt. Wahrscheinlich ist der Name aus ahd. *heitûba* (*hegetûba*) hervorgegangen.

Eine Art Feldtauben sind wohl auch die *Kirchtauben*, die bereits im 13/14. Jh. erwähnt werden: *kilchtûbe* bei Heinzelin von Konstanz V. 602, *kirchtuber* im Renner Hugos von Trimberg V. 7020. Im Strassburg. Vogelb. V. 340 heißen sie *Kirchrecken*[3]. Es sind wohl die "columbae saxatiles", von denen Varro berichtet, daß sie aus natürlicher Furcht sich auf den höchsten Firsten der Dächer aufhalten.

Mit der allmählich wachsenden Taubenzucht kamen eine Menge von Spielarten der Tauben auf, die in der Sprache der Liebhaber ihre besonderen Namen erhielten. Ausländische Taubenarten werden zuerst im 16. Jh. von Gesner Hist. avium S. 269 genannt. Danach gab es in der Schweiz Tauben, die ganz weiß, andere die ganz schwarz waren, eine dritte Art, die bis auf den Kopf und die Füße schwarz und eine vierte, die graublau war. Abgesehen von diesen Farbenschattierungen kennt Gesner Tauben mit geschopften Köpfen, die man "Cypriae" nennt, andere wieder von Lerchengröße mit schmächtigen Schnäbeln und bis auf die Zehenspitzen dicht befiederten Füßen, die wegen ihrer Heimat *Russicae* oder "besser" *Anglicae* genannt werden (*gehößlet* oder *Reuſſiſch Tauben*); von diesen sollen die besten in Venedig zu haben sein. Ungefähr gleichzeitig mit Gesner nennt der Verfasser des Strassburg. Vogelb. V. 332. 333 u. a. auch *kriechisch* und *citriniſch Tauben.* Die erstere Art ist wohl mit den cyprischen Tauben bei Gesner identisch, die letztere scheint nach der gelben Farbe (mittellat. *citrinus*) benannt worden zu sein. — Schwenkfeld, der im Ther. Sil. (1603) S. 239 die *gehösleten* oder *Reuſſischen Tauben* nach Gesner anführt und für die beschopfte Art den Ausdruck *Köppichte Tauben* (bei

1 Diefenbach Novum glossar. S. 278 a.

2 Diefenbach Glossar. S. 408 a.

3 In dem Vogelnamen hat *Recke* die verschlechterte Bedeutung, die in der Schweiz und im Elsaß vorkommt.

Hohberg a. a. O. *die haubeten Tauben*) gebraucht, erwähnt außerdem noch die *Norvegiſchen Tauben* und *Wollechte Tauben*, bei denen das Gefieder krausig ist.

In Kleins Hist. av. prodr. (1750) S. 118f. werden von den Varietäten zahmer Tauben der *Kropffer*, *Cropper* oder *Krepper*, die *Pfautaube*, die *Pavedette*, die *Trummeltaube*, der *Klatzſcher*, der *Taumler* und der *Bastard* aufgezählt. Die erstgenannte Art, die bei Hohberg und Popowitsch (*groβe*) *Túrkiſche Taube* oder *Kropftaube* („bläßt ihren groſſen Kropf im Heulen auf") genannt wird, heißt in Holstein, Preußen und Altmark *Kröpper* [1], in der Pfalz und Luxemburg *Kröppert* [2], in Göttingen und Grubenhagen *Brüster* [3], in Thüringen *Bruster* [4]. Die *Pfauentaube* (auch bei Hohberg erwähnt), die im Gehen den Schwanz ausbreitet, wird von Popowitsch *Schüttelkopf* genannt, „weil sie den Kopf und Hals immer beweget"; in Luxemburg heißt sie *Poschwanz* [5] 'Pfauenschwanz'. Unklar ist der zuerst von Klein bezeugte Ausdruck *Pavedette* für die Brieftaube. In dieser Form ist das Wort von Adelung III, 986 gebucht, der die Varianten *Povedette*, *Pawedette* und *Paudette* (so auch bei Schütze Holst. Id. 1800 [6]) als niedersächsisch bezeichnet; bei Popowitsch *Pavedotte*. In Holland wird das Wort *pagadet* nicht nur für die dickschnäbelige Brieftaube sondern auch für den Kernbeißer verwendet. — Die *Trummeltaube* (columba cypria), deren Vaterland nach Popowitsch Rußland und England ist, hat den Namen erhalten, weil „sie purt als wenn man eine Trummel růhrte"; *Trummeldûw* [7] in Altmark. Dem *Klätscher* ist der Name gegeben worden, „weil er klatschet, indem er einen Laut von ſich giebt, wie die Kutſcher, wenn ſie Pferde zum Gehen antreiben" (Popowitsch).

Allgemein bekannt sind die *Taumler*, welche im Fliegen Purzelbäume zu schlagen pflegen [8]. In Göttingen und Gruben-

1 Korrespondenzbl. f. ndd. Sprachf. XVII, 3, Frischbier I, 434, Danneil 44.

2 Wb. d. Luxemburg. Mundart 250 und Heeger Tiere im pfälz. Volksmunde II, 9.

3 Schambach 52. — 4 Hertel 76. — 5 Wb. d. Luxemburg. Mundart 342.

6 Korrespondenzbl. f. ndd. Sprachf. XVII, 3.

7 Danneil 44. — 8 Vgl. Hahn Haustiere S. 333f.

hagen nennt man sie *Tûmelœr*[1], in Altmark *Dümmler*[2], in Holstein *Tümmler*[3]; in Steiermark heißen sie *Purzeltaube*[4], im Elsaß *Bürzeltube*[5], in Luxemburg *Burzel*[6] m. (für *Burzeltaube*, wie *Mistel* für *Misteldrostel*, s. S. 60).

Popowitsch unterscheidet außer den erwähnten Spielarten noch *die afrikanische oder numidische Taube*, die *Monattaube* (in Sachsen *Mondtaube*, in Altmark *Maondûw*[2]), welche alle Monate heckt, das *Mövchen*, welches zart ist wie die Möven, und die *Zopftaube*, welche wohl mit der von Gesner erwähnten beschopften Art übereinstimmt. Der Ausdruck *Mêwe*[7] 'Möve' kommt in den Mundarten von Göttingen und Grubenhagen und von Altmark vor, in Luxemburg wird diese Taube *Bibedeck*, *Bidebeck*[8] genannt. — Die gehaubten Tauben haben in Göttingen und Grubenhagen den Namen *Mönek*[9] (Mönch), in Luxemburg *Kapeziner*[10] m. (Kapuzinermönch) oder *Mourekâp*[10] f. (Mohrenmütze), auch in Altmark *Môrnköpp* oder *Schleierdûw*[2]. Weitere Artbenennungen sind *Stardauf*[10] f. (Startaube) in Luxemburg, *Mûter*[11] m. (eine Varietät mit schwarzer Farbe) in Göttingen und Grubenhagen, *Rotgalster*[12] m. (eine rothalsige Taubenart) in Schlesien; der letztgenannte Ausdruck ist als 'Rotelster' (*Galster* in Steiermark = Elster) zu verstehen, vgl. *Elster*[2] als Namen einer Taubenart in Altmark.

Eine nahe Verwandte der Turteltaube ist die in der Angenehmen Land-Lust (1720) S. 311 und von Popowitsch genannte *Lachtaube* (*kleine Túrkiſche Taube*), columba risoria[13]; in Luxemburg *Lâchdauf*[14].

---

1 Schambach 236. — 2 Danneil 44.
3 Korrespondenzbl. f. ndd. Sprachf. XVII, 3.
4 Unger-Khull 132; die Bedeutung ist nicht richtig angegeben.
5 Martin-Lienhart II, 644.
6 Wb. d. Luxemburg. Mundart 58.
7 Danneil 137 und Schambach 52.
8 Wb. d. Luxemburg. Mundart 32. — 9 Schambach 52.
10 Wb. d. Luxemburg. Mundart 210. 291. 419.
11 Schambach 140.
12 Weinhold Beitr. zu einem schles. Wb. S. 25.
13 Hahn Haustiere S. 340f.
14 Wb. d. Luxemburg. Mundart 256.

VII. Kurzflügler, Brevipennes.

Strauß, struthio camelus.

Ahd. strûʒ: Sg. Nom. — *struz* strutio: Aldhelmi Aenigm. 255, 25: cod. SGalli 242, 31. Job 30, 29: Clm. 19440, 135 [1]. Cod. Vatican. Reg. 1701, 2b. Leviticus 11, 16 [2]: Clm. 18140, 14a, cod. Turic. Rhenov. 66, 18, cod. Stuttg. herm. 26, 13a, cod. Angelomont. I 4/11, 10b; cod. Lugdun. 191 E, 65a. Esaias 13, 21: Clm. 18140, 116b, Clm. 13002, 222a. Versus de volucr. H. S. III, 17, XI a2. b. Clm. 14689 f. 47a. cod. Selestad. 109b. cod. Vindob. 804 f. 185b. cod. Guelpherbyt. Aug. 10. 3. 4° f. 89a, *struua*: cod. Berol. Ms. lat. 8° 73, 124a, *strud*: cod. sem. Trevir. f. 112b. *struth*: cod. Parisin. 12269 f. 58b. *strux*: cod. SGalli 242, 248b. *stral*: Leviticus 11, 16: Clm. 14584, 129b. *struze*: Versus de volucr. — Akk. — *strúz*: Anhang z. alt. u. neuen Testam.: Leviticus 11, 16: Clm. 14747, 96b; *struz*: cod. SGalli 295, 126, cod. SGalli 9, 276, cod. SPauli XXV d/82, 37a, *strûz*: cod. Stuttg. th. et phil. f. 218, 13c. — Pl. Nom. — *struzza*: Esaias 13, 21: cod. Wirzib. Mp. th. f. 20, 10b; Clm. 14689, 39a, *struza*: Clm. 18140, 188b, Clm. 19440, 343, cod. Vindob. 2723, 35b, cod. Vindob. 2732, 43a, *struzo*: cod. Gotwic. 103, 55b, *struzzi*: Clm. 22201, 240c. *struzen*: Job. 30, 29: cod. Stuttg. herm. 26, 29b, cod. Angelomont. I 4/11, 41a, *struizin*: cod. Turic. Rhenov. 66, 69. — Gen. — *struzo*: Job 30, 29: Clm. 4606, 128b, *struli*: Clm. 14584, 144a.

Über die erste Bekanntschaft der germanischen Völker mit dem Vogel Strauß geben die historischen Quellen keinen Aufschluß. Die Sprachgeschichte zeigt aber, daß der südliche Vogel den Germanen durch die Römer bekannt wurde, denn sein Name ist in die germanischen Sprachen aus dem Latein übernommen. Hier lautet die Benennung *strûthio* oder *strûthocamelus* (nach dem griechischen στρουθὸς ἡ μεγάλη (Xenophon Anab. I, 5, 2) oder στρουθὸς ὁ ἐν Λιβύῃ und στρουθίων, στρουθίον). Aus der lat. Form *strūtio* erklärt sich nur ags. *strýta* [3] in den Corpus-

1 struthionum Vulg. — 2 struthionem Vulg.

3 Schwer zu beurteilen ist ags. *strúta* in Glossen des 10/11. Jhs. bei Wright-Wülcker I, 258[4]. Nach Pogatscher Zur Lautlehre der lat.-rom. Elemente S. 131 § 217 läge hier nur eine graphisch ungenaue Variante von *strýta* vor. Als angelsächsische — und nicht altsächsische — Glossen sind wohl *strud* und *struth* in dem Pariser Glossar mit Vogelnamen und im Trierer Codex zu betrachten, denn diese Handschriften weisen auch sonst angelsächsisch gefärbte Glossen auf: *coscirila* (= *cuscote*) in den Pariser Glossen und *radam*[s] (= *hreaþemús*) in dem Trierer Glossar.

glossen aus dem 8. Jh. bei Wright-Wülcker I, 48^{37}, dagegen setzt die entsprechende ahd. Namensform *strûʒ* lautgesetzlich die Vorstufe **strût-* ohne folgendes geminierendes *j* voraus. Die Grundform **strût-* ist vielleicht aus der germanischen Flexion (**strûtj-o* : **strûti-*) zu erklären; an die lat. Namensform *strûtocamelus* neben *strûtio*(*camelus*) ist dabei kaum zu denken. Die Entlehnung wird in der Zeit der ersten germanisch-römischen Beziehungen stattgefunden haben. Vgl. Kluge Vorgeschichte² S. 345. Spätere Entlehnungen, welche bereits die Assibilierung der Konsonantenverbindung *tj-* voraussetzen, sind anord. *strúz* (in der Didriksaga), dän. *struds*, schwed. *struts* und mnd. mndl. *strûs*, nndl. *struis*. Die letzteren Formen können auch aus dem Hochdeutschen entlehnt sein.

In den romanischen Sprachen finden sich neben den Fortsetzungen des lat. *strūthio* (ital. *struzzo*, provenz. *estrus*) auch Namensformen, welche einem Etymon *avis strūthio* entflossen sind: span. *avestruz* und frz. *autruche* aus afrz. *otruche* (daraus me. *ostriche*, ne. *ostrich*). Eine ähnliche Bildung ist im Deutschen *Vogel Strauß* (elsäss. *Vogel Struß*[1]), doch ist die Übereinstimmung mit den romanischen Bildungen nur zufällig. Der verdeutlichende Zusatz wird auch vor anderen Vogelnamen angewendet, so z. B. *Vogel Pfau*, *Vogel Pirol*. — Während in der deutschen Schriftsprache die starke Flexion des Namens herrschend geworden ist, haben sich die schwachen Formen, die in der alt- und mittelhochdeutschen Sprachperiode nur spärlich belegt sind, noch in Mundarten erhalten.

VIII. Hühner, Rasores.

Pfau, pavo cristatus.

Ahd. pfâ(w)o: Sg. Nom. —*phao*[2] pao: cod. Cassell. th. 4° 24, 16a. cod. SGalli 242, 248a. Carmen de Philomela 26: cod. mus. Britann. Add. 16894, 245a, *phaho*[2]: cod. Vindob. 247, 223a. *fao*: Aldhelmi Aenigm. 251, 16: cod. SGalli 242, 25. *pao*[3]: cod. Parisin. 12269 f. 58b. cod. Berol. Ms. lat. 8° 73, 124a, *po*: cod. Parisin. 9344 f. 42b. pauos:

1 Martin-Lienhart II, 636.

2 Wegen Ausfalls des inl. *w* und Eintretens von *h* s. Braune Ahd. Gramm.² § 110 Anm. 1 u. 3. — 3 Der Beleg ist wohl niederdeutsch.

Regum III, 10, 22: cod. Angelomont. I 4/11, 21 b. *pauuo* Junonius ales: Aviani fabulae 15, 1: cod. Trevir. 1464, 235 a. *favuo* auis tincta: Jerem. 12, 9: Clm. 19440, 349. *phawo*: Versus de volucr. H. S. III, 17. XI b. e. *phauo*: Gll. Salom. d: Clm. 23496, 2 a. *phawe*: cod. Vindob. 804 f. 185 b. Versus de volucr. H. S. III, 17. XI a 2. *phau*: cod. Selestad. f. 109 b. *phav* [1]: Clm. 14689 f. 47 a. — Pl. Akk. — *peun* [2] pauos: Regum III, 10, 22: cod. Carolsruh. Aug. CXXXV, 98 b, *peun* [3]. *phauun*: cod. Stuttg. th. et phil. fol. 218, 31 b; *fahun*: cod. SGalli 295, 164; *pfahon*: Clm. 14584, 136 a, *phawon*: cod. Stuttg. herm. 26, 19 b, *phawin*: cod. Turic. Rhenov. 66, 36.

Ableitungen und Komposita: pfâwin 'Pfauhenne' (eine feminine *injô*-Ableitung): *phain* paua: Cod. Cassell. th. 4° 24, 16 a. — pfâwenfëdera 'Pfauenfeder': *fâuuenféderon* (ex) pauonum pennis: Notker Capella de nupt. 1, 33.

Wie der Strauß, so ist auch der Pfau den germanischen Völkern von Rom aus bekannt geworden. Und zwar fällt die Übernahme des lat. *pāvo* in die gleiche Zeit der ältesten germ.-römischen Beziehungen wie die des Straußennamens; als chronologische Kriterien kommen hier die Beibehaltung der lat. Qualität des *v*-Lautes und die Verschiebung des anlaut. *p* ebenso wie die Beteiligung der Angelsachsen an der Entlehnung in Betracht. Direkte geschichtliche Zeugnisse für die Einführung von Pfauen oder von deren Federn in den germanischen Ländern sind nicht zu finden. Zur Zeit der Entstehung der Volksgesetze hat der Vogel in Deutschland keine größere Bedeutung gehabt, da er in diesen nicht erwähnt wird; im Kapitular Karls des Großen gehört er zu den Ziervögeln, welche "pro dignitatis causa" gehalten wurden, vgl. Schrader Reallexikon S. 618 und 854. — Das Lehnwort findet sich in allen germanischen Dialekten, vgl. ahd. *pfâwo*, mhd. *pfâwe*, mnd. *pâwe*, mndl. *pau*, nndl. *paauw*, fries. *pau*, ags. *páwa* (gewöhnlicher *péa*, das Sievers Ags. Gramm.[3] § 111 Anm. 2 aus der urags. obliquen Form **pa(w)un* erklärt), me. *pá* (gewöhnlicher *pécock* > ne. *peacock*, *-hen*) und anord. *pái*, *pá-fugl*, dän. *paafugl*, schwed. *påfågel*; die nordischen Namensformen sind jedoch wohl aus dem Englischen übernommen worden, vgl. Kock IF. V, 166.

1 oder *phao* (Steinmeyer).

2 Die Glosse ist einer angelsächsischen Vorlage abgeschrieben.

3 i. *peun* im Context (Steinmeyer).

Auffällig sind die in mittelniederdeutschen Quellen neben *pawe*, *pauwe* vorkommenden Namensformen *paw(e)lûn*, *pagelûn*, die in den heutigen Mundarten verbreitet sind. Turner Avium hist. (1544) S. G 8a und Gesner Hist. avium (1555) S. 630 führen *Pagelûn* als die niederdeutsche Namensform an; auch bei Chytraeus Nomenclator (1582) S. 375 *Pagelun*. Richey Id. Hamburgense (1755) betrachtet *Pauluhn* als die normale Lautform und bezeichnet *Pageluhn* als einen Ausdruck der Bauernsprache. Schütze Holst. Id. (1800) verzeichnet *Pauluun* und *Pageluun*. Heute gilt *Pagelûn*[1] in Hamburg und der Grafschaft Ranzau[1], Mecklenburg[2], Pommern[3] und Altmark[4], *Pa(g)gelûne* f. in Fallersleben[5] und Fürstenberg[6], *Pâgelôn* in Paderborn[6], *Pâgalûn*, *Pâgalûne*[7] m. und *Pawelûne(ke)*[7] m. in Göttingen; im Ostfriesischen *Paulûne*[8]. Aus frz. *pavillon* kann der Ausdruck nicht erklärt werden[9]. Aber möglich ist, daß der Vogelname in der Form *Pâwenhôn* 'Pfauenhuhn' sich an das französische Lehnwort *Pawelûne*, *Paulûn(e)* anlehnte. Dafür spricht der Umstand, daß die Umdeutung nur in Niederdeutschland, wo beide Worte im Anlaut übereinstimmen, nachweisbar ist. Die Namensform *Påwenhân*[10], wo der Pfauenname durch *Hahn* verdeutlicht ist, kommt in Recklinghausen vor; in Thüringen *Pfaumenhān*[11]. Auch sonst wird der Name durch *Hahn* oder *Huhn*, *Henne* (ebenso wie engl. *peacock*, *peahen*) gerne erweitert, wo es gilt, das Geschlecht hervorzuheben, vgl. elsäss. *Pföuhahn*[12] 'männlicher Pfau', *Pfäuhuhn*[12] 'weiblicher Pfau', luxemburg. *Pohong*[13] 'Pfauweibchen' (*Pohunn*, *Pouhunn*[13] m. 'Pfau'). Die alte Femininbildung *pfâwin* (bei Gesner (1555) S. 630 *Pfáwin*) ist bis auf den heutigen Tag noch üblich geblieben.

Fasan, phasianus colchicus.

Ahd. fẹsihuon: Sg. Nom. — *fasihuon* fasianus: Versus de volucr., *fasehûn*: Versus de volucr., *fashôn*: Versus de volucr. *fesahuon*:

1 Korrespondenzbl. f. ndd. Sprachf. XVII, 2.
2 Schiller Zum Tierbuche I, 9. — 3 Schambach 151f.
4 Danneil 151. — 5 Frommann D. Mundarten V, 158. — 6 Woeste 93.
7 Schambach 151f. — 8 Jb. f. ndd. Sprachf. XI, 112.
9 Vgl. Schiller-Lübben Mnd. Wb. III, 311.
10 Korrespondenzbl. f. ndd. Sprachf. XVII, 5. — 11 Hertel 179.
12 Martin-Lienhart I, 341. 346. — 13 Wb. d. Luxemburg. Mundart 340.

fasida[1]: Esaias: cod. Stuttg. th. et phil. 218, 43b. — Pl. Nom. — *fasihuanir* phasides aues[2]: Prudentius Ham.: cod. Guelpherbyt. Wiss. 77, 49b; *fesihonér*: cod. mus. Britann. Add. 16894, 156b, *fesihonór*: cod. Gotwic. 44, 65d; *phesi honor*: cod. Turic. C 164, 147b; *fesiohoner*[3]: cod. com. de Apponyi 119b; *fessi honer̄*: Clm. 13108, 99b (13. Jh.).

Als dritter in der Reihe südlicher Vögel, welche die Deutschen von den Römern kennen lernten, gesellt sich zu dem Pfauen und dem Strauß der Fasan. Die Römer, in deren Gehegen der Fasan in großer Zahl vorkam[4], nannten ihn mit der griechischen Bezeichnung (*avis*) *phasianus* (= griech. φασιανός) oder (*avis*) *phasis*, d. h. der Vogel vom Flusse Phasis. Diese Benennung wurde von den Deutschen als **fasiân* übernommen und im Anschluß an das naheliegende Wort *hôn* zu *fasihôn* > *fęsi-huon* umgestaltet. Die Zeit der Entlehnung ist schwer festzustellen, da lautliche Kriterien ebenso wie geschichtliche Zeugnisse hier gänzlich versagen. Zu bemerken ist jedoch, daß die Angelsachsen das Lehnwort offenbar nicht gekannt haben; in den Glossen wird lat. *phasianus* immer mit dem einheimischen Vogelnamen *wórhana* 'Auerhahn' glossiert. Zum ersten Mal ist der Fasan in England erst im Jahre 1299 bezeugt, wo er bereits mit dem französischen Namen *fesaund* bezeichnet wird (s. NED. VII, 770). Ein von Swainson The Folklore S. 171 angeführtes früheres Zeugnis für das Vorhandensein des Vogels in England ist ein lateinisch geschriebener Küchenzettel für Priester aus dem Jahre 1059; doch ist nicht ganz klar, ob *unus phasianus* hier den Fasan oder den Auerhahn meint. — In Deutschland waren die Fasanen jedenfalls zur Zeit Karls des Großen in den Gehegen der vornehmen Leute nicht selten, wie aus den Kapitularien zu ersehen ist. Die späteren Zeugnisse für die Verbreitung dieser Vögel hat Hahn a. a. O. zusammengestellt.

Die in ahd. Handschriften belegte Benennung *fęsihuon* wird

1 Diese Glosse kann ich nicht nachweisen (Steinmeyer).

2 In einer der Hamartigenie angehängten, nur wenige Zeilen befassenden Glosa. Diese Glosse erscheint in anderen Hss. bei Ham. 368 (Steinmeyer).

3 Am Rande am Schluß einer Bemerkung zu V. 368 (Steinmeyer).

4 Vgl. Hahn Haustiere S. 323.

verdrängt durch das französische Lehnwort *fasân*, *fasant* (aus afrz. *faisan*, *faisant*), welches mit der fremden Kulturströmung des 12. Jhs. sich einbürgert. Zum ersten Mal ist die französische Namensform in einer Glossenhs. des 12. Jhs. bezeugt: Hythin, filius progne. et dicitur taha. ł pro pirihhŏn ł. auis italica quę *fasan* dicitur: Horat. Carm. IV, 12, 5: Clm. 375, 62b; vgl. auch Ahd. Gll. III, 27[5] (Versus de volucribus), Lexer Mhd. Wb. III, 27, Diefenbach Glossar. S. 226c. 227a. Derselben Quelle wie die mhd. und mnd. Lautform entstammen auch mndl. *fasaen*, *faysant*, nndl. *fazant*, fries. *fesant*, me. *fesaunt*, ne. *pheasant*.

Die Umdeutung *Fas(s)han*, welche in mhd. Quellen begegnet und im 16. Jh. z. B. bei Hans Sachs Regim. der Vögel V. 86 vorkommt, findet man auch in neueren Zeiten; in der älteren steirischen Mundart *Fashuhn*[1].

Wie der Pfau, so wird auch der Fasan als *Huhn* aufgefaßt. Die Geschlechter werden als *Fasanhenne* (mhd. *vasanthenne*) und *Fasanhahn* (mhd. *vasanthan*) unterschieden.

Huhn, gallus.

Ahd. huon: Sg. Nom. — *thaz huan* Otfrid IV, 13, 36. 18, 34. *huon* pullus: Cgm. 5248, 2 nr 2 f. 2b. cod. Guelpherbyt. Aug. 10. 3. 4° f. 89a, *hunt*[2]: cod. Parisin. 9344 f. 42b, *hon*: cod. Berol. Ms. lat. 8° 73, 124b. *hŏon*: cod. sem. Trevir. R. III. 13, 108b. *hun*: cod. Vindob. 804 f. 185b. — Pl. Nom. — *honir*: cod. Cassell. th. 4° 24, 16a. cod. Cheltenham. 18908 f. 1b. *huanir*: Abdiae De Johanne 582: cod. SGalli 292, 151, *huaner*: cod. Carolsruh. SPetri 87, 83a. *hv̊nir*: cod. Selestad. 109b.

Ableitungen und Komposita: huoninkilîn n. 'Küchlein, junges Huhn': Sg. Nom. — *honchli* pulcins[3]: cod. Cassell. th. 4° 24, 16a. *huonnichili* pullicinus: Cgm. 5248, 2 nr 2 f. 2b. *hunichlin* pulcinus: cod. Vindob. 804 f. 185b. *huneclin* pullus: Rotul. com. de Mülinen Bern. *hůniklin* pullus. ł pulcinus: H. S. III, 17, *hŏninchil* pulcina: H. S. XIb: cod. Admont. 269, 63a. — Pl. Nom. — *honicchili* pulcini: cod. Cheltenham. 18908 f. 1b. *honicli* pulcini: cod. Vatican. Reg. 1701, 2b. *hv̊nicliv* pullini: cod. Selestad. 109b. — Akk. — zuuei. iungi. *huaninchili* duos pullos: Lucas 2, 24: cod. SPauli XXV a/1, 2a. *huoniclin* pullos: Tatian 142, 1. *huônichlîn* pullos: Notker Ps. 108, 5 (Glosse).

---

1 Unger-Khull 214.

2 ein unorganisches *t* findet sich auch sonst in diesem Glossar.

3 frz. *poussin* aus lat. *pullicenus* (Steinmeyer).

huonirîn Adj. 'vom Huhne, Hühner-': *huonirinerhano* gallus gallicinius [1]: Esaias 22, 17: Clm. 18140 f. 189a, Clm. 19440, 344, *hvoniriner*: cod. Vindob. 2723, 36a, *h,voniriner*: cod. Vindob. 2732, 43b, *huoneriner*: cod. Gotwic. 103, 55b, *huneriner*: Clm. 22201, 240c, *hunriner*: Clm. 13002, 222a, *huniriner*: Clm. 14689, 40a.

huonirdarm (Pflanzenname): *hunerdarm* moron: cod. Vindob. 2400, 128a, cod. Bern. 722, 1, 1b, Clm. 2612, 92b.

Ahd. hano: Sg. Nom. — *hano* gallus: cod. SGalli 911, 14, cod. Parisin. 7640, 124e. Parabola 30, 31: cod. Carolsruh. Aug. IC, 88b. Murbacher Hymnen 25, 5, 2. 4. Monseer Fragmente 23, 17. 19. Tatian 161, 4. 188, 5. 6. Otfrid IV, 13, 35. 18, 33. cod. Cassell. th. 4° 24, 16a. cod. Cheltenham. 18908 f. 1b. cod. SGalli 242, 248a. Aldhelmi Aenigm. 253, 13: cod. SGalli 242, 27. H. S. III, 17, allobrox: XIa2. b, gallus gallinatius: a 2, gallus gallinatius: b. Gll. Salom. a 1. cod. Selestad. f. 109b. *hano heninnono* gallus gallinatius: Sapientia [2]: cod. Carolsruh. Aug. IC, 90b. *huonirinerhano* gallus gallicinius [3]: Esaias 22, 17: Clm. 19440, 344, Clm. 18140, 189a. *ranis hano* [4] gallinatius gallus: cod. sem. Trevir. R. III. 13, 106a. *hane*: Rotul. com. de Mülinen Bern. cod. Vindob. 804 f. 185b. — Dat. — *henin*: Murbacher Hymnen 25, 6, 1. — Pl. Nom. — *hanon* galli castrati: H. S. XI g, *t hanin*: e.

Ableitungen und Komposita: hęnna f. 'Henne': Sg. Nom. — *henna* (gallina): cod. Cheltenham. 18908 f. 1b. Notker Ps. 108, 5 (Glosse). H. S. III, 17. XIa2. b. Gll. Salom. a 1. *heinna* [5] cornix ł [6] gallina: Cgm. 5248, 2 nr 2 f. 2b. cod. Selestad. f. 109b. *henne*: cod. Vindob. 804 f. 185b. *hene*: Rotul. com. de Mülinen Bern.

hęnin f. 'Henne': Sg. Nom. — *hanin* gallina: cod. Cassell. th. 4° 24, 16a. *henin*: Tatian 142, 1. cod. SGalli 242, 248a. H. S. XIa 2: cod. Berol. Ms. lat. 93 8°, 15b. — Pl. Gen. — *hano heninnono* gallus gallinatius: Sapientia [2]: cod. Carolsruh. Aug. IC, 90b.

hanenbein (Pflanzenname): *hanenbein* gallicrus: Rotul. com. de Mülinen Bern.

hanaberi (Pflanzenname): *haneberi* labrusca: Sedulii Carmen paschale 1, 45: cod. Carolsruh. SPetri 87, 93b.

hanafuoz, hanenfuoz (Pflanzenname): *hanefûz* herba scelerata. ł apium rusticum. i.: H. S. Anhang a. gallipes. ł gallicrvs: Clm. 2612, 92a, *hanenfuz*: cod. Bern. 722, 1, 1a. capnos: cod. Vindob. 10,

---

1 *gallus gallinaceus* Vulgata.

2 *gallus gallinacius* nur Esaias 22, 17, hier wohl durch *avis* 5, 11 veranlaßt (Steinmeyer).

3 *gallus gallinaceus* Vulgata. — 4 = *reinisc hano* (Steinmeyer).

5 Wegen der Schreibung *ei* vgl. Braune Ahd. Gramm.² § 26 Anm. 4.

6 ł scheint nachgetragen (Steinmeyer).

336d. herbam exsceleratam: Rotul. comit. de Mülinen Bern. Z. 734, *hanin uuoż* exscelerata: Rotul. com. de Mülinen Bern. gallicrus: Gll. Salom. a 1. gallicrus: Apuleii de medicam. herbarum liber XLV z. 1: cod. Londin. Harl. 4986, 15b. 16a. *brennekrut* vel *hanenfůz*: Umordn. H. S. II, 15. H. S. IV, 7: cod. Turic. C 58, 98a.

hanenkamb (Pflanzenname): *haninchamp* heraclea: Apuleii de medicam. herbarum liber LXXII: cod. Londin. Harl. 4986, 24a. Gll. Salom. a 1. d. *hanencanp* crista: Prudent. Psych. 117: cod. Vatican. Reg. 469 f. 47b. Xrista: Rotul. com. de Mülinen Bern. cod. Vindob. 2400, 127a, Clm. 2612, 91b.

hanacrât 'Krähen des Hahns; Zeit dieses Krähens': *zi hanacrati* Tatian 147, 7. *hanachrât* pullorum cantum: Tobias 8, 11: cod. Vindob. 2723, 64a, cod. Vindob. 2732, 74b, Clm. 19440, 327, Clm. 18140, 87b, cod. Gotwic. 103, 74a, *hancret*: Clm. 22201, 246e, *hanechrat*: Clm. 13002, 225b. gallicinium: cod. Cheltenham. 7087, 143b. gallicinium: H. S. XI a 2.

hanawurz, hanenwurz (Pflanzenname): *hanenwrz* pulpedo [1]: cod. Vindob. 2400, 128b, Clm. 2612, 93a, cod. Bern. 722, 1, 2a. gallipes. ł gallicrvs: cod. Vindob. 2400, 127a. exscelerata: cod. Vindob. 10, 337c. Rotul. com. de Mülinen Bern. *brennewrz. ł hanênwz* herba scelerata: H. S. IV, 7, *brenniwrz. ł hanewz*: Clm. 2612, 37a.

Alles was sich über die Geschichte des Haushahns ermitteln läßt, deutet darauf, daß die Indogermanen während ihres Zusammenlebens den Vogel noch nicht gezähmt hatten, sondern daß er bei den einzelnen Völkern zu sehr verschiedenen Zeiten eingeführt ist. Über die Gründe, welche die Zähmung des wilden Bankivahahns (gallus ferrugineus) zunächst bewirkten, sind die Meinungen sehr geteilt. Hahn Haustiere S. 299ff. betont dabei die Rolle des Vogels in Kampfspielen und als Zeitverkündiger; erst allmählich im Laufe seines Zusammenlebens mit dem Menschen habe man gelernt, den Haushahn auch als Nutzvogel zu schätzen. Vgl. auch Schrader Reallexikon S. 322ff.

Über die älteste Geschichte des Haushahns bei den Germanen geben uns keine historischen Quellen Aufschluß, und aus der Sprachgeschichte kann man ebenfalls keine sicheren Anhaltspunkte gewinnen. Die germanischen Sprachen benennen ihn mit einem gemeinsamen Namen: ahd. asächs. *hano*, mhd. mnd.

---

1 Das Wort scheint aus *polipodium* zu *pulli pedem* umgedeutet (Steinmeyer).

mndl. *hane*, nndl. *haan*, ags. *hana*, afries. *hona*, got. *hana*, anord. *hani*, dän. schwed. *hane*. Daneben findet sich als kommune Bezeichnung ein ablautender neutraler *es*-Stamm **hôniz* im ahd. *huon* (Plur. *-ir*), mhd. *huon*, asächs. mnd. *hôn*, mndl. nndl. *hoen*, anord. *hǿns*, *hǿsn*, aus der Pluralform *hǿn(i)sn* entstanden (Noreen Anord. Gramm.² §§ 239, 4 und 250), dän. *høns*, schwed. *höns* und mit derselben Vokalstufe die Femininbildung **hôniôn* im anord. *hǿna*, dän. *høne*, schwed. *höna*[1]. Der germanische Name **hanan-* ist schon bei Ihre mit lat. *canere* 'singen' zusammengestellt und als 'Sänger' gedeutet[2]; derselbe Stamm ist noch vorhanden im lat. *gallicinium* 'Hahnengesang' und — wie man allgemein annimmt — im griech. ἠι-κανός 'Hahn' (d. h. Frühsänger) in der Hesychglosse ἠι-κανός. ἀλεκτρυών. Auch in anderen Sprachen lassen die Namen des Hahns die Auffassung als 'Sänger' oder 'Rufer' zu, so lit. *gaidȳs* zu *giedóti* 'singen', slav. *pietlŭ* zu *pěti* 'singen', alban. *kendés* zu *kendóń* 'singen', vgl. Schrader a. a. O. S. 323. Unwahrscheinlich ist dagegen die Annahme, daß auch lat. *ciconia* 'Storch' verwandt wäre und mit der germ. Lautstufe **hôn-iz* sich vergleichen ließe. Die finnischen Völker haben den germanischen Vogelnamen in der Maskulinbildung als *kana* übernommen; das Lehnwort wird jedoch nicht vom Hahn, sondern von der Henne oder als Kollektivum gebraucht.

Mit der zunehmenden Hühnerzucht, welche die germanischen Völker in größerer Ausdehnung erst den Römern ablernten[3], trat das Haushuhn in immer engere Beziehung zu dem Menschen, und daraus entsprangen eine Menge neuer Ausdrücke für die verschiedenen Geschlechter, verschiedenen Altersstufen usw. Zum großen Teil sind die vielen mundartlichen Benennungen für das Hausgeflügel einfache rudimentäre Bildungen, welche sowohl als Lockrufe wie Namen angewendet

1 Aschwed. *hœna*, worin Noreen Abriß S. 45 eine dritte Ablautsform erblickte, erklärt er neuerdings in der Altschwed. Gramm. § 174 durch Beeinflussung des mittelniederdeutschen Femininums *henne*.

2 Die zweite bei Ihre Glossar. Suiogothicum (1769) I, 783 gegebene Etymologie, wonach der Vogelname **hanan*: **hôn-iz* auf den im Nordischen vorhandenen Pronominalformen *han* 'er', *hon* 'sie' beruht, scheitert schon an lautlichen Hindernissen.

3 Vgl. Schrader a. a. O.

werden und in vielen Fällen eine deutliche Beziehung zum Naturlaut des Vogels aufweisen. Manche von diesen Ausdrücken — sogar die allermeisten — gehören in den Bereich der Kindersprache und entziehen sich den Gesetzen, die der Sprachforscher sonst in der Sprachentwickelung beobachtet.

Bereits in den altgermanischen Idiomen begegnet man außer dem alten Namen des Haushahns einer synonymen Benennung onomatopoietischer Natur: ags. *cocc*, älter-nndl. *cocke*, anord. *kokr* (nur einmal belegt) > dän. *kok*, schwed. dial. *kokk*. Im Angelsächsischen weicht das alte Wort *hana* vor der Neubildung zurück, die sich als mittelengl. neuengl. *cock* fortsetzt. Das früheste Zeugnis des germanischen Namens ist saalfränkisches *coccus* in der Lex Salica. Darauf beruht wahrscheinlich auch frz. *cǒq*; doch ist hier wie in finn. *kukko*, akslav. *kokotŭ* u. a. die Möglichkeit einer selbständigen Neubildung nicht ausgeschlossen. — Wie im Englischen der gemeingermanische Name des Hahns verdrängt wurde, so ist er in Skandinavien in manchen Mundarten verloren gegangen. In schwedischen Dialekten finden sich dafür die Neubildungen *kokk*, *tocke* u. a., in der Schriftsprache ist *tupp* das übliche Wort, während *hane* selten ist.

Einen analogen Entwicklungsgang kann man auch in Deutschland beobachten. Hier ist das Wort *Hahn* in oberdeutschen Mundarten fast vollständig außer Gebrauch gekommen, und an die Stelle sind lautbildende Ausdrücke getreten, die weit in das mitteldeutsche Sprachgebiet eingreifen: bair. *Gockel(han)*, *Göcker*, *Güker*, *Gückel*[1], schwäb. *Gockler*, schweiz. *Güggel(han)*, *Gugelhan*[2], elsäss. *Gockel*, *Guckel(han)*, *Gückel*, *Gogai*[3], pfälz. *Gockel*, *Gickelhahn*[4], hess. *Gickel(han)*[5], schmalkald. *Gückel*[5], thüring. *Gückel(hahn)*, *Gikel*[6], schles. *Gickel*[7]. In der niederdeutschen Mundart von Göttingen und Grubenhagen ist *Kükelhân*[8] die übliche Lautform; schon im Mittelniederdeutschen *kukelhân*. — In der älteren Überlieferung lassen sich diese Namen nicht weit zurück verfolgen. Für *Gugelhan* hat Lexer[9] einen Beleg

1 Schmeller-Frommann I, 885.
2 Staub-Tobler II, 192. 1307. — 3 Martin-Lienhart I, 203. 206. 340.
4 Heeger Tiere im pfälz. Volksmunde II, 8. — 5 Vilmar 126.
6 Hertel 111. — 7 Weinhold Beitr. zu einem schles. Wb. S. 27.
8 Schambach 115. — 9 Mhd. Wb. I, 1114.

aus den spätmittelhochdeutschen Weistümern; im 16. Jh. *Güggel* bei Gesner (1555) S. 380, später *Guglar*[1] in einem oberschwäb. Liede aus dem Jahre 1633 usw.

Außer diesen lautbildenden Gockelnamen werden stellenweise Namensformen angewendet, deren elementare Bildungsweise dem Naturlaut noch näher steht und die Herkunft aus der Kindersprache ganz deutlich verrät, vgl. elsäss. *Gigerigig*[2] (in Straßburg), *Gigkerigki*[3] m. in Tirol, *Kukeriku*, *Kukerikuen*[4] m. (frz. *cocorico*) in Luxemburg, *Kückerükü*[5] in Altmark, sächs. *Kickerihan*[6] (in Leipzig), *Kikerhan*[7] in Thüringen (Altenburg), *Güggehü*[8] in der Schweiz. Einige ältere Belege für diese Art von Hahnennamen geben Grimms Wb. V, 2520 und Kluge Et. Wb.[6] S. 205. Die Interpretation des Rufes, die in den Namen zum Vorschein kommt, ist auch in anderen Sprachen annähernd gleich und daher auch die darauf beruhenden onomatopoietischen Benennungen. In einzelnen Fällen ist es deshalb schwer zu entscheiden, ob die Übereinstimmung des Lautkörpers in verschiedenen Sprachen aus spontaner Bildung oder Entlehnung zu erklären ist. Für schles. *Goksch*, *Gôksch*[9] und siebenbürg.-sächs. *Kokesch*[10] ist jedenfalls slavischer Ursprung (czech. *kokoš*) anzunehmen.

Von dem gewöhnlichen Typus onomatopoietischer Hahnennamen weicht schweiz. *Gûl*[11] (bei Gesner Hist. avium S. 380) ab; der Ausdruck beruht jedoch wahrscheinlich auch auf onomatopoietischer Nachbildung bezw. dem Lockruf gegen den Hahn, ebenso wie die heute üblichen Formen *Gulli* und *Gulligû*[11] in der Schweiz, *Gulli*, *Guller*[12] im Elsaß.

Das weibliche Huhn wurde in den altwestgermanischen Sprachen durch die Bildung **hanjô*, welche von **hanan* ab-

1 Frommann D. Mundarten IV, 98.

2 Martin-Lienhart I, 203. — 3 Frommann D. Mundarten V, 434.

4 Wb. d. Luxemburg. Mundart 253. — 5 Danneil 119.

6 Albrecht Die Leipziger Mundart S. 146.

7 Hertel 111. — 8 Staub-Tobler II, 192.

9 Weinhold Beitr. zu einem schles. Wb. S. 28.

10 Frommann D. Mundarten V, 35.

11 Andere Belege aus älterer Zeit bei Staub-Tobler II, 220; II, 221.

12 Martin-Lienhart I, 212.

geleitet war, benannt: ahd. *hẹnna*, mhd. mnd. mndl. *henne*, nndl. *hen*, ags. *henn*, me. ne. *hen*. In dem nordischen Sprachzweige wurde das femin. *jô*-Suffix an die Bezeichnung des Kollektivums angefügt, s. oben S. 231.

Diese femininen Bildungen haben sich bis auf den heutigen Tag erhalten, dagegen ist die mittels des femininen *injô*-Suffixes gebildete althochdeutsche Namensform *hẹnin* früh ausgestorben.

Zur Bezeichnung des jungen Huhns gab es in den altwestgermanischen Dialekten eine Bildung **kiuk-îna-*, die im ags. *cýcen* (woraus engl. *chicken*), mnd. *kûken*, mndl. *kieken*, *kuken*, nndl. *kicken* vorliegt. Der nordische Sprachzweig bewahrt denselben Stamm, aber anstatt des deminutiven *îna*-Suffixes erscheint hier das Suffix *-linga*: anord. *kjúklingr*, schwed. *kyckling*, norweg. dial. *kjukling*, dän. *kylling*. Ob hier alter Ablaut mit **kok-* 'Hahn' vorliegt, wie man annimmt, ist zweifelhaft. Wenn nämlich wirklich die Zähmung des Haushuhns in so späte Zeit verfällt, wie Schrader u. a. sie ansetzen, so erscheint eine Deminutivbildung mit Ablaut sehr befremdend. Wahrscheinlich ist der Stamm **kjuk-* eine direkte Nachbildung des Naturlauts beim jungen Huhn, wie **kok-* dies beim Hahn ist.

Eine spezifisch hochdeutsche Benennung für das Küchlein ist ahd. *huoni(n)klî(n)*, das mit dem gehäuften Deminutivsuffix *inkilîna-* gebildet ist. Heute ist der Ausdruck in westmitteldeutschen Mundarten heimisch. Im Osten und Norden grenzt er an das ndd. Synonymon *Kûken*[1] (in Göttingen und Grubenhagen und Altmark), das in der mitteldeutschen Lautform *Küchen*[2] (*Kichen*) in Thüringen verbreitet ist. Im ganzen westlichen und südlichen Hessen ist *Hinkel*[3] nicht allein die Benennung des Küchleins, sondern auch des Huhns; das Wort erstreckt sich im Westen als *Henkel*, *Hinkel*[4] n. nach Luxemburg und *Hönkelchen*[4] nach der Eifel, südlich davon *Hinkel*[5] 'Huhn' in der Pfalz und *Hünkel*[6] in den Kreisen Zabern und Hagenau des nördlichen

1 Schambach 115, Danneil 119. — 2 Hertel 149. — 3 Vilmar 170.
4 Wb. d. Luxemburg. Mundart 177. 181.
5 Heeger Tiere im pfälz. Volksmunde II, 7.
6 Martin-Lienhart I, 346.

Elsaß. Weiter südlich im Elsaß[1] und in der ganzen Schweiz[2] herrscht die Deminutivform *Hüenle* resp. *Hüen(d)li.*

In den Mundarten kann man für die Bezeichnungen der Henne und des Küchleins sowie des Kollektivums dieselbe Beobachtung machen wie bei den Hahnennamen: es treten Neubildungen an die Stelle der altüberlieferten Ausdrücke. Teils sind auch diese onomatopoietischer Natur, zum größten Teil beruhen sie aber auf dem Lockruf, der in der betreffenden Gegend für das Hausgeflügel üblich ist.

In Grimms Wb. VII, 2211 ist ein solcher Lockruf aus Roths Dict. (1571) belegt: *pul* ein wörtel damit man den hänlein lockt. Nach Fischer Schwäb. Wb. I, 1512 werden die Hühner in Schwaben mit *bule* gelockt; das kleine Huhn wird *das Pullein* genannt (S. 1514). In Tirol und Kärnten ist *Pulle*[3] f. die Bezeichnung für die Henne. Wahrscheinlich beruht dieser Lockruf ursprünglich auf frz. *poule* 'Henne' (lat. *pullus*); daher auch luxemburg. *die Pöll*[4] (holländ. *poelje*) 'junge Henne'. In Schweden ist *pull* ebenfalls der Laut, mit dem man die Hühner lockt, und Hennen und Küchlein werden allgemein *pull* oder *pulla*[5] genannt.

Ein anderer Lockruf ist *put*, der nach Adelung (1777) III, 1184 im gemeinen Leben gebraucht wird, um die Hühner, besonders aber die Truthühner und deren Jungen, zu locken. Daher heißen — wie Adelung angibt — in einigen Gegenden, besonders in der Kindersprache alle Hühner, besonders junge Hühner *Puttel*, *Puttchen*, *Puthühnchen*; bereits im 16. Jh. *puthünelein* bei Mathesius Sarepta (1562) S. 227 b. In Übereinstimmung damit verzeichnet Frischbier Wb. II, 194 aus Preußen *Put*, *Putt*, *Putte* als Name und Lockruf für Küchlein und Huhn und *Putthahn*, *Putthuhn* als Kinderwort im Sinne von Hahn und Huhn überhaupt. Auch in Sachsen und Schlesien gilt derselbe Lockruf für Hühner (und Tauben); in Leipzig heißen diese Vögel in der Kindersprache *Putthühner*, *Putttauben* und *Putt-*

1 Martin-Lienhart I, 346. — 2 Staub-Tobler II, 1371.
3 Schöpf Id. S. 519, Lexer Kärnt. Wb. S. 46.
4 Wb. d. Luxemburg. Mundart 341.
5 Vgl. Rietz Svenskt dialektlexicon S. 512b.

chen[1], in Schlesien ist *Putte*[2] f. der Name für die Henne, in Thüringen (Nordhausen) *Puttküchen*[3] die Bezeichnung des jungen Huhns. Auch in Niederdeutschland sind diese Ausdrücke verbreitet; Danneil (Wb. S. 164) gibt den Lockruf *pût* mit langem Vokal und verzeichnet die darauf beruhenden Worte *Putchen*, *Puthöner* als Bezeichnung für Hühner, dagegen *Pîtjn*, *Pittkn*, *Pît*[4] für eine junge noch nicht ausgewachsene Henne. — Ungefähr derselbe Lautkörper wie in den letztgenannten Ausdrücken erscheint auch im elsäss. *Bittele*[5] n. 'Huhn'. Ein anderes elsässisches Synonymon ist *das Bippele* oder *das Bippi*[6] 'Huhn und Küchlein', in der Schweiz *Bibi*[7] 'Huhn oder Taube', in Schwaben *Biberlein*[8] 'junges Hühnchen, Gänschen, Entchen' (Lockruf *bibi*); in Steiermark *die Biberl* oder *die Piperl* 'Henne', *das Piperl*[9] 'kleines Huhn'. — Nach Unger-Khull Wortsch. S. 180 lockt man in Steiermark die Hühner u. a. mit *Duck*! *Duck*! Als *tuck tuck* ist der Lockruf in Niederdeutschland weit verbreitet; daher heißen die Hühnchen in der westfälischen Kindersprache *Tuckhainken* oder *Tücksken*[10]. In Altmark wird nur der Hahn mit *tuck tuck* gerufen und *Tuckhöncken*[11] genannt, während wieder *tick tick* der Lockruf und *Tickhôn*[11] der Name für das Huhn, *Tickelkn*[11] für das Küchlein ist. Auch in Luxemburg werden die Hühner mit *dik dik* gerufen und die Küchlein als *Dikdik* m. oder *Dickelchen*[12] bezeichnet; vgl. noch schwed. *ticka*[13] als Lockruf und Name für das Huhn. Aus Göttingen und Grubenhagen teilt Schambach Wb. S. 236 f. außer *tuck tuck* noch den Lockruf *tût tût* mit; im Ostfriesischen ist *Tût* oder *Tûtje*[14] die Bezeichnung für das Küchlein.

Nach Albrecht Die Leipziger Mundart S. 200 kommt in Halle a./S. der Lockruf *schipp* vor, und dementsprechend werden die Küchlein in Leipzig *Schippchen* genannt. Dieser Typus läßt

1 Albrecht Die Leipziger Mundart S. 187.
2 Weinhold Beitr. zu einem schles. Wb. S. 74.
3 Hertel 149. — 4 Danneil 156. — 5 Martin-Lienhart II, 116.
6 Martin-Lienhart II, 69. — 7 Staub-Tobler IV, 911.
8 Fischer I, 1092. — 9 Unger-Khull 81. — 10 Woeste 276.
11 Danneil 223. — 12 Wb. d. Luxemburg. Mundart 62.
13 Rietz Svenskt dialektlexicon S. 743.
14 Jb. f. ndd. Sprachf. XI, 113.

sich aber noch weiter verfolgen. Auch in Luxemburg heißt das Küchlein *Schippchen*[1], in Steinbach (Elsaß) *Tschüpperle*[2], in Ostpreußen *der Schipser*[3] (dazu *schipsen* vom Laute der Küchlein).

Schwäbische Lockworte sind *dis dis* oder *di di* und auf diesen beruhen *Disselein* 'Huhn', *Deiselein*, *Didelein*[4] 'junges Huhn'. Ein weiteres Synonymon ist *Buttelein* n. (*Buttel* 'Gluckhenne', *Butle* 'junge Ente'), womit Fischer Wb. I, 1562 den Lockruf *budi*, *wudi* (gegen Gänse) vergleicht. In Untersteiermark werden Hühner mit *pudl*[5] gelockt, andere steirische Lockrufe sind *Haugerl*[5], *Puserl*[5], *Wuserl*[5]; dazu *wuseln* 'winseln', *Wuserl* n. 'kürzlich ausgeschlüpftes Hühnchen', *Woiserl*[5] 'Hühnchen', *woiseln* 'jammern, winseln'. — In Tirol heißt das Küchlein auch *Pisele*[6] n. (Lockruf *pîse*[6]), im Elsaß *Duttle*[7] und *Schillele*[7], in der Pfalz *Pillchen*[8], in Göttingen und Grubenhagen *Pîle*[9] f., in Thüringen *Lüffchen*[10]. In Niederhessen ist *Gippel* n., *Gippelchen*[11] ausschließlich herrschendes Schmeichel- und Lockwort für Hühner, im Haungrunde *Gaupelchen*[11].

Die Sitte, die Hähne zum Zwecke der Mästung zu verschneiden, haben die Deutschen in Italien kennen gelernt, wie die Entlehnung des lat. Ausdrucks *capo* (in der roman. Lautform *cappo*) 'verschnittener Hahn' zeigt. Das Lehnwort ist in den althochdeutschen Glossen öfters belegt:

Sg. Nom. — *cappo* gallinacius. pullus *l*: Prisciani instit. 136, 2: Clm. 6408, 17b; cod. Lugdun. Voss. lat. 8° 37, 10b. cod. Cheltenham. 7087, 144a. cod. Berol. Ms. lat. 8° 73, 124a, cod. Parisin. 9344f. 42b, *kappo*: cod. Guelpherbyt. Aug. 10. 3. 4° f. 89a, cod. sem. Trevir. f. 112b. gallus galligatius[12]: Rotul. com. de Mülinen Bern. H.S.III, 17. *chappo* gallus gallinatius: Esaias 22, 17: Clm. 4606, 134b, cod. Turic. Rhenov. 66, 78, *chapo*: cod. Angelomont. I 4/11, 46a, *cappho*: cod. Stuttgart. herm. 26, 32b.

---

1 Wb. d. Luxemburg. Mundart 380.
2 Martin-Lienhart II, 774. — 3 Frischbier II, 275.
4 Fischer II, 139. 192. 231. — 5 Unger-Khull 126. 132. 332. 637. 641.
6 Frommann D. Mundarten IV, 332.
7 Martin-Lienhart II, 409. 729.
8 Heeger Tiere im pfälz. Volksmunde II, 8. — 9 Schambach 319.
10 Hertel 160. — 11 Vilmar 127.
12 l. gallinatius (Steinmeyer).

Wie aus den obenangeführten Belegen hervorgeht, ist die Entlehnung erst nach der Lautverschiebung geschehen. Eine Verschiebung des Doppelkonsonanten, die uns berechtigen würde, mit Franz Lat.-roman. Elemente S. 13 das Gegenteil anzunehmen, ist nirgends nachzuweisen, denn *cappho* in der späten Stuttgarter Handschrift ist nur eine graphische Variante für *chappo* der übrigen Handschriften in derselben Gruppe. In den oberdeutschen Handschriften, die sonst regelrecht die Verschiebung eintreten lassen, ist hier *pp* geschrieben; dazu die oberdeutschen Reime *kappen* (: knappen) bei Joh. von Hadloub (XX, 3, 8 Ed. Ettmüller) und im Liederbuch der Clara Hätzlerin (I, 91, 67 Ed. Haltaus). Aus lat.-roman. *cappōne(m)* stammen mhd. *kapûn*, mnd. *kappûn*, mndl. *capoen*, nndl. *kapoen* (dän.-schwed. *kapun*); im Angelsächsischen ist *capun* (> engl. *capon*) bei Aelfric ums Jahr 1000 (Wright-Wülcker I, 132[32. 34] und 286[32]) bezeugt. In einzelnen Mundarten kommt heute die Namensform *Kapphahn*[1] vor, die im 13./14. Jh. in Ahd. Gll. I, 605[13] als *cappan* erscheint. Man hat wohl darin nicht eine Verdeutlichung des mhd. *kappe*, sondern vielmehr eine Umdeutung von *kapûn* im Anschluß an *Hahn* (*Fashahn* usw.) zu sehen. Auf mhd. *kappe* (daraus *kappen* 'verschneiden'), welches noch in der älteren nhd. Literatur öfters begegnet, beruht wohl bair. *Kopp(e)* (in Ostermanns Vocab. (1591) S. 322 *Koppe*, in Bracks Vocab. v. J. 1495 S. 49b *kophan*), kärnt. und tirol. *Kopp*[2] (nicht nur vom verschnittenen Hahn, sondern überhaupt vom Haushahn). Einheimische Bildungen für den Kapaun sind *Hahnrei* (vgl. Kluge Et. Wb.[6] S. 157), ostfries. *Hânrûne* (Jb. f. ndd. Sprachf. XI, 111). — In Mittelsteiermark heißt das verschnittene Huhn *Polakel* n. = schwäb. *Polläcklen* n. (d. h. Pole). Bei Unger-Khull Steir. Wortsch. S. 101 und Fischer Schwäb. Wb. I, 1270 wird der Ausdruck als Umdeutung aus frz. *poularde* gedeutet.

Im Gegensatz zum verschnittenen Hahn hieß der Zuchthahn im Althochdeutschen *reithano* (*id reithbno* gallus gallinatius: Esaias

---

1 Vgl. Albrecht Die Leipziger Mundart S. 143, Frischbier I, 335, Korrespondenzbl. f. ndd. Sprachf. XVII, 2; Diefenbach Glossar. S. 97c und 256c.

2 Frommann D. Mundarten IV, 55, Lexer Kärnt. Wb. S. 164.

22, 17: cod. Vindob. 751, 133a). Der Name beruht auf einer Ablautsstufe des Verbums *rîtan* 'reiten', die z. B. im ags. *rád* 'das Reiten', *rád-cneht* 'Reitknecht' vorhanden ist, und zeigt, daß dieses Verbum bereits in althochdeutscher Zeit in dem übertragenen Sinne 'betreten' gebraucht wurde; vgl. auch mhd. *reitohse* 'Zuchtstier', *reitvihe* 'Faselvieh'.

Für die alten Hennen, welche brüten oder bereits Küchlein haben, ist die Benennung *Bruthenne* schon im Althochdeutschen bezeugt: *bruothenna* fouenis: Gll. Salomon a1. Nach den glucksenden Lauten, welche diese Vögel ausstoßen, nennt man sie *Gluckhenne* oder *Glucke* (zu mhd. *glucken* 'gracillare'); zuerst *kluck* in einer Urkunde von Mosbach aus dem Jahre 1409 in Mones Zeitschrift III, 409, *Klucken* in Ryffs Tierb. Alberti (1545) S. N 6b, *Gluggeren* bei Gesner (1555) S. 415, *Kluckhennen* bei Eber und Peucer Vocab. (1552) S. E 8b. Heute *Glucke*[1] in Hessen und Thüringen, *Klucke*[2] in Preußen, *Kluck*[3] in Altmark und Luxemburg, *Kluckhenne* in Recklinghausen[4], *Gluck(henn)*, *Gluckere* f., *Gluxeri*[5] im Elsaß, *Glutsch(henni)*[6] in Tirol.

Ein synonymer Ausdruck ist *Lei henne* bei Longolius Dial. de avibus (1544), das im Strassburg. Vogelb. (1554) V. 571 als *Leghenn* belegt ist; heute *Legghenne* oder *Leggeri*[7] f. in der Schweiz, ndd. *Legghenne*[4] in Recklinghausen, *Leggehaun*[8] in Göttingen und Grubenhagen. — In Steiermark wird die Henne mit Küchlein *Hähnlhenne*[9] oder *Hühnerhenne*[9] genannt; die Henne, welche zum ersten Mal Eier legt, heißt *das Jarzel*[9] (d. h. wohl eigtl. 'das ein *Jahr* alte Huhn').

Im Gegensatz zu den alten Hennen werden die jungen, welche ein Jahr alt sind und noch nicht brüten, bei Eber und Peucer Vocab. (1552) S. 8b *Mertzhennen*, im Strassburg. Vogelb. (1554) V. 571 *Junghenn* genannt.

---

1 Vilmar 130, Hertel 107. — 2 Frischbier I, 382.
3 Danneil 106, Wb. d. Luxemburg. Mundart 231.
4 Korrespondenzbl. f. ndd. Sprachf. XVII, 5.
5 Martin-Lienhart I, 258. 264. 341.
6 Frommann D. Mundarten V, 487.
7 Staub-Tobler II, 1313. III, 1195.
8 Schambach 120. — 9 Unger-Khull 321. 359. 363.

Die etwas auffällig klingende ahd. Benennung *bruotkappo* d. h. Brutkapaun (*bruotkappo* fotor: Gll. Salom. a 1) erklärt sich aus der Sitte, junge Hühner von verschnittenen Hähnen pflegen zu lassen. Davon erzählt Albertus Magnus in seinem Buche De animalibus: "Gallus gallinatius eſt castratus et effeminatus... gallinatius depilatus pectore et ventre et vrticis fricatur paruulos poſtea fouet pulliculos tactu ſuam ad prurientem carnem delectatus: cum ita delectatus allectus fuerit ſemper poſtea pullos diligit et fouet et pascit et ducit et hoc iam expertum vidi et miratus ſum".

Die mittelhochdeutschen Rechtsaltertümer und Weistümer zeigen, welche Bedeutung die Hühnerzucht zu dieser Zeit bereits bekommen hatte; außer den Termini für Abgabehühner wie *rouchhuon*, *jârhuon*, *vogethuon* usw. begegnen hier auch die Ausdrücke *gaterhenne* (die bereits auf das Gatter fliegen kann), *stadelhenne* (die in der Scheune gehalten wird), *grashenne* (die mit Gras gefüttert wird), *hupfhan* (Hüpfhahn).

In Dialog. de avibus (1544) S. C 4a erwähnt Gybertus Longolius zwei Spielarten des Haushuhns: eine Art Riesenhühner mit glänzendem Gefieder und hohen Füßen, im gewöhnlichen Leben "Lombartſche hôner [1] (Longobardicos)" genannt, und Zwerghühner mit kurzen Füßen und kriechendem Gang, welche mehr hinkend als gehend sich fortbewegen. Der Name *Kriel*, den Longolius für diese Art gebraucht und den Junius Nomenclator (1581) S. 56b in der Form *Krielt* ausdrücklich als niederrheinisches Wort bezeichnet, ist identisch mit ndl. *kriel* 'kurzer, dicker Mensch' (vgl. *krielen* 'kriechen'). Ein synonymer Ausdruck bei Junius ist *Kriephenneken* (d. h. Kriechhenne), bei Chytraeus Nomenclator (1582) S. 372 *Kruphôneken*, westfäl. *Krüperhaünken* [2], in Mecklenburg und Altmark *Krûphôn* [3], preuß. *Krupfhuhn* [4] (vgl. *krupfen* in Grimms Wb. V, 2471). — Gesner Hist. avium (1555) S. 381 kennt für die Zwerghühner den Namen *Erdhennle*, der auf das Kriechen des Vogels auf der Erde hinweist. Das Synonymon

1 Auch bei Ostermann Vocab. (1591) S. 322: "Die groſſe Welſche / oder Lombardiſche Hånnen / wie mans bey uns nennet".

2 Woeste 147. — 3 Schiller Zum Tierbuche III, 14, Danneil 119.

4 Frischbier I, 437.

Dåsehünle a. a. O. wird bei Staub-Tobler Id. II, 1377 mit schweiz. *täselen* 'leise gehen' verglichen.

Aus seiner Heimat erwähnt Gesner den Ausdruck *Schotthenne*, der vielleicht als 'schottische Henne' aufzufassen ist; die in Grimms Wb. IX, 1609 ausgesprochene Vermutung, daß das Wort eigentlich 'Schutthenne' sei, ist nicht richtig. In der Eifeler Mundart werden die schwanzlosen Hühner *Schothûn*[1], in der Pfalz und in Nassau *Schottert*[2] genannt; in Luxemburg heißen sie *Schôd-âsch* oder *Schrôd-âsch*[3] (zu *Schrot* 'abgeschnittenes Stück'). Diese Varietät der Hühner[4] scheint besonders volkstümlich geworden zu sein, nach den zahlreichen Lokalnamen zu urteilen, welche die Mundarten aufweisen. Preußische Dialektnamen sind *Kluthahn* (Reyger Verbess. Hist. der Vögel (1760) S. 115), *Klûtnårsch* und *Klûte*[5] f. (= ndd. *Klûte* 'Klumpen'). Weiter verbreitet ist der Ausdruck *Kaularsch* = ndd. *Kûlnårsch*, *Kull(ern)årsch* oder *Kull(ke)* (vgl. *Kaul*, *Kuller* usw. 'Kugel'), der in Preußen[5], Schlesien[6] und Sachsen[7] üblich ist und in der Form *Kullarsch* in Hessen, *Kuilârsch*[8] in Thüringen, *Keilarsch* in Baiern vorkommt. Andere Synonyma sind *Buttaars*[9] (zu ndd. *butt* 'plump') in Holstein, *Bollârs*[10] (zu *boll* 'stumpf, abgerundet') in Mecklenburg und Lübeck, *Dutterarsch*[11] (von der dotterartigen runden Form) in Thüringen, *Stüppken*[12] (zu *stupp* 'stumpf') in Westfalen = *Stûphaun*[13] in Göttingen und Grubenhagen, *Stumpfwadel*[14] (d. h. Stumpfschwanz) im Elsaß, *Mutz*[15] f. (vgl. *Mutz* m. 'überhaupt etwas Verschnittenes, Tier ohne Schwanz') in Thüringen (Nordhausen), im Elsaß und in der Schweiz neben *Mutzhuen*, *Guggelmutz*[15] oder *Muttihuen*, *Muttigockel*[15]. In den letzterwähnten

1 Frommann D. Mundarten VI, 19.

2 Heeger Tiere im pfälz. Volksmunde II, 8, Kehrein s. v.

3 Wb. d. Luxemburg. Mundart 393. 398.

4 Hahn Haustiere S. 296. — 5 Frischbier I, 348. 385.

6 Weinhold Beitr. zu einem schles. Wb. S. 6. 42.

7 Albrecht Die Leipziger Mundart S. 144. — 8 Hertel 150.

9 Korrespondenzbl. f. ndd. Sprachf. XVII, 2.

10 Schiller Zum Tierbuche III, 14, Korrespondenzbl. f. ndd. Sprachf. XVI, 82. — 11 Hertel 87. — 12 Woeste 261. — 13 Schambach 216.

14 Martin-Lienhart II, 789.

15 Hertel 170, Martin-Lienhart I, 206. 744, Staub-Tobler II, 1375.

Landstrichen und auf schwäbischem Sprachgebiet heißen die schwanzlosen Hühner auch *Burz*, *Bürzel*, *Burzhenne*, *Borzhuen*[1] usw. (vgl. *borzen* 'hinten ausstehen').

Bei Schwenkfeld Ther. Sil. (1603) S. 269 wird außer den Riesenhühnern oder *Welschen Hennen* (*groß welſch hennen* bei Gesner) als Abart des Haushuhns *die wollechte Henne* oder *Túrckiſche Henne* genannt; dieselbe Varietät wird von Klein Hist. av. prodr. (1750) als "die straubige Henne mit verkehrten Federn" erwähnt. In Preußen nennt man sie *Kraushuhn*[2] oder *Straubhuhn*[2], in der Schweiz *Strûbhuen*[3].

Hühner mit stark befiederten Füßen heißen im Elsaß *Federfuess*[4] oder *Basterdhuen* (*Batscher*)[4], eine andere Spielart, deren Federbekleidung am Kopfe besonders entwickelt ist, wird *Kobelhuen*[5], in der Schweiz auch *Huppihuen*, *Schupenhuen*[5] (= Schopfhuhn) genannt.

Truthuhn, meleagris gallopavo.

Über die Herkunft des Truthuhns findet man in der wissenschaftlichen Literatur der vergangenen Jahrhunderte verschiedene Vermutungen und Behauptungen. Heutzutage herrscht nur eine Meinung darüber, daß die Heimat des Vogels in der neuen Welt ist, wo er in wildem Zustande die Landstrecke von Nord- und Ost-Amerika bis Mexiko bewohnt. Wie lange Zeit nach der Entdeckung von Amerika noch verstrich, bevor man anfing, Truthühner nach Europa einzuführen, ist nicht ganz genau festgestellt worden. Conrad de Heresbach gibt in De re rustica (1595) IV, 621 und 640 f. an, daß die Vögel vor 1530 unbekannt gewesen seien und diese Jahreszahl wird auch von Hahn Haustiere S. 328 als ungefährer Terminus für den Import nach Europa in Anspruch genommen. Nach Deutschland wäre das Truthuhn — wie in Brehms Tierleben (Vögel) II[3], 612 angegeben wird — um das Jahr 1534 eingeführt worden. Diese Zahl ist jedoch zu spät angesetzt. Denn in dem Gedichte "Das Regiment der anderhalb hundert vögel", das im September des Jahres 1531

1 Staub-Tobler II, 1376, Martin-Lienhart I, 346.
2 Frischbier I, 425. — 3 Staub-Tobler II, 1377.
4 Martin-Lienhart I, 151. II, 109. 123.
5 Martin-Lienhart I, 346, Staub-Tobler II, 1374. 1376.

gedichtet ist, läßt Hans Sachs bereits *ein indianisch henn und han* (V. 212), d. h. einen Truthahn und eine Truthenne, auftreten. Durch dieses früheste Zeugnis für das Vorkommen des Vogels in Europa wird seine Einführung in die zwanziger Jahre des 16. Jhs. hinaufgerückt. In der wissenschaftlichen Literatur findet man die erste Nachricht von Truthühnern in Deutschland bei Turner in Avium hist. (1544) S. E 4 a, wo ganz kurz die Vögel erwähnt werden, welche einige "pauones Indicos" nennen. In demselben Jahre, in dem Turners Buch erschien, schildert auch Gybertus Longolius im Dialogus de avibus einen Truthahn, welchen er in der Sammlung des Kurfürsten von Köln gesehen habe und der "pauo Indicus" genannt werde. Gesner gibt im Vogelbuche (1555) S. 464 eine Abbildung von dem Truthuhn, seine Beschreibung stützt er aber lediglich auf die Aussagen von Longolius und Gyllius[1]. Eine Anzahl Benennungen, welche Gesner aus verschiedenen Sprachen zusammengestellt hat, benennen alle den Vogel als 'das indische Huhn': ital. *gallina d'India*, span. *pauòn de las Indias*, frz. *poule d'Inde*, engl. *a kok of Inde*, deutsch *ein Indianiſch oder Kalekuttiſch / oder Welſch hůn.* Dieser weitverbreitete Ausdruck für den amerikanischen Vogel hat nicht wenig zu der Verwirrung beigetragen, welche früher in der Heimatfrage herrschte. Er läßt sich einfach aus dem Umstande erklären, daß man gewohnt war, die fremden Dinge, welche die Schiffe nach heimischen Häfen brachten, als indisch (bezw. kalekuttisch) zu betrachten. Überhaupt sind die volkstümlichen Namen, welche fremde Vögel nach ihrer Heimat benennen, nicht genau; gewöhnlich faßt man sie als *indische* oder *türkische* auf.

In den Mundarten sind die Ausdrücke *Kalekutischer Hahn* oder *Indianischer Hahn* vielfach vereinfacht und umgebildet worden. Bereits der holländische Beleg *Calkoenſche Henne* bei Junius Nomenclator (1581) S. 57 a, wo das Adjektiv auf *Kalk(utsch) Hoen* (nndl. *kalkoen*) zurückgeht, zeigt, daß der Name unverständlich geworden war. Nach Popowitsch Versuch (1780) S. 579 "ſprechen die Niederſachsen und Dånemårker *Kalkun*". In dieser

1 Es mag hier bemerkt werden, daß der Verfasser des Strassburger Vogelbuchs (1554), der eine Anzahl verschiedener Hühner aufzählt, die Truthühner noch nicht nennt.

Form erscheint der Name noch im Ostfriesischen [1] und in Preußen [2], daneben hier auch *Kalkaun* [2]; schwed. *kalkon*, russ. *kalkunŭ*, lit. *kalkunas* aus dem Niederländischen. In Mecklenburg und Lübeck ist hieraus durch weitere Vereinfachung *Kûn*, *Kûnhan* [3] geworden. — Andere Varianten gingen aus der Namensform *Calecuter*, die bei Klein Hist. av. prodr. (1750) S. 112 bezeugt ist, hervor; im Ostfriesischen *Kûter* [4], schles. *Gauderhahn* [5], schwäb. *Kuder*, *Kutter*, tirol. *Gauder* [6]. Adelung verzeichnet im Wb. I, 1166f. neben der Form *Calecut* auch den Ausdruck *Kutschhuhn* (aus *Kalekutschhuhn*).

Auf dem Ausdruck *Indianisch(es) Huhn* beruht *Janischhuhn* [7] n. in Steiermark, daneben auch nur *der Janisch* [7]; in Österreich *das Indian* [8].

In der bereits genannten Glosse von Junius wird die synonyme Benennung *Turckiſche Henne* (vgl. engl. *turkey*) angeführt, danach *Kalekuttiſche / Türckiſche Henne* in Sibers Gemma (1579) S. 41; der Ausdruck *Türkiſche Hühner* ist Adelung geläufig und Popowitsch kennt ihn aus der Lausitz. Nach dem letztgenannten Gewährsmann nennt man den Vogel in Regensburg *Zitrâniſch*, in Franken *Wälſches Hun*; auch in der Pfalz *Welschhahn* [9], im Elsaß *Welschhuhn* und *Welschguller* [10]. — In Steiermark heißt der Vogel auch *Windischspatz*, *windischer Spatz* [11] (wendischer Spatz); wahrscheinlich ist jedoch *windisch* aus *indisch* umgebildet. Der luxemburgische Ausdruck ist *Mierhong* [12] f. (d. h. Meerhuhn, überseeisches Huhn) = frz. *dindon de mer* [13].

Den heute in der Schriftsprache geltenden Namen des Vogels bezeugt Weise Erznarren (1673) S. 202: "wie einem Calecutiſchen Hahn, oder wie man das Wildpret auff hoch

---

1 Jb. f. ndd. Sprachf. XI, 112. — 2 Frischbier I, 329.

3 Korrespondenzbl. f. ndd. Sprachf. XVI, 83 und Schiller Zum Tierbuche III, 17. — 4 Jb. f. ndd. Sprachf. XI, 112.

5 Mitteilungen der schles. Gesellschaft für Volkskunde Heft XIX, 84.

6 Frommann D. Mundarten IV, 54 und V, 344.

7 Unger-Khull 363. — 8 Popowitsch Versuch (1780) S. 579.

9 Heeger Tiere im pfälz. Volksmunde II, 8.

10 Martin-Lienhart I, 213. 341. 346. — 11 Unger-Khull 635.

12 Wb. d. Luxemburg. Mundart 284.

13 Rolland Faune populaire II, 344.

Teutsch nennet, einem *Truthahn*". In der Verbess. Hist. der Vögel (1760) S. 116 führt Reyger *Truthahn* unter anderen Synonyma an. Nach Adelung IV, 1094 (1780) ist "der Nahme *Trut* eine unmittelbare Nachahmung des eigentümlichen Lautes, welchen die Thiere von sich geben, wenn sie ihre Jungen locken, daher man diese im gemeinen Leben *trut trut* zu locken pflegt". Für onomatopoietischen Charakter des Ausdrucks scheinen die Varianten *Grutte*[1] (in Oberdeutschland), *Schruuthahn*, *Schrunthahn*[1] (in Niedersachsen), *die Schrute*[2] in Westfalen zu sprechen.

Lautbildende Synonyma sind jedenfalls *Kurrhahn* und *Kurr(e)* f., von denen die letztere Namensform nach Frischbier I, 449 in Preußen speziell die Truthenne bedeuten soll. Im 18. Jh. ist *Kurre* durch Klein und Reyger in Preußen bezeugt; das Kompositum *Kůrhaen*[3] kommt schon bei Longolius Dial. de avibus (1544) S. D 3b, *Kuerhenne* bei Eber und Peucer Vocab. (1552) S. E 8b vor. Ein ähnlicher Ausdruck ist *Gurri*[4] m. in der Schweiz (Zürich); der Lockruf *guri* wird auch für Gänse und Enten gebraucht. — Auf den kollernden Laut des Vogels beziehen sich noch die Namen *Kullerhaon*[5] (zu *kullern* 'kollern') in Altmark und *Puran*[6] m. (für *Purhan* zu *puren*) in Steiermark.

In enger Verbindung mit Lockrufen stehen die Namen *Gulli* und *Gulligû*[7] in der Schweiz und *Bul*, *Buli*[8] im Elsaß; in Preußen *die Gull*[9]. In diesen Zusammenhang gehört der niederdeutsche Ausdruck *Pute* oder *Puter*. Nach Popowitsch lautet dieser Name in Hildesheim *Pudhun*, in Niedersachsen, Braunschweig, Magdeburg usw. *Puthun*, im Eichsfeldischen *der Puter*; in Göttingen und Grubenhagen *Pûtchen*[10], in Preußen *die Pûte*[11]. Für die Annahme H. Schröders Zs. f. d. Ph. XXXVII, 260, daß *Pûter* aus *Brahmaputer* entstanden sei, gibt es keinen Anhalt, da man in der älteren Überlieferung keine Formen findet, welche auf eine solche Bezeichnung hinweisen. Als Lockruf

---

1 Adelung a. a. O. — 2 Woeste 232.

3 Die Beschreibung des Vogels ist so unbestimmt, daß man nicht recht weiß, was Longolius sich bei 'gallus sylvestris' eigentlich denkt.

4 Staub-Tobler II, 410. — 5 Danneil 120. — 6 Unger-Khull 130.

7 Staub-Tobler II, 221. — 8 Martin-Lienhart II, 37.

9 Frischbier I, 259. — 10 Schambach 162. — 11 Frischbier II, 194.

ist *put* gegen Hühner in weiten Landstrichen nachzuweisen; Oken gibt an, daß damit auch Truthühner gelockt werden, und Schambach bezeugt den Lockruf *pût pût* in diesem Sinne aus Göttingen und Grubenhagen. Vgl. S. 235.

Ebenso verhält es sich mit dem oberdeutschen Ausdruck *Pipe* oder *Piper*. Nach Popowitsch gilt *Piper* in Schwaben, *die Pipe* zu Anspach, *Piphun* zu Passau und in Franken; Fischer Wb. I, 1091 schreibt die schwäbische Namensform *Biber* (auch *Bibgöckel*), Unger-Khulls Wortsch. S. 81 gibt *Piperhahn* aus Steiermark und in Frommanns D. Mundarten IV, 54 wird *Piep* als tirolischer Name verzeichnet[1]. In der schweizerischen und der schwäbischen Mundart ist *bibi* der Lockruf für Hühner, und das junge Huhn heißt daher *Bibi*, *Biberlein* usw. Vgl. S. 236.

Im 16. Jh. begegnet der Ausdruck *wilder han* als Bezeichnung des Truthahns bei Golius Onomasticon (1579) Sp. 293, *ein wildthane* bei Chytraeus Nomenclator (1582) S. 374. Der luxemburgische Name *Schnuddelhong*[2] n., *Schnuddeli-roude-Rack*[2] m. gehört zu *Schnuddel* 'Nasenschleim' und weist auf den roten Fleischlappen, der vom Oberschnabel des Vogels herabhängt. Darauf zielt auch der Vers "Bul, Bul, Rotznas", mit dem die Kinder im Elsaß die Truthähne necken. — Nach Popowitsch wird der Truthahn bei den deutsch redenden Ungarn *das Bockerl* genannt. Dieser Ausdruck ist, ebenso wie das Synonymon *Trutzbock*[3] in Steiermark, eigentlich ein Schimpfname, der in dem leicht erregbaren und jähzornigen Wesen des Vogels seine Erklärung findet. Schwieriger ist zu erraten, warum man ihn in Steiermark den *Schustervogel*[3] und den *Weinzerl*, *Weinzierl*[3], d. h. Winzer nennt. Unklar ist auch das steirische Synonymon *Gratschhahn*[2] (vgl. siebenbürg. *Kartschhuhn*[4]) und der tirolische Ausdruck *Gluder*[5] (vielleicht onomatopoietisch).

Die Truthähne sollen nach Popowitsch scherzweise zu Leipzig *Confiſtorialvögel* genannt worden sein, "weil diejenigen, welche in Eheſachen vor diesem Gerichte rechten, dergleichen

1 Vgl. auch Schmeller-Frommann II, 399.
2 Wb. d. Luxemburg. Mundart 293.
3 Unger-Khull 177. 301. 560. 628.
4 Adelung Wb. IV, 1094. — 5 Frommann D. Mundarten IV, 54.

Geſchenke zu bringen pflegen". Frischbier, der im Preuß. Wb. II, 536 den Ausdruck verzeichnet, stellt ihn in Verbindung mit den Inspektionsreisen der Konsistorialräte, denen Putenbraten vorgesetzt wurde.

Perlhuhn, numida meleagris.

Im Gegensatz zum Truthuhn ist das Perlhuhn ein Vogel der alten Welt, dessen ursprüngliche Heimat in Afrika ist.

Den Römern war die gallina africana oder gallina numidica wohl bekannt und wurde von ihnen wegen des schmackhaften Fleisches sehr geschätzt. Die Griechen erwähnen die Vögel mit dem Namen μελεαγρίδες. Im Mittelalter sucht man jedoch vergebens nach Notizen und Nachrichten, die sich auf diesen Vogel bezögen; das Perlhuhn scheint verschwunden zu sein. Erst in neuerer Zeit tauchen wieder Spuren von ihm in Europa auf[1]. Gesner kennt den Vogel von eigener Anschauung noch nicht[2]; das Bild und die Beschreibung desselben in Hist. avium (1555) S. 772 f. verdankt er seinem englischen Freunde Jo. Caius. Das Strassburg. Vogelb. und andere gleichzeitige Quellen aus der Mitte des 16. Jhs. wissen nichts von dem Perlhuhn. Etwas mehr als zwei Jahrzehnte nach dem Erscheinen von Gesners Vogelbuch führt der Holländer Junius in seinem Nomenclator S. 56 b unter den Vogelnamen die *Gallina Meleagris*[3] an und übersetzt den Ausdruck mit dem einheimischen Namen *Dootshoofdeken* (Totenkopf), der den kahlen scharfeckigen Schädel des Vogels charakterisiert. Den Namen *Perlhuhn*, welcher sich auf das betüpfelte Gefieder des Vogels (lat. gallina guttata) bezieht, erwähnt Klein Hist. avium prodr. (1750) S. 111, darauf Reyger u. a.; ein ndd. Synonymon ist *Scheckhaun*[4] in Göttingen und Grubenhagen. Die von Nemnich Polyglottenlexicon II, 732 neben *Perlhuhn*, *Perlin* angeführten Synonyma *Guineische Henne*, *Afrikanisches Huhn*, *Pharaonshuhn* sind Übersetzungen aus gelehrten Werken.

---

1 Vgl. Hahn Haustiere S. 311 ff.

2 Davon zeugen die Abschnitte "De Meleagride" und "De Gallina Africana sive Numidica" in Historia avium S. 462 f.

3 Gallina Meleagris und Gallina Africana werden bei Junius verwechselt. — 4 Schambach 182.

Wald- oder Rauhfußhühner, Tetraonidae.

Auerhuhn, tetrao urogallus.

Ahd. ûrhano, ûrhuon, or(re)huon: Sg. Nom. — *hurhano* fasianum [1]: Servius in Vergil. E. VI, 78 (II, 141 L): cod. Lips. civ. Rep. I. 36b, 19b. *hurhon* graculus: cod. Berol. Ms. lat. 8° 73, 124b. *vrhunt* [2] ortigomeira [3]: cod. Parisin. 9344 f. 42b. *urhun* ortigometra: H. S. III, 17: cod. Darmstad. 6, 25b (13. Jh.). *urhůn*: cod. Oxon. Jun. 83, 4. — *orichhuon* ortigometra: Versus de volucr.: cod. Stuttg. th. et phil. 210, 135a (11/12. Jh.), cod. Stuttg. th. et phil. 218 f. 22b (12. Jh.), cod. Admont. 476 (12. Jh.), cod. mon. herem. 239 p. 784 (12. Jh.), *órechhv̊n*: cod. Admont. 106 (12. Jh.), *orrehuon*: Clm. 17194 f. 221b (14. Jh.), cod. Admont. 759, 55b (13. Jh.), cod. Zwettl. 293, 25a (14. Jh.), Clm. 23496, 10b (12. Jh.), Clm. 4660, 56a (13/14. Jh.), *horrehun*: cod. Lips. Paul. 106, 1c (13. Jh.), Clm. 22213, 163a (12. Jh.), *orrhŏn*: cod. Vindob. 85, 42b (11. Jh.), Clm. 19488, 121a (12. Jh.), *Arrhven*: cod. Mellic. K 51, 242 (14. Jh.), *orehůn* Clm. 614, 31b (13. Jh.), *horhun*: Clm. 27329, 9a (14. Jh.), *orhŏn*: cod. olim Argentorat. A 157 (12. Jh.), folium Stuttg. (14. Jh.), fol. Francof. (13/14. Jh.), Clm. 12665, 142a (15. Jh.), *orhan*: Cgm. 649, 526b (15. Jh.), Clm. 11481, 83a (1390), *vrhůn*: cod. princ. de Wallerst. I. 2. (Lat.) fol. 21, 175b (13. Jh.), Kölner Doppelbl. (15. Jh.), *vrhan*: Clm. 3537, 330b (15. Jh.), *awerhan*: cod. Gotting. Luneb. 2 f. 181ab (15. Jh.). *orhůn*: H. S. III, 17, *orrehůn*: cod. Vindob. 2400, 42a. coturnix: cod. Vindob. 804 f. 185b.

Der Name des Auerwilds ist in althochdeutschen Glossen seit dem 11. Jh. bezeugt. Eine einheitliche Grundform läßt sich aus diesen verhältnismäßig späten Belegen nicht gewinnen; der Namensform *orrehuon* (*orichuon*) steht eine andere *ûrhano* (*ûrhuon*) gegenüber, deren langes *û* durch später eintretende Diphthongierung erwiesen wird. — Von den Quellen des 15. Jhs. hat Konrads von Haslau Jüngling V. 261. 601 die Lautform *orrehan*, *orrehuon*, der Vocab. inc. theuton. ante lat. (1482) S. p 1 a *orhan* und eine Version des Märchens vom Zaunkönig (Germania VI, 100) *urhan*. Die diphthongierte Form *awerhan* begegnet zum erstenmal in

1 Phassam Ed.

2 Wegen des unorganischen *t* vgl. S. 228 s. v. huon Anm. 2.

3 *ortigo* und darüber *meira*, als wäre dies deutsch, während das ganze nur *ortigometra* bedeutet und die nächste Glosse *vrhunt* (fälschlich über Rinocerus) hierher gehört (Steinmeyer).

einer Glossenhandschrift des 15. Jhs.[1]. Im 16. Jh. findet sich *Awr Han* bei Dasypodius (1537)[2] im Elsaß, *Auerhan* bei Eber und Peucer Vocab. (1552) S. F 1 a und *Awerhan* in Sibers Gemma (1579) S. 40 in Sachsen; in Schlesien *Auer-Han* bei Schwenkfeld Ther. Sil. (1603) S. 369. Zu der hochdeutschen Lautform *Auerhahn* stimmt mnd. *ûrhane* (*ûrhenne*, *ûrhôn*), im 16. Jh. *Vrhaen* bei Longolius Dialog. de avibus (1544) S. E 3 a, *Vhrhane* bei Chytraeus Nomenclator (1582) S. 373, heute *Ûrhâne*[3] in Göttingen und Grubenhagen und *Ôrhâne*[4] (mit regelrechtem Übergang von *û* in *ô*) in Westfalen. In den hochdeutschen Dialekten hat sich die alte Form *orhano* teilweise erhalten: in der Schweiz *Orl(i)han* und *Ordelhuen* neben *Ur(l)han*, *Urhuen*[5] (bei Gesner Hist. avium (1555) S. 472 ff. *Vrhan*, *Orhan*), im Elsaß *Ur(en)han*[6] (im Strassburg. Vogelb. (1554) V. 553 *Vrhan*), in Tirol *Ôrhân*[7].

Das erste Glied des althochdeutschen Kompositums *orrehuon* ist als selbständiger Vogelname vorhanden in anord. schwed. *orre* und norweg. dial. *orre* neben *orrfugl* 'Birkhuhn'; die entsprechende dänisch-norwegische Benennung ist *aarfugl* (*aarhane*). Den germanischen Namen **orr-an* hat Hellquist in der Schrift Etymologische Bemerkungen S. VII f. von älterem **urzê-* abgeleitet und mit griech. ἔρσην, ἄῤῥην 'Männchen, männlich', avest. *aršan* 'Mann, Männchen' znsammengestellt. Der Ausdruck sei nämlich ursprünglich eine Bezeichnung des männlichen Vogels gewesen. Feminine Ableitungen von dem maskul. **urzan-* liegen vor im schwed. dial. *ynn* (< **yrn* < **urz-n-î*) 'Birkhenne' und (nach Falk-Torp Et. ordb. I, 5) im norweg. dial. *yrkna* (aus **yr(t)na*). Da das Männchen beim Auer- und Birkwild sich nicht nur in der Farbe und Größe von der Henne unterscheidet, sondern in der Jägerwelt auch als Balzvogel eine hervorragende Rolle spielt, ist schon denkbar, daß es als 'Männchen' besonders benannt wurde und daß dieser Name dann zum Gattungsnamen wurde.

Für die althochdeutsche Variante *orihhuon*, welche in mehreren älteren Handschriften der Versus de volucribus ge-

1 S. die Belege oben. — 2 Martin-Lienhart I, 341.
3 Schambach 250. — 4 Woeste 191.
5 Staub-Tobler II, 1307. 1373. — 6 Martin-Lienhart I, 341.
7 Schöpf Id. S. 482.

schrieben wird, findet sich keine sonstige Bestätigung und sie kann daher nicht mit Sicherheit als selbständige Nebenform in Betracht kommen. Vielleicht ist *orichuon* in der Vorlage der Versus nur eine Verschreibung für das selten gewordene *orrehuon* im Anschluß an *birichhuon.*

Schwer zu beurteilen ist das gegenseitige Verhältnis von ahd. *orrehuon* und *ûrhuon* (= nhd. *Auerhuhn*). Allgemein wird angenommen, daß das letztere Wort aus *orrehuon* im Anschluß an ahd. *ûr*(*ohso*), nhd. *Auerochs* umgebildet worden sei. Für diese Vermutung findet man jedoch keinen Anhalt in der historischen Überlieferung, wo die Formen mit *u* im Stamme ebenso früh wie die *o*-Formen erscheinen[1]. Bei der Beurteilung der Form *ûrhano* fällt besonders ins Gewicht der angelsächsische Vogelname *wórhana*, der mit mndl. *woerhane*, nndl. *woerhaan* (*woerhen*) 'Fasan' identisch ist und von der deutschen Namensform kaum getrennt werden kann. Die Bedeutung des angelsächsischen Wortes darf nicht nach dem lat. Lemma 'phasianus' als 'Fasan' angesetzt werden[2]. Denn auch wenn man annimmt, daß der Fasan in der frühangelsächsischen Zeit, aus der die ersten Belege stammen, in England bekannt war, so ist es nicht wahrscheinlich, daß er mit einem einheimischen Namen benannt wurde. Mit ags. *wórhana* ist vielmehr wohl der Auerhahn gemeint[3]; in diesem Sinne wird auch lat. *phasianus* öfters gebraucht.

Wahrscheinlich ist ahd. *ûrhano* eine alte Ablautsform zu dem angelsächsischen und dem niederländischen Worte und kann als solche mit schweiz. *ûr* 'wild, stürmisch (vom Wetter), grob, zornig (vom Menschen)', norweg. schwed. *yr* 'wild, geil' zusammenhängen, welche bei Falk und Torp Et. ordb. II, 466. 474 mit anord. *órr* 'sinnverwirrt, heftig, gewaltsam', dän. *ør* 'taumelnd', schwed. dial. *ör* 'wild, toll', ahd. *wuorag* 'berauscht' usw.

1 Wenn die Zoologen des 16. Jhs. den Auerhahn als den größten Jagdvogel mit dem Auerochsen als dem größten Jagdtier vergleichen und die beiden Namen miteinander in Zusammenhang bringen, so ist dies durch die gleiche Lautgestalt derselben veranlaßt; sonst bietet sich der Vergleich der beiden Tiere nicht gerade leicht dar.

2 So z. B. bei Whitman The Birds of Old Engl. Literature LXIII.

3 Sweet The Stud. Dict. übersetzt *wórhana* mit 'moorcock', ohne daß der Grund zu dieser Übersetzung ersichtlich ist.

(aus **wôr(i)a-*) zusammengestellt worden sind. Diesen letztgenannten Worten würden ags. *wórhana* und mndl. *woerhane* am nächsten stehen. Wenn man für den Vogelnamen von einer Grundbedeutung 'wild' ausgeht, wäre der 'Auerhahn' eigentlich als 'Wildhahn' aufzufassen. Dann würde sich aber auch ahd. *ûr(ohso)* (nhd. *Auerochs*), dessen Zusammenhang mit altind. *usrá* 'Stier' sehr problematisch ist, einfach als 'Wildochs' erklären, ebenso mhd. *ûrgûl* 'alter Eber' als 'Wildeber'.

In der Schweiz und in Steiermark wird das Auerwild *Wildhuhn*[1] und *Waldhahn*[1] genannt, in Obersteiermark *Großhahn*[2] (bezw. *Großhenne*)[2]; steirische Ausdrücke sind ferner *Bramhahn*[2] (wohl zu *Bram* 'dunkler, schwarzer Fleck', vgl. *Schildhahn* S. 252) und *Pranghahn*[2].

Den Ausdruck *Auerhenne* für das Weibchen des Auerwilds bezeichnet Schwenkfeld Ther. Sil. (1603) S. 372 als schlesisch. In der Schweiz begegnet im selben Sinne der Name *Grügel* f., der mit bair. *grügeln* 'heiser reden' (Schmeller-Frommann I, 992) verwandt ist und sich also auf die Stimme des Vogels bezieht. Das Kompositum *Grügelhan*, unter welchem Gesner offenbar die Auerhenne ("grygallus major") meint, wird nach den Angaben von Staub-Tobler II, 1307 in der Schweiz vom Birkhuhn gebraucht.

Birkhuhn, tetrao tetrix.

Ahd. birihhuon: Sg. Nom. — Hythin, filius progne. et dicitur taha. ł pro *pirihhōn*. ł auis italica que fasan dicitur: Horat. Carm. IV, 12, 5: Clm. 375, 62b. *pirchuon* fassam: Servius in Vergil. E. VI, 78 (II, 141 L): Clm. 18059, 10a. *birichhōn* attage: Versus de volucr. *birchuon* mullis: H. S. III, 17, pirus: XIg.

Die Benennung *Birkhuhn* (ahd. *birihha* = Birke) hat der Vogel erhalten, weil er in Birkenwaldungen angetroffen wird und sich von den Knospen dieser Bäume nährt. Mit Rücksicht auf diesen Umstand ist auch der in der Schweiz vorkommende Name *Laubhan*[3] (zuerst bei Gesner Hist. avium (1555) S. 475) gebildet. Charakteristisch für den Aufenthaltsort des Birkhuhns

1 Staub-Stobler II, 1310. 1377, Unger-Khull 615. 634.
2 Unger-Khull 107. 109. 309.
3 Staub-Tobler II, 1309.

ist ferner das von Popowitsch Versuch S. 59 nach Heppe Wohlred. Jäger angeführte Synonymon *Mooshun*, denn der Vogel hält sich gerne in moorigen Gegenden auf. Dagegen ist der Name *Berghun* a. a. O. für die Birkhühner nicht besonders charakteristisch und kann in einigen Gegenden eine Umbildung von *Birkhuhn* sein. Doch wird man die Namen *Bergvogel*[1] in Steiermark und *Birghan*, *Birgfasan*, welche Gesner im Sinne von Auerhahn anführt, für ursprünglich halten müssen; in dem schweizerischen und steirischen Hochgebirge sind diese Namen leicht begreiflich. In Steiermark nennt man die Auer- und Birkhühner ebenso wie die Schnee- und Steinhühner mit dem gemeinsamen Namen *Almhühner*[1], d. h. Alpenhühner. Im Gegensatz zum *Großhahn*, dem Auerhahn, heißt der Birkhahn hier auch *Kleinhahn*[1]. Der Ausdruck ist ohne Zweifel eigentlich aus der Jägersprache hervorgegangen, ebenso wie *Spielhahn* (zuerst bei Gesner a. a. O. *Spilhan*) in schweizerischen[2] und bairisch-österreichischen Mundarten. Der erste Teil des Kompositums ist nicht mit Kehrein Wb. der Weidmannssprache S. 276 als *Spill* = Spillbaum aufzufassen, sondern ist identisch mit dem Worte *Spiel*, das bei den Jägern den Schwanz der wilden Hühner bezeichnet (s. Grimms Wb. X, 2319. 2399); der Name wird nur vom männlichen Vogel gebraucht und zielt auf die umgebogenen Schwanzfedern desselben. Das im Kanton Glarus vorkommende Synonymon *Schildhan* ist bei Staub-Tobler II, 1309 mit dem Berge *Schilt* (im selben Kanton) in Zusammenhang gebracht worden. Diese Deutung wird jedoch schon dadurch hinfällig, daß der Name kein Glarner Lokalausdruck ist, sondern auch in Österreich gebraucht wird[3]. Unwahrscheinlich ist auch die in Grimms Wb. IX, 133 wiedergegebene Erklärung Höfers, welche an die ausgebreiteten, wie ein Schild aussehenden Flügel des Vogels anknüpft. Das Wort *Schild* hat in diesem Vogelnamen dieselbe Bedeutung wie in *Schildspecht*, *Schildfink*, *Schildkrähe* (s. S. 34) und hebt die farbigen Flecken des Gefieders hervor.

Von den heiseren Lauten, welche die Birkhähne bei der Balz ausstoßen, haben sie in der Schweiz den Namen *Grügelhan*

---

1 Unger-Khull 16. 67. 392. — 2 Staub-Tobler II, 1310.

3 Popowitsch Versuch S. 59.

erhalten (vgl. S. 251). Ein ähnlicher Ausdruck in Niederdeutschland ist *Kurrhôn*[1] (im Münsterkreise). Nach Kehrein a. a. O. S. 192 wird der Birkhahn in der Jägersprache *Kurre* und der Balzlaut desselben *kurren* genannt. — Im Vocab. triling. (1560) S. 88 begegnet für den Birkhahn der Name *Bickerhan.*

Die Bezeichnungen für Auer- und Birkhühner gehen manchmal in einander über. Gesner gibt an, daß der Name *Vrhan* in der Schweiz auch vom Birkwild gebraucht wird, so daß man dort *kleine und groſſe Orhanen* unterscheidet. Mehrdeutig ist der Name *Bromhenne*, der mit schweiz. *Brom* 'Baumknospe' gebildet ist und sich auf die Nahrung der großen wilden Hühner bezieht. Nach Popowitsch Versuch (1780) S. 72 wird dieser Name in Ungarn von der Birkhenne, in Obersteiermark von der Auerhenne angewendet; der Auerhahn soll in Steiermark kurzweg *Brom* genannt werden. Den Ausdruck *Bromhenn* gebraucht schon Gesner a. a. O. S. 475 von einer Hühnerart, welche angeblich größer als die Haushenne ist und am Etschfluß gefangen wird; er vermutet darin entweder den Birkhahn oder den *grygallus major* (mit welchem Namen wohl die Auerhenne gemeint ist). Vielleicht ist der von Gesner erwähnte Vogel dasselbe *Bromhun*, welches Hohberg Adeliches Land-Leben (1687) II, 788 erwähnt und Popowitsch als "ein von Auerhůner- und Birkhůnergeſchlåchtern verschiedenes Geſchlåcht groſſer Bergvôgel" beschreibt. Es handelt sich wohl hier um eine Bastardart von Auer- und Birkwild (tetrao hybridus oder medius). In Steiermark heißen diese Vögel *Halbhuhn*[2] oder *Rackelwild*[2] (wohl zu *rackeln*, *racketzen* 'einen knarrenden Laut von sich geben').

Haselhuhn, tetrao bonasia, bonasia bonasia.

Wie das Birkhuhn, so hat auch das Haselhuhn den Namen von seinem Aufenthaltsorte erhalten; der Vogel sucht mit Vorliebe Haselwälder auf. Die Benennung ist zuerst in den althochdeutschen Glossensammlungen Versus de volucribus und Heinrici Summarium als *hasalhuon*, *hasilhuon*[3] (= sparalus;

1 Korrespondenzbl. f. ndd. Sprachf. XVI, 86.

2 Unger-Khull 322. 488.

3 Einige Handschriften der Versus schreiben *haselgans*, das eine hybride Bildung (von den Glossen *haselhuon* und *hagelgans*) ist.

attage) bezeugt. Dem mhd. *haselhuon* entspricht mnd. *haselhôn* und im Niederländischen *hazelhoen*; dän. *hasselhøna* stammt aus dem Deutschen. In Steiermark ist der Name volksetymologisch zu *Hasenhuhn*[1] (schon im 14. Jh. *hasenhun*: Versus de volucr.: Clm. 27329, 90) umgebildet. Ein luxemburgischer Ausdruck ist *Böschhong*[2] m. (Waldhuhn).

Im Gegensatz zu den grauen nordischen Haselhühnern sind die deutschen lebhafter gefärbt und vielfach mit Rot gezeichnet. Daraus erklärt sich der Name *Rotthun* bei Schwenkfeld Ther. Sil. (1603) S. 277 und späteren Ornithologen; gewöhnlich wird mit diesem Namen jedoch das Steinhuhn bezeichnet.

Im Anfang des 13. Jhs. war das Haselhuhn, das heutzutage in Deutschland stark im Abnehmen begriffen ist, überaus häufig, wie man von Albertus Magnus erfährt.

Alpenschneehuhn, lagopus alpinus.

Da die Schneehühner in dem deutschen Sprachgebiet fast nur das schweizerische Hochgebirge bewohnen, ist es begreiflich, daß die Vögel in den altdeutschen Glossaren und Vokabularen nicht genannt werden. Das erste Zeugnis des Ausdrucks *Schneehuhn* liefert Gesner Hist. avium (1555) S. 556, der in seiner Heimat Gelegenheit genug hatte, den Vogel zu beobachten: "Auis quem ego pro lagopode pinxi, a nostris et montium incolis Germanice nominatur *ein Schneehůn / Schneeuogel / ein wyß Råbhůn / ein wild wyß hůn / Steinhůn*, circa Lucernam *Schrathůn*". Der Übersetzer der Bücher Plinii (1651) berichtet S. 587, "daß die *Schneehüner* auff den Alpen gemein sind ...", Hohberg Adeliches Land-Leben (1687) II, 673 konstatiert nur, daß "das *Schneehun* in unſern landen nicht bekannt" ist und bei dem Verfasser der Angenehmen Land-Lust (1720) S. 344 heißt es: "In Tyrol / in der Schweitz / und andern Schnee-Gebůrgen / ſoll es auch *Schneehüner* geben / welche ſo weiß als der Schnee". Die oben angeführten Belege beziehen sich alle auf das *Alpenschneehuhn*, welches heutzutage in der Schweiz *Schneehuen*[3] oder *Wîss-*, *Wildhuen*[3] genannt wird. Auch

1 Unger-Khull 330. — 2 Wb. der Luxemburg. Mundart 40.
3 Staub-Tobler II, 1377.

der von Gesner angeführte Ausdruck *Schratthuen* ist noch in Luzern üblich; Staub und Tobler II, 1376 bringen ihn in Zusammenhang mit dem Berge *Schratten*, der von Alpenschneehühnern bewohnt wird.

Die andere Art der lagopus-Gattung, das im Norden heimische **Moorschneehuhn** (lagopus albus), soll nach Martin Naturgeschichte (1884) I, 2, 436 an der nordöstlichen Grenze von Deutschland in einer Anzahl von einigen hundert Paaren leben. Aus dieser Gegend stammen denn auch einige Berichte von dem Vogel um die Mitte des 18. Jhs. Der in Danzig lebende Ornithologe Klein erwähnt in Hist. av. prodr. (1750) S. 116 *das Weiſſe Haſſelhun*, das in Preußen um die Stadt Tilsit und in Kurland vorkommt und der Bearbeiter Kleins, Gottfried Reyger[1] (Verbess. Hist. der Vögel (1760) S. 121) bemerkt an der betreffenden Stelle u. a.: "Dieſe Vögel haben wir auch in Preußen, in der Gegend von Tilſit, und in Curland; sonder Zweifel auch in Liefland; doch unterscheiden ſich die unſrigen in einigen Stücken von denen, die ſich in Lappland aufhalten. Ich habe 1747 einige dieſer Schneehühner aus Tilſit bekommen". Bei Frisch Vorstellung der Vögel (1763) IX, C 1b ist das Bild eines Moorschneehuhns nach einem Exemplar gemacht, das dem Chur-Pfältz- und Baierischen Gesandten von Beckers aus Preußen zugeschickt worden war. Dazu wird a. a. O. bemerkt: "Dieſe Art wilde Hühner läſſet ſich in unſern Gegenden gar ſelten, ja faſt gar nicht ſehen".

Feldhühner, Perdicidae.

Rebhuhn, perdix cinerea oder perdix perdix.

Ahd. rëb(a)huon: Sg. Nom. — *rebhu on* perdix: Prisciani instit. 169, 15: Clm. 18375, 48a; *rebhuon*: cod. Vindob. 114, 9a. cod. Bern. 224 f. 73b. Rotul. com. de Mülinen Bern. Versus de volucr. H. S. III, 17. XIa 2, coturnix: a 2, coturnix perdix: e. g, perdix: g. *velhôn t rebhôn* perdix et cotvrnix: Clm. 14689 f. 47a. *rephuan*: Ecclesiasticus 11, 32: cod. Carolsruh. SPetri 87, 76b, *rephuun*: cod. SGalli 292, 114; *rephuon*: cod. Vindob. 2723, 60a, cod. Vindob. 2732, 69b, Clm. 18140, 71b, Clm. 19440, 313. Regum I, 26, 20: Clm. 9534,

---

1 Der Ausdruck *Hasenfuss*, den Reyger neben *Schneehuhn*, *Weißes Haſelhuhn* hat, ist natürlich nur eine Übersetzung von griech. λαγώπους.

48b; Clm. 18140, 34b, cod. Vindob. 2723, 26a, Clm. 14689, 38b; cod. Stuttgart. th. et phil. f. 218, 27c. Jeremias 17, 11: Clm. 18140, 193a, Clm. 19440, 350, Clm. 14689, 40a, cod. Gotwic. 103, 56b. ortygometra: Sapientia 16, 2: Clm. 19440, 310, cod. Vindob. 2723, 59a, cod. Vindob. 2732, 67b. Prisciani instit. 169, 15: Clm. 280 A, 30b. cod. sem. Trevir. R. III. 13, 108a. *rephvn*: Versus de volucr. cod. Selestad. f. 110a. cod. Vindob. 804 f. 185b. *reph huon*: cod. Guelpherbyt. Aug. 10. 3. 4° f. 89a, *rephount*: cod. Parisin. 9344 f. 42b. *rephûn* coturnix: cod. Vatic. Reg. 1701, 2b. *rephun*: Regum I, 26, 20: cod. Gotwic. 103, 52b, Clm. 13002, 221b. ortygometra: Sapientia 16, 2: Clm. 13002, 225a. Ecclesiasticus 11, 32: Clm. 13002, 225a. Jeremias 17, 11: Clm. 13002, 222b, *rephon*: cod. Vindob. 2723, 39b, *rebhun*: Clm. 22201, 240f. Ecclesiasticus 11, 32: Clm. 22201, 246a. ortigometra: Sapientia 16, 2: cod. Gotwic. 103, 72a, Clm. 22201, 245h. Regum I, 26, 20: Clm. 22201, 239b, *repahuon*: cod. Vindob. 2732, 31a. cod. SGalli 270, 64. Jeremias 17, 11: cod. Vindob. 2732, 46a. *repahun* ortigometra: Liber de propr. sermonum: Clm. 19440, 25. ortygometra: Sapientia 16, 2: Clm. 14689, 42b. *rebehuon* coturnix: Notker Wps. 104, 40. *rebehun* coturnices: Gll. Salomon. a 1: Clm. 22201, 33 d. *rebehůn*: Versus de volucr.: cod. Admont. 476. H. S. XIb: cod. Admont. 269, 62a, *rebohonh* coturnix perdix: cod. Admont. 269, 49b. *rebuhuon*: Ecclesiasticus 11, 32: cod. Gotwic. 103, 72b. — Akk. — *rebhvon* ortygometram: Sapientia 16, 2: Clm. 4606, 125b, *rephůn*: Clm. 18140, 69b.

Der Ausdruck *Rebhuhn* ist in althochdeutschen Glossen seit dem 10. Jh. als *rëb(a)huon*, *rëp(a)huon* belegt. Diese Formen lassen sich als 'Rebenhuhn' deuten, aber der vermutliche Zusammenhang mit ahd. *rëba* 'Rebe' ist offenbar erst sekundär; ebenso scheinen die entsprechenden niederdeutschen Formen mnd. *raphôn*, nnd. *rapphôn* = mndl. *raaphoen*, nndl. *raphoen* sich sekundär an das Adjektiv *rapp* 'rasch, heftig' angelehnt zu haben. Im Angelsächsischen fehlt dieser Name (dafür erscheint einmal *ẹrschenn*, zu *ersc* 'Stoppelfeld'); auch die skandinavischen Worte, dän. *rapphøne*, schwed. *rapphöna*, sind nicht einheimisch, sondern Entlehnungen aus dem Niederdeutschen.

Die Benennung des Vogels erinnert an die Laute, die man von aufgescheuchten Rebhühnern hört und die Naumann mit 'ripripripriprip', andere Beobachter mit 'zirrep' und ähnlichen Lautgebilden wiedergeben. Aber der onomatopoietische Ursprung des Namens, den einige auf Grund dieser Übereinstimmung angenommen haben, erscheint doch unsicher in Anbetracht dessen, daß die baltisch-slavischen Sprachen Synonyma von verwandtem Aussehen aufweisen und daß die Bildung des Vogelnamens somit in eine weit zurückgelegene Zeit zu fallen scheint. — Gleichbedeutend mit ahd. *rëb(a)huon* sind russ. *rjabka*, sloven. *jereb*, serb. *jareb* (aus akslav. *jarębĭ*, *jerębĭ*), die auf dem akslav. Adjektiv *rębŭ* 'bunt' beruhen, und lett. *irbe*. Das gegenseitige lautliche Verhältnis dieser Synonyma haben u. a. Noreen Abriß S. 89, Much Zs. f. d. Wf. II, 285 und Falk und Torp Et. ordb. I, 293. II, 129 zu bestimmen versucht. Nach Falk und Torp wäre das althochdeutsche Wort aus einer german. Grdf. **rep-* umgebildet, die sich mit den slavischen Synonyma aus einer idg. Basis **(e)re(m)b-* begreifen ließe; mit den vorhingenannten Worten sei von Hause aus identisch auch anord. *jarpe* 'Haselhuhn' (schwed. *hjärpe*, norweg. *hjerpe*) aus *jarpr* 'braun' = ags. *eorp* 'dunkelfarbig', ahd. *erpf* (idg. Grdf. **erəbo-*). Weiterhin werden durch Annahme hypothetischer idg. Wurzelvariationen anord. *rjûpa* (norweg. *rype*) 'Schneehuhn', lit. *érubė́*, *jèrubė́* 'dass.', lett. *rubenis* 'Birkhuhn' (idg. Grdf. **(e)reub-*) und schwed. *ripa* 'Schneehuhn', lit. *raĩbas* 'graugesprenkelt (von Vögeln)' (idg. Grdf. **(e)reib*) herangezogen.

Eine synonyme Benennung mit ahd. *rëbhuon, rëphuon* ist *fëlthuon* 'Feldhuhn': *felthuon* coturnix grece. hortigomatra hebraice. perdix latine: cod. Bonn. 218, 61b. ortigometra: cod. sem. Trevir. f. 112b, *veltihuon*: cod. Guelpherbytan. Aug. 10. 3. 4⁰ f. 89a, *feldhon*: cod. Berol. Ms. lat. 8⁰ 73, 124a. *uelthon* perdix: cod. Cheltenham. 7087, 144a. *uelthun*: cod. sem. Trevir. R. III. 13, 105a. *velhv̊n* ł rebhv̊n perdix et coturnix: Clm. 14689 f. 47a; dazu andd. *ueldhón* in den Straßburger Glossen (Wadstein Kleinere altsächs. Denkm. S. 107 [1]), mnd. *velthôn*. Der Ausdruck ist heute in den Rheingegenden üblich: westfäl. *Feldhaun*[1], luxemburg. *Feldhong*[2] m., elsäss. *Feldhuen* (*Feldhünkel*)[3].

Mit dem französischen Einfluß der Ritterzeit drang frz. *perdrix* in der picardischen Form *pardrix*, *partrix* 'Rebhuhn' in das Niederländische und das Niederdeutsche. Das Fremdwort begegnet zunächst als *patrîs* (= wîs) bei Berthold von Holle Demantin (Ed. Bartsch) V. 3697 und in der Glosse *partrise* (= ornix)

1 Woeste 288. — 2 Wb. d. Luxemburg. Mundart 520.
3 Martin-Lienhart I, 346.

des Lichtentaler Glossars (Zs. f. d. Wf. IX, 221 b); im Mittelniederländischen *partrijs*, nndl. *patrijs*, ostfries. *patrise* (Jb. f. ndd. Sprachf. XI, 112). Als höfisches Wort drang der Name dann auch in das oberdeutsche Epos; schon in Wolframs Parzival kommt die ndd. Deminutivform *pardrîsekîn* vor. Auch ins Englische wurde das französische Wort als me. *pertriche*, ne. *partridge* übernommen.

Steinhuhn, perdix saxatilis, caccabis saxatilis.

Nach den Angaben von Brehm Tierleben V³, 530 und Naumann-Hennicke VI, 152 bewohnt das Steinhuhn, der nächste Verwandte des Rebhuhns, die Südgebirge der Schweiz und Tirols und wird auch in Oberösterreich und im bairischen Hochgebirge hie und da angetroffen.

Im 15./16. Jh. ist das Vorkommen von Steinhühnern in den Rheingegenden bezeugt. Eine Straßburger Stadtordnung des 15. Jhs.[1] nennt neben dem grauen Feldhuhn (*ein gro velthůn*) oder dem Rebhuhn auch *ein rot velthůn*, womit wahrscheinlich das Steinhuhn gemeint ist. Sicher ist es dieser Vogel, den Gybertus Longolius in seiner Schrift Dialogus de avibus (1544) im Sinne hat, als er von Rebhühnern mit roten Schnäbeln erzählt, die in der Umgebung der Stadt Köln sich in hoch gelegenen Weinbergen, wo dichtes Gebüsch in der Nähe ist, aufhalten; man nenne sie hier *Roithôner* (= Rothühner). Ausführlicher wird das Steinhuhn von Gesner geschildert, der in Hist. avium (1555) S. 655 sich auf Longolius beruft, aber auch Berichte über diesen Vogel aus älteren Quellen wie der Chronik Stumpfs u. a. abdruckt. Außer dem Namen *Rothůn* (*ein rot Råbhůn*), der sicher aus dem Dialogus de avibus übernommen ist, nennt Gesner den Ausdruck ein *Pernijſen / oder Parnijſſe*, der auf ital. *pernice* zurückgeht. Nach Italien, wo das Steinhuhn besonders häufig ist, weist auch die Benennung *ein Weltſch Råbhůn* (d. h. ein welsches Rebhuhn) a. a. O. Die ornithologischen Werke des 17./18. Jhs. erwähnen das Steinhuhn gar nicht oder reproduzieren die Angaben der Vorgänger; Reyger Verbess. Hist. der Vögel (1760) übersetzt den von Longolius genannten Ausdruck *perdix*

1 Brucker Straßburg. Zunftverordn. S. 266.

graeca. Der ungenannte Verfasser der Angenehmen Land-Lust (1720) S. 342 meint mit den "rothen Rebhůnern", deren er keins in Deutschland, aber in Frankreich gar viele gesehen, die in Südfrankreich vorkommende perdix rufa.

Heutzutage ist *Steinhuen*[1] die in der Schweiz übliche Bezeichnung für perdix saxatilis, wird aber auch (wie schon bei Gesner) vom Schneehuhn angewendet; in Steiermark ist *Steinhähnl*[2] n. der Name des Steinhuhns und des Mornellregenpfeifers. Lexers Mhd. Wb. Nachtrag S. 370 verzeichnet bereits ein mhd. *steinhuon*, ferner auch (I, 185) den mehrdeutigen Ausdruck *berchuon.* Zum Unterschiede von den Schneehühnern, welche stellenweise in der Schweiz *wîssi Wildhenne*[3] genannt werden, heißt das Steinhuhn hier *grâwi Wildhenne*[3]. — Das Luxemburgische Wörterbuch hat für das Rothuhn die volkstümlich aussehenden Ausdrücke *Ruktfeissert* (S. 367) (d. h. wohl 'Rauchfuß') und *Eisleker Feldhong* (S. 105) (d. h. das Öslinger Rebhuhn). Danach scheint der Vogel in den Gegenden, wo er einst von Longolius beobachtet wurde, noch nicht verschwunden zu sein[4].

Wachtel, coturnix communis, coturnix coturnix.

Ahd. wahtala: Sg. Nom. — *uuahtăla* coturnix: Anhang z. alten u. neuen Testament: Clm. 14747, 96b. *uvahtala* lusciniam: Servius in Vergil. E. VI, 78 (II, 141 L): Clm. 18059, 10a. *uua : htala* quaquara: cod. Vatic. Reg. 1701, 2b. *uuahtala* quaquadra: Clm. 14689 f. 47a. coturnix ... quasquilas: Psalmen 104, 40: cod. Stuttg. herm. 26, 25b, *wahtala*: cod. Turic. Rhenov. 66, 57, Clm. 22258, 111a. quarqua: Gll. Salomon. a 1. quaquaria: H. S. III, 17. XI a 2, quacaria auis: b. g. *vvahtila* coturnix ... quasquilas: Psalmen 104, 40: cod. Angelomont. I 4/11, 33a. *wahtilla*: cod. Selestad. 110a. *wahtila* quasquila: Versus de volucr. quaquara: Gll. Salomon. a 1. coturnix grece ortigometra dicitur similibus[5] auibus que quasquilę uocantur sed maior: Exodus 16, 13: Clm. 4606, 97b, cod. Admont. 508, 3b, *uuahthala*: Clm. 14584, 127b, *wahtilae*: cod. Turic. Rhenov. 66, 12, *wahtile*:

1 Staub-Tobler II, 1377. — 2 Unger-Khull 573.

3 Staub-Tobler II, 1313.

4 Leider gibt das Wörterbuch der Luxemburg. Mundart niemals die in der Naturwissenschaft angewendeten lateinischen Ausdrücke; deshalb ist oft die Bedeutung der naturwissenschaftlichen Begriffe nicht sicher zu erkennen.

5 l. *similis* (Steinmeyer).

cod. Stuttg. herm. 26, 11a, cod. Angelomont. I 4/11, 7a; cod. Stuttg. th. et phil. f. 218, 10b; *wathtila*: cod. Lugdun. 191 E, 63b. *watala*: cod. Parisin. 9344 f. 42b, cod. Berol. Ms. lat. 8° 73, 124a. H. S. XIb: cod. Kilian. 47, 5b. — Pl. Nom. — *wahtilun* quasquilę: Psalmen 104, 40: Clm. 4606, 120b. *wáhtelon* coturnices [1]. ortigometra: Prudentius H. a. inc. luc. 102: cod. SGalli 292, 168.

Die Wachtel lebt verborgen vor menschlichen Blicken im tiefen Ährenfelde; selten würde man von dem Vorkommen des Vogels etwas wissen, wenn das Männchen es nicht durch seinen charakteristischen Ruf meldete. Dieser Ruf oder der sogenannte Schlag wird in den meisten Gegenden in menschlichen Worten ausgelegt und ist auch vielfach bei der Bezeichnung des Vogels verwertet worden. Voigt umschreibt den Wachtelschlag in seinem Excursionsbuch S. 209 mit 'pückwerwück' oder 'pickperwick', wo der Ton auf der letzten Silbe liegt. Eine andere Interpretation geben Haacke und Kuhnert Das Tierleben Europas I, 293; danach ist der Ruf ein in Daktylusrhytmus vorgetragenes 'püt püt püt'. In den volkstümlichen Auslegungen erkennt man ebenfalls eine doppelte Auffassung, indem einerseits der k-Laut, andererseits der t-Laut gehört wird; gemeinsam ist aber der kurzsilbige Staccato-Rhytmus. Nach Swainson The Folklore S. 173 ruft die Wachtel in England *Weet my feet* oder *Wet my lip* oder *Quick me dick*; in den englischen Mundarten sind diese Umschreibungen auch zu Benennungen des Vogels selbst geworden. In Frankreich hört man im Wachtelschlage die Worte "paye tes dettes" oder "tres per un, tres per un" oder "j'ai du blé, j'ai pas de sa (= sac)"; in anderen Dialekten wird er mit "courcalihat, carcaillet" u. dgl. wiedergegeben, vgl. Rolland Faune populaire II, 342. In Deutschland hört der Schwabe den Ruf des Vogels als "sechs Paar Weck", der Elsässer als "Bäwele, wit mi nit" oder "Beck verreck" [2], der Luxemburger als "bekderek" = siebenbürgisch "bäk dern räk (dâ fauler sträk)" [3]. Die letztgenannte Deutung ist als *Bück den Rück* auch auf dem niederdeutschen Gebiet bekannt. Andere Interpretationen in Niederdeutschland sind "Weck den Knecht" oder "Flick de Bücks" [4],

1 alites in der Edition. — 2 Martin-Lienhart II, 787.
3 Wb. d. Luxemburg. Mundart 25. — 4 Danneil 242.

d. h. 'Flicke die Hose' (in Altmark); in Albringwerde ruft die Wachtel "wak di wak", zu Brackel bei Dortmund "küpkenblick", zu Hemer "smêt mi nit", vgl. Woeste Frommanns D. Mundarten V, 76. Einzelne von den Deutungen haben sich dann in den Mundarten als Namen der Wachtel festgesetzt. So heißt der Vogel in der ostfriesischen Mundart *Kûtjenblik*, *Gûtjenblik*[1], in der Groningenschen Mundart *Kuutjeblik*[2], in Mecklenburg und Lübeck *Flick de Büx*[3], in Albringwerde *Kwabbelfett*[4], in Preußen *Putpurlút*[5].

Im Verhältnis zu diesen durchsichtigen onomatopoietischen Bildungen ist der alte westgermanische Name des Vogels, welcher in ahd. *wahtala*, mhd. mnd. mndl. *wachtele* und ags. *wyhtel*[6] vorliegt, dunkel. Ein Zusammenhang mit dem Verbum *wachen* ist nicht zu verkennen[7], aber dieser ist sicher nur sekundär, durch einen zufälligen Gleichklang verursacht worden. Wahrscheinlich liegt dem durch das (*a*)*lô*-Suffix (mit deminutivem Sinne) gebildeten Namen der Wachtelschlag, als *wak* gedeutet, zugrunde.

Neben dem deutsch-niederländischen *Wachtel* (daraus schwed. *vaktel*, dän. *vagtel*) gehen altbezeugte Namensformen mit anlautendem *Qu*-. Die ältesten Belege fallen in das 10. Jh.: Sg. Nom. — *quattula* ortigometra. dux ortigiarum. i. coturnicum: Sapientia 16, 2: cod. Carolsruh. SPetri 87, 76b. *quáttala* coturnix: Exodus 16, 13: cod. SGalli 292, 9. *quatala* coturnix: cod. Guelpherbyt. Aug. 10. 3. 4° f. 89a, (*watala* cod. Parisin. 9344 f. 42b, cod. Berol. Ms. lat. 8° 73, 124a). *quattele* quaquara: cod. Oxon. Jun. 83, 4 (13. Jh.). *q͛ttele* coturnix: cod. Cheltenham. 7087, 144a. *quahtila* gabia: Gll. Hildegardis (13. Jh.). — Pl. Nom. — *quattulon* coturnices: Psalmen 104, 40: cod. Carolsruh. SPetri 87, 74a. *quahtelun* ortigómetrę . . . coturnices: Exodus 16, 13: cod. Vatic. Pal. 288, 58c. — Von den obengenannten Handschriften sind die

---

1 Jb. f. ndd. Sprachf. XI, 112. — 2 Molema Wb. S. 232.

3 Schiller Zum Tierbuche II, 11 und Schumann Beiheft zur Zs. f. d. Wf. IX, S. 3.

4 Woeste 151. — 5 Frischbier II, 194.

6 U. a. von Sweet The Stud. Dict. S. 206 verzeichnet. Nach einer freundlichen Mitteilung Dr. Sweets ist das ags. Wort in Glossaren belegt, welche nicht vor dem 10. Jh. entstanden sind.

7 Vgl. z. B. den Vers bei Rückert: "Die Wachtel wacht die ganze Nacht" und "Nur die Wachtel, die sonst immer frühe schmälend weckt den Tag, schlägt dem überwachten Schimmer jetzt noch einen Weckeschlag" bei Uhland, Sonnenwende.

drei, in welchen die Bibelglossen enthalten sind, Parallelhandschriften, die einer gemeinsamen Vorlage entstammen. Da alle Abschriften die Lautform mit *Qu-* schreiben, muß sie dem Original angehören. Nach Steinmeyer Anz. f. d. A. XXVI, 206 war dieses fränkisch. Von den heutigen fränkischen Mundarten kennt die mittelfränkische den Wachtelnamen in der Form *Quattel* (J. Müller Aachener Mundart (1836) S. 193). Von den anderen oben aufgezählten Handschriften weist der cod. Cheltenham. 7087 Eigentümlichkeiten der Osnabrücker Mundart auf[1]. Auch der Charakter der übrigen zitierten Glossare und die späteren Zeugnisse bei Diefenbach Glossar. S. 154 f. s. v. coturnix, 480 s. v. quiscula, Novum glossar. S. 117 s. v. coturnix sprechen dafür, daß die Namensform *quattula* > *Quattel* am Mittel- und Niederrhein heimisch war. Hier begegnet auch die Variante *quackele* bei Diefenbach a. a. O. und S. 401 s. v. ortigometra, 425 s. v. perdix, heute ndl.-fries. *kwakkel*. Eine dritte Variante ist ndl. *kwartel*.

In romanischen Sprachen finden sich anklingende Synonyma, afrz. *quaille* (daraus me. *quaile*, ne. *quail*), nfrz. *caille*, prov. *calha* (mittellat. *quacules* in den Reichenauer Glossen, Germania VIII, 410). Ein mittellat. *quacara*, das dem rätoroman. *quacra* am nächsten steht, begegnet bei Monachus SGalli De Gestis Karoli Imperatoris I Kap. 20 (Pertz Monumenta Germaniae Historica Scriptores II, 739), dann auch in Glossen *quaquara quasquila*, *quisquila*[2]. Da die vulgärlat. Bildung *quacula* oder *quaquara*, welche sicher aus dem Rufe des Vogels hergeleitet ist, im Spanischen und Italienischen ursprünglich nicht heimisch gewesen zu sein scheint, so kommt für die alte Heimat des Namens das gallisch-niederrheinische Gebiet (auch Westfalen eingeschlossen) in Betracht. Danach ist saalfränkischer Ursprung des Vogelnamens möglich. Doch fehlen uns Kriterien, die näher entscheiden können, ob die Bildung auf fränkischem oder romanischem Boden entstanden ist. Ahd. *quattula* ist wohl als eine Kompromißform von *wahtala* und *quacula* aufzufassen; vgl. ahd. *quahtala*, *quahtila*.

---

1 Vgl. die Anmerkungen von Steinmeyer in Ahd. Gll. III, 721.

2 Vgl. prov. *quisquila* (in alter Zeit belegt), s. Rolland Faune populaire II, 339.

Hie und da findet man in deutschen Mundarten auch Bezeichnungen der Wachtel, welche nicht onomatopoietisch sind, vgl. z. B. elsäss. *Dreckvogel* [1], preuß. *Kornmutter* [2] (eigtl. die Benennung für eine Sagengestalt, die im Kornfelde hausen soll). Aus dem Slavischen entlehnt ist preuß. *Perpelitze* [2].

IX. Erd- und Sumpfläufer, Cursores.

Trappen, Otididae.

Großtrappe, otis tarda.

Die Trappe, die die Jäger zur sog. hohen Jagd zählen und als *Edelvogel* bezeichnen [3], ist in Deutschland da zu finden, wo weite baumlose Ebenen mit unbegrenzter Fernsicht vorhanden sind. Nach Naumann-Hennicke VII, 60 ist der Vogel im nördlichen und mittleren Deutschland häufig, namentlich in den preußischen Provinzen Brandenburg und Sachsen.

Gesner glaubt sich zu erinnern, daß Trappen in seiner Heimat nur drei oder viermal gefangen wurden, aber im Elsaß und um die Stadt Breisach waren die Vögel zu seiner Zeit nicht ungewöhnlich. Die von Gesner Hist. avium (1555) S. 469 erwähnten Namen *Trapp* und *Trapganß* kommen schon in mittelhochdeutschen Texten und Glossaren als *trappe* oder *trapgans* öfters vor; zum ersten Mal ist *trappe* bei Hartmann von Aue im Erec belegt. Das Kompositum *Ackertrapp* begegnet dagegen zuerst bei Gesner und ist dann von Junius Nomenclator, Schwenkfeld Ther. Sil. u. a. aufgenommen. — Im Adelichen Land-Leben II, 628 Kap. CVI berichtet Hohberg, daß die Trappen in Österreich gar selten sind, auch der Verfasser der Angenehmen Land-Lust (1720) S. 343 findet, daß "die Trappen nicht unbillig unter die ſeltenen Vôgel gezehlet werden, ob ſie gleich in Thûringen und anderen orten bekannt ſind".

Wenn man bedenkt, daß der Vogel auf dem ehemals slavischen Sprachboden Deutschlands seine liebsten Weideplätze hat und in Polen, Galizien und Rußland besonders häufig ist,

1 Martin-Lienhart I, 99. — 2 Frischbier I, 411. II, 134.
3 S. Kehrein Wb. der Weidmannssprache S. 88.

so darf man annehmen, daß der mittelhoch- und mittelniederdeutsche Name *trappe* eine Entlehnung aus dem entsprechenden polnisch-czechischen Ausdruck *drop* ist. Die in Luxemburg vorkommende Benennung *weld Mierhong*[1] f., d. h. wilder Truthahn (eigtl. Meerhuhn), ist nur eine Übersetzung des in benachbarten französischen Dialekten vorkommenden Ausdrucks *dinde sauvage*, *dindon de mer*.

Die **kleine Trappe** (otis tetrax) ist in Deutschland nicht heimisch. Doch ist es vorgekommen, daß dieser Vogel auch nach Deutschland und Österreich verflogen ist. So erzählt Martin in seiner Naturgeschichte I, 2, 452, daß im Jahre 1870 ein zahlreicher Flug Zwergtrappen sich in Thüringen niederließ. Mehr als hundert Jahre früher erzählt der Danziger Ornithologe Klein Hist. av. prodr. S. 18 von einer Zwergtrapphenne, welche im Jahre 1737 geschossen und ihm gebracht wurde. Er nennt den Vogel *Trieltrappe* oder *Grieltrappe* (zu *Triel*, *Griel* 'Brachhuhn'[2]).

Regenpfeifer, Charadriidae.

Kibitz, vanellus cristatus, vanellus vanellus.

Der bekannteste von allen Regenpfeifern ist der gehäubte Kibitz, der besonders zahlreich in Holland und den norddeutschen Sumpfgegenden und Marschlanden vorkommt, aber auch in anderen Teilen Deutschlands recht häufig ist. Der Name des Vogels ist in den Mundarten in zahlreichen Lautvarianten verbreitet. Zum ersten Mal begegnet er im 13. Jh. in der Form *gîbiȥ* (: elbiȥ) in Konrads von Haslau Jüngling V. 258 (Zs. f. d. A. VIII, 558), darauf im 14. Jh. *gîwiz* in Hadamars von Laber Jagd V. 528 (Ed. Schmeller S. 132) und in der Glosse *giwicz* des Stuttgarter Pergamentblattes[3] (Versus de volucribus in Ahd. Gll. III, 25[32]), im 15. Jh. *gybicz* in einem Vocab. ex quo v. J. 1432 (Frommanns D. Mundarten IV, 298), *geybitz* in einem Vocab.

---

1 Wb. d. Luxemburg. Mundart 284.

2 Frischbier verzeichnet das Wort *Trieltrappe* im Preuß. Wb. II, 411 nach Bujack, der es wohl aus Klein hat.

3 In Mones Abdruck, den Steinmeyer als "offenbar mehrfach fehlerhaft" bezeichnet, s. Ahd. Gll. IV, 620.

v. J. 1419[1] und im Vocab. theuton. (1482) S. ee 2a, und *gawbitz* in einem Vocab. v. J. 1445[1] und in einer Version des Märchens vom Zaunkönig (Germania VI, 90), im 16. Jh. *Geubitz* bei H. Sachs Regim. der Vögel (1531) V. 102. Diese Zeugnisse entstammen dem bairisch-österreichischen (oder schwäbischen) Dialektgebiet, wo die diphthongierte Form *Geibitz*[2] noch heute vorkommt. An diese schließt sich die Form *Gifitz* in der Schweiz (im 16. Jh. *Gyfitz* bei Gesner Hist. avium S. 723) und im Elsaß (vgl. Martin-Lienhart I, 199) an, dazu die schweizerischen Varianten *Gibiz*, *Gifix*, *Giwix* sowie *Gewitz*[3] in Flurnamen bei Staub-Tobler II, 130. Dem ostmitteldeutschen Sprachgebiet eigen ist die Lautform *Kibitz*, welche in Sachsen zuerst bei Eber und Peucer Vocab. (1552) S. E 7b (*Kybitz*) begegnet und im 17/18. Jh. in die Wörterbücher eindringt. In Schlesien schreibt Schwenkfeld Ther. Sil. (1603) S. 365 *Gybitz* (*Gyfitz*, *Gywitt*); seine Orthographie ist von seinem Vorgänger Gesner teilweise beeinflußt. In Niederdeutschland ist die entsprechende Namensform als *kîvit* (= mndl. *kievit*) in mittelniederdeutschen Quellen bezeugt, heute ndd. *Kiwit(t)* (auch als Familienname, vgl. Jb. f. ndd. Sprachf. VI, 149), ndl. *kievit* allgemein.

Dem deutschen Vogelnamen sieht das gleichbedeutende russische *čibizŭ*, *čibezŭ* ziemlich ähnlich, doch darf man deswegen nicht an Entlehnung denken. Die Übereinstimmung der beiden Sprachen hat ihren Grund in dem onomatopoietischen Charakter des Namens, der dem Warnungs- und Lockruf des Vogels nachgebildet ist. Naumann[4] schildert diesen Ruf als ein ziemlich hell und vernehmlich klingendes 'kibit' oder 'biwit', auch 'kihbit'. In Niederdeutschland wird der Kibitzruf manchmal in Kinderliedern umschrieben; so in Osnabrück: "Kiewitt, wo bliw ick, wenn die Welt vergeht und nix mehr steht", in Altmark: "Kiwitt, wo bliw ick? im Brummelberbüsch! Dao sing' ick, dao fleit ick, dao hebb' ick min Lust"[5]. — Manche Indizien machen es wahrscheinlich, daß gerade Niederdeutschland, die

1 Schmeller-Frommann I, 868.
2 Schmeller-Frommann I, 868, Höfer Et. Wb. II, 131, Schmid Wb. 226.
3 Im 15. Jh. begegnet *gebytz* im Vocab. theuton. (1482) S. k 6a.
4 Naumann-Hennicke VIII, 9.
5 Korrespondenzbl. f. ndd. Sprachf. X, 4 und Danneil 101.

bevorzugte Heimat des Kibitzes, auch die Heimat des Namens ist, und daß dieser allmählich von dort nach dem Süden vorgedrungen ist. Jedenfalls hat sich das Wort, dessen ältestes Zeugnis *gîbiz* dem ndd. *kîvit* entspricht, auf hochdeutschem Sprachboden an die auf *-itz* endenden, aus dem Slavischen entlehnten Vogelnamen (*Stieglitz*, *Wonitz*, *Grinitz* u. a.) angeschlossen und danach sein Suffix umgebildet.

Neben dem in hoch- und niederdeutschen Mundarten weit verbreiteten Namen *Kibitz* (*Gifitz*) ~ *Kiwit* begegnen eine Menge landschaftlicher Varianten, die teils als Umgestaltungen von jenem, teils als direkte Interpretationsvariationen des Kibitzrufes anzusehen sind. Bereits im 15. Jh. tritt die Lautform *Fifitz* in den Straßburger Stadtverordnungen auf: *vifitze* (im J. 1425), *vifitz* (in den Jahren 1449. 1459 und öfters), s. Brucker Straßburger Zunftverordnungen S. 183. 226. 229. 258. 266; in Baldners Vogelb. v. J. 1666 S. 52 *ein Fifitz — — ein Geijfitz* oder *Fijfitz*. Heute ist diese Form bereits ausgestorben [1]; in Blotzheim (Süd-Elsaß) kommt die Variante *Sifitz* [1] vor.

In Hessen-Nassau lautet der Name des Kibitzes *Pîewitz*, *Püewitz* oder *Püwik* [2], im Westerwald *Pîwitz* (im Vogelsberg umgedeutet zu *Peterwitzel* [2]), in Luxemburg *Piwitsch* [3] oder *Piwek*, *Peiwek* [3] (daneben auch *Kewitsch*, *Kiwiz*, *Kibiz* [3]); in Oberhessen sind die entsprechenden Formen *Bewittig* (*Boewittig*) und *Bêbich* (*Boebich*) [4]. Von diesen westmitteldeutschen Varianten ist *Pîwitz* offenbar im Anschluß an den allgemein bekannten Typus *Kibitz* aus dem Rufe des Vogels gebildet, den man als *piwit* deutete; diese Auslegung liegt auch dem in den englischen Dialekten verbreiteten Synonymon *peewit* [5] (= frz. dial. *pivit* [6]) zugrunde. — Die Lautform *Pîwik* stimmt vollständig überein mit russ. *piwikŭ* (neben *piwinŭ*); ob die deutschen Dialekte sie aus dem Slavischen übernommen haben, oder umgekehrt, ist schwer zu entscheiden.

Eine direkte Nachbildung der Vogelstimme ist mnd. *tywit* (= formipedus) im 15. Jh. (Diefenbach Glossar. S. 243b), worauf

1 Martin-Lienhart I, 96. II, 329.

2 Kehrein 306, Pfister Nachtr. zu Vilmar Id. S. 206.

3 Wb. d. Luxemburg. Mundart 222. 225. 337. — 4 Vilmar 35.

5 Swainson The Folklore S. 184.

6 Rolland Faune populaire II, 349.

Tîfittik[1] (*Tîfitteke*, *Tefittek*[1]) in Göttingen und Grubenhagen beruht; vgl. frz. dial. *tî-huit*[2] (volksetymologisch umgebildet zu *dix-huit*[2]) und engl. dial. *teufit*[3]. In der verhochdeutschten Gestalt *Ziehfittich*[4] kommt die Variante im benachbarten Nordhausener Dialekt (in Thüringen) vor. Westerwäld. *Ziwik*[5] scheint aus einer Kontamination dieser letztgenannten Variante mit *Pîwik* entstanden zu sein, ebenso wie rheinhess. *Giewick*[6] aus *Gifitz* und *Piwik*.

Zu den bereits erwähnten niederdeutschen Variationsformen gesellt sich noch *Kliwit*[7] in Göttingen und Grubenhagen.

Unter den Benennungen des Kibitzes führt Klein Hist. av. prodr. (1750) S. 19 den Ausdruck *Feld-Pfau* an, welchen Reyger Verbess. Hist. der Vögel S. 20 aus dem Federbusch auf dem Kopfe des Vogels erklärt, Adelung (1775) II, 1568 aber aus dem schönen Gefieder und Frisch Vorstellung der Vögel XII, II, B 2a aus den aufrichtbaren Nackenfedern, dem hochtrabenden Gang und dem Geschrei deutet. — Unklar ist das Synonymon *Zweiel* bei Gesner a. a. O. S. 732, das auch von Adelung verzeichnet wird.

In England ist eine alte Bezeichnung des Kibitzes erhalten in dem Worte *lapwing*, das auf ags. *hléapewince* zurückgeht. Das Kompositum bedeutet einen 'der beim Laufen herumdreht' (zu ags. *hléapan* 'laufen' und *wincian* 'drehen'), ist aber in dieser Gestalt bereits volksetymologisch umgestaltet. Eine ältere Form ist in den Erfurter Glossen als *læpœuincæ* bezeugt, dessen erster Teil im synonymen nordfries. *liap* f. (Johansen Nordfries. Spr. S. 11) als selbständiger Vogelname vorkommt. Eine Deutung des Wortes ist nicht gefunden. — Die modernen skandinavischen Dialekte haben für den Vogel eine gemeinsame Benennung: dän. *vibe*, schwed. *vipa*, norweg. *vîpa*. Die Erklärung des Ausdrucks bei Falk und Torp Et. ordb. II, 441 aus dem Federbusch des Kibitzes (mnd. *wîp* 'Büschel') will nicht recht einleuchten.

Triel, oedicnemus crepitans, oedicnemus oedicnemus.

Wie der Kibitz, so wird auch der *Triel* oder der *Dickfuß* von den Regenpfeifern in engerem Sinne als besondere Gattung gesondert.

1 Schambach 230. — 2 Rolland Faune populaire II, 349.
3 Swainson The Folklore S. 184. — 4 Hertel 264.
5 Pfister a. a. O. — 6 Kehrein 164. — 7 Schambach 104.

Der Ausdruck *Triel* begegnet zuerst bei Gesner Hist. avium S. 245 neben der Variante *Griel*[1]. Diese ist heute die in Holland übliche Lautform. Wahrscheinlich ist der Ausdruck ein schallnachahmendes Lautgebilde ebenso wie frz. *courli* 'Triel und großer Brachvogel'. Wenn Voigt Excursionsbuch S. 255 behauptet, daß man unter Umständen den Namen des Vogels wie 'Trie-il' vom Rufe heraushören kann, so ist diese Angabe nur mit Vorsicht aufzunehmen, da Voigt in solchen Fällen, wo ihm der Vogelname bekannt ist, sich von diesem irreführen läßt. Naumann umschreibt die Stimme des Triels mit 'Krärlüth' oder 'Kräüth'[2]. Vgl. S. 282.

Ob die in der Wissenschaft üblich gewordene Variante überhaupt eine reale Existenz hat, kann bezweifelt werden, denn der Beleg bei Gesner, der sonst durch keine Zeugnisse gestützt wird, scheint etwas unsicher. Den in der Schweiz seltenen Vogel hat Gesner zwar bei einem Freunde in gezähmtem Zustande beobachtet, aber der Name ist ihm offenbar nicht geläufig, denn er äußert sich hierüber a. a. O.: [Der Vogel] wird irgendwo auf deutsch — wenn ich mich nicht irre — *Triel* oder *Griel* genannt. Aitinger Bericht v. d. Vogelstellen (1631) und Nemnich Polyglottenlexicon, welche die Form *Triel* anführen, berufen sich ausdrücklich auf Gesner; ebenso Baldner im Vogelb. (1666) S. 56: "Ein *Thriehl* — — dieſer Vogel wird in Hr. Doctor Geßners Thierbuch alſo genennt".

In Preußen heißen die Triele *Sandhühner*[3], in Holland *doornsluiper* (d. h. Dornschlüpfer).

Regenpfeifer, charadrius.

Die Regenpfeifer sind besonders in der nördlichen Hemisphäre häufig, einige Arten sind jedoch über ganz Europa, ja sogar über die ganze Welt verbreitet. Die kurzhälsigen, dickbeinigen, hübschen Vögel bewohnen zum Teil sandige Flußufer und öde Heiden, zum Teil Moore und Sümpfe und lassen hier ihre helltönende, schwermütig klingende Stimme hören.

1 Frischbier I, 253. II, 538 gibt den Namen *Grillvogel*, *Krillvogel* mit der Bedeutung 'Grüner Kibitz'.

2 Naumann-Hennicke VIII, 130. — 3 Frischbier II, 246.

Besonders vor Eintritt eines Regenwetters soll das Pfeifen laut tönen, und die Vögel haben daher den Ruf unfehlbarer Wetterpropheten. Dem deutschen Ausdruck Regenpfeifer entspricht im Französischen der Name *pluvier*.

Eine alte Benennung für Regenpfeifer steckt wohl in dem angelsächsischen Worte *hwilpe*, das im Gedichte Seefahrer V. 21 einen Wasservogel bezeichnet. Der Name ist den an Meeresufern wohnenden Westgermanen gemeinsam, vgl. ndl. *wilp*, *wulp*, ostfries. *Regenwilp*, ndd. *Waterwolp* als Namen für Regenpfeifer und Schnepfen; eine abgeleitete Bildung tritt zutage in ags. *hulfestre* 'Regenvogel' = ostfries. *wilster* (vgl. Kluge Stammbildung[2] § 49). Nach H. Schröder Zs. f. d. Phil. XXXVII, 393 f. gehören die Namen mit ahd. *wëlf*, ags. *hwëlp* 'junger Hund' zu einem Stamme **hwëlpa*- oder **hwëlfa*- 'Schreier'.

Die Stimme einiger Arten der Regenpfeifer besteht u. a. aus Lauten, welche von den Ornithologen mit 'tüht' oder 'düt' wiedergegeben werden. Diese flötend ausgestoßenen Laute, die in Lübeck dem Goldregenpfeifer den Namen *Fleiter*[1] (= Flöter) eingetragen haben, liegen dem Ausdruck *Tüte*[1] zugrunde, welcher in Niederdeutschland verbreitet ist und im Münsterkreise speziell vom Goldregenpfeifer gebraucht wird; vgl. *Rintûtar*[2] 'Regenpfeifer' in der nordfriesischen Mundart und *Tûtewelle*[1] neben *Tütewelp* (vgl. *Regenwilp* oben) = numenius arquatus in Münster. In Döbels Eröffn. Jägerpr. (1746) S. 51 heißen die kleinsten "Brachvögel" *Dittgen*, das eine Deminutivform *Dütchen* von dem eben erwähnten ndd. *Tüte* ist; damit sind offenbar der Fluß- und der Halsbandregenpfeifer gemeint. Andere Synonyma für Regenpfeifer und mit ihnen nahe verwandte Vögel sind *Sand-Lauffer oder Grieß Huhn* bezw. *Grießhünlein* bei Hohberg Adel. Land-Leben (1687) II, 758. III, 355 und Döbel a. a. O. S. 71; vgl. steir. *Grieshuhn*[3] und tirol. *Griesgansl*[4] (= Kiesgänschen). Bereits im 15. Jh. in einer Version des Märchens vom Zaunkönig (Germania VI, 90) wird der Name *Gryes Vogl* genannt. — Der Name *Pardel*, den Frischbier in

1 Korrespondenzbl. f. ndd. Sprachf. XVI, 83. 86.
2 Johansen Nordfries. Spr. S. 141. — 3 Unger-Khull 307.
4 Frommann D. Mundarten IV, 54.

seinem Preußischen Wörterbuch II, 121 als Bezeichnung für den Kibitz verzeichnet, geht auf Reyger Verbess. Hist. der Vögel (1760) S. 19 zurück. Das Wort ist nur eine gelehrte Bildung nach dem mittellat. *pardalus* 'Regenpfeifer' in den älteren naturwissenschaftlichen Werken und beruht auf griech. πάρδαλος (bei Aristoteles).

In seinem Vogelbuche S. 488 ff. schildert Gesner eine Anzahl Sumpf-, Strand- und Wasserläufer auf Grund der Abbildungen, welche der Straßburger Maler und Vogelsteller Lukas Schan von denselben verfertigt hatte. Aus den unkolorierten Reproduktionen, die Gesner von diesen Bildern gibt, kann man nicht sicher den betreffenden Vogel erkennen und die Beschreibungen sind leider sehr ungenau. Da gerade bei diesen Vogelgattungen die Farbentracht je nach der Jahreszeit sehr verschieden ist, und die Schilderung vielfach an die Färbung anknüpft, fällt es schwer, die einzelnen Arten, welche mit den in der Straßburger Gegend üblichen Benennungen bezeichnet sind, mit Sicherheit festzustellen. Doch glaubt man in den letzten zwei Bildern, denen die Namen *Riegerle* und *Koppriegerle* beigefügt sind, Abbildungen von Regenpfeifern zu erkennen. Und zwar scheint der erstgenannte Vogel der Flußregenpfeifer (charadrius fluviatilis), der letztgenannte der Halsband- oder Sandregenpfeifer (charadrius hiaticula) zu sein. Die angeführten Namen begegnen auch sonst in Straßburger Quellen: im Strassburg. Vogelb. (1554) *Regerlin* (V. 348), *Köpp Riegerlin* (V. 354), in Baldners Vogelb. (1666) S. 67 *ein Riegerlin*, *Kop Riegerlin* (= ch. hiaticula), S. 73 *ein kleines Riegerlin* (= ch. fluviatilis). Die Namen scheinen jedoch keine Straßburger Lokalworte zu sein, denn aus Zorns Petino-Theologie (1743) II, 425, wo "die ſo genannten *Riegerlein*" erwähnt werden, bekommt man den Eindruck, daß der Name in der bairischen Mundart des Verfassers geläufig war. Die Beschreibung, welche Zorn von den ihm bekannten drei Arten gibt, paßt besser auf totanus- und tringa-Arten als auf die Regenpfeifer. Auch Schwenkfeld Ther. Sil. (1603) S. 281 verzeichnet die Ausdrücke *ein Kop Riegerle*, *Kobel Regerlin* als Benennungen des Halsbandregenpfeifers; die Namen *ein Riegerlin*, *Sand Regerlin* im Sinne von

Flußregenpfeifer gibt er als schlesische Worte an. Frischbiers preuß. Dialektwörterbuch führt (II, 247) *Sandregerlein* 'Sandläufer, Wasserschnepfe' nach Mühling an; der Name stammt wohl aus den ornithologischen Werken Kleins und Reygers, die ihn aus Schwenkfeld übernommen haben. Der Ausdruck *Rieger* oder *Reger* bezieht sich wohl auf die Stimme des Vogels; im Elsaß heißt der Zaunkönig, dessen Pfeifen ebenfalls Regen verkündigt, *Zumen-Riger*; vgl. S. 85.

Der erste Teil des Kompositums *Kop(p)-Riegerlin* ist offenbar identisch mit dem Fischnamen *Kopp* = cottus gobio. Wie diese Fischart, so zeichnet sich auch der Regenpfeifer durch einen auffallend runden Kopf aus; der Vogel wird daher ebenso wie der Fisch in manchen Gegenden *Kaulkopf* genannt. An einigen Orten kommt auch 'Eulenkopf' als Name des Regenpfeifers vor; in der Schweiz heißt eine Eulenart *Chöppli*[1]. Der Name ist verwandt mit ahd. *cuppa* 'weiblicher Kopfputz' und der weitverzweigten Wortsippe, die an das Wort *Kopf* anknüpft. Als selbständiger Vogelname erscheint die Form *Köpel* in Baldners Vogelb. (1666) S. 55 neben dem Kompositum *Gyfitz Köpel*; beide Ausdrücke beziehen sich hier auf den Goldregenpfeifer (charadrius pluviatilis). Bereits in einer Straßburger Stadtordnung (um das Jahr 1500) begegnet der Name *vivitz kóplin* (Brucker Straßburg. Zunftverordn. S. 258), im Strassburg. Vogelb. (1554) neben *Fifitzkóppel* (V. 354) auch *Reinkoppel* (V. 352). Aitinger Bericht v. d. Vogelstellen (1631) S. 97 giebt den Namen in abweichender Lautform: "Von dem grawen Kybitz vnd Brachvôgeln ſo Geſnerus Triel oder Griel / etzliche Pulurer vnd *Kópffle* nennen".

Das von Aitinger erwähnte Synonymon *Pulurer* ist als Name des Goldregenpfeifers schon im 16. Jh. öfters belegt. Longolius Dialog. de avibus (1544) gibt das Wort in der Form *Puluier*, Turner Avium hist. (1544) S. G 6a als *Puluer*. Gesner, der den Vogel nur aus Abbildungen kennt, reproduziert (S. 614) die Namen, die er bei seinen Vorgängern gefunden. Der Ausdruck *Pulu(i)er* ist eine Umbildung des gleichbedeutenden französichen Namens *pluvier* (= lat. *pluvialis*), der in unveränderter Form bei Junius Nomenclator (1581) S. 59a (*Puluier*, *Pluuier*

1 Staub-Tobler III, 405.

B. et G. [= batavice et gallice]) und Hohberg Adel. Land-Leben (1687) II, 638 Kap. CXV (der *Pluvier* oder *Pulvier*) bezeugt ist. Eine andere Variante, die auf frz. *pluviers* zurückgeht, ist *Pülroß* bei H. Sachs Regim. der Vögel (1531) V. 79, *Pulros* (neben *Puluier*) bei Eber und Peucer Vocab. (1552) S. F 6 b.

Sehr dehnbar ist der Ausdruck *Brachvogel* (vgl. S. 59), den Schwenkfeld Ther. Sil. (1603) S. 317 als die schlesische Bezeichnung des Goldregenpfeifers bezeichnet[1]. In diesem Sinne wird das Wort auch in der Angenehmen Land-Lust (1720) S. 345 ("der *Brachvogel*, den man in Franckreich Pluvier nennet"), in Zorns Petino-Theologie (1743) II, 425 und Frischs Vorstellung der Vögel XII, B 2a angeführt. Heute wird der Goldregenpfeifer in Lübeck *Brakvagel*[2] genannt, in Preußen *Brachvogel*[3] oder *Brachhuhn*[3], in Luxemburg *Brôchhong*[4]; ein ähnlicher Ausdruck ist *Saat Hüner* in Döbels Eröffn. Jägerpr. (1746) S. 51. — Da der Vogel ungefähr die Größe einer Turteltaube hat, wird sie auch *See-Taube* (bei Schwenkfeld a. a. O.) genannt; aus den hübschen gelben Flecken, womit die Oberseite dieses Regenpfeifers bedeckt ist, erklärt sich der Name *Goldschnepfe* (bei Popowitsch Versuch (1780) S. 160) sowie die wissenschaftliche Artbenennung.

In Deutschland wird der Goldregenpfeifer nur in den nördlichen Gebieten wie Hannover, Holstein, Ostpreußen als Brutvogel angetroffen und erscheint in übrigen Teilen des Landes bloß auf der Wanderung im Frühjahr und Herbst, vgl. Naumann-Hennicke VIII, 24.

Auch der Kibitzregenpfeifer (charadrius squatarola) ist ein nordischer Vogel, der nur auf dem Durchzuge nach wärmeren Ländern in Deutschland erscheint. Schwenkfeld, der in Ther. Sil. (1603) S. 316 ihn unter den Namen *Eine Brach Amsel / groſſer Brachvogel / grawer Gyfitz* erwähnt, giebt an, daß der Vogel in Schlesien nur höchst selten gesehen wird.

Häufiger sind von den charadrius-Arten der Halsbandregenpfeifer, der bei Schwenkfeld S. 281 *Sandvogel* heißt, und der Flußregenpfeifer, der a. a. O. S. 282 *Tullfiß* genannt wird.

---

1 "proprie et simpliciter *Brachvogel*" a. a. O.

2 Korrespondenzbl. f. ndd. Sprachf. XVI, 83.

3 Frischbier I, 101. — 4 Wb. d. Luxemburg. Mundart 46.

Dieser Ausdruck, der schon bei H. Sachs Regim. der Vögel (1531) V. 178 als *Dulfist* m. begegnet, ist wohl aus einem mhd. **tollfüeze* 'Dickfuß' (vgl. bair.-schwäb. *Dollfueß*, *Dullfueß* 'angeschwollener Fuß') zu erklären; den Regenpfeifern sind die dicken Fußgelenke charakteristisch. Sonst ist der mit diesen Vögeln nahe verwandte Triel als *Dickfuß*, *Dickknie* (engl. *thickknie*) bekannt, s. S. 267. — Unklar ist das luxemburgische Dialektwort *Paketinchen*[1] m. 'Flußregenpfeifer'; der Ausdruck *Wâkeläfer*[1] m., der in Luxemburg den Halsbandregenpfeifer bezeichnet, bedeutet eigtl. 'Kiesläufer' (von *Wâk* 'kleiner rundlichter Stein').

Mit den Regenpfeifern verwandt sind der an Meeresküsten wohnende **Steinwälzer** (srepsilas interpres), von Reyger a. a. O. S. 21 *Grünschnäbler* genannt, und der an der Nord- und Ostseeküste häufige, sonst aber in Deutschland seltene **Austernfischer** (haematopus ostralegus), *Augstermann* (Klein Hist. avium prodr. (1750) S. 23) oder *Austerndieb* (Reyger Verbess. Hist. der Vögel (1760) S. 24). Die Holländer nennen diesen Vogel *Mathoen* (bei Junius Nomenclator (1581) S. 58a: Haematopus *Mathoen* quasi haemathoen, a ſanguineis cruribus), d. i. wohl 'Wiesenhuhn', vgl. *Mattknillis*, *Mattkern* S. 297 f. Der in Preußen vorkommende Ausdruck *Türkischer Kiwit*[2] (d. h. Kibitz) zeigt, daß der Vogel dort den Eindruck eines Fremdlings macht.

Schnepfenvögel, Scolopacidae.

Schnepfe, scolopax.

Ahd. snëpfa: Sg. Nom. — *snepfa* ficetula: cod. SGalli 242, 248b. cardolus: cod. Parisin. 12269 f. 58b. H. S. XIa 2. b. c. *snepha*: cod. SGalli 299, 26. Versus de volucr. Gll. Salom. a 1. *sneppha*: cod. Selestad. f. 110a. Clm. 14689 f. 47a. *snefpha* ficetula. et onocratula: cod. Vatic. Reg. 1701, 2b. *sneppa*: cod. sem. Trevir. R. III. 13, 106a. cod. Parisin. 9344 f. 42b, *senppa*: cod. Berol. Ms. lat. 8° 73, 124a. *seneffa* ficitulę auis quedam: Hieronymi libri contra Jovianum II p. 330: cod. mon. herem. 32, 201. *finieffa*: H. S. XI g. *snepho*: H. S. III, 17. XIa 2: Clm. 2612, 73a. — Akk. — *snepha* onocrotalum: Anhang zum alten und neuen Testament: Leviticus 11, 18: Clm. 14747, 96b.

Es ist zweifelhaft, ob die angeführten althochdeutschen Belege alle sich auf das Schnepfengeschlecht beziehen, oder

1 Wb. d. Luxemburg. Mundart 326. 473. — 2 Frischbier I, 366.

ob die mit *ficedula* glossierten Belege ein ahd. *snèpfa* 'Fliegenfänger' enthalten, welches mit unserem Worte zusammengeflossen ist; vgl. S. 142. Jedenfalls wurde das lateinische 'ficedula' — wohl gerade durch die Verwechslung der beiden deutschen Vogelnamen — schon im 13. Jh. als Schnepfe verstanden, wie aus Albertus Magnus De animalibus S. Y 1a zu ersehen ist.

Die im ahd. *snëpfa*, mhd. *snëpfe* vorliegende Namensform ist nur dem deutsch-niederländischen Sprachgebiet eigen, vgl. mnd. *snëppe*, *snippe*, nndd. *sneppe*, mndl. *snëppe*, *snippe*, nndl. *snep*, *snip*. Dän. *sneppe* (älter *snippe*) und schwed. *snäppa* sind niederdeutsche Lehnworte[1]; die echte nordische Benennung liegt vor in anord. *mýri-snípa* (in den Glossen der Snorra-Edda), norweg. *snipa*, isländ. *snipa*. Damit übereinstimmend ist mittelengl. *snípe* (neuengl. *snipe*), dessen einheimischer Ursprung wohl ohne Grund angezweifelt wird. Im Angelsächsischen ist das Wort nicht belegt; dafür findet sich die Bildung *snîte*[2] (spärlich bezeugt). Die aufgezählten Namensformen, deren lautliches Verhältnis zu einander sich nicht recht bestimmen läßt, sind offenbar Varianten eines alten germanischen Namens, welchen die Schnepfe wegen des auffällig langen Schnabels erhalten hat (vgl. mnd. *snippe* 'Schuhschnabel', *sneppel* 'Schnipfel', *snibbe* 'Schnabel', nndl. *snippe*, *snip* 'Zipfel', *sneb* 'Schnabel', norweg. dial. *snipa* 'Schnabel' usw.). Auch synonyme Namen in anderen Sprachen haben in diesem charakteristischen Merkmal des Vogels ihren Ausgangspunkt: frz. *bécasse* (zu *bec* 'Schnabel'), sloven. *kljunač* (zu *kljun* 'Schnabel') usw. Das Geschlecht des deutschen Wortes ist in Übereinstimmung mit den englischen und nordischen Formen meistens feminin. Seltener wird der Name maskulinisch angewendet; im Mittelhochdeutschen begegnet *der snëpfe* (in den Minnesingern herausg. von v. d. Hagen III, 91 b), im Althochdeutschen *snëpfo* in Heinrichs Summarium.

Die heute mit dem Namen **Waldschnepfe** (rusticola) allgemein bekannte Art führt schon im Angelsächsischen den Namen

---

1 Aus dem Deutschen ist der Name als *sgnep(pa)* auch ins Italienische übernommen.

2 Noch in Dialekten erhalten geblieben, s. Swainson The Folklore S. 192.

wudu-sníte (= Waldschnepfe). Longolius Dialog. de avibus (1544) nennt den gleichbedeutenden Ausdruck *Holdtſnepff* (= *Holtzſnepff* bei Turner Avium hist. (1544) S. E 4a), bei Gesner Hist. avium (1555) S. 487 *Waldschnepff / Holtzschnepff*, Schwenkfeld Ther. Sil. (1603) S. 329 *Schnepffe / Schnep Hun / Puſch Schneppe / Wald Schneppe / Holtz Schneppe / Berg Schneppe /*; in den Arbeiten späterer Schriftsteller gewöhnlich *Waldschnepfe*. Aus der älteren Literatur Steiermarks wird von Unger-Khull S. 580 das Synonymon *Stockschnepfe* (d. h. Waldschnepfe) angeführt. Wegen des eigentümlichen Gesichtes mit den hoch am Scheitel stehenden großen Augen hat der Vogel in Sulzmatt (Elsaß) den Namen *Totenkopf*[1] bekommen.

Bekassine, gallinago scolopacina.

Die *Sumpfschnepfen*, gallinago (im Altnordischen *mýrisnípa*) werden im Vocabularius optimus XXXVII, 53 (Ed. Wackernagel S. 42) mit dem Namen *rietsnepfe* bezeichnet, darauf *rietschnepff* in einem Vocab. v. J. 1468 bei Diefenbach Nov. glossar. S. 173a, in den von v. d. Hagen herausgegebenen Minnesingern III, 91b *der snepfe in deme riede*; im 16. Jh. begegnet *Rietſchnepff* (neben *Schnepffhůn*) bei Gesner Hist. avium S. 485, nach Martin und Lienhart II, 503 ist der Ausdruck *Riedschnepfe* heute im Elsaß üblich. Eine synonyme Benennung ist *Pfuhlschnepf* in Spangenbergs Ganskönig V. 129, *Ried-Pfuhl-Puhl-Schnepffe* in Döbels Eröffn. Jägerpr. (1746) S. 71; in Preußen *Pfuhlschnepfe*[2] (= scolopax media), ndl. *poelsnip* (bei Junius (1581) S. 57b *Poelsnippe*). In Luxemburg werden Sumpfschnepfen *Brôchschnepp*[3] f. (Brachschnepfe) genannt; *Bruchschnepfflin* bereits bei H. Tragus im 16. Jh., vgl. unten. Mehrdeutig sind *Waſſerhünle* bei Gesner, *Waſſerhünlin*, *Waſſerſchnepfe* bei Schwenkfeld a. a. O.

Die gewöhnlichste von den drei Sumpfschnepfenarten ist gallinago scolopacina, die mit dem Namen *Beckasine* (aus frz. *béccasine*) bekannt ist. Zuerst ist das Fremdwort in Zorns Petino-Theologie (1742) I, 593 belegt: "die im Graß liegende *Riett-Schnepffen* oder *Pegaſins*". Nach Klein Hist. avium prodr. (1750)

1 Martin-Lienhart I, 461. — 2 Frischbier II, 140.
3 Wb. d. Luxemburg. Mundart 517.

S. 100 und Reyger Verbess. Hist. der Vögel (1760) S. 101, die den Namen noch nicht als einheimisches Wort betrachten, ist dieser aus den Kreisen der Jäger ausgegangen: "Von den Jägern wird sie [die Heerschnepfe] inſonderheit *Beccaſſe* und von den Schriftstellern *Capella coelestis* genannt". In der angeführten Namensform (frz. *bécasse*) hat sich das Fremdwort in einzelnen Mundarten eingebürgert, vgl. preuß. *Beckas*[1] m., luxemburg. *Begeisjen*[2] f. Adelung (1774) I, 690 bucht die Form *Beckasine*. — Das von Klein und Reyger erwähnte lat. *capella coelestis* ist eine Übersetzung des in Mundarten verbreiteten Ausdrucks *Himmelgeiß* oder *Himmelsziege*. Die auffällige Benennung verdankt der Vogel den meckernden Tönen, die er beim Balzflug durch Vibrieren der Schwanzfedern hervorbringt. Diese seltsam klingenden, zitternden, knurrenden Laute, welche Voigt mit einem lachenden 'Huhuhu', Naumann mit einem möglichst schnell gesprochenen 'Dudududu' vergleicht, erinnern in so auffallender Weise an das Meckern von Ziegen und Schafen oder an das Wiehern von Pferden, daß der Vergleich mit diesen Tieren gleich wie von selbst sich einstellt. Daher erklärt sich die über die verschiedenen Sprachen sich erstreckende Übereinstimmung in Benennungen des Vogels, welche auf diesem Vergleich beruhen: dän. *horsegjøg*, *hingstefugl*, norweg. *horsebukk*, *mækregauk*, schwed. *himmelsget*, frz. *chevrelle*, *chèvre céleste*, lit. *perkuno ożŷs* 'Donnerziege', russ. *barašekŭ* usw.

Ein alter germanischer Name dieser Art ist vorhanden im ags. *hæferblǽte* (älter *hæfreblete*). Der zweite Teil des Kompositums ist abgeleitet von *blǽtan* 'blöken', das erste Glied enthält einen alten aus indogermanischer Zeit her ererbten Namen des Bocks, der im Angelsächsischen als *hæfer*, im Altnordischen als *hafr* bezeugt und mit lat. *caper*, cymr. *caer-iwrch* 'Rehbock', griech. κάπρος 'Eber' urverwandt ist. Eine Entsprechung dieser angelsächsischen Bildung ('Bockblöker, Bockmeckerer') ist auf dem Kontinent der in Mecklenburg und Lübeck übliche Name *Hawerblarr*, *Hawerblâr*[3] (zu *blarren* 'meckern, blöken'). Eine

1 Frischbier I, 59. — 2 Wb. d. Luxemburg. Mundart 23.

3 Vgl. Schiller Zum Tierbuche I, 8 und Korrespondenzbl. f. ndd. Sprachf. XVI, 83.

größere geographische Verbreitung hat die Benennung in der Form *Habergeiß*, deren tautologische Bildungsweise dadurch zu erklären ist, daß das alte Wort *Haber* (im Deutschen nirgends als Simplex bezeugt) bereits unverständlich geworden war. Das erste Zeugnis dieser Namensform findet sich im Vocab. inc. theuton. ante lat. 1482, wo 'onocrotalus' mit *habergeiß* übersetzt wird[1], im 16. Jh. wird sie von Gesner S. 488 unter Berufung auf H. Tragus erwähnt: "Hieronymus Tragus inter aues mensis requisitas meminit illarum quae Germanice dicantur *Bruchschnepfflin oder Habergeißlin*". Heute ist der Ausdruck *Habergeiß*[2] als Bezeichnung der Schnepfe im Elsaß verbreitet. In anderen süddeutschen Mundarten kommt das Wort nur in übertragenen Bedeutungen vor, so in Tirol, Kärnten, Steiermark als Bezeichnung von Eulen oder als Name eines gespenstischen Wesens[3]. Diese Bedeutungsentwicklung erklärt sich daraus, daß die meckernden Töne des Vogels abergläubische Vorstellungen hervorriefen und dem Namen Habergeiß einen unheimlichen Klang verliehen. — Eine hessische Variante des Vogelnamens ist *Hudergeiß*, *Huidergeiß*[4], das sich an das Verbum *hudern*, mit dem das Wiehern der Pferde ausgedrückt wird, anschließt. In Pommern und Mecklenburg entspricht dem hochdeutschen *Habergeiß* die der niederdeutschen Mundart angebrachte Form *Haverzeg*[5] (= Haberziege). Eine andere Variante, die den unverständlichen ersten Teil des Namens durch das entsprechende moderne Synonymon wiederholt, ist *Haowrbuck* in Altmark[6] = *Haberbock* in Preußen[7]; ostfries. *Bäferbuk*[8]. Dem mittel- und niederdeutschen Sprachgebiet eigen sind die Namensformen *Himmelgeiß* und *Himmelsziege*. Gesner a. a. O. S. 234 kennt *Himmelgeiß* aus Frankfurt am Main, Schwenkfeld Ther. Sil. (1603) S. 330 nimmt *Himels Ziege* und *Himels Geiß* als schlesische Worte in Anspruch; darauf *Himmels-Ziege* in Döbels Eröffn. Jägerpr. (1746) S. 71 und in Kleins Hist. avium prodr. (1750) S. 100. Heute gilt auch *Hiəmelssiege*[9] in Westfalen, *Himelszêge*[10] in Göttingen und

1 S. Diefenbach Glossar. S. 396c. — 2 Martin-Lienhart I, 237.

3 Vgl. z. B. Frommann D. Mundarten II, 513. V, 445, Schmeller-Frommann I, 1034, Unger-Khull 317. — 4 Vilmar 177. — 5 Schiller a. a. O.

6 Danneil 78. — 7 Frischbier I, 262. — 8 Jb. f. ndd. Sprachf. XI, 111.

9 Woeste 102. — 10 Schambach 82.

Grubenhagen, *Himmelsziege*[1] in Preußen und in Thüringen[1]; aus der Schweiz wird *Himmelsgeiß*[2] als Name des Wachtelkönigs angegeben. — Andere Varianten dieser vielverzweigten Benennung sind *riedgaiß* in zwei Vokabularen des 15. Jhs. (Diefenbach Nov. glossar. S. 173a) und *Mosbock* in Baiern.

Kleine Schnepfe, scolopax gallinula.

Im Vergleich mit der gemeinen Bekassine ist die kleine Sumpfschnepfe in Deutschland ein seltener Vogel; doch ist nachgewiesen worden, daß sie in allen Gegenden, wenn auch vereinzelt, als Brutvogel vorkommt, vgl. Naumann-Hennicke IX, 196. Die erste Nachricht von dieser Schnepfenart findet man bei Longolius Dialog. de avibus (1544) S. F 3a, wo sie mit dem Namen *Hårſnepff* als in Holland heimisch erwähnt wird. Gesner Hist. avium (1555) S. 487 wiederholt den von Longolius gebrauchten Namen, fügt aber hinzu, daß einige den Vogel auch *Herrschnepff* nennen. Eber und Peucer Vocab. (1552) S. F 4 schreiben *Harſchnepff*, Schwenkfeld Ther. Sil. (1603) S. 330 *Heer Schnepff*, Junius Nomenclator (1581) S. 57 *Haarſchnepff*, so auch Döbel Eröffn. Jägerpr. (1746) S. 71. Bei Klein Hist. avium prodr. (1750) S. 100 ist ein Unterschied gemacht worden zwischen der *Haar-Schnepffe*, d. i. der kleinen Schnepfe und der *Heer-Schnepffe*, d. i. der gemeinen Bekassine. Die ersterwähnte Benennung soll auf die schmalen haarartig feinen Federn der kleinen Sumpfschnepfe sich beziehen; die Namensform *Heerschnepfe* (bezw. *Herrschnepfe*) erklärt Klein in Übereinstimmung mit Gesner und Schwenkfeld als "dominorum et nobilium gallinago". Popowitsch Versuch (1780) S. 184 beanstandet die Schreibung *Haarſchnepfe*, "den der Namen kômmt nicht von *Haar*, sondern von *harren*, weil diese Schnepfe sitzen bleibt, wenn man ſich ihr nåhert"; daher solle man *Harrſchnepfe* schreiben. Nach Adelung II, 869, der den von Klein gemachten Unterschied akzeptiert, hat die *Heerschnepfe* den Namen daher, weil sie in Scharen oder Heeren ihre Züge anstellt oder sie ist nach ihrem hohen Fluge *Hehrschnepfe* benannt worden; beide Deutungen beruhen jedoch auf unrichtigen Voraussetzungen. Das

1 Frischbier I, 289 und Hertel 119. — 2 Staub-Tobler II, 462.

Richtige trifft ohne Zweifel Heyne mit seiner in Grimms Wb. IV, 2, 37 ausgesprochenen Vermutung, daß die ursprüngliche Lautform des Namens **hor-snëpfa* d. h. Sumpfschnepfe gewesen sei. Die Richtigkeit dieser Annahme wird bewiesen durch die Entwicklung (bezw. Umdeutung) von ahd. *horgans* 'Wasserhuhn' zu spätmhd. *hargans*, *hergans*, nhd. *Heergans*; vgl. auch *Heervogel* 'Wiedehopf' S. 14. Der Ausdruck *Hårbull*[1], welcher in Mecklenburg von der kleinen Sumpfschnepfe, bei den Wakenitzfischern von dem Bläßhuhn und bei den Wismarer Fischern von dem kleinen Taucher gilt, ist eine Umdeutung von *Horbel*, das aus ahd. **horwil*(*a*) (zu ahd. *horo*, *-wes* 'Schlamm, Sumpf') entstanden ist. Vgl. S. 306.

Auffällig klingt die Benennung *Pudel-Schnepffe*, die Klein Hist. avium prodr. (1750) S. 100 unter den Synonyma für die kleine Schnepfe erwähnt; vielleicht liegt hier eine Umbildung des ndd. *Pohlsneppe* (d. i. Pfuhlschnepfe) vor. Der Ausdruck *Rohrſchnepfe* wird nach Popowitsch Versuch S. 184 sowohl von der gemeinen Bekassine wie von der kleinen Sumpfschnepfe gebraucht. Eine ähnliche Bildung ist der in älteren steirischen Quellen vorkommende Name *Sacherschnepfe*[2], der aus *Saher* (ahd. *sahar*) 'Schilf, Riedgras' zu deuten ist.

In Schwaben wird die kleine Schnepfe *Bocker*(*lein*)[3], in Österreich und Steiermark *Bockerl*[4] n. (d. h. Böcklein) genannt. Den Namen kann man nur als deminutive Ableitung von einer Benennung der Bekassine ([Haber-] *Bock*) verstehen, denn die Stimme der kleinen Schnepfenart ist nicht, wie die der verwandten Art, ziegenartig meckernd. Nach Naumann läßt die kleine Schnepfe nur ausnahmsweise schwache ätsch-Laute hören, manchmal hört man von ihr auch einen hohen scharfen Pfiff. Mit Rücksicht auf diesen letzteren Ton darf man vielleicht in der Benennung *Pfeiferschnepfe*[5], die aus der älteren Literatur Steiermarks angeführt wird, die kleine Sumpfschnepfe vermuten. Die Ausdrücke *die Stumme* oder *Stummschnepfe*, welche in Jägerkreisen bekannt sind, erklären sich wohl daraus, daß der Vogel dem Jäger

1 Schiller Zum Tierbuche I, 9. — 2 Unger-Khull 514.
3 Fischer I, 1250.
4 Popowitsch Versuch S. 184 und Unger-Khull 97.
5 Unger-Khull 75.

seinen Versteckplatz durch die Stimme nicht meldet, sondern stumm bleibt. In Preußen lautet der betreffende Name *Stumpfschnepfe*[1] (wohl zu ndd. *stump* in der Bedeutung 'dumm'). Da die kleine Sumpfschnepfe außerordentlich fest liegt, heißt sie bei deutschen Jägern auch die *Filzlaus*[2]; die Franzosen nennen sie wegen dieser Eigenschaft *la sourde* (die taube Schnepfe). — Dem schwankenden lautlosen Fluge, der nach Naumann-Hennicke IX, 197 dem der Fledermäuse erstaunlich gleich ist, verdankt der Vogel den in Preußen vorkommenden Namen *Fledermaus*[3]; übrigens erinnert auch seine ganze Lebensart an die Fledermäuse. Aus den Jägerkreisen hervorgegangen, wie alle diese Namen, ist ohne Zweifel auch ndd. *Mûsken*[4] (d. h. Mäuschen); der Vergleich ist durch die Kleinheit des Vogels veranlaßt. Die Luxemburger nennen ihn *Fengschnepp*[5] d. i. feine Schnepfe (frz. *fin* > eifel. *feng*).

Große Schnepfe, gallinago major.

Die große Sumpfschnepfe liebt das Wasser weniger als die anderen Arten; sie liegt gerne im kurzen Grase der feuchten Wiesen. Ihr gebührt eigentl. der Name *Graßſchnepff*, den Gesner Hist. avium S. 487 der kleinen Art beilegt. Popowitsch Versuch S. 162, der den Ausdruck *Graſeſchnepfe* mit der richtigen Bedeutung angibt, nennt als österreichisches Synonymon *der Wieſenſchnepf*; auch in Steiermark wird die große Schnepfe *Wiesenschnepfe*[6] genannt. Eine andere steirische Benennung ist *Moosschnepfe*[6]; *der Moßſchnepf* in der Angenehmen Land-Lust (1720) S. 232. Unklar ist steir. *Tscharker*[6] mit gleicher Bedeutung.

In der Jägersprache unterscheidet man die große Sumpfschnepfe als die *Mittelschnepfe* (schon bei Döbel Eröffn. Jägerpr. (1746) S. 71) oder die *Doppelschnepfe* (*Duppel-Schnepfe* bei Klein Hist. avium prodr. S. 99) von der gemeinen und der kleinen Schnepfe, von denen die letztere auch *Halbschnepfe* (frz. *le deux*

---

1 Frischbier II, 385. — 2 Naumann-Hennicke IX, 199.
3 Frischbier I, 196. — 4 Korrespondenzbl. f. ndd. Sprachf. XVI, 86.
5 Wb. d. Luxemburg. Mundart 106.
6 Unger-Khull 178. 465. 633.

pour un bei Nemnich Polyglottenlexicon II, 1254) heißt. Der Ausdruck *Doppelschnepfe* wird aber auch von der gemeinen Schnepfe gebraucht.

Großer Brachvogel, numenius arquatus.

Der Ausdruck Brachvogel, dessen älteste Belege an anderem Orte bereits mitgeteilt sind, wird infolge des dehnbaren Charakters des Wortes von mehreren verschiedenen Vögeln angewendet; in der heutigen Schriftsprache werden darunter jedoch meistens die numenius-Arten verstanden. Bei Gesner Hist. avium (1555) S. 215, wo *Brachvogel* im Sinne von numenius arquatus für die Gegend um Oppenheim bezeugt wird, werden als Synonyma *Regenuogel*, *Winduogel*, *Wetteruogel* angeführt; dazu *Gewittervogel* bei Popowitsch Versuch S. 175 nach Halle zitiert. Von diesen Benennungen sind *Regenvogel* und *Wettervogel* heute im Elsaß üblich; die erstere begegnet hier bereits in Straßburger Stadtordnungen des 15. Jhs. (Brucker Straßburg. Zunftverordn. S. 187. 258. 266), dann in Baldners Vogelb. (1666) S. 21. Die Namen hat der Brachvogel, weil er für einen besonders sicheren Wetterpropheten angesehen wird; ertönt sein wohlklingender Ruf in der öden Moorlandschaft, so darf man auf Regenwetter gefaßt sein. Daher hat der Brachvogel viele Namen mit den Regenpfeifern gemeinsam. In Ostermanns Vocab. (1591) S. 332 wird *Regenvogel* als Synonymon mit *Giwitz* angeführt, und die in Niederdeutschland üblichen Ausdrücke *Regenwölp* (in Mecklenburg), *Regengülp*[1] (auf Wangerog), *Tütewelp*, *Tütewelle*[2] (im Münsterlande) gelten nicht nur vom Brachvogel, sondern auch von den Regenpfeifern, vgl. S. 269.

In Preußen heißt der Brachvogel *Gîtvogel* und *Gütvogel* = *Jütvogel*[1] in der Mark Brandenburg, *Gütfûgel*[1] auf Wangerog. Frischbier I, 235 erklärt den Namen aus dem Geschrei des Vogels, das 'gît, gît' lauten soll. Diese Deutung ist kaum richtig. Die niederdeutschen Dialektworte sind offenbar identisch mit synonymen Ausdrücken in hochdeutschen Mundarten: *Gießvogel*[3] in Steiermark, schles. *Geißvogel* bei Schwenkfeld Ther. Sil. (1603)

1 Schiller Zum Tierbuche III, 19.

2 S. Korrespondenzbl. f. ndd. Sprachf. XVI, 86.

3 Unger-Khull 292.

S. 315 und dem Wiener Dialektworte *Goiser* bei Popowitsch (1780) S. 175. Die gemeinsame Grundform dieser offenbar umgestalteten Varianten ist nicht mit Sicherheit zu erreichen. Unklar ist auch der gleichbedeutende Ausdruck *Giloch* bei Schwenkfeld a. a. O., sowie schweizer. *Grûser* m. bei Staub-Tobler II, 812.

Am Bodensee führt der Brachvogel den Namen *Grüel*[1]; daraus scheint das Synonymon *Moosgrille*, das Voigt Excursionsbuch S. 233 aus dem Dachauer Moos und den Gegenden an der Amper kennt, umgedeutet zu sein. Neben der Benennung *Grüel* erscheint eine einfachere Namensform *Grúy* bei Gesner Hist. avium S. 215. Wenn dieser Name auf onomatopoietischer Lautbildung beruht, so müßte ihm der von Naumann-Hennicke IX, 146 beschriebene kreischende Angstruf 'Kråh' oder 'Krůh' zugrunde liegen. An Entlehnung aus dem frz. Worte *grue* 'Kranich' darf man wohl kaum denken, obgleich der Vogel in Deutschland auch 'Kranichschnepfe' heißt (s. unten). Offenbar ist *Grüel* identisch mit dem Worte *Griel* (S. 268), das als Name des Triels bezeugt ist; auch in Frankreich ist *courli* eine gemeinsame Bezeichnung für den Brachvogel und den Triel.

Der gewöhnliche Ruf des Brachvogels ist ein wohllautender, flötend klingender Ton, den Voigt a. a. O. S. 234 mit 'tloiht' bezeichnet; daraus ist die in der Schweiz vorkommende Benennung *Louis*[1] geworden.

Auf den sensenartig gekrümmten langen Schnabel zielen die Namen *Sichler* und *großer Feldmäher* bei Reyger Verbess. Hist. der Vögel (1760) S. 112. Denselben Ausgangspunkt hat auch der Ausdruck *Keilhaken* oder *Keilhacke*, worin man die Umgestaltung eines alten Vogelnamens hat sehen wollen. Nach Frisch Vorstellung der Vögel XII, C 2b nennen "die Hallorum oder Salzſieder im Magdeburgiſchen dieſen Schnepfen *Keilhacke*, weil der Schnabel einen Bergwerck-Inſtrumente, oder einer langen bogigt gekrůmmten Hacke åhnlich, welche dieſen Namen fůhret". — Der Name, welchen Nemnich mit der umgestalteten Nebenform *Heilhacker* in seinem Polyglottenlexikon II, 1252 verzeichnet, begegnet auch bei Döbel Eröffn. Jägerpr. (1746) S. 51: "Von Brach-Vögeln und erſtlich von *Keylhacken*. Es werden ſelbige

1 Staub-Tobler II, 730.

auch *Faſtenſchlyer* genannt". Dieser letzterwähnte Ausdruck bezeichnet den Brachvogel als einen *Fastenvogel*[1], der von den Katholiken auch an Fasttagen gegessen werden darf. Das letzte Glied in dem zusammengesetzten Vogelnamen ist nicht ganz durchsichtig; vielleicht gehört es zu *schlieren* im Sinne von 'lecken, naschen' (*G'schlier* 'Naschwerk'), so daß der Name eigtl. 'Fastenleckeressen' bedeuten würde.

Der große Brachvogel wird zu den Schnepfen gezählt und hat in der luxemburg. Mundart wegen seiner schönen Haltung und beträchtlichen Größe den Namen *Schneppekinek*[2] m. (d. h. Schnepfenkönig) erhalten. Sonst unterscheidet man ihn von den übrigen Schnepfen auch durch die Ausdrücke *Haidschnepfe*[3] in Österreich, *Heidenschnepfe*[3] und *Brachschnepf*[3] in Steiermark. In Mecklenburg und Mark Brandenburg nennt man den Vogel *Krônsnepp*, *Krônschnepfe*[4], d. h. Kranichschnepfe (zu *Krôn* 'Kranich').

Weit seltener als diese größere Art ist der **kleine Brachvogel** (numenius phaeopus), der überhaupt mit demselben Namen benannt wird wie der große. Ein schwäbisches Dialektwort ist *Wirchelen* (bei Schmeller-Frommann II, 998), dessen Ursprung ganz schleierhaft ist.

Pfuhlschnepfe, limosa ferruginea oder lapponica und limosa melanura oder limosa limosa.

Die Heimat der Pfuhlschnepfe ist der hohe Norden, doch sind die beiden europäischen Arten auf der Küste der Nordsee in großer Zahl vorhanden und streichen auch gelegentlich im Inneren Deutschlands umher. Gesner Hist. avium (1555) S. 499 schildert beide Vögel, und zwar knüpft die Schilderung an das Winterkleid derselben an. Den Namen *Polſchnep* oder *Pfulſchnepff* kennt er aus der Küstengegend Norddeutschlands.

Die ostfriesischen Küstenbewohner nennen diese Vögel heute *Grîta* oder *Grêta*[5], im Bremer Land heißen sie *Greto*[6]. Der Name wird schon bei Gesner S. 488 in der Form *Grütte* als

1 Vgl. Schmeller-Frommann I, 773.
2 Wb. d. Luxemburg. Mundart 391.
3 Popowitsch Versuch S. 175 und Unger-Khull 336.
4 Schiller Zum Tierbuche III, 19. — 5 Jb. f. ndd. Sprachf. XI, 111.
6 Vgl. Voigt Excursionsbuch S. 237.

friesisches Wort angeführt. Diese Namensformen gehören eigentlich nur der schwarzschwänzigen Schnepfe (limosa melanura) an, deren Geschrei aus einem dichtgereihten 'Grĕto' besteht[1]. Die Beobachtungen der einzelnen Ornithologen stimmen in diesem Punkte ziemlich genau überein. Altum bezeichnet den Ruf als *Grütto*, Helm als *Gritto*, Sonnemann als *Gretav*, vgl. Naumann-Hennicke VII, 117.

Kampfläufer, philomachus pugnax.

Nach den Angaben bei Naumann-Hennicke VII, 260 ist dieser sonderbare Vogel in der letzten Zeit in Deutschland immer seltener geworden, so daß er jetzt nur in den sumpfigen Gegenden Norddeutschlands, in der Lausitz und in Schlesien als Brutvogel vorkommt. Die Männchen, welche im Frühjahr durch ihre verschieden gefärbten Kragen sich von einander unterscheiden, zeichnen sich besonders aus durch die Kampfspiele, die sie in der Balzzeit veranstalten. Daher der Name *Kampfläufer*.

Klein Hist. avium prodr. (1750) S. 102 schildert den Vogel unter dem in seiner preußischen Heimat üblichen Namen *Kampf-Hänlein*; den Namen *Hauß-Teuffel* bezeichnet er als pommerisch. Dieser Ausdruck, von Popowitsch Versuch S. 566 nach Halle und von Adelung IV, 822 verzeichnet, erklärt sich aus der Sitte, Kampfhähne in der Gefangenschaft zu halten.

Frisch Vorstellung der Vögel (1763) XII D 1b, der den Kampfhahn mit dem Namen *Streitſchnepf* erwähnt, gibt an, daß dieser Vogel in Preußen und angrenzenden Ländern in großer Menge vorkommt. Nach Frischbier Wb. I, 251 wird er heute in Preußen *Grasschnepfe* genannt. Popowitsch scheint den Vogel nicht aus seiner Heimat zu kennen, da er nur angibt, daß der Kampfhahn in Engelland und Ungarn vorkommt. Er schildert ihn unter dem Namen *Streithun* und erwähnt nach Halle das Synonymon *Kampfhun*. Den Ausdruck *Braushahn*, den Adelung und andere Lexikographen buchen, bezeichnet Klein, der die Vögel bei einem Bekannten in Schweden beobachtet hatte, als schwedisch (aus *brushane*); auch auf Helgoland ist *Brûshân*[2] der

1 Vgl. Voigt Excursionsbuch S. 237.

2 Frommann D. Mundarten III, 33.

übliche Name. — In Luxemburg wird der Vogel *Wandmecher*[1], in der ostfriesischen Mundart von Juist — wegen des großen Federkragens — *Ruchhalshahn*[2] genannt. Baldner schildert den Kampfhahn im Vogelb. (1666) S. 65 unter dem Namen *Mattknitzel*, vgl. S. 288.

Wasserläufer, totanus.

Von den sechs verschiedenen Arten europäischer Wasserläufer, welche die heutige Wissenschaft unterscheidet, hat Deutschland drei als Brutvögel; die übrigen Arten kommen als Zugvögel vor. Bereits in den altgermanischen Idiomen findet man einige Benennungen, welche für diese zierlich gebauten hochbeinigen Watvögel in Anspruch genommen werden können.

Der s. g. *Rotschenkel* (totanus calidris oder totanus totanus) wird in Norwegen mit dem Namen *stelk* oder *stilk* benannt, der auf anord. *stelkr* beruht; färöisch und isländ. *stelkur*. Das Wort wird von Falk und Torp Et. ordb. I, 366 s. v. kjeld und II, 283 s. v. stalke mit dän. *stalke* 'mit Stelzenschritten gehen', ags. *stealcian* 'vorsichtig gehen' verbunden und auf die steife Gangart des Vogels bezogen. Der Ausdruck ist aber ursprünglich nicht nur auf die nordische Sprachgruppe beschränkt gewesen, sondern hat früher eine weitere Verbreitung gehabt. Außerhalb der nordischen Sprachen hat der alte Vogelname einen Reflex im ahd. *waȥar-stëlh* hinterlassen, das in einer Glosse aus dem 10./11. Jh. bezeugt ist: *uuazarstelh*[3] Herodii domus alia editio fulice domus: Psalmen 103, 17: Clm. 19440, 120. In das Finnische ist das Wort aus dem Nordischen als *telkkä* übernommen worden.

In den Straßburger Quellen des 15./16. Jahrhunderts wird der totanus calidris mit dem Namen *Rotbein* erwähnt; wiederholt begegnen *Rotbein* und *Rotbeinlin* in den Straßburger Zunftverordnungen des 15. Jhs. (Ed. Brucker S. 187. 226. 229. 258. 266), im 16. Jh. *Rothbein* im Strassburg. Vogelb. v. J. 1554, V. 346, *Rotbein* bei Gesner Hist. avium S. 488 (als Straßburger Ausdruck). Baldner unterscheidet im Vogelb. (1666) den totanus calidris als *grohes Rothbeinel* (S. 59) vom totanus fuscus, den er

1 Wb. d. Luxemburg. Mundart 474. — 2 Jb. f. ndd. Sprachf. XI, 117.

3 Die Glosse braucht demnach nicht, wie Steinmeyer Ahd. Gll. I, 524[21] meint, in *uuazarstelz* geändert zu werden.

als ein *groß Rothbeinel* (S. 61) erwähnt. Schwenkfeld Ther. Sil. (1603) S. 281 führt *Rottbein*, *Rotfüſſel*, *Waſſerhünlin mit Rotenbeinen* offenbar nach Gesner an, danach auch bei Klein, Reyger, Adelung usw. In heutigen Mundarten ist der Vogel als *Rotfüssel*[1] und *Gelw-Füessler*[1] bekannt. Auf die Stimme des Rotschenkels bezieht sich der Ausdruck *Dûtchen*, welcher auch von Regenpfeifern gilt, s. S. 269. In Mecklenburg hat der Ruf dieser Vögel den Namen *Tülût*[2] hervorgerufen; im Gegensatz zu dem Regenpfeifer, dem *Lütt Tülût*, wird der Rotschenkel *Grôt Tülût* genannt. Andere in Mecklenburg vorkommende Synonyma sind *Blarrvagel*, *Blarrsnepp*[2] (zu *blarren* 'meckern, blöken'), auf Pöl *Rôdbênt Snipp*, *Grôt Snipp*[2]; in Luxemburg heißt der Vogel *Sandpeifer*[3]. Ein Jägerausdruck ist offenbar *Viertels-Grüel*[1] in der Schweiz (vgl. Grüel S. 282).

Von den Wasservögeln, welche Gesner in Hist. avium nach Straßburger Abbildungen beschreibt, ist der "Rhodopos" ohne Zweifel *der punktierte Wasserläufer* (totanus ochropus). Der a. a. O. S. 492 angeführte deutsche Name *Steingállyl* findet sich auch im Straßburg. Vogelb. v. J. 1554, wo die *Steingellelin* (V. 349) mit verwandten Arten erwähnt werden. Baldner Vogelb. (1666) S. 57 gebraucht die Namensformen *Steingall* und *Steingellel*. Der Name, dessen Bildungsweise die gleiche ist wie in dem Worte *Nachtigall* (zu *galan*), läßt sich bis in die westgermanische Periode zurück verfolgen; der deutschen Benennung entspricht im Angelsächsischen *stán-gella* (in den Glossen bei Wright-Wülcker Vocab. 287, 10 und in Spelmans Psalter 101, 7), vgl. *giellan* 'schreien'. Wegen der Glossierung mit *pelecanus* darf die Bedeutung des ags. Vogelnamens nicht als 'Pelikan' angesetzt werden[4]; das lateinische Literaturwort wurde, da man für den fremden Vogel keinen Namen hatte, mit Bezeichnungen einheimischer Wasservögel wiedergegeben (mit *dúfedoppe* in den Lamb. Psalmen; mit *wanfóta* bei Wright-Wülcker a. a. O.). — Das luxemburgische Synonymon *Kublan*[5] ist = frz. *cul-blanc* (d. h. Weißarsch).

Der *Grünschenkel* (totanus glottis oder littoreus), der in

1 Staub-Tobler I, 1096. II, 730. — 2 Schiller Zum Tierbuche II, 17.
3 Wb. d. Luxemburg. Mundart 370.
4 Wie z. B. bei Whitman The Birds of Old Engl. Literature XXXVIII, 2, Sweet The Stud. Dict. u. a. — 5 Wb. d. Luxemburg. Mundart 252.

Deutschland auf dem Durchzug ziemlich häufig ist, hat seinen wissenschaftlichen Namen *glottis* Gesner zu verdanken, der den Vogel in Hist. avium S. 489 beschreibt und den von Lukas Schan gebrauchten Straßburger Ausdruck *Glutt* mit einem von Aristoteles gebrauchten Vogelnamen γλῶττις in Zusammenhang bringt: "quod *Glutt* nominant, quasi glottidem." Alle Zeugnisse des Namens führen nach Straßburg. Hier begegnet er wiederholt in den Stadtordnungen des 15. Jhs.: *Sluten* (pro *Gluten*) im J. 1425, *Gluten* im J. 1449 u. 1459, *Glůtten* im J. 1449, *Glut* 15/16. Jh., *Glutte* 15. Jh. (Brucker Straßburg. Zunftverordn. S. 183. 188. 226. 229. 258. 266); im 16. Jh. *Glůten* im Strassburg. Vogelb. v. J. 1554 V. 362, im 17. Jh. *Gluth*, *Glute* in Baldners Vogelb. S. 58. Nemnich Polyglottenlexicon I, 1680 hält den Grünschenkel für eine fulica-Art (fulica fistulans) und stellt das Vorkommen desselben in Deutschland und im Elsaß (an den Flüssen und Teichen) fest. Die Angaben bei Nemnich gehen auf Buffon zurück, nach dem er auch frz. *le glout*[2] als Namen des Vogels verzeichnet; eine deutsche Benennung ist nicht angegeben. Der Ausdruck *Glut(te)* ist nicht ganz durchsichtig. Da auf Helgoland ein Synonymon *Jûliût*[3] lautet, so darf man vielleicht die Namen für onomatopoietische Bildungen halten.

Unter den von Gesner behandelten Wasservögeln, die ihm aus den genannten Straßburger Abbildungen bekannt sind, gehört der S. 495 als grünschenkelig beschriebene *Mattknillis* wahrscheinlich zu den totanus-Arten; es scheint damit eine Variation von totanus ochropus oder totanus littoreus gemeint zu sein. *Mackbiliß* im Strassburg. Vogelb. v. 1554 V. 346 muß mit dem von Gesner genannten Namen identisch sein. Schwenkfeld Ther. Sil. (1603) S. 282 gibt die Namen *Mattknillis* / *Grűnfűſſel* im Anschluß an Gesner, danach bei Klein hist. avium prodr. (1750) S. 101 *Grűnbeinlein*, *Grűn-Fűſſel*, *Mattkuillis*. Den Druckfehler im letzteren Worte hat Reyger von Klein übernommen. Aus den Werken der genannten preußischen Ornithologen ist das Straßburger Dialektwort in das Preußische Wörterbuch von

1 Die Laute des Vogels klingen verschieden, s. Voigt Excursionsbuch S. 244.

2 Buffon hat den Namen *gloutt*, den er als schwedisch angibt, von Linné. — 3 Frommann D. Mundarten III, 33.

Frischbier II, 55 in der Form *Matkrillis* geraten. Eine ganz ähnliche Bildung wie dieser Vogelname ist *Rotknillis* bei Gesner a. a. O. S. 494; nach der Beschreibung zu urteilen, ist damit der Alpenstrandläufer (tringa alpina) gemeint. Auch das Strassburg. Vogelb. v. J. 1554 nennt den *Rothknillis* (V. 348) unter den Wasservögeln. Ein einfaches *Knüllis* findet sich bereits im 15. Jh. in einer Straßburger Stadtordnung (Brucker Straßburg. Zunftverordn. S. 266). Man könnte geneigt sein, die auffälligen Namen aus *knellen* 'schreien' zu deuten und in ihnen dasselbe Suffix zu erblicken, wie in ahd. *ẹlbiʒ* 'Schwan'; aber gleichbedeutende Namensformen, welche mit den vorhingenannten zusammenzuhängen scheinen, geben für die Etymologie andere Anhaltspunkte. In Baldners Vogelb. (1666) erscheint der Name des Alpenstrandläufers S. 65 in der Form *Rothknittzel* und die parallele Bildung *Mattknittzel* ist a. a. O. S. 60 als Name des Kampfhahns bezeugt. Klein, der Baldner als seine Quelle zitiert, schreibt *Rothknuffel* (S. 101). Wenn man diese Varianten zum Ausgangspunkt wählt, so kann *Knitzel* bezw. *Knützel* als eine *ila*-Ableitung aus **knutt-a* aufgefaßt werden und dieses deckt sich mit engl. *knot*(*t*) 'Roststrandläufer, tringa canutus'. Der englische Vogelname, der seit dem 15. Jh. bezeugt ist, ist von Camden Brit. 1586 [1] mit dem dänischen König Knut in Verbindung gebracht und als 'der Knutsvogel' gedeutet worden; man habe diese Vögel nach Knut benannt, weil man glaubte, daß sie aus Dänemark kämen. Diese Annahme ist nicht richtig; wir haben hier vielmehr einen alten germanischen Vogelnamen, der sich an die alten Namen verwandter Wasservögel, *wazarstelh*, *Steingall*, anreiht.

Ob der von Gesner S. 490 erwähnte Wasservogel *Deffyt* zu den totanus-Arten oder zu den Strandläufern zu zählen ist, kann man aus der mangelhaften Beschreibung nicht mit Bestimmtheit schließen. Der nicht sicher deutbare Name erscheint in den Straßburger Stadtordnungen (um das J. 1500) einmal als *defyt* (Brucker a. a. O. S. 258), nachher im Strassburg. Vogelb. (1554) V. 349 *Deffet*. Mit dem Namen könnte auch der **Sanderling** (calidris arenaria) gemeint sein, dessen hoher pfeifender Ton nach Naumann-Hennicke VIII, 179 sich durch die Silbe *pitt* veranschaulichen läßt. Danach wäre *Deffyt* eine ähnliche Bildung wie ndd. *Tiwit* 'Kibitz'.

1 Im NED. V, 2, 743.

Flußuferläufer, actitis hypoleucus oder tringoides hypoleucus.

Unter den öfters erwähnten Abbildungen der zwölf in Straßburg erlegten Watvögel bei Gesner Hist. avium erkennt man in dem S. 493 abgebildeten und beschriebenen *Fyſterlin* den Flußuferläufer. Das Strassburg. Vogelb. v. J. 1554 belegt den Ausdruck V. 347 in der Form *Fiſterling*; in Baldners Vogelb. (1666) S. 66 *Pfiſterlin*. Der Vogelname bedeutet eigentlich 'Bäckerlein'. Wahrscheinlich ist der Vergleich mit einem Bäcker (Pfister) durch die weiße Farbe des Unterkörpers veranlaßt.

In Gesners Hist. avium wird S. 593 ein Vogel abgebildet, der in der Umgebung von Straßburg *Lyßklicker* heißen soll. Nach der beigefügten Beschreibung zu urteilen, ist es der Flußuferläufer. Das Strassburg. Vogelb. (1554) V. 431 führt den Namen in der Form *Leußklúcker* an; bei Golius Onomasticon (1579) Sp. 291 *Steinbicker* / *Leußklicker*. Eine andere Variante findet sich in Ostermanns Vocab. (1591) S. 332: "Cinclus vel cinchlus *Ein Rysklicker* (rectius *Ryesklicker*) Moſellanis, ein *Ryől* auis magnitudine merulae cinerea, collo et pedibus longiusculis, voce acuta ac querula, per crepidines fluminum celerrime curſitans, muſcis, ac piſciculis victitat". Der Name ist nicht ganz durchsichtig.

In Steiermark heißt der Flußuferläufer *Grieshahn*, *Grieshähnl*[1] (d. h. Kies- oder Sandhahn), in Luxemburg *grôe Mattevull*[2] (eigtl. 'Mottenvogel'), *Sizi*, *Sizchen*[2] m., *Zidderchen*[2] m.

Strandläufer, tringa.

Die Strandläufer sind in Deutschland keine seltenen Gäste. Wenn sie von ihrer nordischen Heimat nach dem Süden ziehen, um die Winterquartiere aufzusuchen, erscheinen sie oft in großen Scharen und sind auf den norddeutschen Küsten sehr häufig. Die einzige Art, welche in Deutschland als Brutvogel angetroffen wird, ist der kleine rotgefärbte *Alpenstrandläufer*, der im Elsaß mit dem bereits erwähnten Namen *Rotknützel* oder *Rotknillis* früher benannt wurde[3]. Nach den schwarzen Füßen des Vogels benennt ihn Gesner Hist. avium S. 494 "melanopos"; bei Baldner

1 Unger-Khull 307. — 2 Wb. d. Luxemburg. Mundart 279. 409. 504.
3 Vgl. S. 288.

Vogelb. (1666) S. 65 *Rothknittzel oder Schwartzfüeß*. Vielleicht ist auch die angelsächsische Glosse *wanfóta* (= pellicanus), die bei Bosworth-Toller als 'Schwarzfuß' (*wann* 'schwarz') gedeutet wird, auf unseren Vogel zu beziehen.

PopowitschVersuch S.605f. spricht von einem kleinen Wasservogel, dem *Wasserschnepfchen*, der sich bei der Jagd sehr dumm zeigt; die Österreicher sollen ihn *das Sandlauferl* nennen. Offenbar meint er hiermit den *kleinen Strandläufer* (tringa minuta). Die Benennung *Sandläufer* wird nicht nur von den tringa-Arten, sondern vielleicht noch öfter von den Wasserläufern (totanus) gebraucht; ebenso wird der in Norddeutschland den Strandläufern gegebene Name *Tüt(e)*[1] von verwandten Vögeln angewendet. Auch Bezeichnungen wie *Wasserhuhn* und *Wasserschnepfe* sind mehrdeutig. Vgl. S. 275. 301.

Den **Säbelschnäbler** (recurvirostra avocetta) mit dem aufwärts gebogenen Schnabel beschreibt Baldner in seinem Vogelbuch (1666) S. 61 unter dem Namen *Ueberſchnabel*.

Kraniche, Gruidae.

Kranich, grus cinerea oder grus grus.

Ahd. kranuh: Sg. Nom. — *cranuh* grus[2]: cod. SGalli 913, 204b. *granuh* grux[3]: cod. SGalli 242, 248a. *chranoh*: cod. Vindob. 162, 28d. Carmen de Philomela 23: cod. Vindob. 247, 223a, cod. mus. Britann. Add. 16894, 245a. *kranach*: Lex Alamann. XCIX p. 169, 11: Clm. 4460, 22a. Rotul. comit. de Mülinen Bern. *cranich*: cod. Selestad. f. 109b. Versus de volucr. *chranih*: Clm. 14689 f. 47a. *kranich*: H. S. III, 17. XIa 2. b. e, *cranech*: g, *granich*: b: cod. Admont. 269, 54b. *chranch*: Versus de volucr. grus ł grues: cod. Vindob. 804 f. 185b. — Pl. Nom. — *graniche* (c über g): Vergil. G. I, 120: cod. Selestad. f. 61a.

Komposita. — kranuhhessnabul (Pflanzenname): *cranechesnabl* reumatica: cod. Vindob. 10, 339a. Rotul. com. de Mülinen Bern. *chranehesnabel*: Clm. 2612, 93a, cod. Bern. 722, 1, 2a, *chranchesnabel*: cod. Vindob. 2400, 128b. H. S. IV, 7: cod. Turic. C 58, 98a, XIa 2: cod. Vindob. 2400, 114b, *granescesnabel*: Anhang a: cod. Vindob. 2532, 133b, *chranechesnabel*: H. S. XIa, *cranichesnabel*: b, e, IV, 7, *granichisnabel* (ch über g): cod. mon. herem. 171, 31b. *cranihes snabel* agrimonia . .: Rotul. com. de Mülinen Bern.

---

1 Vgl. z. B. Korrespondenzbl. f. ndd. Sprachf. XVII, 2. 3.

2 Sweet 995 Grus gruis *cornoch* (Steinmeyer).

3 Vielleicht stand doch *grues* (Steinmeyer).

In dem Namen *Kranich* ist uns ein alter indogermanischer Vogelname erhalten geblieben. Die Bildungsweise, die in der deutschen Namensform zutage tritt, ist nur auf westgermanischem Sprachgebiet nachzuweisen: zu ahd. *kranuh* (dazu der Ortsname *Cranahfeld* bei Förstemann Altd. Namenb. II, 422), mhd. *kranech* stimmen mnd. *kranek* (nur im Pflanzennamen *kranekes snavel* belegt), westfäl. *Krânek*, sowie ags. *cranoc*, *cornuc* (die letztere Form vielleicht durch Metathese entstanden, s. Sievers Ags. Gramm.[3] § 179, 1). Wie einfachere Namensformen zeigen, ist im westgerm. **kranuka-* das *k* als Suffix aufzufassen, und zwar liegt hier eine in Vogelnamen öfters nachweisbare Ableitungsart vor, vgl. got. *ahaks* 'Taube', ahd. *habuh* 'Habicht' usw. bei Kluge Nominale Stammbildung[2] § 61b. Ob mhd. *krenich*[1] und schweiz. *Kranch* wirklich auf altem Suffixablaut beruhen, ist unsicher. Vorläufig liegt kein zwingender Grund vor, das ahd. Suffix in anderer Form als mit dem Vokal *u* anzusetzen. Im Althochdeutschen ist die kürzere Namensform als *krano* an folgenden Stellen bezeugt: *crano*: cod. Parisin. 9344 f. 42b, cod. Berol. Ms. lat. 8° 73, 123b, cod. sem. Trevir. f. 112b, *kranno*: cod. Guelpherbyt. Aug. 10. 3. 4° f. 89a. *krane*: cod. Cheltenham. 7087, 144a. *crano*: cod. Oxon. Jun. 83,4. Außerdem im Pflanzennamen *kranafuoȥ*: *cranuoz* polpedum: cod. Bonn. 218, 49b und im Baumnamen *kranaboum*: wachiltpovm ł *chranapŏm* ł spurcha [subter] iuniperum: Regum III, 19, 4: Clm. 4606, 113b und *kranawitu*: kreozpaum vel *khranauuitu* iuniperum: Fragm. SEmmerami deperdita. *chraneuuito* arciotidus: cod. Wirziburg. Mp. th. f. 146 f. 2a. cod. Vindob. 804 f. 171b, cod. Wirziburg. Mp. th. 4° 60, 103b. Versus de arboribus. — Dem ahd. *krano* entsprechen mnd. *krân*[2], westfäl. *Krane*, mndl. *crane*, nndl. *kraan* und ags. *cran*, me. ne. *crane*, in den nordischen Sprachen mit auffällig abweichendem Anlaut: anord. *trana*, dän. *trane*, schwed. *trana*. Diese nordischen Worte können nicht von den westgermanischen Namensformen getrennt werden, obwohl die Lautverschiedenheit durch kein bisher bekanntes Gesetz erklärt werden kann. Bei Falk und Torp Et.

1 Lexer Mhd. Wb. I, 1709; auch in den von Brucker herausg. Straßburg. Zunftverordn. des 15. Jhs. S. 188. 226. 229.

2 Die altniederdeutsche Glosse grues *kraru* in dem Straßburger Glossar ist verderbt; Holthausen liest *crani*, vgl. Wadstein Kleinere altsächs. Sprachdenkm. S. 107[18].

ordb. II, 376 wird angenommen, daß auch auf nordischem Sprachgebiet die erweiterte Namensform **kranuka-* existiert hätte; durch Dissimilation der beiden *k*-Laute sei der Anlaut hier zu *tr* geworden.

Der germanische Name **krana(n)* ist urverwandt mit griech. γέρανος 'Kranich', cymr. corn. *garan* 'Kranich', gall. *garan-* (in der Inschrift *tarvos trigaranus* über einem Stier mit drei Vögeln auf dem Rücken), lit. *garnŷs* 'Reiher, Storch'. Ferner stehen die baltisch-slavischen Kranichnamen lit. *gérvė*, apreuß. *gerwe*, akslav. *žeravĭ*, die aus demselben Stamme **ger-* anders gebildet sind (Grdf. **geru̯-*). Die Namen beruhen auf dem heiseren Geschrei des Kranichs, das Naumann als ein schnarrendes "Kruh oder Gruh", auch "Kurr und Kůrr" (nebst anderen Varianten) bezeichnet; ähnlich wird die Stimme des Vogels auch bei Voigt Excursionsbuch S. 226 beschrieben.

Die einfache Namensform *Krân*, *Krâne* kommt in Niederdeutschland vor; die einstige Verbreitung derselben auf hochdeutschem Gebiet geht aus den obenangeführten Baum- und Pflanzennamen *kranaboum*, *kranawitu* (heute im Kompositum *Krammetsvogel* < *kranawitu-vogal* erhalten) und *kranafuoȥ* sowie mhd. *cranin snabil* in Ahd. Gll. III, 50^{38} hervor.

Als Ablautsform zu germ. **kran-a* ist mnd. *krôn* (= mhd. *kruon*) aufzufassen (vgl. *hana*~*hôn*). Auf hochdeutschem Boden ist sie bezeugt in der Erlösung (Ed. Bartsch) 59, 6, wo *grûn* mit *fasetûn* reimt, und in den Minnesingern (Ed. v. d. Hagen) III, 21b, wo *krûn* im Reime mit *huon* steht. Im Mittelniederdeutschen ist *krôn* öfters bezeugt, vgl. Diefenbach-Wülcker Wb. S. 715 s. v. Kran und dessen Kompositionsformen sowie S. 720 s. v. Kron, auch *Kroen* = grus im Vokabelb. v. J. 1542 in Jb. f. ndd. Sprachf. VI, 127. Diese Vokalstufe ist heute bewahrt in mecklenburg. *Krohn*, *Kraun* (*Krônsnepp* eigtl. 'Kranichschnepfe'), s. Korrespondenzbl. f. ndd. Sprachf. XVI, 84 und Wb. d. Mecklenburg.-Vorpommerischen Mundart S. 46. — Westfäl. *Krûkrâne* und *Krûnekrâne*[1] f. sind offenbar aus der Kindersprache übernommene reduplizierte Bildungen; J. Müller Aachener Mundart S. 125 kennt *Krûnekrâne* aus einem Kinderliede.

---

1 S. Woeste 146. 147 und Korrespondenzbl. f. ndd. Sprachf. XVII, 5.

Eine andere Bezeichnung des Kranichs ist ahd. *kreia* mit der Ablautsform *krîa*.

Die ahd. Belege sind folgende: Sg. Nom. — *creia* grus: Prisciani inst. 164, 1: Clm. 280 A 29b, *chreia*: Clm. 18375, 46b. *c^h^reia*: Erchanberti ars: Clm. 6414, 14a. *kreia* esternulus: H. S. III, 17, Umordn. H. S. III, 8. Gll. Salomon. c: cod. mus. Britann. Add. 18379, 86a. *chreia*: Gll. Salom. a 1, *cria*: Clm. 22201, 69g. Die Bedeutung 'Staar', die man auf Grund des lat. Lemmas 'esternulus' in Heinrichs Summarium für das Wort angesetzt hat (vgl. z. B. Hildebrand in Grimms Wb. V, 2137 s. v. Krei), ist zu streichen. Die betreffende Glosse steht zwischen *kranich* und *storch* und ist vom Redakteur des Summariums als Name des Kranichs aufgefaßt. In mhd. Zeit ist der Name spärlich belegt. Er erscheint in Boners Edelstein (Ed. Pfeiffer) XI, 25, wo von vier Hss. des 15. Jhs. zwei *kry(g)en* und die zwei anderen *kráyen*, *krewen* schreiben; statt dessen haben zwei Handschriften *storken*. Weiter *krie uel kranch* im Vocabularius optimus (Ed. Wackernagel S. 42) XXXVII, 67, *kryg* in einem allemannischen Vokabular bei Diefenbach Nov. glossar. S. 198a; *kreigen* und *kregen* in Straßburger Stadtordn. aus den Jahren 1449 und 1459 (Brucker Straßburg. Zunftverordn. S. 226. 229). Im 16. Jh.: *ein kry und kranch* bei Frisius S. 614b, *jung kryen oder krenich* a. a. O. S. 1386a, *ein kranch ein krei* bei Dasypodius; in Gesners Hist. avium (1555) S. 509: "Germanis *kran* uel *krane* / — — uel *kranich* / *kranch*: & noſtris etiam *krye*". Nach den Belegen zu urteilen, ist die Form *krîa* in der Schweiz, *kreia* dagegen im Elsässischen und Bairischen üblich gewesen. Heute dürfte der Name ausgestorben sein. Da *creia* im Summarium Heinrichs neben *cranuh* und in den Straßburger Stadtordnungen *junge kreigen* neben *krenichen* angeführt wird, so ist das Wort wohl die Bezeichnung für den jungen Kranich gewesen. Zu beachten ist auch das Deminutivum *esternulus* in Heinrichs Summarium. Die jungen Kraniche wurden früher auf den Markt gebracht, wo ihr Fleisch als besonders delikat angesehen wurde. — Daß diese Bezeichnung des (jungen) Kranichs onomatopoietischen Ursprungs ist, darf man für sicher halten. Falls lat. *grūs* aus älterem **groi-* enstanden ist, könnte ahd. *kreia* damit urverwandt sein; vgl. Kluge Et. Wb.[6] S. 224. Sonst ließe sich das deutsche

Wort als eine *jô*-Bildung **kra-jô* auffassen, neben welcher **kra-n-a* sich als eine *n*-Erweiterung herausstellte.

Rallen, Rallidae.

Wiesenknarrer, ortygometra crex, crex crex.

Der Wiesenknarrer gehört zu den furchtsamsten Geschöpfen der Vogelwelt. Auf den Wiesen, wo er im Schutze der Gräser hin- und herläuft, lebt er so versteckt vor dem menschlichen Auge, daß nur wenige ihn zu sehen bekommen. Nur seine auffällige schnarrende Stimme klingt in schönen Sommernächten unaufhörlich in das Ohr. Die Volksphantasie hat wegen dieser Lebensart des Vogels ihm verschiedene Namen geschaffen. So nennen die Leute in Preußen den Wiesenknarrer oder die damit verwandte Wasserralle *Gespenst*[1], in Sachsen und Schlesien heißt er *Faule Magd*[2]. Der schlesische Ausdruck *Alter Knecht*[2] ist schon bei Schwenkfeld Ther. Sil. (1603) S. 313 (*Alte Knechte*) bezeugt, im nördlichen Böhmen lautet der Name *Wachtelknecht*[2]. Gewöhnlich wird der Vogel jedoch nicht als Wachtelknecht, sondern als *Wachtelkönig* bezeichnet, so in Mecklenburg[3], Preußen[4], Böhmen[5], in Luxemburg[6], im Kreise Münster[7] und in Anhalt[8]. Diese Benennung ist bereits Gesner bekannt: "Ortygometram uulgo Itali coturnicum regem appellant (el re de qualie) maiorem aliquanto et nigriorem. — — Quidam Gallice interpretatur, aut potius circũloquitur, le roy & mere de cailles, proprij nominis ignoratione, ut etiam Germanice quidam *der wachteln künig*" in Hist. avium S. 346. Die Auffassung des Wiesenknarrers als Wachtelkönig erklärt sich nach Naumann-Hennicke VII, 183 "bei einer oberflächlichen Ähnlichkeit mit unserer Wachtel, im Vergleich zu dieser, aus seiner beträchtlichen Größe; ferner weil er meistens mit den Wachteln ankommt und oft in ihrer

---

1 Frischbier I, 231.

2 Zs. f. d. Phil. XXI, 211 ff. und Weinhold Beitr. zu einem schles. Wb. S. 19.

3 Schiller Zum Tierbuche II, 18. — 4 Frischbier I, 231.

5 Zs. f. d. Phil. XXI, 211. — 6 Wb. d. Luxemburg. Mundart 492.

7 Korrespondenzbl. f. ndd. Sprachf. XVI, 87.

8 Naumann-Hennicke VII, 180.

Nähe, noch öfterer zu Ende der Erntezeit an gleichen Orten angetroffen wird, und deshalb beim gemeinen Mann für deren Anführer auf der Reise gilt". Es ist jedoch höchst zweifelhaft, ob diese Vorstellung in Deutschland volkstümlichen Ursprungs ist, wie man annimmt; wahrscheinlich ist sie durch den Namen veranlaßt und dieser ebenso wie der entsprechende französische Ausdruck eine Nachbildung des griech.-lat. *ortygometra* (Wachtelmutter). Wie *Nachtrabe*, *Ziegenmelker*, *Immenwolf* und andere durch gelehrten Einfluß entstandene Namen, ist wohl auch der Ausdruck *Wachtelkönig* im Laufe der Zeit bis zu einem gewissen Grade volkstümlich geworden. In der Form *Wachtelkônig* begegnet der Name in Ostermanns Vocab. (1591) S. 337 und bei Schwenkfeld a. a. O.

Die allermeisten von den volkstümlichen Dialektnamen knüpfen naturgemäß an die Stimme des Vogels an.

Eine alte westgermanische Benennung dieser Art liegt in dem Ausdruck *Screek* vor, den Longolius Dialog. de avibus (1544) S. E 8b anführt; aus dem selben Jahre stammt der Beleg bei Turner Avium hist. S. G 4b: "Aliqui ortygometram uolunt esse Germanorum *ſcricam*". Gesner, der in Hist. avium (1555) S. 347 die Namensformen *Schryck* und *Screcke* schreibt, stützt sich dabei offenbar auf die eben angeführten Kölner Ornithologen; die letztere Lautform findet sich im Namensverzeichnis bei Longolius. Bei Eber und Peucer Vocab. (1552) S. E 7a stimmt die Form *Schrich* überein mit dem Beleg bei Turner a. a. O. In dieser Lautstufe deckt sich der Name mit westfäl. *Schrîk* 'Wachtelkönig, Krammetsvogel' aus mnd. *schrîk* (Lübben Mnd. Wb. S. 336) und ags. *scríc* 'turdus', engl. *shrike* 'Neuntöter'. Der Vogelname, der auf verschiedene Vögel, welche sich durch ihr Geschrei auszeichnen, bezogen wird, ist am nächsten verwandt mit mittelengl. *scriken* (ne. *shriek*) 'schreien'. Ähnliche Bildungen sind fries. *Schrye* 'Brachvogel' bei Gesner S. 480, *ein Schreer* 'cenchramus dux coturnicum' bei Eber und Peucer Vocab. (1552) S. E 6b sowie schwed. *skrika*, norweg. *skrike* 'Eichelhäher' (zu schwed. *skrika* 'schreien'). Die von Longolius belegte *e*-Stufe des Stammvokals ist auch bezeugt in *Screk* bei Ostermann Vocab. (1591) S. 337, *Schrecker Brachvogel* in der Übersetzung der Bücher Plinii v. J. 1651 S. 546, *Schrecke* bei Reyger Verbess. Hist. der Vögel (1760) S. 105 und Frisch Vorstellung der Vögel (1763) XII, B 2a. Sie beruht wohl auf volksetymologischer Anlehnung des Vogelnamens an mnd. *scricken*, *screcken* 'erschrecken'. Vgl. auch S. 64.

Weit verbreitet sind die Namen des Wachtelkönigs, die von dem schnarrenden Ton des Naturlautes ausgehen. In Aitingers Buch v. d. Vogelstellen (1631) S. 289 wird der Vogel *Heckschnarr*, in Zorns Petino-Theologie (1743) II, 284 und Reygers Verbess. Hist. der Vögel (1760) S. 105 *die Schnarre* genannt; heute gilt *Snarr*[1] in der Grafschaft Ranzau, *Dhauschnarre*[2] in der Mark Brandenburg, *Thauschnarre*[3] (bei Frisch Vorstellung der Vögel (1763) XII, B 2a) in Preußen, *Wiesenschnarre*[4] in Hessen, *Schnarrhuhn*[5] in Sachsen, *Schnarrwachtel*, *Schnarrwach*[6] in Lübeck und Mecklenburg. Dän. (*eng*)*snarre* stammt aus dem Deutschen. — Eine Variation dieser schallnachahmenden Benennung ist spätmhd. *schnartz* (vgl. das Verbum *schnarzen* oder *schnerzen*) in einer Version des Märchens vom Zaunkönig (Germania VI, 90); "vom *Schnertz* oder Wachtel-Kônige" in Döbels Eröffn. Jägerpr. (1746) S. 57, preuß. *Schnerz*[7], in Mecklenburg *Snartendart*[2]. Vgl. S. 60.

An die Erweiterungsform des Stammes *snar*-, welche im Verbum *schnarchen* vorliegt, schließen sich die Namen *Snark*[1] in der Grafschaft Ranzau und *Grasschnarcher*[8] in Preußen, *Wiesenschnarcher*[9] in Hessen an; im 15. Jh. *snerker* im Elbinger Vokabular (Berneker Die preuß. Sprache S. 244) und bei Diefenbach Glossar. S. 253a, *Schnercker* bei Schwenkfeld Ther. Sil. (1603) S. 313. Vgl. S. 60. — Eine weitere Variation der genannten Schallwurzel liegt dem preußischen Dialektnamen *Schnarp*[10] zugrunde; auf hochdeutschem Boden *die Schnerffen* bei Aitinger a. a. O. (1631) S. 289, *Schnerf oder Thauschnarre* in Frischs Teutsch-lat. Wb. II, 212a, *Schnerpf* bei Heppe Wohlred. Jäger (Schmeller-Frommann II,

1 Korrespondenzbl. f. ndd. Sprachf. XVII, 2.
2 Schiller Zum Tierbuche II, 18. — 3 Frischbier II, 396.
4 Vilmar 454. — 5 Zs. f. d. Phil. XXI, 211.
6 Korrespondenzbl. f. ndd. Sprachf. XVI, 84.
7 Frischbier II, 304. — 8 Frischbier I, 251. — 9 Vilmar 454.
10 Frischbier II, 251.

583). Vgl. auch schwed. *åkersnarp*, *ängsnärpa* in derselben Bedeutung.

In dem alten Glossar mit Vogelnamen, das in der Pariser Handschrift 12269 enthalten ist, findet sich fol. 58b die Glosse *secgisner* cicatus. Wie einige andere Glossen des Vokabulars, so ist auch diese einer angelsächsischen Vorlage abgeschrieben; die zugrunde liegende angelsächsische Namensform ist in der Glosse *secggescere* uel haman (d. h. Wiesenknarrer oder Grille) = cicad bei Wright-Wülcker Vocab. I, 13^6 überliefert. Steinmeyer Ahd. Gll. IV, 356 gibt an, daß in *secgisner* der Pariser Gll. *n* auf Rasur steht. Offenbar ist das angelsächsische Wort durch die leichte Änderung dem deutschen Leser mundgerecht gemacht worden; in dieser Gestalt bedeutet die Glosse 'Grasschnarrer' (zu ndd. *segge* 'Riedgras' und mhd. *snerren* 'schnarren'). Der angelsächsische Vogelname[1] ist dagegen aus *scieran* 'schneiden' zu deuten und als 'Grasschneider' zu verstehen. Ähnliche Bildungen sind *Eggenschår*, *Heggeschår* und *Heggschår*, welche Gesner a. a. O. S. 478 als von Vogelstellern für den Wiesenknarrer oder die Wasserralle gebrauchte Bezeichnungen anführt; heute gelten *Eggenschär* in schweizerischen und *Eggscheer*[2] in schwäbischen Mundarten von der Wasserralle. Vgl. schwed. *ängsskära*, *åkerskära* 'Wiesenknarrer'. Mehrere moderne Mundarten fassen den Wiesenknarrer als 'Grasschneider' auf, vgl. preuß. *Gras-Meher* bei Klein Hist. avium prodr. (1750) S. 103, *Grotschneider*[3] im Oberinntal (Tirol), *Strohschneider*, *Wiesenmahder*[4] in Steiermark.

Unter den zwölf Sumpfvögeln, welche Gesner nach den Abbildungen von Lucas Schan beschreibt und mit den in Straßburg üblichen Namen bezeichnet, ist der *Mattkern* S. 496 geschildert. Die Schilderung der äußeren Gestalt und der Farben ist ziemlich summarisch, aber der im lateinischen Texte zitierte deutsche

1 Whitman hat in der angelsächsischen Glosse keinen Vogelnamen erkannt; wenigstens ist das Wort in seiner Belegsammlung The Birds of Old Engl. Literature nicht aufgenommen. Daß die Bedeutung des Wortes nicht nach dem lat. Lemma cicada als 'Grille' angesetzt werden darf, beweist schon die Glosse *ortigometra segcscara* bei Wright-Wülcker Vocab. I, 287^{11} unter den Vogelnamen.

2 Fischer II, 544. — 3 Frommann D. Mundarten IV, 54.

4 Unger-Khull 584. 633.

Satz, welcher die Stimme des Vogels charakterisiert, läßt darin gleich den Wiesenknarrer erkennen: "Er ſchryet vnnd ſchnurret wie die wullenwåber wenn ſy die wullen ſchlahend". Schwenkfeld Ther. Sil. (1603) S. 284 führt wie Gesner den Namen *Mattkern* als Straßburger Wort an; in Baldners Vogelb. (1666) S. 73 begegnet die Form *Mattkernel*. Der zweite Bestandteil des Kompositums, der als selbständiger Name im Sinne von Krickente bezeugt ist, ist verwandt mit dem lautmalenden Worte *kerren* und benennt die Vögel nach dem knarrenden Tone der Stimme, vgl. dän. *knerkand*, *knarand* 'Krickente und Wachtelkönig'. Das erste Glied in *Mattkernel* kann wie in *Mattknillis*, *Mattknützel* als *Matte* 'Wiese' verstanden werden, wahrscheinlich ist diese Lautform jedoch erst sekundär aus *Mott* 'Schlamm' entstanden.

In Ostermanns Vocab. (1591) S. 337 wird unter den Synonyma für den Wiesenknarrer der Ausdruck *Wiſenhünlin* genannt, bei Reyger Verbess. Hist. der Vögel (1760) S. 105 heißt der Vogel *Grasläufer*, *Wiesenläufer*. Andere ähnliche Namen sind *Wîschenknarker* [1] in Göttingen und Grubenhagen, *Wisekrîps* [2] in Luxemburg, *Wiesenkrätzer* [3] im Fuldaischen, *Gerstenratzer* oder *Kornhühnchen* [4] in Sachsen, *Grasrätsch*, *Rätschvogel* [5] in der Schweiz. Ein preußisches Dialektwort ist *Scharp*, *Scherp*, *Scharpvogel* [6] vgl. S. 129.

Wasserralle, rallus aquaticus.

Im Gegensatz zu dem Wachtelkönig, der auf trockenem Lande sich aufhält, wählt die Wasserralle zum Aufenthaltsorte ausgedehnte Sümpfe und Teiche mit schlammigen Ufern. Die beiden Vögel sind von gleicher Größe und haben auch sonst mit einander große Ähnlichkeit, so daß sie oft mit einander verwechselt werden. Manche von den Namen des Wiesenknarrers werden daher auf die Ralle bezogen. In Preußen wird die Benennung *Tauschnarre* von beiden Vögeln angewendet, ebenso der Ausdruck *Gespenst*. Hier sind die beiden Vögel auch unter dem Namen *Casper* bekannt. Zum Unterschiede von dem *Wiesen-*

1 Schambach 300. — 2 Wb. d. Luxemburg. Mundart 488.
3 Vilmar 454. — 4 Zs. f. d. Phil. XXI, 211.
5 Staub-Tobler I, 696. — 6 Frischbier II, 258. 268.

casper nennt man die schwärzlich gezeichnete Ralle den *Schwarzen Casper*; "noſtrates vocant *schwartze Caſpar*" bei Klein hist. avium prodr. (1750) S. 103. In der Schweiz gilt *Eggenschär* (schwäb. *Eggschâr*) nicht nur vom Wiesenknarrer, sondern auch von der Ralle.

Schwenkfeld Ther. Sil. (1603) S. 283 nennt für die Ralle die Namen *Samet-Húnle* / *Schwartz Waſſer Húnle* und *Mott-Húnlin*. Der letztgenannte Ausdruck bedeutet 'Sumpfhühnchen' (zu *Mott* 'Sumpf'). In den ersterwähnten zwei Belegformen verrät die Lautgestalt den allemannischen Ursprung; in der Schweiz ist *Sammet-Hüenli*[1] heute geläufig. Im Elsaß sind die synonymen Benennungen *Rohrhunel*, *Rohrhünlin* in Baldners Vogelb. (1666) S. 52, *Rorhänlin*[2] in Fischarts Gargantua 376 bezeugt; Hohberg Adel. Landleben (1687) II, 636 (Kap. CXIV Buch 11) gebraucht den Ausdruck *Rohrhúnlein* in weiterem Sinne, indem er darin auch die Teichhühner mit einbegreift. In Luxemburg heißt die Ralle *Wâsserwisekrîps*[3] m. (*Krîps* = Krebs), vgl. oben S. 298.

Die heute in der Wissenschaft übliche Benennung *Ralle* beruht auf dem frz. Namen *râle*[4] (afrz. *raalle*) oder vielmehr auf dessen latinisierter Form *rallus*, *ralla*, vgl. Gesner Hist. avium S. 346. 377: "De rallo Italorum", "Gallorum *rasle* uel ralla". Klein hist. avium prodr. (1750) S. 103 f. übersetzt rallus cinerevs mit *Graue Rall* (*Braune Rall*, *Bengalsche Rall*), danach bei Reyger (1760) S. 105 *Schwarze Ralle* als Bezeichnung der einheimischen Art. Adelung (1777) III, 1239 bucht *die Ralle* und *der Rall.*

Tüpfelsumpfhühnchen, ortygometra porzana.

Den Übergang von den vorhergehenden Arten zu den Wasserhühnern bilden die Sumpfhühnchen, welche sich schon gut im Wasser zu bewegen verstehen. Vielfach werden diese mit den eben erwähnten größeren Arten verwechselt, und aus den Schilderungen der älteren Ornithologen ist es meistens äußerst schwierig, die verschiedenen Arten dieser Gattung zu bestimmen. Der von Gesner Hist. avium S. 497 abgebildete und geschilderte Vogel, den er *Wynkernnell* nennt, scheint das Tüpfelsumpfhühnchen zu sein. Der Straßburger Ausdruck, dessen erster

1 S. Staub-Tobler II, 1376. — 2 Martin-Lienhart I, 341.
3 Wb. d. Luxemburg. Mundart 478. — 4 Daraus engl. *rail.*

Kompositionsteil dunkel ist, begegnet auch mit der Orthographie *Weinkernel* im Strassburg. Vogelb. v. J. 1554 V. 353; vgl. die Parallelbildung Mattkernel S. 297 f. Auf diesen Vogel beziehen sich vielleicht auch die von Schwenkfeld Ther. Sil. (1603) S. 283 angeführten Ausdrücke *Bundt Waſſer Hůnlin / Gescheckt Mott Hůnle*, vgl. Motthůnlin S. 299. In Steiermark kommen die Synonyma *Rohrhähnl*[1] und *Blätterhuhn*[1] vor.

Die beiden kleinsten Arten, das **Brachhühnchen** (ortygometra minuta oder parva) und das **Zwergsumpfhühnchen** (ortygometra pygmaea oder pusilla), hat erst Naumann als besondere Arten erkannt. Es ist nicht recht klar, ob Schwenkfeld a. a. O. mit der siebenten Art der Gattung glareola oder mit gallinago cinerea eins von diesen Sumpfhühnchen meint; die deutsche Bezeichnung *Aeſch-Hůnlin* (d. h. Aschhühnchen) bezieht sich auf die Farbe. Überhaupt werden die Sumpfhühnchen wohl meistens mit den üblichen Namen des Wiesenknarrers oder der Ralle bezeichnet.

Purpurhuhn, porphyrio hyacinthinus.

Das Purpurhuhn ist kein deutscher Vogel, aber da es zu den in der Bibel aufgezählten Vögeln gehört, erscheint der Name in den älteren deutschen Bibelglossen.

In angelsächsischen Glossaren wird der lateinische Name *porphyrio* mit *felufor*, *felofor*, *fealfor*, *fealefor* wiedergegeben; einige Mal werden die Worte auch mit *onocrotalus* 'Rohrdommel' glossiert. — Auch in deutschen Glossensammlungen erscheinen diese Namensformen: *felefer* onocrotalum. auis quę sonitum facit in aqua: Leviticus 11, 18: cod. SGalli 295, 127, *felefor*: cod. SGalli 9, 276, cod. SPauli XXV d/82, 37 b, *horotrugis t felefora* onocrotalvs. animal olori elbiz simile: cod. Stuttg. th. et phil. 218, 13 c; *felefor*: cod. Lugdun. Voss. lat. f. 24 f. 101 a. *philfor* porfilio: Deuteronomium 14, 17: cod. Parisin. 2685 f. 51 b; *iđ pheluphur*: cod. Fuld. Aa 2, 46 a, *iđ feluphur*: cod. Carolsruh. Aug. CCXLVIII, 110 b. Alle obengenannten Belege sind jedoch ohne Zweifel von angelsächsischen Schreibern geschrieben und können als deutsche Glossen nicht in Anspruch genommen werden. Das angelsächsische Glossenwort ist eine Umdeutung des im Leviticus 11, 18 und Deuteronom. 14, 17 bezeugten lat. *porphyrio* (aus

1 Unger-Khull 88. 508.

griech. πορφυρίων); der einheimische Vogelname *scealfor* scheint hierbei mitgewirkt zu haben. Die einzelnen handschriftlichen Varianten *porfilio*, *polfir*, *folfir*, *philfor*, *pheluphur* illustrieren den Entwicklungsgang. Wie solche gelehrte Verdeutschungen lateinischer Vogelnamen entstehen, kann man z. B. bei Konrad von Megenberg beobachten, der aus *porphyrio* ein *porphiri*, aus *onocrotalus* ein *ankrättel* macht (Ed. Pfeiffer S. 212). Mit dem umgedeuteten Namen des Purpurhuhns hat ags. *feldefare* 'Krammetsvogel', das damit in Verbindung gebracht worden ist, gar nichts zu tun.

In späteren Vokabularen wird porphyrio mit *purpirvogel* oder *purpurfaruogel* übersetzt, s. Diefenbach Glossar. S. 448a und Nov. glossar. S. 298b.

Teichhuhn, stagnicola chloropus, gallinula chloropus.

In der Wissenschaft wird das mit roter Stirnplatte versehene Sumpfhuhn meistens als *Teichhuhn* von dem weißstirnigen *Wasserhuhn* unterschieden. In den Mundarten wird jedoch die letztere Benennung von den beiden verwandten Vögeln angewendet; die Bedeutung wechselt je nach den betreffenden Gegenden. Der Ausdruck *Wasserhuhn* ist bereits in althochdeutscher Zeit in einer Gruppe von Handschriften bezeugt: *vuazarhuon* onocrotalus: cod. Guelpherbyt. Aug. 10. 3. 4° f. 89a, *uuazarhuon*: cod. sem. Trevir. f. 112b, *wazzerhunt* [1]: cod. Parisin. 9344 f. 42b, *watharhum*: cod. Berol. Ms. lat. 8° 73,124a; im Mittelhochdeutschen begegnet öfters *wazzerhuon* = mnd. *waterhôn*, mndl. *waterhoen*. Gesner gebraucht den Namen im zweifachen Sinne von Bläßhuhn und Teichhuhn, bei Baldner Vogelb. (1666) S. 50 wird nur der letztere Vogel *Wafferhünel* genannt. Popowitsch Versuch (1780) S. 604 meint mit den Deminutivbildungen *Wafferhendel* (in Österreich) und *Wafferhüendel* (in Steiermark) die Wasserralle; in Westfalen wird der Eisvogel *Wâterhainken* [2] genannt (schon bei Gesner Hist. avium S. 85). Auch in der Schweiz kommt *Wasserhüenli* [3] in der Bedeutung Eisvogel vor. Doch wird schweiz. *Wasserhüenli* allgemein im Sinne von 'Teichhuhn' angewendet; ebenso *Wâsserhong* [4] in

1 Mit unorganischem *t*. — 2 Woeste 317.
3 Staub-Tobler II, 1377. — 4 Wb. d. Luxemburg. Mundart 477.

Luxemburg und *Wâterhöhnken* [1] im Münsterkreise. Mehrdeutig ist auch die Benennung *Rohrhûnlein* bei Hohberg Adel. Land-Leben II, 636 und *Meerhûn* (d. i. wohl = *Moorhuhn*) bei Aitinger Bericht v. d. Vogelstellen (1631) S. 69.

In Straßburg heißt das Teichhuhn heute *Ducherle* [2] (d. h. Taucherlein). Ein älterer Straßburger Name ist *Rothplettel* (abgeleitet von *Platte*) im Strassburg. Vogelb. v. J. 1554 V. 384, wo gerade das Teichhuhn gemeint zu sein scheint; gleichbedeutend ist anhalt. *Rotbläßchen* [3] (vgl. unten Bläßhuhn).

Bläßhuhn, fulica atra.

Ahd. bẹlihha, bẹlihho: Sg. Nom. — *pelicha* fulix: cod. Florentin. XVI, 5, 141a (13. Jh.). fuluo et Pielico [4] antit chunni [5]: cod. Vatican. Reg. 1701, 2b. *belico* anud cunni fulica: cod. sem. Trevir. R. III. 13, 106a. — Pl. Nom. — *pelichon* fulicę: Vergil. G. I, 363: Clm. 305, 37a, Clm. 21562, 43a.

Ahd. *bẹlihha*, *bẹlihho* (mhd. *bẹlche*) 'Bläßhuhn' hat in den übrigen altgermanischen Dialekten keine Entsprechung, aber die verwandten indogermanischen Sprachzweige bieten anklingende Benennungen mit gleicher Bedeutung: lat. *fulica* und griech. φαληρίς, φαλᾱρίς. Zugrunde liegt diesen Namensformen ein Stamm **bal-* 'weiß', der in griech. φαλός 'glänzend', φάλιος 'weiß', φαληρός 'glänzend', lit. *báltas* 'weiß', cymr. *bal* 'weißgesichtig (von Tieren)', breton. *bal* 'weißer Stirnfleck' vorhanden ist. Auf germanischem Boden hat Edward Schröder denselben Stamm in dem Namen *Bala*, mit dem das Streitroß Belisars benannt wurde, nachgewiesen, s. Zs. f. d. A. XXXV, 237 ff. Das Bläßhuhn hat also den Namen erhalten wegen der blendend weißen Stirnplatte, welche den Vogel bei sonst durchgehend schwarz gefärbtem Gefieder auszeichnet. Man hat die Übereinstimmung von ahd. *bẹlihha* mit den angeführten Namen im Lateinischen und Griechischen einfach als Urverwandtschaft bezeichnet. Aber damit ist der Grad der Verwandtschaft vielleicht nicht richtig angegeben. In der Bildungsweise stimmt ahd. *bẹlihha* nicht zu lat. *fulica*;

1 Korrespondenzbl. f. ndd. Sprachf. XVI, 87.
2 Martin-Lienhart II, 647. — 3 Naumann-Hennicke VII, 142.
4 aus fulica resp. dem deutschen *pelicha* verderbt (Steinmeyer).
5 l. *anitchunni*; das letzte *i* angehängt (Steinmeyer).

ebenso ist das Suffix im griechischen Worte ganz verschieden. Daher darf man den Vogelnamen nicht ohne weiteres in die indogermanische Zeit hinaufrücken. Die Namensformen der verwandten Sprachen können auch unabhängige einzelsprachliche Bildungen von dem urverwandten Wortstamme sein. Auch in englischen Dialekten wird das Bläßhuhn heute mit stammesverwandten Namen bezeichnet, vgl. *bald-coot*, *bald-duck*, *bald-fowl* u. a. (zu *bald* 'haarlos, mit Weiß gezeichnet', *ball* 'weißer Fleck') bei Swainson The Folklore S. 178; schon ums Jahr 1300: une blarye *a balled cote* bei Wright Vocab. 165 (NED. I, 633). Die Bildungsweise des deutschen Wortes hat vielleicht eine Parallele in dem steir. Vogelnamen *Schmelche* (aus ahd. *smalihha*), s. S. 26. Möglicherweise ist das Suffix *ikan* : *ikôn* eine Weiterbildung von dem german. *k*-Suffix[1], das in ahd. *kranuh* und *habuh* zutage tritt; in diesem Falle würde Suffixablaut vorliegen. Der mhd. Pferdename *Belche* im Biterolf und die gleichlautenden Bergnamen in Süddeutschland sind offenbar als Übertragungen des Vogelnamens aufzufassen.

Gesner Hist. avium S. 396 bezeugt den alten Namen für die Schweiz in den Formen *ein Bóllhinen* und *Belchinen*, speziell für die Gegend um den Bodensee die Form *ein Belch*. Popowitsch, der (Versuch S. 61) diese Benennungen nach Gesner zitiert, kennt aus Frisch die umgedeutete Namensform *Bellhenne* und aus Heppe Wohlred. Jäger auch die Variante *Bólcher*. Schwenkfeld hat diesen Namen nicht aufgenommen, das Strassburger Vogelbuch nennt ihn auch nicht. Heute lebt das Wort als maskul. *Belche*[2] in der Schweiz und in Schwaben, als femin. *die Belchen*[3] in Baiern; die frühere Verbreitung läßt sich an Bergnamen im Schwarzwald, in den Vogesen und in Hessen verfolgen, vgl. Martin Jb. des Vogesenklubs II, 193 f. und Vilmar Id. S. 31.

Weit verbreitet ist in den jetzigen hoch- und niederdeutschen Mundarten der schriftsprachliche Name *Bläßhuhn* nebst Varianten. Den frühesten Beleg bieten die von v. Bahder Germania XXIII herausgegebenen Gedichte des Königs von Odenwald, die aus dem Anfang des 14. Jhs. stammen; hier erscheint

1 Vgl. Kluge Nominale Stammbildung § 61 b.

2 Staub-Tobler IV, 1193. — 3 Schmeller-Frommann I, 233.

(Germania XXIII, 309) die Namensform *blazzen* im Reime mit *lazzen.* Popowitsch Versuch (1780) S. 60 führt *Blaße* als fränkische Dialektform an. Im 16. Jh. ist das Deminutivum *Pleßlein* durch H. Sachs Regim. der Vögel (1531) V. 185 bezeugt; heute gilt *Bläßlein*[1] in Baiern und Schwaben. Die veraltete schwäbische Form *Bläßling* belegt Fischer I, 1163 aus dem Jahre 1621; schon Gesner Hist. avium (1555) führt *Bleßling* und *Bleß* als schwäbische Dialektformen an. Aber auch in Österreich ist *Plåßling* durch Hohberg Adel. Land-Leben (1687) II, 636 (Kap. CXIV) bezeugt. Popowitsch, der a. a. O. *Blåßling* nach Zorn[2] u. a. zitiert, gibt als österreichische Form *Blåßel*; selbst sieht er *Blåßchen* für die normale schriftsprachliche Form an. In Norddeutschland scheint der Name besonders in Kompositionsbildungen gebräuchlich zu sein. Klein Hist. avium prodr. (1750) S. 150 schreibt *Blashan*, Reyger Verbess. Hist. der Vögel (1760) S. 161 *Blashuhn*; heute in Preußen *Bläshenne*, *Bläsente*[3], in Mark Brandenburg *Bläßente*, in Mecklenburg *Blesshôn*, *Blesnörx*, *Blestnörx*[4], im Münsterkreise *Blesshohn*[5], in Luxemburg *der Bless*, *Blesshong*[6]. Die angeführten Namen sind, ebenso wie das Synonymon *Belche*, durch die weiße Stirnplatte des Vogels veranlaßt und hängen zusammen mit spätmhd. *blasse*, nhd. *Blässe*, mnd. *bles*, *blesse* 'weißer Stirnfleck'. Der Vogelname scheint in der mhd. Form *blasse*, nhd. dial. *Bleß* (daraus abgeleitet *Bläßlein*, *Blässel*, *Bläßling*) mit dem vorhingenannten Worte vollständig identisch und ist wohl semasiologisch als 'Kahlkopf' zu verstehen; vgl. anord. *blese* = 1) weißer Stirnfleck, 2) Pferdename und schwäb. *Blasse* = 1) weißer Stirnfleck, 2) Kahlkopf. Die Kompositionsformen haben Analoga in ahd. *blasros*, mnd. *blasenhengst* 'Pferd mit weißem Stirnfleck'. Daran schließen sich Worte mit Rhotazismus: mndd. *blare*, nndl. *blaar* 'weißer Stirnfleck', norweg. *blarand* (dän. dagegen *blisand*) 'Blässhuhn', frz. (picard.) *blarie* 'dass'.

Im Elsaß ist *Blaßhenn* nur einmal bei Baldner Vogelb.

---

1 Fischer I, 163, Schmeller-Frommann I, 330.

2 Zorn Pethino-Theologie II, 418.

3 Frischbier I, 87. — 4 Schiller Zum Tierbuche I, 10.

5 Korrespondenzbl. f. ndd. Sprachf. XVI, 85.

6 Wb. d. Luxemburg. Mundart 36.

(1666) S. 49 bezeugt, wo als Synonymon *Pfaff* angeführt wird. Dieser Ausdruck, der schon im 16. Jh. im Strassburg. Vogelb. V. 362 begegnet und in den ornithologischen Arbeiten Gesners (S. 376) und Schwenkfelds (S. 263) erwähnt wird, ist in der heutigen Straßburger Mundart ausgestorben[1]. Dagegen soll das Wort — nach Frischbier Wb. I, 265. II, 121. 190 — in der plattdeutschen Gestalt *Pâpke*, *Haffpâpke* (d. h. Seepfäffchen), auch *Pûpke*, heute in Preußen geläufig sein; Klein Hist. avium prodr. (1750) S. 151 und Reyger Verbess. Hist. der Vögel (1760) S. 161 haben die hochdeutsche Form *Pfaffe* offenbar nicht aus ihrer preußischen Heimat, sondern aus Schwenkfeld. Den Namen verdankt der Vogel dem schwarzen Gefieder und der weißen Kopfplatte, welche mit der Tracht und der Tonsur eines Pfaffen verglichen wurden. Bei Henisch Teutsche Sprach (1616) Sp. 416 findet sich neben *Pfaff* / *Bleßling* noch ein drittes Synonymon *Plätling* (von *Platte* hergeleitet); vgl. elsäss. Rothplettel 'Teichhuhn' S. 302.

Wegen des schwarzen Gefieders heißt der Vogel in der Schweiz und in Schwaben *der Môr*, *die Möre*[2].

Frischbier Preuß. Wb. II, 459 verzeichnet nach Mühlings Tiernamen als Namen des Bläßhuhns den Ausdruck *Wasserteufel*. Dieser scheint jedoch kein volkstümliches Wort zu sein, sondern auf Klein Hist. avium prodr. zurückzugehen, wo *Meer-*, *Wasserteufel* wohl nur Übersetzungen des von Aldrovandi angeführten französischen Ausdrucks *diable de mer* sind; nach Rolland Faune populaire II, 366 wird der Vogel im Provenzalischen *diablé de mar*, im Spanischen *diablo de mar* genannt. Auch dem in Nemnichs Polyglottenlexicon I, 1679 u. a. angeführten Synonymon *Höllfine*, welches das Bläßhuhn ebenfalls mit Teufel und Hölle in Verbindung setzt, fehlt eine reale Existenz. Hier ist nur ein Druckfehler aus Henischs Teutscher Sprach weitergeschleppt, wo die aus der Vorlage (Gesner) übernommene Namensform *Böllhinen* fehlerhaft als *Höllfinen* abgedruckt ist.

Von dem Aufenthalte an schlammigen Ufern hatte der Vogel im Althochdeutschen den Namen *horgans* (zu *horo* 'Schmutz, Schlamm'): *horgans* fulica: H. S. III, 17; fulicę: Gll. Herrad.:

1 Martin-Lienhart II, 132. — 2 Staub-Tobler IV, 379, Fischer I, 832.

cod. olim Argentor. Daraus ist mhd. *hargans* (im Vocab. inc. theuton. ante lat. S. i 1 b), *hergans* (in Bracks Vocab. rerum 1495), nhd. (*die*) *Heergans* bei Popowitsch Versuch (1780) S. 61 (nach Frisch) geworden. Vgl. Reiher S. 379. Die Namensform (*die*) *Horbel*, welche Popowitsch (1780) S. 61 nach Heppe Wohlred. Jäger u. a. zitiert, ist nicht, wie bei Grimm Wb. IV, 2, 1802 vermutet wird, aus einer Zusammensetzung **Hor-Belchine* entstanden, sondern geht auf **horwil-ôn* zurück, das eine Ableitung mittelst des Suffixes *-il(ôn)* von dem oben genannten ahd. Substantiv *horo* ist. Zuerst ist die Bildung in der verderbten Glosse *horbollem ł swartzducher* in einem Vokabular aus dem Jahre 1517 bezeugt[1], bei Döbel Eröffn. Jägerpr. (1746) S. 70: *von Horbeln, oder Bläß-Enten, oder Bläßgen*; bei den Wakenitzfischern *Harbull*[2]. Der alte Name **horw-il-* erscheint heute auch in anhalt. *Hurbel*[3], preuß. *Hurdel*[4]. Vgl. auch S. 279.

Unter den landschaftlichen Benennungen des Bläßhuhns nennt Gesner *Taucher* und *Schwartztaucher*, Aitinger Bericht v. d. Vogelstellen (1631) S. 89 *die Bleſſe vnd Deucher*, Popowitsch a. a. O. *Tauchhun* (nach Frisch); in der Mundart von Fallersleben *Dyker*, *Blesdyker*[5], in Preußen *Duckente*[6]. Diese Ausdrücke sind mehrdeutig, ebenso wie *Rorhennle* bei Gesner, *Rohr-Henne* bei Schwenkfeld Ther. Sil. (1603) S. 263; nach Popowitsch Versuch (1780) S. 61 heißt das Bläßhuhn in Schlesien *Rohrhun*, in Österreich *Rohrhendel*, zu Würzburg *Schwarzes Rohrhun*. Den Namen *Wasserhuhn*, der von Gesner, Baldner und Klein diesem Vogel beigelegt wird, hat er mit dem Teichhuhn gemeinsam, vgl. S. 301.

Unklar ist das von Gesner aus Rostock angeführte Synonymon *Zappe* < mnd. *sappe*, *sapke*[7]. Der Ausdruck ist im nordöstlichen Deutschland heimisch: in Lübeck[8], Mecklenburg[6], Pommern *Zapp(e)*[6], in Preußen *Zopp*, *Zupp*, *Zapke*[9]. Das Aussehen des Namens legt den Verdacht an Entlehnung nahe,

1 Diefenbach Glossar. S. 250c.
2 Korrespondenzbl. f. ndd. Sprachf. XVI, 83.
3 Naumann-Hennicke VII, 122. — 4 Frischbier I, 306.
5 Frommann D. Mundarten V, 54. — 6 Schiller Zum Tierbuche I, 10.
7 Vgl. Lübben Mnd. Wb. S. 316.
8 Korrespondenzbl. f. ndd. Sprachf. XVI, 84.
9 Frischbier II, 487. 498.

aber Beziehungen in den Nachbarsprachen fehlen. Sicher slavisch ist dagegen das gleichbedeutende *Lietze*[1] in der Mark Brandenburg, vgl. poln. *lys*, *lyska* 'Bläßhuhn'.

Unter den vielen Provinzialnamen des populären Vogels führt Gesner noch die Namensform *Florn* an. Das ist die Akkusativform des Namens. Der Beleg findet nämlich eine Bestätigung durch Baldner, welcher (Vogelb. (1666) S. 50) berichtet, daß das Bläßhuhn am Altrhein bei Roxheim (in der Nähe von Worms) *Flohr* heißt. Das Wort ist vollkommen dunkel. Turner Hist. avium S. D 6 b spricht unter den Vogelnamen "de Floro" und beruft sich dabei auf Aristoteles.

In Holland nennt man das Bläßhuhn *koet*, *meerkoet* (*Meercoete* bei Junius Nomenclator (1581) S. 56 a); die Namen sind mit engl. *coot* (me. *cote*, *coote*) verwandt. Ein anderes niederländisches Synonymon ist *meerkol*, fries. *Markol* (Dijkstra Wb. s. v.). Mit dem Hähernamen *Markolf*, mit welchem das Wort in Zusammenhang gebracht worden ist, hat es gar nichts zu tun. Der erste Teil des Kompositums hat wohl die Bedeutung 'Sumpf' (vgl. S. 302 österreich. *Meerhûn*), der zweite Teil ist offenbar das Wort *kol* 'Blässe'.

X. Landraubvögel, Raptatores.

Eulen, Strigidae.

Uhu, bubo maximus, bubo bubo.

Ahd. ûfo, hûwo: Sg. Nom. — *ûuo*[2] bubo: Glossae Abactor: Clm. 14429, 222 a. Vergilius A. IV, 462: cod. Parisin. 9344, 83 b. Phocae ars 413, 15[3]: Clm. 14689, 46 a, *ûuo*: cod. Vindob. 2723, 123 b, Clm. 19440, 229. *ûvo*[4]: Vergilius A. IV, 462: Clm. 18059, 192 d. *vuo*: Carmen de Philomela 37: cod. Vindob. 247, 223 a, cod. mus. Britann. Add. 16894, 245 a. *uuo*: Erchanberti ars: Clm. 6414, 14 a. Cgm. 187. Versus de volucr. noctua: H. S. XI b. Leviticus 11, 17: cod. Gotwic. 103, 49 b; *hu. uuo t. uuo* bubonem. qui rustice dicitur buf: cod. SGalli 295, 127, i. *huuuo uel uiio*: cod. SGalli 9, 276, *id huuo. t uuo*: cod. SPauli XXV d/82, 37 ab, *buf t huwo t wo*: cod. Stuttgart. th. et phil.

1 Schiller Zum Tierbuche I, 11.
2 Von jüngerer Hand übergeschrieben (Steinmeyer).
3 *bufo* Edit., s. aber die Varianten (Steinmeyer).
4 Von zweiter Hand (Steinmeyer).

f. 218, 13c. *ûfe* noctua autem non est bubo: Gll. Salomon. a 1: Clm. 17152, 105f, *ûve*[1] bufo: Clm. 17152, 18f. *ŵe*: H. S. III, 17: cod. Vindob. 2400, 41b. *vfe. vue*: cod. Vindob. 804 f. 185b. — Akk. — *úfun*: cod. Vindob. 162, 35a. *uuun*: Leviticus 11, 17: Clm. 14689, 38a, *vûin*: Clm. 4606, 101a.

Sg. Nom. — *húuuo* bubo: Clm. 14747 f. 63a. *hûuuo*: Vergil. A. IV, 462: cod. Mellic. non sign. 98a. Gll. Salom. a 1: Clm. 17152, 130d. *huuuo*: Leviticus 11, 17: cod. Carolsruh. SPetri 87, 63b. *buf. hu uuo. ł uuo*: cod. SGalli 295, 127, *i. huuuo uel uiio*: cod. SGalli 9, 276, *id huuo. ł uuo*: cod. SPauli XXV d/82, 37ab, *buf ł huwo ł wo*: cod. Stuttgart. th. et phil. 218, 13c; *huuo*: cod. Fuld. Aa 2, 43a. Gll. Salomon. a 1: Clm. 13002, 18f. *hûuo*: Phocae ars 413, 15: cod. Vindob. 2732, 141b. *huwo*: Versus de volucr. cod. Selestad. f. 109b. Gll. Salomon. a 1. Leviticus 11, 17: cod. Vatic. Pal. 288, 55c. H. S. XIa 2: Clm. 2612, 82a. *húo* nocticorax: Psalmen 101, 7: cod. SGalli 292, 91. *huo*: cod. SGalli 299 p. 33. Clm. 14689 f. 47a[2]. Versus de volucr. Gll. Salomon. a 1. H. S. III, 17. XIa 2. b. e. g. Leviticus 11, 17: Clm. 22201, 238b. *hufi*: Versus de volucr.: Clm. 19488, 121a. — Akk. — *(den) húuuen*: Notker Ps. 101, 7. *huwin*: Leviticus 11, 17: cod. Turic. Rhenov. 66, 19, *huwen*: cod. Stuttg. herm. 26, 13a, *huvven*: cod. Angelomont. I 4/11, 10b, *huwn*: Clm. 14584, 130a, *hu in*: Clm. 13002, 219b, *huvn*: cod. Vindob. 2723, 18b, cod. Vindob. 2732, 22b. — Pl. Nom. — *húuuen*: Notker Boeth. de consol. philos. 4, 33.

Unter den Eulen zeichnet sich der Uhu durch die Größe, die der des Adlers nahekommt, ganz besonders aus. Daher bezeichnen auch die volkstümlichen Namen ihn meistens nicht als 'Eule', sondern geben dem Vogel neben den verwandten Arten eine gewisse Sonderstellung. — Die allermeisten Bezeichnungen des Uhus sind von den unheimlichen Rufen hergeleitet, die er des Nachts erschallen läßt und die zur Entstehung mancher mythischen Vorstellungen und Sagen Anlaß gegeben haben. Popowitsch (Versuch S. 583) vergleicht "den abscheulichen Laut" mit dem Jauchzen eines betrunkenen Bauern; daher heißt der Vogel in Steiermark *Juchetzerl*, *Jutzerl*, *Juchetzäugel*, *Jutzeule* (zu *juchetzen* 'jauchzen'), vgl. Unger-Khull Wortsch. S. 369 f. Nach Naumann Naturgesch. (Ed. Hennicke) V, 64 klingt die Stimme des Uhus verschieden, manchmal wie das Bellen einer Meute von Hunden,

---

1 *ve* und der Zirkumflex von anderer Hand (Sievers).

2 *h* aus *u* korr. (Steinmeyer).

manchmal wie das Wiehern von Rossen usw.; a. a. O. wird dieses Geschrei mit 'Puhu' oder 'Puhue' umschrieben. Voigt schildert im Excursionsbuch S. 189 seine Beobachtungen folgendermaßen: "Aus ca. 200—300 m Entfernung war's ein einfacher Laut, ein tiefes 'buh'. Nahestehend hört man mindestens zwei Silben 'uhu', wovon die erste, aber auch die zweite betont sein kann. Ist's die erste, so kommt in der Regel ein eigentümlicher Anlaut hinzu, der schwächste von allen". In vielen Namen des Vogels ist dieser dumpfe Ruf ohne Schwierigkeit zu erkennen, so in lat. *būbo* (*būbulo* = bu bu rufen [vom Uhu]), griech. βύας βῦζα (βύζω = schreie wie ein Uhu), armen. *bu*, *buēč* (Eule), russ. *pugačŭ*; finn. *huuhkaja*.

In der ältesten deutschen Überlieferung wird der Uhu als *ûvo* und *hû(w)o* bezeichnet; beide Namensformen haben ihre besondere dialektische Begrenzung. Von ihnen erweist sich *ûvo* als altgermanisches Wort, denn aus den verwandten Sprachen stimmen dazu — abgesehen von der Flexion — ags. *úf*, anord. *úfr* (schwed. *uf*). Der onomatopoietische Charakter des german. **ūf-* ist nicht zu verkennen; Hellquists Annahme (Arkiv f. nord. fil. VII, 3), daß der Vogelname auf dem substantivierten altnordischen Adjektiv *úfr* 'ruffled, rough' beruhe, ist unwahrscheinlich. — Die althochdeutschen Glossare, welche die Glosse *ûvo*[1] schreiben, haben mehr oder weniger bairischen Sprachcharakter, und die späteren Zeugnisse beweisen, daß diese Namensform ein bairisches Dialektwort ist. Konrad von Megenberg (Ed. Pfeiffer S. 173[3]) kennt sie aus seiner Heimat: "Bubo haizt ain *auf* oder in anderm däutsch ein haw"; in dem von Petter herausgegebenen Vokabular ex quo in Prag aus dem Jahre 1432: bubo *auff* noctua *awphel*[2], im Vocab. theuton. (Nürnberg) v. J. 1482 S. C 1a: *auffe*, in einer Version des Märchens vom Zaunkönig (Germania VI, 90): *der aufe* (gegenüber den Namensformen *die huwe* und *schafittl* der anderen Versionen). Im 16. Jh. begegnet *der Auff* bei Hans

1 Den Beleg *uuof* bononem im Leviticus 11, 17: cod. Parisin. 2685, 50b könnte man als *uuo* (mit in den Text eingetragenem *f* = francice) lesen, wenn nicht der Sprachcharakter des Glossars angelsächsischen Einfluß zeigte; danach ist die Glosse als eine Mischung von *uuo* und ags. *uuf* aufzufassen.

2 Frommann D. Mundarten IV, 294.

Sachs Regim. der Vögel (1531) V. 98, Gesner Hist. avium (1555) S. 229 führt *Steinauff* als kärntische Benennung an; heute in Steiermark *der Auff*, *Auff(en)vogel*, auch *Stockauf*[1] (d. h. Walduhu) 'Uhu, Eule', in Tirol *Stockauf* 'strix aluco', *Auffelein* 'strix passerina' bei Höfer. *Auvogl*[2] in der Heanzer Mundart ist aus *Aufvogl* entstanden. — Als Eigenname ist *Ûvo*, *Ûva*, *Ûvilo* in bairischen Quellen öfters bezeugt, vgl. Förstemann Altd. Namenbuch I², 1486.

Ein von dem vorigen gänzlich verschiedenes Wort ist ahd. *hû(w)o*, dessen anlautendes *h* fest ist; die manchmal in den Glossen vorkommende Zusammenwerfung der beiden Namen beruht darauf, daß die betreffende Namensform der Vorlage in dem Dialekte des Abschreibers nicht geläufig war[3]. Ahd. *hûo* ist eine direkte Nachbildung nach dem hū-Rufe des Vogels, den er nach Naumann a. a. O. im Affekte hören läßt. — Die genannte Namensform ist vorzugsweise in allemannischen Quellen belegt und läßt sich in der Schweiz bis auf die heutigen Tage verfolgen; im 16. Jh. z. B. bei Gesner a. a. O. S. 229 *Huw*, *Berghuw* als heimatliche Namen verzeichnet, heute *Hûw(e)*, *Hûe*, *Hûi*, *Hû* bei Staub-Tobler Id. II, 1822 ff. Schwenkfeld Ther. Sil. (1603) S. 203 schreibt *Berghu* nach Gesner.

Im Elsaß findet sich eine Variante im Strassburg. Vogelb. v. J. 1554 V. 300: "Nachtrammen vnd *Hugen* (: Kautzen vnd Klugen)"; luxemburg. *der Hugo* 'Uhu'[4]. Es scheint, daß der Vogelname sich hier an den Eigennamen angelehnt hat. An diese Namensformen schließt sich altmittelfränk.-altniederd. *hûc* an: zunächst in den Straßburger Glossen bubo *huc* (Wadstein Kleinere altsächs. Sprachdenkm. S. 107²⁴); mittelniederd. *hûk* bei Schiller-Lübben Wb. II, 328 öfters belegt. Dazu noch folgende Belege aus den Althochdeutschen Glossen: *huc* bubo: cod. Parisin. 9344 f. 42b, *huk*: cod. Guelpherbyt. Aug. 10. 3. 4⁰ f. 89a, cod. Berol. Ms. lat. 8⁰ 73, 124a;

1 Unger-Khull 31. 579.

2 Frommann D. Mundarten VI, 24; *der Auvogl* = Nachtigall hat natürlich einen anderen Ursprung.

3 Der von Whitman The Birds of Old Engl. Literature XXVIII, 2 angeführte Beleg *huf* = sublinguium ist kein Vogelname; ags. *húf* ist = ndd. *hûc*, hd. *Auf* 'Zäpfchen im Halse'. Einmal begegnet auch *húf* = Uhu mit unorganischem *h* bei Wright-Wülcker Vocab. I, 287⁹.

4 Wb. d. Luxemburg. Mundart 189.

cod. sem. Trevir. f. 112b. cod. sem. Trevir. R. III. 13, 104a. *huch*: Leviticus 11, 17: cod. Oxon. Jun. 83, 11 (13. Jh.). cod. Oxon. Jun. 83, 4 (13. Jh.). *hvch* bubalus: Versus de volucr.: Clm. 23496, 10c, *huc*: Clm. 27329, 9a (14. Jh.). H. S. III, 17: cod. Darmstad. 6, 25b (13. Jh.). Leviticus 11, 17: cod. Goslar. 112b (14. Jh.). Der auslautende Guttural in *hûc* könnte als Suffix aufgefaßt werden (wie in ahd. *kranuh* 'Kranich', *habuh* 'Habicht'), so daß die Grdf. **hû(w)uk-* anzusetzen wäre. Doch kann der Guttural auch zum Wortstamme gehören und dieser mit dem Verbum *hauchen* verwandt sein.

In den heutigen niederdeutschen Dialekten ist diese alte Bildung verloren gegangen. Sie ist verdrängt worden durch mnd. *schûvût*, *schûvôt* = mndl. *scuvuit*, die allgemein als Entlehnungen aus afrz. *choete* angesehen werden. Doch kann das deutsche Wort ganz gut eine einheimische Bildung sein, die auf volksetymologischer Deutung des Naturlautes als *schûf ût* 'schieb aus' beruht. Der Name ist besonders auf dem niederd.-niederländ. Sprachgebiet verbreitet: nndl. *schuifuit*, in Westfalen *Schûbût*, *Schûwût* (dazu der Ortsname *Schûbûtlaige* 'Uhusfelsen', eine Felswand, in der sonst Uhus horsteten)[1], in Hamburg, Holstein[2], Mecklenburg[3] und Altmark[4] *Schufût*, in Preußen *Schûwut*, *Schûfut*, *Schûwit*, *Schûbut*, *Schubit*[5] (*der Schuffut* bei Colerus, *der Schuffut* bei Frisch Vorstellung der Vögel VIII, C 1a, *Schubut-Eule* bei Klein hist. avium prodr. (1750) S. 55). Aber der Vogelname erscheint auch in hochdeutscher Lautform: *schüfûß* in einem Vocab. rerum aus dem Jahre 1486[6], *eyn Schuffauß* / *eyn Schûffel* bei Turner Avium hist. (1544) S. C 4b, danach *Schuffans*[7] (statt *Schuffaus*) bei Eber und Peucer Vocab. (1552) S. F 4a. Gesner zitiert die Namen nach Turner; bei Colerus und Popowitsch (1780) S. 583 *der Schuffaus*, *Schufeule* nach Gesner. Die Glosse *Schuffauß* im Vocab. triling. (1560) S. 88 stammt vielleicht aus derselben Quelle.

Der heute in der Schriftsprache geltende Name *Uhu*, der den Ruf des Vogels zweisilbig wiedergibt und schon in der Form den onomatopoietischen Charakter verrät, ist in älteren

1 Woeste 233. — 2 Korrespondenzbl. f. ndd. Sprachf. XVII, 3. 4.
3 Korrespondenzbl. f. ndd. Sprachf. XVI, 84. — 4 Danneil 188.
5 Frischbier II, 325. — 6 Diefenbach Novum glossar. S. 60b.
7 In den späteren Auflagen ist der Druckfehler korrigiert.

Sprachperioden nicht nachweisbar. Die Namensform ist vom mitteldeutschen Dialektgebiete ausgegangen. Zunächst ist sie als *Vho* bei Eber und Peucer Vocab. (1552) S. F 8 b belegt, Gesner a. a. O. S. 229 verzeichnet sie als sächsisches Wort; darauf auch bei Colerus und Schwenkfeld a. a. O. S. 230 in der Form *Vhu*. Der Vocab. triling. (1560) S. 88 hat die Form vielleicht aus Gesner übernommen, ebenso wie Golius Onomasticon (1579) Sp. 290.

Eine ebenfalls reduplizierte Lautform ist *Huhu* in Ryffs Tierb. Alberti (1545) S. I 6 b und P 1 b, bei Agricola De animantibus subterraneis (1549) S. 26 *Gros Huhu*; danach *Großhuhu* bei Junius (1581) S. 55 a, in der Übersetzung der Bücher Plinii (1651) S. 520 *Huhu*. Andere Variationen dieser Benennung sind *Huhuy* bei Schwenkfeld a. a. O. S. 203 (*Huhay* bei Klein hist. avium prodr. (1750) S. 55), *Huhui*, *Huhai*, *Huher*, *Huheler* usw.[1], auch *Huivogel*[1] in der Schweiz. — Möglicherweise beruht *Huhu* auf der älteren Form *hû(h)o*, die im Anschluß an den Naturlaut umgebildet wurde; bereits im 13. Jh. begegnet *huho* in cod. Stuttg. th. et. phil. 218 f. 22 b (Ahd. Gll. III, 22[36]).

Als dritte Variante schließt sich an *Uhu* und *Huhu* noch *Schuhu* an, das in der Angenehmen Landlust (1720) S. 131 und Zorns Petino-Theologie II, 255 belegt ist[2]. Nach Popowitsch Versuch (1780) S. 584 gilt diese Lautform in Sachsen und Schwaben; nach Hertel Sprachsch. S. 222 kommt sie heute auch in Thüringen und nach Unger-Khull Wortsch. S. 559 in Steiermark vor. Martin-Lienhart II, 770 geben *Tschuhu* (für *Schuhu*, wie *Tschachtel* für Schachtel) aus Rappoltsweiler (im Oberelsaß); in Telleringen *Tschudderlehu*, in Basel *Tschuderihu* (*tschuderen* = schaudern). — Steir. *Schuhetzer* (Unger-Khull a. a. O.) ist eine analoge Bildung zu *Juchezer* (S. 308).

In althochdeutschen Bibelglossen findet sich als Synonymon zu *hûwo* oder *ûfo* einige Mal *bûf* (vgl. oben S. 308); dazu *búf. hórothúchil* im Anhang zum alten und neuen Testam.: Leviticus 11, 17: Clm. 14747, 96 b. Diese Glosse ist wohl nicht deutsch, sondern romanisch, und beruht auf dem italienischen Dialektworte *bufo*; "uulgari lingua *lo bufo*" heißt es in Aldrovandis

1 Staub-Tobler I, 23. 694.

2 Spätere Belege in Grimms Wb. IX, 1865.

Ornithologia tom. I p. 504. Aber auch auf deutschem Sprachboden kommen Uhunamen mit anlautendem Labial vor. Sie sind zuerst ums Jahr 1600 bezeugt und scheinen im Südosten ihre eigentliche Heimat zu haben. Im Ther. Sil. (1603) S. 230 nimmt Schwenkfeld die Lautform *Puhuy* für Schlesien in Anspruch, Popowitsch Versuch (1780) S. 583 kennt *Buhu*, *Puhu* aus Österreich; heute in Schlesien *Puhu*, *Bauhau*, *Poihoi*[1], in Steiermark *Buhu(vogel)*[2], in Tirol und Kärnten *Pûhin*[3], auch in der Schweiz *Puhui*, *Puivogel*, *Bûvogel*[4]. Der Anklang an die gleichbedeutenden slavischen Ausdrücke wie z. B. poln. *puhacz*, kleinruss. *puhak*, russ. *pugačŭ* ist aus dem onomatopoietischen Charakter dieser Namen und nicht durch Entlehnung zu erklären.

Für die luxemburgischen Synonyma *Hubo*, *Hup*[5] ist vielleicht französischer Einfluß anzunehmen. — Wahrscheinlich sind auch die schweizerischen Worte *Hûri*, *Nachthûri*, *Hauri*, *Nachthauri* 'Eule, bes. Nachteule, stellenweise Uhu', für welche bei Staub-Tobler II, 1519. 1582 lautmalender Ursprung (*hauren* 'laute Rufe ausstoßen') oder Zusammenhang mit *hûren* 'kauern' angenommen wird, auf französischen Einfluß zurückzuführen; vgl. onomatopoietische Synonyma in französischen Mundarten, wie *hourouhou*, *hourougou*, *houran* (in den Vogesen), wallon. *hourette*, *hurette*. Der Name *Hüruw*, *Hüru*, erscheint schon bei Gesner Hist. avium (1555) S. 229 im Sinne von Uhu. Das a. a. O. in gleicher Bedeutung verzeichnete Wort *Hertzog* ist eine Übersetzung des in Frankreich sehr verbreiteten Namens *duc* = strix otus (*le grand duc* = strix bubo). Eine scherzhafte Bezeichnung des Uhus ist schweizer. *Fûlenz*[6] 'Faulenzer, Müßiggänger'.

Gelegentlich werden von dem Uhu Namen gebraucht, die

---

1 Mitteilungen der schles. Gesellschaft für Volkskunde Heft XIX, S. 90.

2 Unger-Khull 127.

3 Frommann D. Mundarten IV, 54, Lexer Kärnt. Wb. s. v.

4 Staub-Tobler I, 24. — Verschieden von diesen lautbildenden Namensformen ist *Pöggl* an der tirol.-kärnt. Grenze. Die ursprüngliche Bedeutung dieses Wortes ist 'Maske, Schreckgespenst'; wie andere Ausdrücke aus derselben Begriffssphäre wird auch dieser von Eulen und Uhus angewendet. Vgl. auch *Böggl* bei Staub-Tobler IV, 1085.

5 Wb. d. Luxemburg. Mundart 188. 189. 190.

6 Staub-Tobler I, 790.

sonst hauptsächlich anderen Eulenarten gehören. So heißt der Uhu nach Staub-Tobler Id. III, 601 in Bern *Chūtz* (Kauz); öfters begegnet der Ausdruck *Nachteule* in diesem Sinne.

Ohreule, asio.

Ahd. ûwila: Sg. Nom. — *uuuila*[1] noctuam: Deuteronom. 14, 15: cod. Oxon. Laud. lat. 92, 21 a. vlula: H. S. III, 17. *u·uuila* bubo multi contendunt quod sit nicticorax id est noctua. multi uero adserunt quod sit auis orientalis quę nocturnus coruus appellatur alii dicunt quod maior sit bubo quam noctua: Leviticus 11, 16: cod. Oxon. Jun. 25 f. 89 b, *uuila*: cod. Carolsruh. Aug. IC f. 60 b; *uufuila* ł natr^{f}am siue luscinia noctuam. nocticorax ipsa est et noctua qui noctem amat: cod. Vindob. 1761, 46 b, nahtagalah. siue *uuuilah* ut alii uolunt. alii . . .: cod. SGalli 9, 276, *vuuila*. ut alii uolunt . . .: cod. SGalli 295, 126. 127, id̄ nahtram. ł *uuila*. ut alii uolunt . . .: cod. SPauli XXV d/82, 37 a, *uwilla*. alii lusciniam . . .: cod. Stuttg. th. et phil. fol. 218, 13 c; *uula* noctua . . .: cod. Vatic. Pal. 288, 55 c; *vuuila* noctua . . .: cod. Carolsruh. SPetri 87, 63 b. ulula: cod. SGalli 299, 26. ulula: cod. Vatic. Reg. 1701, 2 b. Vergilius G. I, 403: Clm. 18059, 169 b; *vwila*: cod. Selestad. f. 62 a, noctua. lucifuga. i.[2]: cod. Selestad. f. 52 b. Versus de volucr. H. S. XI a 2. *uvuila*: Prudentius Contra Symm. II, 574: cod. com. de Apponyi 188 b. *v́illa* vlula: cod. Selestad. f. 110 a. *vwela* ulula: H. S. XI a 2, *ŏwela* noctua: g, *vvele*: e, *uvvil* vlula: b, *vwel* bubo: a 2. *v́la*: Rotul. com. de Mülinen Bern. *vle*: cod. Vindob. 804 f. 185 b. cod. Cheltenham. 7087, 144 a[3]. *huela* vlula: Rotul. com. de Mülinen Bern. *hula* lucifuga: cod. Berol. Ms. lat. 8^0 73, 124 a. — Akk. — (*die*) *hiûuuelun*: Notker Psalmen 101, 7. — Pl. Nom. — *uwilun* ulule. i.: Vergilius E. VIII, 55: cod. Selestad. f. 53 a; *huuuillon*[1]: cod. Parisin. 9344, 5 a. *húuuelâ*: Notker Boethius de cons. philos. 4, 33.

Der Eulenname ist allen germanischen Sprachen gemeinsam: ahd. *ûwila*, mhd. *iuwel*, *iule*, mnd. nnd. *ûle*, mndl. *ûle*, nndl. *uil*, ags. *ûle*, me. *oule*, ne. *owl*, anord. *ugla*, dän. *ugle*, schwed. *uggla*. Diese Namensformen, welche auf einen german. Stamm **uww-* zurückweisen, zeigen im Suffixvokal Ablaut: während die hochdeutsche Form aus **uwwilô* (> *ûwila*, vgl. Braune Ahd. Gramm.[2] § 113 Anm. 2) hervorgegangen ist, haben die verwandten Formen ein *a* als Bindevokal gehabt, s. Kluge Vorgeschichte[2] S. 408 § 117.

1 Von zweiter Hand (Steinmeyer).

2 Die ganze Glosse auf Rasur im Context (Steinmeyer).

3 Von jüngerer Hand übergeschrieben (Steinmeyer).

Das Suffix im germ. **uwwila*: **uwwala* hat wohl deminutiven Sinn und das Grundwort **uww-* könnte dann als eine onomatopoietische Bezeichnung der größten Eulenart, des Uhus (wie die Synonyma *ûf*, *hûwo*, *Uhu*, *Huhu*) aufgefaßt werden; in den Schweizerdialekten findet sich *Uw*, *Û* als Name des Uhus. Mit den lat. Worten *ulucus* 'Kauz' und *ulula* 'dass.' haben die germanischen nichts gemeinsam.

Neben der normalen althochdeutschen Namensform *ûwila*, woraus nhd. *Eule* (in Dialekten auch *Eiwel*[1] und *Auwel*[2], *Aubel* usw.) sich entwickelt hat, kommt auch *hûwila* vor. Diese Form, welche Notker zweimal bezeugt, hat festes *h* im Anlaut und gehört dem allemannischen Dialekte an. Der Vocabularius optimus (Ed. Wackernagel S. 43) XXXVII, 117 schreibt *hûwel* neben *ûwila* (a. a. O. XXXVII, 110), und so findet man auch in der späteren schweizerischen Literatur beide Formen promiscuë gebraucht. Heute hat nach Staub-Tobler Id. I, 614 *Hûwel* (*Hûwel*, *Hûel*, *Höüel*) die *h*-lose Form fast gänzlich verdrängt; das Geschlecht des Wortes ist meistens maskulin geworden. In der Form *Heujel*[3] erstreckt es sich in den südlichsten Teil vom Oberelsaß. Das allemanische Dialektwort ist wohl ursprünglich eine deminutive Ableitung von *hûwo* 'Uhu'.

Ein dritter Eulenname von derselben Bildungsart ist im ahd. *hûchila* vorhanden: *huchila* filex: Clm. 14689 f. 47 a. *huchela* lucifuga: cod. Parisin. 9344 f. 42 b. Das lat. Lemma *filex* ist nicht sicher zu deuten; vielleicht hat man darin nur eine Korruptel von *ſtrix* zu sehen. *Lucifuga* wird von Isidor Origines XII, 8, 7 im Sinne von *noctua* (Nachteule) gebraucht, auch in den Glossen begegnet das Wort einige Mal in diesem Sinne. Der Schreiber des Vogelnamen enthaltenden Glossars in cod. Parisin. 9344 f. 42 b hat die Form *huchela* nicht aus dem oberdeutschen Original übernommen, wie die isolierte Stellung dieser Glosse den verwandten Handschriften gegenüber zeigt. Er kannte also die Namensform aus seiner moselfränkischen Heimat. Da hier die Benennung *hûch* für den Uhu geläufig ist, so stellt sich

1 Hertel Thür. Sprachsch. S. 91.
2 Vilmar Id. von Kurhessen S. 19.
3 Martin-Lienhart I, 314.

hûchila dazu als deminutive Ableitung wie *hûwila* zu *hûwo* und *ûwila* zu **ûwo* (schweiz. *Ûw*). Doch kann man auch den Namen *hûchila* als eine direkte Ableitung von mhd. *hûchen* 'hauchen' verstehen; nhd. *hauchen* wird gelegentlich lautmalend von der Stimme des Uhus gebraucht.

In Niederdeutschland ist die Lautform *Ule*, *Uhl* die Fortsetzung von andd. *ûwala*.

Waldohreule, asio otus.

Die Waldohreule hat überhaupt die Kennzeichen des Uhus, nur ist sie bedeutend kleiner als dieser. Gesner Hist. avium (1555) S. 610 nennt im Anschluß an die schweizerischen Vogelsteller diese Eulenart *ein Orhüwel* (d. h. Ohreule) und *Orkutz* (S. 596). Das Strassburg. Vogelb. v. J. 1554 V. 317 nennt ebenfalls *die Oreulen*; bei Golius Onomasticon (1579) Sp. 293 *Ohr kautz*, bei Schwenkfeld Ther. Sil. (1603) S. 309 *Ohr Kutz / Vhr Eule* im Anschluß an Gesner. Wegen der aufgerichteten Ohren heißt die Waldohreule in Westfalen auch *Hårnûle*[1], in Luxemburg *Hârechel*, *Huerechel*, *Huereil*[2] (zu *Hâr*, *Huer* 'Horn'). Dagegen ist *Harül* im Elsaß = Haareule und bezeichnet den Schleierkauz; die Waldohreule wird hier *Ohrenheüjel*, *Hörnerül*, *Hörnlekutz* genannt[3]. Der Ausdruck *Ohreule* wird in einigen Gegenden auch vom Uhu gebraucht, während umgekehrt *Uhu* als Name der Ohreule vorkommt.

In Zorns Petino-Theologie (1743) II, 258 wird die Ohreule auch *Fuchs-Eule* genannt. Der Name erklärt sich aus der rostbraunen Farbe des Gefieders. Eine onomatopoietische Bildung ist luxemburg. *Bubert*[4]; vgl. frz. *boubote* (aus lat. *bubo*).

Zwergohreule, asio scops, pisorhina scops.

Ein Zwerg unter den Eulen ist die kleine Ohreule, die kaum größer als eine Singdrossel ist. Sie bewohnt die südlichen Länder Europas; in der Schweiz und in Süddeutschland wird sie zwar noch angetroffen, ist aber hier selten. Unter diesen

1 Woeste 94. — 2 Wb. d. Luxemburg. Mundart 166. 190.
3 Martin-Lienhart I, 31 f. 315. 487.
4 Wb. d. Luxemburg. Mundart 49.

Umständen ist es leicht erklärlich, daß die deutschen Namen des Vogels meistenteils fremden Ursprungs sind.

Ein solcher Name steckt bereits in der ahd. Glosse *kivino*, welche in den Abschriften eines alten Vogelnamenglossars begegnet: *kyuino* passerarius: cod. Guelpherbyt. Aug. 10. 3. 4° f. 89a, *kiuino*: cod. Berol. Ms. lat. 8° 73, 124a; *rodelkiuino* erodion: cod. Guelpherbyt. Aug. 10. 3. 4° f. 89a, *roder kiuino*: cod. Berol. Ms. lat. 8° 73, 124a, *kuuno*: cod. sem. Trevir. f. 112b. — Mit den lateinischen Lemmata *passerarius* und *herodion* werden überhaupt Falkennamen glossiert, und so hat denn auch die vierte zu dieser Gruppe gehörige Handschrift (cod. Parisin. 9344 f. 42b) *passerarius* mit *wigo* 'Weihe' übersetzt. Das Wort *kiuino* in den übrigen Handschriften bezeichnet aber nicht eine Falkenart; die Glosse ist identisch mit ital. *chiuino* 'Zwergohreule', welches von dem gleichbedeutenden onomatopoietischen Namen *chiu* abgeleitet ist. Das italienische Dialektwort kennt Aldrovandi Ornithologia I, 530 aus seiner heimatlichen Mundart: "Eam uero auem quam nos argumẽtis paulo post adducendis Scopẽ esse putamus, Itali uulgo *Chiuino* Bononię p̃ſertim uocãt". Da die Zwergohreule zum Fangen kleiner Vögel angewendet wird, so kann man verstehen, daß der Glossator das Wort *passerarius* (Spatzenfänger) in diesem Sinne auffaßte.

Daß die Zwergohreulen von den Vogelstellern als italienische Eulen aufgefaßt wurden, erfahren wir von Gesner Hist. avium S. 596; in der Schweiz nannte man die Vögel *kleine frembde oder Welſche, Kützle, Köpple.* Der Ausdruck *Köpple* scheint dasselbe Wort wie elsäss. *Kopp-* (*Riegerlin*), *Köpel*, *Köppel* 'Regenpfeifer' (S. 270) zu sein und bezieht sich auf den runden Kopf dieser Vögel. Unklar bleibt das Verhältnis zu frz. dial. *cop*[1] 'Zwergohreule'.

Nach den Untersuchungen, die über die Verbreitung der Zwergohreule angestellt worden sind, kommt sie in Steiermark und Tirol recht häufig vor[2]. In diesen Landschaften (und Kärnten) heißt sie *Tschafit*[3], gewöhnlicher *Tschafittel*[3] (im Oberinntal *Tschål-*

1 Rolland Faune populaire II, 54.

2 Vgl. Naumann Naturgesch. (Ed. Hennicke) V, 50.

3 Frommann D. Mundarten IV, 52. 451. VI, 199, Unger-Khull 178. 554, Lexer Mhd. Wb. II, 633 s. v. schafitelin.

vit[1], steir. *Schofüttel*[1] m., österreich. *Schofittl*). Der Name stammt aus dem Italienischen, wo das entsprechende Wort *civetta* oder in der dem deutschen Worte am nächsten liegenden Form *ciovetta*[2] lautet. Die Entlehnung ist zuerst im 15. Jh. bezeugt: *schafittl* in einer Version des Märchens vom Zaunkönig (Germania VI, 90). Im 16. Jh. begegnet *Schafitle* otto aurita auis bei Pinicianus Prompt. (1516) S. C 2b (*Schaffittle* otus im Auszug vom J. 1521 S. C 4b); in Gesners Hist. avium (1555) S. 596 wird *Tschauytle* als schweizerischer Vulgärausdruck bezeichnet. Bei H. Sachs Regim. der Vögel (1531) V. 219 kommt der Name in der Form *Schaffickel* (: einwickeln) vor.

In den Sitzungsberichten der Wiener Akademie XXXIV, 306 erwähnt Haupt ein mhd. *zinslin* strix noctua (Cgm. 649 fol. 587). Die Glosse ist wohl als *ziuslin* zu lesen, und wir haben dann hier eine Ableitung von *zus*, das in italienischen Dialekten die Zwergohreule bedeutet; vgl. die Glossen lodix *zussa* ł auis: Prisciani inst. 165, 14: Clm. 18375, 47a; lodix. *zussa.* avis ł herba: cod. Vindob. 114, 9a (Ahd. Gll. II, 371[10]. 375[32]). Der von Naumann-Hennicke[3] erwähnte synonyme Ausdruck *Tschuk* ist = sloven. *čuk.*

Auf die Zwergohreule bezieht sich auch der Name *das Wichtel* bei Popowitsch Versuch (1780) S. 621, Unger-Khulls Wortsch. S. 631 gibt das Wort aus Steiermark mit der ungenauen Erklärung 'Nachteule, Bubo'; das Kompositum *Todtenwichtel* wird a. a. O. S. 159 aus Ober- und Mittelsteiermark mit der Erklärung 'Käuzchen' angeführt. Der Name, welcher in Baiern *das Wicht*[4] lautet, ist identisch mit mhd. *wiht*, das u. a. Zwerge und Kobolde bezeichnet. In Steiermark wird das Wort auch im selben Sinne wie *Schmelcherl* (vgl. S. 26), also von kleinen Vogelarten gebraucht; in Siebenbürgen heißt eine kleine Falkenart, der Turmfalke, *Wichtel*[5].

Im Westen des deutschen Sprachgebiets kommt die Zwergohreule in Luxemburg vor. Das Luxemburgische Wörterbuch

1 Frommann D. Mundarten IV, 52. 451. VI, 199, Unger-Khull 178, 554, Lexer Mhd. Wb. II, 633 s. v. schafitelin.

2 Tommaseo-Bellini I, 2, 1442.

3 Vgl. Naumann Naturgesch. (Ed. Hennicke) V, 50.

4 Schmeller-Frommann II, 843.

5 Kramer Idiot. des Bistritzer Dialektes (Bistr. Progr. 1876).

verzeichnet die einheimischen Ausdrücke *Stêneilchen* und *Doudevull*[1] (auf der Eifel *Duhdefujel* 'Totenvogel').

Einige von den obengenannten Bezeichnungen der Zwergohreule werden auch von der kleinen **Sperlingseule** (athene passerina) gebraucht, welche in der Größe jene nicht einmal erreicht. Auch diese Eulenart ist in Deutschland höchst selten. — Gesner Hist. avium S. 596 spricht von Eulen, welche in die Schweiz aus Norddeutschland importiert werden und die man *Niderlendifch kutzen* nennt; damit ist wohl eine von den nordischen Eulenarten gemeint.

Kauz, ulula.

Die Wissenschaft unterscheidet unter den Eulenarten einerseits die Ohreulen und andererseits die Käuze; im volkstümlichen Gebrauche wird aber der letztgenannte Name vielfach auch auf die erstgenannten Arten bezogen.

Die Geschichte des Wortes *Kauz* läßt sich nicht weiter als in das 15. Jh. zurückverfolgen; aber da es bei seinem Auftreten eine weite geographische Verbreitung hat, so muß der Ausdruck schon früher dagewesen sein. Die ersten Zeugnisse sind: *kutz*[2] in zwei mitteldeutschen Vokabularen, *steinkutz*[2] in einem oberdeutsch gefärbten Vokabular und *steinkeutz*[2] in dem aus Nürnberg stammenden Vocab. theuton., ferner *kutzlin* (= cutius) in Bracks Vocab. rerum v. J. 1495 S. 49a und *kützlin* in einer von Lexer Mhd. Wb. I, 595 zitierten Quelle. Im 16. Jh. begegnet *Kutz* (obliqu. *Kutzen*) in der Schweiz bei Ruef Adam und Eva (1550) V. 909, und Gesner gibt Hist. avium (1555) S. 596 an, daß *Kutz*, *Kützlin* in der Schweiz geläufige Ausdrücke sind. Im Elsaß ist das Wort in der Pluralform *Kautzen* zuerst durch das Strassburg. Vogelb. (1554) V. 301 f., dann durch Golius Onomasticon v. J. 1579 Sp. 290 bezeugt. — Auf bairisch-fränkischem Dialektgebiet erscheint die Deminutivform *Keutzlein* bei H. Sachs Regim. der Vögel (1531) V. 217, in Sachsen *Keutzlin* bei Eber und Peucer Vocab. (1552) S. F 4b, in Schlesien *Kautz* bei Schwenkfeld Ther. Sil. (1603) S. 308; in der Gegend um Köln ist *Kautz* bei Turner Avium hist. (1544) S. G 1b belegt.

1 Wb. d. Luxemburg. Mundart 423. 517.
2 Diefenbach Glossar. S. 83a, Diefenbach-Wülcker Wb. S. 692b.

Der Anklang des deutschen Namens an griech. βûζα 'Eule' berechtigt nicht die Annahme, daß hier ein alter indogermanischer Vogelname (*gûdjâ*) vorläge; vielmehr scheint sowohl das griechische wie das deutsche Wort eine interne Bildung zu sein. Von diesem Gesichtspunkt aus könnte man mhd. *kûtze* als eine Ableitung von **kûchezen* (zu *kûchen* 'hauchen, keuchen') betrachten, so daß der Name wie die allermeisten Synonyma sich auf die Stimme der Eulen beziehen würde, vgl. auch ahd. *hûchila* S. 316. Mhd. *kûtz* wäre danach eine ähnliche Bildung wie die steirischen Dialektworte *Jutzerl* neben *Juchetzerl*, *Jutzeule* neben *Juchetzäugel* 'Eule, Uhu' (zu *juchetzen* 'jauchzen'); vgl. auch *Rorgîz* 'Rohrpfeifer' (zu *gicketzen*), *Gutzgauch* 'Kuckuck' (zu *gucketzen*).

Aus der nächtlichen Lebensart der Eulen folgt, daß sie verhältnismäßig selten in den menschlichen Gesichtskreis kommen. Man kennt sie oft nur aus dem Geschrei, das in verschiedenen Modulationen durch die Nacht klingt und geeignet ist, unheimliche Vorstellungen zu erwecken. Kein Wunder daher, daß gerade um die Eulen der Volksglaube seine mythischen Fäden besonders reich spinnt, und daß diese Vögel fast überall als Unglücksboten gelten, deren Geschrei den Tod verkündet. Der deutsche Aberglaube scheint vor allen anderen Eulenarten die Käuze, den Wald- und den Steinkauz, als Totenvögel aufzufassen. In der Schweiz ist der erstere nach dem Volksglauben das Weibchen der Eule, seine Stimme hat einen klagenden Ton, und wenn sie in der Nähe des Hauses gehört wird, deutet sie an, daß jemand dort sterben soll. In manchen Mundarten ist er mit dem Namen *Wiggle* (*Gwiggli*, *Wigweg*, *Wigger*)[1] bekannt, andere Dialekte wenden das Wort vom Steinkautz an; in dieser Bedeutung kommt *das Wickele*[2] auch im südlichen Elsaß vor. Diese Benennung ist schon alt, wie ein zufälliger Beleg in den Hrabanisch-Keronischen Glossen aus dem 8. Jh. beweist. In der verderbten Fassung, in welcher der Text hier (cod. SGalli 911, 211) überliefert ist, lautet er folgendermaßen: Nocticorax noctua multi bubone esse contendunt alii auem in orientem que nocturnus corbus appellant *nahkela nahtfokal daz iz uuiclaf uuari sume daz*

1 S. Staub-Tobler I, 615, Seiler Die Basler Mundart S. 315.
2 Martin-Lienhart II, 810.

iz uuari in ostanond focal keme daz se nahtfocal heizzant. Die deutsche Glossierung wird in der Vorlage gelautet haben: daz iz *uuicla* uuari sume daz iz uuari in ostanond *focalkunne* daz se nahtfocal heizzant; das auslautende *f* in *uuiclaf* stand ursprünglich über dem Texte und ist als Verkürzung von *francice* aufzufassen. In dem Codex SGalli ist *c* im Inlaut überwiegend das Zeichen eines hochdeutschen *g* [1]; man hat auch hier von einer Lautgestalt *wigla* auszugehen. In dieser Form ist das Wort im Vocabularius optimus XXXVII, 110 überliefert; Wackernagel (S. 43) hat es fälschlich in *uwila* geändert. Darauf begegnet *wiggle* [2] in einem Vokabular aus dem J. 1438; im 16. Jh. *Nahtwigglen* und *Wiggle* in Ruefs Adam u. Eva (1550) V. 912. Ahd. *wigla* ist vielleicht eine Ableitung (mittels des *ilô*-Suffixes) von einem german. Stamme **wîg-*, der in ags. *wiglian* 'prophezeien', *wigole fugules* 'prophezeiende Vögel' (bei Wright-Wülcker Vocab. I, 133²), *wiccian* 'zaubern', mnd. *wicken* 'prophezeien' usw. vorliegt. Die Käuze wären also als prophezeiende, unheilverkündende benannt worden. Mit ahd. *wîgla* steht in grammatischem Wechsel die Namensform *wīhila* 'Nachteule', die in den Salomonischen Glossen bezeugt ist: cauan (d. h. cauannus) *vuihilla*: cod. Zwettl. 1, 33a, *wihilla*: Clm. 13002, 22, cod. Admont. 3, 52a, liber impressus 30d, *wibilla*: Clm. 17403, 31h, *vvihil*: Clm. 22201, 25e, *wihil*: cod. mus. bohem. Prag. 45c. Diese Eulennamen stehen vielleicht mit anklingenden Benennungen von falkenartigen Vögeln (*wĕho*, *wannewĕho*, *wigil*) in Verbindung, aber das semasiologische Verhältnis derselben bleibt dunkel.

Von den von Konrad v. Megenberg (Ed. Pfeiffer S. 223³¹ ff.) angeführten Bezeichnungen für Eulen und Käuze sind *säuser*, *zitraer*, *zandklaffer* weiter nichts als Auslegungen des lateinischen Namens *strix*. Dagegen ist der a. a. O. (Ed. Pfeiffer S. 227²⁰) erwähnte Ausdruck *klagevogel* volkstümlich. Adelung verzeichnet die Synonyma *Klagefrau*, *Klagemutter*; in Lexers Mhd. Wb. Nachtr. S. 273 wird *klagemuoter* nach einer Quelle des 15. Jhs. zitiert. Wahrscheinlich ist auch der luxemburgische Name *Echel* [3] als **achila* aus mhd. *achen* 'klagen' zu deuten.

1 Vgl. Kögel Über das Keronische Glossar S. 110.
2 Diefenbach Glossar. S. 26c s. v. aluco und 556a s. v. strix.
3 Wb. d. Luxemburg. Mundart 79.

Steinkauz, athene noctua, glaucidium noctua.

Von den Käuzen ist es besonders der Steinkauz, den das Volk für den Todesverkündiger hält. Über den Grund dieses Aberglaubens äußert sich Naumann in der Naturgeschichte (Ed. Hennicke) V, 12: "Ganz anders und viel gewandter fliegt (der Steinkauz) des Nachts, wo er auch noch stärker als die andern Eulen nach dem Lichte fliegt, seine Stimme fleißig hören läßt und dadurch die Furchtsamen schreckt. Man weiß von ihm, daß er, aus eigenem Naturtriebe, vielleicht durch den Geruch geleitet, gern an die Fenster der Krankenstuben fliegt, durch sein Lärmen die Leute in Furcht setzt. — — Ob aber Übertreibungen diese merkwürdige Sage nicht verunstaltet haben, lasse ich dahingestellt sein; so viel ist gewiß, daß es der wahrhaften Beispiele dieser Art unzählige gibt, und daß sie unsern Vogel bei den Abergläubigen in ein gehässiges Licht gestellt haben, aus welchem betrachtet, er ihnen oft ein Vorbote des nahen Todes war; was auch die ominösen Namen: *Todtenvogel*, *Leichenhuhn* usw. bezeichnen sollen. Dieser Aberglaube ist übrigens ziemlich allgemein verbreitet. Auch in meiner Gegend gibt es noch Schwachköpfe genug, die dem armen Käuzchen eben nicht viel Gutes zutrauen, und mit Zittern davon sprechen, wenn es in der Nähe einer Wohnung seine Nachtmusik hören läßt". Eine ähnliche Äußerung finden wir schon bei Frisch Vorstellung der Vögel (1763) VIII C 2b: "Weil dieſe kleinſte Art der Kautze ſich gemeiniglich wegen der Einſamkeit in denen Kirchen, Gewôlben und Kirchhôfen oder Gottesåckern, die mit vielen Begråbniſſen bebauet ſind, aufhålt, ſo nennen es einige *das Kirchen-* oder *Leichenhuhn*. Ja weil es ſich auch, wegen des Todtengeruchs, ſo Sterbende von ſich geben, oder Todtkrancke hinweg dunſten, zuweilen auf ſolchen Håuſern auch wohl vor den Fenſtern einfindet, und ſich ſowohl durch Geſchrey als flattern an den Fenſtern hôren låßt; ſo nennt es der abergläubiſche Pôbel *das Sterbe-* oder *Todtenhuhn*, *Leichhuhn*, den *Sterbevogel*, weil man glaubt, daß dieſer Vogel anzeigen wolle, der Krancke mûſſe ſterben". Der von Frisch und Naumann verpönte Aberglaube wird gut veranschaulicht durch die angeführten mundartlichen Bezeichnungen des

Steinkauzes. Der Name *Leichenhuhn*, den Naumann aus seiner Heimat, dem Herzogtum Anhalt, erwähnt, wird von Hertel Sprachsch. S. 157 auch für einige Gegenden in Thüringen bezeugt, ebenso in der niederdeutschen Form *Lîkhaun* durch Schambach Wb. S. 124 für Göttingen und Grubenhagen; ferner *Liekhônken*[1] im Münsterkreise, *Liekhôn*[1] in Holstein; nach Danneil Wb. S. 127 wird in Altmark jede kleine Eule *Lîkhôn* genannt. In Salzungen (in Thüringen) gilt der Ausdruck *Sterbekauz*[2].

Der gefürchtete Ruf des Vogels, aus dem verhängnisvolle Worte herausgehört werden, ist nach Voigt Excursionsbuch S. 187 ein zweisilbiges *kuwiff*, *kuwiff*, dessen zweite Silbe bis eine Sexte höher liegt als die erste. Es klingt dem abergläubischen Gemüt wie ein Befehl 'Komm mit! Komm mit!'; daher heißt denn der Kauz z. B. in Preußen *Kommit*[3]. Ein anderer preußischer Name, dessen Richtigkeit von Frischbier a. a. O. ohne Grund bezweifelt wird, ist *Kiwit*. Dieser Ausdruck wird schon von Frisch erwähnt: "Wegen ſeines ſtarcken Geſchreyes, welches *Kiwitt*, *Kiwitt*, klingt, hat dieſes Kåutzlein auch in einigen Gegenden den Nahmen *Kiwitt*- oder *Kliwitt-Huhn* bekommen". Die letztgenannte Variante kommt in Westfalen als *Klewitt*[4], im westfälischen Hessen als *Klawit*[5] (meist *Klawitchen*), in Göttingen und Grubenhagen als *Kliwitken*[6] vor. Auf hochdeutschem Gebiet ist daraus *Kleiderweiß*[7] (in Thüringen) oder *Kridewißchen*[8], d. h. Kreideweißchen (im östlichen Hessen und in der Grafschaft Ziegenhain) geworden. Wahrscheinlich gehört auch das schlesische Wort *Bilweiße* 'Hexe'[9], das schon Schwenkfeld Ther. Sil. (1603) S. 353 in der Form *Pilweiſſen* belegt, in diesen Zusammenhang. Öfters werden unter Eulennamen auch gespensterische Wesen verstanden. Doch tut man Unrecht, wenn man die in althochdeutschen Glossen mit 'strix' glossierten Worte *schrato* und *holzmuoja* als Eulennamen anführt. Das lat. Lemma hat hier die Bedeutung 'Hexe'. Wenn Gesner Hist. avium S. 707 unter die Vogelnamen auch 'strix' aufgenommen hat und es mit den Ausdrücken *das Schrâttele*,

1 Korrespondenzbl. f. ndd. Sprachf. XVI, 86. XVII, 4.
2 Hertel 235. — 3 Frischbier I, 406. — 4 Woeste 130.
5 Vilmar 206. — 6 Schambach 104. — 7 Hertel 136.
8 Vilmar 226. — 9 Weinhold Beitr. zu einem schles. Wb. S. 40.

Schretzlin, *Jochimcken*, *Nachtmāñle* übersetzt, so geht er von dem lat. Wort aus und folgt hier nur der römischen und griechischen Volksvorstellung. Ebensowenig versteht Schwenkfeld a. a. O. unter den Namen *Ein Milchſauger / Kinder Melcker*, die das lat. *strix* übersetzen, irgend einen bestimmten Vogel.

Der heute in der Wissenschaft geltende Name *Steinkauz* ist zuerst im 15. Jh. belegt (s. S. 319); Konrad von Megenberg (Ed. Pfeiffer S. 224 [14]) gebraucht den Ausdruck *stainäul* (andere Zeugnisse dafür bei Diefenbach Glossar. S. 556c und 625c). Im 16. Jh. kommt *Steinkutz* bei Gesner a. a. O. S. 596, die Pluralform *Steinkutzen* im Strassburg. Vogelb. v. J. 1554 V. 302 vor; *Stainewl* bei H. Sachs Regim. der Vögel (1531) V. 224, *Steineule* bei Eber und Peucer Vocab. (1552) S. F 4b, *Steineul* bei Golius Onomasticon (1579) Sp. 290. 293, *Stein Eule / Mittel Eule* bei Schwenkfeld Ther. Sil. (1603) S. 308.

Die elsässischen Synonyma *Wäckerle*, *Quäckerle*, *Quickli*[1] können als onomatopoietische Bildungen aufgefaßt werden; sie erinnern besonders an das bellende, hohe *quäck* des Waldkauzes. Doch fragt es sich, ob nicht ursprünglich das alte Wort *Wickerle*, *Wigla* ihnen zugrunde gelegen hat. — Der lautbildende Name *Buhu(vogel)*, den Unger-Khull Steir. Wortsch. S. 127 mit der Bedeutung 'Steinkauz' verzeichnet, ist eigentlich eine Bezeichnung des Uhus.

Waldkauz, ulula aluco, syrnium aluco.

Gesner, der in Hist. avium (1555) S. 740 den Waldkauz unter der Rubrik *ulula* schildert, gibt gerade diesem Vogel die Namen *Vwel / Ül / Eul / Nachteul / Stockeul*, welche seiner Ansicht nach mit Unrecht auf andere verwandte Arten bezogen werden.

Das Kompositum *Nachteule*, das in mittelhochdeutschen Vokabularen öfters belegt ist[2], wird von allen Vögeln des Eulengeschlechts angewendet. So erscheint es in Ryffs Tierb. Alberti (1545) S. I 5b und P 1b synonym mit Uhu gebraucht, Schwenkfeld

---

1 Martin-Lienhart II, 210 f.

2 Ahd. Gll. IV, 109[43] und Diefenbach Glossar. S. 380a, Novum glossar. S. 264a.

Ther. Sil. (1603) S. 308 meint damit den Steinkauz; nach Martin-Lienhart I, 314 bedeutet *Nachtheujel* im Elsaß den Waldkauz und die Schleiereule usw.

Der von Gesner erwähnte Ausdruck *Stockewl* erscheint bei H. Sachs Regim. der Vögel (1531) V. 223, dann *Stockeule* bei Agricola De animantibus subterraneis (1549) S. 3a und im Vocab. triling. (1560) S. 88, *Stock Eul* in Spangenbergs Ganskönig (V. 149); der erste Teil der Zusammensetzung hat, wie öfters in Vogelnamen, die Bedeutung 'Wald'. Das Strassburg. Vogelb. v. J. 1554 nennt V. 302 *die Waldkutzen* und V. 316 *die Waldeul.* Ein drittes gleichbedeutendes Wort ist *Pusch Eule* (daneben *Graw Eule*) bei Schwenkfeld a. a. O. S. 367, "schlechthin Eulen, *Buscheulen*" bei Reyger Verbess. Hist. der Vögel (1760); heute *Pûscheile* in Schlesien (Mitteilungen der schles. Gesellsch. f. Volkskunde Heft XIX, 83).

Durch den runden Kopf des Vogels ist der Vergleich mit einer Katze hervorgerufen, auf welchem die Ausdrücke *Kâzekapp*[1] m. (d. h. Katzenkopf) in Luxemburg, *Katûl*[2] (d. h. Katzeneule) in der Grafschaft Ranzau, *Kadûl*[3] in der nordfriesischen Mundart beruhen. In Steiermark wird sowohl der Wald- wie der Steinkauz *Katzenauff* (zu *Auf* 'Uhu') oder *Katzenäugel*[4] genannt.

Im Münsterkreise heißt der Waldkauz *Knappûle*[5], in Luxemburg ist der Zwergkauz *die Knappeilchen*[6]. Der Name, der in der Form *Knapp-Eule* bei Frisch Vorstellung der Vögel VIII B vorkommt, ist mehrdeutig, weil die Eigenschaft mit dem Schnabel zu knappen oder zu klappern mehreren Eulenarten eigen ist, vgl. auch Knepper (= Klapperstorch) S. 371.

Schleierkauz, strix flammea.

Der Vogel hat seinen Namen von dem sogenannten Eulenschleier, d. i. einem strahlenartig um die Augen sich verbreitenden Gewebe kleiner, steifer Federn, welches bei den meisten Eulenarten vorkommt, bei dieser aber besonders schön und seiden-

1 Wb. d. Luxemburg. Mundart 217.
2 Korrespondenzbl. f. ndd. Sprachf. XVII, 2.
3 Johansen Nordfries. Spr. S. 111. — 4 Unger-Khull 373.
5 Korrespondenzbl. f. ndd. Sprachf. XVI, 85, Woeste 133.
6 Wb. d. Luxemburg. Mundart 232.

glänzend ist. Den ersten Beleg für *schleiereul*[1] liefert der Vocab. inc. theut. ante lat., im 16. Jh. *Schlaerule* bei Agricola De animantibus subterraneis (1549) S. 3a, *Schlayreul* bei H. Sachs Regim. der Vögel (1531) V. 222, *eyn Schleier eul* bei Turner Avium hist. (1544) S. G 5a, *Schleyereul* bei Eber und Peucer Vocab. (1552) S. F 4b, *Schleyer eyl* im Strassburg. Vogelb. v. J. 1554 V. 319, *Schleierül* bei Gesner Hist. avium (1555) S. 742, *Schleyer eul* bei Golius Onomasticon (1579) Sp. 293, *ein Schleier Eule* als schlesisches Wort bei Schwenkfeld Ther. Sil. (1603) S. 368, ferner bei Aitinger Bericht v. d. Vogelstellen (1631) S. 234, Klein, Reyger usw. In Luxemburg heißt der Vogel *Seideneil*[2], im Münsterkreise *Pählule*[3] (d. h. Perleneule). Der Name *Perl-Eule*, der auf das tropfenweise gesprengte Gefieder zielt, kommt zuerst bei Frisch Vorstellung der Vögel (1763) VIII, C 2a vor.

Da die Schleiereule ihre Schlupfwinkel gerne in Kirchtürmen aufsucht, heißt sie in Preußen *Turmeule*[4], in Luxemburg *Tûreil*[5]; schon mhd. *turniule* in den Minnesingern herausg. von v. d. Hagen III, 261b. Das Synonymon *Kirchül* wird nach Gesner a. a. O. S. 230. 742 in Flandern und einigen Teilen von Deutschland gebraucht; bei Junius Nomenclator (1581) S. 54b wird *Kerckwl* als niederländisches Wort angeführt. Im Elsaß ist *Kircheule* im Strassburg. Vogelb. v. J. 1554 V. 317 bezeugt, *Kirch Eule* bei Schwenkfeld Ther. Sil. (1603) S. 368; heute *Kirchkäuzlein*[6] in Graubünden, *Kilchül*[6] in Bern.

Der Name *Ranſeul*, der bei Turner Avium hist. (1544) S. G 5a vorkommt, ist niederländisch und lautet heute *ransuil*; Gesner führt a. a. O. die niederländische Lautform *Ranſulle* an, bei Junius Nomenclator (1581) S. 54c *Ranſwle*. Schwenkfeld Ther. Sil. (1603) S. 309 hat das Wort in der Form *Rantz Eule*; der Druckfehler *Rautz Eule* S. 368 ist von späteren Autoren wiederholt worden. Der Name ist nicht sicher deutbar.

Von der Stimme, die nach Voigt Excursionsbuch S. 188 oft das Tempo und die Klangfarbe eines schnarchenden Menschen

1 Diefenbach Glossar. S. 382a.
2 Wb. d. Luxemburg. Mundart 406.
3 Korrespondenzbl. f. ndd. Sprachf. XVI, 86. — 4 Frischbier II, 416.
5 Wb. d. Luxemburg. Mundart 446.
6 Staub-Tobler I, 616. III, 603.

hat, hat der Schleierkauz den Namen *Schnarchkauz*[1] erhalten; bereits in dem von Schröer herausg. Vokabular aus dem Jahre 1420 *snerker* (3199 Anm.) = ulula.

Nach der Angabe von Schambach Wb. S. 209 wird die Schleiereule in Göttingen und Grubenhagen *Steinkûz* genannt.

Ein steirisches Synonym ist *Tschungel*, *Tschunkel*[2] m.

Falken, Falconidae.

Falke, falco.

Ahd. falco: Sg. Nom. — *falco* capus: cod. SGalli 242, 248b. Clm. 14747f. 63a. ixon[3]: Deuteronom. 14, 13: cod. Oxon. Laud. lat. 92, 20b. herodio: Leviticus 11, 19: cod. Guelpherbyt. Wiss. 29, 82a, cod. Vindob. 1042, 130b, Clm. 6227, 49b, Clm. 18528, 1, 73b, *falcho*: Clm. 5116, 80b, cod. mon. herem. 184, 298; herodion forma fulice similis. sed maior. id est capiet.[4] quasi *falcho*. quod dicitur uualai: hchabuhc: cod. Fuld. Aa 2, 43a; Clm. 18140, 14a; cod. Stuttg. th. et phil. 218, 13c; cod. Carolsruh. Aug. CCXXXI, 12a, *faflco*: cod. SGalli 283, 483. *falko*: cod. Selestad. f. 109b. *fal ko* erodius: cod. sem. Trevir. f. 112b, *ualco* cappus: cod. Guelpherbyt. Aug. 10. 3. 4⁰ f. 89a, *valco*: cod. Berol. Ms. lat. 8⁰ 73, 124a, *falco*: cod. Parisin. 9344 f. 42b. Versus de volucr. H. S. III, 17, erodius: III, 17, capus: XI a 2. b. e. g, alietus auis: g. cod. sem. Trevir. R. III. 13, 104b, erodius: cod. sem. Trevir. R. III. 13, 105b. *falcho*: cod. Cheltenham. 18908 f. 1a. cod. SGalli 299 p. 33. cod. SGalli 299, 26. herodio: Deuteronom. 14, 16: cod. SGalli 296, 116. herodius: cod. Vatic. Reg. 1701, 2b. herodio: Erchanberti ars: Clm. 6414, 16b. Gll. Salomon. a 1, falcones: a 1, herodion: Clm. 13002, 68f, capis: b: fragm. Labac. Clm. 14689f. 47a. cod. Vindob. 804f. 169a, cod. Wirziburg. Mp. th. 4⁰ 60, 100b. Notker Wps. 103, 18. *ualcho* herodii. herodius: Psalmen 103, 17: cod. Angelomont. I 4/11, 33a, *valcha*: cod. Turic. Rhenov. 66, 56, *ualcha*: cod. Stuttg. herm. 26, 25b. *ualche*: cod. Vindob. 804f. 185b. *falucho* herodion: Anhang z. alten u. neuen Testament.: Leviticus 11, 19: Clm. 14747, 96b. *falc* herodius: cod. Bruxell. 10072f. 88b. *valch*: Versus de volucr. — Gen. — (*des*) *falchen* herodii: Notker Wps. 103, 18. — Pl. Nom. — *ualkon* (fulice): Vergilius Georg. I, 363: cod. Parisin. 9344, 13b.

Den Falkennamen haben die Germanen mit den Romanen gemeinsam. Abgesehen von dem Rumänischen ist *falco* in allen romanischen Sprachen vorhanden: ital. *falco*, *falcone*, afrz. *faucon*,

1 Vgl. Staub-Tobler I, 617. — 2 Unger-Khull 179.

3 *ixion* Vulgata, *ixon* Vercellone (Steinmeyer).

4 l. capus (Steinmeyer).

span. *halcon*, portugies. *falcão*; auf germanischem Boden entsprechen ihm ahd. *falco* (mhd. mnd. mndl. *valke*) und ein spätbezeugtes anord. *falki* (dän. schwed. *falk*). Ob das Wort ursprünglich germanisch oder romanisch war, darüber sind die Meinungen sehr geteilt.

Die Geschichte des Falkennamens steht, wie es scheint, in engster Verbindung mit der Geschichte der Falkenjagd: *falco* war offenbar ein Jagdterminus, dessen Entstehung mit dem Aufkommen der Beize bei den Germanen oder Romanen gleichzeitig ist. Für diese Auffassung spricht zunächst die Tatsache, daß die Falken sich von den nächstverwandten Raubvögeln durch keine solchen Merkmale unterscheiden, daß sie dem ungeübten Auge als besondere Gattung erschienen; eine gemeinsame Benennung derselben schiene daher auffällig, wenn sie nicht die Grundlage in der Verwendung dieser Vögel als Jagdvögel hätte. Bei Völkern, wie z. B. den Finnen, welche die Jagd mit dem Falken nicht gekannt haben, gibt es keinen besonderen Ausdruck, der diesen Vogel von Bussarden, Habichten usw. unterscheidet. Aber auch abgesehen von diesen Erwägungen allgemeiner Art, macht das erste Auftreten des Wortes *falco* im Zusammenhang mit den ersten Nachrichten von der Falkenbeize in Europa den Eindruck, daß wir es hier mit einem Jagdausdruck zu tun haben. Leider weiß man durch geschichtliche Nachrichten gar zu wenig von den ersten Anfängen der Falkenjagd in Europa, um daraus irgendwelchen Aufschluß über den Ursprung des Vogelnamens zu erhalten. Im Gegenteil hat man versucht, aus der Etymologie des Namens Beweismittel für die Geschichte der Beize zu gewinnen.

Zum ersten Mal begegnet der Ausdruck *falco* — wie schon Gesner bemerkt hat — um das Jahr 300 bei Julius Firmicus Maternus, der die Jagd mit diesem Vogel beschreibt; darauf folgen Zeugnisse des Namens bei Servius Grammaticus, Isidor u. a. Im klassischen Latein ist der Vogelname also nicht nachweisbar; ein gleichlautendes Wort ist einmal in dem Auszug des Priesters Paulus aus Sextus Pompejus Festus in der Bedeutung ‘einer, der krumme Zehen hat’ bezeugt: “*falcones* dicuntur, quorum digiti pollices in pedibus infra sunt curvati, a similitudine *falcis*". Manche haben hier das Grundwort des Vogelnamens erblickt und ihn auf die krummen Klauen oder den krummen Schnabel zurückgeführt.

Dieser Annahme ist Baist in einem längeren Artikel in Zs. f. d. A. XXVII, 60 ff. entgegengetreten, wo er ausführlich die Geschichte der Beize und des Falkennamens behandelt; vgl. auch A. f. d. A. XIII, 301 ff. und Zs. f. frz. Spr. u. Lit. XIII, 2, 185 f. Nachdem Baist zunächst festgestellt hat, daß die römischen Schriftsteller niemals die Falkenjagd erwähnen und daß keine einzige Falkenbenennung im klassischen Latein nachzuweisen ist, folgert er hieraus, daß die Beize in Europa erst in romanischer Zeit — nicht lange vor der ersten sicheren Nachricht von derselben bei Julius Firmicus — vielleicht im 2. Jh. n. Chr. aufgekommen ist. Da die keltischen Ausdrücke für den Falken aus den germanischen Sprachen entlehnt sind, kommen die Kelten als Erfinder der Beize nicht in Betracht; sie müsse auf germanischem oder romanischem Boden entstanden sein. Nach Baist deuten verschiedene Indizien darauf, daß die Germanen — und nicht die Romanen — die Jagd erfunden haben. Vor allem fällt ins Gewicht, daß sich mehrere Ausdrücke, die sich in den romanischen Sprachen auf die Beize beziehen, als germanische Entlehnungen erweisen. Von Falkenbenennungen sind *épervier* = ahd. *sparwâri*, *émerillon* = ahd. *smirl*, *gerfaut* = anord. *geirfalki* germanischen Ursprungs. An diese Reihe schließe sich auch das Wort *falco* selbst an, dessen Herleitung aus lat. *falx* 'Sichel' deshalb unwahrscheinlich sei, weil in der Benennung 'der Gesichelte' — man möge sie nun auf die Klauen oder den Schnabel des Falken beziehen — nichts für den Vogel Charakteristisches wäre, was ihn von den verwandten Raubvögeln unterscheiden würde. Dagegen lasse sich der Name aus dem germanischen Wortmaterial ansprechend deuten, wenn man ihn als eine Ableitung mittels des *k*-Suffixes aus *fallan* 'fallen' ebenso wie *habuh* aus *haben* (= capere) auffaßt. Der Falke hätte den Namen 'Stößer' erhalten, weil gerade die Art von oben herab auf die Beute zu stoßen die Jagdweise des Vogels charakterisiert. Außerdem beweise das Vorkommen des Wortes *falco* als Eigenname bei Langobarden, Westgoten und gallischen Franken, sowie als Bestandteil in dem

Völkernamen *Falcovarii* und dem angelsächsischen Namen *Westerfalca*[1], daß es auf germanischem Sprachboden alt sei.

Gegen diese Theorie des gelehrten Romanisten kann man jedoch manche Bedenken geltend machen.

Die zitierten Stammesnamen können kaum als Beweis für den Ursprung des Falkennamens verwertet werden, denn in dem angelsächsischen Königsnamen *Westerfalca* und dem Völkernamen *Falchovarii* steckt wohl nicht der Vogelname, sondern ein Farbenadjektiv, das im elsäss.-schwäb. *falch* (= *fahl*) vorhanden ist; vgl. Kossinna PBB. XX, 299 ff. Aus dem Personennamen *Falco* ist auch kein Beweis zu gewinnen, denn — angenommen, daß er wirklich mit dem Vogelnamen identisch ist, — kann er in den germanischen Sprachen nicht sehr alten Datums sein. Das Wort *falco* war ja ein Jagdterminus, der mit der Beize aufkam; erst nach dieser Zeit konnte man also Personen mit dem Vogelnamen nennen. Da der Jagdausdruck jedenfalls sehr bald von dem einen Volke zu dem anderen kam und sich dort einbürgerte, so ist es für den Personennamen irrelevant, ob das Wort in der betreffenden Sprache entlehnt war, oder nicht. Daß eine beträchtliche Anzahl wichtiger Jagdausdrücke von den Germanen zu den Romanen gekommen sind, muß mit Baist festgestellt werden; an der von ihm betonten germanischen Provenienz der Falkennamen *épervier*, *émerillon*, *gerfaut* darf nicht gezweifelt werden. Hieraus folgt jedoch nicht, daß auch *falco* germanischen Ursprungs sei. Der Austausch von Jagdausdrücken ist gegenseitig gewesen, wie man es bei der engen gallisch-fränkischen Gemeinschaft verstehen kann. Von den Romanen haben die Deutschen z. B. die Ausdrücke *terzel* = tertiolus, *piligrîm* = peregrinus, *laner* = lanier, *mûȥære* (auch andd. *mûtâri*) = mutarius übernommen.

Direkt gegen germanische Herkunft des Falkennamens spricht das Fehlen des Wortes bei den Angelsachsen, denn diese hätten doch den Ausdruck auf dem Kontinent kennen müssen, wenn er schon im 2/3. Jh. bei den Germanen bekannt gewesen wäre. Und man kann nicht gut annehmen, daß die Angelsachsen —

1 Andere Varianten dieses Namens sind *Westorwealcna*, *Westorwalcna*, s. Searle Onomasticon Anglo-Saxonicum S. 484.

ein Teil der Germanen, welche die Jagdkunst erfunden hätten — diese wichtige Erfindung wieder aufgegeben, oder den wichtigsten Jagdausdruck verloren hätten. In der angelsächsischen Literatur, wo eine Menge verschiedener Habichtarten erwähnt werden (*gôshafoc*, *mûshafoc*, *spearhafoc*), wird der Jagdfalke *wealhhafoc*[1], d. h. der wälsche Habicht genannt. Daß dieser Name als 'Wanderfalke' aufzufassen und nur auf den vornehmsten Jagdfalken zu beziehen wäre, ist nur eine Hypothese, denn man weiß ja nicht, wie viele Falkenarten die Angelsachsen kannten und ob der Wanderfalke unter diesen die wichtigste Rolle spielte. Das Wort *wealhhafoc* erscheint in den angelsächsischen Quellen als allgemeine Bezeichnung des Jagdfalken und wird genau in demselben Sinne angeführt, wie *falco* in althochdeutschen Glossaren. Ungefähr ähnlich ist der Sachverhalt im Altnordischen. Hier ist das Wort *falki* erst seit dem 12. Jh. bezeugt und wird als Lehnwort aufgefaßt. Der ältere Ausdruck für den Jagdfalken ist *valr*, d. h. 'der Wälsche'. Daß auch dieser Name als Wanderfalke zu deuten wäre, läßt sich nicht wahrscheinlich machen. Vielmehr deutet die Auffassung des abgerichteten Falken bei den Angelsachsen und Skandinaviern als ein Fremdling darauf, daß die Beize ihnen ursprünglich nicht bekannt war. In den germanischen Volksgesetzen ist der Name *falco* nicht erwähnt, — die Lex Salica nennt nur den Sperber (*speruarius*), das allemannische und bairische Gesetz haben für den Falken einheimische Benennungen (*cranohari, ganshabuh*).

Die obenangeführten Gründe machen es wahrscheinlich, daß der Falkenname nicht germanischen, sondern vielleicht romanischen Ursprungs ist. Die Ableitung des Vogelnamens aus lat. *falx* und die Deutung desselben als 'der Vogel mit krummen Klauen' ist semasiologisch nicht unwahrscheinlich. Der Name

1 In ahd. Glossenhandschriften erscheint der Ausdruck einige Mal: *uualhapuh* herod. herodius: Leviticus 11, 19: cod. SPauli XXV d/82, 38 a; *uualuc hæc fuch*: cod. Parisin. 2685, 50 b; *uualai*: *hchabuhc* herodion forma fulice similis. sed maior. id est capiet (l. capus). quasi falcho. quod dicitur: cod. Fuld. Aa 2, 43 a. *uuale auuc*: Job 39, 13: cod. Parisin. 2685 f. 55 b, *ualc̆he fuc*: cod. Lugdun. 69 f. 26 b, *uylchefuc*: cod. Bern. 258 f. 16 a. — Alle diese Belege sind jedoch aus einem ags. Original abgeschrieben. Auf deutschem Boden ist der Ausdruck nicht heimisch.

hebt ja ein charakteristisches Merkmal des Vogels hervor. Daß die Vogelnamen immer auf einem solchen Charakteristicum beruhen, welches die betreffenden Vögel von anderen scharf abhebt, darf man nicht erwarten. Man braucht nur an die vielen mehrdeutigen Ausdrücke wie *Brachvogel*, *Weißschwanz* usw. zu denken.

Die von Baist vorgeschlagene Deutung des Wortes *falco* aus *fallan* 'fallen' stößt auf formelle Schwierigkeiten. Eine Ableitung mittelst des *k*-Suffixes würde ahd. **falluh* ergeben; ohne Mittelvokal ist die Anfügung des Suffixes an den auf Doppelkonsonanten ausgehenden Stamm nicht denkbar.

Woher die Kunst mit Falken zu jagen ursprünglich stammt, ist eine Frage, die hier dahingestellt bleiben muß. Nicht unwahrscheinlich scheint die Annahme, daß die Beize vom Osten her nach Europa kam. Bereits im 6. Jh. n. Chr. war sie hier so allgemein geworden, daß sie auf Kirchenversammlungen verboten wurde. Ihre volle Entfaltung fällt aber erst in spätere Zeiten, ins 12. u. 13. Jh., wo zahlreiche Abhandlungen über Falkenjagd zu erscheinen beginnen[1]. — Mit der Entwicklung der neuen Kunst wird die hierhergehörige Nomenclatur in Deutschland durch einheimische und fremde Ausdrücke immer mehr bereichert.

In der Sprache der Falkner hieß der männliche Falke, der bedeutend kleiner ist als das Weibchen, *terzil*. Das Wort ist entlehnt aus mittellat. *tertiolus*, das den romanischen Synonyma, ital. *terzuolo*, frz. *tiercelet*, span. *torzuelo* und portug. *trećo* zugrunde liegt. Den lat. Namen erklärt Crescentius folgendermaßen: "Tertiolus uocatur mas in accipitrum et falconum genere, quia simul tres in nido naſcuntur, duae foeminae et tertius mas". Andere wollen den Ausdruck daraus deuten, daß das Männchen ungefähr um ein Drittel kleiner ist als das Weibchen. Der erste Beleg des deutschen *terzil* fällt ins 12. Jh.: *tercel* herodius: cod. Vindob. 804 f. 185 b; darauf *tercil*: Versus de volucr.: cod. Admont. 759, 55 b (13. Jh.). Im Mittelhochdeutschen wird *terzel* sowohl als Maskulinum wie als Neutrum behandelt; daneben auch *terze*, *falkenterze*, *smirlînterze*. Aus dem Französischen stammen nndl. *tarsel* und engl. *tiercel*, *tassel*, *tercel*. Vgl. auch Habicht S. 361.

1 Vgl. Schrader Reallexikon S. 210.

Durch den Import ausländischer Jagdfalken und die Kreuzung der einzelnen Arten entstehen neue Falkennamen, welche jedoch oft nicht konsequent angewendet und besonders von Laien fortwährend verwechselt werden. Daher ist es in vielen Fällen geradezu unmöglich zu entscheiden, welche von den jetzt bekannten Falkenarten von den alten Autoren gemeint werden. In der mittelalterlichen Fachliteratur herrscht meistens eine Einteilung der sogenannten edlen Falken in zehn verschiedene Arten; außerdem werden verschiedene Arten unedler Falken aufgezählt.

Diese Einteilung findet man zuerst bei Albertus Magnus De animalibus S. X 1 a, wo für die edlen Falken folgende Ausdrücke angewendet werden: 1. *sacer*, 2. *gyrofalco*, 3. *montanarius*, 4. *peregrinus*, 5. *gybbosus*, 6. *falco niger*, 7. *falco albus*, 8. *falco rubeus*, 9. *falco qui habet pedes azurinos*, 10. *falco paruus qui mirle uocatur*. Unedler Falken giebt es nach Albertus drei Arten; dazu kommen durch Kreuzung von edlen und unedlen Vögeln noch weitere drei Arten und schließlich eine Bastardart, die besonders erwähnt wird. Es sieht aus, als ob Albertus diese Gruppierung nicht auf Grund wissenschaftlicher Beobachtung gemacht, sondern sich dabei nach den Einteilungen von Aristoteles und Plinius gerichtet hätte, von denen jener zehn, dieser sechzehn Arten unterscheidet.

Der Ausdruck *edelfalke* als Bezeichnung der besten Jagdfalken begegnet zuerst im Minnefalkner 184, 66, *edlvalckh* in einer Version des Märchens vom Zaunkönig (Germania VI, 90); später ist das Wort öfters belegt.

Sackerfalke, falco sacer.

Das mittellat. Wort *sacer*, das bei Albertus die vornehmste Falkenart bezeichnet, ist entlehnt aus arab. *çaqr* 'Jagdfalk' (vgl. Baist a. a. O.); bei dem arabischen Schriftsteller Auicenna (980—1037) lib. 2, cap. 246 ist es als *sachari* bezeugt. Die Entlehnung ist dem Deutschen und den romanischen Sprachen gemeinsam: mhd. *sacker* = frz. span. *sacre*, ital. *sacro*. In dem Minnefalkner, wo diese Falkenart mit dem Blaufuß gleichgestellt und im Gegensatz zu dem edlen Wanderfalken für einen minderwertigen Jagdvogel betrachtet wird, erscheint der Name in der

Form *sackers*. Vielleicht ist das auslautende *s* aus der französischen Flexionsform *sacres* zu erklären, wodurch französische Vermittlung bei der Einführung des Lehnworts anzunehmen wäre. Mynsinger, der in seiner Darstellung der Falken Albertus Magnus reproduziert, zählt den *sackerfalken* (S. 7) zu der "ersten edeln Zucht". Bei Oswald von Wolkenstein (Ed. Schatz² S. 254) 110, 31 erscheint der Name in der Form *sägger*. Die Form *saiger* (in einer Handschrift) ist nur eine orthographische Variante der vorhingenannten Namensform und kein selbständiges Wort; danach ist *seigære* (= eine Falkenart) bei Lexer Mhd. Wb. II, 855 zu streichen. Im 16. Jh. kommt der Name bei Gesner Hist. avium S. 64 vor; neben *Sacker* wird die Variante *Sockerfalck* erwähnt und als Synonymon *Kuppel* angeführt. Dieser Ausdruck wird a. a. O. mit lat. 'copulatus' gleichgestellt und daraus erklärt, daß die Sackerfalken paarweise jagen. Die späteren Ornithologen wiederholen die Angaben Gesners. Hans Sachs erwähnt den *Sacker* (: wacker) im Regim. der Vögel (1531) V. 153. Noch im 18. Jh. kommt der Ausdruck in den Königsberger Carmina nupt. I, 264[1] vor.

Der nordische Jagdfalke, falco gyrofalco.

Die zweite edle Falkenart ist der nordische Jagdfalke oder vielmehr eine bestimmte Varietät desselben. Der Name, der in der mittellateinischen Literatur als *gyrofalco*, *girifalco*, *gerfalco* oder *grifalco* erscheint, wird von Albertus Magnus (dem in neuerer Zeit u. a. Diez Et. Wb., Körting Wb. u. a. folgen) aus dem Verbum *gyrare* 'drehen, schnurren' hergeleitet; der Zusammenhang mit dem Verbum wird damit begründet, daß der Vogel sich mehrere Mal im Kreise herumdreht, bevor er sich auf die Beute stürzt. Dies trifft aber faktisch auf den nordischen Falken nicht zu, und damit fällt auch die angeführte Etymologie. Unwahrscheinlich sind auch die Deutungen von Wackernagel Voces var. animant. II, 135 Anm. und Lexer Mhd. Wb. I, 1022, welche vom Deutschen ausgehend das Wort mit *gêr* 'Speer' oder mit *ger, gir* 'Gier' verknüpfen; nach Wackernagel wäre der Vogel als 'der auf dem Speer (als Sitzstange) ruhende', nach Lexer

1 S. Frischbier I, 401.

als 'der gierige' Falke aufgefaßt. Auch Hatzfeld und Darmesteter II, 1164 denken an die Raubgier des Vogels, indem sie den Namen mit *gîr* 'Geier' verbinden. In dem obenerwähnten Aufsatz erklärt Baist den Ausdruck als gleichbedeutend mit 'Edelfalke', ohne daß jedoch der Gebrauch des Wortes *gêr* im Sinne 'edel' überzeugend bewiesen würde. Bei Falk und Torp Et. ordb. I, 220 werden die germanischen Namensformen ohne Motivierung von den romanischen (ital. *gerfalco*, span. *gerifalte*, prov. *girfalc*, frz. *gerfaut*) abgeleitet. — Da der *gyrofalco* aus den skandinavischen Ländern nach Mitteleuropa importiert wurde, so ist schon dadurch romanischer Ursprung des Namens höchst unwahrscheinlich, um so mehr aber, weil er aus romanischem Wortmaterial nicht gedeutet werden kann. Der natürlichste Ausgangspunkt für die Erklärung des Namens ist die nordische Namensform *geirfalki*, welche seit dem 12. Jh. belegt ist. Besonders charakteristisch für den Vogel ist das blendend weiße Gefieder mit den dicht bestreuten Schaftstrichen, die wie Pfeilspitzen aussehen. Wenn man an diese Färbung des Gefieders anknüpft, so kann der erste Teil des Kompositums anord. *geiri* 'speerförmiges Stück, Striemen' (ahd. *gêro*, ags. *gâra*) sein; vgl. norweg. *gere-stud* 'Stute mit weißen Füßen', *geret* 'mit weißem Striemen (vom Vieh)', schwed. *geret* 'weißrandig', *ger* (*gera*) 'Ochs (Kuh), der weißgezeichnet ist'. In deutschen Quellen ist der Name seit dem 14. Jh. bezeugt: zuerst als *gerualch* in cod. Mellic. K 51, 242 (Ahd. Gll. III, 23[22]), in der umgedeuteten Form *greiffalk* (= mittellat. *grifalcus*) bei Konrad von Megenberg (Ed. Pfeiffer S. 185, 26)[1], *greyffalk* im Vocab. theuton. (1482) S. m 7 a, *geirfalck* (in einem Vokabular des 15. Jhs.) bei Diefenbach-Wülcker Wb. S. 626, ferner *girovalcke* (nach Albertus) bei Mynsinger S. 8. Ob der Personenname *Gervalcus* (ums Jahr 1070) in Socins Namenb. S. 218 hierher gehört, ist nicht ganz sicher. Im 16. Jh. schreibt Ryff Tierb. Alberti (1545) S. L 2 b *Gerfalck*, das Strassburg. Vogelb. v. J. 1554 V. 284 *Geyrfalck*, Gesner Hist. avium (1555) S. 66 *Gerfalck*, *Gierfalck*, *ein groſſer Falck*. Schwenkfeld Ther. Sil. (1603) S. 259 bezeichnet die Namensform *Gier Falck* als schlesisch und verzeichnet außerdem die Synonyma

1 Der hier beschriebene Vogel ist der *falco candicans*.

Ger Falck | Mittel Falcke | Reger Falck (d. h. Reiherfalke); in Spangenbergs Gansкönig V. 81 *Gierfalck*, bei Klein Hist. avium prodr. (1750) S. 48 *Gyrfalck*, *Gerfalck*, in den Königsberger Carmina nupt. I, 264 *Gier(falk)*[1].

In den mittelhochdeutschen Handschriften der Versus de volucribus wird die Glosse *herodius* außer mit *gerualch* auch mit *herfalke* glossiert: *herfalke*: cod. Lips. Paul. 106, 1c (13. Jh.), *herrenvalch*: Clm. 4550, 3a, *ernalch*: Clm. 14745 f. 82c (14. Jh.); dazu *eriualcho* in der Umordnung H. S. III, 8, *ervalch*: Clm. 14584 f. 118a. Hiermit ist wohl *hêrfalke*, d. h. Edelfalke gemeint. Schon in der Notkerschen Psalmenübersetzung (103, 17) ist herodius mit *hêrfogil* glossiert und damit offenbar der 'Edelfalke' gemeint. Das lat. Bibelwort, das auf griech. ἐρωδιός 'Reiher' beruht, wird öfter als Falke aufgefaßt. Bei Notker macht sich an der zitierten Stelle dieselbe Auffassung geltend: "Herodius ist maior omnium uolatilium. der úberuuíndet den *áren*". Dazu stimmt die Glossierung im Corpus gll. lat. V, 498[63]: "erodion, auis maior qui etiam aquilam prendit" und die Erklärung des Glossators von Deuteronomium: "herodius vulgo *girfalco* dicitur et rapit aquilam". — Ganz verschieden hiervon ist *hierofalcho* in der mittellateinischen Literatur. Das Wort ist eine gelehrte Bildung Paolo Giovios (vgl. Gesner a. a. O. S. 66) und knüpft an griech. ἱέραξ 'Falke' an, das im Sinne von 'sacer, heilig' genommen wird. Auch mhd. *zwirbelvalke* bei Lexer Mhd. Wb. s. v. ist nur eine Bildung Mynsingers (S. 8), der dabei an lat. *gyrare* bei Albertus anknüpft.

Den *montanarius*, der bei Albertus Magnus die dritte Art edler Falken bildet, interpretiert Mynsinger S. 9 mit *bercfalke*; daneben kommt auch der Ausdruck *montaner* vor. In späterer Zeit erscheint *Bergfalck* bei Ryff Tierb. Alberti (1545) S. L 3a, und bei Eber und Peucer Vocab. (1552) S. L 3b, *Birgfalck* bei Gesner a. a. O. S. 68, *Birck Falck | Berg Falck* bei Schwenkfeld a. a. O. S. 258 u. a.

Wanderfalk, falco peregrinus.

Erst als der vierte in der Reihenfolge kommt bei Albertus der *peregrinus* oder der Wanderfalk, der seinen Namen von der

1 Frischbier I, 401.

herumstreichenden Lebensart in dem weiten Verbreitungsbezirk hat. Bei Oswald von Wolkenstein (Ed. Schatz² S. 254) 100, 21 wird er für die vornehmste Art gehalten. Der Name *pilgerîn* (aus dem lat. *peregrinus*) begegnet als *bilgerin* bereits in Gottfried von Straßburgs Tristan. Ryff übersetzt das lat. *peregrinus* seiner Vorlage mit *Frembdling*; bei Schwenkfeld Ther. Sil. (1603) S. 258 *ein wander Falck / gemeiner Falck / frembdling Falck*, in dem Tristan von A. W. Schlegel Str. 84f. (1800) *Pilgerfalke.* — In Lübbens Mittelniederd. Wörterbuch S. 273 wird als Bedeutung von *pelegrime* das lat. Glossenlemma *fulica* (Wasservogel) angegeben. Der Glossator des lat.-ndd. Wörterbuchs v. J. 1417, aus dem der Beleg stammt, hat *fulica* (bezw. *fulca*) und *falco* verwechselt. Ein umgekehrter Fehler findet sich in einer Handschrift mit Vergilglossen, wo *fulica* mit *falco* übersetzt ist (s. oben S. 327).

Gesner nennt in Hist. avium S. 60 als Varietät des Wanderfalken den *accipiter medianus*; der Ausdruck erscheint in der Pluralform *Medianen* in den Königsberger Carmina nupt. I, 264[1].

Auf den Wanderfalken folgt bei Albertus der *falco gybbosus*, den Mynsinger unter dem Namen *hoverfalcke* anführt. Ryff Tierb. Alberti v. J. 1545 übersetzt genauer dem lat. Originale entsprechend *der hoferig Falck.* Die Benennung bezieht sich auf den *hover* (= Höcker) des Vogels; dieser hat nämlich — nach Mynsinger S. 11 — "als ainen kurtzen hals, das man den kopff vor den ahseln seiner flügel, so sy erhöcht sind recht als ob er ainen Hofer hab, nit wol gesehen mag". Bei Gesner a. a. O. S. 71 wird der Name in der mundartlichen Lautvariante *Hogerfalck, Hagerfalck* angeführt; *Hoker(falk)* in den Königsberger Carmina nupt. a. a. O. Danach in der französischen Falknerei *hagar(d)*.

Der *falco niger* des Albertus wird — wie Gesner Hist. avium S. 71 berichtet — wegen seiner schwarzen Farbe von den Deutschen *Kolfalck* genannt (vgl. S. 45), bei Schwenkfeld Ther. Sil. (1603) S. 258 *Kohlfalcke*, in Carmina nupt. a. a. O. *Kohl(falk)*[2]. Der Name ist volkstümlich.

1 Frischbier II, 59; die Bedeutung wird unrichtig "falco milvus (?)" angegeben.

2 Frischbier I, 401 gibt fälschlich als Bedeutung des Wortes 'Rabe' an.

Im Gegensatz zu den "schwartz valcken" nennt Mynsinger als "sibende edle zucht" nach Albertus die *weiss falcken*. Damit ist eine Varietät des nordischen Falken (falco candicans) gemeint. Schwenkfeld Ther. Sil. (1603) S. 259 nennt sie *Ein weiſſer Falcke / Moſchowitterische* (d. h. Moskauer) *Falck*.

Für die achte Falkenart (*falco rubeus* bei Albertus, *Rott Falcke* bei Mynsinger S. 14, *ein Roter Falck* bei Gesner S. 72) gibt es in der Literatur keine Synonyma.

Ein allgemein bekannter Vogel war der *Blaufuß* oder der "valcke von der Newnden edeln zucht". Ob damit eine Variation des Wanderfalken oder des Würgfalken (falco lanarius) gemeint wurde, ist schwer zu entscheiden. In der niederdeutschen Lautform *blauot* (= glaucus) ist der Name schon im 12. Jh. in cod. Cheltenham. 7087, 144a belegt; hd. *blauûz* in Handschriften des 13. 14. 15. Jhs. der Versus de volucribus. In der mittelhochdeutschen Literatur kommt *blâvuoz* (ndd. *blâvôt*, mndl. *blauvoet*) öfters vor. In den heutigen Mundarten ist der Ausdruck aber selten; im Herzogtume Anhalt wird damit, wie Naumann bemerkt, "sehr uneigentlich" der Wanderfalke benannt.

Merlinfalk, falco aesalon.

Als letzte Art der edeln Falken beschreibt Albertus Magnus den Jagdvogel, der im gewöhnlichen Leben *mirle* oder *smirlin* hieß. Damit ist der *Merlinfalk* gemeint. Wie viele andere deutsche Falkennamen, so ist auch dieser von Albertus angeführte Vulgärname in den romanischen Sprachen vorhanden: ital. *smeriglio*, *smeriglione*, afrz. *esmeril*, *esmerillon*, nfrz. *émérillon*. Die deutsche Benennung ist zuerst in Glossenhandschriften des 11. Jhs. bezeugt: *smirl* nisus: Vergil. Georg. I, 404: cod. Tridentin. 1660, 18b. mirlvs: H. S. III, 17. mirle: Versus de volucr. (6 Hss. aus dem 12. 13./14. 14. 14./15. 15. Jh.), *smirli* (1 Hs. d. 12. Jhs.), *smirle* (5 Hss. aus dem 12. 12. 13. 14. 15. Jh.), *smirlinc* (2 Hss. des 13. u. 14. Jhs.), *smerlin* (1 Hs. des 13. Jhs.), *smerli* (2 Hss. d. 12. Jhs.), *smerle* (4 Hss. aus dem 12. 13. 13. 14. Jh.), *merle* (2 Hss. aus dem 13. u. 15. Jh.), *sm^e^lekī* (1 Hs. d. 14. Jhs.). *smirle*: H. S. XId (13. Jh.). *smerle*: cod. Oxon. Jun. 85, 4 (13. Jh.). In mhd. Texten *smirel*, *smirlîn*. Als normale althochdeutsche Form ist *smerlo*, *smiril*, *smirlî(n)* n. anzusetzen. In den verwandten Dialekten entsprechen mndl.

smerl(e) und anord. *smyrill* (auf den Färöern *smiril*, dän. *smirle*, *smerl*). Die gewöhnliche Annahme, daß der Name aus lat. *merula* 'Amsel' herzuleiten sei, ist — wie Baist wiederholt betont hat — sowohl aus lautlichen wie sachlichen Gründen nicht zulässig. Eine sichere Deutung des Namens fehlt. Nach Baist wäre der Vogelname identisch mit dem mittelhochdeutschen Fischnamen *smerle*, *smerlinc* (cobitis barbatula); die Übertragung würde sich aus dem Vergleich des kleinsten Falken mit dem kleinsten Fische erklären. Aus dem Französischen stammen mittelengl. *merlion*, neuengl. *merlin*, sowie nndl. *merlin* (bei Junius Nomenclator 1581 S. 53a *meerlijn*). Im 16. Jh. wird *der Schmirl* öfters erwähnt; in der wissenschaftlichen Literatur zunächst *smerla* bei Turner Avium hist. (1544) S. B 1a, *Schmirlin* bei Ryff Tierb. Alberti (1545) S. M 1a, *Smirle / mirle* bei Gesner Hist. avium (1555) S. 43 (nach Albertus); bei Schwenkfeld Ther. Sil. (1603) S. 348 *Smyrle / Smyrlin / Myrle*. Hans Sachs führt im Regim. der Vögel (1531) V. 157 den Namen in der Form *das Schmierlein* an; bei Popowitsch Versuch (1780) S. 511 *der Schmerl*. Vgl. bair. *das Schmerlin* bei Schmeller-Frommann I, 554, preuß. *der Schmîrl* bei Frischbier II, 298.

Turmfalke, falco tinnunculus, tinnunculus tinnunculus.

Im Gegensatz zu den Jagdfalken nannte man die nichtdressierten Vögel *Wildfalken* oder *Waldfalken*. In diesem Sinne ist nämlich ahd. *wiltfalco* oder *waltfalco* zu verstehen. Belege: *wiltfalco* herodius: Versus de volucr. H. S. XI a 2. b. e. g. *vvilderualcho*: Clm. 14689 f. 47 a. — *uualdfalcho* herod. herodius: Leviticus 11, 19: cod. SGalli 9, 277, *vualdfalcho*: cod. SGalli 295, 127. *waltfalcho*: H. S. XI a 2: cod. Berol. Ms. lat. 93 8°, 12a.

Die unedlen Falkenarten, welche in der Falknerei eine untergeordnete Rolle spielen, bezeichnet Albertus mit dem Namen *lanarius*. Er meint damit die Bussarde, welche ihre Beute im hohen Flug nicht packen können, sondern sie entweder auf einem Baume sitzend, oder nahe an der Erde streifend ergreifen. Unter diesen unedlen Vögeln, welche vom Mäusefang leben, nennt Albertus auch einen roten Falken, der dem Merlinfalken ähnelt. Dieser ist ohne Zweifel der Turmfalke, der in manchen Mundarten unter dem Namen *Wannenwäher* bekannt ist. Dieser Name begegnet zum ersten Mal in den althochdeutschen Versus de volucribus: *wānoweh* loaficus (1 Hs. des 12. Jhs.), *wannewehe* (5 Hss. aus dem 11./12. 12. 12. 13. 14. Jh.), *wanewche* (1 Hs. des 13. Jhs.), *wanweh* (1 Hs. des 12. Jhs.), *wanwecht* (1 Hs. des 13. Jhs.), *wanweha* (1 Hs. des 15. Jhs.), *wannowehol* (1 Hs. des 12. Jhs.), *wannenwehil* (1 Hs. des 13. Jhs.), *wānūwehel* (1 Hs. des 13. Jhs.), *wannēwehel* (1 Hs. des 14. Jhs.), *wamenwechel* (1 Hs. des 14. Jhs.), *wannenwecher* (1 Hs. des 14. Jhs.), *wāneweh* (1 Hs. des 15. Jhs.); *waneweho*: cod. Oxon. Jun. 83, 4 (13. Jh.). Mit anderer Vokalstufe: *wintwel*: cod. Vindob. 1118, 79b (13. Jh.). *wintwech*: Versus de volucr. (1 Hs. des 14. Jhs.), *wintwechel* auicula (1 Hs. des 14. Jhs. Ahd. Gll. III, 31 [11. 12]). Der zweite Teil des Kompositums erscheint als selbständiger Vogelname *weho* ebenfalls in den Versus: *weho* ibis (1 Hs. des 12. Jhs.), *wehe* (3 Hs. aus dem 12. 13. 14. Jh.), *wehi* (1 Hs. des 13./14. Jhs.), *wethe* (1 Hs. des 12. Jhs.), mit laoficus glossiert: *weiẉọ*^{ho} (1 Hs. des 14. Jhs.), *wehe* (1 Hs. des 11. Jhs.), *weche*^{e} (1 Hs. des 14. Jhs.), *wech* (1 Hs. des 14. Jhs.), *wecht* (1 Hs. des 15. Jhs.), *weht* (1 Hs. des 14. Jhs.), *wahe* (1 Hs. des 15. Jhs.), *weher* (1 Hs. des 14. Jhs.), *wehel woz* (1 Hs. des 14. Jhs.); *weho* in den Gll. Hildegardis: cod. Wiesbad. 2, cod. Cheltenham. 9303 (13. Jh.).

Über die Bedeutung von ahd. *weho* vermögen die Lemmata *loaficus* und *ibis* keinen Aufschluß zu geben. Aber die Bedeutung des Namens kann nicht sehr verschieden sein von derjenigen des Kompositums *wannenweho*. Wie dieses, so wird auch das einfache Wort einen Vogel von der Habichtgattung bedeutet haben. Zum selben Stamme wie ahd. *weho* gehört offenbar auch der Name *wigil*, *wihil* in den Salomonischen Glossen a 1: *wigil* alchiones aues marinae: Clm. 22201, 8c, cod. Zwettl. 1, 16b, liber impressus 7a, *wigel*: Clm. 17152, 5a, *wehel. wihil*: cod. mus. boh. Prag. 9c. Daß mit der Glosse ein Raubvogel gemeint ist, geht hervor aus der Version C der Salomonischen Glossen, die "alciones aues marinos" mit *distozl wigil* glossiert (cod. mus. Britann. Add. 18379, 10a). Der Ausdruck *stôȥȥilwigil* (Stößer-) bezieht sich wohl auf den Fischadler oder die Rohrweihe. Die Salomonische Glosse *diHolzi* = alchion (Clm. 22201, 8b), welche Sievers unverständlich ist, scheint mit Rücksicht auf die ebengenannte Glosse der Version C als *diſtozil* zu lesen zu sein. — Ahd. *weho* scheint also auf einem alten Namen für Raubvögel zu beruhen, der in mehreren Bildungsvarianten erhalten ist. In welcher Weise diese Namensippe mit den anklingenden Eulennamen *wihil*[1], *wigla* zusammenhängt, ist nicht mit Bestimmtheit zu sagen, denn diese sind wohl als 'Wahrsager', 'Wahrsagerin' zu deuten (s. S. 321). Daß die Weihen, Habichte und Falken als prophezeiende Vögel gelten, ist nicht bekannt; einige von ihnen sollen allerdings durch ihr Geschrei Regen verkünden.

Das ahd. Kompositum *wannen-weho* 'Turmfalke' läßt sich an zahlreichen Variationen bis in die Neuzeit verfolgen. Im 16. Jh. erscheint das Wort als *Wannaber* in Ryffs Tierb. Alberti (1545) S. I 3, als *Wannenwåher*, *Wandwåher*, *Wanntwehen*, *Wiegwehen* bei Gesner Hist. avium (1555) S. 53, danach *Wannenwaher* / *Wandwaher* / *Wandtwehe* / *Wiegwehen* bei Junius Nomenclator v. J. 1581 S. 53b, *Wannen wåher* bei Golius Onomasticon v. J. 1579 Sp. 294, *Wannen Wåher* / *Wandwåher* bei Schwenkfeld Ther. Sil. (1603) S. 304, *Wannenwåher* in der Übersetzung der Bücher Plinii v. J. 1651 S. 573; *Wannenwåher* in Spangenbergs Ganskönig V. 83. Eine Umbildung des Namens liegt vor im elsäss. *Mannewächter*[2], womit auch die Nachteule bezeichnet wird. Sonst hat er sich im Elsaß auch an die Benennung der Weihe angelehnt: *Wannen wyh*, *Wannenwey* (zu *Wei* 'Weihe') im Strassburg. Vogelb. v. J. 1554 V. 291, *Wannenwier*[2] (zu *Wier* 'Weihe') in Dunzenheim (im Kreise Straßburg). Nach Popowitsch Versuch (1780) S. 602 f. ist die Namensform *Wannenwäher* sächsisch, *der Windwächel* österreichisch[3]. — Daß der Vogelname *weho* auch in dieser zusammengesetzten Namensform alt ist, geht aus synonymen Benennungen in heutigen englischen Mundarten, *windhover*, *windcuffer*, *windsucker*, *windbibber* und *vannerhawk*, *windfanner*[4], hervor, welche — obgleich vielfach umgestaltet — denselben Ausgangspunkt wie der deutsche Name gehabt haben. Gesner stellt zwei Etymologien für den Vogelnamen als möglich hin: entweder ist der erste Teil *Wanne* 'Futterschwinge' und dann hat der Falke den Namen davon, daß er die Flügel gleich

1 Zu beachten ist, daß der czechische Glossator der Salomonischen Glossen an der Stelle von *wihil* = cauannus (d. h. Nachteule) den Namen *postolca* 'Turmfalke' hat.

2 Martin-Lienhart II, 777. 787.

3 Vgl. auch Schmeller-Frommann II, 921.

4 Swainson The Folklore S. 140.

Futterschwingen ausbreitet, oder das erste Glied ist mit *Wand* identisch und bezieht sich auf das Nisten des Vogels in den Mauern der Türme. Eine sicherere Deutung ist noch nicht gefunden; Grimms Vermutung in der Geschichte d. d. Spr. I, 34, daß der Turmfalke nach den Wannen benannt worden sei, die man ihm aus mythologischen Gründen an die Häuser angehängt habe, entbehrt einer sicheren Grundlage. Möglicherweise kann man an got. *winþjan* 'worfeln' anknüpfen, denn das Hangen und Flattern mit den Flügeln in der Luft, das dem Turmfalken eigen ist, kann das Bild vom Worfeln hervorgerufen haben. Dann wäre die Namensform *wanne(n)-weho* aus **wanþna-* entstanden.

In dem mittelhochdeutschen Renner des Bambergers Hugo von Trimberg (V. 5520. 21455) wird der Turmfalke *rôtelwîe* genannt; auch in den Glossen ist mhd. *rotelwîe*, mnd. *rodelwige*, *radelwige*[1] öfters bezeugt. Ein früherer Beleg dieses Falkennamens ist erhalten in der Glosse *rodelkiuino* erodion in cod. Guelpherbyt. Aug. 10. 3. 4° f. 89a (*roder kiuino* in cod. Berol. Ms. lat. 8° 73); hier sind wohl zwei verschiedene Vogelnamen: *rôdel* 'Turmfalke' und *kiuino* 'Zwergohreule' (vgl. S. 317) von dem Schreiber zusammengeschrieben. Der Ausdruck *rôtil* ist mittels des bekannten Suffixes *ila-* vom Adj. *rôt* (got. *rauds*) abgeleitet und nimmt Bezug auf das rötliche Gefieder des Turmfalken; es liegt also hier dieselbe Bildung vor, wie im ahd. *rôtil(o)* 'Rotkehlchen'. Im Ther. Sil. (1603) S. 304 verzeichnet Schwenkfeld neben *Rótelweih* die umgestaltete Form *Rótelweib* als schlesisch; Popowitsch Versuch (1780) S. 603 führt *Róttelweibel* als oberschlesischen Vulgärnamen an. Die Variante *Rötelgeyer* ist zuerst bei H. Sachs Regim. der Vögel (1531) V. 219 bezeugt, darauf *Rotelgeyer* bei Eber und Peucer Vocab. (1552) S. E 3b, *Ródelgeyer* in der Angenehmen Land-Lust (1720) S. 167, *Röthel-Geyer* bei Frisch Vorstellung der Vögel (1763) I, 84. Die Namensform *Rüttelwy* kennt Gesner a. a. O. (1555) S. 46 aus Sachsen. Auch Popowitsch a. a. O. bezeichnet *Rüttelweih* als sächsisch; als schlesische Dialektform nennt er *Rüttelgeyer*. In Sachsen ist *Rittelgeyer* durch Döbel Eröffn. Jägerpr. (1746) S. 76 bezeugt. Ein modernes Zeugnis

1 S. Diefenbach Glossar. S. 158c und Novum glossar. S. 120b s. v. cristula.

aus Oberschlesien bietet Hauptmanns Versunkene Glocke (1897) 7. Aufl. S. 139: "Den *Rüttelfalken* hör ich Kajak rufen". Der Zusammenhang des Vogelnamens mit dem Verbum 'rütteln', das in der Falknersprache vorkommt und auf die flatternde Flugart des Turmfalken bezogen werden kann, ist offenbar erst durch sekundäre Anlehnung zustandegekommen. Ursprünglich ist die Namensform *rutelwîe*, die zuerst in Glossaren des 15. Jhs. belegt ist, eine Variante von *rôtelwîe* und beruht auf der schwachen Lautstufe des Adjektivstammes **r(a)ud-* 'rot', ebenso wie ags. *rudduc* 'Rotkehlchen'.

Eine onomatopoietische Benennung des Turmfalken ist *Krechel* oder *Krechelek*[1] in Luxemburg. Schon in der Darmstädter Handschrift des Summarium Heinrici findet sich das Wort *krichel* am Rande geschrieben, mit dem lat. Text *grac a garrulitate uocis*; die übrigen Handschriften schreiben an dieser Stelle *ruoh* d. h. Saatkrähe; vgl. luxemburg. *Krek* 'Elster' S. 181. Im Sinne von 'Turmfalke' ist *krichel* in einem Vokabular ex quo aus dem Jahre 1476 bezeugt, dessen Mundart als rheinländisch angegeben wird (*eyn rudelwihe o. eyn krichel* = cristula[2]). In Ostermanns Vocab. v. J. 1591 S. 328 wird der Name ausdrücklich als moselfränkisch bezeichnet: "Tinnunculus, Moſellanis, *Ein Kriechelen* / accipitris genus usw." Der Ausdruck beruht auf der verschobenen Lautstufe des lautbildenden Stammes *krek, krik* (vgl. *Kriechente*), während der unverschobene Guttural in luxemburg. *Krek* (altmoselfränk. *crecula*) vorhanden ist (vgl. *Krikente*). An das deutsche Wort klingt die gleichbedeutende frz. Benennung *crecerelle* (afrz. *crecele*), woraus engl. *kestrel* (für *kesrel*) entlehnt ist, an; aber der Gleichklang scheint nur zufällig zu sein. Das Geschrei des Turmfalken beschreibt Voigt Excursionsb. S. 192 als ein helles, kicherndes gik, gik, welches mit dem Rufe des Kleinspechtes große Ähnlichkeit hat. Es sind diese Töne, welche dem Vogel den Namen *Lachweihe* (bei Schwenkfeld a. a. O.) verschafft haben.

Im Münsterlande wird der Turmfalke *Kribbe*[3] genannt

---

1 Wb. d. Luxemburg. Mundart 244.

2 Diefenbach Novum glossar. S. 120b.

3 Korrespondenzbl. f. ndd. Sprachf. XVI, 86.

(vgl. gleichbedeutendes frz. dial. *criblette*[1]). Sonst heißt er dort, wie die vom Mäusefang lebenden Bussarde, auch *Mûsehawk*[2]; in der Schweiz ist *Hennen-Vogel*[3] eine gemeinsame Bezeichnung dieser Raubvögel. Den wissenschaftlichen Ausdruck *Turmfalke* (schwäb. *Turnweih*[4]) führt Popowitsch (1780) S. 603 f. mit der synonymen Benennung *Kirchenfalk* (S. 602) nach Halle an.

In Deutschland selten ist der mit dem Turmfalken naheverwandte **Rotfußfalke** (falco vespertinus). Er hat im Sarntale den Namen *Zullenfalk* erhalten, weil seine Nahrung hauptsächlich aus Käfern (*Zull*) besteht.

Lerchenfalk, falco subbuteo.

Durch Kreuzung der edlen Falken untereinander oder mit den unedlen Falken gewann die Falknerei Arten, welche man *Mittelfalken* oder *vermischte Falken* nannte. Ein Bastardvogel, der den Wanderfalken und den 'Hoverfalken' als Eltern hatte, wird *stainfalck* genannt und "ist gleichzuhalten als der pilgrinfalck", s. Mynsinger S. 18. Der Name kommt auch im Minnefalkner V. 25 vor. Gesner Hist. avium S. 74 übersetzt *falco lapidarius* des Albertus mit *Steinfalck*.

Eine andere Bastardart enstand durch Kreuzung des 'Hoverfalken' und des 'Schmirlins'; nach Mynsinger S. 18 ist der Vogel "mitelmässig und ettlich haissent in dem *pämfalcken*". Der Name *Baumfalke* ist aber die gewöhnliche Bezeichnung des Lerchenfalken. Einige Zeugnisse des Namens stammen bereits aus althochdeutscher Zeit: *boumfalco* herodivs: cod. Selestad. f. 109b. *bom ualko*: cod. Guelpherbyt. Aug. 10. 3. 4° f. 89a. *bom falco*: cod. sem. Trevir. R. III. 13, 105a. Im 16. Jh. ist *Paumfalck* bei H. Sachs Regim. der Vögel V. 157, *Bawmfalck* bei Eber und Peucer Vocab. (1552) S. E 3b, *Baumfalck* im Strassburg. Vogelb. v. J. 1554 V. 284, *Baumfalck* und *Baumfelckle* bei Gesner a. a. O. S. 74 — doch wie es scheint, nicht aus der Schweiz — bezeugt; auch niederl. *boomvalk*. Den Namen hat der Falke erhalten, weil er gerne sein Nest auf Bäumen anbringt.

---

1 Rolland Faune populaire II, 31.
2 Korrespondenzbl. f. ndd. Sprachf. XVI, 86.
3 Staub-Tobler I, 694. — 4 Fischer II, 506.

Schwenkfeld Ther. Sil. (1603) S. 261 nennt für diesen Vogel die Namen *Ein Stos Fälcklin / kleiner Falcke / Lerch Fälcklin.* In der Angenehmen Land-Lust (1720) S. 167 heißt er *Lerchenháchtlein* (bair. *Hacht* = Habicht) und (wegen der weißen Wangen) *Weiß-bácklein.* Am meisten verbreitet ist wohl heute der Name *Lerchenfalke*; im Elsaß auch *Lerchenstößel*[1]. Der Ausdruck *Stoßfalke* ist in diesem Sinne selten; gewöhnlich wird er vom Hühnerhabicht gebraucht, *Stoßfelcklin* bei Gesner a. a. O. auch vom Merlinfalken. Im Münsterkreise ist der Lerchenfalk als *Swalwenfänger*[2] bekannt.

Adler, Aquilinae.

Adler, aquila.

Ahd. aro: Sg. Nom. — *aro* aquila: cod. SGalli 911, 37, cod. Parisin. 7640, 126 b. cod. SGalli 913, 198 a. cod. SGalli 242, 248 a. *áro*: Aldhelmi Aenigm. 261, 17: cod. SGalli 242, 35. Notker Cantic. Deuteronom. 11 (2 Mal). cod. Selestad. f. 110 a. *aro*: Versus de volucr. H. S. III, 17. Gll. Salom. a 1. Clm. 14689 f. 47 a. Notker W. Cantic. Deuteronom. 11 (2 Mal). cod. Guelpherbytan. Aug. 10. 3. 4° f. 89 a, *hera*: cod. Berol. Ms. lat. 8° 73, 124 a. *arn*: cod. Parisin. 12269 f. 58 b. — Gen. — *áren*: Notker Ps. 102, 5. — Akk. — *áren*: Notker Ps. 103, 17. *aren*: Notker Wps. 103, 18. — Pl. Nom. — *arun*: Monseer Fragm. 19, 1. Carmen de Philomela 27: cod. Vindob. 247, 223 a. *arin* alies: cod. Vatican. Reg. 1701, 2 b. *erni*: Tatian 147, 5.

Ableitung: arin f. 'Weibchen vom Adler' (mittels des fem. *innjô*-Suffixes gebildet): *aro uel arin* aquila: Umordn. H. S. III, 8. — Gen. — *arinne*: Notker Wps. 102, 5.

Die altgermanischen Sprachen haben für den Adler einen gemeinsamen altererbten Namen, der in zwei Varianten **aran* und **arn-u* erscheint. Die erstere Grundform wird vorausgesetzt durch ahd. *aro*, got. *ara*, anord. *are* (norweg. dial. *are*, schwed. dial. *ar*), während die erweiterte Namensform in ahd. mhd. *arn*, mnd. *arn(e)*, *arnt*, mndl. *arent*, ags. *earn*, me. *ern*, *erne*, und anord. *ǫrn*, dän. *ørn*, schwed. *örn* vorliegt; in den heutigen englischen Dialekten ist *ern* selten, das gewöhnliche Wort ist *eagle* (< me. *egle*) aus frz. *aigle* (lat. *aquila* > anord. poet. *øglir*). Die germanische Benennung **ar-an*, aus deren Flexionsformen der *u*-Stamm sekundär hervorging (vgl. Kluge Vorgeschichte² § 222), ist urverwandt mit akslav. *orilŭ*, lit. *erêlis* 'Adler', corn. breton. *er*, cymr. *eryr* 'dass.',

1 Martin-Lienhart II, 618. — 2 Korrespondenzbl. f. ndd. Sprachf. XVI, 86.

auch wohl mit griech. ὄρνις 'Vogel'. Gewöhnlich wird als Grundbedeutung des indogermanischen Vogelnamens die weitere Bedeutung des griechischen Wortes angesetzt; dieselbe solle auch in westfäl. *Årent* 'Tauber', das herangezogen wird, erhalten sein. Dies ist jedoch kaum richtig; der westfälische Ausdruck gehört nicht hierher, sondern ist wahrscheinlich mit dem Personennamen *Arnold* identisch, vgl. S. 210.

Im Althochdeutschen ist *aro* die normale Form und scheint, soweit man aus der althochdeutschen und mittelhochdeutschen Überlieferung schließen kann, allgemein hochdeutsch zu sein, während *arn* dem mitteldeutschen Gebiete eigen ist. Wie der Beleg *arin* = alies Ahd. Gll. III, 463[15] aufzufassen ist, ist nicht ganz klar; Steinmeyer liest alites und hält *arin* für eine Pluralform. Ob in Ahd. Gll. III, 458[17] die Glosse *hera* als eine alte Femininbildung zu verstehen ist, bleibt zweifelhaft, da der Schreiber des Glossars öfters grobe Fehler macht.

Unser neuhochdeutsches Wort *Adler*, von welchem der alte Name verdrängt ist, beruht auf der Zusammensetzung **adal-aro* (d. h. Adel-Aar, Edel-Aar). Das Kompositum tritt zuerst im 12. Jh. auf (*adelare* aquila: cod. Vindob. 804 f. 185 b). Die spätalthochdeutschen Versus de volucribus und das Summarium Heinrichs, welches verschiedene Adlerarten aufzählt, haben in der ursprünglichen Fassung die neue Bildung noch nicht. Erst seit dem 13. Jh. tritt sie in den Abschriften der Versus auf: *adlar* aquila (2 Hss. des 14. u. 15. Jhs.), *adlâr* (1 Hs. des 14. Jhs.), *adiler* (1 Hs. d. 13. Jhs.), *adler* (2 Hss. des 14. u. 15. Jhs.), *adell*ᵉ (1 Hs. d. 14. Jhs.). Ein Personenname *Adeler* ist im späten Mittelalter einmal bezeugt[1], unter den älteren zusammengesetzten Personennamen, welche das Wort *aro* enthalten, findet sich diese Bildung nicht[2]. Man wird wohl kaum fehlgehen, wenn man annimmt, daß die Bezeichnung des Vogels als 'der edle Aar' auf die Anschauung der gerade im 12. Jh. zur Blüte gelangenden Falknerei zurückgeht, wonach die Jagdvögel in edle und unedle eingeteilt wurden. In der mittelhochdeutschen Periode gewinnt die neue Benennung immer mehr Verbreitung neben *ar*(*e*), das allmählich zu verschwinden beginnt;

---

1 Socin Namenb. S. 408.

2 Vgl. Förstemann Altd. Namenb. I², 135.

besonders als zweites Kompositionsglied in Vogelnamen wie *mûsar*, *îsar* usw. behauptet sich jedoch das alte Wort. Charakteristisch für diese Entwicklung sind die Worte Mynsingers: "Er (der Sackerfalke) ysset noch gleich als vil als *der grosse Ar*, den man den *Adler* nennet", — — "Sein (des Habichts) Flügel sind auch nach Lidmas spitziger denn an dem *Adler* oder an dem andern *Arn*". Im 16. Jh. führt Turner Avium hist. (1544) S. B 5b noch *ein Årn* neben *ein Adler* an, Gesner Hist. avium (1555) S. 164 nennt ebenfalls noch *Aar, Ar, Arn, Art* (für *Arnt*), bemerkt aber, daß in der Schweiz und in den meisten Gegenden Deutschlands *Adler* das üblichere Wort ist. Im 17. Jh. stirbt das einfache Wort *Aar* fast aus, taucht aber wieder als poetischer Ausdruck seit der zweiten Hälfte des 18. Jhs. auf und hat sich mit dem 19. Jh. dauernd eingebürgert. In den hochd. Mundarten ist *Aar* überall wohl untergegangen, abgesehen von dem Walliser Dialekt, wo *Aro* noch heute üblich ist[1]; doch ist zu bemerken, daß auch die Benennung *Adler* seit dem Verschwinden des Vogels in vielen Gegenden nicht mehr volkstümlich ist. Vgl. Kluge Zs. f. d. Phil. XXIV, 311 f., Jeitteles a. a. O. XXIX, 177 ff., von Bahder PBB. XXII, 519 f. sowie Kluge Et. Wb.[6] S. 1.

In althochdeutscher Zeit wird das Wort *aro* auch von kleineren Raubvögeln angewendet, aber nur in Zusammensetzungen (wie *sparwâri*, *mûsâri*), wo das erste Glied den betreffenden Vogel genügend charakterisierte. Das einfache Wort bezeichnet immer die aquila-Art. Dies ist offenbar auch die alte Grundbedeutung gewesen, und die Erweiterung derselben in Komposita setzt erst einen Vergleich mit dem Adler voraus, ebenso wie z. B. der landschaftliche Ausdruck *Fischadler* = Scharbe. Nachdem aber die Adler selten geworden oder gar verschwunden waren, wurde auch der einfache Name auf andere große Raubvögel bezogen[2].

---

1 Staub-Tobler I, 385.

2 Wie aus den oben angeführten Worten Mynsingers hervorgeht, wurde das einfache Wort *Ar* schon zu seiner Zeit in dem erweiterten Sinne 'großer Raubvogel' verwendet. Zu beachten ist auch, daß von den Handschriften des Summarium Heinrici der Cod. Clm. 23796, 173 a (15. Jh.) das lat. Lemma *milvus* mit *ein ar* übersetzt.

Steinadler, aquila fulva.

Im Summarium Heinrici wird eine Adlerart mit dem Namen *stocaro* bezeichnet, der als 'Waldadler' aufzufassen ist, vgl. Stockmerle S. 57, Stockauf S. 258, Stockeule S. 272. Das ist die 'aquila truncalis' des Albertus Magnus, heute *Stein-* oder *Goldadler* genannt. Außer in dem Belege *stocaro* gradipes im Summarium III, 17 kommt der ahd. Name noch in den Versus de volucribus vor, wo er mit 'alietus' übersetzt ist; ferner *stochar* in cod. Vindob. 804 f. 185 b. Gesner Hist. avium S. 197 erwähnt den Ausdruck *Stockarn* im Anschluß an Albertus. Im Elsaß ist *Stockar* im Strassburg. Vogelb. v. J. 1554 V. 251 belegt, nachher in Spangenbergs Ganskönig V. 83 *Stockahrn.* Schwenkfeld Ther. Sil. (1603) S. 188 bezeugt *Stock-Ahr* als schlesischen Vogelnamen, aber mit der Bedeutung 'Hühnerhabicht'; danach wird auch bei Klein Hist. avium prodr. (1750) S. 50 *Stock-Ahr* in diesem Sinne angeführt. Hohberg Adel. Land-Leben (1687) II, 777, der die Form *Stock-Adler* gebraucht, nennt zuerst den von der späteren Ornithologie angenommenen Namen *Stein-Adler.* Bei Klein a. a. O. S. 40 wird daneben das Synonymon *Gold-Adler* erwähnt, das nach "Chrysaetus" bei Aldrovandi Ornithologia, "aquila fulva seu aurea, the Golden Eagle" bei Willughby (1676) S. 27 gebildet ist. Es scheint danach fraglich, ob der Ausdruck *Goldadler*, den Unger-Khull Steirischer Wortsch. S. 298 verzeichnen, volkstümlich ist.

Als besondere Art unterscheidet Schwenkfeld Ther. Sil. (1603) S. 218 von der "aquila regalis" die "aquila nigra" oder den *Schwartzen Adeler*, in Schlesien *Schwartzer Ahr*, anderwärts auch *Hasen-Geyer / Hasen Ahr* genannt. Der Ausdruck *Hasengeyer* wird auch von Eber und Peucer Vocab. (1552) S. E 2 b von einer Adlerart gebraucht: "Valeria id est fuluia colore nigricano minima magnitudine". Da die Namen *Geier* und *Adler* in manchen Landschaften von Weihen, Falken, Habichten und anderen Raubvögeln gebraucht werden, so sind Ausdrücke wie *Hasengeyer* usw. oft mehrdeutig. In der Schweiz wird mit den Namen *Berggîr* und *Steingîr* heute der Steinadler bezeichnet; in Steiermark teilt er mit dem Lämmergeier den Namen *Gamsgeier*[1].

1 Unger-Khull 265.

Schreiadler, aquila naevia oder pomarina.

Verhältnismäßig selten ist in Deutschland der *Schreiadler*. Nach Naumann-Hennicke V, 232 ist er ein mehr oder weniger häufiger Brutvogel in Ost- und Westpreußen, Pommern, der Mark, Polen, Galizien, Österreich-Ungarn, Böhmen; in Schlesien, Mecklenburg und Schleswig-Holstein ist der Vogel seltener. Bei Schwenkfeld, der im Ther. Sil. (1603) S. 219 eine Beschreibung des Schreiadlers gibt, heißt er *Ein Rőtlichter Meuſe Ahr*. Diesen Adler meint auch Gesner Hist. avium (1555) S. 192, wo er von einem am Bodensee vorkommenden Raubvogel spricht, der größer ist als die Weihe und von den dortigen Anwohnern *Entenſtőſſel* genannt wird. In Ostermanns Vocab. (1591) S. 328 kommt neben *Entenstőſſer* das Synonym *Ein Gelpher* vor. Das Wort gehört zu mhd. *gelpfen* 'schreien', so daß der Name **gelpf-ar* eine genaue Parallele zu dem modernen Namen *Schreiadler* ist. Ein dritter gleichbedeutender Ausdruck ist *Schelladler* (zu mhd. *schellen* 'ertönen lassen') neben *Endten-Adler* bei Klein Hist. avium prodr. (1750) S. 41.

Seeadler, haliaëtus albicilla.

Ahd. ẹringreoz: Sg. Nom. — *e. ringreoz* alies: cod. SGalli 299 p. 33. *eringrioz*: Cgm. 187. *erin*: *grioz* [1]: cod. Berol. Ms. lat. 8° 73, 127 b. *erinfgreoz*: Leviticus 11, 13: cod. Vindob. 1761, 46 a, *eringrieoz*: cod. SGalli 295, 126, *eringreez*: cod. Stuttg. th. et phil. 218, 13 c, *eringreez*: cod. SPauli XXV d/82, 37a, cod. SGalli 9, 275; *eringrioz*: cod. Vindob. 2723, 18 b, cod. Vindob. 2732, 22 b, Clm. 18140, 14 a, cod. Gotwic. 103, 49 b, *eringriez*: Clm. 13002, 219 b, *eringriet*: Clm. 14689, 38 a, *eringriz*: Clm. 22201, 238 b. Gll. Salomon. a 1. *eringriez*: H. S. III, 17. XI e, *erengriz*: a 2. *eringroz*: cod. sem. Trevir. R. III. 13, 103 a. *arangroz*: Leviticus 11, 13: cod. SGalli 283, 482, cod. Carolsruh. Aug. CCXXXI, 11 b, cod. Guelpherbyt. Wiss. 29, 81 b, Clm. 18528, 1, 73 a, cod. mon. herem. 184, 297. *eringeoz. id eligriu* [2]: Anhang z. alten u. neuen Testament: Leviticus 11, 13: Clm. 14747, 96 b.

In den obengenannten Belegen ist der althochdeutsche Name des Seeadlers bezeugt, dem in angelsächsischen Quellen die Varianten *earngeot*, *earngéat*, *earngeup*, *earngéap*, *arngeus* entsprechen. Der germanische Vogelname ist ein altes Kompositum, dessen erster Teil den Adlernamen **aran-* : **arin-* enthält. Als selbständige Namensform ist das zweite Glied der Zusammen-

1 Rasur von ? g (Steinmeyer). — 2 *eligriu* ist vollständig dunkel.

setzung wohl im gleichbedeutenden anord. *gjóðr* (norweg. *gjo*, *jo*, *fiske-gjo*, schwed. *fiskgjuse*, *fiskljuse*) vorhanden. Die Divergenz der angeführten Lautformen deutet auf frühe Umgestaltung des Namens. Wahrscheinlich hat die überlieferte althochdeutsche Normalform *ęringrioʒ* bereits eine solche Umbildung des zweiten Kompositionsteils erfahren, denn den angelsächsischen und altnordischen Formen fehlt der dort vorkommende r-Laut und die alten Personennamen *Aricaus*, *Aragoz*, *Aringaud*, *Arnegaus*, *Arnghot*[1], welche auf dem Vogelnamen beruhen, zeigen ebenfalls nicht das inlautende *r*. In BB. XIII, 117 hat Johansson den Namen als eine Ableitung von idg. **ghju-* 'Fisch' (griech. ἰχθύς 'Fisch', lit. *žuvis*, schwed. *gös* (aus aschwed. *gius*) 'Zander') gedeutet, so daß der Seeadler als 'Fischer' benannt worden wäre. Doch ist diese Deutung unwahrscheinlich, denn der Vogelname erscheint in zwei verschiedenen Ablautsformen **geu-* : **gau-*. Der auslautende Labial im ags. *earngéap*, *earngeup* erklärt sich wohl aus Anlehnung an *géopan* 'schlucken' (anord. *gaupa* 'Luchs').

Von den ahd. Zeugnissen stimmt *eringeoz* in Clm. 14747 zu ags. *earngeot*, doch ist die reale Existenz jener Form auf deutschem Sprachboden fraglich, da die Handschrift nicht ganz frei von angelsächsischem Einfluß zu sein scheint. In Deutschland ist der alte Vogelname in mittelhochdeutscher Zeit untergegangen. Zwei unabhängige Zeugnisse aus dem 15. Jh. sind die einzigen Spuren von dem Namen in dieser Sprachperiode. Schmeller-Frommanns Bayer. Wb. I, 129 belegt *Erngries* im Osten Deutschlands aus dem Jahre 1484 (auch als Personennamen *Henricus Erngries*). Im Westen des Sprachgebiets erscheint die zweite Ablautsform in dem niederrheinischen Gedichte der Anna von Köln "Sehnsucht nach dem Himmel" (Zs. f. d. Phil. XXI, 151): "Hed ich die vlogelen eyns *aren grijs* ich suld so hoge vleigen bouen int dat paradijs". Der Verfasser der anderen Version des Gedichtes hat das Wort nicht mehr verstanden und hat es gegen 'Seraphim' ausgetauscht. Auch die ornithologische Literatur des 16. Jhs. weiß nichts mehr von dem alten Namen.

Gesner, der für den *ossifragus* der Alten die klassische Literatur ausführlich zitiert, bietet nichts Eigenes; er hat den

2 S. Förstemann Altd. Namenb. I², 135. 139.

Vogel selbst nicht gesehen. Aus erhaltenen Mitteilungen weiß er jedoch (Hist. avium S. 199) zu berichten, daß der Seeadler im schweizerischen Gebirge *Beinbrecher* und *Steinbrüchel* heißt, weil er die Knochen von seiner Beute aus der Höhe fallen läßt und sie so an den Felsen zerschmettert. Das Wort *Benbrüchel* kommt schon unter den Vogelnamen des Vocabularius optimus (Ed. Wackernagel S. 43) XXXVII, 94 vor; darauf in Bracks Vocab. v. J. 1495 S. 49 a. Es fragt sich jedoch, ob diese Namen wirklich von Hause aus volkstümlich sind, und nicht vielmehr auf das lat. *ossifragus* 'Knochenzerbrecher' zurückzuführen sind, das in afrz. *orfraye*, *osprès* (engl. *osprey*) einen Reflex hinterlassen hat. In diesem Fall würden die deutschen Ausdrücke ähnlich zu beurteilen sein, wie *Nachtrabe*, *Ziegenmelker* u. a. auf klassischen Einfluß weisende Vogelnamen.

Eine ausführliche Beschreibung des Seeadlers gibt Schwenkfeld Ther. Sil. (1603) S. 220, der dafür die Ausdrücke *ein Beinbrecher / groſſer Haſen Ahr* und als spezifisch schlesische Benennung *Skaſt* anführt. Da der Seeadler außer Fischen, die er in großer Menge vertilgt, auch kleineren Säugetieren und besonders den Wasservögeln eifrig nachstellt, so heißt er heute in Preußen *Gänseaar*[1], in der Altmark *Gôsaornd*[2], im Nordfriesischen *Gusaarn*[3]. — Der Ausdruck ist bereits im 13. Jh. in der Glosse *gansar* Versus de volucribus: cod. Admont. 759 (Ahd. Gll. III, 22[10]) belegt.

Fischadler, pandion haliaëtus.

Die von dem Seeadler geltenden Namen werden vielfach auch von dem Fischadler verwendet, den Turner Avium hist. (1544) S. B 8a unter dem Namen *Vishárn* (bei Eber und Peucer Vocab. (1552) S. E 3a *Fischarhn*) erwähnt. Gesner, der selbst keinen Namen für den Vogel kennt, wiederholt (Hist. avium S. 195) den von Turner gebrauchten Ausdruck *Fischarn.*

Im Regim. der Vögel (1531) V. 181 nennt H. Sachs den Vogel *Fischgeyer.* Von den Synonyma *Fisch Ahr / Fisch Adler / Rohr Falcke / Meeradler*, welche Schwenkfeld Ther. Sil. (1603) S. 216

1 Frischbier I, 216. — 2 Danneil 68.
3 Johansen Nordfries. Spr. S. 3.

aufzählt, bezeichnet er den erstgenannten Ausdruck als schlesisch. In der Übersetzung der Bücher Plinii v. J. 1651 S. 497 werden die Namen *Fisch- oder Meeradler* angeführt, bei Hohberg Adel. Land-Leben (1687) II, 777 *Meer-Adler*.

In Luxemburg heißt der Vogel heute *Plompert* oder *Föschplompert*[1]. Der Name ist ein Schallwort (vgl. *plompsen*) und charakterisiert das laute Geräusch, mit dem der Fischadler sich in das Wasser stürzt, so daß es hoch hinaufspritzt.

Bussarde, Buteonidae.

Mäusebussard, buteo vulgaris, buteo buteo.

Ahd. mûsâri: Sg. Nom. — *musari* larus: cod. Vatic. Reg. 1701, 2b. cod. sem. Trevir. R. III. 13, 106b. *musare*: Versus de volucr. H. S. III, 17. XI a 2. b. e. g. alititius: Gll. Salomon. larus[2] ipse est gaia[3] que solet semper supersedere aquis. Larus est teutonice: Leviticus 11, 16: Clm. 2571, 36b, cod. Erlang. 242, 37b, *mûsa^se*[4]: Clm. 4112, 41a, *musére*: Clm. 7997, 36b; *m̃usare*: Clm. 5515 f. 131b. *mv̊sare*: cod. Vindob. 804, 172b, *musœre*: cod. Wirziburg. Mp. th. 4⁰ 60, 104a. *musara*: cod. Berol. Ms. lat. 8⁰ 73, 124a. *musaro* ixon: Gll. Salomon. a 1, *musear*[5] litic⁹: Clm. 17152, 5c. — Akk. — *mufsare* larus uocatur saxonice meū. nostri: Leviticus 11, 16: cod. Vindob. 1761, 46b, *musare*: cod. Stuttg. th. et phil. 218, 13c; *musari*: cod. Vindob. 2723, 18b, cod. Vindob. 2732, 22b, Clm. 18140, 14a, cod. Gotwic. 103, 49b, *musara*: Clm. 14689, 38a, *musaro*: Clm. 13002, 219b, *musar*: Clm. 22201, 238b.

Die althochdeutsche Bildung *mûsâri* (mhd. *mûsære* = mnd. *mûser*), welcher im Angelsächsischen ein einmal bezeugtes *múseri* (St. Galler Gll. in Kluges Ags. Leseb.[3] S. 11)[6] entspricht, ist in dieser Form eine Ableitung von *mûs* 'Maus' und bezeichnet einen vom Mäusefang lebenden Raubvogel. Nach Kluge Et. Wb.[6] S. 370 s. v. Sperber war der Name aber ursprünglich ein Kompositum *mûs-aro* 'Mäuse-Aar', das im Anschluß an die mit Suffix *ârja-* gebildeten Worte umgebildet wurde; ebenso

1 Wb. d. Luxemburg. Mundart 116. 339. — 2 larum in der Vulgata.

3 Larus gabia idest genus auis CGL. V, 553, 45, vgl. Diez I³, 204 (Steinmeyer).

4 Der Zircumflex mit dunklerer Tinte auf Rasur, wie es scheint (Steinmeyer).

5 oder *inusear* (Steinmeyer).

6 Die ags. Wörterbücher verzeichnen das Wort nicht.

werden a. a. O. auch *sparwâri* und *kranuhâri* (in der Lex Salica) aus **sparw-aro*, **kranuh-aro* gedeutet. Da die genannten drei Vogelnamen zur Terminologie der Beize gehören und diese von enger Wechselwirkung der Germanen und Romanen zeugt, so darf man vielleicht annehmen, daß der Anstoß zur Umbildung der auf *-aro* ausgehenden Falken- und Habichtnamen speziell von den romanischen Bezeichnungen der Jagdvögel auf *-arius* (*ier*) ausgegangen ist, von denen *mutarius* und *lanarius* auch ins Deutsche übernommen wurden.

In den Bibelglossen wird ahd. *mûsâri* als Synonymon zu ags. *méu* 'Möwe' genannt und mit *larus* 'Möwe' glossiert; auch die Erklärung des lat. Wortes "que solet semper supersedēre aquis" deutet auf die Möwe. Doch ist es sehr fraglich, ob der Übersetzer mit *mûsâri* die Möwe meinte. Ihm, dem Süddeutschen, war dieser Vogel vielleicht nicht bekannt, und so wird er wohl zum Namen des Bussards gegriffen haben. Denn diese Bedeutung steht für ahd. *mûsâri* fest, wie man aus dem Platze des Wortes unter Falken- und Habichtnamen im Summarium und den Glossierungen mit *alititius* (d. h. *alietus*) und *ixon* ersehen kann. Mynsinger nennt (S. 12. 16) alle unedlen Falken, zu denen er außer den Bussarden auch den Turmfalken zählt, *meüser*. Die althochdeutsche Bildung (im 16. Jh. im Strassburg. Vogelb. V. 250 *Mufer*) ist heute in vielen Gegenden erhalten geblieben, vgl. steir. *Mauser*[1] m. 'Mäusebussard, Turmfalke', anhalt. *Mauser*[2] 'Mäusebussard', schweiz. *Stockmûser*[3] 'Mäusebussard'. Als Kompositum *Meuß Ahr* kommt der Name bei Schwenkfeld Ther. Sil. (1603) S. 187 vor; preuß. *Mause-Falck* bei Klein Hist. avium prodr. (1750) S. 50, *Mause-Geyer* bei Döbel Eröffn. Jägerpr. (1746) S. 75, *Mausgeierl*[4] n. in Steiermark. Im Mittelniederdeutschen ist *musebiter* = larus einmal belegt; in Westfalen *Mûsekibbese*, *Mûsebickeler*[5]. Ähnliche Ausdrücke sind in den verwandten Sprachen ags. *múshafoc*, fries. *mûzebiter*[6], dän. *mus*(*e*)*vaag*(*e*).

Der in der Literatur übliche Name *Bussard* stammt aus dem Französischen, wo ihm die afrz. Namensform *busart* zu-

1 Unger-Khull 455. — 2 Naumann-Hennicke V, 180.
3 Staub-Tobler IV, 481. — 4 Unger-Khull 455. — 5 Woeste 180.
6 Dijkstra Wb. II, 183.

grunde liegt. Turner Avium hist. (1544) S. B 1a belegt *Busharda* nur als englisches Wort. Als deutsches Wort wird *Bushard* zuerst von Gesner Hist. avium (1555) S. 46 angeführt, darauf im Elsaß *Bußhard* bei Golius Onomasticon (1579) S. 290, *Búß-hart* in Spangenbergs Ganskönig V. 81, heute *Bussert*[1] in Hochfelden; ndl. *buizerd* ist zuerst bei Junius Nomenclator (1581) S. 53a als *busart*, *buysard* belegt. Eine Umdeutung dieser Namensform im Anschluß an *Aar* (ndd. *Arn*) ist schon in der Glosse *Busahrn* bei Eber und Peucer Vocab. (1552) S. E 3a bezeugt, darnach *Busarhn* bei Gesner a. a. O., *Bus-Ahr* (neben *Bushard*) bei Schwenkfeld Ther. Sil. (1603) S. 187. — Auf eine altfranzösische Variante *buson* geht die Form *bûsant* zurück, welche Lexers Mhd. Wb. I, 399 aus den von v. d. Hagen herausgegebenen Gesamtabenteuern belegt. Im 16. Jh. begegnet diese Lautform im Elsaß zunächst als *Bussant* in dem Narrenschiff des Geiler von Keisersberg v. J. 1520[1], darauf *Busandt* (: landt) im Strassburg. Vogelb. v. J. 1554 V. 258, heute *Busam*[1] in Achenheim. Daraus umgestaltet ist *Bushen* (neben *Busant*) bei Gesner a. a. O. Eine dritte Variante ist das von Gesner genannte *Buse* (= afrz. *buse*).

Eine eigentümliche Bezeichnung des Bussards führt Albertus Magnus De animalibus S. U 7 b an: "Buteus uocatur auis rapax subnigra quam germanice *brobuxen* vocamus — —"; danach bei Ryff Tierb. Alberti (1545) S. I 6: "Buteus — inn Teutſcher ſprach ein *Brobuxen* genannt". Bei Gesner a. a. O. S. 46 wird *Brobuxen* unter Berufung auf Albertus und Murmellius als niederdeutsches Wort erwähnt. Der Name *Brobuxe*, dessen Akkusativform bei Albertus bezeugt und von den späteren Autoren mechanisch wiederholt worden ist, enthält als zweites Kompositionsglied ndd. *Buxe* aus *Buk-hose* 'Hose, Schifferhose', welches hier (bei Albertus) zum ersten Mal bezeugt ist. Der Mäusebussard ist also nach den breiten Hosen benannt, welche die Oberschenkel bedecken. Bei Klein Hist. avium prodr. (1750) S. 51 wird wieder der Milan als "caligatus quasi piscator, *mit Schipper-Fischer-Hosen*" beschrieben. Der erste Teil des zusammengesetzten Vogelnamens kann als mnd. *brôk* 'Bekleidung der Oberschenkel' aufgefaßt werden, so daß ein tautologisches Kompositum **brôch-*

1 Martin-Lienhart II, 104 f.

buxe zugrunde liegen würde. Wahrscheinlicher ist jedoch, daß wir es hier mit mnd. *brôk*, mhd. *bruoch* = 'Moor, Sumpf' zu tun haben; mittelfränk. *brobuxe* steht für *brôchbuxe* gleichwie elsäss. *Brofogel* für *Brôchvogel*. In Luxemburg heißt der Bussard heutzutage *Brokeiz*[1], in Preußen *Brûchhabicht*, *Brûchhafke*[2]; vgl. auch westfäl. *Bråkwigge* 'ein Weihe, der durch sein Geschrei Regen verkündet'[3].

Die von Schwenkfeld unter "buteo" angeführten schlesischen Bezeichnungen *Fischknecht* / *Fisch Ahr* (daneben *Rohr Ahr*) sind offenbar Namen der Rohrweihe, denn die Bussarde nähren sich nicht von Fischen. Dagegen ist der Ausdruck *Froschgeyer* in der Angenehmen Land-Lust (1720) S. 167 für diese Vögel charakteristisch. — Eine gemeinsame Benennung für alle Bussardarten ist im Münsterlande *Oellrick*, *Ollrick*[4] (d. h. Ulrich). Rolland Faune populaire II, 16 bringt den Namen mit der mythologischen Frau Holle in Zusammenhang, hält aber auch onomatopoietischen Ursprung für möglich. Man muß sich hier wohl nur mit der Tatsache begnügen, daß Vögel überhaupt oft mit Personennamen benannt werden. Der Grund zu dieser Namengebung ist nur in wenigen Fällen genauer zu ermitteln.

Unter Falkennamen findet sich in dem althochdeutschen Vogelnamenglossar der Pariser Handschrift 9344 f. 42b die Glosse *doni clin* = frodium, welche in der Berliner Handschrift Ms. lat. 8° 73, 124a *donicliri* = erodium lautet. Da der Beleg jeder Stütze in der althochdeutschen und mittelhochdeutschen Überlieferung entbehrt, ist ein Versuch, das schwierige Wort zu deuten, sehr mißlich. Vielleicht ist die Namensform als Deminutivum von einem Vogelnamen abgeleitet, der mit dem *k*-Suffix (wie in *habuh* usw.) gebildet ist. Im Stamme könnte der Farbenname stecken, der im ags. *dun(n)*, me. *don*, ne. *dun* 'dunkelbraun, schwarzbraun' vorliegt und der auch zur Bildung von anderen Vogelnamen gedient hat, vgl. anord. *dunna* 'anas boschas', me. *donek* 'accentor modularis' (ne. *dunnock*) usw. Die Benennung bezieht sich wohl auf eine kleine Falken- oder Bussardart, im letzteren Falle auf den **Wespenbussard** (pernis apivorus); im engl.

1 Wb. d. Luxemburg. Mundart 47. — 2 Frischbier I, 111.
3 Woeste 39. — 4 Korrespondenzbl. f. ndd. Sprachf. XVI, 86.

puttock 'Bussard' liegt ebenfalls eine Ableitung mittels des *k*-Suffixes vor. Vgl. Zs. f. d. Wf. IX, 174.

In der Falknersprache nannte man die unedlen Bussarde *laner*. Der Name, der aus dem französischen *lanier* entlehnt ist, wird zuerst von Albertus Magnus De animalibus S. X 4a erwähnt: "*Lanarij* potius quam falcones uocant et hoc uocabulum quidam germanicorum imitantes eo suo ydyomate *lanete* (l. *lanere*) uocant"; bei Mynsinger *laner*. Der einheimische Ausdruck *sweimer* oder *swêmer* (d. h. 'Schweber', wegen des schwebenden Fluges) kommt ebenfalls bei Albertus a. a. O. vor: "Quidam autem *ſvvemere* uocare conſueuerunt et ſunt butherii quidam mures in campis insequentes"; in Ryffs Tierb. Alberti (1545) *Schweymer* und *Schwemer*. Das Wort begegnet auch in der umgestalteten Form *Schwimmer*.

Der häufigste aller Bussardarten ist in Deutschland der Mäusebussard, der mit dem obengenannten Namen meistens gemeint ist. Nur im Winter erscheint in Süddeutschland der **Rauhfußbussard** (archibuteo lagopus, buteo lagopus) und wird daher in Steiermark *Schneegeier*[1] genannt.

Weihe, milvus und circus.

Ahd. wîo: Sg. Nom. — *uuiio* miluus: cod. SGalli 913, 200b. *der uuîo*: Notker Ps. 62, 8. *uuio*: cod. Parisin. 12269 f. 58 b. cod. Guelpherbytan. Aug. 10. 3. 4° f. 89 a. *wio*: Carmen de Philomela 24: cod. Vindob. 247, 223 a. Versus de volucr. H. S. III, 17. cod. Selestad. f. 109 b. Gll. Salomon. a 1: Clm. 22201, 102 c. *wigo* (Gallina congregat pullos)... protegit contra miluum: Evang. Matthäi 23, 37: cod. Mogunt. non sign. 50 b. passerarius: cod. Parisin. 9344 f. 42 b. *wigio*: Versus de volucr. *uuiuuo*: cod. SGalli 242, 248 a. *wiwo*: Clm. 14689 f. 47 a. *vviwo*: H. S. III, 17: Clm. 2612, 34 b, *wîwe*: cod. Vindob. 2400, 41 b. *vuiho*: cod. Berol. Ms. lat. 8° 73, 124 a. *wiho* asida: Gll. Salomon. a 1. *wihe*: Versus de volucr., *wie*: Versus de volucr. cod. Vindob. 804 f. 185 b. *wige*: Gll. Salomon. a 1.

Der Name Weihe, der auf ahd. *wîo*, mhd. *wîe* = mnd. *wîe*, mndl. *wouwe* (nach Franck Et.Wb. S. 1183 aus älterem *wuwe* aus altniederl. **wîwôn*) beruht, findet weder im Englischen, noch in den nordischen Dialekten Entsprechung. Diese Sprachen haben für die

1 Unger-Khull 552.

Weihe eine gemeinsame Bezeichnung in anord. *gleða* (dän. *glæde*) = ags. *glida* (engl. *glede*), welche zum Verbum **glîðan* 'gleiten' gehören. Über diese und verwandte Namensformen vgl. Hellquist Etymologische Bemerkungen S. III. — Den deutschen Namen **wî-an* verbindet Hellquist a. a. O. S. I mit dem Worte *Geweih* und führt ihn auf idg. **wei-o* 'aus zwei bestehend, Zweig' zurück, wonach der Vogel nach dem gespaltenen Schwanze benannt worden ist. Persson Wurzelerweiterung S. 6. 114. 233 geht von av. *vī-* 'eilen, fliegen' aus, Kluge Et. Wb.[6] S. 418 denkt an einen Stamm **vĭ̄-* 'jagen'.

In semasiologischer Hinsicht ist Hellquists Deutung ansprechend; die charakteristische Schwanzspalte der Königsweihe hat ihr auch in modernen Mundarten manchen Namen verschafft, vgl. ndd. *Twêlstêrt*[1] im Münsterkreise und in der Grafschaft Ranzau, *Twêlstêrtwih*[1] in Lübeck, *Splanthaowk*[2] (zu *Splant* 'Spalte') in Altmark, hochd. *Furkeli*, *Furkeligîr*, *Gäbeliwî*[3] in der Schweiz, *Gabelwei*[4] im Elsaß. Der Ausdruck *Gabler* kommt in Zorns Petino-Theologie (1743) II, 243 vor, das Synonymon *Schwalbenschwanz* (holländ. *zwaluwstaart*) ist belegt bei Döbel Eröffn. Jägerpr. (1746) S. 75, Popowitsch Versuch (1780) S. 527; bei Adelung wird daneben *Scherschwanz* angeführt, *Scheerschwänzel* bei Klein Hist. avium prodr. (1750) S. 51.

Sowohl auf hochdeutschem Gebiet wie in Niederdeutschland ist altd. *wîo* als allgemeine Bezeichnung für Milane und Weihen erhalten geblieben; oft wird der Name aber auch von Habichten und Bussarden gebraucht. Die heute in oberdeutschen Mundarten vorkommende Namensform *Wier*[4], *Weier*, *Weiher*[5], welche schon im 14. Jh. in einer Handschrift der Versus als *weir* erscheint und im 16. Jh. bei Eber und Peucer Vocab. (1552) S. F 3a als *Weiher*, im Vocab. triling. (1560) S. 88 als *Weyer* bezeugt ist, ist aus einer Zusammensetzung **Weih-ar* (d. h. Weihenadler) zu deuten. Eine umgekehrte Kompositionsbildung ist *arñwei* in Handschriften der Versus de volucribus aus dem 15. Jh. (Ahd. Gll. III, 25 11.12), *Arwei*, *Ahrwei* bei Henisch

1 Korrespondenzbl. f. ndd. Sprachf. XVI, 83. 86. XVII, 2.
2 Danneil 204. — 3 Staub-Tobler I, 1013.
4 Martin-Lienhart II, 777. — 5 Schmeller-Frommann II, 825.

Teutsche Sprach (1616) Sp. 126; daraus wohl *Hârweih*, *Härrweih* in Hessen-Nassau, *Haweih*[1] hie und da auf dem Westerwald. Unklar ist *Curwy* in Döbels Eröffn. Jägerpr. (1746), *Kurwy* bei Naumann (Ed. Hennicke) V, 134 als Anhalter Ausdruck bezeugt. Adelungs Erklärung (III, 500), wonach der Name aus dem kirrenden Geschrei des Vogels herzuleiten sei, ist nicht richtig; eher kann man an den niederdeutschen Jägerterminus *kuren* 'dem Wilde auflauern' (sonst in der Bedeutung 'spähend schauen') denken.

Da die Weihen den Hühnern arg nachstellen, so haben sie in vielen Gegenden danach den Namen erhalten. Zu Gesners Zeit (vgl. Hist. avium S. 586) war der landläufige Ausdruck für Weihen in der Schweiz *Hûnerdieb*, auch bei Golius Onomasticon v. J. 1579 Sp. 293 *Hûnerdieb*, heute im Elsaß *Hüehnerweih*[2] und *Wiherdieb*[2]. Bei Aitinger Bericht v. d. Vogelstellen (1631) S. A 8 heißt der Vogel *Keuchleindieb* = ndl. *Kieckendief* bei Junius Nomenclator (1581) S. 58 b, ndd. *Kükewih*[3], *Kükewiw*[3] in Lübeck, *Kikewi*[3] in Holstein. Der Ausdruck *hüenerar* erscheint bereits bei Konrad von Megenberg (Ed. Pfeiffer) S. 193, 8, im 16. Jh. *Hunerarh* bei Agricola De animantibus subterraneis (1549) S. 3 a, *Hûnerahr* in Sibers Gemma v. J. 1579 S. 42 und *Hûner Ahr | Haw Ahr | Hûnerdieb* als schlesische Namen bei Schwenkfeld Ther. Sil. (1603) S. 303. Im Nordfriesischen kommt der Name *Hanjüghar*[4] vor. — Wie *Huwei*[5] in der Eifeler Mundart und *Huhweh*[6] in Mecklenburg zu beurteilen sind, ist nicht ganz sicher; *Hulewyh*[7] in Anhalt ist als 'Gänseweihe' (vgl. sächs. *Hule* 'Gans') zu verstehen und hat eine Parallele in preuß. *Gesselhabicht*[8] (zu *Gessel* 'Gänschen'). — Wie die Bussarde, so heißen auch Weihen — bei Schwenkfeld a. a. O. S. 303 f. die beiden Milane — wegen des gleitenden Fluges *Schweimer*; auch den Namen *Mauser* teilen sie mit den Bussarden. Der schlesische Name *Grimmer*, der bei Schwenkfeld a. a. O. als Bezeichnung der Königsweihe angeführt wird, ist als **grim-ar* (zu mhd. *grimmen* 'die Klauen zum Fangen krümmen', vgl. mhd. *krimvogel*) zu verstehen.

1 Kehrein 189. — 2 Martin-Lienhart II, 777.

3 Korrespondenzbl. f. ndd. Sprachf. XVI, 83. XVII, 4.

4 Johansen Nordfries. Spr. S. 140. — 5 Frommann D. Mundarten VI, 15.

6 Korrespondenzbl. f. ndd. Sprachf. XVI, 84.

7 Naumann-Hennicke V, 134. — 8 Frischbier I, 231.

Die heutige Wissenschaft unterscheidet die beiden milvus-Arten (milvus regalis und milvus migrans) als **Milane** von den circus-Arten oder den *Weihen*, welche sie mit den Habichten unter einer Gruppe vereinigt. Der Name *Milan*, der aus dem gleichbedeutenden frz. *milan* entlehnt ist, tritt erst im 18. Jh. auf — als Maskulinum *der Milan* in Zorns Petino-Theologie (1743) II, 243, als Femininum *die Mülane* bei Döbel Eröffn. Jägerpr. (1746). Nach Adelung, der (III, 500) das Wort sowohl in der maskulinen als der femininen Form bucht, wurden die Milane zur Jagd abgerichtet, und am kaiserlichen Hofe in Wien gab es eine *Milanparthei*, *Milanknechte* und *Milanjungen*.

Von den älteren Ornithologen nennt Gesner unter dem Namen milvus nicht nur die beiden Milane, von denen der rote (Hist. avium S. 585) den Namen *Rôtelwy* führt, sondern auch die **Rohrweihe** (circus aeruginosus), welche er S. 192 schildert. Nach Gesner wird dieser Vogel in der Schweiz *Masswy* (im Register *Mosswy* geschrieben) oder *Masshuw*, anderwärts *Fischer* genannt. Die zwei erstgenannten Namen sind mehrdeutig: *Masshuw* (d. h. Mooruhu) ist eigentlich der Name einer Eulenart, *Masswy* (d. h. Moorweihe) wird auch von Bussarden gebraucht. Der Ausdruck *Fischer* beruht vielleicht auf einem Kompositum *Fisch-Ahr*, das bei Klein Hist. avium prodr. (1750) S. 44 als Name der Rohrweihe (daneben auch *Braun Geyer*) erwähnt wird. Schwenkfeld Ther. Sil. (1603) S. 261 behandelt den Vogel als eine Falkenart und gibt als schlesische Benennung *Rohr Falck* an.

Den Namen *Entenſtôſſel* schreibt Gesner sowohl dem Schreiadler als der Rohrweihe zu; in der Übersetzung der Bücher Plinii (1651) S. 497 *Entenstösser*, S. 496 *Enten Adler*, auch bei Hohberg Adel. Land-Leben (1687) II, 777 *Endten-Adler*. — Der Ausdruck *Rohrweihe* gilt in der Anhalter Mundart, s. Naumann-Hennicke V, 267.

Habichte, Accipitrinae.

Habicht, astur palumbarius.

Ahd. habuh: Sg. Nom. — ***hapuh*** accipiter: cod. SGalli **913**, 198a. ***habuh***: cod. SGalli 242, 248a. ***habuch***: cod. Parisin. 12269 f. 58b. cod. Selestad. f. 109b. ***hapuch***: Clm. 14747 f. 63a. ***haûc*** capus: Gll. Abactor: Clm. 14429, 222b. ***hauuk***: cod. sem. Trevir. f. **112**b, *hauohc*: cod. Guelpherbyt. Aug. 10. 3. 4⁰ f. 89 a, *hauog*: cod. Berol. Ms. lat. 8⁰ 73, 124 a, *hauok*: cod. Parisin. 9344 f. 42 b. *hauoh* accipitres: Carmen de Philomela 24: cod. Vindob. 247, 223 a, *haboh*: cod. mus. Britann. Add. 16894, 245 a. *hapoh*: Job 39, 26 [1]: Clm. 6225, 36 b. *habich*: Versus de volucr. *habech*: H. S. III, 17. XI a 2. Versus de volucr. Clm. 14689 f. 47 a. cod. Vindob. 804 f. 185 b. — Dat. — (uóre démo) *hábeche*: Williram 43, 14. — Akk. — *habuch*: Leviticus 11, 16: cod. Gotwic. 103, 49 b, *hapoh*: cod. Vindob. 2723, 18 b, cod. Vindob. 2732, 22 b, Clm. 18140, 14 a, *habich*: Clm. 13002, 219 b; cod. Stuttg. th. et phil. fol. 218, 13 c.

Ableitungen und Komposita. — habuhhesswam (Pflanzenname): *habechesswum* agaricum: cod. Vindob. 10, 336 a. *habcsamo*: cod. Vindob. 2532, 136 b.

Der Habichtname ist gemeingermanisch. Es entsprechen dem ahd. *habuh*, mhd. *habech*: asächs. *haƀuk-* (in Ortsnamen *Haƀuc-horst*, *Haƀocas-brôc*), mnd. *havec*, mndl. nndl. *havik*, ags. *hafoc*, *heafoc*, me. *hauk*, ne. *hawk* und anord. *haukr* (aus **hǫƀukr*), dän. *høg*, schwed. *hök*. — Im urgerman. **haƀuk-a-* ist *k* ableitend, wie in *kranuh* (s. S. 291), und der Stamm **haƀ-* (in got. *hafjan* usw.) ist urverwandt mit lat. *capio* 'nehmen, greifen', so daß der Habicht eigentlich der 'Greifer' ist. Ebenso ist mittellat. *capus* 'Habicht' eine Ableitung von *capio*. Es liegt kein Grund vor, diese alte Etymologie zugunsten einer neuen von Uhlenbeck PBB. XXII, 540 vorgetragenen aufzugeben, wonach der german. Vogelname auf einem idg. * *kapa-ghna* 'Rebhuhnfänger' beruhen würde. — Cymr. *hebauc* (air. *sebac* 'Falke') ist nach Thurneysen Keltoromanisches S. 22 ff. mit dem germanischen Worte nicht urverwandt, sondern stammt aus dem Angelsächsischen. Auch russ. *kobezŭ* (eine Falkenart) wird wohl mit Recht als ein germanisches Lehnwort betrachtet.

Die schriftsprachliche Lautform *Habicht* (wegen des sekundären Auslaut-*t* vgl. Paul Mhd. Gramm.[5] § 36 Anm. 7) tritt seit der Mitte des 15. Jhs. auf[2]. Daneben besteht die alte Form ohne den sekundären *t*-Laut fort und in den heutigen Mundarten ist sie sehr weit verbreitet.

1 *haefuc* accipitres: Job 39, 13: cod. Lugdun. 69 f. 26 b, *hyęfa* accipitris: cod. Bernens. 258 f. 16 a stammen aus einer angelsächsischen Vorlage.

2 Vgl. Diefenbach Glossar. S. 7 s. v. accipiter.

Wie die Weihe und andere verwandte Raubvögel, so ist auch der Habicht dem Hausgeflügel des Landmannes ein gefährlicher Feind, und in vielen Gegenden nennt man ihn daher mit Namen, welche darauf Bezug nehmen, vgl. *Stößel*, *Stoßvogel*, *Stoßfalk*, *Hüenerräuber*, *Hüenervogel* im Elsaß[1], *Stoßvogel*, *Hühnerfresser*, *Hühnerstößer* in Hessen[2], *Hengerdeif* (d. h. Hühnerdieb), *Veideier* (d. h. Viehtier)[3] in Luxemburg[4], *Hennengîr*, *Hennenrabli*, *Hüenergîr*, *Tûbengîr* in der Schweiz[5], *Stoßgeier* in Steiermark, *Stößer*, *geflügelter Teufel*[6] in Sachsen, *Stößer*, *Stießer*, *Hühnergeier*[7] in Schlesien, *Taubenstessl* in Oberösterreich[6], *Dûwenstöœter* in Göttingen und Grubenhagen[8], *Höhnerhawk*[9] in Lübeck, *Höhnerhawk*, *Duwenhawk*[9] im Münsterkreise, *Gose-Aar*[9] in Hamburg. Viele von diesen Namen teilt der Hühnerhabicht mit verwandten Raubvögeln, besonders mit dem Sperber (s. unten). Einige derselben sind bereits in der älteren Literatur zu belegen, so z. B. der Ausdruck *stozvalch*, der einmal im 14. Jh. in den Versus de volucribus (Ahd. Gll. IV, 354^{18}) vorkommt, dann im 16. Jh. *Stoffalck* und *Stoffer* im Strassburg. Vogelb. V. 259. 284 und *Stosfalck* bei Eber und Peucer Vocab. (1552) S. E 3b, wo es als Synonymon mit *gyrofalco* angeführt wird. Der Habicht wird hier mit dem Namen *Taubenfalck* erwähnt; Golius Onomasticon (1579) Sp. 289 hat sowohl *Stoßfalck* wie *Taubenfalck*.

Als schlesische Bezeichnung des Hühnerhabichts führt Schwenkfeld Ther. Sil. (1603) S. 188 *Stock Ahr* an, in der Angenehmen Land-Lust v. J. 1720 S. 167 wird der Vogel *der grosse Stockhabicht* genannt, vgl. S. 348.

In der Falknersprache hieß das Männchen des Habichts — das kleiner als das Weibchen ist — *terze* oder *terzil* nach dem mittellat. *tertiolus*, vgl. S. 332. Der echt deutsche Ausdruck war

1 Martin-Lienhart I, 100. 101. 114. II, 218. 618.
2 Kehrein 204 und Vilmar 138.
3 Bei Mynsinger: der Ar der da vich vaucht.
4 Wb. d. Luxemburg. Mundart 176. 455.
5 Staub-Tobler II, 406. V, 13.
6 Zs. f. d. Phil. XXI, 207.
7 Mitteilungen der schles. Gesellschaft f. Volkskunde Heft XIX, S. 86.
8 Schambach 53.
9 Korrespondenzbl. f. ndd. Sprachf. XVI, 83. 85. XVII, 3.

mhd. *habichlîn*, vgl. Mynsinger S. 2: "vnd ich will kain vnderschaide vnder dem grossen habich vnd dem klainen, den sie *Tritzlin* haissen, vnd wie wir das *häbichlin* nennen, vnd setzen, das der gross ist: Sy, Als vnder allen widerm vederspil, vnd der clainer ist: Er." In einer Version des Märchens vom Zaunkönig aus dem 15. Jh. (Erlösung herausg. von Bartsch S. XLIV) wird neben *habich* auch *hebichel* genannt; vgl. steir. *Habachel*[1] m.

Sperber, astur nisus, accipiter nisus.

Ahd. sparwâri: *sparvvari* sir: Clm. 14689 f. 47 a. *sparauuari* sir ł spar: cod. Vatican. Reg. 1701, 2b. erodion: cod. sem. Trevir. R. III. 13, 105b. *spariuuari* nisus: Vergilius Georg. I, 404: cod. Berol. Ms. lat. 4⁰ 215, 27b. nisus: Clm. 14689 f. 47a. *sparware* nisus: Clm. 17154 f. 164a. nisus: Versus de volucr. nisus: H. S. III, 17. *spareuuere*: nisus: Vergil. G. I, 404: cod. Parisin. 9344, 14b. *sperwere* nisus: cod. Vindob. 804 f. 185b.

Im Gegensatz zum Angelsächsischen und Altnordischen, die den Sperber als 'Habicht' benennen (vgl. ags. *spearhafoc*, anord. *sporrhaukr*), verwendet das Althochdeutsche eine Bildung *sparwâri* (mhd. *sperwære* = mnd. *sparwer*, *sperwer*, mndl. *sperware*), welche auf der Zusammensetzung **sparw-aro* 'Sperlings-Aar' beruht. Die Umbildung des zweiten Kompositionsgliedes im Anschluß an die Bildungen auf *-âri* ist wohl zunächst durch die romanischen Falkennamen, welche auf *-arius* (*ier*) enden, veranlaßt, vgl. mûsâri S. 352. Aus dem deutschen Worte, das schon in der Lex Salica als *speruarius* bezeugt ist, stammen die entsprechenden Benennungen der romanischen Sprachen, ital. *sparaviere*, *sparviere*, afrz. *espervier* (frz. *épervier*).

In der Falknerei war der Sperber als Jagdvogel besonders geschätzt und als solcher spielt er in der Literatur der Ritterzeit eine hervorragende Rolle. Den männlichen Sperber nannte man mit dem Namen *sprinze*, welcher zuerst im 12. Jh. in cod. Vindob. 804 f. 185b bezeugt ist. Das Wort ist bereits von Schwenkfeld Ther. Sil. (1603) S. 190 aus der gesprenkelten Farbe des Vogels erklärt worden und ist danach verwandt mit mhd. *sprënzen* 'in

1 Unger-Khull 316.

verschiedenen Farben strahlen', *sprinze* 'Lanzensplitter', *sprinzelîn* 'kleiner Hautflecken' usw. Ebenso ist auch der entsprechende französische Name *mouchet* (mittellat. *muscetus*) als 'der mit Mücken (*mouche* aus *musca*) d.h. Flecken gezeichnete' aufzufassen, vgl. Diez Et. Wb. s. v. moschetto und Baist Zs. f. frz. Spr. u. Lit. XIII, 2, 188.

In den heutigen Wörterbüchern wird mhd. *sprinze* vielfach als Femininum angegeben. Offenbar haben die häufig gebrauchten Deminutivformen die Vermutung veranlaßt, daß der Name das Weibchen bezeichne. Aber beim Sperber ist der männliche Vogel, wie überhaupt bei Raubvögeln, bedeutend kleiner als der weibliche, und die Deminutiva sind daher gerade als Bezeichnungen des Männchens am Platze. Bereits Albertus Magnus und nach ihm Mynsinger stellen dieses Verhältnis richtig dar. So heißt es z. B. bei Mynsinger: "Desselben gleichen will ich kain andern vnderschaid setzen vnder dem grossen Sperber vnd vnder dem clainen, den sie *Mustet* haissen vnd wie die *Sprintzen* haissen, dann das der gross ist: Sy, vnd der clainer ist: Er". In dem von Wackernagel edierten Schwabenspiegel (S. 262) 279, 6 entspricht die in den Text aufgenommene feminine Akk.-Form *eine sprinzen* nicht dem Original, denn die älteste Hs. (13. Jh.) und zwei jüngere Hss. des 15. Jhs. schreiben *einen*. Die Verdrehung des richtigen Sachverhältnisses findet man schon in alten Glossaren. So erklärt ein niederdeutscher Glossator (Diefenbach Novum glossar. S. 264b): "nisus sperwer vnd is de he, vnd de see het *sprenseke*". Möglicherweise war der Ausdruck *sprinze*, *sprinseke*, welcher — wie aus der hochd. Lautform zu ersehen ist — im Niederdeutschen von Hause aus nicht heimisch war, dem Schreiber nicht geläufig. Doch sind auch Ornithologen wie Schwenkfeld von dem Irrtum befangen, daß der weibliche Sperber kleiner ist als der männliche. Neuerdings hat Baist diesen Irrtum wiederholt berichtigt. — In der ornithologischen Literatur begegnet man öfters dem Ausdruck *Sprinze* und seinen Varianten. Gesner (Hist. avium S. 51) nennt die Formen *Sprintz*, *Sprintzel*, *Sprintzle*, *Sprintzling*, Schwenkfeld a. a. O. *Sprintz*, *Sprintzel*, *Sprintzling*, die Angenehme Land-Lust (1720) S. 168 *das Sprinzlein*, Döbel Eröffn. Jägerpr. (1746) S. 76: Vom *Sprentzgen oder Schmerl*. In den lebenden Mundarten dürfte der Jagdausdruck jedoch nicht geläufig sein[1]; hier wird *Sperber* als Gattungsname ohne Rücksicht auf das Geschlecht verwendet. Dieser Name ist sowohl in Niederdeutschland wie auf hochdeutschem Gebiet üblich.

Andere Bezeichnungen für den Vogel sind *Spuervull* (d. h. Sperlingsvogel), *Stoussvull* oder *Dauwesteisser*[2] in Luxemburg, *Tûbenstössel*[3] im Elsaß, *Sperlingstößer*, *Stiesser*, *Waldgeier*[4] in Sachsen, *Vogelstessl*, *Kleiner Geier*, *Falkel*, *Vogelhabicht*, *Langschwanz*[4] in Oberösterreich, *Stößer*, *Vogelstößel*, *Taubenstößer*[5], *Spatzengeier*[4] in Steiermark, *Spitzhabch*[6] in Hessen-Nassau, *Vugelhawk*[7] im Münsterkreise, *Kleine Stôthâk*[7] in Recklinghausen, *Stothawk*[7] in Lübeck. In der Angenehmen Land-Lust (1720) S. 128 wird der Sperber *Taubenhabicht* genannt.

Geier, Vulturidae.

Bartgeier, gypaëtus barbatus.

Ahd. gîr: Sg. Nom. — *giir* uultur: cod. Cheltenham. 18908 f. 1 a. *gir*: Leviticus 11, 14: cod. Carolsruh. Aug. IC f. 101 a, cod. Oxon. Jun. 25 f. 107 b. *gkr* (vbicumque fuerit corpus) Naturale ponit exemplum quod cottidie cernimus. Aquilę et uultures: Evang. Matth. 24, 28: cod. Moguntin. non sign. 51 b. *kîr* uulturum: Prudent. P. Rom. 807: cod. SGalli 136, 139. *kir*: Leviticus 11, 14: cod. SGalli 295, 126; *gir*: Clm. 18140, 14 a. Alcuini gramm. p. 516: cod. Fuld. Aa 2, 33 b. H. S. III, 17. XI a 2. Versus de volucr. Clm. 14689 f. 47 b. Rotul. com. de Mülinen Bern. cod. Vindob. 804 f. 185 b. cod. Berol. Ms. lat. 8° 73, 123 b, *giro*: cod. Parisin. 9344 f. 42 b, *gîʀ*: cod. sem. Trevir. f. 112 b, *gîr*: cod. Guelpherbyt. Aug. 10. 3. 4° f. 89 a. Notker de cons. phil. 3, 122 (2 Mal). cod. Selestad. 109 b. cod. Vindob. 804, 174 a. *gîger*: H. S. III, 17: cod. Vindob. 2400, 41 a. *giger*: Versus de volucr.: Clm. 19488, 121 a. — Akk. — *kîr*: Leviticus 11, 14: Clm. 14747, 96 b. — Pl. Gen. — *deregiro*: Prudent. P. Rom. 807: cod. Kilian. K. B. 145, 92 a.

Bereits in den allerältesten althochdeutschen Glossaren begegnet *gîr* (mhd. *gîr* = mnd. *gîre*, mndl. nndl. *gier*) als Bezeichnung des größten und gefürchteten Raubvogels; über die

1 Branky Zs. f. d. Phil. XXI, 207 gibt *der Sprinz*, *die Sprinze* aus Niederösterreich an, Unger-Khull S. 528 *die Sprintze* aus Steiermark; die Namensformen sind wohl aus literarischen Quellen entnommen.

2 Wb. d. Luxemburg. Mundart 56. 418. 428.

3 Martin-Lienhart II, 618. — 4 Zs. f. d. Phil. XXI, 207.

5 Unger-Khull 144. 245. 581. — 6 Kehrein 383.

7 Korrespondenzbl. f. ndd. Sprachf. XVI, 84. 86. XVII, 5.

Grenzen des deutsch-niederländischen Sprachgebiets hinaus läßt sich die Benennung aber nicht verfolgen. Der Vogelname **gîr-a(n)* ist eigentlich ein substantiviertes Adjektiv, das im ahd. *gîri* 'gierig' als *ja*-Stamm vorhanden ist, vgl. westmitteld. *geier* 'gierig'.

Von den in Europa vorkommenden Geierarten war der Bartgeier noch im vorigen Jahrhundert in allen Alpenländern verhältnismäßig häufig; nach Naumann-Hennicke V, 296 ist er aber mit der zweiten Hälfte des letzten Dezenniums sowohl in der Schweiz wie in Tirol gänzlich verschwunden.

Gesner beschreibt den Bartgeier an zwei verschiedenen Stellen seines Vogelbuchs (S. 524. 750) unter dem Namen *Goldgyr*, den er von der rötlichen Rückenfarbe des Vogels herleitet. Da er offenbar keinen lebenden Vogel gesehen, sondern ihn nach einem ihm aus den Rhätischen Alpen geschickten Balge beschreibt, so erklärt sich daraus der Widerspruch zwischen der Beschreibung und der Abbildung des Goldgeiers. In dieser erkennt man nämlich nicht den Bartgeier, sondern den Gänsegeier. Als Namen des Goldgeiers nennt Gesner noch die Ausdrücke *Keibgyr* (zu *Keib* 'Aas') und *Roſßgyr*, welches daraus erklärt wird, daß der Geier das Aas der Pferde frißt. Die bei Eber und Peucer Vocab. (1552) S. G 1a stehende Glosse *Haſengeyer & Osgeyer* zitiert Gesner S. 749 und ändert dabei den letztgenannten Ausdruck in *Aßgyr* (d. h. Aasgeier). Weitere von Gesner mitgeteilte Synonyma sind *Steingyr* ("a rupibus in quibus nidificat") und das undurchsichtige Wort *Hotzgyr*, welches aus Glarus angeführt wird. Staub-Tobler Id. II, 406 führen den Namen *Keibgîr* aus der Baseler Gegend und *Steingîr* aus Graubünden an. — Besonders eingehend schildert Schwenkfeld Ther. Sil. (1603) S. 375 den Bartgeier; als schlesische Benennung desselben wird *Grimmer* (mhd. **grim-ar*) angegeben, s. S. 358. Die a. a. O. gebrauchten Ausdrücke λευκοκέφαλος, *vultur albo capite, ein weisköpffichter Geyer, Weis Kopff* beziehen sich auf den alten Vogel, dessen Kopf weißlich gefärbt ist. Noch im vorigen Jahrhundert wurde der Name *Wîsskopf*[1] in gleicher Bedeutung in der Berner Gegend und Graubünden verwendet. Umgekehrt hieß der Vogel in diesen Gegenden auch *Schwarzkopf*[1] wegen der schwarzen

1 Staub-Tobler III, 415. 417.

Kopffärbung des jungen Bartgeiers. — Der Ausdruck *Jochgeir*, welcher von Schmeller-Frommann I, 1200 verzeichnet wird, ist schon bei Ostermann Vocab. (1591) S. 328 bezeugt. Die Angabe von Popowitsch Versuch (1780) S. 48, daß *Jochgeier* die in der Schweiz übliche Bezeichnung des Vogels sei, wird von Staub-Tobler Schweiz. Id. nicht bestätigt. Der erste Bestandteil des zusammengesetzten Namens bezeichnet einen Bergrücken zwischen zwei hohen Berggipfeln, worüber gewöhnlich ein Weg führt. Eine synonyme Benennung ist *Berggeyer* bei Popowitsch a. a. O. Aus Steiermark und Tirol kennt er (S. 146) den Namen *Gämsgeyer*. Heute soll dieser Ausdruck in Steiermark auf den Steinadler übertragen worden sein[1].

In der Schweiz wird jeder große Raubvogel *Gîr*[2] genannt. Den Geier nennt man hier in den meisten Mundarten *Lämmergîr*. Gesner führt in seinem Vogelbuch den Ausdruck *Lammerzig* ('Lämmerzieher', zu schweiz. *ziehen*, *ziegen*) an, welcher ihm aus Luzern, Chur und anderen Gegenden bekannt war. In Ostermanns Vocab. (1591) S. 327 erscheint der nach Gesner zitierte Name in der Form *Lámmerzücker*; als Synonymon ist hier *Lámmerfreſſer* angegeben.

Eine Variante der heute in der Wissenschaft üblichen Benennung *Bartgeier* ist *Bartadler* in der Übersetzung der Bücher Plinii (1651) S. 499; nach dem Übersetzer sollen "die Völcker Thusci" den Namen, nicht wie "etliche wollen" einer Adlerart, sondern dem Beinbrecher geben.

Gänsegeier, gyps fulvus.

Der häufigste unter den in Deutschland vorkommenden Geiern ist nach Naumann-Hennicke V, 311 der Gänsegeier. In Baiern und Schlesien wird er verhältnismäßig oft angetroffen, aber auch nördlich von Baden bis nach Wetterau und Westfalen und in Ostpreußen ist der Vogel erlegt worden.

Soweit man aus der knappen Schilderung schließen kann, welche Schwenkfeld Ther. Sil. (1603) S. 375 von dem "vultur leporarius" oder dem *Ganſe Ahr* gibt, meint er damit gerade

1 Unger-Khull 265. — 2 Staub-Tobler II, 405.

den Gänsegeier. Die von Gesner für den Goldgeier angeführten Namen *Aßgeyer / Kibgeyer / Rosgeyer* legt Schwenkfeld diesem Vogel bei. Unmöglich ist freilich auch nicht, daß hier von dem selteneren **Kuttengeier** (vultur monachus) die Rede ist, der — wie Naumann berichtet — in Schlesien, Sachsen und Franken angetroffen worden ist. Ebenso schwer ist zu entscheiden, ob mit dem mhd. *plattengeier* (zu *plate* 'kahler Kopffleck'), das Lexer Mhd. Wb. II, 278 nach Liliencrons Ausgabe der historischen Volkslieder vom 13. bis 16. Jh. zitiert, diese Geierart oder der Goldgeier gemeint ist. Vielleicht ist auch der dunkle Name *hutigeir* in Ottokars Reimchronik[1] als 'Haubengeier' (mhd. *huot* 'Hut, Haube') zu deuten und entweder auf den Kuttengeier oder den Goldgeier zu beziehen[2]. Dem Schreiber der Wiener Hs. der Reimchronik war der Ausdruck bereits unverständlich, denn er ändert *hutigeyr* in *hungeriger geirr*.

Ein Bewohner der heißen und warmen Zone ist der **Schmutzgeier** (neophron percnopterus), aber man findet ihn auch, wenn schon selten, in den südlichen Kantonen der Schweiz. Nach Naumann-Hennicke V, 305 hat man ihn in den Gebirgen bei Genf öfters beobachtet, und einzelne Vögel haben sich sogar mitten in die Schweiz verflogen. Es ist ohne Zweifel gerade dieser Vogel, von dem Gesner in Hist. avium S. 193 eine Abbildung gibt. Diese hatte ihm "der berühmte Typograph" Jo. Heruagius geschickt, der den Vogel bei sich im Hause gehalten hatte. Nach seiner Mitteilung war der Geier im Jahre 1551 am 29. September, wo ein Schneefall eingetroffen war, gefangen worden; in Farbe und Gestalt soll er ganz an einen Storch erinnert haben. Gesner versichert, daß die schweizerischen Vogelsteller diese Geierart nicht kennen, folglich weiß er auch für sie keinen Namen. Aber der von dem Übersetzer der Bücher Plinii verwendete Ausdruck *Bergstorck* bezeichnet offenbar gerade den Schmutzgeier (vgl. die Ausgabe v. J. 1651 S. 496 s. v. Geieradler).

1 Monumenta Germaniae Historica, Deutsche Chroniken V (Ed. Seemüller S. 381) V. 28875.

2 Dieser Deutung widerspricht jedoch die dritte Handschrift der Reimchronik, die *hüttegeyr* schreibt.

XI. Sumpfraubvögel, Ciconidae.

Storch, ciconia.

Ahd. storah: Sg. Nom. — *storah*[1] ciconia: cod. SGalli 242, 248a. Aldhelmi Aenigm. 257, 10: cod. SGalli 242, 28. cod. Vatican. Reg. 1701, 2b, opimachvs contra serpent̄ pugn̄: cod. Vatican. Reg. 1701, 2b. Carmen de Philomela 29: cod. Vindob. 247, 223a, cod. mus. Britann. Add. 16894, 245a. ophimachus: Leviticus 11, 22: cod. Vindob. 2732, 22b, Clm. 18140, 14a, *stórah*: cod. Vindob. 2723, 18b; *storach*: cod. Gotwic. 103, 49b, *storich*: Clm. 13002, 219b, *ostorch*[2]: Clm. 22201, 238b. *storoch*: Gregorii homil. II, 39 p. 1645 (Jer. 8, 7): Clm. 18140, 242a. *storuch*: Jerem. 8, 7: Clm. 18140, 192b, Clm. 19440, 349. *stórh*: Notker Capella de nuptiis 2, 36, (ter egypzisco) *stórh* ibis: 2, 36. *storch*: cod. Parisin. 12269 f. 58b. Versus de volucr. H. S. III, 17. XI a 2. b. e. g. Rotulus com. de Mülinen Bern. cod. Vindob. 804 f. 185b. cod. Vindob. 804, 169a, cod. Wirziburg. Mp. th. 4⁰ 60, 101a. *odoboro. storch*: cod. Selestad. f. 109b. *storhc*: Clm. 14689 f. 47a. *stork* opimachus . . .: Leviticus 11, 22: cod. Stuttg. theol. et phil. f. 218, 13d. ibis: Gll. Herrad.: cod. olim Argentorat. cod. Guelpherbytan. Aug. 10. 3. 4⁰ f. 89a, *strok*: cod. Parisin. 9344 f. 42b, *Hork*[3] *odoboro*: cod. sem. Trevir. f. 112b. *storche*: Versus de volucr. H. S. III, 17: cod. Vindob. 2400, 41a. — Pl. Nom. — *storke* ibices: Gll. Herrad.: cod. olim Argentorat.

Ableitungen und Komposita. — storahhessnabul (Pflanzenname): *storkessnabul* reumatica. ł scolastica: cod. Bonn. 218, 49b. *storkesneuel* aquileia: cod. Cheltenham. 7087, 144a.

Den Storch benennen die germanischen Sprachen mit einem gemeinsamen Namen: ahd. *storah*, mhd. *storch*, mnd. *stork*, mndl. *stork*, ags. *storc*, me. ne. *stork* und anord. *storkr*, dän. schwed. *stork*. Nach Falk und Torp Et. ordb. II, 303 beruht german. **stork-a* auf idg. **stṛg-o*, der Schwundstufe des Stammes **sterg-* 'steif sein', so daß der Vogel nach dem steifen Gange benannt worden ist. Deshalb braucht jedoch Urverwandtschaft mit griech. τόργος 'großer Vogel' nicht unmöglich zu sein. Aus dem Germanischen entlehnt sind die gleichbedeutenden baltisch-slavischen Worte akslav. *strŭkŭ* und lit. *starkus*, ebenso korn. *stork*.

Neben dem alten, in den germanischen Idiomen verbreiteten Namen haben einige deutsche Mundarten für den Storch die

1 *storah* mir wahrscheinlicher als *sturah* (Steinmeyer).

2 *s* aus Corr. (Steinmeyer). — 3 *Hork* im Context (Steinmeyer).

Benennung *Adebar*, welche in zahlreichen Varianten erscheint. Die ersten Zeugnisse für diesen schwierigen Vogelnamen findet man in Glossenhandschriften aus der ausgehenden althochdeutschen Sprachperiode: *odoboro. storch* ciconia: cod. Selestad. 109b. *Hork odoboro*: cod. sem. Trevir. f. 112b, *odeboro*: cod. Berol. Ms. lat. 8⁰ 73, 123b. *odobero*: cod. sem. Trevir. R. III. 13, 104b. *storc . t odebore*: H. S. III, 17: cod. Darmstad. 6, 22a. *udebero* ophiomachus ... quidam ciconiam putant: H. S. XIa 2: Clm. 2612, 79a, cod. Vindob. 2400, 109b, *ůdebero*: cod. Graec. 859, 9c, *ǒdebero*: XIb: Clm. 3215, 18a, *otibero*: XI d.: cod. Florentin. XVI, 5, 108b, *storc vel otiuaro*: Umordn. H. S. III, 8, *odebore*: cod. Oxon. Jun. 83, 4. Aus diesen spärlichen Belegen ist die damalige genaue Verbreitung des Namens schwer zu erschließen. Jedenfalls kommt das mittelfränkische (bezw. moselfränkische) Gebiet durch die Trierer und Darmstädter Handschriften in Betracht, denn diese haben die Glosse selbständig geschrieben dem "storch" des Originals gegenüber; die Berliner Hs., die mit der Trierer parallel läuft, ist niederdeutsch gefärbt. Abgesehen von *odoboro*, *stork* in den Schlettstädter Glossen repräsentieren die übrigen Zeugnisse offenbar nur einen selbständigen Beleg, dessen Ursprung unbekannt ist. Von den vielen Handschriften der Versus schreibt nur das Kölner Doppelblatt aus dem 14. Jh. *odobero*. Überhaupt deuten die althochdeutschen Zeugnisse auf das Vorkommen des Namens auf dem mittel- und niederdeutschen Sprachgebiet und das Fehlen desselben in süddeutschen Dialekten. Im 14. Jh. spricht denn auch Konrad von Megenberg den Ausdruck seiner heimischen (bairischen) Mundart indirekt ab: "ciconia haizt ein storch und haizt in anderr däutsch ain *ödbar*" (1 Hs. d. 14. Jhs. schreibt *ötbär*, eine andere aus dem 15. Jh. *u^e^deber*), vgl. Ed. Pfeiffer S. 175, 7. Die übrigen Zeugnisse für das Wort im 14./15. Jh. sind vorwiegend aus niederdeutschen Glossaren, wo verschiedene Varianten, *adebar*, *edebar*, *edebere*, *odever*, *odevare*, belegt sind; im Mittelniederländischen *odevare*. — Von den Autoren des 16. Jhs. erwähnt Turner Avium hist. (1544) S. C 7a die Namensform *eyn Ebeher*, die er als sächsisch bezeichnet, danach *Ebeher* bei Gesner Hist. avium (1555) S. 251 ebenfalls mit dem Zusatz "saxonice". Aus Rostock und "anderen Gegenden" werden hier die Formen *Adebar / Odeboer*, aus Flandern *Houare* angegeben. Schwenkfeld Ther. Sil. (1603) S. 234 verzeichnet neben *Storch /*

Storck die eigentümliche Namensform *Elbiger*, ohne aber diese ausdrücklich für seinen schlesischen Dialekt zu bezeugen. In der Übersetzung der Bücher Plinii (1651) S. 540 sind *Odeboer*, *Ebeher* ohne Zweifel aus dem Vogelbuche Gesners übernommen, ebenso *Adebar* bei Henisch Teutsche Sprach (1616) Sp. 20. — Heutzutage ist der Name fast in ganz Niederdeutschland verbreitet: in Preußen *Adebâr*, *Hadebâr*, (*Ad'bor*)[1], in Mecklenburg *Aodabar*[2], in Lübeck *Adebor*, *Ebeer*[3], in Altmark *Aodebaor*, *Edebaor*, *Odebarr*, *Heilebaor*[4], in Braunschweig *Heilebârt*[5], auf Usedom *Ådebor*[6], in der Grafschaft Ranzau *Ebêr*, *Otjebâr*[7], in Geldern *Uiver*, *Heiluiver*, in Groningen *Aiber*, *Eiber*[8], in Holstein *Ottebar*, im westlichen Schleswig *Aarbar*[9], nordfries. *Âribâr*[9], *Arrebarre*, *Earrebarre*[10], ostfries. *Adebar*, *Hâdebar*, *Hâdbar*, *Âbar*[11], ndl. *oudevaar*, *ouwevaar*, *ooievaar*. In Westfalen scheint das Wort ausgestorben zu sein; in Göttingen und Grubenhagen ist *Âbâr* selten und wird wie die Nebenformen *Êbere*, *Êber* nur für den Storch als Kindbringer verwendet[6]. Aber der Ausdruck reicht auch ins hessische Sprachgebiet hinein als kurhessisches *Adebar*[12] (im Schaumburgischen und an der Diemel), oberhess. *Iwwerch*, *Iwwerich*, *Ulwer*[13], nassau. *Urwel*[14]. In der Marburger Gegend (in Fronhäuser Heide) findet sich der Name *Udeahrs-Nest*[15], und *Uddemarsche* erscheint als Name der Besitzerin eines Bauernhauses in Holzhausen, wo der Storch von undenklichen Zeiten genistet habe[12]. Bis in das schwäbische Dialektgebiet hinein kann man die Spuren des Namens verfolgen; hier wird der Storch — wie Fischer Wb. I, 313 berichtet — auf den Fildern *Aiber* oder *Auber* genannt, und nach den Ortsnamen zu urteilen ist die Verbreitung dieser Namensformen früher größer gewesen.

Eine befriedigende Erklärung für diesen seltsamen Vogelnamen hat man noch nicht gefunden. Grimm sah darin ein Kompositum von got. *aud* (ahd. *ôt* ~ ags. *éad*) 'Besitz, Reichtum,

---

1 Frischbier I, 16. — 2 Korrespondenzbl. f. ndd. Sprachf. XVI, 84.
3 Korrespondenzbl. f. ndd. Sprachf. XVI, 82. — 4 Danneil 7.
5 Frommann D. Mundarten 147. — 6 Schambach 153.
7 Korrespondenzbl. f. ndd. Sprachf. XVII, 2. — 8 Molema Wb. S. 3.
9 Johansen Nordfries. Spr. S. 3. — 10 Dijkstra Wb. S. 316.
11 Jb. f. ndd. Sprachf. XI, 111. — 12 Vilmar 4. — 13 Crecelius I, 16.
14 Kehrein 419. — 15 Pfister Nachtr. zu Vilmar Id. S. 200.

Segen' und *bëro*, *boro* (Nom. ag. zu *bëran*) 'Träger', so daß der Storch eigtl. 'der Glücksbringer' wäre[1]. Die Hauptschwierigkeit bei der Deutung von ahd. *odobero* besteht in der Zerteilung des Kompositums in seine Bestandteile. Aber auch die ursprüngliche Qualität des Stammvokals bleibt unsicher, denn die mundartlichen Varianten lassen sich nicht auf eine bestimmte Lautform zurückführen.

Einige von diesen Dialektformen sind als neue Kompositionsbildungen von dem alten Namen aufzufassen. So enthalten wohl die in Altmark vorkommenden Benennungen *Heinotter*, *Hannotter*[2] als zweites Glied die Namensform *Otber* (vgl. mhd. *otbär*, in Holstein *Ottebar*), welche hier unter dem Nebenton zu *Otter* assimiliert wurde. Der erste Teil des Kompositums ist der Eigenname *Heini* (= Heinrich), der in manchen Gegenden für den Storch verwendet wird[3]. Die Varianten *Heilebaor* in Altmark, *Heiluiver* in Groningen, welche man im Anschluß an die angeführte Etymologie von Grimm als 'Heilbringer' gedeutet hat, sind offenbar nur Umdeutungen von *Heinebaor*, *Heinuiver* und ebenso zu beurteilen wie *Heinotter*.

An einigen Orten in Preußen nennt man den Storch wegen der steifen Beine *Knäkerbên*[4] m. (d. h. knöchernes Bein); andere preußische Dialektnamen sind *Knackosbot*[4] m., *Knacknowie* (um Neustettin), *Knackawer*[5] (in der Neumark). Für den Namen *Klapperstorch*, den man in Mitteldeutschland dem Vogel wegen des Klapperns mit dem Schnabel beilegt, hat Grimms Wb. V, 977 mehrere Belege aus dem 17. Jh. Eine Variante *Kleppner* erwähnt Frisch Vorstellung der Vögel (1763) XII, A 2 b. Die niederdeutsche Namensform ist *Knepner* in der Mark (bei Colerus Oecon. ruralis (1656) S. 40), *Knepper* in der Ukermark, s. Kluge Et. Wb.[6] S. 5.

Schwarzstorch, ciconia nigra.

Nach den Angaben, die man bei Naumann-Hennicke über die Verbreitung des schwarzen Storchs findet, kommt dieser

1 Auch die Möglichkeit, daß im ersten Teil ein Subst. **ôd* 'Kind' (aus dem altsächs. Partiz. *ôdan* 'genitus' erschlossen) stecken konnte, wurde von Grimm erwogen, vgl. Deutsche Mythol. II[4], 560 und Kl. Schriften III, 147.

2 Danneil 7. — 3 Germania IV, 154. — 4 Frischbier I, 386.

5 Altpreuß. Monatsschrift XXIX, 164 f.

Vogel in Jütland, auf den dänischen Inseln und in Norddeutschland vor, ist aber im mittleren und südlichen Deutschland sehr spärlich vertreten, vielerorts unbekannt, hie und da gelegentlich des Zuges als Seltenheit erscheinend. Gesner beschreibt ihn in Hist. avium (1555) S. 261 unter der Benennung *ein schwartzer Storck* und bezeugt sein häufiges Vorkommen in den Wäldern der Schweiz, "circa Eremum D. Virginis, circa Lucernam oppidum, circa Tosam fluuium et alibi".

Ein alter Name des schwarzen Storchs scheint vorzuliegen in den spätalthochdeutschen Glossen *v́tsualui* (fulice): Ambrosii Hexaemeron 3, 4 p. 38: Clm. 13079, 21 b und *vtinsͮvͮvͮaͤl* folica[1]: Versus de volucr.: cod. Zwettl. 293, 25a (14. Jh.). Die Belege stammen aus dem bairisch-österreichischen Dialektgebiet, und hier taucht der Vogelname im 16. Jh. in einigen zufälligen Zeugnissen wieder auf. Der bairische Chronist Wiguleus Hund erzählt in Bayrisch Stammen Buch II, 132 von der Genealogie "der von Mülperg hernach genannt die von Closen" und macht dabei folgende Bemerkung: "Die von Closen / ſollen / wie ich gehört / von alter allein den *Vttenſchwalben* geführt haben" — — Darauf folgt die Beschreibung dieses Vogels: "Der Vttenſchwalb ist ein ſeltſamer Vogel / inn disem Land find man zu Zeiten vmb die Tonaw / in eins Reigers gröſſe / rot Füſſe vnd Schnabel, auch ein roten Fleck an der Brust / ſonst ſchwartz / Man malet ihn gemeinklich in eins Schwannen geſtalt / auſſer der Farb." Mit dieser Schilderung kann kaum ein anderer Vogel gemeint sein, als der schwarze Storch oder vielleicht der Waldrabe (S. 373). Ein anderes Zeugnis des Namens finden wir bei Gesner Hist. avium (1555) S. 12: "Rursum alius mihi narrauit in aula ducis Bauariae ali auê nomine *ûtenſchwalb*, magnitudine et roſtro ardeae, longo acuto, collo forte breuiore aliquanto, albo et nigro colore diſtinctam, cruribus altis et rubris, uertice modice criſtato ut columbae, ueſcentem omnibus ijs ferè quae è culina reijciuntur, quadrupedum ſcilicet ac piscium inteſtinis, etc.". Leider ist die Schilderung des Vogels auch hier nicht ausführlich genug, um ihn identifizieren zu können; Gesner vermag ihm in seinem System

1 Das anklingende *hotino* porphirio in cod. sem. Trevir. R. III. 13, 108a gehört kaum hierher.

keinen Platz zuzuweisen. Die schopfartigen Kopffedern, die auffälligerweise mit denjenigen einer Taube verglichen werden, lassen auf einen Reiher schließen. Sonst paßt die Schilderung auf den schwarzen Storch, der sich ja auch leicht zähmen läßt. An zwei verschiedenen Stellen seines Vogelbuchs spricht Gesner von einem Vogel, der dem Storch ganz gleich, aber nur ein wenig kleiner ist und dessen Fleisch sehr geschätzt wird; diesen Vogel nenne man in Dänemark[1] *Onschval.* Ein solcher Vogelname ist aus der dänischen Literatur freilich nicht aufzubringen, aber in Gothland (in Südschweden) heißt der schwarze Storch *oden*(*s*)-*svala*[2], d. h. die Schwalbe Odins. Dieses Wort könnte mit bair. *utenschwalbe* identisch sein, und dann hätten wir hier einen alten Namen für den Storch, der von ahd. *odobero* nicht gerne getrennt werden könnte. Aber so lange die Bedeutung des bairischen Dialektwortes nicht sicher feststeht, bleibt diese Vermutung doch hypothetisch. Der Anklang an das schwedische Wort kann auch zufällig sein.

Ibisse, Ibidae.

Waldrabe, geronticus eremita.

In Hist. avium (1555) gibt Gesner das Bild eines Vogels, den er unter der Rubrik "coruus sylvaticus" eingehend beschreibt. "Avis, cuius effigies habetur", heißt es a. a. O. S. 337, "a noſtris nominatur uulgo *ein Waldrapp* id eſt coruus ſyluaticus, quod locis syluosis, montanis et deſertis degere ſoleat: ubi in rupibus, aut turribus deſertis nidificat. quare etiam *Steinrapp* uocatur, et alibi (in Bauaria et Stiria) *ein Claußrapp*: à petris ſeu rupibus et pylis (nam pylas, id eſt anguſtias inter duos montes Germani *clauſen* appellant, hoc eſt loca clauſa) in quibus nidos ſtruit. Lotharingi, ut audio, corneille de mer, id eſt cornix marina: quam et in uglandibus aliquando nidificare ferunt. ſed forte ea alia auis eſt. Circa lacum Verbanum coruus marinus dicitur. alibi in Italia coruus sylvaticus, ut in Iſtria circa promontorium Polae, ubi homine per funem remiſſo per rupes nidis

1 S. 212 "danico sermone", S. 261 "germanice".

2 Rietz Svenskt dialektlexicon S. 481, Dalin Ordbok öfver det svenska språket II, 168, Parallèle des langues francoise et suédoise par Mr. Weste IV, 99 usw.

eximuntur. et inter menſarum delicias habentur, ut apud nos quoque in montium quorundam rupibus, ſic enim Fabarias thermas repertas eſſe aiunt, cum auceps quidam per altiſſimas rupes propter has aues ſe demiſiſſet. Alibi in Italia coruo ſpilato, id eſt coruus depilis, quoniam ſeneſcens calueſcat. Germanice quidam nuper conficto a ſe a ſono uocis eius nomine *Scheller* uocabat — — Locuſtis gryllis piſciculis et ranunculis eos ueſci audio. Vt plurimum nidificat in altis arcium deſtructarum muris, qui in Helueticis montium regionibus frequentes ſunt — — Edunt et uermes e quibus ſcarabei à Maio menſe dicti naſcuntur — — Laudantur ijdem pulli in cibis et in delicijs etiam habentur, ſuaui carne oſſibus mollibus."

Die neueren Ornithologen rieten lange hin und her, ohne daß es ihnen gelang festzustellen, welcher von den heute bekannten Vögeln mit dem corvus sylvaticus gemeint sei. Manche vermuteten daher, daß die Beschreibung in Hist. avium sich nur auf einen fingierten Vogel bezöge. Der Waldrabe Gesners war schon vergessen, als man vor einigen Jahren durch einen Zufall entdeckte, daß es sich a. a. O. um eine heute in Afrika vorkommende, aber in Europa nunmehr ausgestorbene Ibisart handelt[1].

Da alles was die ornithologische Wissenschaft über die Lebensart und Verbreitung dieses seltsamen Vogels in Europa weiß, fast nur auf die obenerwähnte Schilderung Gesners zurückgeht, mögen einige ergänzende Nachrichten hier Platz finden.

Schon vor Gesner hat der in Köln lebende Engländer Turner, der auch in der Schweiz gereist war, den Vogel in seinem Buche Avium historia (1544) S. E 6a geschildert: "Jam ut ſciatis qualis' nam auis ſit Heluetiorum Vualtrapus, quam conjicio phalacrocoracem eſze, et tertium genus graculi, auis eſt corpore longo et ciconia pauló minore, cruribus breuibus ſed craſzis, roſtro rutilo, parum adunco, et sex pollices longo, albam quoque in capite maculam et eam nudam, niſi male memini, habuit. Si palmipes sit et interdum natet, indubitanter tertium graculorum genus eſſe adfirmarem: uerùm licet auem in manibus habuerim, an palmipes fuerit nec ne, et caluus, non memini, quare donec

1 Vgl. Naumann-Hennicke VII, 199 ff.

iſt haec certius nouero nihil ſtatuerim". Daß die Größe des Vogels von Turner mit der eines Storchs verglichen wird, während Gesner ihn nur mit einem Haushahn vergleicht, hat nicht viel zu bedeuten, denn Turner scheint auch sonst keine genaue Erinnerung von dem Waldraben zu haben. Aber auch bei Stumpf Schweytzer Chronick (Ausgabe v. J. 1606) S. 612 begegnet der Vergleich mit dem Storch: "Waldrappen / ein gemein wildpråt / iſt am beſtē / ſo er noch jung auss dem nåſt kōpt / ein groſſer ſchwårer vogel / gātz ſchwartz als ein Rapp / hat ſein nåſt in den hohen vnwågſamen velſen: allermeiſt niſtet er in dem alten gemeür der zerſtǒrten und außgebrenten Schlǒſſern / deren vil in den Alpiſchen lendern geſehen werdē. Sie ſind von leib bey nahe ſo groß und ſchwår als ein Storck".

Daß die Waldraben im 16. Jh. gehegt und gezähmt wurden, dafür liegen mehrere Zeugnisse aus verschiedenen Gegenden vor. Die Rat- und Richtebücher der Stadt Zürich v. J. 1535[1] melden, daß J. Schwytzer zu einer Geldstrafe von 1 pfd. 5 β bar verurteilt wurde, "als er Felixen von Jonen einen *waldrappen* one ursach zuo tod geschlagen het". Eine andere Nachricht[2] stammt aus Steiermark: "Am 1. Jänner 1528 war K. Ferdinand in Grätz und verschrieb dem Freiherrn Sigmund von Dietrichstein und dessen männlichen Leibeserben das landesfürstliche Hubamtshaus, im Sack der Stadt — — und endlich mit der besonderen Verpflichtung: "daß er und seine Leibenserben die sogenannten *Klausraben*, welche ihre Wohnung bei demselben Hause am Schloßberge haben, wie von den Inhaber bisher beobachtet worden ist, hegen und dieselben nicht beschädigen oder verderben lassen". In Ostermanns Vokabular v. J. 1591 S. 331 ist der Waldrabe ganz richtig als eine Ibisart bezeichnet worden: "Ibis Pelusiaca, ſeu nigra ein ſchwarzer Ibin / vulgo, *ein Steinrapp* / niſten vil in einem hohen runden Felſen bey Salzburg an d[s] Stat / manſueſcunt et habentur in hortis vt eos à serpentibus lacertis ranisque purgent."

Das Vorkommen des Vogels im 17. Jh. läßt sich an zwei in Grimms Wb. XIII, 1180 zitierten Zeugnissen verfolgen. In

1 Staub-Tobler VI, 1173.

2 Geschichte der Steiermark von Dr. Alb. v. Muchar VIII, 365 (1867).

der Raetia Gulers von Weineck (1616) S. 81a heißt es: "als er [der Jäger] in die ungeheüwre klufft... waldrappen auszzunehmen gestiegen", und im Jahre 1620 werden die Vögel von Rebmann Naturae magnalia (Bern) S. 142 erwähnt: "die waldrappen in höchstem birg, der reiger auch da g'funden wirt". Schwenkfeld Ther. Sil. (1603) S. 245 nennt die Namen *Ein Alprappe*, *Waldrappe*, *Nachtrabe* / *Steinrabe* ohne irgend etwas Selbständiges zu bieten. Auch Aldrovandi Ornithologia (1605) hat nichts zu der Schilderung Gesners hinzuzufügen. Klein Hist. avium prodr. (1750) S. 111 erwähnt den Vogel nach Gesner und stellt ihn wegen des Schopfes unter die Wiedehopfe als "upupa montana, Eremita montanus helueticus *Waldrapp*, *Steinrapp*"; danach bei Reyger Verbess. Hist. der Vögel (1760) S. 114: *Waldhoff* (nach *Wiedehoff*), *Waldrapp*, Steinrapp, Schweizereinsiedler, Bergeinsiedler. Die Wörterbücher verzeichnen die Namen des Vogels meistens in der von Gesner angegebenen schweizerischen Form, daneben auch die Form *Waldrab*, *Steynrab* schon bei Wombach Sylva quinquelinguis vocab. (1592) S. CC 3 a. Zum ersten Mal begegnet der letztgenannte Name bei Pinicianus (Auszug v. J. 1521) S. C 4a in der Glosse porphirio = *stainrapp*.

Namen für den Waldraben sind schon sehr früh — bereits im 12. Jh. — bezeugt. Von den Handschriften der Versus de volucribus (Ahd. Gll. III, 22[14]) übersetzen der cod. Admont. 106 und der cod. Admont. 476 das lat. Wort *ibis* mit *erdhuon*; der codex Admont. 759, 55b hat statt dessen *pirchhven*, das als 'Berghuhn' zu verstehen ist, und der cod. Vindob. 1325, 106b übersetzt das lat. Lemma mit *stainmuck*. Mit diesen Namen ist offenbar der Waldrabe gemeint.

Löffler, platalea leucorodia.

Die wahre Heimat des weißen Löfflers ist die gemäßigte und warme Zone. Sein Vorkommen in Holland ist ein isoliertes. In Deutschland hat man ihn gelegentlich in Böhmen, Thüringen, Schlesien, der Mark und im Rheintale angetroffen. Häufiger ist der Vogel in England, Friesland, Schleswig-Holstein, namentlich kommt er aber im Südosten Europas, in dem Donaugebiete von Ungarn ab vor. Vgl. Naumann-Hennicke VII, 8.

Der Name des Löfflers, der auf den breiten löffelartigen Schnabel zielt, ist in der Form *Lefler* bei Turner Avium hist. (1544) S. H 6b belegt, daneben auch das Kompositum *Lóffel gáß*. Gesner berichtet in Hist. avium (1555) S. 641, daß diese Vögel selten in der Schweiz gefangen werden, aber in Böhmen und England häufiger vorkommen sollen. Außer den Namen *Lóffler* / *Lóffelgenß* und der friesischen Lautform *Lepler* führt Gesner nach Sigis. Gelenius das Synonymon *Fauser* an. In den Quellen des 16. Jhs. wird der Löffler öfters erwähnt. H. Sachs Regim. der Vögel (1531) V. 221 schreibt *Lóffer*, Ryff Tierbuch Alberti (1545) S. I 4 *Lófler*, das Strassburg. Vogelb. (1554) V. 347 *Leffeler*. Eber und Peucer Vocab. (1552) S. F 6b und Sibers Gemma (1579) S. 43 haben das Kompositum *Lóffelgens*. Schwenkfeld Ther. Sil. (1603) S. 341 bezeichnet *Lóffel Gans* als schlesischen Ausdruck.

Reiher, Ardeidae.

Reiher, ardea.

Ahd. heigaro: Sg. Nom. — ***heigaro*** ardea: Verg. A. VII, 411: Clm. 18059, 205b. ***heigero***: Verg. A. V, 278: cod. Paris. 9344, 91 a. H. S. III, 17. ***hegero***: cod. Berol. Ms. lat. 8⁰ 73, 124a, cod. sem. Trevir. f. 112b, ***heiro***: cod. sem. Trevir. III. 13, 103a, cod. Paris. 9344 f. 42b, ***heigro*** pellicanus: cod. Guelpherbyt. Aug. 10. 3. 4⁰ f. 89a. pellicanus: cod. Parisin. 12269 f. 58b. caradrion: Anhang z. alten und neuen Testament: Leviticus 11, 19: Clm. 14747, 96b. alcedo ł ardea ł tantalus: Cgm. 187. Vergilius G. I, 364: cod. Parisin. 9344, 13b [1]; ***heikira***: cod. Selestad. f. 59a; ***hagir***: cod. Berol. Ms. lat. 4⁰ 215, 26a. ***haigir*** cod. Selestad. f. 110a. Versus de volucr., ***haiger***: Versus de volucr. ***heiger***: Vergilius A. VII, 411: cod. Selestad. f. 50a. Gll. Salom. a 1, alcedo: Gll. Salom. a 1, caradrius: Gll. Salom. a 1, alcedo: Gll. Salom. d: Clm. 23496, 1c. ***heiᵍr*** ł ardua [2] Ał Lericha caradrion: Leviticus 11, 19: cod. Stuttg. th. et phil. fol. 218, 13c. ***regero. heigero*** [3]: Vergil. G. I, 364: cod. Parisin. 9344, 13b. ***regero*** pellicanus ł alcedo: cod. Berol. Ms. lat. 8⁰ 73, 124b. ***regro***: cod. Guelpherbytan. Aug. 10. 3. 4⁰ f. 89a. ***reígero***: H. S. III, 17: Clm. 2612, 34a, ***reîger***: cod. Vindob. 2400, 41a, ***reier*** [4]: cod. Darmstad. 6, 22a (13. Jh.), ***reiger***: a 2: cod. Vindob. 2400, 92b, Clm. 2612, 67a, ***regera***: b, ***reier*** alcedro: l: cod. Darmstad. 6, 97b. ***raiger***: Versus de volucr. ***reiger***: Gll. Salomon. a 1: cod. mus. bohem. Prag. 15c.

---

1 Quer am Rande (Steinmeyer).
2 l. ardea (Steinmeyer). — 3 Von zweiter Hand (Steinmeyer).
4 Das zweite *r* aus *n* korrig. (Steinmeyer).

Der Reihername erscheint in der althochdeutschen Überlieferung in zwei Parallelformen *heigaro* und *reigaro* (mhd. *heiger* ~ *reiger*, mnd. *reiger*, *rêger*, mndl. *reigher*). Daß die letztere ein anlautendes *h* verloren hat, beweist gleichbedeutendes ags. *hrágra*. Dem germanischen Vogelnamen **hraig-r-an-* liegt eine onomatopoietische Schallwurzel *kraik-r-* zugrunde, welche das heisere Geschrei des Reihers wiedergibt; Voigt Excursionsbuch S. 217 umschreibt den Ruf des Fischreihers u. a. mit 'kraik', 'kra', 'chroä' usw. Durch dissimilatorischen Einfluß ist, wie bereits J. Grimm bemerkt hat, aus *krai-k-r*, bezw. **hraigr-an* die Grundform **haigr-an* entstanden, auf welcher ahd. *heigaro* beruht. Im Ablautsverhältnis zu dieser Lautform stehen anord. *hére* und (gewöhnlicher) mit grammatischem Wechsel *hegre*, welches in adän. *hegre*, norweg. dial. *hegre*, *heigr*(*e*) und schwed. *häger* weiterlebt. Mit den nordischen Benennungen des Reihers sind — trotz der Bedeutungsverschiedenheit — ahd. *hëhara*, mnd. *hëger* und ags. *higora* 'Häher' identisch. Der gemeinsame Ausgangspunkt für die Bildung der beiden Vogelnamen war das Geschrei, das durch die Lautstufen *hraig-r* : *h*(*r*)*ig-r-* wiedergegeben wird. Das älteste Zeugnis für die dissimilierte Form liefert das finnische Lehnwort *haikara* (estn. *haigri*, *haigru*). Auch in das Altfranzösische wurde der germanische Name als *haigron* (*aigron*) übernommen, woraus im Neufranzösischen *héron* geworden ist. Me. *heiroun*, ne. *heron* gehen auf das französische Wort zurück. Vgl. auch S. 199.

Die normale ahd. Namensform ist *heigaro* (auch in Ortsnamen *Haigrahe*, *Hegirbuoch*, *Hegirmos* bei Förstemann Altd. Namenbuch II, 698). Der Beleg *heikira* in den Schlettstädter Glossen ist zu spät, um als eine feminine Bildung gelten zu können; man hat darin nur eine graphische Variante von *heigaro* zu sehen. Schon in der angehenden mhd. Periode verschwindet die Namensform *heigaro* gänzlich und an die Stelle rückt die ursprünglich wohl auf mittel- und niederdeutsches Dialektgebiet beschränkte Form *reiger*. Die Lautform *Reigel* wird von Gesner Hist. avium (1555) S. 202 als schweizerisch angegeben. Heute kommt sie stellenweise auch im Elsaß[1] und als *Ragel* in Schwaben vor. Die Varianten *Greger* und *Gröger*, welche Frischbier Wb. I,

1 Martin-Lienhart II, 243.

254 aus dem Samland verzeichnet, sind vielleicht durch onomatopoietische Umbildung entstanden. Die heute in der Schriftsprache geltende Form *Reiher* beruht auf mitteld.-niederd. *Reier* (*Reer*), das aus *Reiger* entstanden ist (wie *Laie* aus *leige*). In der Schrift ist die Form *reier* seit dem 13. Jh. (cod. Admont. 759, 55b, Ahd. Gll. III, 22[24]; s. auch oben S. 377) nachweisbar.

Der Name *Heerganß*, den Gesner a. a. O. als Bezeichnung für den Reiher erwähnt und der bei Schwenkfeld Ther. Sil. (1603) S. 223 *Herrgans* geschrieben wird, ist eine Umbildung von ahd. *horgans* (d. h. Sumpfgans), s. S. 305.

Von den vielen Reiherarten, welche in Europa vorkommen, ist nur **der graue Reiher** (ardea cinerea) in Deutschland häufig; man findet ihn fast überall im Lande an den Flüssen und Teichen, besonders in den wasserreichen und niederen Gegenden von Norddeutschland. An vielen Orten ist er unter dem Namen *Fischreiher* bekannt[1], in Thüringen heißt er *Fischaar*[2], in Preußen *Scheißrekel*, *Scheißregel*[3] (*-reger*, *-rîgel*), in Mecklenburg *Schittrei*, *Schitterrei*, *Schüttrê(er)*[4]. — Ein elsässischer Ausdruck ist *Giriks*[5] (in Wittenheim); Martin und Lienhart verweisen auf schweiz. *Giriz* 'Möwe', aber ein direkter Zusammenhang zwischen diesen beiden Namen besteht kaum.

Die selteneren Reiherarten, **den Purpurreiher** (ardea purpurea), **den Silberreiher** (ardea alba, herodias alba) und **den Seidenreiher** (ardea garzetta, herodias garzetta), welche in den Donauniederungen heimisch sind, unterscheidet man meistens nur durch den erklärenden Farbennamen 'roter' oder 'weißer'. Für den in Schlesien nicht sehr seltenen Purpurreiher gibt Schwenkfeld Ther. Sil. (1603) S. 225 *Sandreger* als schlesischen Namen an.

Nachtreiher, nycticorax griseus, nycticorax nycticorax.

Ahd. nahthram: Sg. Nom. — *nahthram* nocticorax: cod. Vindob. 162, 35a. *nahthrā t nahtigala* corax: cod. Vindob. 162, 20a. *náhtrám*: Notker Boethius de cons. phil. 4, 33. *náhtram*: Notker Ps. 101, 7. *nahtram*: Notker WPs. 101, 7. 8. Versus de volucr. Clm. 14689

1 Vgl. z. B. Naumann-Hennicke VI, 203, Wb. d. Luxemburg. Mundart 116, Martin-Lienhart II, 243, Schiller Zum Tierbuche II, 15.

2 Hertel 57. — 3 Frischbier II, 264. — 4 Schiller a. a. O.

5 Martin-Lienhart I, 230.

f. 47 a. *nahtrā* corax: Phocae ars 425, 22: Clm. 19440, 229. corax: Gll. Salom. d: Clm. 23496, 3 a. *nachtrā*: cod. SGalli 299 p. 33. *nachtram*: Aldhelmi Aenigm. 257, 34: cod. SGalli 242, 29. *nahtrami*: cod. Selestad. f. 109 b. *nahtram*: Psalmen 101, 7: cod. Vindob. 2732, 61 a, Clm. 18140, 104 b, Clm. 19440, 294, cod. Gotwic. 103, 70 b, Clm. 4606, 120 b, Clm. 22201, 245 d, *nathram*: cod. Vindob. 2723, 53 b, Clm. 14689, 43 b, Clm. 22258, 110 b. Clm. 14689 f. 47 a. noctua uula. Eadem et nicticorax: Leviticus 11, 16: cod. Vatican. Pal. 288, 55 c, *nahtram*: cod. Carolsruh. SPetri 87, 63 b; noctuam. id est que nocte uolat. ł coruus marinus siue vuuila. uł alii uolunt. alii lusciniam esse id̄ est nahtagala. Nocturnus: cod. SGalli 295, 126. 127, cod. SPauli XXV d/82, 37 a, *natrfam*: cod. Vindob. 1761, 46 b, *nahtrama*: cod. Stuttg. th. et phil. 218, 13 c, *nahftraban*: cod. SGalli 9, 276. *nahtraban*: cod. Vatican. Reg. 1701, 2 b. *nat ram*: cod. Parisin. 9344 f. 42 b, *nathrauan*: cod. Berol. Ms. lat. 8° 73, 124 a, *naht rauan* noctua: cod. Guelpherbytan. Aug. 10. 3. 4° f. 89 a, *nahtrauan*: cod. sem. Trevir. f. 112 b. *nahrauan* noctua: cod. sem. Trevir. R. III. 13, 107 b. *nahtraben*: H. S. III, 17. *nahtrauen* pellicanus ł nocticorax: cod. Cheltenham. 7087, 144 a. *nactrafan*: Deuteronom. 14, 17: cod. Parisin. 2685 f. 51 b. *nahtrabo*: Versus de volucr. *nachtrabe*: cod. Vindob. 804 f. 185 b. *nathrabe*: Psalmen 101, 7: Clm. 13002, 224 b. — Dat. — (mit demo) *nahtrammo*: Notker WPs. 101, 8. — Akk. — *nah^{t}ram*: Deuteronom. 14, 17: cod. SGalli 295, 137. *nahtram* bubonem: Leviticus 11, 16: cod. Oxon. Jun. 25, 163 a. Notker Ps. 101, 7 (Glosse). noctuam: Anhang zum alten und neuen Testament: Leviticus 11, 16: Clm. 14747, 96 b; *nectr&*[1]: cod. Parisin. 2685, 50 b.

Der Ausdruck *nahtram* 'Nachtrabe' in den althochdeutschen Glossen ist eine mechanische Übersetzung des griech.-lat. Bibelwortes *nycticorax*[2]. Eine klare Vorstellung davon, welcher Vogel

1 l. *nectrefn*, vgl. noctua *necthraebn* Öhler 353 b (Steinmeyer).

2 Auch im Angelsächsischen ist *nihthræfn* (me. *nyghteraven*) ein Literaturwort, das von den Glossatoren geschaffen wurde, und mit anord. *nâtthrafn* wird es sich ähnlich verhalten. In Skandinavien hat sich an den Namen eine Legende geknüpft, wonach der Nachtrabe ein Gespenst ist, das in der Gestalt eines Gerippes durch die Nacht fliegt; er soll der Geist solcher Verstorbenen sein, welche ohne den rechten Glauben gestorben sind, vgl. Rietz Svenskt dialektlex. S. 463. Auch in Deutschland findet man *Nachtrabe* in ähnlichem Sinne, s. z. B. Schambach Wb. S. 141. Offenbar ist die Legende, die christliche Spuren trägt, im Anschluß an das Bibelwort entstanden. Und auf diesem Wege ist man wohl dazu gekommen, den Ziegenmelker, diesen geheimnisvollen Vogel, als *Nachtrabe* zu bezeichnen, vgl. dän. *natravn*, norweg. dial. und schwed. *nattramn* in dieser Bedeutung. In Deutschland ist der Name ebenfalls auf den Ziegenmelker bezogen.

damit gemeint ist, haben die deutschen Schreiber ebenso wenig gehabt wie die Interpretatoren des Bibeltextes. Vielfach dachte man an die Nachteule; so hat z. B. der Redakteur des Summarium Heinrici die Bibelglosse an die Eulenbenennungen angereiht. Notker ist unschlüssig, wie er das Wort nycticorax in den Psalmen 101, 7 interpretieren soll: "Fúre nicticoracem fernément súmeliche bubonem uel noctuam uel ónocrotalon, daz chit den húuuen alde diê hiûuuelun alde den hórotumbel". Doch ist er geneigt, die Deutung des Wortes als Rohrdommel für die richtige zu halten, denn in der Übersetzung von Boethius' De cons. phil. 4, 33 heißt es: "tîe der tág pléndet. tiu náht séhende getûot. also húuuen. únde húuuelâ. unde der náhtrám". Eine ähnliche Auffassung spiegelt sich auch in der Glossierung "pellicanus ł nocticorax" der Cheltenhamer Hs. 7087 wieder. Tatsächlich wird die Rohrdommel heute stellenweise *Nachtrabe* genannt. Frischbier Wb. II, 87 bezeugt das Wort in diesem Sinne für die Gegend am Drausensee, und das Luxemburgische Wörterbuch S. 308 gibt *Nuetsramm* f. ebenfalls mit dieser Bedeutung.

Gesner Hist. avium (1555) S. 602 bezieht den Namen *nycticorax* auf den Nachtreiher, dessen Abbildung auf der folgenden Seite gegeben wird. Selbst hat er allerdings diesen in Deutschland und der Schweiz seltenen Vogel nie gesehen, aber von seinen Straßburger Korrespondenten hat er erfahren, daß der Nachtreiher dort *Nachtram* und anderwärts *Nachtrab* heißt. Diese Angaben werden bestätigt von dem Straßburger Fischer Leonhard Baldner, welcher in seinem Vogelbuch (1666) S. 19 f. berichtet, daß er "einem *Nachtraben* zu gefallen" 4 Meilen gefahren sei und ihn auch gesehen habe "bey einem Wald bey Geißenheim im Brunnwaſſer". Daß die Vögel, die "inn den Wörthen" (Rheininseln) wohnen, nicht sehr gewöhnliche Erscheinungen waren, geht daraus hervor, daß Baldner nur dreimal (in den Jahren 1649, 1652 und 1674) geschossene Exemplare zu sehen bekommen. Es scheint, daß der Ausdruck *Nachtrabe* im Sinne von Nachtreiher nur auf gewisse Gegenden am Rhein beschränkt war und hier volkstümlich verwendet wurde. Die anderwärtigen Angaben des Wortes in diesem Sinne sind nicht selbständig. So stammen z. B. *Nacht Ram / Nacht Rabe* bei Schwenkfeld und Klein (1750) S. 123 aus Gesner; auch die ganze Schilderung des 'Nachtraben' bei Popowitsch (1780) S. 405 scheint im Anschluß an Gesner geschrieben worden zu sein. Der Name ist auf den Nachtreiher wegen des nächtlichen Lebens, vor allem aber wegen des rauhen rabenartigen Geschreis bezogen, das nach Naumann-Hennicke VI, 276 wie 'koau', bei jungen Vögeln oft wie 'kwüak' klingt. Vgl. auch S. 18.

Das eigentliche Verbreitungsgebiet des Nachtreihers in Europa bilden die südlichen und östlichen Länder. Auch in einigen östlichen Gegenden Deutschlands, namentlich in Schlesien, ist er noch verhältnismäßig häufig. Hier nennt ihn Schwenkfeld Ther. Sil. (1603) S. 226 mit dem volkstümlichen Dialektnamen *Focker / Focke* und erwähnt dabei ein in Schlesien übliches Sprichwort, welches von den drei charakteristischen Schopffedern des Vogels hergeholt ist: "Du biſt ein loſer Focke, Von dem nicht mehr als drey gutte Federlin kommen"[1]. Zu Schwenkfelds Zeiten nistete der Nachtreiher scharenweise in feuchten Gegenden "ad Viadrum, prope Steinam et Dubinum". Döbel Eröffn. Jägerpr. (1746) S. 47, der das häufige Vorkommen des *Focken* in Schlesien und an den Ungarischen Grenzen erwähnt, zählt ihn zur sog. hohen Jagd. Der schlesische Dialektname ist wohl ein Jägerwort, das zu ndd. *focken* 'flattern' (*Focke(r)* 'Blasbalg, Fächer') gehört und sich auf die drei langen flatternden Kopffedern des Nachtreihers bezieht. Vgl. Grimms Wb. III, 1864. Die späteren Ornithologen haben das Wort *Focke* aus Schwenkfeld übernommen; Adelung (1775) II, 232 gibt es im Gegensatz zu Döbel als Femininum.

Die quakende Stimme des Vogels hat ihm den Namen *Quakreiher*[2] verschafft; die entsprechenden slavischen Bezeichnungen, russ. *kvakva*, czech. *kvakva* usw., sind ebenfalls onomatopoietische Nachbildungen des Geschreis. — Von den übrigen reiherartigen Vögeln wird der Nachtreiher bei Schwenkfeld a. a. O. als *Ein Bundter Reger / Schildreger* (vgl. Schildspecht S. 34) unterschieden. Klein Hist. avium prodr. (1750) S. 123 hat den Namen *Nacht Reyger*.

1 Die Schopffedern des Nachtreihers werden besonders geschätzt, während die übrigen wertlos sind. — 2 Frischbier II, 196.

Rohrdommel, botaurus stellaris.

Ahd. horotûbil: Sg. Nom. — *horodubil* onocrotalus: Sophonias 2, 14: cod. SGalli 292, 64, cod. Carolsruh. SPetri 87, 70a; *horatupil*: cod. Vindob. 2723, 48b, cod. Vindob. 2732, 54b, Clm. 19440, 368, Clm. 18140, 203b, cod. Gotwic. 103, 59a, *hortubil*: Clm. 13002, 223a, Clm. 22201, 241e. *horo dūpil*: cod. Guelpherbyt. Aug. 10. 3. 4° f. 89a. *horatubil*: Clm. 14747 f. 63a. *horatupil*: Esaias 34, 11: cod. Vindob. 2723, 36b, cod. Vindob. 2732, 44a, Clm. 19440, 345, Clm. 18140, 144b. 190a, cod. Gotwic. 103, 56a, *hortubil*: Clm. 13002, 222a, Clm. 22201, 240c. Versus de volucribus. cretobolus: Gll. Salomon. a1. *hortubel* cretobolus: H. S. XI a 2, onocrotalus: a2. e. g. *horodumil*: Leviticus 11, 18: cod. Carolsruh. SPetri 87, 63b; *hordumel*: cod. Vatican. Pal. 288, 55c. *horadūmil*: cod. sem. Trevir. R. III. 13, 107b. *hortumil*: H. S. III, 17, *horoduchil*: XIb. *horotuchil*: cod. Vatican. Reg. 1701, 2b. *horituchil*: Clm. 14689 f. 47a. *hortuchil*: Versus de volucr. cretobolus: Gll. Salomon. a1. *horotrugis* ł felefora animal olori elbiz simile: Leviticus 11, 18: cod. Stuttgart. th. et phil. fol. 218, 13c. *horttrvgil*: cod. Selestad. f. 110a. *hortugel*: Versus de volucr.: Clm. 22213, 163a, *hortragil*: cod. Admont. 759, 55b (13. Jh.). — Akk. — *hórotumbel*: Notker Ps. 101, 7. *hortumbel*: Leviticus 11, 18: Clm. 22201, 238b, *horatupil*: cod. Vindob. 2723, 18b, cod. Vindob. 2732, 22b, Clm. 18140, 14a, cod. Gotwic. 103, 49b, *hortubil*: Clm. 13002, 219b, *horituchil*[1]: Clm. 14689, 38; *hórothúchil* bubonem búf[2]: Anhang zum alten und neuen Testament: Clm. 14747, 96b. — Sg. Nom. — *rors·e dumble* onocrotalus ...: Leviticus 11, 18: cod. SGalli 283, 483, *rosredumble*: cod. Carolsruh. Aug. CCXXXI, 11b; *rf oredumble*: cod. Guelpherbyt. Wiss. 29, 82a, *roredumb ple*: cod. mon. herem. 184, 298. *rofedumble*[3]: Deuteronom. 14, 18: cod. SGalli 296, 116. *roridūbil*[4] corcodrillus: cod. sem. Trevir. R. III. 13, 105a.

Zu den Reihern gehört auch die im Schilfe lebende Rohrdommel, deren Name bereits in der althochdeutschen Überlieferung in mehreren Varianten uns entgegentritt: *horotumil*, *horotumbil*, *horotûchil*, *horotûbil* und *roredumbil*.

In der Lautform *roredumble* ist die letztgenannte Variante

1 c auf Rasur (Steinmeyer).

2 *hórothúchil* wohl Glosse zu onocrotalum des folgenden Verses, wenn dies auch nochmals glossiert erscheint (Steinmeyer).

3 am Rande (Steinmeyer); die Bemerkung f = francice (*rofredumble*) ist hier in den Text eingetragen.

4 *horadūmil* glossiert unten onocrotalus; vielleicht standen in der Vorlage, aus der hier geschöpft ist (Lev. c. 11?), corcodrillus und onocrotalus neben einander (Steinmeyer).

aber nicht rein deutsch, sondern umgebildet aus der entsprechenden angelsächsischen Namensform *ráredumle*; wahrscheinlich lag dem deutschen Schreiber eine angelsächsische Vorlage vor. Aus dem 15. Jh. führen Diefenbachs Glossar. S. 396 b und Novum glossar. S. 271 a die Belegformen *rordum*, *rordum(p)t*, *rortrum*, *rordummer*, *rortrummer*, *rordrumbel*, *rordrummel* und die volksetymologisch umgedeutete Form *radmüll* 'Radmühle' an. Die meisten von diesen zahlreichen Belegen stammen aus mittel- und niederdeutschen Glossaren. Die mittelniederländische Namensform *rôsdommel* (jünger-mittelniederländ. *roesdommer*) bewahrt in dem ersten Kompositionsglied eine alte Nebenform des Wortes *Rohr* (aus **rauz-a*), die zu diesem im Verhältnis des grammatischen Wechsels steht. Am Mittelrhein ist sie im 16. Jh. durch Turner Avium hist. (1544) S. C 2 a bezeugt: "Germani pittourum et *roſdommum* nominant". Eber und Peucer Vocab. (1552) S. E 4 b haben *roſdam* aus Turner übernommen, das hinzugefügte *Rordummel* ist die Namensform ihrer sächsischen Heimat; daher denn auch *Rhordumel* bei Siber Gemma (1579) S. 43. Zahlreich sind die Varianten bei Gesner Hist. avium (1555) S. 210: "*Rortrum̃* / *Rordump* / — —, aliqui non *Rordump* / sed *Rordumpf* ſcribunt, alij *Rordum̃el* / Frisij *Reidom̃el* / alij corruptius *Roſdam*". In Schwenkfelds Ther. Sil. (1603) S. 225 wird von den Formen *Rohr Trumm* und *Rohr Drummel* die letztere als schlesisch bezeichnet. Hulsius (1624) VII, 75 hat *Rordommel*, Zehner Nomenclator 1645 Vorrede 1609 S. 232 *Rhordummel*, Hohberg Adel. Landleben (1687) II, 635 Kap. CXIII *Rohrdrommel* (nicht als österreichisches Wort), Reyger Verbess. Hist. der Vögel (1760) S. 129 *Rohrdommel*. Ein elsässisches Zeugnis für *Rohrdumel* liefert das Vogelbuch des Straßburger Fischers Baldner (1666) S. 17; heute verzeichnen Martin und Lienhart[1] *Rohrdummel* aus Illkirch (Mittelelsaß). In Niederdeutschland sind die mundartlichen Varianten besonders zahlreich: in Preußen *Rohrdrummel*, *Rohrdrump*, *Rohrdump*, *Radom*[2] f. (Samland), *Rohrpompe* (Reyger a. a. O.), in Mecklenburg *Rûrdump*, *Rûrdunk*, *Redùmp*[3], in Lübeck *Roddump*[4], im Hamburg.

1 Wb. d. elsäss. Mundart II, 684. — 2 Frischbier II, 209. 231.
3 Schiller Zum Tierbuche II, 14 u. Korrespondenzbl. f. ndd. Sprachf. XVI, 84. — 4 Korrespondenzbl. f. ndd. Sprachf. XVI, 83.

Vierlande *Rodump*[1], in Altmark *Rodúmp*[2], in Göttingen und Grubenhagen *Rârdúm*, *Rôrdúm*, *Rârigdúm*[3], im Münsterlande *Rohrdommel*, *Rohrdom*, *Rohrdomp*[4], ostfries. *Rôrdump* und *Reitdump*[5] (zu *Reid* 'Schilf'). Dän. *rørdrum* und schwed. *rördrum* stammen aus dem Niederdeutschen. — Der zweite Bestandteil des zusammengesetzten Namens, der in so vielen Varianten vorkommt, ist ursprünglich ein lautbildendes Wort. Es beruht auf dem dumpfen Paarungsruf, den die Rohrdommel des Nachts erschallen läßt und der so kräftig tönt, daß er in einer Entfernung von einer halben Meile noch vernehmbar sein soll[6]. Voigt Excursionsbuch S. 215 umschreibt das Geschrei der großen Rohrdommel mit "ü ü prumb — ü prumb — ü prumb", und damit deckt sich fast vollständig die mundartliche Benennung *Iprump* m., welche Schütze Holst. Id. (Korrespondenzbl. f. ndd. Sprachf. XVII, 4) und Frischbier Preuß. Wb. I, 312 verzeichnen; in dem Osnabrücker Dialekt kommt die Form *Ikrum*[7] vor. Ähnliche onomatopoietische Ausdrücke für den Vogel sind engl. dial. *bumble*, *bogdrum*, *bottlebump*, *butterbump*[8], ital. *trombone* u. a.

Als älteste Lautform des zweiten Kompositionsgliedes sind *dum* und dessen Ableitung *dum-il-* zu betrachten. Die Variante *-tumb(il)* konnte natürlich leicht im Anschluß an *tumb* 'dumm' gebildet werden. Schwer zu entscheiden ist, ob das erste Kompositionsglied als *rôr* 'Rohr' ursprünglich ist oder ob der angelsächsische Name *râredumbla*, *-e* (= mnd. *râredump*), welcher mit *rârian* (= mnd. *râren*) 'brüllen' im Zusammenhang steht, eine ältere Gestalt repräsentiert. Übrigens ist die Frage von keinem besonderen Belang, da die Veranlassung zur Umdeutung nahe zur Hand lag und die beiden Varianten jedenfalls schon früh als mundartliche Namensformen bestanden haben.

Ursprünglich scheint der Name *Rohrdommel* mit den oben

---

1 Schiller Zum Tierbuche II, 14 und Korrespondenzbl. f. ndd. Sprachf. XVII, 4. — 2 Danneil 174. — 3 Schambach 168.

4 Schiller Zum Tierbuche II, 14 u. Korrespondenzbl. f. ndd. Sprachf. XVI, 84. — 5 Jb. f. ndd. Sprachf. XI, 113.

6 Martin Naturgeschichte I, 2, 560 erklärt die Entstehung des Tones daraus, daß der Vogel den Hals voll Wasser saugt und es dann wieder ausspeit. — 7 Schiller Zum Tierbuche II, 14.

8 Swainson The Folklore S. 146.

angeführten Varianten in Nieder- und Mitteldeutschland heimisch gewesen zu sein. Von dorther hat er wohl erst in neuerer Zeit durch die Bibelübersetzung Luthers und die Schriftsprache sich weiter verbreitet.

In Süddeutschland galten in älterer Zeit zusammengesetzte Namen, die ahd. *horo* 'Schlamm' als erstes Glied haben. Von diesen stimmen *horotumbil* und *horotumil* inbezug auf den zweiten Bestandteil mit den mittel- und norddeutschen Benennungen überein, an welche sie sich als mundartliche Varianten anschließen. Ahd. *horotûhhil* scheint eine alte Umdeutung von *horotum(b)il* zu sein; man knüpfte wohl hierbei an den Begriff 'tauchen' an. Als primäre Bildung kann diese Namensform nicht betrachtet werden, da die Rohrdommeln keine Taucher sind. Aus der Glosse *hortûbil* in den Versus de volucribus haben einige Schreiber des 14./15. Jhs., die das Wort nicht verstanden, *horntaube* gemacht. Aber noch im 16. Jh. war *Hortybil*, wie man von Gesner a. a. O. erfährt, in der Augsburger Gegend geläufig. Das schweizerische Synonymon *Harvogel* [1] ist aus ahd. **horovogel* (d. h. Sumpfvogel) entstanden.

Aus Niederdeutschland kennt Gesner a. a. O. die Namen *Domphorn* und *Dompshorn*. Junius, der im Nomenclator (1581) S. 54b die Worte aus Gesner abschreibt, bezeichnet *Domphoren* als niederländisch. Möglicherweise sind es primäre Bildungen, die auf dem Vergleich des Naturlautes mit einem Trompetenstoß beruhen. Aber andererseits drängt sich der Gedanke auf, daß in *Domphorn* eine alte Umgestaltung von *Hordump* vorliegt, vgl. westfäl. *Kelwitte* für *Witkele*, mitteld. *Zâlrêdchen* für *Rodzêlchen* usw.

An der Stelle der alten Bildungen, welche mit dem ahd. Worte *horo* in neuerer Zeit verschwunden sind, findet man in süddeutschen Quellen eine Anzahl Dialektnamen, die aus der brüllenden Stimme des Vogels hergeholt sind.

Aus Glossaren des 15. Jhs. belegt Diefenbachs Glossar. S. 396c die Namen *moßkalb* und *mosvogel*, von denen jener heute in der Schweiz [2], dieser in Steiermark [3] üblich ist. An diese

1 Staub-Tobler I, 694. — 2 Staub-Tobler VI, 1029.
3 Unger-Khull 465.

schließen sich *Moßochs* und *Moßkû* (*Maßkû*), *Vrrind*, *Merrind* (aus **Morrind*) und *Lo(r)rind* bei Gesner Hist. avium (1555) S. 209 an. Das letzterwähnte Synonymon, welches in der älteren schweizerischen Literatur öfters belegt ist[1], wird von Gesner a. a. O. richtig mit *lúyen* (ahd. *hluoen*) 'brüllen' ("quasi ein lůyend rind") zusammengestellt. Andere in den schweizerischen Mundarten vorkommende Ausdrücke sind *Rôrchue*, *Rôrmuni* (d. h. Rohrstier), *Chuevogel*[1]. Der von Gesner angeführte Name *Moßkû* findet sich auch als *Môsku* in Sibers Gemma (1579) S. 43, als *Moßkûh* bei Hohberg Adel. Land-Leben (1687) II, 635 Kap. CXII und in Spangenbergs Gansköníg V. 129; noch heute ist er in Baiern[2] und Steiermark[3] geläufig. Aus Sachsen nennt Gesner den Dialektnamen *Wafferochs*, der in schwäb. *Brellochs*[4] eine Parallele hat. Als württembergisch bezeichnet er den Ausdruck *Moßreigel*, doch gilt dieser auch in Österreich, vgl. Hohberg a. a. O.: "bißweilen gibt es auch [in Österreich] *Moßraiger*".

Andere Varianten sind *Rorreigel* (bei Gesner a. a. O.), *Bummreigel*[1] in der Schweiz, *Rorstorck* in der Übersetzung der Bücher Plinii (1651) S. 556.

Aus Österreich führt Gesner das Synonymon *Erdbüll* an, das zu bair. *büllen* (mhd. *büllen*) 'brüllen' gehört. Die Glosse *muspel*[5] im Vocab. theuton. (1482) ist offenbar eine Variante davon und als *mos-pill* 'Moosbrüller' zu verstehen. Eine dritte Variante ist *Rohrbrüller* bei Popowitsch Versuch (1780) S. 471.

Ob mit mhd. *rôrphose* im Heiligen Namenbuch von Konrad Dangkrotzheim V. 145 die Rohrdommel oder ein anderer im Rohr lebender Vogel gemeint ist, muß dahingestellt bleiben; jedenfalls ist damit nicht — wie Lexer Mhd. Wb. II, 488 vermutet — der Storch gemeint. Der Vogelname, welcher im Elsaß noch einmal durch das Strassburg. Vogelb. (1554) V. 630 als *Rhorpfuß* bezeugt ist, ist offenbar in seinem zweiten Kompositionsteil eine Ableitung vom elsäss. Verbum *pfusen* 'zischen'.

Turner Avium hist. (1544) S. C 2a benennt die Rohrdommel mit dem Namen *Pittouer*. Das Wort, welches im Niederländischen

1 Staub-Tobler VI, 1029 f. — 2 Schmeller-Frommann I, 1673.
3 Unger-Khull 465. — 4 Fischer I, 1394.
5 Diefenbach Glossar. S. 396c.

als *butoor*, *pitoor* (bei Junius Nomenclator (1581) S. 54b *Puttoir*) vorhanden ist, ist entlehnt aus frz. *butor* (mittellat. *butorius* bei Albertus Magnus De animalibus S. U 7b). Dem frz. Namen, der auch die Quelle für me. *bitor* (älter *butor*), ne. *bittern* ist, liegt eine vulgärlat. Bildung *bo*(*s*)-*taurus* zugrunde, vgl. auch frz. dial. *bœuf de marais*, *bœuf d'eau*, *taureau d'étang*[1] usw. — Auffällig ist *Pickart* als Bezeichnung für die Rohrdommel bei Eber und Peucer Vocab. (1552) S. F 5a.

In Preußen heißt die **Zwergrohrdommel** (botaurus minuta, ardella minuta) *Grock* oder *Groch*[2].

XII. Ruderfüßer, Steganopodes.

Pelikane, Pelecanidae.

Pelikan, pelecanus onocrotalus.

Ahd. sisagomo: Sg. Nom. — *sisagomo* pellicanus: Psalmen 101, 7: Clm. 18140, 104b, cod. Vindob. 2723, 53b, cod. Gotwic. 103, 70b, *sisagŏmo*: Clm. 22201, 245d, *sisigomo*: Clm. 14689, 43b; *sisegomo*: cod. Carolsruh. SPetri 87, 73b. *sisagomo*: cod. Selestad. f. 109b. *sisigoumo*: Clm. 14689 f. 47a. *hisigomo*: cod. SGalli 299 p. 33. Cassianus Inst. XII, 8 p. 436 (Psalmen 101, 7): cod. Selestad. f. 69b. *husigomo*: cod. Florentin. XVI, 5, 141a (13. Jh.). *husigov̂*: cod. Vatican. Reg. 1701, 2b. *sisigŏm* (*sisigom*, *sisigam*, *sisegovm*, *fisgom*): Versus de volucr.: 5 Hss. 12. 14. 12. 13. 13. Jh., *ysigŏm*: 2 Hss. 12. Jh., *vsigům*: 1 Hs. 12. Jh., *hisigom*: 2 Hss. 11./12. 12. Jh., *hosigeme* (*huosigom*, *hvsigŏm*): 3 Hss. 14. 12. 14. Jh., *wisigovm* (*wisgavm*, *wisegamo*, *wisegům*, *wisgŏm*, *wisigo*, *wisegov*, *wisgo*): 7 Hss. 14. 14. 15. 13./14. 12. 13. 13. 14. Jh. *hůsegŏm*: H. S. III, 17: 3 Hss. 12. 12. 15. Jh., *sisegŏm*: 1 Hs. 12. Jh., *sisesisegoū*: 1 Hs. 12. Jh., *sisegomo*: 1 Hs. 13. Jh., *sisegeuomo*: 1 Hs. 13. Jh., *husegomo*: XIa2: 2 Hss. 12. Jh., *hisgv̊me*: 1 Hs. 13. Jh., *sisegomo*: b: 2 Hss. 12. 13./14. Jh., *hisigomo*: d: 1 Hs. 13. Jh., *hisigŏm*: g: 3 Hss. 12. Jh. *sisegůmo*: cod. Oxon. Jun. 83, 4 (13. Jh.). *sisegoh*: cod. Oenipontan. 711, 30b. *bisagome*: Clm. 14584 f. 118a (14. Jh.). — Dat. — *sisagomin*[3]: Psalmen 101, 7: Clm. 19440, 294, cod. Vindob. 2732, 61a.

Es herrschten unter den Gelehrten des Mittelalters und der früheren Neuzeit verschiedene Meinungen darüber, welcher Vogel der *pelicanus* (griech. πελεκᾶνος) gewesen sei. Vorzugsweise

1 Rolland Faune populaire II, 376.

2 Frischbier I, 254. — 3 *in* auf Rasur (Steinmeyer).

dachte man an den Pelikan (pelecanus onocrotalus) oder an die Löffelgans (platalea leucorodia).

Wie viele andere Tiere, so war auch der Pelikan in der christlichen Zeit zum Symbol Christi geworden. Die Legende der Alten, daß der Vogel die eigene Brust aufreiße, um mit dem Blute seine Jungen zu erfrischen, wurde auf den Heiland angepaßt und in verschiedenen Versionen erzählt. Auch die Malerei hat das Thema von dem sich selbst verwundenden Pelikan oft verwertet. Die Darstellungen dieses Motivs zeigen aber weder den Pelikan noch die Löffelgans, sondern einen Raubvogel mit krummem Schnabel.

Es ist schwer zu entscheiden, ob das ahd. Wort *sisigomo*, mit welchem *pellicanus* in den Glossen übersetzt wird, sich auf den sagenhaften Vogel bezieht oder eine Bezeichnung für die Löffelgans oder den gemeinen Pelikan ist. Der Name, der in den Varianten *sisagomo*, *hisigomo* und *husigomo* vorliegt, ist vollständig dunkel. Am ehesten möchte man darin ein umgestaltetes lat.-griech. Wort von dem Typus des ags. *feolufer* (< *porphyrio*) vermuten, aber die Tiernamen im Leviticus und Deuteronomium des Vulgatatextes bieten für eine solche Annahme keinen Anhalt. Es scheint, daß man für die Erklärung des Namens, welcher an den Komposita auf *-gomo* (*brûtigomo*, *triutigomo*) eine Stütze gefunden hat, von der Variante *hisigomo* ausgehen müßte[1]. Der Ausdruck, der noch in den Windberger Psalmen auftaucht, verschwindet dann spurlos; die zahlreichen Umgestaltungen in den Handschriften beweisen, daß hier ein Wort abgeschrieben wurde, das im lebendigen Sprachgebrauch keine Entsprechung hatte.

In Deutschland ist der Pelikan ein äußerst seltener Vogel. Nur ab und zu ist es vorgekommen, daß er sich — wahrscheinlich von Ungarn her — nach Deutschland oder der Schweiz verflogen hat. Von einem solchen Fall erzählt die österreichische Reimchronik, welche berichtet, daß im Jahre 1309 seltsame Vögel sich in Steiermark niedergelassen hätten und dort *Unvogel* ge-

1 Das Kompositum könnte als zweites Glied ahd. *goumo*, *guomo* 'Gaumen' enthalten und eine Benennung derselben Art sein wie die Synonyma *Sackgans*, *Kropfvogel* oder *Vielfras*, s. unten S. 391.

nannt worden seien; aus der Beschreibung V. 96163 ff. geht deutlich hervor, daß es Pelikane waren. Der Ausdruck *Unvogel*, den Seemüller[1] aus dem verdorbenen Texte *vnd vogel* richtig hergestellt hat, begegnet schon im 13. Jh. im Jüngling Konrads von Haslau V. 263 (: gogel)[2]. Ein Beleg aus dem 14. Jh. ist *inuogel* = fulica in cod. Vindob. 1325 (Versus de volucribus) Ahd. Gll. III, 29[62]. Gesner, der in Hist. avium (1555) S. 606 den Namen *Onvogel* schreibt, gibt ihn als österreichisches Dialektwort an. Junius Nomenclator (1581) S. 58 b und Schwenkfeld Ther. Sil. (1603) S. 311 (*Ohnvogel*) haben den Namen aus Gesner abgeschrieben. — In den Wörterbüchern und anderen Werken des 16./17. und 18. Jhs. erscheint der Name entweder als *Unvogel* oder als *Onvogel* geschrieben: im Lexicon Rihelii v. J. 1590 "onocrotalus *eyn vnuogel*[3] in Oesterreich genannt", bei Comenius Sprachenthür (§ 151) v. J. 1638 *Unvogel*, in der Übersetzung der Bücher Plinii v. J. 1651 S. 585 "Antonius Nebrissensis: Der *Onvogel* füllet seinen Kropff mit Wasser", im Lat.-böhm. und deutschen Wb. (Prag) v. J. 1723 *Ohnvogel*[4] usw. Daß der Name am Ende des 18. Jhs. in Österreich nicht mehr üblich war, sieht man aus Popowitsch Versuch (1780) S. 296: "*Ohnvogel* hieß er vormals in Oesterreich". Bei Staub-Tobler Id. I, 693 und Grimm Wb. VII, 1224 wird die Lautform *Ohnvogel* für die ursprüngliche gehalten und für eine Umdeutung des lat.-griech. *onocrotalus* erklärt; bereits bei Frisch Teutsch-lat. Wb. (1741) II, 31 c findet man dieselbe Behauptung ausgesprochen. Diese Annahme ist jedoch nicht richtig. Die ältesten Zeugnisse des Namens deuten darauf, daß *Unvogel* kein gelehrtes Wort, sondern ein volkstümlicher Ausdruck war. Gesner wird das Richtige getroffen haben mit seiner Erklärung, daß der Vogel wegen der auffälligen und von dem Gewohnten abweichenden Art den Namen bekommen habe, wie man ja einen Menschen auch Unmenschen nenne. Die Divergenz in der Schreibung des Wortes erklärt sich aus der Vermischung von *un-* und *ohn-*, die seit dem 15. Jh.[5] häufig stattfindet.

---

1 Zs. f. d. A. XXXVI, 54. — 2 Zs. f. d. A. VIII, 558.
3 Diefenbach Glossar. S. 396 c.
4 Diefenbach Novum glossar. S. 271 b. 272 a. — 5 Vgl. Paul Wb.² S. 393.

Ein anderer volkstümlicher Ausdruck für den Pelikan ist *Meergans* (d. h. überseeische Gans) bei Gesner a. a. O. (vgl. Meerhäher S. 16). Das Synonymon *Schneeganß*, welches Gesner nach Agricola[1] erwähnt, findet er wegen der Mehrdeutigkeit unzweckmäßig. Viele Benennungen für den Pelikan, die in der älteren Literatur begegnen, sind nur gelehrte Erfindungen der Ornithologen. So z. B. *Kropffuogel* und *Eſelſchryer* („possent etiam fingi nomina" — —) bei Gesner und nach ihm bei Schwenkfeld a. a. O., *Kropffvogel* in der Übersetzung der Bücher Plinii (1651) S. 585 und in Spangenbergs Gansköniq (S. 14) V. 130. Den Ausdruck *Sackgans* führt zuerst Schwenkfeld an, ebenso wie den Namen *Vielfras*. Popowitsch Versuch (1780) S. 296 findet jenen sehr geschickt, zieht aber diesem eine von Halle gebrauchte Zusammensetzung *Waſſervielfraß* vor. Nach Popowitsch wird der Pelikan in Sachsen und im Lande ob der Enns *Kropfgans* genannt, in Österreich und Steiermark wieder *Nimmerſatt*. Dieser Name kommt schon in Simperts Diarium v. J. 1701 S. 37, dann in Ludwigs Deutsch.-engl. Wb. (1716) vor. Klein Hist. av. prodr. (1750) S. 127 bezieht ihn auf den roten Löffler (platalea rosea).

Derartige Namen wie *Nimmersatt* usw. sind offenbar für gezähmte Pelikane erfunden, die in fürstlichen Vogelhöfen gehalten und gezeigt wurden. Berichte von gezähmten Pelikanen findet man öfters in der älteren ornithologischen Literatur. Willughby Ornithologia (1676) S. 246 erzählt, daß er im Kgl. Jakobs-Vogelgarten in der Nähe von Westminster einen Pelikan gesehen und daß die vom Russischen Kaiser zum König von England geschickten Boten unter anderen Geschenken auch zwei Pelikane mitbrachten. Auch der Herzog von Baiern soll — wie Willughby erfahren hat — an seinem Hof einen in der Donau gefangenen Vogel gehabt haben, der dort 40 Jahre lebte. Vgl. auch Frisch Vorstellung der Vögel (1763) XI, B 4 b.

Eine Bezeichnung für den gezähmten Pelikan ist auch der im 16. Jh. vorkommende Ausdruck *Vogel Hein*, welcher anläßlich einer Umfrage im Urquell (Zeitschrift für Volkskunde) 1907 S. 304 mehrere falsche Deutungen veranlaßt hat. A. a. O. zitiert Branky eine im Mecklenburgischen Archive befindliche Quittung

1 De animantibus subterraneis (1549) S. 3 a: onocrotalus *Schneegans*.

des Malers Simon Huene zu Güstrow vom 14. April 1594, worin der Empfang von 2 fl. 8 szl. für "2 Laken, darauf der *Vogel Hein* gemalet, der auf Wackerbart seinen Diech geschossen", bestätigt wird. Ein anderes von Branky angeführtes Zeugnis für den *Vogel Hein* stammt aus der Stadt Mecheln und findet sich in den Denkwürdigkeiten Bartholomäus Sastrows II. Teil, 10 Bd., 11 Kap., S. 625/26: "Dessgleichen habe ich gesehen *Vogel Heinen*, wovon man sagt, dass er, wenn der Keyser Maximilianus primus, des yetzigen Keysers Vranherr, hatt wollen uorreissen, allewege zeitlich an den Ort geflogen, dahin der Keyser auf den abend ankommen werde; der Keyser hatt jme so viell vormacht, das er die Zeit seines Lebendts Wartung und Underhalt, die fraw, so auf ihn wartete, freye Wohnung und Feurung hatte. Dan er war zu der Zeit alt vnd kael das er stets ein warmb stuben haben, vnd wer ine sehen wollte, der frawe etwas geben mohte, also seinetwegen ein gut Lohn hatte".

Daß mit dem *Vogel Hein* der Pelikan gemeint ist, kann man aus Gesner Historia avium (1555) sehen. Er erzählt hier, daß in der Stadt Mecheln seit fünfzig Jahren ein zahmer Pelikan genährt wird, den man dort *Vogelheine* oder *Vogelhain* nenne. Gesner beruft sich hierbei auf seine Freunde Turner und Culmannus Oppingensis, welche es ihm brieflich mitgeteilt haben. Aus der Hist. avium hat Junius Nomenclator (1581) S. 58b die Namen *Vogelhaine* / *Vogelheyn* abgeschrieben und bezeichnet sie als niederländische Ausdrücke. In den ornithologischen Werken der folgenden Jahrhunderte wird der Name dann immer weiter geschrieben. Der Name *Hein* erklärt sich ganz einfach als die Koseform des Personennamens *Heinrich*; er wird in Niederdeutschland stellenweise auch für den Storch verwendet. Offenbar hatte gerade der in Mecheln sich befindende zahme Pelikan den Namen *Hein* erhalten. Im Laufe der Zeit bildeten sich von dem seltsamen Vogel allerlei Sagen, wie man aus dem Bericht Sastrows ersieht[1]. Durch die ornithologische Literatur, die auf Gesners Hist. avium fußte, wurde der Name des

1 Der Vogel hatte wohl wirklich dem Kaiser Maximilian gehört; dazu stimmt ja auch die Zeitangabe bei Gesner. An fürstlichen Höfen wurden öfters Pelikane gehalten, s. oben S. 391.

gezähmten Pelikans weiter bekannt, und so begreift es sich, daß im Jahre 1594 ein zufällig in Mecklenburg erlegter Vogel ebenfalls *Vogelhein* genannt wird. Der erklärende Zusatz *Vogel* ist öfters vor Namen fremder Vögel zu finden, vgl. *Vogel Strauß*, *Vogel Greif* usw. (S. 224), auch *Vogel Pelikan.*

Das aus lat.-griech. *pellicanus* stammende Wort *Pelikan* ist in dem 14. Jh. in den Versus de volucribus (Ahd. Gll. III, 27 [39]) als *pellican* belegt; westfäl. *Vogel Pillekan* (Woeste S. 198).

Scharbe, graculus carbo, phalacrocorax carbo.

Ahd. scarva: Sg. Nom. — *skarua* mergulus: Leviticus 11, 17: cod. Carolsruh. Aug. IC f. 86a. *scarva*: Aldhelm. de laud. virg. 142, 17: cod. Turic. C 59, 6b, cod. SGalli 242, 60. cod. SGalli 299 p. 33. Vergil. A. V. 128: Clm. 18059, 194d. ibis: Prudentius P. Rom. 258: cod. Pragens. VII H. 4, 31b; *scariua* auis egipciaca ł steingeiz ibis: Clm. 14395, 66b, cod. Parisin. nouv. acquis. 241, 66a. *scárba*: Notker Ps. 101, 7. *scarba*: Notker WPs. 101, 7. H. S. III, 17. XIe. *scarbœ* locuncula. i. genus auis in paludibus: cod. Wirziburg. Mp. th. 4⁰ 60 f. 106 a. *scariuo* ibin: cod. Vatic. Reg. 1701, 2b. *scarbo*: H. S. XIg. fulica: Versus de volucr.: cod. Admont. 106, cod. Admont. 476. *scaruo* ibin: Anhang zum alten und neuen Testament: Leviticus 11, 17: Clm. 14747, 96b; *tuchari. ł scarabo* mergulus: cod. Fuld. Aa 2, 43a, *tuchari. ł. carabo*: cod. Carolsruh. Aug. CCXLVIII, 106b; *scereuo* ibin: Clm. 13002, 219b, *scereue*: Clm. 22201, 238b. *scarue* ibis: Gll. Salomon. a1, *scarui*: d: Clm. 23496, 5b. — Akk. — *scarua* meridiana pars ibices aues uocant quę nili fluentis inhabitant et semetipsas purgant. rostris snapalûn ( ) Ibin: Job 39, 1: Clm. 19440, 136. Leviticus 11, 17: cod. Oxon. Jun. 25 f. 98a; *scariva* ibin: Clm. 18140, 14a, *scariua*: cod. Vindob. 2723, 18b, cod. Vindob. 2732, 22b. ibin: Clm. 14689 f. 47a. — Pl. Dat. — *scarbon*: Vergilius A. V, 128: cod. Tridentin. 1660, 87a.

Das Wort *Scharbe* ist ein gemeingermanischer Vogelname. Den althochdeutschen Namensformen *scarva* : *scarba*, welche durch grammatischen Wechsel mit einander verbunden sind, entspricht im Angelsächsischen die durch Lautversetzung entstandene Form *scræb* und im Altnordischen *skarfr* (dän. *skarv*, schwed. dial. *skarf*). Bei Falk und Torp Et. ordb. II, 173f. wird german. **scarƀ-a(n)*, **scarƀ-ô* zur idg. Wurzel **skerep* 'einen schnarrenden Laut hervorbringen' (anord. *skrafa* 'plaudern, reden', schwed. *skrafla* 'einen rasselnden Laut hervorbringen', ags. *scearfian* 'kratzen' usw.) geführt. Die Scharbe hat also ihren Namen von den krächzenden rabenartigen Lauten erhalten, welche auch bei der Bildung anderer Synonyma, wie engl. *sea-crow*, norweg. *søeravn*, frz. *cormoran* (< *corvus marinus*), mitgewirkt haben; für diese Namen kommt natürlich auch die schwarze Farbe des Vogels in Betracht.

Dem niederdeutsch-niederländischen Sprachgebiet fehlt die zu erwartende Namensform *scarva*; dafür finden sich hier die anklingenden mnd. *scholver*, *schulver*, nndl. *scholver*[1] (*scholferd*), *schollevaar*, fries. *skolfer*[2], welche mit dem angelsächsischen Worte *scealfor*, *scealfra* zusammenhängen. Franck Et. Wb. S. 854, Vercoullie Et. Wb. S. 254 trennen diese Wortgruppe von den hochdeutschen Namensformen und erklären sie aus ags. *scelfan* 'untertauchen' (ndl. *scholpen* 'plätschern'). Aber das herangezogene angelsächsische Verbum dürfte tatsächlich nicht existieren, sondern scheint nach Leo Angelsächs. Glossar S. 247 fälschlich angesetzt zu werden. Richtig ist wohl die Annahme von Kluge[3], daß ags. *scealfor* mit ahd. *scarba* in Verbindung steht und aus einer erweiterten Form **scarƀar-* durch Dissimilation hervorgegangen ist. Für die Richtigkeit dieser Deutung spricht nämlich die Dialektform *Skôarwer*[4] auf Helgoland, in welcher die Zwischenstufe **scarbar-* erhalten ist. Die dem angelsächsischen Worte entsprechende Lautform auf dem Kontinent ist ndd. *Scalver* (bei Gesner Hist. avium S. 131 und Frisch Vorstellung der Vögel (1763) XI, C 1 b), das schon im 12. Jh. in der Glosse *scaluaron* mergis cod. Cheltenham. 7087, 144 a bezeugt ist. Damit stehen mnd. *scholver*, *schulver* im Ablautsverhältnis. Vielleicht ist die undissimilierte Stufe dieser niederdeutschen Lautformen in dem anord. Vogelnamen *skurfir* vorhanden, der unter den Glossen der Snorra-Edda steht.

Die Kormoranscharbe ist die einzige Art der Scharben, die in Deutschland vorkommt. Nach den Angaben bei Naumann-Hennicke XI, 55 f. ist sie in den östlichen und nördlichen Teilen des Landes erst in neueren Zeiten bekannter geworden, in den

1 *Scholuer* bei Junius Nomenclator (1581) S. 55 a.

2 Dijkstra Wb. III, 119.

3 An English Miscellany presented to Dr. Furnivall in honour of his 75th birthday S. 199. — 4 Frommann D. Mundarten III, 33.

südwestlichen und mittleren Teilen sowie in der Schweiz findet man sie sehr selten. Zur Zeit Notkers war dies wohl nicht der Fall, wie man aus einer Bemerkung in der Psalmenübersetzung vielleicht schließen darf: "daz er [pellicanus] nîeht des neferdéuue des er ferslindet. nîeht mêr danne hîer in dísen sêuuen *diû scárba*". Dieselbe Anschauung, welche in den Worten Notkers zutage tritt, findet sich auch in dem Verse (IV, 6) des Traugemundsliedes aus dem 14. Jh.: "*der scharbe* ist âne magen" (Müllenhoff-Scherer Denkmäler I, 193). Im 16. Jh. berichtet Gesner Hist. avium S. 131 ff., daß die Scharben im Herbst an die schweizerischen Seen zu kommen pflegen und daß ihre Ankunft ein Vorzeichen strenger Kälte sein soll; man nenne sie in der Schweiz *Scharb* oder *Netzescharb.* Auch das Strassburg. Vogelb. v. J. 1554 V. 345 verzeichnet *Scharb* unter den Wasservögeln. Baldner Vogelb. (1666) S. 13 verwendet die auf ahd. *scarva* beruhende Parallel-Form: "Ein *Scharf(f)* ist bey uns unbekant, und gibt deren nicht viel". Heute ist die Namensform im Elsaß ausgestorben[1]. Auf bairisch-fränkischem Gebiet ist der Name in der Pluralform *Scherbn* bei H. Sachs Der unglückhaftig Pirser (1555) IV, 286, 16 bezeugt.

In der ornithologischen Literatur der letzten Jahrhunderte werden neben den niederdeutsch-niederländischen Namensformen manchmal recht auffällige Varianten zitiert. So nennt Gesner a. a. O. neben *Scalueren* (in Stettin *Schulueren*) auch *Schalucheren*, *Scholucheren* und *Scolucherez*, *Schaluchhorn*; daher bei Schwenkfeld Ther. Sil. (1603) S. 246 *Schaluchhorn.* Die Quelle, aus welcher diese Formen geschöpft sind, ist Albertus Magnus De animalibus S. Y 2 b, wo der Name *ſcoluchere͂* angeführt wird. Da der Druck des deutschen Textes bei Albertus sehr oft schlecht ist, müßte man, um diese Namensform als zuverlässig betrachten zu können, eine Bestätigung derselben haben, aber es fehlt an selbständigen Zeugnissen. Fischart, der im Gargantua S. 237 a *Scholucher* erwähnt, hat diesen Namen ebenso wie viele andere a. a. O. genannte Vogelnamen offenbar durch die Lektüre gelehrter Literatur kennen lernen. Zu streichen ist die Variante *ſcolucherez*, welche bis in die neueste Zeit aus Albertus weitergeschleppt ist.

1 Martin-Lienhart II, 432.

Sie stammt nämlich aus Drucken, die *eʒ* als Zeichen für die Endung *en* haben.

Ein Name der Scharbe steckt in der althochdeutschen Glosse *alacra*: Sg. Nom. — *alacra* onocrotalus: cod. Parisin. 12269 f. 58b. *dof : hfugal ut alaf:cra . ut tuf: heri* mergulus nigra auis mergit se sub aqua pisces querere: Leviticus 11, 17: cod. SGalli 283, 483, cod. Carolsruh. Aug. CCXXXI, 11b; *dohfufgal. uel alafcra. ut tuheri*: cod. Guelpherbytan. Wiss. 29, 81b. 82a, *doh fu : gal. t alacra t tuhheri*: cod. Vindob. 1042, 130a, cod. mon. herem. 184, 297, Clm. 6227, 49b, Clm. 18528, 1, 73a, *tuhfogal t. alač. t tuhheri*: Clm. 5116, 80a; *dobʰfugal t. alacra. t tuhhari*: Clm. 18140, 14a.

Die von Bruinier KZ. XXXIV, 361 aufgestellte und von Walde Lat. et. Wb. S. 17 s. v. alcedo u. a. angenommene Etymologie, wonach das althochdeutsche Wort mit lat. *alcedo* 'Eisvogel' urverwandt wäre und mit altind. *arcati* 'strahlt' usw. als 'Schillervogel' zu verknüpfen sei (s. S. 195), ist nicht richtig. Der deutsche Vogelname ist nämlich ein internes Kompositum *âla-crâ*[1] und bedeutet 'Aalkrähe'. Damit stimmen überein dän. *aalekrage*[2], norweg. *aalekraake*, schwed. *ålkråka* (*ålkrok*); andere Synonyma derselben Art sind *Aelgüß* (= Aalgans) aus Niederdeutschland bei Gesner Hist. avium (1555) S. 131 und nndl. *aalscholver*[3] (= Aalscharbe). Die Scharbe hat diese Namen erhalten, weil sie mit besonderer Vorliebe Aale frißt. Der Vergleich des Vogels mit krähen- und rabenartigen Vögeln tritt außer in *âlacrâ* auch zutage in dem schlesischen Namen *See Rabe* bei Schwenkfeld Ther. Sil. (1603) S. 246. Sonst wird die Scharbe auch als Gans aufgefaßt, vgl. die ndd. Namen *Aelgüß* und *Schwemmerganß* bei Gesner S. 119. 131 und *Baumgans* (*Baumente*) in Preußen[4].

Den synonymen Ausdruck *Vuchtars*, den Gesner aus Murmellius zitiert, erklärt er daraus, daß der Vogel beim Fliegen sich nur so wenig erhebt, daß der Schwanz im Wasser bleibt; aus Gesner haben dann Schwenkfeld, Klein u. a. *Feucht Ars* übernommen. Bei den Fischern an der Oder soll die Scharbe — wie Frisch Vorstellung der Vögel (1763) XI, C 1a mitteilt —

1 Die Erhaltung des Kompositionsvokals nach der langen Stammsilbe findet man auch im ags. *ǽlepúta* 'Quappe'.

2 Molbech Wb. S. 3.

3 Woordenboek der nederlandsche Taal I, 26.

4 Frischbier I, 58.

wegen des Fischraubens *Vielfraß* heißen. Aber der a. a. O. genannte Name *Schlucker*, der von den späteren Ornithologen weitergeschrieben wird, scheint nur eine Interpretation der von Albertus gegebenen Namensform *Scholucher* (s. oben) zu sein. — Die heute in der Wissenschaft übliche Benennung *Cormoran* (aus frz. *cormoran* > engl. *cormorant*) erscheint als *Cormorant* bei Hohberg Adel. Land-Leben (1687) II, 639 Kap. CXII.

XIII. Langschwinger, Longipennes.

Möwen, Laridae.

Möwe, larus.

Andd. meu: Sg. Nom. — *meu* larus: Leviticus 11, 16: cod. Parisin. 2685, 50b; *me*^{s}*u*: cod. SGalli 283, 482, *me*^{s}: *a*[1]: cod. Carolsruh. Aug. CCXXXI, 11b; *meum* larum genus auis. et uocabitur saxonice: cod. SPauli XXV d/82, 37b, cod. SGalli 295, 127, cod. SGalli 9, 276, *meū* larus uocatur saxonice. nostri *mufsare*: cod. Vindob. 1761, 46b; *smea*[2]: cod. Guelpherbytan. Wiss. 29, 81b, *mersa*[3]: cod. Vindob. 1042, 130a, Clm. 18528, 1, 73a, *m*^{s}*sa*[3]: Clm. 17114, 74a; *mêh* larum. in diutisco dicitur: Anhang zum alten und neuen Testament: Clm. 14747, 96a. *smea*[4]: Deuteronomium 14, 15: cod. SGalli 296, 116.

Die Möwen sind, wenn auch nicht ausschließlich, so doch in der Hauptsache Küstenvögel; besonders häufig und artenreich treten sie an den Küsten der nordischen Meere auf. Den germanischen Völkern, welche diese ausgedehnten Küstengebiete bewohnen, den Niederdeutschen, Holländern, Friesen, Engländern, Skandinaviern, ist der Möwenname gemeinsam: mnd. *mêwe*, nnd. *mêw(e)*, mndl. *meeuwe* (*meeu*, *mêwe*), nndl. *meeuw*, fries. *meau*, *mieu*, ags. *mǽw*, me. *méw*, ne. *mew* und anord. *már* neben den Ableitungen *máki* (dän. *maage*, schwed. dial. *måka*) und *mási* (dän. *maase*, schwed. *måse*). Die gemeinsame Grundform dieser Benennungen ist mit Rücksicht auf die althochdeutsche Glosse *mêh* als **maihwa-* : **mai(g)wa-* : **mai(g)wi-* angesetzt worden. Im Anschluß an Uhlenbecks Deutung PBB. XX, 328 hält man den Vogelnamen für verwandt mit altind. *mécaka-* 'dunkelblau' (aus

---

1 Rasur von *s* (Steinmeyer).

2 *smea* auf größerer Rasur (Steinmeyer).

3 entstellt aus *me*$\overset{s}{u}$ (Steinmeyer). — 4 d. h. *m*^{s}*ea* (Steinmeyer).

idg. **moiq-os*). — Diese Etymologie, welche nur auf den Lautanklang eines altindischen Farbennamens aufgebaut ist, ist jedoch schon an und für sich höchst hypothetischer Natur. Ferner ist aber auch die für die germanischen Namen erschlossene Grundform keineswegs sicher.

Eine rein althochdeutsche Form darf auf Grund des oben angeführten Glossenmaterials nicht angesetzt werden. Im Hochdeutschen war der Vogelname von Hause aus nicht heimisch. Die vielfach verdorbenen Belege in den zitierten Bibelglossaren, die offenbar alle mit einander zusammenhängen, sind aus einer angelsächsischen Vorlage abgeschrieben; der Vermerk 'saxonice' ist hier nicht als 'sächsisch', sondern als 'angelsächsisch' zu verstehen. Auch die Glosse *mêh* darf trotz des Zusatzes 'in diutisco dicitur' nicht als hochdeutsches Wort in Anspruch genommen werden. Die hier in Betracht kommende Handschrift ist nahe verwandt mit den übrigen angelsächsische Bibelglossen aufweisenden Handschriften, und die vorliegende Namensform muß als eine Verhochdeutschung des angelsächsischen Wortes betrachtet werden. Aus den angeführten Belegen in den althochdeutschen Glossen kann man also nur einen angelsächsischen Möwennamen herauslesen, und zwar sind die Formen, welche man für die angelsächsische Vorlage gewinnt, *meu* und *mea*, die zu den in rein angelsächsischen Quellen sich findenden Belegen *meu* und *meaw* stimmen; ferner ist der angelsächsische Name noch in den Formen *mœw* und *meg* (in den alten St.Galler Gll., Ahd. Gll. IV, 460 [11]) überliefert.

Die gemeinsame urgermanische Lautgestalt des Möwennamens ist schwer zu ermitteln[1]. Möglicherweise haben wir es hier mit einem Worte zu tun, das in alter Zeit von einem Volke zum anderen gewandert ist. Bei Albertus Magnus De animalibus S. Y 5 b findet man die Behauptung, daß die Möwen von der Stimme den Namen haben ("ab imitatione uocis ſic dicte"). Vielleicht liegt dem Vogelnamen ein lautmalendes Verbum zugrunde,

1 Während Chadwick Studies in Old English S. 49, Kluge Et. Wb.[6] S. 274, das NED. s. v. mew u. a. für die Grundform einen Diphthong *ai* ansetzen, sehen Sweet The Stud. Dict. S. 113 und Skeat Concise Et. Dict. S. 325 in derselben ein langes westgermanisches *ā*.

mit dem man das Miauen der Katzen bezeichnet, vgl. mhd. *mâwen*, ndl. *maauwen*, mittelengl. *mawen*, ne. *mew*. Das wimmernde Geschrei der Möwen hat auch den Ausdruck *mercatte*, *merekatze* veranlaßt, mit dem einige Glossatoren des 15. Jhs.[1] diese Vögel benennen. Aus irgendeiner germanischen Namensform stammt afrz. *moue* (nfrz. *mouette*) 'Möwe', normann.-picard. *mauve*[2]; zu beachten sind daneben die picardischen Nebenformen *miauve*, *miaule*, *miaux*. Lit. *mévas* 'Möwe' ist wohl aus dem Niederdeutschen entlehnt.

Das erste Zeugnis für den Möwennamen in Deutschland bietet Albertus Magnus a. a. O., der ihn ausdrücklich den Küstenbewohnern zuschreibt: "ab iftis auibus et multe alie aues apud marinos *meāce* uocantur". Die schlechte Überlieferung der deutschen Worte bei Albertus läßt uns auch hier keine sichere Lautform des Namens gewinnen. Erst im 15. Jh. haben wir den ersten sicheren Beleg auf hochdeutschem Boden; in einer Straßburger Stadtordnung v. J. 1449 (Brucker Straßburg. Zunftverordn. S. 188) werden unter anderen Vögeln auch die *mewen* genannt. Gesner, der in seinem Vogelbuch Albertus zitiert, gibt als deutsche Namensform *Mew / Meb* (S. 563) und *Mewb* (S. 118) an; bei Turner Avium hist. (1544) S. D 7a *eyn wyß Mewe*. Im Elsaß ist das Wort durch das Strassburg. Vogelb. v. J. 1554 bezeugt, das V. 356 *Mebb* schreibt; Golius Onomasticon v. J. 1579 Sp. 292 verzeichnet "lari *Meben / Mewen*". In Baldners Vogelb. v. J. 1666 werden die *Seemähben* (*See Meb*, *Ein frembde See Meben*) als seltene Erscheinungen erwähnt. Junius gibt in seinem Nomenclator v. J. 1581 gegen seine Gewohnheit keine deutsche Namensform an, nur ndl. *Mieuwe / Witte zee meeuwe* S. 55a. 57b. Der Züricher Virgilkommentar v. J. 1581 S. 708 nennt die Pluralform *Mewen*; nach Gesner führen Schwenkfeld Ther. Sil. (1603) S. 294 (*Schwartzer*) *Mewe* und Aitinger Bericht v. d. Vogelstellen (1631) S. 72 *Mebe* an. In der Angenehmen Landlust (1720) S. 227 und in Zorns Petino-Theologie II, 437 begegnet das Wort in der Form *die Meve*, bei Döbel Eröffn. Jägerpr. (1746) S. 72 *See-Möven*, bei

---

1 Diefenbach Glossar. S. 319b.

2 Die französischen Worte können sowohl german. **maiw*- wie **māw*- als Etymon haben.

Popowitsch Versuch (1780) S. 394 *die Mŏve*; einige andere Belege in Grimms Wb. VI, 2167. In den hochdeutschen Volksmundarten ist der Name nicht geläufig.

Von den zahlreichen Möwenarten ist nur **die Lachmöwe** (larus ridibundus) im Binnenlande Brutvogel; sie ist an den deutschen Binnenseen und Flüssen sehr häufig. Gesner, der in seiner Darstellung der larus-Gattung die Binnenseemöwen von den Meermöwen unterscheidet, nennt die Lachmöwen mit dem heimischen Dialektnamen *Holbrot* / *Holbrůder* (S. 563). Ein zweites Zeugnis dieses Namens im 16. Jh. stammt ebenfalls aus Zürich: "scylla ein kobel Lerch oder Mewen gattung (wie wir die *holbrotin* nennen)" im Virgilkommentar v. J. 1581 S. 708. Staub-Toblers Id. V, 417 belegt *Hollbruder* aus dem Jahre 1692 und die umgekehrte Kompositionsform *Brodholi* aus dem Jahre 1661. Den Ausdruck erklären Staub und Tobler II, 1155 als 'Brotholer', indem sie auf Joachim von Watts Hist. Schriften 1546 vollendet (herausg. von Götzinger) hinweisen, wo folgende Episode erzählt wird: "Und flugend die wilden enten und ander gefügel Zürich [im Winter a. 1435] in die statt. Es ward ouch an ein buoss verboten, dass in niemann kein leid tuon dorst. Die liessend inen *brot* fürwerfen und *holtend* das; so gemach hatt' si der hunger g'machet". Diese Deutung, welche die Entstehung des Ausdrucks an einen bestimmten Ort verlegt, gewinnt dadurch an Wahrscheinlichkeit, daß die oben angeführten ältesten Zeugnisse des 16. Jhs. gerade aus Zürich stammen. Daß Fischart schon den Namen als Schimpfwort gebraucht und daß später Spangenberg ihn im Ganskönig erwähnt, spricht nicht dagegen, denn beide Autoren führen öfters Vogelnamen an, die sie aus der gelehrten Literatur haben kennen lernen. Die Namensform *Holbrot*, woraus dann durch Umdeutung *Holbruder* entstanden ist, kann auf einem Lockruf der Möwen beruhen, sie könnte aber auch als Umstellung von *Brotholi* aufgefaßt werden, vgl. z. B. *Rôthûserli* für *Hûsrôteli* u. a.

Aus der Gegend am Bodensee führt Gesner als Synonymon zu *Holbrot* den Namen *Alenbuck* an, den schon Eber und Peucer Vocab. v. J. 1552 S. E 7 b in der Pluralform als *Albuken* belegen. Der Ausdruck ist noch heute in dem angegebenen Bezirke gebräuchlich und wird auch für die Seeschwalbe verwendet. Auf schwäbischem Dialektgebiet erscheint das Wort stellenweise als Bezeichnung des Fischreihers[1]. Der Vogelname scheint mit dem schweizerischen Fischnamen *Albock* 'Blaufelchen' (auch *Albek*, *Albich*, *Alpk*) ein und dasselbe Wort zu sein, aber die Etymologie bleibt dabei unklar. Der Zusammenhang des Vogelnamens mit lat. *albus*[2] 'weiß' ist ganz unsicher. Er sieht eher wie ein Kompositum aus und könnte erst sekundär mit dem Fischnamen — der vielleicht mit *albus* in Verbindung steht — zusammengefallen sein. Naumann Naturgesch. (Ed. Hennicke) XI, 240 nennt, leider ohne seine Quelle zu erwähnen, unter den Synonyma für die Silbermöwe auch den Ausdruck *Raukallenbeck*. Die ursprüngliche Form dieses verhältnismäßig spät überlieferten und offenbar umgestalteten Vogelnamens ist nicht mit Sicherheit zu ermitteln.

Neben *albuken* = albae gauiae erscheint bei Eber und Peucer a. a. O. in gleicher Bedeutung die Pluralform *Seegallen*, eine ähnliche Bildung wie *Nachtigall* (vgl. S. 37). Ob dieser Name der Möwe wirklich in Deutschland lebendig gewesen ist, scheint jedoch zweifelhaft. Die angeführte Glosse kann nämlich, wie einige andere Namen bei Eber und Peucer, aus Turner Avium hist. (1544) S. B 8b stammen, und hier ist *ſeegell* als englisches Wort angegeben.

Heutzutage nennt man die Lachmöwe an einigen Orten in der Schweiz *Giriz*[3], an anderen Orten wird damit die Seeschwalbe und stellenweise auch der gemeine Kibitz bezeichnet. Der Ausdruck *Girlitz* im Strassburg. Vogelb.[4] V. 345 unter Bezeichnungen der Wasservögel ist offenbar eine Variante des angeführten schweizerischen Wortes. Der Name schließt sich an die Bildungen auf *-itz* an, die ihren Typus aus dem Slavischen erhalten haben, vgl. Stieglitz S. 117. In diesem Falle liegt jedoch

1 Vgl. Staub-Tobler IV, 1127 und Fischer I, 129.

2 Fischer Schwäb. Wb. a. a. O. spricht mit Reservation die Vermutung aus, daß der Name entlehnt sei; Staub und Tobler Id. a. a. O. halten ihn für eine alte germanische Bildung (mittels des bekannten *k*-Suffixes), die sich später an *Bock* anlehnte.

3 Staub-Tobler II, 407.

4 Der Girlitz wird hier mit dem Namen *Girlin* bezeichnet, vgl. S. 132.

kein slavisches Etymon zugrunde; schweiz. *Giriz* ist im Anschluß an die Worte auf *-itz* von derselben lautbezeichnenden Wurzel wie *Geierschwalbe* (vgl. S. 22) gebildet und bezieht sich also auf das Geschrei des Vogels, welches wie bei den möwenartigen Vögeln überhaupt aus *kr-kr*-Rufen besteht. Daher haben auch die Seeschwalben auf Helgoland den Namen *Kérren*[1]. Friderich Martens erwähnt in seiner Spitzbergischen Reisebeschreibung (1675) S. 66 *die Kirmewe*; nach Popowitsch Versuch (1780) S. 395 ist der Ausdruck *Kirrmöve* "kein Namen einer besonderen Art, weil mehrere kirren". Im Anhaltischen hat die Lachmöwe wegen ihres krächzenden Geschreies den Namen *Seekrähe*[2].

In der Schweiz nennt man diese Möwenart *Rôtgans*[3] wegen des roten Schnabels und der roten Füße und *Pfaff*[3] wegen des schwarzen Kopfes. In Lübeck heißt sie *Heringsmew*[4], in Preußen *Haffmöve* und *Mêlhafter*[5]. Die letztgenannten Benennungen werden übrigens für die Möwengattung im allgemeinen verwendet, der Ausdruck *Heringsmöwe* ganz besonders auch für **die kleine Mantelmöwe** (larus fuscus).

Im Binnenlande, wo die meisten Möwenarten unbekannt, einige nur auf dem Durchzuge bekannt sind, nennt man sie oft *Seemöven* (z. B. bei Gesner, Baldner u. a.) und versteht unter diesem Ausdruck dann auch die Seeschwalben. Überhaupt werden die Ausdrücke *Seeschwalbe* und *Seemöwe* ganz promiscuë gebraucht, und die ältere Ornithologie macht keinen Unterschied zwischen den beiden Vogelgattungen *sterna* und *larus*, sondern vereinigt sie beide unter dem Namen *larus*. Schwenkfeld Ther. Sil. (1603) S. 292 ff. unterscheidet in dieser Gattung vier Arten; mit den beiden ersten Möwen (larus major cinereus = *Ein weiſſer Seeſchwalbe / groſſer Seeſchwalm / grawer Meerſchwalm / Fisch Ahr* und larus albus capite rubeo = *Ein rot köpfichter Seeſchwalbe*) sind wohl nur Varietäten der Lachmöwe gemeint. In Zorns Petino-Theologie (1743) II, 438 wird dieser Vogel *Fischer*

1 Frommann D. Mundarten III, 33.
2 Naumann-Hennicke XI, 206.
3 S. Staub-Tobler II, 374. V, 1061.
4 Korrespondenzbl. f. ndd. Sprachf. XVI, 83.
5 Frischbier I, 265. II, 60.

genannt, während eine "grôſſere Gattung" dort *die Rhein-* oder *See-Meve* heißt, "weil ſie ſich nur auf groſſen Flůſſen / wie der Rhein iſt / oder auf Seen aufhålt / und alſo bey uns nicht einheimiſch iſt". In der Angenehmen Land-Lust (1720) S. 227 wird dieser letztere Vogel mit der großen Art gemeint, die "weit grôſſer als eine recht groſſe Taube" ist und die "weil ſie Fiſch fånget / *Fiſcher* genant wird".

Seeschwalben, Sternidae.

Seeschwalbe, sterna.

Die Namen *Seeschwalbe* und *Meerschwalbe*, die auf den charakteristischen Körperbau dieser möwenartigen Vögel hinweisen, erscheinen zuerst in der Literatur des 16. Jhs.: *Meerschwalb* bei H. Sachs Regim. der Vögel (1531) V. 214, *Sehſchwalm* im Strassburg. Vogelb. v. J. 1554 V. 383.

Gesner, der diesen Ausdruck aus Straßburg kennt und den Namen *Meerſchwalm* ebenfalls (nicht in der Schweiz) gehört hat, erwähnt drei verschiedene Arten dieser Vögel. Unter dem wissenschaftlichen Namen *sterna* ("Frisij hanc auem *Stirn* appellant") beschreibt er in Hist. avium S. 564 f. die in vielen Gegenden Deutschlands bekannte **Flußseeschwalbe** (sterna hirundo) und nennt sie mit dem heimischen Namen *Schnirring* (von dem Verbum *schnirren*, welches die Stimme des Vogels wiedergibt). In der Form *Schniring* begegnet der onomatopoietische Name auch im Strassburg. Vogelb. V. 348. Als straßburgische Benennung der Seeschwalbe nennt Gesner jedoch einen anderen Namen, das als Bezeichnung des Mauerseglers S. 20 f. erwähnte Wort *Spyrer*. In den Straßburger Quellen ist dieser Name im Sinne von Seeschwalbe seit dem 15. Jh. öfters zu belegen: *spirer* in den Stadtordnungen v. J. 1449 u. 1459 (Brucker Straßburg. Zunftverordn. S. 226. 230) und im Strassburg. Vogelb. v. J. 1554 V. 346, *der Spyrer* in Spangenbergs Ganskönig V. 131, *ein Speirer* in Baldners Vogelb. v. J. 1666 S. 43; auch heute wird der Vogel in Straßburg *das Spirle* und *Rhinspirel*[1] genannt. Die Über-

1 Martin-Lienhart II, 546 geben als Bedeutung von *Spirle* "kleine weiße Möwe" und von *Rhinspirel* "Rheinmöwchen, das zu bestimmten Zeiten am Münster und an Wasserläufen zu finden ist"; offenbar ist damit die Flußseeschwalbe (oder die Zwergseeschwalbe) gemeint.

tragung der Benennung des Mauerseglers auf die Seeschwalbe erklärt sich daraus, daß dieser Vogel ebenso wie jener auffällig kurze Füße hat; weiter kommt natürlich der schwalbenförmige Körper der Seeschwalben in Betracht. Als *Rheinschwalben* sind die Vögel ziemlich weit bekannt: *Rhinschwalme*[1] oder *Rhinschwälmele* im Elsaß (Ingersheim, Horburg und Oberhergheim), *Reischmuelef*[2] (neben *Mierschmuelef*[2] d. h. Meerschwalbe) in Luxemburg. Nach Popowitsch Versuch (1780), der diese Namen für Bezeichnungen der Möwengattung im allgemeinen hält, gilt *Speirer* in Straßburg, *Rheinſchwalbe* in Schwaben und am Rheine, *Meerſchwalbe* in Steiermark und Schwaben. Seine Angabe, daß diese Vögel mit dem Kibitze verwechselt werden, wird für die Schweiz bestätigt durch Staub und Tobler, welche (II, 130) *Gifiz* in der Bedeutung von Flußseeschwalbe und Möwe nachweisen. Das Zusammenwerfen dieser Vögel beruht offenbar auf der Verwechslung der Namen *Gibitz* und *Giriz* (s. S. 401); das letztgenannte Wort kommt auch im Sinne von Kibitz vor. Nach Popowitsch werden die Seeschwalben und Möwen auch mit dem *Bläßling* (vgl. S. 304) verwechselt. Die Übertragung dieses Namens des weißstirnigen Wasserhuhns auf die möwenartigen Vögel ist leicht begreiflich, weil viele Arten von diesen mit farbigen Kopfplatten versehen sind.

Die zweite von Gesner besprochene Seeschwalbe ist **die Zwergseeschwalbe** (sterna minuta), welche nach den Angaben von Naumann-Hennicke XI, 121 f. in der Schweiz im ganzen selten, in Deutschland aber in vielen Gegenden und besonders am Rhein häufig anzutreffen ist. Daraus erklärt sich auch der Umstand, daß Gesner für den Vogel aus der Schweiz keinen Namen nennt, sondern bloß die in Straßburg übliche Benennung *ein Fiſcherlin* (S. 565) erwähnt. Diese ist als *Fiſcherlein* in Spangenbergs GansKönig V. 132 und in Baldners Vogelb. (1666) S. 45 bezeugt. In Schwenkfelds Ther. Sil. (1603) S. 293 ist *Fiſcherlin* aus Gesner übernommen, als Synonyma werden *Ein klein Seeſchwalbe* und *Rohrſchwalm* angeführt. Popowitsch, der a. a. O. S. 395 die Zwergseeschwalbe als *die kleinſte Fiſchermöve* (offen-

1 Martin-Lienhart II, 524.

2 Wb. d. Luxemburg. Mundart 284. 355.

bar im Anschluß an "larus piscator" bei Gesner) bezeichnet, erwähnt eine kleine kirrende Art der Möwe, die in Österreich und Schlesien *Fischer* genannt wird. Vgl. S. 402 f.

Ein häufiger Vogel ist an den wasserreichen Orten Deutschlands **die Trauerseeschwalbe** (sterna nigra, hydrochelidon nigra). Sie ist ein Sommervogel, welcher diese Gegenden zu Ende des April oder im Anfang des Mai aufsucht. Daher hat sie in Straßburg den Namen *Maivogel* erhalten, der in älteren Quellen mehrmals begegnet. Zwei Stadtordnungen aus den Jahren 1449 und 1459 (Brucker Straßburg. Zunftverordn. S. 226. 230) nennen unter den jagdbaren Vögeln denjenigen, "den man ſprichet *meigevogel*"; im 16. Jh. wird der *Meyvogel* im Strassburg. Vogelb. (1554) V. 591 erwähnt, und Gesner a. a. O. S. 566 verzeichnet den Ausdruck *Meyvógelin* als Straßburger Dialektnamen. Im 17. Jh. ist *Meyvogel* in Spangenbergs Gansкönig V. 143 und Baldners Vogelb. (1666) S. 44 belegt. — Das Synonymon *Kessler*, welches Baldner anführt, begegnet bereits in den obenangeführten Stadtordnungen in der Form *kesseler*. Dieser Name ist aus dem sporadischen Auftreten des Vogels zu erklären. Der Ausdruck ist eigentlich ein rotwelsches Wort, mit dem Vagabunden wie Zigeuner usw. bezeichnet wurden. — Zu diesem Namen gesellt sich das Wort *das Bomerlin*, welches im Strassburg. Vogelb. (1554) V. 383 zusammen mit *Sehſchwalm* und anderen Namen der Wasservögel genannt wird. Wahrscheinlich ist das Wort als *Bömerlin* (d. h. Böhmlein) zu lesen und auf die schwarze Seeschwalbe zu beziehen, die wohl — wie der Bergfink, die Weindrossel und andere zeitweise erscheinende Vögel — als 'Böhme' aufgefaßt wurde. — Als drittes Synonymon für die schwarze Seeschwalbe nennt Baldner den Ausdruck *Brandvogel*, welchen Gesner a. a. O. S. 566 in Niederdeutschland ("circa Gandauum") gehört haben will. Dieser Name wird von Gesner richtig aus der schwarzen Farbe des Vogels erklärt (vgl. S. 45). Vielleicht ist diese Färbung auch beim Ausdruck *Kessler* in Betracht zu ziehen. — Bei Schwenkfeld Ther. Sil. (1603) S. 294 wird der Vogel *klein Mübeßlin, ein klein ſchwartzer Seeſchwalbe* und (nach Gesner) *Schwartzer Mewe, Meyvogel* genannt; das unklare Wort *Mübeß(lin)* erinnert an *Mieß*, das Gesner a. a. O. S. 563 als Synonymon zu *Meb* / *Mew* anführt.

In Preußen heißt die schwarze Seeschwalbe *Spießmöwe* oder *Haarchenmöwe*[1]. Vielleicht darf man in diesen Namen Ausdrücke der Jäger und Fischer sehen, welche die Vögel spießweise oder sackweise (*Haarchen* = Sack zum Fischfang) verkaufen.

In der Literatur der letzten Jahrhunderte findet man selten besondere Benennungen für die einzelnen Arten von Seeschwalben und Möwen. Die Ornithologie unterscheidet sie meistens durch Farbenbezeichnungen. Dagegen bieten die Dialekte, welche an den Küsten der nordischen Meere gesprochen werden, wie das Friesische, das Englische und die skandinavischen Sprachen, für sie eine Menge volkstümlicher Namen. In den deutschen Reisebeschreibungen begegnen gelegentlich auch Übersetzungen solcher Namen nordischer Möwen (so z. B. *Ratsherr* und *Bürgermeister*) Ein skandinavischer Möwenname erscheint schon in Ryffs Tierb. Alberti (1545) S. I 4: "Vogel / ſo wir hernach *Volmaren* nennen werden". Damit ist **die Sturmschwalbe** (thalassidroma pelagica, procellaria pelagica) = isländ. *fulmár* gemeint.

XIV. Leistenschnäbler, Lamellirostres.

Schwäne, Cygnidae.

Schwan, cygnus.

Ahd. ẹlbiʒ: Sg. Nom. — *suuana* + *albiz* cignus: Leviticus 11, 18: cod. Oxon. Jun. 25 f. 90d; *suan ł albiz*: cod. mon. herem. 184, 298. *álbiz*: Notker Capella de nuptiis 1, 22. *albiz* olor: cod. SGalli 299 p. 33. cod. SGalli 242, 248a. olor i. cignus. f.: Alcuini Gramm. p. 515: cod. Fuld. Aa 2, 33a; *alpiz*: Clm. 6404, 8b. cod. Vindob. 162, 35c. Leviticus 11, 18: Clm. 18140, 14a, *elbiz*: cod. Gotwic. 103, 49b; onocrotalus. horotrugis ł felefora animal olori simile: cod. Stuttg. th. et phil. f. 218, 13c. olor: Clm. 14456, 5a. Versus de volucr. H. S. III, 17. XI a 2, olor: a 2, olor. cignus: b. g. olor et cignus: Clm. 14689 f. 47a. cod. Selestad. f. 109b. olor: Prudentius Contra Symmach. I, 63: cod. Carolsruh. SPetri 87, 92b; *albez*: cod. mon. herem. 316, 189a. *el /*[2]: Gll. Salomon. b: Fragm. Labac. *helbiz*: cod. Parisin. 12269 f. 58b. Vergil. E. VII, 38: cod. Trident. 1660, 8b. *helbez*: H. S. XI e: cod. princ. de Lobkow. 435, 24a. *eleuiz*: cod. Parisin. 9344 f. 42b, olor: cod. Parisin. 9344 f. 42b, *eluiz*: cod. Guelpherbytan.

---

1 Frischbier I, 261. II, 351. — 2 l. *elbiz* (Sievers).

Aug. 10. 3. 4⁰ f. 89a, cod. Berol. Ms. lat. 8⁰ 73, 123b, cod. sem. Trevir. f. 112b. olor: cod. sem. Trevir. R. III. 13, 107b. *eluiz̧* olores: Vergil. E. IX, 36: cod. Parisin. 9344, 6b. *elwiz* olora: Gll. Salomon. a 1: Clm. 17152, 110a, cignus: a 2: Clm. 17152, 191a, *elewiz* olores: Clm. 17152, 209b. *elbel*: cod. Vindob. 804 f. 185b. — Akk. — *albiz*: Leviticus 11, 18: cod. SGalli 295, 127; *alpiz*: Anhang zum alten und neuen Testament: Clm. 14747, 96b. — Pl. Nom. — *álbisze*: Notker Capella de nuptiis 1, 21. *eluiza*: Vergilius A. VII, 699: cod. Parisin. 9344, 124a; *e,lbiz̧e*[1] olores: E. IX, 36: cod. Selestad. f. 62a. — Dat. — *álbizen*: Notker Capella de nuptiis 1, 21. *elbizzin*: Vergilius E. VII, 38: cod. Selestad. f. 59b.

Für den Schwan besitzen die altgermanischen Sprachen zwei gemeinsame Benennungen, die im Althochdeutschen als *ęlbiʒ* und *swan(a)* bezeugt sind. Dem ersteren Worte, einem maskulinen *i*-Stamm (**albit-i-*) entspricht in den verwandten Idiomen eine Femininbildung: ags. *ielfetu* (in den Epinaler Glossen *œlbitu*), anord. *elptr* und (mit Suffixablaut) *ǫlpt* (**albut-*). Der germanische Name ist urverwandt mit akslav. *lebedĭ*, russ. *lebedĭ*, *lebjadĭ*, serb. *labud*, poln. *łabędź*, deren lautliches Verhältnis zu den entsprechenden germanischen Worten Osthoff IF. VIII, 64 ff. klargelegt hat. Der Vogelname ist weiterhin verwandt mit lat. *albus* 'weiß', griech. ἀλφός 'weißer Hautfleck' u. a.; der Schwan ist also nach seinem schneeweißen Gefieder benannt worden. Die gleiche Bildung liegt nach Franck Et. Wb. s. v. elft und Uhlenbeck PBB. XXVI, 295 im niederländischen Fischnamen *alft*, *elft* (griech. ἐλεφιτίς 'Weißfisch') vor. Ahd. *ęlbiʒ*, dessen Flexion — wie die Pluralform *eluiza* gegenüber *albisze* bei Notker zeigt — sich an die a-Stämme angeschlossen hat, hat auch in den Personennamen *Albiʒo*, *Albiʒa* Spuren hinterlassen[2]. In Skandinavien sind Ortsnamen häufig mit *elptr*, *ǫlpt* gebildet worden.

Im Verhältnis zu *ęlbiʒ* sind die ahd. Zeugnisse für *swan(a)* spärlicher: Sg. Nom. — *suuana* cignus: Leviticus 11, 18: cod. Carolsruh. Aug. IC f. 64b, *suuana* + *albiz*[3]: cod. Oxon. Jun. 25 f. 90d. *suana*: Deuteronom. 14, 16: cod. SGalli 296, 116. *suuan* olor: cod. Parisin. 12269 f. 58b.

1 Die Korrekturen von anderer Hand (Steinmeyer).

2 Vgl. Förstemann Altd. Namenb. I, 66, wo jedoch an dem Zusammenhang mit dem Vogelnamen gezweifelt wird.

3 + *albiz* 2 Hand (Sievers).

Leviticus 11, 18: cod. Carolsruh. Aug. CCXXXI, 11b, *suufan*: cod. SGalli 283, 483; *suuan*: cod. Guelpherbytan. Wiss. 29, 82a, *suan t albiz*: cod. mon. herem. 184, 298. *suan*: cod. Guelpherbytan. Aug. 10. 3. 4° f. 89a, cod. sem. Trevir. f. 112b. cod. sem. Trevir. R. III. 13, 104b.

Dem althochdeutschen Maskulinum *swan* entsprechen in den verwandten Sprachen andd. *swan* (Waldstein Kleinere asächs. Denkmäl. S. 94[9]), mnd. *swan*, *swôn*, mndl. *swane*, nndl. *zwaan*, ags. *swǫn*, me. ne. *swan* und anord. *svanr*, schwed. *svan*, norweg. *svon*. Man nimmt an, daß der Name **swana-* eine alte Bildung von dem idg. Stamme **suen-* 'rauschen, tönen' (lat. *sonus* 'Ton', *sonare* 'tönen', ai. *svan* 'dass.', *svanás* 'Ton', ags. *swin* 'dass'.) ist und mit dem altbekannten Schwanengesang in Verbindung steht; vgl. Schade Altd. Wb. II², 902 und die dort angeführte Literatur. Die Benennung wäre demnach eigentlich dem Singschwan (cygnus musicus) zugekommen, der einzelne melodisch klingende Töne hervorbringen kann. Im Kreise der Naturforscher scheinen die Ansichten inbezug auf die Stimme des Singschwans sehr verschieden zu sein. Während einige darin keine Melodie erkennen wollen, behaupten andere wieder mit Bestimmtheit, daß sie von einem ganz besonderen Wohlklang ist. So berichtet Hantzsch von dem nordischen Schwan u. a.[1]: "'Im Schwimmen lassen sie oft stundenlang einsilbige Rufe hören, tiefere nasale A oder Ang und ein höheres Hä. Beide Töne werden ungefähr gleich häufig ausgestoßen, wodurch ein charakteristisches und nicht unmelodisches Zusammenspiel entsteht. Beim Fliegen verstärkt sich die Stimme und erinnert dann aus der Ferne an verworrene Glockentöne. Diese mischen sich mit dem Rauschen der mächtigen Schwingen und ergeben so den in früher isländischer Literatur vielgenannten 'Schwanengesang'". Jedenfalls ist die Vorstellung von singenden Schwänen bei den germanischen und indogermanischen Völkern sehr alt[2] und macht dadurch die oben angeführte Etymologie des Schwanennamens wahrscheinlich.

Es wird behauptet, daß die altnordischen Namen *svanr* und *ǫlpt* nicht vollständig synonym gebraucht wurden, sondern daß jener das Männchen, dieser das Weibchen bezeichnete. Aus

1 Zitiert bei Voigt Excursionsbuch S. 268.

2 Vgl. Müllenhoff Altertumskunde I, 1 ff.

den Belegstellen geht jedoch weiter nichts hervor, als daß sich an das feminine Wort der Begriff des weiblichen Schwans leicht anknüpfen läßt, während beim maskulinen *svanr* in diesem Fall eine Zusammensetzung *svanbrúðr* notwendig ist. Aber eigentlich war *ǫlpt* ebensogut ein Gattungsname wie etwa *Gans*, *Ente* u. a. — Im Althochdeutschen ist das Femininum *swana*, das neben *swan* erscheint, ebenfalls keine Bezeichnung des Weibchens, sondern der Name der Gattung. In Dialekten kommt der Name noch heute als Femininum vor, vgl. westfäl. *Swâne* bei Woeste Wb. S. 264; auch in den norwegischen und schwedischen Dialekten femin. *svana*. Die Bezeichnung für den weiblichen Schwan im Althochdeutschen ist *suanin* in cod. Berol. Ms. lat. 8⁰ 73, 123b.

Ein Bedeutungsunterschied zwischen *ẹlbiʒ* und *swan(a)* ist nicht vorhanden; wenn einzelne althochdeutsche Glossare beide Worte haben und das eine mit *olor*, das andere mit *cygnus* wiedergeben, so beruht dies darauf, daß sie die Namen aus verschiedenen Vorlagen aufgenommen haben. Sicher ist dies der Fall in cod. Parisin. 12269 und später im Vocabularius optimus XLII (Ed. Wackernagel S. 32. 33). Über die geographische Verbreitung der synonymen Benennungen läßt sich wegen des ungenügenden Belegmaterials nichts Genaues behaupten; im allgemeinen kann man nur sagen, daß *ẹlbiʒ* ein spezifisch hochdeutsches Wort war, dessen Anwendung durch das niederd.-hochd. *swan(a)* im Laufe der geschichtlichen Entwicklung immer mehr beeinträchtigt wird. Im Bairischen, Schwäbischen und Allemannischen ist *ẹlbiʒ* in der althochdeutschen Periode gut bezeugt, ebenso in der mittelhochdeutschen Zeit. Es erscheint auch im Renner der Bambergers Hugo von Trimberg, und im 16. Jh. bezeugt Gesner Hist. avium (1555) S. 358 *ölb / Elbs*[1] oder („wie andere schreiben") *Elps / ölbſch* nicht nur für die Schweiz, sondern auch für Sachsen. Dagegen schreibt Turner Avium hist. (1544) S. G 1 b *eyn ſwán*, und das Strassburg. Vogelb. v. J. 1554 kennt ebenfalls nur den Ausdruck *Schwan*. Auch in der Schweiz und in Sachsen war zu Gesners Zeit dieser Name ganz geläufig. Die übrigen wichtigeren Quellen des 16. Jhs. enthalten leider keinen Schwanennamen. Heutzutage hat das

1 Danach bei Schwenkfeld Ther. Sil. (1603) S. 310 *Oelb / Oelbs*.

Wort *Schwan* das Synonymon bis auf wenige Reste verdrängt. Im Elsaß sind von diesem in der Überlieferung der Neuzeit überhaupt keine Spuren nachweisbar, aus Steiermark wird *der Elbis* ausdrücklich als ein der älteren Sprache angehörendes Wort angegeben[1], und aus dem Schweigen der Wörterbücher darf man wohl schließen, daß es auch in anderen Mundarten ausgestorben ist. Nur in Bern (in der Schweiz) ist *Elbs*, *Ölbs*, *Elbsch* m. noch geläufig[2], und im westlichen Schwaben soll *der Elbsch* ebenfalls noch vorkommen[3].

Gänse, Anseridae.

Gans, anser.

Ahd. gans: Sg. Nom. — *gans* auca ł anser: Cgm. 5248, 2nr 2 f. 2b. cod. SGalli 242, 248a. Lex Alamannorum XCIX p. 169, 11: Clm. 4460, 22a. Carmen de Philomela 19: cod. Vindob. 247, 222b, cod. mus. Britann. Add. 16894, 244b. Rotul. comit. de Mülinen Bern. Versus de volucr. H. S. III, 17. XIa 2. e. cod. Vindob. 804 f. 185b. Vergilius E. IX, 36: cod. Selestad. f. 58b; *kans*: cod. Trident. 1660, 11a. — Pl. Nom. — *gensi*: Clm. 14689 f. 47a. cod. Selestad. 109b. *gense*: Gll. Salomon. a 1. — Akk. — *cansi*: cod. Cassellan. th. 4° 24, 16a.

Ableitungen und Komposita. — gẹnsibluoma (Pflanzenname): *genseblôme* ligustrvm: cod. Vindob. 804, 186a. — gẹnsikorn (ptisana): *genschorn* tipsana: cod. Vindob. 804, 182a.

Die Namen der Gans und der Ente, dieser für den Menschen wichtigsten Wasservögel, sind indogermanisch. Der konsonantisch flektierende Stamm *gans* ist in allen germanischen Sprachen bezeugt, abgesehen von dem Gotischen, wo er als nichtbiblisches Wort unbelegt ist, vgl. ahd. mhd. *gans*, mnd. *gôs*, mndl. nndl. *gans*, fries. *gôs*, ags. me. *gós*, ne. *goose*, anord. *gás*, dän. *gaas*, schwed. *gås*. Mit dem germanischen *gans* sind urverwandt ai. *hąsa-s*, *hąsī́* 'Gans und andere Wasservögel', lat. *anser* (aus **hanser*) 'Gans', griech. χήν (dor. χᾱ́ν) aus **ghāns* 'dass.', mittelir. *géis* 'Schwan', lit. *žąsìs* 'Gans' (ins Finnische als *hanhi* entlehnt), lett. *ſùss* 'dass.', apreuß. *sansy* 'dass.' Da im Germanischen Namen für den Gänserich auftreten, welche von einem Stamme **gan-* abgeleitet zu sein scheinen (ags. *gan(d)ra* und ahd. *ganazzo*), sieht man hier eine einfachere

1 Unger-Khull 119. — 2 Staub-Tobler I, 187. — 3 Fischer II, 686.

idg. Namensform von **ghans-* und hält das auslautende *s* in diesem für ein ableitendes Suffix. Doch ist das Verhältnis von *Gans* zu den angeführten Namen des Gänserichs noch ganz unklar, und manche Bedenken sprechen gegen die obengenannte Auffassung.

Jedenfalls sollte die alte Etymologie, die den Vogelnamen mit griech. χάσκω 'gähne' verknüpft, schon aus semasiologischen Gründen aufgegeben werden. Wenn man einen Versuch machen will, einen so alten Vogelnamen wie den vorliegenden auf seine Entstehung hin zu analysieren, so könnte man an ein Kompositum denken, dessen erstes Glied einen Naturlaut *ga-* enthielt, welcher das Gackern der Gänse bezeichnete. Denn das Wahrscheinlichste ist, daß die Wildgans nach der Stimme benannt wurde.

Die Geschichte der Gans als Haustier bei den Germanen hüllt sich in ihren Anfängen in vollständiges Dunkel. Die erste sichere Nachricht gibt die Lex Salica (T. VII), welche die Gans und das Huhn als eigentliches Hausgeflügel erwähnt; vgl. Schrader Reallexikon S. 261 f. und Hahn Haustiere S. 274. Zwar berichtet schon Plinius Hist. natur. X, 53 von germanischen Gänsen, deren Daunen besonders geschätzt waren bei den Römern, aber es scheint sich hier um eine Art Wildgans zu handeln; sie wird als kleiner als die gewöhnliche Gans und als weiß von der Farbe geschildert. Der von Plinius angeführte germanische Name *ganta* findet sich im 4. Jh. bei Venantius Fortunatus Carm. VII, 4, 11: "Aut Mosa dulce sonans, quo grus *ganta* ansa olorque est"; hier bezeichnet *ganta* also auch nicht die gewöhnliche Gans, sondern einen verwandten Wasservogel. Noch eine dritte lateinische Quelle bezeugt das germanische Wort in der Bedeutung eines wilden Wasservogels: *ganta* χηναλώπηξ (d. i. Brandgans) im Corp. Gll. lat. II, 32^{7}.

Der Vogelname, der in den angeführten lateinischen Quellen belegt ist und auf romanischem Sprachgebiet in afrz. *jante* 'Gans', prov. *gante* 'wilde Gans, Storch' Spuren hinterlassen hat, ist westgermanisch. Die angelsächsischen Quellen belegen ihn als maskulines *ganot*; wie die Glossierung 'fulix' und die Metapher *ganotes bæð* (d. h. See) zeigen, bezeichnet der Name einen wilden Wasservogel. Die Fortsetzung des angelsächsischen Wortes ist engl. *gannet* 'Tölpel (sula bassana)'. Auf dem Kontinent scheint der Name zunächst im selben Sinne wie das entsprechende angelsächsische Wort aufzutreten, denn der Vocabularius SGalli (codex SGalli 913, 204a) übersetzt *ganazzo* (in der Hs. *g . . . . . o*)[1] mit *fulix*. Diese Glossierung kann aber durch angelsächsische Vorlagen beeinflußt worden sein. Jedenfalls ist das deutsche Wort nachher nur in der Bedeutung 'Gänserich' nachweisbar: *ganizo* anser: Rotul. com. de Mülinen Bern. *ganazzo* anser: Gll. Salomon. a 1: cod. Zwettl. 1, 19 a, Clm. 22201, 10 a, *ganazo*: Clm. 17152, 7 d, *ganzzo*: cod. Admont. 3, 17 c, *ganzo*: cod. mus. bohem. Prag., *gannzo*: liber impressus 11 a, *ganze*: Clm. 17403, 15 f., *ganezo*: c: cod. mus. Britann. Add. 18379, 14a, *antrech. t ganzo* anetus: d: Clm. 23496, 1c, *ganzo*: e: Clm. 7999, 12b. *ganizo*: Umordn. H. S. III, 8. *ganz*: cod. Vindob. 901, 26b. Im 16. Jh. begegnet *der Gantz* (: Tantz) z. B. bei H. Sachs Regim. der Vögel V. 187. Heute ist das Wort sowohl auf hoch- wie niederdeutschem Sprachgebiet in Lautformen verbreitet, welche auf ahd. *ganzo*, mhd. *ganze* = mnd. *gante* beruhen, daneben erscheinen auch andere Formen, welche ahd. *ganaȥȥo* voraussetzen: in der Schweiz *Ganz*[2] = Enterich (im Vocabularius optimus XVII Ed. Wackernagel S. 42 *gantzo*), in Luxemburg *Gunz*[3] = siebenbürg. *Gunz*[4], in Westfalen[5], Göttingen und Grubenhagen[6], Lippe[7] und den niederdeutschen Bezirken von Hessen[8] *Gante*, in Schmalkalden *Gûns*[8], in Schlesien *Gântsch*, *Gansch*, *Ganschich*[9], in Obersachsen und Nordthüringen *Gânast*[10], in Österreich[11] und Obersteiermark[12] *Gânaus*, in Tirol *Gûniss*[10]. In manchen Mundarten kommen Formen vor, welche dieselbe maskuline Weiterbildung wie *Tauber* (vgl. S. 210) und *Kater* zeigen: elsäss. *Ganzer*, *Gunzert*, *Ganšter*, *Gunštr*[13], siebenbürg. *Gundser*[4], oberhess. *Gônzer*[14], thüring. *Gânserd*[15], sächs. *Genschert*[16] (neben *Gensch*), in Göttingen und Grubenhagen[6],

1 Vgl. Ahd. Gll. III, 7 Anmerkung 20.
2 Staub-Tobler II, 387. — 3 Wb. d. Luxemburg. Mundart 158.
4 Kisch Wb. d. Nösner Mundart S. 98. — 5 Woeste 71.
6 Schambach 59. — 7 Frommann D. Mundarten VI, 208.
8 Vilmar 115.
9 Mitteilungen der schles. Gesellsch. f. Volkskunde Heft XIX, 84.
10 Kluge Et. Wb.[6] S. 132. — 11 Schmeller-Frommann I, 924.
12 Unger-Khull 265. — 13 Martin-Lienhart I, 226 f.
14 Crecelius I, 403. — 15 Hertel 102.
16 Albrecht Die Leipziger Mundart S. 121.

Altmark[1] und Preußen[2] *Ganter*, in Österreich[3] und Obersteiermark[4] *Ganauser*. Diese erweiterten Maskulinformen sind seit dem 15. Jh. als *ganzer*, *ganser* belegt; daneben auch die Form *ganszhart*. Eine Häufung von Suffixen zeigt *Ganserer* im Strassburg. Vogelb. (1554) V. 357; auch bair. *Ganserer*[5]. — Die Maskulinform *Gänserich*[6], welche in der Schriftsprache Eingang gefunden hat, ist zuerst bei Gesner Hist. avium (1555) S. 136 als *Ganſerich* (neben *Ganſer*) belegt, danach *Ganßerich* bei Schwenkfeld Ther. Sil. (1603) S. 210. Junius Nomenclator (1581) S. 54a verzeichnet *Ganßerich* als hochdeutsches Wort; im heutigen Niederländisch ist *ganzerik* ein deutsches Lehnwort. Zu der mndl.-nndl. Maskulinbildung *gent* (im Ermlande *Gent* neben *Gaings*[2]) stimmt mhd. *gencz* in Wigands von Marburg Reimchronik V. 1394 (Germania XII, 204[70]).

Das Verhältnis des Gattungsnamens *gans* zu der ahd. Maskulinbildung *ganazzo*, *ganzo* = ags. *ganot* (aus **ganat-* : **ganut-* : **gant*) ist sehr schwer zu beurteilen. Das Femininum *ganta* bei den lateinischen Schriftstellern und das angelsächsische Wort zeigen, daß der ursprüngliche Sinn dieser Bildung nicht 'Gänserich' war, sondern daß sie einen wilden Wasservogel bezeichnete. Vielleicht darf man annehmen, daß im Germanischen ein Stamm **gan-* als Name von wilden Wasservögeln vorhanden war, und daß **gan(u)t* eine Erweiterung von diesem mittels des *t*-Suffixes bildet, das auch in *hiruz* 'Hirsch' (vgl. Kluge Stammbildung[2] § 60 Anm. 1. 2) vorliegt. Dieser erweiterte Vogelname konnte dann als Maskulinum auf den Gänserich übertragen werden. Aber die Frage wird noch verwickelter durch die angelsächsische Maskulinbildung *gan(d)ra* 'Gänserich' (= engl. *gander*), welcher in Holstein, Angeln, Ditmarschen *Ganr*[7], in Thüringen und Obersachsen *Gânrt*[7], in Baiern *Gander*[8], in den Niederlanden *gander* entsprechen. Man sieht in diesen Worten eine spezifische Maskulinerweiterung vom Stamme **gan-* (vgl. ahd. *kat-aro*). Der

1 Danneil 61. — 2 Frischbier I, 217.

3 Kluge Et. Wb.[6] S. 132. — 4 Unger-Khull 265.

5 Schmeller-Frommann I, 924.

6 Aus Hessen wird diese Bildung als mundartliches, aber selten gebrauchtes Wort angegeben, s. Vilmar Id. S. 115.

7 Kluge Et. Wb.[6] S. 132. — 8 Schmeller-Frommann I, 924.

unerweiterte Stamm könnte in dem schweizerischen Namen *Gann* (*Ganner*) stecken, der als Bezeichnung von Taucherarten bezeugt ist.

In der Pfalz wird der Gänserich auch mit dem Personennamen *Gäred*[1] (d. h. Gerhart) benannt, in der Schweiz heißt er *Gäber*[2] (d. h. Gabriel), s. S. 210.

Eine besondere Bezeichnung für die weibliche Gans kommt selten vor; wo die beiden Geschlechter unterschieden werden sollen, genügt meistens der feminine Gattungsname. Aus elsässischen Mundarten führen Martin und Lienhart Wb. I, 266. 605 die Ausdrücke *Ganslere*, *Gansläret* für die weibliche Gans an, vgl. Entläre S. 424.

Das Junge von Gänsen wird im allgemeinen durch deminutive Ableitung ausgedrückt. Im Althochdeutschen ist eine Bildung mit dem gehäuften Deminutivsuffix *-inkilîn* einmal bezeugt: *cœnsincli* auciun[3]: cod. Cassell. th. 4⁰ 24, 16a. In den heutigen niederdeutschen Mundarten verwendet man die abgeleitete Form *Gössel* (von *Gôs*), *Gässel* (von *Gâs*), welche als *Gössel*, *Jessel*[4] in dem hochdeutschen Grenzgebiet Harz, als *Gischel*[5] f. in Luxemburg, als *Gessel*, *Güssel*[6] in Preußen geläufig ist; in ganz Hessen gilt *Ginsel*[7] (*Günsel* zu *Guns*). — Im Elsaß heißt die junge Gans *Usele*[8] (in Niffer), *Hürle*[8] (in Örmingen); dieses Wort gehört vielleicht zu *hür* 'in diesem Jahre', vgl. *Hurusi*[8] 'das jüngste Kind', *Hurusela*[8] 'das Kleinste einer Entenfamilie'.

Wie die Haustiere überhaupt, so treten auch die Gänse in besonders nahe Verbindung mit dem Menschen und aus diesem Umstande erklären sich viele volkstümliche Benennungen derselben. Einerseits haben diese ihren Ausgangspunkt in der Kindersprache, andererseits gehören sie zusammen mit den Rufen, mit welchen die Vögel gelockt werden.

Dem charakteristischen Gackern der Gänse sind einige Ausdrücke nachgebildet, deren elementare Bildungsweise und Anwendung in Reimen der Kinder ihren Ursprung aus diesen

---

1 Heeger Tiere im pfälz. Volksmunde II, 7.
2 Staub-Tobler II, 65. — 3 Deminutiv zu *auca* (Steinmeyer).
4 Hertel 108. — 5 Wb. d. Luxemburg. Mundart 146.
6 Frischbier I, 231. — 7 Vilmar 127.
8 Martin-Lienhart I, 79. 370.

Kreisen verraten. So heißt die Gans in Leipzig *der Giegâk*[1], in Thüringen *die Gacke* oder *die Gäke*[2], in Schlesien *die Gâke* (auch = Krähe, zu *gâken*)[3], in Luxemburg *Ginggang*[4]; im Elsaß nennt man sie *das Gagag*, den Gänserich den *Gager* und den *Gagri*, *Gageri*[5]. Schon Gesner Hist. avium (1555) S. 152 zitiert das bekannte Sprichwort, in dem diese onomatopoietische Bildung vorkommt: "Es flog ein ganß über Rhein / vnd kam ein *gagag* wider hein".

Ein verbreitetes Lockwort für die Gänse ist *Hulle* oder *Wulle*, auch *Bulle*, *Bille*, *Pîle*. In Göttingen und Grubenhagen lockt man sie 'hulle bulle' oder 'hulle kum', daher heißt die Gans in der Kindersprache *Hullegâs* und *Hulleke*[6]. In Halle ist der Lockruf *Hule*, *Husche* (wend. *huže*), und die Gans heißt dort *die Hule*, *die Hulegans* oder *Huschegans*[7]; im Hennebergischen lautet das Wort *Hussel*[7]. In Nieder-Hessen[8], Thüringen[9] und im Elsaß[10] gilt *Wulle* (in der letztgenannten Mundart auch *Gänsewulle*) nebst Deminutivformen als kosende Bezeichnung der Gans, in der oberen Grafschaft Hanau *Bille*[11], in Rheinhessen *Bulle*[11], in Göttingen und Grubenhagen *Pîlegâs*[12]. Ähnliche Bildungen sind auch preuß. *die Huck* (als Scheuchruf 'huck huck hahû')[13], schles. *Gruschel*[14] f., schwäb. *Grusel*, thüring. *Heise*[15], elsäss. *Wudi*, *Wurri*, *Wussi*[16] usw. Vgl. Huhn und Ente.

Wildgans, anser cinereus, anser anser; anser hyperboreus, chen hyperboreus; anser segetum, anser fabilis.

Von dem gezähmten Vogel werden die in wildem Zustande lebenden Gänsearten gewöhnlich mit dem hinzugefügten Prädikate 'wild' unterschieden. So schon in den althochdeutschen Glossen: *uuildiugans* aucer[17]: Clm. 14689 f. 47 a; bei Gesner Hist.

1 Albrecht Die Leipziger Mundart S. 123. — 2 Hertel 101 f.
3 Weinhold Beitr. zu einem schles. Wb. S. 25.
4 Wb. d. Luxemburg. Mundart 146. — 5 Martin-Lienhart I, 200 f.
6 Schambach 88. — 7 Albrecht a. a. O. 137. 138. — 8 Vilmar 461.
9 Hertel 260. — 10 Martin-Lienhart II, 818.
11 Pfister Nachtr. zu Vilmar Id. S. 20. — 12 Schambach 154.
13 Frischbier I, 301. — 14 Weinhold Beitr. zu einem schles. Wb. S. 31.
15 Hertel 118. — 16 Martin-Lienhart II, 794. 846. 871.
17 *auce* und *anser* gemischt (Steinmeyer).

avium (1555) S. 152: "nostris *wilde Ganß*". Daneben erscheint das Kompositum *Wildgans* bei Eber und Peucer Vocab. (1552) S. E 4b und im Strassburg. Vogelb. (1554) V. 479.

Ein anderer Ausdruck für die Wildgänse ist *Schneegans*. Der Name hängt zusammen mit der öfters beobachteten Tatsache, daß das Erscheinen dieser Vögel ein Vorzeichen strenger Kälte, Hagel- und Schneefalls ist[1]. Bereits Albertus Magnus De animalibus S. U 7a spricht von den Wildgänsen als Wetterpropheten: "Siluestres autem anseres omnes gregatim uolando, ordinem ſeruant literatum, ſicut et grues: et cum uolant, flatui uentorum quo facilius uolant committunt et ideo multi predicant uentos et frigora et ymbreſ ad uolatum ipsorum". Der Name bezieht sich auf verschiedene Arten der wandernden Wildgänse. — Aus dem Umstande, daß Schwenkfeld Ther. Sil. (1603) S. 213 unter den Gänsearten die in Deutschland nur selten beobachtete Schneegans (anser hyperboreus) beschreibt, haben auch moderne Ornithologen den Schluß gezogen, daß Schlesien zu den südlichen Landstrichen gehört, wo dieser nordische Vogel sich zuweilen gezeigt hat. Zu beachten ist aber, daß die Schilderung Schwenkfelds von Gesner abhängig ist, der sie wieder aus Albertus Magnus übernommen hat. Dieser beschreibt den anser hyperboreus in seinem Werke De animalibus a. a. O.: "et est tertius totus albus preter alarum extremas quattuor vel quinque pennas quae sunt nigerrimae et hoc genus est paruum late et alte et longe uolans — — —; uulgo *anseres grandinis* siue *niuis* uocantur". Der letztere von den hier genannten Namen des Vogels ist als *snegans* im 13. Jh. belegt (Versus de volucr., Ahd. Gll. III,

1 Nach Naumann fliegen die Saatgänse fast immer sehr hoch außer Schußweite und auch sehr unregelmäßig, d. h. bald nach der, bald nach jener Gegend zu, und dies besonders, wenn sie ungestüme Witterung merken. Sie sind daher wahre Wetterpropheten, die die bevorstehende Veränderung des Wetters auf 24 Stunden vorher empfinden; denn wenn sie im späten Herbst in guter Ordnung und sehr eilig Tag und Nacht gerade gegen Westen fliegen, so fällt gewiß sehr bald ein hoher Schnee, der ihnen in dieser Gegend die Nahrungsmittel entzieht, daher sie eine gelindere aufsuchen müssen, die ihnen dieselben noch unbeschneiet darbietet. Im Frühling hingegen, wo natürlich dieser Zug gegen Osten geht, bedeutet es nachher Tauwetter.

714[44]); dann im 15. Jh. *schnegans* a. a. O. III, 29[18] und das Synonymon *wetergans* ebenfalls im 15. Jh. a. a. O. III, 29[38]. Die gewöhnliche Wildgans (anser cinereus) nennt Albertus a. a. O. *gragans*. Bei der Wiedergabe der Schilderung des Albertus bemerkt Gesner, daß man in der Schweiz mit dem Ausdruck *Schneeganß* nicht nur die dritte Art des Albertus verstehe, sondern auch die erste und zweite (anser arvensis und anser segetum). Baldner Vogelb. (1666) S. 11 bezieht den Namen ebenfalls auf den anser segetum, und dieser Vogel wird wohl an den meisten Orten darunter verstanden.

Älter bezeugt als der heute in den Mundarten sehr verbreitete und auch in die Schriftsprache aufgenommene Name *Schneegans* ist das Synonymon ***Hagelgans***, das in den ahd. Glossen als *hagalgans* (= mullis Versus de volucribus, sparalus H. S. III, 17 und Glossae Hildegardis in Ahd. Gll. III, 404[55]) belegt ist. Im Elsaß, wo dieses Wort im 16. Jh. durch das Strassburg. Vogelb. V. 479 (auch bei Fischart und in Spangenbergs Gansкönig) bezeugt wird, ist es nach Martin-Lienhart Wb. I, 226 jetzt ausgestorben. In Hessen-Nassau kommt der Name als *Halgans*, *Halegans*, *Holgans*[1] und in Luxemburg als *Hôlgäns* (neben *Huergäns*)[2] vor; in Göttingen und Grubenhagen gilt *Sleckergâs*[3], in Waldeck *Schlackergaus*[4], an mitteler Edder in Hessen *Schlackergans*[5], in Westfalen *Slackergôs*, *Sleggergôs*[6] (auch von Kranichen, ebenso wie luxemburg. *Huergäns*, gebraucht), welche zu *slackern* 'schneien' gehören.

Nonnengans, bernicla leucopsis.

Die sogenannten Meergänse (bernicla) sind im Binnenlande seltene Gäste. Das Straßburger Vogelbuch, das *die Waſſergenß*, *Rorgenß*, *Rietgenß*, *Weydgenß*, *Rheingenß* und *Seegenß* aufzählt, meint wohl mit dem letztgenannten Namen gerade jene Gänse; bei Eber und Peucer Vocab. v. J. 1552 S. E 4b werden ebenfalls die *Seegenſe* erwähnt. Im Mittelalter war von diesen die Nonnengans unter dem Namen ***Baumgans*** bekannt und an ihn

1 Kehrein 122. — 2 Wb. d. Luxemburg. Mundart 184. 190.
3 Schambach 194. — 4 Schiller Zum Tierbuche III, 13.
5 Pfister Nachtr. zu Vilmar Id. S. 251. — 6 Woeste 238. 240.

knüpfte sich die Fabel, daß der Vogel aus den Früchten gewisser Bäume entstehe, die auf schottischen Inseln wüchsen. Die Früchte fielen — so wurde erzählt — entweder auf die Erde und verfaulten, oder ins Wasser, wo sie sich sofort zu lebenden Vögeln verwandelten. In dieser Form wird die Legende z. B. von Aeneas Silvius erzählt. Nach einer anderen Version würden sich die Vögel aus dem faulen Holz untergegangener Schiffe allmählich entwickeln. In der Schilderung Schottlands durch Hector Boethius findet man noch eine dritte Variante der Sage; hier wird unter Hinweis auf glaubwürdige Augenzeugen behauptet, daß die Vögel aus einer Schnecke entständen, die an dem faulen Holz der Schiffe haftet. Zum ersten Mal wird der deutsche Ausdruck (*boumgans*) bei Albertus Magnus De animalibus S. U 8a genannt. Die Legende ist hier als Lüge bezeichnet worden, wird aber doch durch das ganze Mittelalter weitererzählt und geglaubt. Auch Turner Avium hist. (1544) S. B 3bff. ist geneigt, den Erzählungen Glauben zu schenken und versucht auch später die Wahrheit derselben in Briefen an Gesner zu beweisen. Dieser, der seine eigene Meinung inbezug auf die Glaubwürdigkeit der Legende verschweigt, reproduziert in Hist. avium S. 108 f. den Namen *Baumganß* nach Albertus.

Ringelgans, bernicla torquata.

Gesner kennt den Namen *Baumganß* (offenbar aus Straßburg) als Bezeichnung der Ringelgans; auch Schwenkfeld Ther. Sil. (1603) S. 214 führt in diesem Sinne die Namen *Ein Baum Gans / Baum Endtle* an. Baldner Vogelb. (1666) S. 12 nennt die Ringelgans, die er in seiner Heimat als "gar unbekannt" bezeichnet, *Ein ſchottiſche Baumganß* und beruft sich inbezug auf den Namen auf Gesner.

An der Nord- und Ostsee, wo der Vogel zu überwintern pflegt, nennt man ihn *Rottgôs*[1] (in Lübeck) = *Rötgôs*[2] in der ostfriesischen Mundart. Bei Junius Nomenclator v. J. 1581 S. 54b ist dieser Name als *Rotgans* zum ersten Mal belegt. Martens, der *die Rotges* in seiner Spitzbergischen Reisebeschreibung (1675)

1 Korrespondenzbl. f. ndd. Sprachf. XVI, 83.

2 Jb. f. ndd. Sprachf. XI, 113.

S. 61 f. beschreibt, erklärt den Namen aus dem Naturlaut der Vögel: "Sie ſchreyen gantz hell Rottet tet / tet / tet / tet /". Nach Naumann unterhalten sie sich mit kurzem rauhem 'rot rot' oder 'kroch kroch', das aus vielen Kehlen fast wie ein Grunzen klingt, während die knäng-Rufe an Hundegebell erinnern. Der onomatopoietische Name findet sich auch bei den anderen germanischen Völkern, welche die Meeresküsten bewohnen, vgl. engl. *rottgoose*, *roadgoose*, *roodgoose*[1], anord. *hroðgás*, dän. *radgaas*, isländ. *hrota*. Im Schwedischen lautet der Name *prutgås*, im Französischen (Picardie) *crot*[2].

Das englische Synonymon *brant*, *brentgoose* ist zum ersten Mal in dem lateinischen Texte bei Turner a. a. O. als *branta* bezeugt. Das Wort begegnet dann bei Junius a. a. O., wo *Brantgans* als niederländischer Name bezeichnet wird. In Skandinavien kommt *brandgás* schon in den Glossen der Snorra-Edda vor; schwed. *brandgås*. Der erste Teil des Kompositums bezieht sich auf die schwarze Farbe des Gefieders, vgl. Brandvogel S. 45.

Unklar ist der mittelenglische Name *barnacle* = frz. *bernaque*, portug. *bernaca*, span. *bernicla*, mittellat. *bernaca*.

Enten, Anatidae.

Ente, anas.

Ahd. anut: Sg. Nom. — *anut* aneta: cod. SGalli 242, 248b. *anud* anas: cod. Admont. 508, 59a. *anot*: Gll. Salomon. a 1. *anat* anans: Cgm. 187. *anath*: cod. Berol. Ms. lat. 8⁰ 73, 124a. *and*: Cgm. 5248, 2 nr 2 f. 2b. *anet* anas: Versus de volucr. *anit*: cod. Lugdun. Voss. lat. 4⁰ 51 f. 162b. anas: Versus de volucr. anas: H. S. III, 17, aneta: XIb. d. e., anas ł aneta auis aquatica: g. *ant* anas ł anete: cod. Vindob. 804 f. 185b. *anita*: H. S. XI a 2: cod. Berol. Ms. lat. 93 8⁰, 4a, *ante*: cod. Vindob. 2400, 91a, *œnte*: cod. Graec. 859, 1d, *ânte*: III, 17: cod. Vindob. 2400, 41b, *enta*: cod. Darmstad. 6, 24b. *enede* anas: cod. Oxon. Jun. 83, 4. *anetha*: Gll. Salomon. a 1: Clm. 22201, 9d, *ante*: cod. Vindob. 2276, 8e, anas: cod. Admont. 3, 15c, *ânte*: d: Clm. 23496, 1c. *anete* anas: cod. Vindob. 804 f. 167b, cod. Wirziburg. Mp. th. 4⁰ 60, 99b. *ante*: Versus de volucr., *ente*: Versus de volucr. — Pl. Nom. — *anite* fulicę: Vergilius G. I, 363: cod. Berol. Ms. lat. 4⁰ 215, 26a. cod. Selestad. f. 109b. *anitun* aneti: Clm. 14689 f. 47a.

1 Swainson The Folklore S. 149.

2 Rolland Faune populaire II, 392.

Komposita: *anutkunni* (Entenfamilie, Entengeschlecht): bęliçǫ *anud cunni* fulica: cod. sem. Trevir. R. III. 13, 106a. *anotchunni*[1]: Psalmen: Clm. 19440, 120. *anatchunni*: cod. SGalli 299 p. 26. *antit chunni* fuluo et .P.įelico[2]: cod. Vatic. Reg. 1701, 2b.

Wie der Name der Gans, so ist auch derjenige der Ente aus der indogermanischen Zeit ererbt. Die germanischen Namensformen (ahd. *anut*, mhd. *ant* = mnd. *an(e)t*, mndl. *aent*, nndl. *eend*, ags. *ænid*, *ened*, me. *enede* und anord. *ǫnd*, dän. schwed. *and*) führen auf urgerman. **anud-* : **anid-* zurück, das mit lat. *anas* (Gen. *anatis*), lit. *ántis*, akslav. *ąti* 'Ente' und altind. *ātíš* 'ein Wasservogel' urverwandt ist; zweifelhaft ist die Verwandtschaft mit dem gleichbedeutenden griech. νῆϲϲα.

Neben dem femininen *i*-Stamm *anut* findet sich im Althochdeutschen auch eine erweiterte Namensform *anata* (daher mittellat. *aneta* in der Lex Salica tit. VII. und der Lex Alamannorum tit. 99 § 19 sowie in den Glossen, s. oben) und mit Ablaut des Suffixvokals *ęnita* (im 13. Jh. als *enta* und *enede* bezeugt, s. oben). Die letztere liegt der heutigen schriftsprachlichen Form *Ente* zugrunde, die im Mittelhochdeutschen oft bezeugt ist und im 16. Jh. sowohl in ober- wie mitteldeutschen Quellen die normale Form ist: *Endt* bei Turner Avium hist. (1544) S. B 3a, *End* bei H. Sachs Regim. der Vögel (1531) V. 138, *Entte* bei Eber und Peucer Vocab. (1552) S. E 4a, *Ente* im Strassburg. Vogelb. (1554) V. 365, *Endt / Ent / Ant* bei Gesner Hist. avium (1555) S. 95. In den heutigen hochdeutschen Mundarten ist *Ente* allgemein, die niederdeutschen Dialekte haben dafür *Ânt(e)*[3], ostfries. *Ânte*, *Ânt*[4], nordfries. *An*[5], auf Helgoland *En*[6].

Das Kompositum *anetfogel* ist zuerst im 13. Jh. (cod. Oxon. Jun. 83, 4) belegt und begegnet darauf in späten Glossenhss. der Versus de volucribus (Ahd. Gll. III, 27[55]); im 16. Jh. *Antvogel* gleichbedeutend mit *Ente* in Ryffs Tierb. Alberti (1545) S. J 3

1 Fortsetzung der vorhergehenden Glosse [Psalmen 103, 17: (Herodii domus. alia editio fulice domus) uuazarstelh]. (Steinmeyer).

2 l. *anitchunni* (Steinmeyer); vgl. S. 302.

3 Vgl. Korrespondenzbl. f. ndd. Sprachf. XVI, 82. XVII, 1. 2, Danneil 8, Schambach 12, Frommann D. Mundarten VI, 50 usw.

4 Jb. f. ndd. Sprachf. XI, 111. — 5 Johansen Nordfries. Spr. S. 99.

6 Frommann D. Mundarten III, 33.

und J 5a und Gesners Hist. avium (1555) S. 95, sowie in der Übersetzung der Bücher Plinii v. J. 1651 S. 498, ndl. *Endtvogel* bei Junius Nomenclator (1581) S. 53b. 54a. Heute wird *Antvogel* in diesem Sinne u. a. in Hamburg und Holstein[1], Sachsen[2], Steiermark[3] verwendet; Martin und Lienhart Wb. I, 99 geben als Bedeutung von elsäss. *Entenvogel* 'Enterich' an.

Die Geschichte der Zähmung der Ente ist ebensowenig bekannt wie die des übrigen Hausgeflügels; das früheste Zeugnis für Deutschland liefert die Lex salica (s. S. 420). Von der Wildente wird die zahme manchmal mit dem Namen *Hausente* unterschieden; den Ausdruck bezeugt zuerst Bracks Vocab. v. J. 1495 S. 49b, wo *haußendt* im Gegensatz zu *wasserendt* steht, dann auch *Haus endt* und *Zam endt* neben *Wild wasserendt* im Strassburg. Vogelb. (1554) V. 370f.

Vielfach wird die zahme Ente mit Kosenamen bezeichnet, die auf Lockrufen beruhen oder aus der Kindersprache hervorgegangen sind. Viele von diesen Namen werden auch für Gänse verwendet, wie z. B. das weitverbreitete Wort *Pîle* (vgl. S. 415). Im innern und nördlichen Hessen ist *Bîle*[4] der Lockruf und zugleich auch die allgemein gebrauchte Bezeichnung der Ente (zuweilen *Biler*[4] = Enterich); derselbe Lockruf gilt auch in einigen Teilen von Thüringen, daher *Bilentchen*[5] in der Vogtei. In Niederdeutschland hat das Wort ein *p* im Anlaut: *Pîläntkes*[6] (Plur.) in Recklinghausen, *Pîle*, *Pille*, *Pillente*[7] in Westfalen (Lockruf pill! pill! und ant! ant!), *Pielken* (*Aant Pielken* neben *Gôspielken*[8]) in Hamburg und Holstein, *Pîle*, *Pill(e)* neben *Will(e)*[9] in Preußen (im benachbarten Litauisch *pyle* = lett. *pihle* 'Ente')[9]. In Göttingen und Grubenhagen wird *Pîle*[10] als Lockruf gegen die Gänse, seltener gegen die Enten gebraucht; der Ruf *Pîlenat*[10] ist ein zusammengesetzter Lautkomplex, dessen zweites Element *nat*! *nat*![10] (vielleicht aus *anat*) auch allein als Lockruf gegen

1 Korrespondenzbl. f. ndd. Sprachf. XVII, 2 f.
2 Albrecht Die Leipziger Mundart S. 79.
3 Unger-Khull 19.
4 Vilmar 37. — 5 Hertel 68.
6 Korrespondenzbl. f. ndd. Sprachf. XVII, 5. — 7 Woeste 198.
8 Korrespondenzbl. f. ndd. Sprachf. XVII, 3. 4.
9 Frischbier II, 143. 469. — 10 Schambach 143. 154.

Enten vorkommt. In Süddeutschland lockt man das Geflügel mit anderen Lauten, so z. B. in Steiermark mit *Wudl! Wudl!*, speziell die Enten auch mit *Widel! Widel!* oder *Guserl! Guserl!*[1]; im Elsaß ist der Lockruf *Gut(e)*, und die junge Ente heißt hier *Gütle* n. oder *Güz*[2] f. Ohne Zweifel gehören auch bair. *die Geit* 'Ente' und *der Geidl*[3] 'Gänserich' in diesen Zusammenhang; bereits im 15. Jh. findet sich *geydl* unter den Vögeln, welche in einer Version des Märchens vom Zaunkönig (Germania VI, 90) auftreten. In Baiern ist *schlick! schlick!* der übliche Lockruf für Enten, ebenso in der Pfalz[4]. In Preußen kommt der Lockruf *Schill* auch als Name der Ente vor[5]. In der Umgegend von Hamburg und Lübeck nennt man die Enten *Prîtje*[6] und *Prüte*[6], so lange sie noch piepen; in Hamburg heißen sie auch *Pîrken*[6]. Schützes Holsteinisches Idioticon führt das Wort *Wöbbe*[6] als Bezeichnung der jungen Ente an. Die elsässische Kindersprache hat für die Ente die Ausdrücke *Dreckbatsche(r)l(e)*[7] (d. h. die plätschernd im Kote Watende) und *Entewackele(in)*[7] (von dem wackelnden Gang); das letztgenannte Wort ist auch in den nachbarlichen schwäbischen und pfälzischen Mundarten üblich.

Derartige neue Bildungen wie die vorhinerwähnten können gelegentlich die alten Namen ganz verdrängen. So geben Staub-Tobler Id. I, 354 an, daß das Wort *Ent* in den schweizerischen Dialekten nicht mehr recht volkstümlich ist, sondern durch die Kosenamen *Wudle* und *Wuri* (= elsäss. *Wudi*[8] 'Gänschen', *Wurri*[8] 'Gans und Ente') ersetzt wird. Aus Schlesien verzeichnet schon Schwenkfeld Ther. Sil. (1603) S. 195 *Rätſche* und *Hatſche* ("a uoce rauca") als die allgemein üblichen Benennungen der Ente. Der erstere von diesen Namen ist auch weiter verbreitet. Als Bezeichnung des Enterichs ist *Retschen* schon bei Gesner Hist.

1 Unger-Khull 315. 632. 639. — 2 Martin-Lienhart I, 247. 254.

3 Schmeller-Frommann I, 872. 958; im schwäbischen Dialekt lautet der Lockruf *gəit, gəit*, s. Fischer Wb. II, 726.

4 Heeger Tiere im pfälz. Volksmunde II, 8, Fischer II, 726.

5 Frischbier II, 271.

6 Korrespondenzbl. f. ndd. Sprachf. XVI, 83. XVII, 1.

7 Martin-Lienhart II, 122. 807.

8 Martin-Lienhart II, 794. 846.

avium (1555) S. 95 bezeugt; in diesem Sinne wird *Rätsch(ent)* [1] auch heute in der Schweiz und *Ratsch, Rätsch, Rätscher, Entenrätscher* [2] im Elsaß verwendet. Der Name, der zum lautmalenden Verbum *rätschen* gehört, bezieht sich auf die Stimme des Enterichs, ebenso das gleichbedeutende *Schnäderent* [3] (d. h. Schnatterente) in der Schweiz.

Ein alter Name des Entenmännchens ist im ahd. Worte *anutrehho* vorhanden: *ântreche* anetus: H. S. III, 17: cod. Vindob. 2400, 41b, *ântrécho*: Clm. 2612, 34b, *anetrecho*: cod. Trevir. 31, 14b, *antrech*: Clm. 23796, 173a, *anthrech*: cod. princ. de Lobkow. 434, 8b, *antroch*: cod. Darmstad. 6, 24b, *an*ⁱ*trech*: cod. mon. herem. 171, 24, fol. olim Heidelberg. 1b; *anetrecho vel aneth* anas anetus: Umordnung H. S. III, 8. *antrecho*: Gll. Salomon. a1: cod. Zwettl. 1, 18b, Clm. 22201, 9d, *antre. hoho*: cod. mon. s. crucis 17, 31b, *antreche*: cod. Admont. 3, 16a, *ᵍentreche*: cod. Vindob. 2276, 8e, *antrache*: cod. mus. bohem. Prag. 14a, *antrech*: Clm. 17403, 15a, liber impressus 10b, *antrech. ł ganzo*: d: Clm. 23496, 1c, *antrecho*: e: Clm. 7999, 12a. *anitreche*: cod. Oenipontan. 711, 30a. Dem ahd. *anutrehho*, mhd. *antreche* (bei Konrad von Megenberg Ed. Pfeiffer S. 169, 18 in der Pluralform *antreichen*) entspricht mnd. *andrake* (*antdrake*); schwed. *anddrake* und dän. *andrik* sind Entlehnungen aus dem Niederdeutschen. Wahrscheinlich ist die Bildung mit Kluge Et. Wb.[6] S. 96 s. v. Enterich als ein Kompositum **anut-trahho* aufzufassen, dessen zweites Glied als selbständiger Name in gleichbedeutendem engl. *drake* (seit dem 13. Jh. nachgewiesen) und ndd. *Drâke* [4] (in Göttingen, Grubenhagen und Fallersleben), *Drôk* [5] (in Altmark) auftritt. Auf hochdeutschem Boden kommt *Drache* [6] in Henneberg und Westthüringen sowie stellenweise auf dem Schwarzwald, *Trech* [7] (auch *Rech*) in der schwäbischen Mundart vor. Der Ursprung dieses Ausdrucks ist dunkel; die Identität mit *Drache* = ags. *draca* 'draco' kann nicht, wie Skeat Concise Et. Dict. S. 152 meint, primär sein. — Die alte Bildung *Antrech* hat sich später an die Namen auf *-rîch* (wie *Heinrich* usw.) angelehnt und im Anschluß an diese ihr Suffix umgebildet; dadurch ist das schriftsprachliche *Enterich* entstanden, das seinen

1 Staub-Tobler I, 356. — 2 Martin-Lienhart II, 308. 309.
3 Staub-Tobler I, 356.
4 Schambach 47 und Frommann D. Mundarten V, 54.
5 Danneil 259. — 6 Kluge Et. Wb.[6] S. 96. — 7 Fischer II, 338.

Typus auf die verwandten Begriffe *Gänserich*, *Täuberich* ausgedehnt hat, vgl. S. 211 und 413. In der umgebildeten Form *Entrich* begegnet der Name zum ersten Mal bei Eber und Peucer Vocab. (1552) S. E 4 a; bei Gesner Hist. avium (1555) S. 95 werden die Formen *Entrich* und *Entrach* (danach *Endtrich* bei Junius Nomenclator (1581) S. 53 b. 54 a) neben einander angeführt. In Hans Sachs' Regim. der Vögel (1531) V. 138 steht noch die unumgelautete Form *Antrich*; bei Hohberg Adeliches Land-Leben (1687) II, 390 Kap. CVIII *Endtrich* und (S. 393) *Andtricht*. Heute gilt in Schwaben die Form *Antrech*[1], in Baiern *Äntrecht* (Allgäu), *Andrach*[2] (Aurbach), in Oberhessen *Antrach*, *Ôndrach* (*Endrach*, *Entedrach*)[3], in Thüringen *Andrich* (Harz), *Endrache* (Nordhausen), *Einderachd*[4] (Mühlhausen), in Preußen *Entrach*[5], in Siebenbürgen *Unterich*[6], in Westfalen *Antrek* (Fürstenb.), *Ännerik* und *Enerk*[7] (Paderborn), in Lippe *Ännerk*[8].

Derselbe Maskulintypus wie in *Tauber*, *Ganser* (vgl. S. 210) ist vorhanden in *Enter* in Preußen[5], *Ênderd*[4] in Thüringen (Salzungen und Winterstein), *Intert*, *Untert*[9] in Luxemburg. — Eine maskuline Ableitung von *Ente* ist offenbar auch *Enteler*, das in einigen Teilen des schwäbischen Sprachbezirks vorkommt[10]. Das Verhältnis dieses Namens zu elsäss. *Entläre* 'weibliche Ente' ist schwer zu bestimmen; die feminine Bildung hat Parallelen in *Gänsläre* und *Katzläre* (dazu *Läre* 'weibliche Katze'). In dem schwäbischen Sprachgebiet wird der Enterich stellenweise auch *Entenmann*[10] genannt, vgl. das gleichbedeutende schwed. *ankbonde* (zu *bonde* 'verheirateter Mann'). Weiter verbreitet ist als Name des Enterichs das Kompositum *Entvogel*[11] (in der Schweiz), *Antvogel*[12] (in Baiern), *Andfuəgel*[13] (in Westfalen).

Ein mitteldeutsch-niederdeutscher Ausdruck für die männliche Ente ist *Erpel*, welches Eber und Peucer Vocab. (1552) S. E 4 a als *Erpell* belegen und das danach von Gesner Hist.

1 Fischer I, 276. — 2 Schmeller-Frommann I, 114.
3 Crecelius I, 42. — 4 Hertel 90. — 5 Frischbier I, 175.
6 Wb. d. Luxemburg. Mundart 451. — 7 Woeste 9. 10. 67.
8 Frommann D. Mundarten VI, 50.
9 Wb. d. Luxemburg. Mundart 193. 451.
10 Fischer II, 727 f. — 11 Staub-Tobler I, 356.
12 Schmeller-Frommann I, 114. — 13 Woeste 7.

avium (1555) S. 95 als sächsisch bezeichnet wird. Das Wort ist auch in einigen Teilen von Thüringen[1], in Fallersleben[2], Altmark[3], Braunschweig, Quedlinburg, Pommern[4] und Preußen[5] (hier auch *Arpel*) üblich. Man hält den Namen für eine Ableitung von dem Adjektivstamme, der in ahd. *ĕrpf*, ags. *eorp* (*earp*) 'dunkelfarbig' vorliegt und bezieht ihn also auf die besondere Färbung des Männchens. Dieser Deutung widerspricht aber die Tatsache, daß der Enterich sich von der Ente nicht durch dunklere sondern im Gegenteil durch viel hellere Farben unterscheidet.

In Niederdeutschland werden noch andere Namen zur Bezeichnung der männlichen Ente verwendet. In Holstein heißt sie *Warte*[6], in Preußen *Wârt*[7], ostfries. *Wârte*, *Wôrte*[8], nordfries. *Wörd*[9], auf Helgoland *Guârd*[10], ndl. *waard*, *woerd*, *woord* (Demin. *wertel*). Die Benennung ist wohl mit ags. *weard* 'Hüter, Herr, König', anord. *vǫrdr* 'Hüter' identisch. — Im nördlichen Westfalen heißt der Enterich *Wîk*, *Wîek*, *Wœ̂k*, in Mecklenburg-Schwerin *Wetik*, *Weddik*[4], in Preußen *Wedik*, *Wedk*, *Wederik* (im Ermlande *Wedig*)[11]; schon mnd. *wedich* (= anetarius). Die Annahme, daß dieser Ausdruck eine Entlehnung aus lit. *vedìkas*, akslav. *vedĭcĭ* 'Führer' wäre, dürfte kaum richtig sein, da die slavischen Worte nicht in der Bedeutung 'Enterich' nachzuweisen sind. Übrigens weist der in Lübeck vorkommende Name *Wet*[12] eine kürzere Form des Namens auf, zu welcher mnd. *wedich* und preuß. *Wederik* nach dem Typus von westfäl. *Dûwek* und *Enterich* gebildet worden sind. Wahrscheinlich beruht ndd. *Wet* auf einem Lockrufe, ebenso wie oberd. *Widel*, *Wudl*. Das Wort *Wänack*[13] 'Enterich' in Altmark ist wohl als *Wedännerk* aufzufassen.

Eine alte Deminutivbildung mittels des gehäuften Suffixes *inkilîn* liegt vor in der ahd. Glosse *anitinchili* anetelli: Cgm. 187.

1 Hertel 90. — 2 Frommann D. Mundarten V, 55.
3 Danneil 48. — 4 Kluge Et. Wb.[6] S. 96. — 5 Frischbier I, 177.
6 Korrespondenzbl. f. ndd. Sprachf. XVII, 2. 5. — 7 Frischbier II, 456.
8 Jb. f. ndd. Sprachf. XI, 113. — 9 Johansen Nordfries. Spr. S. 112.
10 Frommann D. Mundarten III, 33.
11 Frischbier II, 460.
12 Schumann Beiheft zur Zs. f. d. Wortforsch. IX, S. 3.
13 Danneil 243.

Stockente, anas boschas.

Die häufigsten von allen Wildenten sind in Deutschland die Stockenten. Eber und Peucer Vocab. (1552) S. E 4 a beschreiben diese Vögel unter den Namen *Grosentten*, *Mertzentten*; der letztere Ausdruck erklärt sich daraus, daß die Stockenten im März an ihren Brutplätzen zu erscheinen pflegen. Gesner, der (Hist. avium S. 110 f.) aus den Varietäten des Vogels zwei verschiedene Arten (anas torquata minor und anas torquata maior) gemacht hat, führt die Namen *Großent*, *Rätſchent* und nach Eber und Peucer *Mertzenten* an. Als schweizerische Worte bezeichnet er die Namen *Hagent* (= Waldente) und *Stortzent*, *Storent*, das — wie in Hist. avium richtig bemerkt wird — zum Verbum *storen* 'wühlen' gehört und daraus zu erklären ist, daß der Vogel im Schlamme seine Nahrung sucht. Der Ausdruck *Stortzent* oder (wie Schwenkfeld schreibt) *Stertz Endte* (d. h. Schwanzente) bezieht sich wohl auf die vier gekrümmten Schwanzfedern des Enterichs. Aus der Gegend am Bodensee kennt Gesner die Synonyma *Blaſſent* und *Spiegelent*, von denen jenes als *Blaß-Ent* (d. h. Bläßente) zu verstehen und aus dem weißen Halsring zu erklären ist, während dieses auf den blauen mit Schwarz und Weiß gezeichneten Spiegel der Flügel zielt. Nach der Färbung hat die Stockente noch den Namen *Wild blauw Ent* bei Gesner erhalten; im Strassburg. Vogelb. (1554) V. 371 *Plaw endten*. Schwenkfeld Ther. Sil. (1603) S. 197 wiederholt die von Gesner gesammelten Namen.

Der heute in der Wissenschaft geltende Name *Stockente*, der wohl als 'Waldente' zu deuten ist (vgl. S. 348), begegnet bei Hohberg Adeliches Land-Leben (1687) II, 630 Kap. CVII; in Luxemburg *Stackint*[1] und *Reinînt*[1] (Rheinente), in Steiermark *Stocker*[2] m.

Baldner Vogelb. (1666) S. 23 verwendet den Gattungsnamen *Antvogel* (s. S. 420) speziell für die Stockente, und diese Bedeutung hat das Wort offenbar auch in den Straßburger Fischerverordnungen des 15. Jhs. (Brucker Straßburger Zunftverordnungen S. 183. 187. 226. 229. 258. 259. 266).

---

1 Wb. d. Luxemburg. Mundart 355. 418. — 2 Unger-Khull 579.

Aus Luzern führen Staub-Tobler Id. I, 354 *Grab-Ent* als Bezeichnung der Stockente an. Das Wort ist wohl nicht als Parallele zu *Stor-Ent* (aus *graben*), sondern als Umbildung von *Grâw-Ent* (Grauente) aufzufassen.

Vielfach wird diese Entenart einfach als *Wildente* bezeichnet. — Ein mythologischer Name der Wildente ist *Ilmetritsch* im Elsaß; nach Martin-Lienhart Wb. d. Els. Ma. II, 769 bedeutete das Wort ursprünglich Wassergeister, die den Schwanenjungfrauen vergleichbar waren. — In Jägerkreisen ist die Stockente als *die Große* oder *die Märzente* bekannt, s. Naumann-Hennicke X, 16.

Schnatterente, anas strepera.

Der Name gebührt eigentlich nur dem Weibchen dieser Entenart, dessen Schnattern nach Naumann in sehr schnellem Tempo erfolgt und wie 'räckräckräck' klingt. Neben *Schnatter Endte* führt Schwenkfeld Ther. Sil. (1603) S. 202 als schlesische Synonyma *Schnarr Endte* und *Schnerr Endtlin* an.

Die Entenart, welche Gesner Hist. avium (1555) S. 113 nach den Angaben seines meißnischen Korrespondenten Fabricius unter dem Namen *Mittelente* beschreibt, muß die Schnatterente sein. Der meißnische Name gehört zu den vielen Jägerausdrücken, welche sich auf die relativen Größenverhältnisse der einzelnen Arten beziehen; die Schnatterente hält inbezug auf die Größe die Mitte zwischen der *Großente* (Stockente) und der *Knäkente.* Ein Jägerwort ist wahrscheinlich auch das von Fabricius (bei Gesner a. a. O. S. 117) mitgeteilte Synonymon *Leiner.* Der Name hängt wohl mit *Leine* zusammen und erklärt sich daraus, daß der Vogel an einem langen Seil festgebunden als Lockvogel bei der Entenjagd benutzt wird.

Ein Straßburger Dialektname für die Schnatterente ist *Brogvogel* in Baldners Vogelb. (1666) S. 36. In den Straßburger Stadtordnungen des 15. Jhs. kommt das Wort öfters vor: *brovogel* in den Jahren 1425 und 1449, *brotvogel* im Jahre 1459, *brehevogel* 15. Jh., *brohvogel* 15./16. Jh. (Brucker Straßburg. Zunftverordn. S. 183. 226. 229. 230. 258. 259. 266). Der Name ist offenbar als 'Brachvogel' zu deuten.

Knäkente, anas querquedula.

Diese Entenart wird sehr oft verwechselt mit der Krickente, deren Name daher für beide Arten verwendet wird. In Preußen unterscheidet man die Knäkente als *Großkrickente*[1] oder *Maikrick*, *Maikreck*[2] m. u. f. von der kleinen Art.

In Hist. avium (1555) S. 105 führt Gesner nach seinen Straßburger Korrespondenten als Bezeichnung der Knäkente den Namen *Kernell* an; dazu stimmen *Kernel* im Strassburg. Vogelb. v. J. 1554 V. 350 und bei Baldner Vogelb. (1666) S. 37. Nemnich Polyglottenlexicon I, 271 kennt *Kernel* und *Karnellen* ebenfalls aus der Gegend am Oberrhein. Nach Nesselmann (s. Frischbier Preuß. Wb. I, 339) würde *Karnull* (*Karnelle*) in Natangen und Barten für die Krickente verwendet werden. Der Name ist wahrscheinlich onomatopoietisch und gehört zur selben Schallwurzel wie ahd. mhd. *kerren* 'schreien, knarren'. Vgl. S. 298. Der knarrenden Stimme verdankt diese Entenart auch die in Steiermark üblichen Namen *Regerl* n., *Regerlente* (zu *regeln* 'schnattern, quacken') und (im Ennstale) *Scharrátzel*[2] (zu *scharretzen* 'knirschen, scharren').

Baldner, der die Krickente *Dressel* nennt, unterscheidet von dieser die Knäkente als *Vig Dressel*. Der erste Kompositionsteil (*Vig* = Feige) zielt wohl auf den eigentümlichen Geschmack des Fleisches. Dieses soll nämlich einen moschusartigen Beigeschmack haben, wodurch auch das von Staub-Tobler Id. I, 355 zitierte Synonymon *Bisamentli* (auch von anas crecca und anas rufina gebraucht) seine Erklärung findet.

Krickente, anas crecca.

In Deutschland ist *die Krickente* fast ebenso häufig wie die vorhinerwähnte Art. Den Namen, der in mittel- und niederdeutschen Mundarten üblich ist, verdankt der Vogel dem Frühlingsruf des Männchens, welcher nach Voigt Excursionsbuch S. 273 ein angenehm klingendes 'krlik' ist. Agricola De animantibus subterraneis (1549) S. 3b belegt diese Benennung in der Form *Krichentlein*. Gesner, der (Hist. avium (1555) S. 103) die

---

1 Frischbier I, 256. II, 45. — 2 Unger-Khull 497. 534.

sächsische Lautform aus Agricola übernommen hat, führt daneben nach Fabricius (aus Meißen) *Kruckentle* an; andere sächsische Belege sind *Krichentte* bei Eber und Peucer Vocab. (1552) S. E 4 a, *Kriech-* oder *Krick-Ente* bei Döbel Eröffn. Jägerpr. (1746) S. 70. Schwenkfeld Ther. Sil. (1603) S. 203 bezeugt die Varianten *Ein Krúck Endtlin*, *Krúck Endtle* aus Schlesien; bei Hohberg Adel. Land-Leben (1687) II, 630 Kap. CVII: "So gibt es bey uns *Kruck-Endten*". — In Niederdeutschland wird *Krickännerk*[1] aus Westfalen, *Krick-Ahnt*[2] aus Hamburg und Holstein, *Krikente*[3] aus Göttingen und Grubenhagen verzeichnet; ostfries. *Kreke*, *Krike*, *Kricke*[4]. In Preußen kommt neben *Kricke* das Kompositum *Pîpkreck*[5] (d. h. Pfeifkricke) vor. Dän. *krikand*, schwed. *krickand*, *kricka* sind wohl nach dem deutschen Worte gebildet. Der onomatopoietische Charakter des Wortes erklärt die lautliche Übereinstimmung mit gleichbedeutenden frz. dial. *cric*, *criquet* und lit. *kriklė*. — Die volksetymologische Umdeutung, die in *Kriechente* zutage tritt, hat die ndd. Variante *Krûpânt*[2] hervorgerufen, nach welcher dann schwed. *krypand* gebildet ist. — In Luxemburg teilt die Krickente mit der Knäkente den Namen *Klengint*[6].

Die oberdeutschen Mundarten haben für die Krickente andere Namen. Nach Gesner Hist. avium (1555) S. 103 hieß sie in der Schweiz *Kleinente* (im Gegensatz zu den vorhin genannten größeren Arten), *Grauwentle* (d. h. Grauente) und *Mûrentle*, *Sorentle* (zu *Mûr* 'Moor', *Sor* 'unreine Flüssigkeit', weil die Ente in schlammigen Teichen ihre Nahrung sucht); dazu noch nach Staub-Tobler Id. I, 355 *Lettentli* (zu *Lette* 'Schlammerde'). — Unklar ist der schweizerische Ausdruck *Socken* (Plur.) bei Gesner a. a. O.

Das Synonymon *Trößlen*, das Gesner aus Deutschland kennt, ist im Elsaß heimisch. Hier begegnet es oft in den Straßburger Stadtordnungen des 15. Jhs.: *trosseln* (z. B. i. J. 1425), *trössel*

1 Woeste Wb. S. 143, wo die Bedeutung fälschlich als 'Wasserhuhn' angegeben wird.

2 Korrespondenzbl. f. ndd. Sprachf. XVII, 2. 4.

3 Schambach 112. — 4 Jb. f. ndd. Sprachf. XI, 112.

5 Frischbier II, 147. — 6 Wb. d. Luxemburg. Mundart 229.

(z. B. in den Jahren 1449. 1459), *trosselin* (Ende des 15. oder Anf. des 16. Jhs), vgl. Brucker Straßburg. Zunftverordn. S. 183. 226. 230. 258. 259. 266. Im 16. Jh. ist der Name als *Dreſſel* im Strassburg. Vogelb. v. J. 1554 V. 382, im 17. Jh. in Baldners Vogelb. (1666) S. 37 (Plur. *Dresslen*) belegt. Golius Onomasticon (1579) Sp. 294 hat *Tróßlein* vielleicht aus Gesner übernommen. Derselbe Vogelname liegt auch vor in *Drüssel* n., das Martin-Lienhart II, 765 mit der Bedeutung 'eine Art Wasserhuhn' aus Hochfelden im Kreise Straßburg anführen. Aber der Name scheint auch weiter verbreitet zu sein, denn das Wort *der Trasser* 'Kampfhahn, philomachus pugnax', welches Fischer Schwäb. Wb. II, 321 aus der Gegend am Bodensee verzeichnet, hängt wohl damit zusammen. Bei den Jägern soll die Krickente als *Drasselente* bekannt sein[2]. Der Ursprung des Namens ist dunkel.

In Steiermark heißt die Krickente auch *Griesente*[3] (d. h. Sandente).

Ein interessanter Name ist das Wort *Birckilgen*, welches bei Gesner Hist. avium (1555) S. 105 angeführt und von Schwenkfeld Ther. Sil. (1603) S. 203 wiederholt worden ist[4]; die beigefügte — allerdings sehr knappe — Beschreibung zeigt, daß es sich hier um eine Varietät der Krickente handelt. Staub-Tobler Schweizer. Id. I, 189 haben den Namen in der Form *Birch-Ilge* als schweizerisches Wort aufgenommen ebenso wie den Namen *Wîss-Elg* (bei Escher), dessen letzten Teil sie als eine Entstellung aus **Elb* (aus lat. *albellus*) erklären. Bei Falk und Torp Et. ordb. I, 15 s. v. alke werden diese beiden Vogelnamen als urverwandt mit lat. *olor* 'Schwan' und anklingenden Bezeichnungen nordischer Seevögel verknüpft. Beide Deutungen sind verfehlt. Die literarische Quelle der betreffenden Namen ist Gesners Vogelbuch, wo außer *Birckilgen* auch *Wiselgen* (S. 128) in der Bedeutung 'kleiner Säger' bezeugt ist. Diese Worte sind

1 Martin-Lienhart II, 765.

2 S. Lauterborn in seiner Ausgabe des Baldnerschen Vogelbuchs S. 37.

3 Unger-Khull 307.

4 Die späteren Schriftsteller haben teilweise den Namen verunstaltet. Bei Reyger Verbess. Hist. der Vögel wird er *Bickilchen* geschrieben, in Frischbiers Preuß. Wörterb. I, 339 findet sich *Binkelchen* als Bezeichnung der Krickente.

aber keine schweizerischen Namen, sondern rühren von dem meißnischen Korrespondenten Gesners, Georg Fabricius, her. Folglich kann das mitteldeutsche *Wiselgen* nichts mit *weiß* (schweiz. *wîss*) zu tun haben, sondern hat kurzes *i* im Stamme. Der Name ist als 'Wieselchen' aufzufassen; die Vergleichung des kleinen Sägers mit einem Wiesel erklärt sich aus der roten Kopffarbe des Vogels. Das *g* in *Wiselgen* ist eine orthographische Variante für *ch*; vgl. *Mirgilgen*, *Krigente*, die Gesner nach Fabricius zitiert. Auf einem ähnlichen Vergleich wie *Wieselchen* beruht auch *Birckilgen*, denn dies ist ohne Zweifel eine deminutive Ableitung von der alten *inkîlin*-Bildung *Birkel* 'der kleine Bär', welche bei Fischart und in den Marienliedern des Bruder Hans bezeugt ist (vgl. Zs. f. d. Wf. IX, 175. 177). Offenbar sind 'Wieselchen' und 'Bärchen' Jägerausdrücke in der Meißner Gegend gewesen. Zu ihnen gesellt sich noch der Ausdruck *Ein Fuchs Endte* (*braunköpfficht Endte*), den Schwenkfeld im Ther. Sil. (1603) als schlesischen Namen anführt. Der braune Kopf der männlichen Krickente hat den Anlaß zur Entstehung dieser Jägerworte gegeben.

Spießente, anas acuta, dafila acuta.

Diese Ente, die ihre Heimat im Norden hat, aber auch in verschiedenen Teilen Deutschlands als Brutvogel angetroffen wird, hat den Namen *Spießente* wegen des verlängerten Schwanzes erhalten. Gesner Hist. avium (1555) S. 117 nennt den meißnischen Namen *Spitzſchwanz*, den er durch Fabricius kennt. Schwenkfeld, der im Ther. Sil. (1603) S. 202 dieses Wort *Spietzſchwantz* schreibt, bezeichnet *Spies Endte* als das schlesische Synonymon.

Andere Namen des Vogels sind von dem langgestreckten Halse hergeholt. Im Elsaß ist die Benennung *Rackhals* in den Straßburger Stadtordnungen des 15. Jhs. oft belegt: *rackehelse* im Jahre 1425, *rackhelse* in den Jahren 1449 und 1459, *ein raghalse* 15. Jh., *rackhals* Ende des 15. oder Anfang des 16. Jhs. (Brucker Straßburg. Zunftverordn. S. 183. 226. 230. 258. 259. 266), darauf *Rackhals* im Strassburg. Vogelb. (1554) V. 350 und bei Baldner Vogelb. (1666) S. 29 (in den Hss. auch *Raghals*[1]).

1 Martin-Lienhart I, 328.

Am Drausensee in Preußen heißt der Vogel jetzt *Langhals* und *Pfeilschwanz*[1] (= holländ. *Pijlsteert* bei Junius Nomenclator v. J. 1581 S. 54a). Wegen des schwalbenartigen Schwanzes hat er auch den Namen *Schwalbenente* bekommen (Staub-Tobler Id. I, 354).

Nach Naumann-Hennicke X, 109 wird die Spießente von den Jägern *Fasanente* (wegen des langen Schwanzes) oder *große Mittelente* genannt.

Löffelente, anas clypeata, spatula clypeata.

Der auffallend breite Schnabel hat dieser in Deutschland nicht sehr häufigen Entenart die meisten Benennungen eingetragen. Schon in den Straßburger Stadtordnungen des 15. Jhs. wird sie mit dem Namen *breitsnabel* benannt (vgl. Brucker Straßburg. Zunftverordn. S. 183. 226. 230. 258. 259. 266), darauf *Breitſchnabel* im Strassburg. Vogelb. v. J. 1554 V. 350. Baldner Vogelb. (1666) S. 32 nennt neben *Breyt Schnabel*, *Breyt Schnäbelin* auch den Namen *Löffel Endt.* Dieser ist als *Löffel Endtle* bereits bei Schwenkfeld Ther. Sil. (1603) S. 205 belegt, wo er als schlesisches Wort bezeichnet wird. Die übrigen a. a. O. erwähnten Synonyma *Breitſchnabel / Breitſchnäblichte Wild Endtle / Schall Endtle / Schild Endtle* sind aus Gesners Hist. avium übernommen worden. A. a. O. S. 116 gibt Gesner *Schellent* als die in der Schweiz übliche Benennung des Vogels und versucht den Namen aus dem breiten Schnabel zu erklären, der an eine Art Schelle erinnere. Diese Deutung beruht jedoch auf einer unrichtigen Voraussetzung, denn offenbar ist mit dem Namen eine andere Entenart gemeint, vgl. S. 434. Dagegen ist der Name *Schiltente*, der die wissenschaftliche Benennung *anas clypeata* veranlaßt hat, ebenso wie der von Gesner als schweizerisches Wort angeführte Ausdruck *Táſchenmul* (Taschenmaul), von dem Schnabel der Löffelente hergeholt.

Eine Varietät der Löffelente ist die *anas muſcaria* oder *Muggent* (d. h. Mückenente) bei Gesner a. a. O. S. 114; *Ein Mück Endtle / Fliegen Endtle* bei Schwenkfeld Ther. Sil. (1603) S. 205. Die Namen werden auch für andere Entenarten verwendet.

1 Frischbier II, 8.

Pfeifente, anas penelope.

Der Name dieser Entenart ist mit Rücksicht auf ihren charakteristischen Warnlaut gebildet, der aus einem hellen Pfiff besteht. Gesner Hist. avium (1555) S. 117 kennt den Ausdruck *Pfeifente* durch Fabricius. Nach Mitteldeutschland wird er auch durch Schwenkfeld verlegt, der im Ther. Sil. (1603) S. 202 *Ein Pfeiff Endtlin* für Schlesien bezeugt; in Döbels Eröffn. Jägerpr. (1746) S. 70 *Speck- oder Pfeiff-Ente.*

Ein anderer Name des Vogels ist in den Straßburger Stadtordnungen des 15. Jhs. in der Pluralform *smichen* (*smychen*) bezeugt (Brucker Straßburg. Zunftverordn. S. 183. 226. 230. 259); die Singularform kommt einmal als *smiche* (15. Jh.), ein anderes Mal als *smye* (Ende des 15. oder Anfang des 16. Jhs.) vor, s. Brucker a. a. O. S. 258 und 266. Im Strassburg. Vogelb. v. J. 1554 V. 360 werden *die Schmyhen* ebenfalls erwähnt; Baldner schreibt in seinem Vogelbuch (1666) S. 33 *Ein Schmeigen, ein Schmey.* Der Name ist an der Nordseeküste als ostfries. *Smênt* (aus **smê-ent*, vgl. fries. *Smeant* bei Gesner a. a. O. S. 118) und ndl. *smient* (bei Junius Nomenclator (1581) S. 54 a) vorhanden und dazu stimmen engl. *smew*, *smee*, *smee duck* (mergus albellus), *smee duck* (fuligula ferina und anas penelope). Die Benennung beruht auf einem Adjektiv **smâhja-* (ahd. *smâhi*) 'klein' und bezeichnet die Pfeifente als 'Kleinente' (im Verhältnis zur Stockente). Die englischen Worte beziehen sich ebenfalls auf kleine Arten aus der betreffenden Gattung. Der Vogelname ist wohl ursprünglich ein englisch-friesisches (bezw. niederländisches) Wort, welches den Rhein aufwärts gewandert und so am Oberrhein bekannt geworden ist. Hier erscheinen die Pfeifenten auf dem Durchzug im März und April, seltener im Herbst[1]. — Unsicher ist, ob der von Gesner Hist. avium (1555) S. 111 erwähnte meißnische Ausdruck *Schmilente* aus der vorhergenannten Namensform umgebildet ist. Schwenkfeld Ther. Sil. (1603) S. 199 nennt die Varianten *Schmâl Endte* und *Schmelichen*, Döbel Eröffn. Jägerpr. (1746) S. 69 schreibt *Schmal-Ente.* Diese Formen können mit

1 Vgl. Lauterborn in seiner Ausgabe des Baldnerschen Vogelbuches S. 34.

dem Adj. *schmal* zusammenhängen und als 'Kleinente' gedeutet werden; andererseits könnte man mit Gesner auch an Zusammenhang mit *Schmale*, *Schmiele* 'Gras, Schilf' denken.

Die von Schwenkfeld Ther. Sil. (1603) S. 200 erwähnte Ente, die wegen des weißen Stirnflecks den Namen *Eine Blas Endte* / *Plas Endte* führt, scheint eine Varietät der Pfeifente zu sein.

In Preußen soll diese Entenart *Moorkrick* oder *Weißbauch*[1] (Reyger Verbess. Hist. der Vögel (1760) S. 143) genannt werden.

Schellente, fuligula clangula.

Die meisten Arten von den Tauchenten sind vorzugsweise Meerenten (bei Eber und Peucer Vocab. (1552) S. E 4 b *Meerentten*). Von diesen brütet die Schellente in Skandinavien und Norddeutschland. Nach Naumann-Hennicke X, 161 findet man den Vogel durch ganz Deutschland; er ist, wenn auch vereinzelt vorkommend, doch ziemlich verbreitet. Den Namen hat die Ente von den Flugtönen, die Voigt Excursionsbuch S. 279 mit dem aus der Ferne kommenden schnellen Geläute der Kleinbahnlokomotiven vergleicht. Offenbar ist *Schellente* bei Gesner der Name dieses Vogels, obgleich das Wort dort auf die Löffelente bezogen wird (vgl. S. 432); die Verwechslung der Namen dieser in der Schweiz nicht sehr häufigen Vögel ist leicht begreiflich. Staub und Tobler Id. I, 355, die den Namen für die Schellente, die Löffelente und die Moorente belegen, bezeugen die erste Bedeutung für die Gegend am Bodensee. Ein mitteldeutsches Synonymon ist *ein Klinger*; Gesner Hist. avium (1555) S. 116 gibt es nach einer brieflichen Mitteilung von Fabricius.

Die Straßburger Stadtordnungen des 15. Jhs. führen unter den jagdbaren Vögeln den *drit(t)vogel* an: *tritfögel* (im J. 1425), *dritvogel* (15. Jh., im J. 1449), *drittfögel* (im J. 1459), *trittvögel* (15. Jh.), *drittvögelin* (15./16.), *dritvögelin* (15. Jh.)[2]. Mit diesen Namen ist die Schellente gemeint, wie man aus den Vogelbüchern Gesners und Baldners ersehen kann. Jener führt den

1 Frischbier II, 72. 462.

2 Brucker Straßburg. Zunftverordn. S. 183. 226. 229. 230. 258. 259. 266.

Ausdruck als straßburgisches Wort an. Baldner, der im Vogelbuch (1666) S. 31 die Schellente *einen grofzen weifen Drittvogel* nennt, gibt dabei auch eine Erklärung dieses Namens: "Daß diefer ein Drittvogel genennet wirdt, kompt daher von allen Weijdleuthen undt Antvogelfangern, waß kleiner ift von dem Antvogelgefchlecht alß der Antvogel, fo gibt man dießer Vögel 3 für 2 Antvögel". — Das Straßburger Vogelbuch nennt den Namen nicht; Henisch (1616) hat ihn aus Gesner.

Die männliche Schellente hat einen buschigen Kopfputz; daraus erklären sich die Namen *Ein Straus Endte / Kobel Endte* bei Schwenkfeld Ther. Sil. (1603) S. 200.

Reiherente, fuligula cristata, fuligula fuligula.

Wie die vorige Art, so hat auch diese einen Federbusch am Kopfe; die Federn sind reiherartig verlängert und haben dadurch den Namen des Vogels veranlaßt. Den elsässischen Namen *Kobelent* (d. h. Schopfente) geben Martin-Lienhart Wb. I, 418 ohne genaue Bedeutung; Frischbier Preuß. Wb. I, 399 verzeichnet *Kobilke* vom Drausensee.

Unter den von Fabricius aufgezählten Entenarten ist *Růsgen*[1] (d. h. Rußchen) die Reiherente. Das meißnische Dialektwort, das von dem rußfarbigen Gefieder des Vogels hergeholt ist, schließt sich inbezug auf die Bildungsweise an die vorhinerwähnten auffälligen Vogelnamen 'Wieselchen' und 'Bärchen' an, vgl. S. 430. Die schwarze Färbung hat auch den Ausdruck *Kohlente*[2] veranlaßt, mit welchem die Reiherente in Steiermark bezeichnet wird. Das schweizerische Synonymon *Strůssmôr*[3] (d. h. Schopfmohr) neben *Strůssentli*[3] (d. h. Schopfente) geht ebenfalls auf die Farbe des Vogels zurück; vgl. die gleichbedeutenden französischen Dialektworte *morillard*, *morillon*, *negroun*[4].

In den Straßburger Stadtordnungen des 15. Jhs. wird die Reiherente *murfogel* d. h. Sumpfvogel (zu mhd. *muor* 'Sumpf') genannt: *murfögel* (im J. 1425 und 1459), *mürvogel* (im J. 1449), *murvogel* (15./16. Jh.), *murvögelin* (15. Jh.), *můrvögelin* (15. Jh.), s. Brucker Straßburg. Zunftverordn. S. 183. 226. 230. 258. 259.

1 Gesner Hist. avium (1555) S. 116. — 2 Unger-Khull 401.
3 Staub-Tobler I, 356. — 4 Rolland Faune populaire II, 400.

266; in Baldners Vogelb. (1666) S. 33 *Ein Muhrendt* oder *Muhrvogel*. In Preußen ist ebenfalls *Moor Endte*, wie Klein Hist. avium prodr. (1750) S. 133 angibt, die übliche Bezeichnung für diesen Vogel. Manchmal werden auch andere Entenarten *Moorenten* genannt.

Die *Vollent* bei Gesner a. a. O. S. 117 ist entweder die Reiherente oder die Schellente. Der schweizerische Name zielt auf den vollen und fetten Körper des Vogels.

Tafelente, fuligula ferina.

In Deutschland ist die Tafelente wohl die häufigste von allen Tauchenten. Baldner Vogelb. (1666) S. 29 schildert sie unter der Benennung *Ein grosser Rothhalss*. In Gesners Hist. avium (1555) S. 112 scheint die *wilde grauwe Ent* die Tafelente zu sein. Schwenkfeld Ther. Sil. (1603) S. 201 hat die Schilderung des Vogels nach der Hist. avium mit den dort angeführten Namen *Mittel Endte / Wilde graw Endte* abgedruckt. In Schlesien wurde diese Ente — wie Schwenkfeld angibt — *Ein Braun Endte* (*Rote Endte*) genannt.

Den Namen *Tafelente* hat der Vogel erhalten, weil er als besonders beliebte Speise oft auf den Tisch kommt.

Moorente, fuligula nyroca.

Ungefähr in denselben Gegenden von Deutschland wie die Tafelente kommt auch die Moorente vor; nach Naumann-Hennicke X, 185 ist sie vielleicht am häufigsten in der Lausitz und in Schlesien. Hier wird sie von Schwenkfeld Ther. Sil. (1603) S. 201 als *Brandt Endte / Rott Hals / Rott Kopf* geschildert. Als *Rothals* ist diese Ente auch in Straßburg bekannt; Baldner unterscheidet sie in seinem Vogelbuch (1666) S. 34 als den *kleinen Rothhalss* von der vorhinerwähnten Art. Einen früheren Beleg für *Rothalß* (aus Straßburg) findet man in Gesners Hist. avium S. 113.

Den Namen *Moorente* verzeichnet Frischbier Preuß. Wb. II, 71 mit dieser Bedeutung vom Drausensee; Klein kennt ihn im Sinne von Reiherente, s. oben.

Samtente, fuligula fusca, oidemia fusca.

Von den beiden mit einander nahe verwandten Meerenten, fuligula nigra (Trauerente) und fuligula fusca (Samtente), ist jene im Binnenlande äußerst selten. Dagegen geht diese nach Naumann-Hennicke X, 254 häufiger auf den Flüssen und Seen in das Innere von Deutschland und erscheint in geringer Anzahl auch auf den schweizerischen Seen. Baldner berichtet in seinem Vogelbuch (1666) S. 24, daß er diese Ente zweimal gesehen hat; er nennt sie a. a. O. *Wafferrab* oder *Schneckenfresser.* Der erstgenannte Name, der schon im 15. Jh. in einer Version des Märchens vom Zaunkönig (Germania VI, 104) vorkommt, erklärt sich aus dem rabenartig schwarzen Gefieder des Vogels und dessen Geschrei, das Naumann als ein tiefes, stark tönendes Knarren, fast wie die rauhen, tiefen Töne der Saatkrähe bezeichnet. Vielleicht ist der Name *Wafferthůl* (d. h. Wasserdohle) im Strassburg. Vogelb. (1554) V. 345 ein Synonymon zu *Waffer rab.*

Eisente, fuligula glacialis, harelda hyemalis.

Abgesehen von der vorhingenannten Art sind nordische Tauchenten im Innern von Deutschland nur seltene Gäste; an den Küsten der Ost- und Nordsee sind sie aber mehr oder weniger wohlbekannt. Die Eisente erscheint nach Naumann-Hennicke X, 206 im Herbst und Winter in ungeheuren Scharen an der preußischen, pommerischen, mecklenburgischen und holsteinischen Küste. Man kennt den Vogel hier unter dem Namen *Klashan* (*Klashanik*)[1], wo der erste Teil wohl der Eigenname *Klâs* (= Nicolaus) und der zweite *Hann* (= Johann) ist. Bei Klein Hist. avium prodr. (1750) S. 133 heißt die Eisente *Islandsche Spies-Endte* und *Gadeldusch.* Bereits Gesner beschreibt sie in seinem Vogelbuche S. 95 und bildet sie ab; er kennt für sie keinen anderen Namen als *Seeuogel.*

Wie die Eisente, so findet man auch die **Bergente** (anas marila) in großen Scharen an der norddeutschen Küste. Hier

1 Schiller Zum Tierbuche I, 10 und Korrespondenzbl. f. ndd. Sprachf. XVI, 83.

ist der in der Wissenschaft verwendete Name volkstümlich. Wahrscheinlich hat man bei der Bildung desselben an die nordische Heimat des Vogels gedacht und dieselbe sich als Gebirge vorgestellt. In der Übersetzung der Bücher Plinii (1651) S. 534f. heißen die Brandgänse *Bergenten.*

Eiderente, somateria mollissima.

Die Eiderente bewohnt den hohen Norden der Erde und ist an den nördlichen Küsten Europas häufig anzutreffen. Nur selten verirrt sich ein vereinzeltes Exemplar in das Innere des Kontinents. Baldner erzählt in seinem Vogelbuch (1666) S. 27, daß er diese *frembde Endt* im Jahre 1658 eingefangen und sechs Wochen bei sich erzogen habe; im Jahre 1666 hat er abermals einen solchen Vogel bekommen.

Der Name *Eider(ente, -daunen)* stammt aus dem isländischen Worte *ǽþr* (anord. *ǽðr*, *ǽðarfugl*) = norweg. *ærfugl* und *æfugl*; dazu auch schwed. *åda.* Von Island aus wurde der Eiderdaunenhandel ebenso wie der Vogelname am Schluß des 17. Jhs. in England, Dänemark und Deutschland bekannt; vgl. engl. *eider*, *eiderduck*, nndl. *eider*, *eidereend*, *eidergans*, dän. *ederfugl*, schwed. *ejder.* S. Kluge Et. Wb.[6] S. 90. — Gesner und Schwenkfeld kennen den Vogel nicht; bei Baldner findet man noch keine Erwähnung der Daunen desselben. In der Form *Eider Gans*, *Eider* führt Klein Hist. avium prodr. (1750) S. 130 den Vogelnamen an und erwähnt auch die *Eyder-Duhnen.*

In Lübeck hat die Eiderente oder der *Eidervâgel* auch den Namen *Hugos*[1]. Diese volkstümliche Benennung ist ein Kompositum mit *Gôs* 'Gans', dessen erster Teil den Ruf des Vogels enthält. Nach Voigt Excursionsbuch S. 281 klingen die *u*-Laute der Eidergans nicht so hohl wie im Huhuhu des Waldkauzes, sondern ganz so wie man sie spricht.

Auf Helgoland heißt die Eiderente *Hurensnâbelt*[2].

Moschusente, anas moschata.

Die Moschusente, die in Europa zum Hausgeflügel geworden ist, stammt aus Amerika[3]. Gesner gibt in seinem Vogelbuch

1 Korrespondenzbl. f. ndd. Sprachf. XVI, 83.

2 Frommann D. Mundarten III, 33. — 3 Vgl. Hahn Haustiere S. 290 f.

(1555) S. 767 von ihr eine Beschreibung, welche er seinem englischen Freunde Cajus verdankt. Selbst kennt er diese "anas ex India" noch nicht, vermutet aber, daß sie mit der Entenart identisch ist, welche Columbus in "insula Hispania" vorgefunden und geschildert hat. Im Ther. Sil. (1603) S. 196 druckt Schwenkfeld die Schilderung aus Gesners Hist. avium ab und bemerkt dazu, daß einige solche Vögel in den Palästen der vornehmen Herren ernährt werden. Er nennt sie a. a. O. mit den Namen *Frembde Endte | Túrckiſch Endte | Indianiſcher Endrach.* Das Epitheton 'indisch', welches in diesem Fall also = westindisch ist, wird ebenso wie 'türkisch' zur Bezeichnung fremder Herkunft überhaupt verwendet. So nennt z. B. Baldner die *Rostgans* (vulpanser casarca) in seinem Vogelbuche S. 74 einen *türkischen Antvogel.* — Zur Zeit Reygers waren *die türkischen Enten* in Preußen keine Seltenheit mehr, wie man aus der Verbess. Historie der Vögel (1760) S. 138 ersehen kann. Der Ausdruck *tîrkesch Int* wird auch im Luxemburgischen Wörterbuch S. 192 verzeichnet.

Säger, mergus.

Die Säger, welche den Namen von den spitzen Lamellen des Schnabels haben, sind nordische Vögel und bevorzugen das Meer. Bei strenger Kälte werden sie jedoch in den Flußläufen südwärts getrieben und kommen dann regelmäßig in Süddeutschland und auf den schweizerischen Seen vor. Der große Säger ist in Deutschland südlich bis Schlesien sogar Brutvogel und wird auch in der Nähe einiger schweizerischen Seen brütend angetroffen.

Der althochdeutsche Name *tûhhil* 'Taucher' wird auch die Säger mit einbegriffen haben, vorzugsweise scheint er jedoch auf die Steißfüße (colymbus) bezogen worden zu sein. Bei Eber und Peucer Vocab. (1552) S. F 3b ist mit dem Namen *Daucher* eine Sägerart gemeint; auch Schwenkfeld Ther. Sil. (1603) S. 206 ff. verwendet das Wort *Teucher* für die Säger.

Im Summarium Heinrici III, 17 ist *merrich* die Bezeichnung für die Säger. Das Wort ist entlehnt aus dem lat. *mergus* (ital. *mergo, mergon*) 'Taucher'. Von den Handschriften der Versus de volucribus schreiben nur die beiden Stuttgarter Hss.

diesen Namen: *tuchil* . *t merrich* mergus: cod. Stuttg. th. et phil. 218f. 22b (13. Jh.), *tuchil* . *t merricho*: cod. Stuttg. th. et phil. 210, 135a (12. Jh.). Im 15. Jh. kommt *merrich* in den Straßburger Stadtordnungen v. J. 1425. 1449. 1459 usw. vor, vgl. Brucker Straßburg. Zunftverordn. S. 183. 226. 230. 258. 259. 266. Im 16. Jh. bezeugt Gesner Hist. avium (1555) S. 129 den Namen *Merch*[1] ebenfalls aus Straßburg, und hier findet er sich auch später in Baldners Vogelb. (1666) S. 22. 25 belegt. An diese Zeugnisse aus dem Elsaß schließen sich die schweizerischen Formen *Merrach*, *Meerrach* und *Merg* bei Gesner a. a. O. (1555) S. 129 sowie *Merich*, *Merrich* in einer Fischmeisterordnung aus Steiermark v. J. 1553[2] an. An den oberländischen Seen soll der Name — nach Schmeller-Frommann Bayer. Wb. I, 1641 — in der Form *Merrecher* oder *Merrher* üblich sein. Die Namensform *Mirgigeln*, die Gesner nach Fabricius aus Meißen anführt, ist wohl als *Mirgilgen* (d. h. Merchelchen) zu lesen. — Das Fremdwort hat sich wenigstens an einigen Orten volksetymologisch an *Meer* angelehnt. Nach dem Muster von *Meerrach*(*e*) ist dann der Name *See-Rache* m. (Hohberg Adel. Land-Leben (1687) II, 321 und Döbel Eröffn. Jägerpr. (1746) S. 69) geschaffen worden. Die in Grimms Wb. X, 64 ausgesprochene Vermutung, daß in diesem Worte ein Kompositum stecke, ist nicht richtig.

Die einzelnen Sägerarten werden von den alten Ornithologen nicht so genau beschrieben, daß man sie immer erkennen könnte. Die Schwierigkeiten in dieser Beziehung werden dadurch noch größer, daß dieselben Vögel in ihren verschiedenen Trachten als verschiedene Arten dargestellt werden.

Bei Gesner heißt **der Zwergsäger** (mergus albellus) *Rhynent* oder auch *Yßent* (*Ysentle*), weil der Vogel zur Winterszeit in der Schweiz zu erscheinen pflegt. Die meisten Namen des Vogels sind aber von seinem weißen mit Schwarz gezeichneten Gefieder hergeholt. Aus Straßburg kennt Gesner die Ausdrücke *ein wysse Tuchent*, *wyſſe Merch*, die auf das Hochzeitskleid des Männchens Bezug nehmen, sowie *grawe Nunn*, das besonders

1 Bei Golius Onomasticon (1579) Sp. 293 und Schwenkfeld Ther. Sil. (1603) S. 298 ist *Merch* wohl aus Gesner übernommen worden.

2 Unger-Khull 459.

an die düstere Tracht des Weibchens anknüpft. Der Nonnenname, der eigentlich durch das schwarzweiße Gefieder des männlichen Vogels veranlaßt ist, findet sich bereits in den Straßburger Stadtordnungen des 15. Jhs.: *nünnel* (im J. 1449), *nunnel* (im J. 1459), *nunnen* (15. Jh.), *nůnnlin* (15./16. Jh.), *nünnelin* (15. Jh.)[1]. Das Strassburg. Vogelb. v. J. 1554 nennt sowohl die *weiß* wie die *grawe Nunn* (V. 352) neben dem *Nünnlin* (V. 363), Baldner Vogelb. (1666) S. 35 nennt den Zwergsäger *ein grosse weisse Nunn.* Auch in französischen und englischen Dialekten wird der Zwergsäger als Nonne bezeichnet, vgl. frz. *pilet neunette*[2] und engl. *white nun*[3].

Die Federtracht des Vogels hat auch das Synonymon *Creuzente* (bei Frisch Vorstellung der Vögel (1763) XI, B 2 a) hervorgerufen. Die richtige Erklärung dieser Benennung findet man schon bei Frisch a. a. O., wo auf das schwarze Kreuz auf dem weißen Grunde des Rückens und der Flügel des Zwergsägers hingewiesen wird. Andere Benennungen, die ebenfalls auf die Färbung des Vogels zurückgehen, sind *Wiſelgen*[4] in Meißen (bei Gesner nach Fabricius angeführt, *Wieſelchen* bei Schwenkfeld a. a. O.), *Elſter Endtlin* (bei Schwenkfeld a. a. O.) und *Weißzopf*[5] in Preußen.

Der Ausdruck *Niderlendiſch Endtlin* (bei Schwenkfeld a. a. O.) entspricht nicht dem richtigen Tatbestande, denn die Heimat des Zwergsägers ist mehr östlich als nördlich.

Der Vogel, den Gesner unter dem Namen *Merrach* und *Meerrach* schildert, ist **der Gänsesäger** (mergus merganser). Baldner Vogelb. (1666) S. 22 unterscheidet diesen als *großen Merch(en)* von dem Mittelsäger, *dem kleinen Merch(en)* (S. 28). Am Bodensee wird der Gänsesäger zum Unterschiede von dem Zwergsäger *Grôssi Îsent*[6] (bei Frisius und Maaler *Isen-Ent*) oder *Aeschent*[7] (wahrscheinlich wegen der grauen, aschenfarbigen Tracht) genannt; in Uri nennt man ihn *Tuchent* oder *Tuchel-*

1 Brucker Straßburg. Zunftverordn. S. 226. 230. 258. 266.
2 Rolland Faune populaire II, 404.
3 Swainson The Folklore S. 165. — 4 Vgl. S. 430.
5 Frischbier II, 462.
6 Staub-Tobler I, 354. — 7 Staub-Tobler a. a. O., Fischer I, 339.

ent[1]. Andere schweizerische Bezeichnungen sind *Hole*[2] m. u. f. in Aarau und *Ganner* (vgl. S. 414) am Bodensee, Rhein und an der Sitter[2]. In Preußen wird von den Sägerarten besonders der Gänsesäger als eifriger Nachsteller der Fische *Kneifer*[3] genannt; daneben kommen die Namen *Langschnabel*[3] und *Kronente*[3] (vielleicht als 'Kronenente' aufzufassen) vor. Den Namen *Lûsangel*[4], welchen dieser Säger in Lübeck mit dem Taucher teilt, hat er wohl von den Fischern erhalten, denen er Konkurrenz macht; das Brem. Wb. III, 109 verzeichnet das Wort als Schimpfnamen.

Unter den von Fabricius (bei Gesner Hist. avium S. 128) genannten mergus-Arten scheint *der Langschnabel* oder *die Schluchtente* **der mittlere Säger** (mergus serrator) zu sein. Der letztgenannte Name wird in Grimms Wb. IX, 795 wohl richtig aus mhd. *slûchen* 'schlucken' erklärt; der *t*-Laut ist danach als sekundär zu betrachten. *Schlichtente* bei Schwenkfeld Ther. Sil. (1603) S. 206 ist wohl nur eine falsche Wiedergabe der vorhingenannten Namensform. Die von Fabricius gegebene Erklärung "a gemitu vocis" wird von Schwenkfeld wiederholt, woraus man ersehen kann, daß dieser den Namen aus Gesners Vogelbuch abgeschrieben hat. Ein Synonymon bei Schwenkfeld a. a. O. S. 208 ist *Fiſch Treiber*, womit *Trybvogel* 'genus anatis' bei Gesner a. a. O. S. 118 zu vergleichen ist.

Der von Schwenkfeld S. 207 angeführte Ausdruck *Rache*, welcher sich mit dem Namen der Mandelkrähe deckt (vgl. S. 16), ist als Name des Sägers offenbar aus *Meerrache* und *Seerache* losgelöst.

Den Namen *Schnebler* im Strassburg. Vogelb. (1554) V. 362 darf man für den mittleren oder den Gänsesäger in Anspruch nehmen.

XV. Taucher, Urinatores.

Lappentaucher, Colymbidae.

Steißfuß, colymbus.

Ahd. tûhhil: Sg. Nom. — *tvhhil* merges, manipulvs: Prisciani inst. 130, 10: Clm. 280 A, 23b. *tuchil* gratulus: Anhang zum neuen

1 Staub-Tobler I, 354. — 2 Staub-Tobler II, 326 und 1155.
3 Frischbier I, 389. — 4 Korrespondenzbl. f. ndd. Sprachf. XVI, 83.

und alten Testament: Clm. 14747, 96b. mergvs: Clm. 14689 f. 47a. mergulus: Leviticus 11, 17: cod. Admont. 508, 6a. mergus: Gll. Salomon. a 1. mergus: Versus de volucribus. — *tuhhari* mergulus nigra auis mergit se sub aqua pisces querere: Leviticus 11, 17: cod. SPauli XXV d/82, 37b, *tuhchari*: cod. SGalli 9, 276, *tuchari*: cod. Stuttg. th. et phil. 218, 13c; *ducheri*: cod. Vatican. Pal. 288, 55c; *tuchari. ł scarabo*: cod. Fuld. Aa 2,43a, cod. Carolsruh. Aug. CCXLVIII, 106b; *dobh fugal*[1]. *ł alacra. ł tuhhari*: Clm. 18140, 14a; *do: fhfugal*[2] *ut ala: fcra. ut tu: fheri*: cod. SGalli 283, 483, *dohfus: gal*[3] *ł alaf: cra. ł tuhfheri*: cod. Carolsruh. Aug. CCXXXI, 11b; *dohfufgal. uel alafcra. ut tuheri*: cod. Guelpherbytan. Wiss. 29, 81b, *dohfugal.*[4] *ł alacra ł tuhheri*: cod. Vindob. 1042, 130a, Clm. 6227, 49b, *dohfugal. ł alacra ł tuhheri* ( ) *tûhfogal*[5]: Clm. 18528, 1, 73a, *tuhfogal.*[6] *ł alač. ł tuhheri*: Clm. 5116, 80a, *dozfugal. ł alacra. uel tuhhare*: cod. mon. herem. 184, 297; *dopfugul* mergulum. niger dicitur. a mergendo: cod. Parisin. 2685, 50b. *tuchari ł scarb*: cod. Selestad. f. 110a. *tuchari*: Levit. 11, 17: cod. SGalli 295, 127. cod. SGalli 299 p. 33. cod. SGalli 299, 26. cod. SGalli 242, 248a. mergi: Verg. G. I, 361: cod. Berol. Ms. lat. 4° 215, 26a; *duchari*: cod. Parisin. 9344, 13b; cod. Tridentin. 1660, 17b. cod. sem. Trevir. R. III. 13, 107a[7]. *ducheri*: cod. Berol. Ms. lat. 8° 73, 124a, *duchere*: cod. Parisin. 9344 f. 42b. *duchiri* mergula: Aldhelmus de laudibus virg. 142, 17: cod. Parisin. 16668, 26b; *tuchare*: Clm. 23486, 7b. H. S. III. 17. XI a 2. b. g. — Akk. — *tuhhil*: Leviticus 11, 17: cod. Vindob. 2723, 18b, cod. Vindob. 2732, 22b, *tuchil*: Clm. 13002, 219b, Clm. 4606, 101a, cod. Turic. Rhenov. 66, 19, cod. Stuttg. herm. 26, 13a, cod. Angelomontan. I 4/11, 10b, *duchil*: cod. Gotwic. 103, 49b, *duhil*: Clm. 22201, 238b, *tuhil*: Clm. 14584, 130a, *tuohil*: Clm. 14689, 38a. — Pl. Nom. — *tuchali*: Vergilius G. I, 361: Clm. 305, 37a, Clm. 21562, 43a; *tuchara*: cod. Selestad. f. 62a; *duchera*[8]: cod. Parisin. 9344, 13b. — Akk. — *tyhhllc*[9]: Vita Martini auct. S. Severo Epistola III p. 147, 22: Clm. 18547, 2, 30b.

Von den Bezeichnungen für Taucher, welche in den althochdeutschen Glossen vorkommen, ist das Kompositum *dopfugul* kein deutsches Wort; die betreffende Leviticusglosse stammt aus einer angelsächsischen Vorlage (vgl. mergulum — — *dopfugel* in den ags. St. Galler Glossen). Der Name hängt zusammen

1 *b* korr. und rad. in *h* und darüber *h* (Steinmeyer).
2 Rasur von *t* (Steinmeyer). — 3 Rasur von *s* (Steinmeyer).
4 *doh fu : gal*] Rasur von *l*, das schließende *l* auf Rasur (Steinmeyer).
5 *tûhfogal* mit Verweisung auf *dohfugal* (Steinmeyer).
6 *u* auf Rasur (Steinmeyer). — 7 *duchari*] *a* angehängt (Steinmeyer).
8 von zweiter Hand (Steinmeyer). — 9 l. *tuhhila* (Steinmeyer).

mit ags. *doppettan* 'tauchen' und hat eine Parallele im gleichbedeutenden schwedischen Vogelnamen *dopping*. Die in deutschen Glossaren erscheinenden Varianten *dohfugal* und *dozfugal* sind nur Notbehelfe der Schreiber, welche das fremde Wort nicht kannten; in der Glosse *tûhfogal* liegt eine Verdeutschung desselben vor.

Im Althochdeutschen wurde diese Vogelgattung mit der von *tûhhan* 'tauchen' abgeleiteten *ila*-Bildung *tûhhil* bezeichnet, neben welcher die *ârja*-Bildung *tûhhâri* (= andd. *ducari* in Ahd. Gll. I, 355^{11} und II, 717^{33}, mnd. mndl. *duker*, nndl. *duiker*, fries. *dûker*) schon früh bezeugt ist. Eine altertümliche Bildungsvariante ist das im Strassburg. Vogelb. (1554) V. 360 belegte *Dauche*, welches mit ags. *dúce* (me. *duke*, *doke*, ne. *duck*) auf eine westgermanische Grundform **dûk-ôn* zurückweist. — Neben dem allgemein verbreiteten und in der Schriftsprache eingebürgerten *Taucher* (aus *tûhhâri*) hat sich ahd. *tûhhil* auf oberdeutschem Sprachgebiet behauptet. Eine zusammengesetzte Form *Wafferdeuchel* erscheint bei Ryff Tierb. Alberti (1545) S. P 4 b, ein gleichbedeutendes *Seedeüchel* bei Baldner Vogelb. (1666) S. 48. Aus dem letztgenannten Namen ist durch volksetymologische Umbildung *Seeteufel* hervorgegangen, das Frisch Vorstellung der Vögel (1763) XI C 2 b als einen vom "gemeinen Pöbel" gebrauchten Ausdruck bezeichnet[1]. — Die Varianten *Duckente* und *Duckantel*[2] in den steirischen und schwäbischen Mundarten schließen sich an das Verbum *ducken* an ebenso wie luxemburg. *Duckhengchen*[3]; schon im Vocab. theuton. (1482) S. b b 3 a *tucker oder taucher*.

Die colymbus-Arten zeichnen sich besonders aus durch die kurzen, ganz am Ende des Leibes eingelenkten Füße, deren Zehen bis zum ersten Gelenk durch Schwim̃häute verbunden, von da an nur mit breiten und steifen Hautlappen versehen sind. In der Wissenschaft sind sie daher als *Lappentaucher*

1 Das Wort ist bereits von Frisch a. a. O. als eine Entstellung von *Seetåuchel* erkannt. Die volksetymologische Anlehnung des Wortes an die Benennung des Teufels lag sehr nahe zur Hand, da diese in den euphemistischen Varianten *Deichel*, *Düker* mit dem Vogelnamen gleich klang.

2 Unger-Khull 181 und Fischer II, 105.

3 Wb. d. Luxemburg. Mundart 74.

oder *Steißfüße* bekannt. Unter dem Namen *Steussfuss* werden diese Vögel von Popowitsch Versuch (1780) S. 560 beschrieben, wo als plattdeutsches Synonymon *Arsfoot* angeführt wird. Als holländisches Wort ist *Arſevoet* bereits in Gesners Hist. avium (1555) S. 135 erwähnt, darauf *Aerſvoet* bei Junius Nomenclator (1581) S. 58b; heute *Jârsvitj*[1] auf Helgoland. In Luxemburg heißt der kleine Steißfuß *Onkefeissjen*[2] (d. h. Feuerkrötenfüßchen), in Preußen *Zerrbein*[3]. Auf den durch die kurzen und breiten Füße verursachten schwerfälligen Gang des Vogels bezieht sich wohl das von Popowitsch genannte österreichische Synonymon *Patscherl* (zu bair. *patschen* 'ungeschickt gehen').

Die von Frisch a. a. O. genannten Dialektnamen *Nóring*, *Nóricke* und *Norke*, welche er als "den Ohrigen" oder "den Oehrigen" (mit unorganischem anlaut. *n*) deutet, sind entlehnt aus dem Slavischen; hier ist das gleichbedeutende Etymon als czech. *norek*, wend. *norjak*, poln. *nurek* vorhanden.

In heutigen schweizerischen Mundarten werden mehrere colymbus-Arten mit dem Namen *Ruech*[4] bezeichnet. Dieses Wort, welches schon in Gesners Hist. avium (1555) S. 135 als *Růchen*, *Rŭggelen* im Sinne von Steißfuß angeführt wird, ist identisch mit dem Namen der Saatkrähe, der im Althochdeutschen *hruoh* lautet und bei Gesner als *Růch* bezeugt ist; vgl. S. 183. Die Benennung erklärt sich aus dem Geschrei der Steißfüße, das beim **Haubentaucher** (colymbus cristatus, podiceps cristatus) aus halb krächzenden, halb blökenden krrä- oder karr-arr-Lauten besteht; vgl. Kolthoff und Jägerskiöld Nordens Fåglar S. 303 und Voigt Excursionsbuch S. 294, wo auch andere Variationen des Rufes beschrieben werden. Bereits in der althochdeutschen Periode scheint der Vogelname *hruoh* auch den Haubentaucher bezeichnet zu haben; denn dieser Vogel ist wohl gemeint mit der Glosse *ruohc* = *masca cristata*[5] (d. h. Larve) in Aldhelm. de octo princ. vitiis 214, 22: Clm. 19440, 102 (Ahd. Gll. II, 23[61]). Die Über-

1 Frommann D. Mundarten III, 33.

2 Wb. d. Luxemburg. Mundart 317. — 3 Frischbier II, 79.

4 Staub-Tobler VI, 194. Der Name *Ruech* wird in der Schweiz auch für die Scharbe verwendet; eine andere Lautstufe ist vorhanden im gleichbedeutenden anord. *hraukr*, s. S. 183.

5 Mascharum facies cristata in der Edition (Steinmeyer).

setzung des lat. Lemmas mit dem Vogelnamen ist wohl aus dem eigentümlichen zweiteiligen Backenkragen zu erklären, der dem Haubentaucher ein komisches, vermummtes Aussehen verleiht. Aus diesem Grunde nennt man ihn heute in Preußen *Mummeltäucher*[1] (zu *mummeln* 'vermummen' usw.); ein anderes preußisches Synonymon ist *Koŝebart*[2] (d. h. Ziegenbart). Bei Schwenkfeld Ther. Sil. (1603) S. 298 wird der Vogel wegen seines Kopfputzes *Ein grosser Kobel Teucher*, *Straus Teucher* genannt; in Anhalt heißt er *Kronentaucher*[3]. Die synonyme Benennung *Seehahn* wird von Frisch a. a. O. daraus erklärt, daß die Steißfüße ebenso wie die Hähne beständig mit einander kämpfen; den Namen *Burrhahn* sollen sie vom Laut ihrer Flügel bekommen haben. Ein preußisches Dialektwort ist *Gafârt*, *Gafart* oder *Gaafahrt* (= Gehfort)[4], welches nach Mühling Tiern. 170 "auf die Vertilgung dieses den Enten gefährlichen Vogels abgesehen" ist. In Lübeck wird der Haubentaucher *Rothals*[5] oder *Langhals*[5] genannt.

Das Kleingefieder der Steißfüße ist sehr dicht und glatt und bildet an der Unterseite einen glänzend weißen Dunenpelz, der zu Kragen und Muffen der Frauen verwendet wird und im Handel unter dem Namen *Grebe* bekannt ist. Schmeller Bayer. Wb. I², 983 belegt das Wort aus dem Jahre 1765; nach Staub-Tobler Id. II, 688, welche ebenfalls aus der Mitte des 18. Jhs. einen Beleg anführen, ist der Name heute in Bern als Bezeichnung des Haubentauchers gebräuchlich. Popowitsch Versuch (1780) S. 360 bezeugt den Ausdruck speziell für die Gegend am Genfersee. Den Vogelnamen hält man allgemein für entlehnt aus dem frz. *grèbe*, das wieder von der mundartlichen savoyischen Namensform *griaibe* hergeleitet wird. Hatzfeld-Darmesteter II, 1193 führen als früheste Quelle für das Wort Bellonius Portraits d'oyseaux (1557) an. Dieser Beleg kann jedoch aus Gesners Hist. avium (1555) S. 563 stammen, wo die savoyischen Namensformen *grebe*, *griaibe* schon erwähnt werden. Gesner führt sie aber nicht im Sinne von Steißfuß, sondern als Bezeichnungen einer Möwenart an. Demnach ist der Ursprung des Namens

1 Frischbier II, 78. — 2 Frischbier I, 413.
3 Naumann-Hennicke XII, 63. — 4 Frischbier I, 214.
5 Korrespondenzbl. f. ndd. Sprachf. XVI, 83.

Grebe nicht sicher. In Deutschland kommt er nicht nur im Süden (s. oben), sondern auch im Norden vor; aus Lübeck werden die Namensformen *Gref*, *Greber* mit der Bedeutung 'Sägetaucher, Haubentaucher' von Schumann im Beiheft zur Zeitschrift für deutsche Wortforsch. IX, S. 3 angegeben. Möglicherweise handelt es sich hier um einen Ausdruck, der durch den Pelzhandel weitere Verbreitung gefunden hat.

Der **Zwergtaucher** (colymbus minor, podiceps fluviatilis), den man in Bern von der größeren *Grebe* als die *Halbgrebe*[1] unterscheidet, ist in vielen Gegenden unter Namen bekannt, welche auf den kleinen gedrungenen Körper des Vogels zielen; offenbar sind alle diese Benennungen in Jägerkreisen entstanden. Solche Ausdrücke sind im schwäbischen Sprachgebiet *Pänzelein*[2], das mit schweiz. *Panzi*, *Banzi* 'korpulenter Mensch oder Tier' zusammengehört, und *Bümpelein*[2], das mit dem schwäb.-schweiz. Worte *Bumpel(ein)* 'dicker Gegenstand, auch: vollgestopfter, unschön hervortretender Sack oder Tasche' identisch ist; beide Namen sind am Bodensee gebräuchlich. In Steiermark wird der Vogel *Schrotbeutel*[3], in der Schweiz (in Bern) *Müderli*[4] (vgl. *Müderich* 'Dickbauch') genannt. Ältere deutsche Dialektbenennungen sind *Tüchterli* (vielleicht aus *Tücherli* umgebildet), *Pfurtzi* und *Hürchele* bei Gesner Hist. avium (1555) S. 135; der letztgenannte Name gehört zu schweiz. *hürcheln* 'kollernd atmen, grunzen' und bezieht sich, wie das vorhingenannte Synonymon *Ruech*, auf den Naturlaut des Vogels. Von den größeren Ruech-Arten unterscheidet man in der Schweiz den Zwergtaucher mit dem zusammengesetzten Namen *Grundruech*[5]. — Bei Schwenkfeld Ther. Sil. (1603) S. 299 wird diese kleine Art *Duch-Endtlin*, bei Baldner Vogelb. (1666) S. 49 *ein kleines Duch Entel* genannt; in Luxemburg heißt sie *Wâsserint* oder *Wâsserhengchen*[6]. Den von Gesner a. a. O. erwähnten schwäb.-rhätischen Dialektnamen *Kâferentle* hat der Vogel erhalten, weil er sich von Insekten und deren Larven nährt.

Recht häufig, in einigen Gegenden Deutschlands sogar häufiger als die vorhergehende Art, ist der **Rothalstaucher**

1 Staub-Tobler II, 688. — 2 Fischer I, 624. 1518.
3 Unger-Khull 557. — 4 Staub-Tobler IV, 90.
5 Staub-Tobler VI, 194. — 6 Wb. d. Luxemburg. Mundart 477 f.

(colymbus rubricollis, podiceps grisegena), welcher wegen seines roten Halses in Lübeck *Fürdüker*[1] (d. h. Feuertaucher) genannt wird. Den Namen *Klutoors*[1], der ihm hier wegen des walzenförmigen schwanzlosen Rumpfes gegeben worden ist, teilt er mit dem Zwergtaucher.

Die **Seetaucher** (eudytes), welche die nordischen Meere bewohnen, berühren die süßen Gewässer nur auf ihren Wanderungen. Diese Vogelgattung ist in Gesners Vogelbuch (1555) S. 133 gemeint, wo von einer großen Taucherart erzählt wird, welche bisweilen am Bodensee gefangen und dort *Fluder* genannt wird; nach Fischer Schwäb. Wb. II, 1591 wird das Wort *Fluder* m. am Bodensee von dem **Rotkehltaucher** (eudytes septentrionalis, colymbus septentrionalis) oder von dem **Eistaucher** (eudytes glacialis, colymbus glacialis) gebraucht. Dieser letztgenannte Vogel ist auch bei Baldner Vogelb. (1666) S. 47 unter dem Namen *Grosser Seeflutter* beschrieben worden. Der Name gehört zum Verbum *fluderen* 'flattern, im Wasser plätschern, mit den Flügeln schlagen wie die Wasservögel etc.'. In der friesischen Mundart heißt der Rotkehltaucher *Jan van Gent* (d. h. Johann aus der Fremde)[2]. — Der **Polartaucher** (eudytes arcticus, colymbus arcticus) ist in Lübeck als *Streifvagel*[3] bekannt.

Ein Lübecker Ausdruck für den hochnordischen **Tordalk** (alca torda) ist *Hollännisch Duw*[2].

1 Beiheft zur Zs. f. d. Wortforsch. IX, S. 3 und Korrespondenzbl. f. ndd. Sprachf. XVI, 83.

2 Häpke Volkstümliche Tiernamen S. 307.

3 Beiheft zur Zs. f. d. Wortforsch. IX, S. 3.

Anhang.

Ein kurtzweilig gedicht / von namen / art vnd natur aller voͤgel / in reymen geſtelt / vnd gantz luſtig zů leſen.

* * *

Diſs bůchlin macht dir bald bekant /
Wie alle vogel ſind genant.
Sie ſind in wålden oder lufft /
In bergen / thålern oder klufft.
Auch in waſſern oder wo̊rden /
Sie alle hie bſchriben werden.
Ir art / natur / würt für geſtelt /
In kurtz begriffen wie dirs gſelt.

Gedruckt zů Straſsburg / in Hans
Knoblochs druckerey.
MD. LIIII.

Vorred dises Büchlins.

Ejns morgens frů im kůlen thaw /
Gieng ich über ein ſer breite auw.
Gedacht an kurtzweil diſer welt /
Spacierend übers heyter feldt.
So ferr bitz in des waldes than /
Daſelbſt ich wolt mein kurtzweil han.
Mich in ſcho̊ner grůn erquicken /
Auch zů luſt vnd kurtzweil ſchicken.
Wie man pflegt im edlen Meien /
Da all ding zů luſt ſich neigen.
Da grůnendt berg vnd auch die thal /
So wunnigklichen überal.

Das niemant die zeit vnderm dach
Wonen ſolt / noch han ſein gemach.
In ſolchem trachten gieng ich fur /
Gar weith durcht heid ins tauwes ſpur.
Strich alſo fürbas in den waldt /
Fand ich ein brünlin wunder kalt
Das ſprang aus berg vnd hertem ſtein /
Zů dem ich nider ſaſs allein.
Vnd wolt mich ein wenig duſſen /
Das hübſch brünnlin hören ruſſen.
Auch die vöglin luſtlich ſingen /
Zwüſchen berg vnd thal erklingen.
Mit luſt in dem grůnen Meyen /
Mein hertz vnd gemůt erfreuwen.
Als ich nun ſaſs ein kleines zil /
In ſo wunder groſſer kurtzwil.
Betracht an Gott / nam eben war /
Im gſchöpff / wie der ſo wunderbar /
Sah wie ſo ſchön das brünnlin ſprang /
Merckt mit fleiß vffs vogel geſang
Das brünnlin ſein ſpringen nit ließ /
Die vöglin ſungen lieplich ſieß.
Das tribents ſtettigs vnd ſo lang /
Bitz mich ein ſůſſer ſchlaff vmbfang.
Alſo das ich inn dem gedanck /
Volles nider zůr erden ſanck.
Schlieff alſo ſanfft im grůnen graſs /
Ich glaubt mir möcht nit werden baſs.
Mein hertz was ſchlaffend freuden voll /
Vnd was mir allenthalben woll.
Wie dañ eim ſolchen menſchen iſt /
Welchem an frewden gantz nit briſt.
Die weltlich gantze kümmernuſs /
Schlůg ich gar mit einander vſs.
Mich dunckt ich wer im paradiſs /
So ſenfftlich ſchlieff ich vnd ſo liſs.
Aller geſtalt als ob ich wacht /
Vnd ſolchen luſt mit fleiſs betracht.
Solch frewden ſchlaff an mir wert /
Bitz ſich die ſonn gein abent kert.
Der thaw fiel wider in das graſs /
Vnd im ſchatten das thal ward naſs.
Fieng ich erſt an zů ermundern /
Vnd dabei mich recht verwundern.

So lang bitz das ich gar entwacht /
Vnd wo ich was nam eben acht.
Ich meint ein halb ſtund wers geſin /
So was der gantze tag dahin.
So kurtz was mir all weil vnd ſtund /
Das ichs nit beſſer wünſchen kund.
Da ich nun wacht vnd munder wardt /
Was ich noch vff der alten fardt.
Lag im wald an der ſelben ſtat.
Da mich der ſchlaff vmbgeben hat.
Beim brünnlin das aus felſen ſprang /
Mitten vnder dem vogelgſang.
Noch ſprang das brünnlin lauter her /
Vnd ſungent vôglin lieplich ſer.
So ſeltzam vil vnd mancherley /
Ein jeder furt nach art ſein gſchrey.
Der laut / der klein / der ander groſs /
Als luſtig über alle moſs.
Das ich von wegen diſer fart /
Zů der vôgel dienſt greitzet ward.
Bedacht wie ich zů wegen brecht /
Das ich die vôglin lobet recht.
Gelobt vnd verſprach jnen bald
Das ich ſie alle in dem wald.
Oder wo ſie ſunſt wonung hand /
Im waſſer / oder vff dem land.
Inn ein bůch ſchreiben zů ſammen /
Wie jeder heißt mit ſeim nammen.
Wolt mit fleiß trachten wie ich môcht /
Das ich ſie all zůſammen brecht.
Die alten vnd auch die jungen /
Was ſie je vnd jmmer ſungen.
Jeden nach art vnd ſeim ſtammen /
Von beid wilden vnd den zammen.
Doch mit dem geding vnd maſſen /
Das ich kein hieuß will laſſen.
Von můtwill oder argem liſt /
Von betrug oder wie dem iſt.
Solchs hab ich mich theur vermeſſen /
Es werd dann einer vergeſſen.
Oder das nach gemeiner ſag /
Ich ſein namen nit erfarn mag.
Das ſol jm an glimpff vnd ehren /
Kein ſchad noch nachteil geberen.

Wiewol er nit ist zeichnet yn /
So sol er in der gselschafft syn.
Vnd sol darumb vnuerachtet bliben /
Gleich als wer er yngeschriben.
Auch so man eim sein titel gibt /
Jn dem das er von art gern dribt.
Denck er das man ims nit zů leidt /
Sonder von natur von jm seidt.
Es sey der vogel wer er wôll /
Got geb wie seltzam er sich stell.
Man sagt fürwar was jeder thůt /
Das nement all zůmal für gůt
Ein jeder můss sein kâplin han /
Hie würt mans keinem faren lan.

Hie endet sich die vorred
dises bůchlins.

So loben wir den adler schon / **Adler**
Der tregt vff aller vogel kron.
Den man auch billich loben sol /
Regiert er anderst recht vñ wol.
Erst sich selbs | nach andre vôgel /
Gibt gůt beispil recht vñ regel.
Schirmbt wol die andren vôglin all /
Bhůt sie vor zwitracht vnd vnfall.
Thůt ers nit / vnd thůt darwider /
Braucht sein sterck in sein arm glider.
So fast man jn sunst loben sol /
Ist er als dann zů schelten wol.
Sein kinder sollent ehelich sein /
Die probiert er im sonnen schein.
Welchs nit on plintzlin darin sicht /
Die halt er für sein kinder nicht.
Den adler malt man schon vnd artlich /
Wie wol er kum̃ halb so adelich.
Starck / schwartz / grob / Mollecht vnd vntrew /
Falsch / schamper / dückisch / darzů schew.
Als hoch über sich steht sein sinn /
Herscht gern über andre vôglin.
Er bey jm selbst auch dabey halt /
An jm stand aller vogel gwalt.

Wie der auch billich bey jm ſtadt /
Wann er der ſach recht naher gadt.
Halt über ſein flügel zů ſchutz /
Betracht gemeiner vogel nutz.
Ein wunder ſtuck geſchriben ſtadt /
Vom adler das er auch begadt.
So lang er lebt / ins alter kumpt /
Im ſein gefider gar erlumpt.
Sein augen trůb vnd nym ſo clar /
Als von vile der langen jar.
Das er ſchwach würt vnd verdroſſen /
Nim ſo gſchwind vnd hoch genoſſen.
So waißt er ein brunnen an eim end /
Da fleugt er hin ſo ſer behend.
Als bald er zů dem brunnen kumpt /
Dreymal er ſich ins waſſer dunckt.
Wåſcht ſich gar ſuber vnd gantz rein /
Augen / flügel / leib vnd die bein.
Wañ er ſich alſo wåſcht vnd badt /
Das alter jm gantz nicht mer ſchadt.
Iſt wider jung vff ſtatt vnd ſtundt /
Auch gantz můttig friſch vnd geſundt.
Vergißt des alters das er trůg /
Halt ſich wider ſtarck / frőlich klůg.
Der bruñ hat ſolch krafft vnd tugendt /
Das alter wandelt er inn jugent.
Iſts wie man ſchreibt vnd lißt dauon /
Dem bruñen ſolt man weit nach gan /
Jetz wőllent wir vom adler lan.

Greiff.

Ab greiff vnd trapp ſo grauſamlich /
Ander vőglin entſetzen ſich /
Schaw an den greiffen wie du wilt /
Iſt er dem lewen gleich gebilt.
Mit bruſt vnd auch proportion /
On das der lew iſt feddern on.
Mit flüglen vnd mit angeſicht /
Greiff ſich ſer wol dem adler glicht.
Den roſſen iſt er feindt vnd grã /
Darumb gebürt jm diſer nã.
Gar ferr beim berg Hyperbore /
Findt man greiffen / ſunſt nit vil mhe.
Das vogel ſindt / wie man ſie nendt /
Sunſt greiffen ſind an allem end.

Trapp.

Der Trapp ſer wol beim greiffen bleibt /

Er iſt grob / ſtarck / vnd wol beleibt.
Im gſchlecht ſich ſelbs hoch thůt kennen /
Vnd für ein küng laßt ſich nennen.
Er iſt hoffertig / ſtoltz gemůt /
Beſtodt mit ſterck als das er thůt.
Jetzund ſo růff ich auch herbey /
Dem Straus (got gebe wo er ſey) Strauſs.
Ein groſs wunder iſt es am ſtrauſs /
Er brůt nit / ſicht ſein jungen auſs /
Er würfft mit fůſſen hinder ſich /
Zimlich groſs ſtein gewaltiglich /
Wañ er in der flůcht vnd lauffen iſt /
So rett er ſich mit diſem liſt /
Darzů gar on alles krawen /
Mag er ſtahl vnd eyſen dawen.
Groſs luſtig eyer er auch leidt /
Dauon man ſagt gar weit vnd breit.
Schoͤn federn gibt er die man treit /
Diſs ſey vom edlen ſtraus geſeit.
Der Pellican ſo tugentrich / Pellican.
Von Chriſto er exempelt ſich /
Das er ſein eigen hertz vffzert /
Vff das er ſeine jungen nert /
Wie unſer heilandt Chriſtus thůt /
Der vns er loͤßt mit ſeinem blůt.
Sindt dem pellican ſein jungen todt /
Traurt er drei tag vnd hat groſs not.
Demnach ſich ſelbs gantz hart verwundt /
Macht ſie friſch lebend vnd geſundt.
Nůn laß ich von dem pellican /
Ein andren edlen vogel will ich han.
Phenix lebt eintzig vff erden / Phenix.
Trew will yetzt mehr ſeltzam werden.
Fünff hundert jar vnd manchen tag /
Der phenix růglich leben mag.
In gſtalt iſt er eins adlers groſs /
So gůt man findt nit ſein genoſs.
Lang zeit in diſer welt er lebt /
Bitz er zů letſt ſein end erſtrebt.
Wañ der ſein leben enden will /
Vff ein berg tregt er holtzes vil /
Im land Arabia ſo weit /
Den hoͤchſten den er findt zůr zeit.
Wañ er ſolch holtz zů ſamen bringt /

Vnd es die ſoñ mit hitz durchdringt.
So fleugt er vff den hauffen gſchwindt /
Vnd wåht bitz ſich das holtz anzündt.
Mit ſeinen flůglen als on end /
Bitz er ſich ſelbs zů åſch verbrendt.
Auſs ſolcher åſchen er ſich jüngt /
Ein junger phenix auſſer ſpringt.
Bey dem phenix man lernen ſol /
Trew vnd glauben recht halten wol.
Wiewol es yetz dazů kommen /
Das trew ein ſolchen ſchwanck gnomme
Das man ſchier ehe ein phenix findt /
Dañ menſch an dem kein trew zerrindt.
Kranch. Der Kranch der kan ein wåchter ſein /
Den dieb laßt er bey nacht nit eyn.
Pfoh. Der Pfoh aus hoffart ſpieglet ſich /
Vnd ſtreckt ſein ſchwantz hoch überſich.
Vermeint das er der ſcho̊neſt ſey /
Drumb er von farben mancherley.
Wañ er gedecht an ſeine fieß /
Dis ſtoltz / vnd ſpieglen er wol ließ.
Storck. Der fromme ſtorck on zungen redt /
Das ihn ſein weiblin wol verſtedt.
Muſer. Ein Muſer / Stockar / vnd der Geyr /
Stockar. Das ſelb ſeindt vogel vngeheur.
Geyer. Wañ man ein vogel breiſen ſol /
Habich. Iſt der Habich zů loben wol.
Zů dem er gůt zů beitzen iſt /
Wer hab ich hett / im haus nit briſt /
Jch nem den hab ich hin vnd hin /
Vnd ließ den hett ich jmer ſin.
Weyhe. Der Weyh / der Stoſſer vnd Buſandt /
Stoſſer. Thůn groſſen ſchaden in dem landt.
Buſant. Ewig feindtſchafft zů aller friſt /
Zwiſchen ihn vnd den hůnern iſt.
Schwan. Vom Schwan mich etwas ſeltzam nimpt /
Am gſang iſt er nit wol beſtimpt.
Wañ zeit kompt das er ſterben ſol /
So ſingt er erſt ſo treflich wol.
Das yederman ſich wundert drab /
Wo her er ſolch geſang doch hab.
Papagey. Nůn merckend von dem Papagey /
Der lernt gern der menſchen geſchrey.
Atzlen. Atzlen / Herren / Hetzen / Sitticus /

Sind vogel ſchwetzerig überus. Siticus.
Der Birolff treibt ein ſeltzam gſchrey / Birolff.
Vorab im Brachmon vnd im Mey.
Alles geſpöttes iſt er voll /
Der arm Gutzgauch kent ihn vast wol. Gutzgauch.
Vnd das er ihn alſo wol kent /
Der Birolff ihn ſein vettern nent.
Ich will die ſach recht ermeſſen /
Der edlen Falcken nit vergeſſen / Falck.
Mit denen ſol man hetzen / beitzen /
Edel iſt was dfalcken ſchmeitzen.
Der Falcken ſindt gar mancherley /
Entspringen all doch aus dem Ey.
Falcken / Baumfalck / Stofſfalck / Geyrfalck /
Blawfůſs / Sperber ſind auch der ſchalck. Blawfůſs.
Darumb wil ichs recht erzelen / Sperber.
Die zwen zů den falcken ſtellen.
Vnd will daran gar nit liegen /
Ander vogel kont ſie erfliegen.
Mit diſen voglen iſt auch hie /
Der ſchnel vnd ſchreiend Wannen wyh. wañenwey.
Diſer niſtet in den hůlen /
Desgleichen thůnt auch die Důlen. Důlen.
Nůn bring ich an diſen reyen /
Etwan mancherley Kreyen. Kreyen.
Kreyen / Nebelkrey / wie mans nent /
Winter vnd thůrnkreyen / wer ſie kent.
Es hond etlich ander nammen /
Rappen / Kopp / Steinrappen / Rammen /
Darzů Nachtrammen vnd Hugen /
Auch edle Kautzen vnd Klugen. Kautz.
Wald vnd Steinkutzen desglich /
Fliegend all gar ſtill vnd heimlich.
Wiewol ſie ſer holdſelig ſeindt /
Noch ſind ihn andre vogel feindt.
Aber yetzt iſt die rechte kunſt /
Den kautzen ſtreich ſo haſt du gunſt.
Wañ ich aber nit ſtreichen mag /
So würd ich vnwert allen tag.
Jetzt komment mir vogel in ſinn /
Denen ich ſo treflich feindt binn.
Nůn nement euch wol der weylen /
Es ſindt fůrwar die Eulen. Eulen.
Sie fliegen nachts vnd nit bey tag /

Von rechten eulen ich hie ſag.
Wald eul / Nachteulen auch damit /
Kirch vnd Oreulen nach jrem ſit.
So findt man auch zů zeit vnd weyl /
Fürwar manch hübſche ſchleyer eyl.
Wer mit voglen wil ſich neren /
Hat er ein eul er halts in ehren.
Wañ ich ein gůten kautzen hett /
Ich voglet mit der eul in wett.
Wer hat kein kautz dar zů kein eyl /
Dem iſt voglen gar kein kurtz weyl.
Ich laß kautz vnd eulen bleiben /

Tauben.

Von den Tauben will ich ſchreiben.
Die ſind einfalt / gerecht vnd frum̃ /
Das ſpürt man an ihn vmb vnd vmb.
Als man gemeinlich von ihn redt.
Ein rechte taub kein gallen hett.
Tauben / zamtaub / wild vnd kriechiſch /
Feldttaub / plochtaub / vnd citriniſch.
Turteltaub / hůltaub / ringeltaubn.
Holtztaub / man bacht weinacht tauben.
Weintaub / kopff hirntaub vff mein eydt /
Die thůn mir treflich vil zů leydt
Besonder wañ ſie ſo ſtygen |
Im taubhaus her umer fliegen.
Feld recken / haus / vnd kirch recken /
Ihr nam ſie auch vff tauben ſtrecken.
Nun gang ich yhe ſo lang harumb /
Bitz ich vff dwaſſer vogel kum̃.

Waſſer vogel in gemein.

Neñ von erſt Reyger vnd Fifitz /
Mebb / ſcharb / waſſerthůl vnd girlitz.
Spirer / mackbiliß / vnd rothbein /
Fiſterling / leffeler ich auch mein.
Roth knillis / ſchniring / regerlin /
Schmirlen / deffet / vnd ſtein gellelin.
Kernel / breitſchnabel vnd rackhals /
Sind vaſt gern beym waſſer als.
Reinkoppel / weiſs vnd grawe nunn /
Wein kernel ſol man dar zů thůn.
Fifitzkôppel / kôpp riegerlin /
Gehôrent zů diſen vôglin.
Låſſel / Mebb / vnd ſunſt vogel mer /
Ein alter baumganß / ganserer.
Wañ dbech mit den überladen /

So thůnds den viſchen ſer ſchaden.
Zů den hôren dauchen / ſchmyhen /
Thůnt auch ob den waſſern fliegen.
Glůten / pfaffen / ſchnebler / nünnlin /
Eytel waſſer vogel das ſyn.
Vnd wañ wirs nun recht erkenten /
Waſſer vogel ſind auch enten /
Wiewol der enten mancherley /
Das hôrt man an jrem geſchrey.
Sie ſeyend heimſch / wild oder zam /
So iſt Enten ihr aller nam.
Wild waſſerendt / vnd zam endten /
Miſt endt / haus endt / vnd plaw endten.
An duch endten nimpt mich wunder /
Schlieffend ſchnell im waſſer vnder.
Vnd komment drucken wider herfür /
Iſt das nit ein groſs obentheur.
Bachendt / ſtudent / nimpt mich wunder /
Am ſtudenten doch beſunder.
Wañ ein ſtudent nit recht gebürt /
Wie bald er zů einer ganß würt /
So hat ſich manch gůt gſell verfürt.
Nun ſetz ich in kurtz gefeſſel /
Eyglin / roſsdrecklin vnd dreſſel /
Seh ſchwalm / ringelſpat / bomerlin /
Rothplettel / ſchollenſtôſſerlin.
Laſs nun dwaſſer vogel bleiben /
Will ſingend vôgel beſchreiben.
Vornen dran vnd über ſie all /
Stell ich die Edle Nachtigall. Nachtigall.
Wañ die zů rechter frůlings zeit /
Mit geſang all vôgel beſtreit.
Darumb ich ihr den preiſs zůgib /
Macht das ſie hat ſo kleinen lyb.
Darzů zart von kleinen gliden /
Mich wundert wie ſies mag glidẽ.
Das es ſo kleines vôglin iſt /
Im nacht vñ tag kein gſang gebriſt.
O Troſtel edeler vogel mein / Troſtel.
Nit denck ich wôll vergeſſen dein.
Drumb das die nachtgal vornen ſtodt /
An lobe die nit abegodt.
Du ſingſt ſo lieblich vnd ſo wol /
Das man dich billich loben ſol.

Gibſt auch ſollich ergetzlicheit /
Das man vff Fürſten diſch dich dreit
Amſel. Die Amſel acht ich minder nit /
Die ſingt ſer wol zů jrer zeit.
Wachtel. Die Wachtel ſchlecht wol im Meyen /
Girlin. Drumb geho̊rts auch an den reyen.
Ziſslin. Girlin / Zißlin / vnd Reitherzů /
Die ſingend ſtets / vnd handt kein rů.
Das alle menglich wunder nimpt /
Wie klein vo̊gelin ſo wol beſtimpt.
Das die ſo wol ſingen mo̊gen /
Vnd eims hertz im leib erwegen.
Spreh. Der Spreh den man ein ſtaren nent /
Der ſelb all ander vogel kent.
Vnd ſinget kein vogel ſo wol /
Das ihm der ſtar nit ſpotten ſol.
Nůn kompt yetzund mit groſſem gebrecht /
Seltzamer vogel ein geſchlecht.
Es iſt nit anderſt / iſt mir recht /
Specht. Dañ etwan vil mancher ſpecht /
Grůnſpecht / ſchwartzſpecht / ſchiltſpecht / hůl- [ſpecht.
Rotſpecht / vñ die geſprencklet ſein /
Ihr nåſcht machents in dhůle hinein.
Vnd ſindt doch ſo vnbeſunnen /
Das ſie offt vmb ihr jungen kommen.
Drumb das ihr zung nit ſchweigen kan /
So můſſent ſie den ſchaden han.
Meyvo̊gel. Nůn kumpt der Mey vogel daher /
Růfft leußklůcker vnd birſener /
Gerſchwalben / wegfleck / vnd zyters /
Gickerlin graw / flügt weiters.
Erdfleckel vnd gickerlin grůn /
Weidengickerlin wil dabei ſyn.
Roller vnd weckolder ziemer /
Rorgitz oder ein miſteler.
Das ſprintzel fleugt daher allein /
Ehe er ſich måcht eim vogel gmein.
Nůn kommen etliche vo̊gel /
Die hant kein orden noch regel.
Dorndrew- Als dorndrewer vnd nusbickel /
er / vnd an- Neunmo̊rder / vnd ſonnenplickel.
dere derglei- Werckkengel / ſprintzlin vnd windthals /
chen vogel. Baumkleber / geho̊rt auch hieher als.

Nacht rapp gaulhamer vnd matkern /
Deren kan ich nit wol entbern.
Der Meysen ſindt fürwar ſer vil / Allerley
Drumb heb ich an am pfannenſtil / Meysen.
Darnach wil ich fürbas reyſen /
Zů allen anderen meyſen.
Als brantmeyſen / vnd blawmeyſen /
Auch hůlmeyſen vnd kolmeyſen.
Darzů etliche bachſteltzen /
Murmeyſen ſindt auch nit ſeltzam.
Koppelmeyſen můſſen auch herzů /
Ander meyſen hond auch kein rhů.
Nůn laß ich von den meyſen ab /
Dweil ich andere vôgel hab /
Ich wil nur ein wenig drincken /
Darnach gleich an die fincken /
Noch denckt mir als an die fincken.
Es ſindt der Fincken mancher ley /
Finck / finck / finck iſt doch ihr geſchrey.
Der Diſtelfinck auch billich ſtünd / Diſtelfinck.
Da man die ſingent vogel fünd /
Ich denck nit das ihn verſchmoh
Das er bey ſeinem geſchlecht ſtoh.
Flachsfinck / Danfinck / Kirsfinck / Stellfinck / Von finckẽ
Zunfinck / Waldtfinck / Bůchfinck / Brůchfinck. in gemein.
Hie fürbas wôllen wir ſagen /
Von den Genſen mit jren kragen.
Ein gůt tugent hond die genſs an ihn /
Das ſie nit auch gern drincken win.
So offt ſie ſich můſſen laben /
Wer wolt genß zur ziehen haben.
Genſs neñ ich mit jrem namen /
Die heimſchen / wilden vnd zamen.
Wild genſs / Hagel genſs / vnd Schnegenſs / Von Gen-
Waſſergenſs / Rheingenſs / vnd Seegenſs. ſen in ge-
Riet / Weyd genſs / Ror genſs / genſs im Rieſs / mein.
Diſs habent alle breyte fieſs.
Auch Stupffel genſs / das kein aus bleibt /
Genſs die man ins haber feldt treibt.
Was gagag / gagag / gagag ſchrey /
Ich glaub das eyner ganſs gleich ſey.
Zam junge genſs die wol gemeſt /
Die achte ich fürwar die beſt.
Gebraten vnd ein Sanſoney /

Daſſelb iſt ein recht Gånſs geſchrey.
Sonder wann ſich dleut befleiſſen /
Ihn behend die heut abreiſſen.
Man ropfft der ganſs die federn aus /
Vnd macht gůte weiche beth daraus.
Wer kan doch genůgsam ſagen /
Was ein ganſs für nutz kan tragen.
Solt ich es yetzt als ſchreiben an /
Ich můſt wol vier maſs dinten han.
Ich wils kurtz zůsamen ſchlagen /
Nur das beſt von genſen ſagen.
An eim ort ſind die gånſs ſo ſůſs /
Die genſs man iſst vnd trinckt die fůſs.
So man genſs ſchmaltz an ſuppen thůt /
So macht es die für bündig gůt.
Des gleich vff můſs vnd ander ſpeiſs /
Das ich die genſs gar billich preiſs.
Hie will ich von den genſen weichen /
Vnd andere vogel außſtreichen.
Man ſprech ſunſt von der genß wegẽ /
Thet ich ſolcher kurtzweil pflegen.

Lerchen.

Die edlen Lerchen farend her /
Nach denen ſteht mir mein beger.
Die ſelben ſingen luſtig wol /
Zierend darzů den bratſpyſs wol.
Feldt lerch / lerch im wald / im tobel /
Herbſt lerch / vnd lerch mit dem kobel.
Sunſt etlich lerchen kenn ich wol /
Hieher mans billich zalen ſol.
Nůn fert der ſummer bald daher /
Die ſchwalmen bringen newe mer.

Vô ſchwalmen.

Haußſchwalmen / Rauch vnd Rhein ſchwalmê /
Niſtend beym dach vndert walmen.
Fliegendt jårlichs weith über mer /
Am frůling kommends wider her.
Vnd niſtend an ihr alte ſtett /
Offt dem Gauch ſer noh zům bett.
Die ſpatzen thůnt ihn vil zů leidt /

Von ſpatzẽ.

Zeit iſts das man von ſpatzen ſeidt.
Dar zů der ſpatz verdrüßlich ſingt /
Sunſt er auch gar kein nutz nit bringt.
Thůt ſchaden wo er mag vnd kan /
Darumb iſt ihm feindt yederman.
Haußſpatz vnd Rhorſpatz wer ſie kent /

Vnd das leidig Spetzel genent.
Jetzt ſind fleiſſig vnd hören mer /
Der vogel König fert daher.
Wol er der meuß könig genant /
Iſt er köng in der vogel landt.
Das man jm ſchmälich namen gibt /
Nichts minder er ſich könig ſchribt.
Die jm ſchmälich zunſchlüpffer ſagen /
Er würdts jhn nit lang vertragen.
Noch vil auß größerem veracht /
Hat man jhm ein namen gemacht.
Das er der regen vogel ſey /
Als von lauterm geſpöt vnd gſpey.
Nun mercken vnd verſtehn mich eben /
Dem köng wil ich diener geben.
Zům aller beſten als ich wähn /
Mich dunckt es ſeyen etlich hän.
Auch dienen jme etlich hennen /
Ich wils nach einander nennen.

Der vogel könig / den man meuſs könig nent / ſamp ſeinen dienern.

Haushan / zeithan / Vrhan / Kothan wiſs /
Daſſelb ſo ſchantlich vogel iſt.
Den man ſunſt nennet ein Widhopff /
Der iſt ein ſchelm vnd gar ein tropff.
Sein eygen näſt můß bſchiſſen ſein /
Er trůg den kot eh ſelber drein.
Darumb wöln wir ihn faren lan /
Melden kirchhan vnd Haselhan.
Darzů den Edlen Faſethan /
Da findt ſer gůte mümpflin an.
Auch etlich hän die nenn ich nit /
Sind kupffern / man laßt wein damit.
Wañ es lebend vogel weren /
Wir wolten ihr hie nit entbern.
Auch komment von den hanen her /
Manch gůt feyßt Capaunen ſchwer.
Nůn wöllen wir an die hennen /
Die die weiber wol erkennen.
Ein leghenn / junghenn / vnd brv̊thenn /
Die ſelben ich zun hůnern nenn /
Waſſerhůnlin / můß auch harbey /
Ich mein das es ein heñlin ſei.
Vrhän / Faſethän / Haſelhän /
Kothän / iſt ſchand das ichs auch nen.
Vnder krebſen man hennen findt /

Von Hanê vnnd Hennen in gemein.

Waſſerhün lin Vrhän. Faſethän. Haſelhän.

Daſſelb darumb nit vogel ſindt
Lenger wil ichs nym vertragen /
Will erſt von rechten vôglen ſagen.
Darumb mein erſter anfang was /
Da ich zů ſchreiben mich vermaſs.

Kramats vogel.

Kramats vogel ſtell ich fornher /
Dañ er kompt ſer weith ůber mer.
So iſst er auch drey jârig ſpeiß /
Ich halt ihn für Edel vnd weiß.

Beſchreibung allerlei vogel in gemein.

Demnach ſetz ich mit reichem ſchall /
Ind ordnung die andern vôgel all.
Andtvogel / Eyßvogel / Brachvogel /
Kirßvogel / Halbvogel / Gelvogel.
Rotvogel / Kutvogel / Meyvogel /
Spotvogel / Stellvogel / Speyvogel.
Ich will hierinn nit vaſt liegen /
Diſs vôgel kônt nit all fliegen.
Am Spotvogel nůr beſunder /
Nimpt mich etwas ſeltzams wunder.
Vnder den man gewonlich findt /
Die ſeer treflich zů ſpeyen ſindt.
Lockvogel ſindt ſchamper beſcheid /
Wer witzig iſt ſie allweg meid.
Regenvogel vnd Zeitvogel /
Waſſervogel / vnd Kreutzvogel /
Wettervogel / ſind ſeltzam geſt /
Wans wittern will thůn ſie das beſt.
Vom kammer vogel ſchreib ich nicht /
Bitz er mir auch am ſchlaff abbricht.
Ich ſag von voglen ſeltzam ding /
Bitz ich ihr vil zůsamen bring.
Noch binn ich nit alſo geſchwind /

Fled'meuſs.

Ob Fledermeuß auch vogel ſind.
Ein theil wils nit für vogel eygen /
Darumb das ſie ihr jungen ſeygen.
So můſſents mir auch vogel ſyn /
Dweil ſie wie vôgel fliegen hyn.
Weiter vnd was wôllen wir nůn /
Jetzt ſagen von allerley hůn /

Von allerlei hůnern in gemein.

Schneehůn / Repphůn / vnd Haſelhůn.
Feldthůner / ſind edel vnd gůt /
Wann mans erſchwellet vff der glůt.
Mit neglin zymmet wol gebraten /
Vnd jm juſt am ſpiſs gebraten.

Wañ wir nit feldthůner fahen /
Waſſerhůner nit verſchmahen.
Darzů die zamen hůner nit /
Die kommen recht zů aller zyt.
Die ſelben man gewißlich findt /
Wañ feldthůner nit vorhandẽ ſindt.
Aber will ich für baſs welen /
Ser ſeltzam vogel erzelen.
Gricker / Rotprüſtlin / vnd Rhorpfuß
Rotſchwentzlin die ſind gůt im huß.

Erzelung allerlei ſeltzamer vogel.

Rotſchwentzlin ligt mir noch im ſinn /
Ich meyn die beſtẽ Rotſchwentzlin /
Das ko̊nnent edle vo̊glin ſyn.
Wiewol es iſt zů wider mir /
So můſſent die muckẽ auch herfür /

Von allerley mucken.

Drumb thů ſich meniglich ducken /
Jetzt komment die rechten mucken /
Die graßmuck ſtell ich fornen dran /
Weil ſie den gutzgauch ziehen kan.
Das iſt ihr ſchand zů aller friſt /
Das ſie des gauchs ſtieffmůter iſt.
Hundsmucken hond jren beſcheidt /
Hirnmucken thůn mir vil zů leidt.
Wein mucken lond ſich nit dautzen /
Winter mucken ſeltzam kautzen.
Spital mucken / vnd Roſsmucken /
Wer denen die haut kan zucken.
Der ſelb daran nit vnrecht thůt /
Sie ſaugen jm ſunſt fleiſch vñ blůt.
Die fliegen ſind vor mir nit frey /
Das gantz geſchlecht můß auch herbey.
Zwyfalter / ſchnocken / dreſchlin kleyn /
Hergots vogel vnd heimelyn.
Johans würm / die bey nacht glitzen /
Vo̊glin die ins liecht gern ſitzen.
Bey nacht vnd ſich ſelbs verbrennen /
Ich weiß ſie anderſt nit zů nennen.
Weffzen / bremen / hurnuß / bromſen /
Angel / ſticher / etlich homſen.
Die Jmen vnd nutzlich Bienen.
Dem ſie recht wol wo̊llen dienen.

Bienen oder Jmen.

Den machend ſie reich vnd klůg /
Bringend honig vnd wachs genůg.
Der ſind zweyerley wild vnd zam /

Den beyden zimpt ein gůter nam.
Zů letſt an das vnnütz zifer /
Allerley kefer.
An die bo̊ſen ſchno̊den kefer.
Kefer ſeltzam vnd allerhandt /
Findt man hie vnd in allem landt.
Mey kefer / goldt kefer / roſs kefer /
Auch ſunſt noch mehr andre kefer. /
Kefer die im roſsdreck ſitzen /
Kefer die im finſtern glitzen.
Etlich kefer wachſen auß ſchaum /
Das ich die ſelben nit verſaum.
Auch kefer die bey nacht brommen /
Bald würt der vogel küriß kommen.
Schro̊ter.
Iſt der Schro̊ter im küriß wath /
Der eins mals den adler kriegt hat.
Dem kroch er alſo vil vnd lang nach /
Bitz er jhn im neſt ůberzoch.
Bleiben laß ichs bey diſer ſchar /
Beſchluß diſes Bůchlins.
Bitz ich die andern auch erfar.
Thů hiemit gar fründtlich bitten /
Ein yeden nach ſeinem ſitten.
Gebůr / Stand Wirde vnd weſen /
Dem diſs bůchlin kompt zů leſen.
Man wo̊ll mir nit für ůbel han /
Den ſchertz den ich hie hab gethan.
Ich ſaſs im bad vertrib damit /
Fürwar vil langer ſtund vnd zyt.
Drumb nam ich mich der vo̊gel an /
Die welt nit will geſchertzet han.
Wann man ihr ſchon im beſten denckt /
Sie / nachred vnd verweiſs eim ſchenckt.
Allhie will ichs nůn bleiben lohn /
Der welt iſt yetzt gůt můſſig gohn /
Wer anders frid vnd rhů will hon.

End diſes bůchlins.

Das Regiment der anderhalb hundert vögel.

(Bibliothek des Literarischen Vereins in Stuttgart 105, 278—284. Tübingen 1870).

Nun höret wunder-frembde mär
Die ich erfur on all gefär
Inn dieſem jar zu summer-zeit
In eyner wildnuß lang und preyt,
Als ich darinnen erdper prach!
Ein ſchar der vögel ob mir ſtach
Allerley art in hellem lufft.
Auß den allen mir eyner rufft.
Das was[1] ein gantz kolschwartzer rab.
Der ließ sich gantz zu mir herab,
Grüst mich, saß zu mir auff die erden.
Ich dacht: Ach Gott, was will das werden?
Und erschrack in dem hertzen mein.
Gedacht, es möcht ein trügnuß sein.
Der rab sah bald, was mir gebrach.
Freundlicher weiß er zu mir sprach:
Ach guter man, nit fürchte[2] dir,
Das du hörst menschlich stimb von mir!
Wann heut hab wir das götlich fest
Jupiters, der uns reden lest
Inn hundert jaren nur ein fart.
Daran sich aller vögel art
Versamlet hie in diesem wald,
Klein unde groß, jung unde alt.
Alda wir eynen könig welen
Und alle amptleut im bestellen.
Nach aller art menschlicher weiß
Leb wir in kürtzweil, tranck und speiß,
Von yetz[3] an biß auff mitternacht.
Denn hat ein end all unser pracht.

1 C war. — 2 C förchte. — 3 C jetzt.

Derhalben so bitt ich dich sehr
Von wegen aller vögel ehr,
Das du dich mit mir machest dar
Und nemest aller handlung war,
Auff das durch dich geöffnet werd
Allen menschen auff gantzer erd
Unser freyheit und dingnitet [1].
Ob der red ich groß wunder het
Und mich verwilligt nach zu gehn.
All mein gerätlich ließ ich stehn
Und folget nach, der rab flog vor,
Im wald ein wunder-wild gespor.
Durch distel, dorn volgt ich nach,
Durch die wildnuß, biß ich ersach
Ein blumenreiches schönes thal
Mit wald umbringet uberal,
Darinn fischreiche pechlin flossen
Und viel klarer quel-prünlein gossen.
Mitten im thal da stund ein zelt,
Dergleich ich nye sach inn der welt.
Darumb da saß der vögel schar.
Der rab mich aber stellet dar
Inn ein heck bey des zeltes ort,
Das ich vernemb weiß unde wort,
Was von dem gflügel do geschach,
Als ich erzelen will hernach.
Erstlich sie tratten in ein ring,
Die schar zu welen anefing.
So vil ir war in diesem thal,
Welten mit einhelliger wal
Zu ihrem könig den adlar.
Darnach welt im der vogel schar
Zu sein räthen zwölff papagey
Von art und farben allerley.
Zu hofmaister wehlt man den strauß.
Haußvogt der pfaw war in dem hauß.
Zu marschalck war der greiff erwelt.
Phenix zu cantzler ward bestelt.
Sein kemerling war pellican,
Secretarius der awerhan.
Rentmeister der eyßfogel war
Und zeugmayster wurd der felstar [2].

1 C dignitet. — 2 C Veldstar.

Der schwan war kuchemeister [1] erber.
Sein jegermeister wurd der sperber.
Storch ward stalmaister allenthalb.
Sein poßmeister [2] war die reinschwalb.
Als amptleut waren bstelt,
Der etlich werden noch erzelt,
Do [3] bließ zu tische das pülroß,
Das es in wildem wald erdoß.
Erst zog der könig ob-gemelt
Mit seynem hofgsind in das zelt,
Das het gezier [4] ein weisser tauber
Mit gülden tücher rein und sauber.
Das haselhun het tisch gedeckt,
Der faßhan teller auff-gelegt
Und die saltzen das schön stainrötlein [5],
Der krometfogel [6] die hoffprötlein.
Und der pirgrap die gülden schewerlein
Geschwancket rein, von dem [7] haustewerlein
All ding zierlich geschmucket was.
Als der könig zu tische sas,
Da schicket [8] der kop den pirckhan
Zum rappen, er solt richten an.
Der trap war truchsaß [9], trug zu tisch
Gar köstlich tracht, wiltprät und visch.
Schenck war sittich, trug trincken für.
Der auff war thorwart, hüt der thür.
Ein weisser pfab credentzer war.
Anfing und aß der vögel schar.
Tischdiener waren der wonitz,
Rotkropff, klayber und der geubitz.
Der mucken wert in aller ding
Der wüstling und der flinderling.
Ein schönen spruch sprach der tyrolt.
Der war des königs erenhold.
Auch kam, dem könig zu hofieren,
Sein cantorey im zu quintiern
Lörch, troschel und die nachtigal,
Das es in grünem wald erhal,
Finck, stiglitz und auch der calander.
Auch concordierten zu einander

---

1 C Kuchenmeister. — 2 C Postmeister. — 3 C Da.
4 C geziert. — 5 C Steinrötlin: hofbrötlin. — 6 C Krametuogel.
7 C den. — 8 C schickt. — 9 C Truchseß.

Das zeißlein[1] und der hirngrill,
Sungen höflicher lieder viel.
Mit saytenspiel auch kam ein schar.
Die wachtel lautenschlaher war.
Die amschel schweglet auff der fleten.
So bließ der star in die trumeten.
Auff der harpffen schlug das praunellen.
Zitrinlein rürt die zimelschellen.
Das positieff der henfling schlug.
Die heydel-lerch die leyren zug.
Auch kürtzweilten zwen gauckler da,
Die tahe und die nebelkra.
Die machten kurtzweil auff dem dopff.
Der windhals und auch der widhopff
Die waren des königs hof-narren,
Theten einander offt an-plarren.
Ein yeder maint, er wer der weiser.
Der nachtrab und der kerenbeisser
Die rissen auff zwey weyte maul
Und lachten wie ein acker-gaul.
Des kundt[2] die agerlaster kittern.
Spotweiß thet ir der heher flitern.
Die hofweiß gfiel dem gümpel wol.
Die ganß die suff[3] sich eben vol
Fing mit der hennen an zu tadern.
Die end thet mit dem antrich schnadern.
Als nun das mal volendet was,
Bet das münchlein das gracias.
Pirgamschel thet auffhebens warten.
Die weiß graßmuck legt auß die karten.
Die kotmaiß spilt mit dem pachsteltz,
Gewan im ab ein sack vol gelts.
Im pret so lurscht[4] die heubelmaiß
Und machet dem pirgspatzen heiß.
Do[5] zoch im schacht der dorendreer
Unnd uberlistet den nußheer.
Aller kurtzweil sah ich kein zadel.
Auff-stund der könig und sein adel,
Ein[6] ritter-spiel zu-sehen wolten.
Vier ritter vor im kempffen solten.
Der falck, plofuss[7], reyger und sacker
Hielten sich in dem kampff frey wacker.

1 C zeißlin. — 2 C gund. — 3 C soff. — 4 C lurtscht.
5 C Da. — 6 B C Eim. — 7 C Plaufuß.

Darnach vor im und seinen knechten
Theten ir sechs gar mannlich fechten.
Das schmierlein facht mit dem paumfalcken.
Der geyer kund [1] den aer walcken.
Das habichlen [2] facht mit dem sprintzlein [3].
Ir yeder gwan ein krantz von pintzlein [3].
Darnach dem könig auch zu danck
Kamen geritten in die schranck
Der hasengeyer mit der glennen,
Thet mit dem habicht scharff rennen.
Darnach theten sich acht versprechen,
Zu reytten in ein gsellen-stechen.
Das küniglein und der goldhan
Waren die ersten auch der pan.
Die moß-sperck und das zötscherlein,
Pynmaiß, thonmaiß kam auch drein.
Auch kam der kotfinck uberlanck.
Das bemlein gewan den danck.
Erst war viel kürtzweyl auff dem platz,
Wann ich sah frey wie die stainschmatzs [4]
Dort mit dem emerling thet ringen.
Die sperck thet mit der kolmaiß springen.
Mit lauffen sah ich auch die ruchen
Den dulfist krefftigklich versuchen.
Der paumheckel [5] thet nach gemsen steigen,
Die klebermaiß thet im die zeygen.
Darnach der schertz und der fischgeyer
Die fischten eynen grossen weyer.
Das wasserhun das zoch das garn.
Das taucherlein thet nach fischn [6] farn.
Mit dem ruder so fur das pleßlein.
Das wasserstewerlein legts ins feßlein.
Wolauff, wolauff, so sprach der gantz,
Zu des königes abendtantz!
Die trummel schlug zum dantz der gegler.
Der mistler war des königs schwegler.
Der kranich fürt den ersten rayen,
Thet sich mit der wiltgans ermayen.
Der prachvogl tantzt mit der graßmucken.
Die holkro thet das rephun trucken.
Der wölgerhod halset die kotspercken.
Das selb thet der prandvogel mercken.

1 C gund. — 2 C Habichlein. — 3 C sprintzlin: pintzlin.
4 C Steinschmatz. — 5 C Paumheckl. — 6 C Vischen.

Die zaglmaiß tantzt mit dem rotschertz,
Die heubel-lerch mit dem plickstertz.
Der taubenfalck ein tewbin stieß;
Die ataub in ein lappen hieß.
Darumb sie der meußgeyer stach.
Die holtaub bald ir mummen rach,
Wiewol sie wart zu tod geschlagen.
Die türteltaub [1] thet trawrig klagen.
Das greynerlein thet auch sehr weynen
Der krautvogel thet sie vereynen.
Mit dem gieng auch die sunn zu rast.
Zum zelt so eylt der könig fast.
Mit dem hofgsind das nachtmal het.
Ein fledermauß in leuchten thet.
Darnach fingens den schlafftrunck an.
Ein indianisch henn und han
Setzten auff köstlich specerey.
Meerschwalb bracht zitperwein herbey.
Grünspecht die lagel an thet zepffen.
Dem hofgsind schenckten ein 2 schnepfen.
Das keutzlein verschütt ein weinglaß.
Des trugen im all vögel haß
Rötelgeyer mit dem schaffickel
Thet sich mit hader sehr einwickeln [2],
Das doch der löffer underkam.
Des stund die schlayreul [3] mit scham.
Die stockewl thet sich auch sehr mewlen.
Gantz tückisch sah auch die stainewlen.
Nach dem thet sich auch die küscheissen
Mit dem vollen krumbschnabel beissen.
Die pirgkra sprach zu dem feldhun:
Was woll wir bei dem hader thun?
Quetsch sprach: Hie mag ich auch nit bleiben.
Die haußschwalb thet den hof abschreiben.
Das hofgesind zelt der gutzgauch.
Des wart anderthalb hundert auch,
Die er all mit dem namen nendt.
On ander viel, der ich nit [4] kendt.
Ich wils des königs kemmerling
Sagen, sprach der weiß emerling.
Die stainlerch het sich hart verwacht [5].
Inn dem war es gleich mitternacht.

1 C Turteltaub. — 2 C ein wickel. — 3 C Schleiereul.
4 C nicht. — 5 C verlacht.

Auff, schrey der wachter (was ein han),
Auff! es ist zeyt; macht euch darvon!
Auff-schwungen sich die vögel all
Im augenblick auß diesem thal,
Yeder haimwertz zu seynem nest,
So wunder-schnell, das ich nit west.
Wo sie hinkamen all gemein.
Inn wildem wald blieb ich allein,
Biß frü anbrach der helle morgen.
Graw möcht ich worden sein vor sorgen.
Ich loff und suchet mein geret.
Da war es hin; ich kam zu spet.
Also geschicht noch manchem man,
Der abenthewer nach thut gan,
Versaumbt ein weil das sein gewerb,
Dem wirdt das endt bitter und herb
Und muß offt dulden groß gefer.
So spricht Hans Sachs, schumacher.

Anno salutis 1531, am 13 tag Septembris.

Register.

Im Register sind alle besprochenen Namen mit Angabe der Seitenzahl verzeichnet. Die Orthographie der Quellen ist im allgemeinen bewahrt worden. Doch sind mehrere orthographische und lautliche Varianten eines Namens unter die hochdeutsche Form gebracht worden, wo dies durch leichte Normalisierung geschehen konnte. Nur die älteren Sprachperioden sind mit einem besonderen Vermerk bezeichnet. Die zoologischen Rubriken sind durch fetten Druck hervorgehoben. Ein Stern vor dem Namen gibt an, daß die genaue Bedeutung nicht festgestellt werden konnte.

Hoch- und Niederdeutsch.

Niederländisch.

Friesisch.

Englisch.

Skandinavisch.

Gotisch.

Baltisch-Slavisch.

Keltisch.

Lateinisch.

Romanisch.

Griechisch.

Armenisch.

Altindisch.

Finnisch.

Ungarisch.

Arabisch.

Malaiisch.

Verzeichnis der wissenschaftlichen lateinischen Benennungen.

Verzeichnis der zitierten Glossenhandschriften mit Angabe ihrer Abfassungszeit[1].

(Die Hss. sind in alphabetischer und arithmetischer Folge aufgezählt.)

Cgm. 187 — 11. Jh.
Cgm. 649 — 15. Jh.
Cgm. 5248, 2 — 11. Jh.
Clm. 280 A — 10./11. Jh.
Clm. 305 — 11. Jh.
Clm. 375 — 12. Jh.
Clm. 614 — 13. Jh.
Clm. 2571 — 12. Jh.
Clm. 2612 — 12. Jh.
Clm. 3537 — 15. Jh.
Clm. 4112 — 12. Jh.
Clm. 4350 — 14. Jh.
Clm. 4460 — 11. Jh.
Clm. 4606 — 12. Jh.
Clm. 4660 — 13./14. Jh.
Clm. 5116 — 12. Jh.
Clm. 5515 — 13. Jh.
Clm. 6225 — 9. Jh.
Clm. 6227 — 11. Jh.
Clm. 6404 — 10. Jh.
Clm. 6408 — 10./11. Jh.
Clm. 6414 — 11. Jh.
Clm. 7997 — 12. Jh.
Clm. 7999 — 13. Jh.
Clm. 9534 — 10. Jh.
Clm. 11481 — 14. Jh.
Clm. 12665 — 15. Jh.
Clm. 13002 — 12. Jh.
Clm. 13079 — 12. Jh.
Clm. 14395 — 11. Jh.
Clm. 14429 — 10. Jh.
Clm. 14456 — 9. Jh.
Clm. 14584 — 12. Jh.
Clm. 14689 — 11./12. Jh.
Clm. 14747 — 10. Jh.
Clm. 17114 — 12. Jh.
Clm. 17151 — 12. Jh.
Clm. 17152 — 12. Jh.
Clm. 17153 — 12. Jh.
Clm. 17194 — 12. Jh.
Clm. 17403 — 13. Jh.
Clm. 18059 — 11. Jh.
Clm. 18140 — 11. Jh.
Clm. 18375 — 10. Jh.
Clm. 18528, 1 — 11. Jh.
Clm. 18547, 2 — 11. Jh.
Clm. 19440 — 10./11. Jh.
Clm. 19486 — 11. Jh.
Clm. 19488 — 12. Jh.
Clm. 21562 — 12. Jh.
Clm. 22201 — 12. Jh.
Clm. 22213 — 12. Jh.
Clm. 23486 — 11. Jh.
Clm. 23496 — 12. Jh.
Clm. 23796 — 15. Jh.
Clm. 24727 — 14. Jh.

1 S. Steinmeyer und Sievers, Die althochdeutschen Glossen IV, 371—686.

cod. Admont. 3 — 11. Jh.
cod. Admont. 106 — 12. Jh.
cod. Admont. 269 — 12. Jh.
cod. Admont. 476 — 12. Jh.
cod. Admont. 508 — 12. Jh.
cod. Admont. 759 — 13. Jh.
cod. Angelomont. I 4/11 — 12. Jh.
cod. Bern. 224 — 10. Jh.
cod. Bern. 722 — 12. Jh.
cod. Berol. Ms. lat. 8° 73 — 11. Jh.
cod. Berol. Ms. lat. 8° 93 — 12. Jh.
cod. Berol. Ms. lat. 4° 215 — 11. Jh.
cod. Bonn. 218 — 11. Jh.
cod. Bruxell. 9968 — 11. Jh.
cod. Bruxell. 10072 — 11. Jh.
cod. Carolsruh. Aug. IC — 8. Jh.
cod. Carolsruh. Aug. CXI — 10. Jh.
cod. Carolsruh. Aug. CXXXV — 10. Jh.
cod. Carolsruh. Aug. CCXVII — 9./10. Jh.
cod. Carolsruh. Aug. CCXXXI — 10. Jh.
cod. Carolsruh. Aug. CCXLVIII — 10. Jh.
cod. Carolsruh. SPetri 87 — 11. Jh.
cod. Cassell. Astr. f. 2 — 11. Jh.
cod. Cassell. th. 4° 24 — 9. Jh.
cod. Cheltenham. 7087 — 12. Jh.
cod. Cheltenham. 18908 — 9. Jh.
cod. Colon. LXXXI — 11. Jh.
cod. Colon. CC — 10. Jh.
cod. com. de Apponyi — 11. Jh.
cod. Darmstad. 6 — 13. Jh.
cod. Erlang. 242 — 12. Jh.
cod. Florentin. XVI, 5 — 13. Jh.
cod. Fuld. Aa 2 — 10. Jh.
cod. Gotting. Luneb. 2 f. — 15. Jh.
cod. Gotwic. 44 — 11. Jh.
cod. Gotwic. 103 — 12. Jh.
cod. Graec. 859 — 13. Jh.
cod. Guelpherbyt. Aug. 10. 3. 4° — 10. Jh.
cod. Guelpherbyt. Helmost. 553 — 11. Jh.
cod. Guelpherbyt. Wiss. 29 — 9. Jh.
cod. Guelpherbyt. Wiss. 77 — 9. Jh.
cod. Kilian. 47 — 11. Jh.
cod. Kilian. 145 — 11. Jh.
cod. Lambac. cart. — 12. Jh.
cod. Lips. civ. Rep. I. 36 b — 10. Jh.
cod. Lips. Paulin. 106 — 13. Jh.
cod. Lond. Harl. 4986 — 11. Jh.
cod. Lugdun. E 191 — 12. Jh.
cod. Lugdun. Voss. lat. 8° 37 — 10./11. Jh.
cod. Lugdun. Voss. lat. 4° 51 — 11. Jh.
cod. Mellic. K. 51 — 14. Jh.
cod. Mellic. non. sign. — 12. Jh.
cod. Moguntin. non. sign. — 11. Jh.
cod. mon. herem. 32 — 10. Jh.
cod. mon. herem. 171 — 12. Jh.
cod. mon. herem. 184 — 10./11. Jh.
cod. mon. herem. 239 — 12. Jh.
cod. mon. herem. 316 — 11. Jh.
cod. mon. s. crucis 17 — 12. Jh.
cod. mus. bohem. Prag. — 13. Jh.
cod. mus. Britann. Add. 16894 — 11. Jh.
cod. mus. Britann. Add. 18379 — 13. Jh.
cod. Oenipontan. 355 — 14. Jh.
cod. Oenipontan. 711 — 13. Jh.
cod. olim Argentorat. — 12. Jh.
cod. Oxon. Auct. F. I 16 — 10. Jh.
cod. Oxon. Jun. 25 — 9. Jh.
cod. Oxon. Jun. 83 — 13. Jh.
cod. Oxon. Laud. lat. 92 — 9. Jh.
cod. Parisin. lat. 2685 — 9. Jh.
cod. Parisin. lat. 7640 — 8./9. Jh.
cod. Parisin. lat. 9344 — 11. Jh.
cod. Parisin. 9345 — 11. Jh.
cod. Parisin. 12269 — 9. Jh.
cod. Parisin. 16668 — 9. Jh.
cod. Parisin. nouv. acqu. 241 — 11. Jh.
cod. Prag. VII H 4 — 11. Jh.
cod. princ. de Lobkow. 434 — 13. Jh.
cod. princ. de Lobkow. 435 — 12. Jh.
cod. princ. de Lobkow. 489 — 12. Jh.
cod. princ. de Wallerst. I. 2. 4° 3 — 11. Jh.

cod. Selestad. — 11. Jh.
cod. sem. Trevir. R. III 13 — 11./12. Jh.
cod. sem. Trevir. 31 — 13. Jh.
cod. SFloriani XI, 54 — 14. Jh.
cod. SGalli 9 — 9. Jh.
cod. SGalli 136 — 9. Jh.
cod. SGalli 242 — 10. Jh.
cod. SGalli 270 — 10. Jh.
cod. SGalli 283 — 9. Jh.
cod. SGalli 292 — 10. Jh.
cod. SGalli 295 — 9. Jh.
cod. SGalli 296 — 9./10. Jh.
cod. SGalli 299 — 9./10. Jh.
cod. SGalli 911 — 8. Jh.
cod. SGalli 913 — 8. Jh.
cod. SPauli XXV a 1 — 8. Jh.
cod. SPauli XXV d/82 — 10. Jh.
cod. Stuttg. herm. 26 — 12. Jh.
cod. Stuttg. th. et phil. 210 — 11./12. Jh.
cod. Stuttg. th. et phil. 218 — 12. Jh.
cod. Trevir. 1464 — 11. Jh.
cod. Trident. 1660 — 11. Jh.
cod. Turic. C 59 — 9. Jh.
cod. Turic. C 164 — 11. Jh.
cod. Turic. Rhenov. 66 — 12. Jh.
cod. Vatic. Pal. 288 — 12. Jh.
cod. Vatic. Reg. 469 — 9./10. Jh.
cod. Vatic. Reg. 1701 — 11. Jh.
cod. Vindob. 10 — 11. Jh.
cod. Vindob. 85 — 11. Jh.
cod. Vindob. 114 — 10. Jh.
cod. Vindob. 162 — 9. Jh.
cod. Vindob. 247 — 11. Jh.
cod. Vindob. 388 — 12. Jh.
cod. Vindob. 751 — 9. Jh.
cod. Vindob. 804 — 12. Jh.
cod. Vindob. 901 — 13. Jh.
cod. Vindob. 969 — 10. Jh.
cod. Vindob. 1042 — 10. Jh.
cod. Vindob. 1118 — 13. Jh.
cod. Vindob. 1325 — 14. Jh.
cod. Vindob. 1761 — 10. Jh.
cod. Vindob. 2276 — 14. Jh.
cod. Vindob. 2400 — 12. Jh.
cod. Vindob. 2532 — 12. Jh.
cod. Vindob. 2723 — 10. Jh.
cod. Vindob. 2732 — 10. Jh.
cod. Vindob. 3213 — 15. Jh.
cod. Vindob. 12840 — 15. Jh.
cod. Wirziburg. Mp. th. 4° 60 — 12. Jh.
cod. Wirziburg. Mp. th. f. 146 — 10. Jh.
cod. Zwettl. 1 — 13. Jh.
cod. Zwettl. 293 — 14. Jh.
fol. Francofurtense — 14. Jh.
fol. olim Heidelberg. — 12. Jh.
fol. sem. theot. Gotting. Müller I, 6 — 13. Jh.
fol. Stuttgartense — 14. Jh.
fragm. Carolsruh. U H — 11. Jh.
fragm. Labac. — 12. Jh.
fragm. mus. german. acc. 42517 — 11. Jh.
fragm. SEmmerami deperdita — 9. Jh.
liber impressus — 15. Jh.
Kölner Doppelblatt — 14. Jh.
Rotul. com. de Mülinen Bern. — 11./12. Jh.

Erklärung der angewandten Abkürzungen.

adän. = altdänisch.
afries. = altfriesisch.
afrz. = altfranzösisch.
ags. = angelsächsisch.
ahd. = althochdeutsch.
ai. = altindisch.
air. = altirisch.
akslav. = altkirchenslavisch.
allem. = allemannisch.
altind. = altindisch.
altpreuß. = altpreußisch.
amittelfränk. = altmittelfränkisch.
andd. = altniederdeutsch.
an(ord). = altnordisch.
anorweg. = altnorwegisch.
apreuß. = altpreußisch.
arab. = arabisch.
armen. = armenisch.
asächs. = altsächsisch.
aschwed. = altschwed.
av. = avestisch.
bair. = bairisch.
breton. = bretonisch.
corn. = cornisch.
czech. = czechisch.
cymr. = cymrisch.
dän. = dänisch.
dial. = dialektisch.
elsäss. = elsässisch.
engl. = englisch.
estn. = estnisch.
finn. = finnisch.
fränk. = fränkisch.
franz. = französisch.
fries. = friesisch.
frz. = französisch.
gall. = gallisch.
germ. = germanisch.
got. = gotisch.
Grdf. = Grundform.
griech. = griechisch.
hd. = hochdeutsch.
hess. = hessisch.
hochd. = hochdeutsch.
Hs. = Handschrift.
idg. = indogermanisch.
ir. = irisch.
isländ. = isländisch.
ital. = italienisch.
Jh. = Jahrhundert.
kärnt. = kärntisch.
kelt. = keltisch.
lat. = lateinisch.
lett. = lettisch.
lit. = litauisch.
magyar. = magyarisch.
md. = mitteldeutsch.
me. = mittelenglisch.
mhd. = mittelhochdeutsch.
mir. = mittelirisch.
mlat. = mittellateinisch.
mnd. = mittelniederdeutsch.
mndl. = mittelniederländisch.
ndd. = niederdeutsch.
ndl. = niederländisch.
ne. = neuenglisch.

nfrz. = neufranzösisch.
nhd. = neuhochdeutsch.
nnd(d). = neuniederdeutsch.
nndl. = neuniederländisch.
norw(eg). = norwegisch.
obd. = oberdeutsch.
Pl. = Plural.
poln. = polnisch.
portug. = portugiesisch.
preuß. = preußisch.
prov(enz). = provenzalisch.
rätorom. = rätoromanisch.
roman. = romanisch.
russ. = russisch.
sächs. = sächsisch.
schles. = schlesisch.
schwäb. = schwäbisch.
schwed. = schwedisch.
schweiz. = schweizerisch.
serb. = serbisch.
Sg. = Singular.
slav. = slavisch.
slovak. = slovakisch.
sloven. = slovenisch.
span. = spanisch.
thür. = thüringisch.
tirol. = tirolisch.
urgerm. = urgermanisch.
venet. = venetianisch.
wend. = wendisch.
westfäl. = westfälisch.

Berichtigungen und Nachträge.

Seite 84, Zeile 21 v. o. l. *Henisch-Mizaldus* (nicht Henisch-Wizaldus). — S. 106: "Schles. *Golitschke* ist eine slavische Bildung". Damit ist gemeint, daß das betreffende Wort eine nach dem Muster der slavischen Lehnworte auf *itz* gebildete Ableitung von *Gold* (eigtl. Golditz-ke) ist. — S. 134, Zeile 13 v. o. l. *Schultz* (nicht Schultze), Zeile 14 v. o. l. *Hemmersam* (nicht Hemmerham). — S. 203, Zeile 4 v. o. l. *animalibus* (nicht animabilus). — S. 288. Der Name *Knüllis* (vgl. *Rotknillis*, *Mattknillis*) ist offenbar eigentlich die Bezeichnung der Streitschnepfe und demnach als Ableitung mittels des Suffixes *iʒ* (< *iti*) vom Verbum *knüllen* 'schlagen, prügeln' aufzufassen. In ähnlicher Weise läßt sich das Synonymon *Mattknitzel* (bezw. *Rotknitzel*) als eine Ableitung vom Verbum *knutzen*, *knützen* 'schlagen, prügeln' erklären. — S. 330, Zeile 7. v. u. l. *anord.* mûtâri (nicht andd. mûtâri).

Angeführte Literatur.

Adelung, Johann Christoph, Versuch eines vollständigen grammatisch-kritischen Wörterbuchs der hochdeutschen Mundart. 5 Bde. Leipzig 1774—86.

A. f. d. A. = Anzeiger für deutsches Altertum und deutsche Literatur. Berlin 1875 ff.

Agricola, Ge., De animantibus subterraneis. Basil. 1549.

Ahd. Gll. = Die althochdeutschen Glossen, gesammelt und bearbeitet von Elias Steinmeyer und Eduard Sievers. 4 Bde. Berlin 1879—98.

Aitinger, Johann Conrad, Kurtzer und Einfeltiger bericht von dem Vogelſtellen usw. 1631.

Albertinus, Aegidius, Der Welt Tummel- und Schaw Platz. München 1622.

Albertus Magnus, De animalibus. 1479.

Alberus Dict. = Erasmus Alberus, Dictionarium Latino-Germanicum s. novum dictionarii genus. Francofurti 1546.

Albrecht, Karl, Die Leipziger Mundart. Leipzig 1881.

Albrecht von Halberstadt, hrsg. von Karl Bartsch. Quedlinburg 1861.

Aldrovandi Ornithologia = Ulyssis Aldrovandi Philosophi ac Medici Bononiensis Historiam Naturalem in Gymnasio Bononiensi Profitensis Ornithologiae hoc est de avibus historiae libri XII. Bononiae 1599—1603.

Altpreußische Monatsschrift, hrsg. von R. Reicke und E. Wichert. 1864 ff.

Altswert s. Meister Altswert.

Andersen, Jürgen, Orientalische Reisebeschreibung. 1669.

Angenehme Land-Lust, deren man in Städten und auf dem Lande, ohne ſonderbare Koſten unſchuldig genieſſen kan, oder von Unterſchied / Fang / Einſtellung und Abrichtung der Vögel. Frankfurt und Leipzig 1720.

Anglia, Zeitschrift für englische Philologie, hrsg. von Richard Wülcker. Halle 1878 ff.

Anzeiger für Kunde der deutschen Vorzeit, hrsg. von Franz Joseph Mone. Karlsruhe 1835—39.

Archiv für das Studium der neueren Sprachen und Litteraturen, hrsg. von L. Herrig. Braunschweig 1846 ff.

Aristoteles, Historia animalium, hrsg. von Schneider. Leipzig 1812.
Arkiv for nordisk filologi, udgivet ved Gustav Storm. Kristiania. Lund. 1883 ff.
Baldner Vogelb. = Das Vogel- Fisch- und Thierbuch des Straßburger Fischers Leonhard Baldner aus dem Jahre 1666, hrsg. von Robert Lauterborn. Ludwigshafen a./Rh. 1903.
BB. = Beiträge zur Kunde der indogermanischen Sprachen, hrsg. von Dr. Adalbert Bezzenberger. Göttingen 1877 ff.
Beheims Gedichte = Zehn Gedichte M. Beheims zur Geschichte Österreichs und Ungarns, hrsg. von Th. Karajan. Wien 1848.
Benfey, Theodor, Griechisches Wurzellexicon. 2 Bde. Berlin 1839—42.
Berghaus, Heinrich, Sprachschatz der Sassen, Wörterbuch der plattdeutschen Sprache. 2 Bde. Brandenburg 1878—82.
Berneker, E., Die preußische Sprache. Straßburg 1896.
Berthold von Holle, Demantin, hrsg. von Karl Bartsch. Tübingen 1875.
Boner, Ulrich, Der Edelstein, hrsg. von Franz Pfeiffer. Leipzig 1844.
Bosworth-Toller Ags. Dict. = Toller, T., An Anglo-Saxon Dictionary based on the Ms. Collect. of J. Bosworth. Oxford 1882—98.
Brack, Vocabularius rerum. Argentorati 1495.
Braune, W., Althochdeutsche Grammatik. 2. Aufl. Halle 1891.
Brehms Tierleben = Illustriertes Tierleben von Alfred Edmund Brehm. 10 Bde. 3. Auflage hrsg. von Pechuel-Lösche u. a. Leipzig 1890—93.
Brem. Wb. = Versuch eines bremisch-niedersächsischen Wörterbuchs. 6 Teile. Bremen 1767—71.
Brucker, J., Straßburger Zunft- und Polizei-Verordnungen des 14. und 15. Jahrhunderts. Aus den Originalen des Stadtarchivs ausgewählt und zusammengestellt. Straßburg 1889.
Bruder Hansens Marienlieder, hrsg. von R. Minzloff. Hannover 1863.
Brugmann Grdr. = Grundriß der vergleichenden Grammatik der indogermanischen Sprachen. Bde. I. II. 2. Bearbeitung. Straßburg 1897. 1906.
Bülbring, Karl D., Altenglisches Elementarbuch. Heidelberg 1892.
Campe, Joachim Heinrich, Wörterbuch der deutschen Sprache. Braunschweig 1807—11.
Chadwick, Studies in Old English. Transactions of the Cambridge philological society IV, 2, 85—285. Cambridge 1899.
Chytrœus, Nathan, Nomenclator latinosaxonicus. Rostochii 1582.
Cleasby-Vigfusson Icel. dict. = An Icelandic-English Dictionary by R. Cleasby, enlarged and completed by G. Vigfusson. Oxford 1869.
Comenius Sprachenthür = Johannes Amos Comenius, Auffgeschlossene Güldene Sprachen-Thür. Leipzig 1638.
Corp. Gll. lat. = Corpus glossariorum latinorum. Ed. Loewe et Goetz. t. I—VII. Lipsiae 1888—1901.
Crecelius, Oberhessisches Wörterbuch. Darmstadt 1890—99.
Crusius Lat. Gramm. = Crusius, Mart., Grammaticae graecae cum latina congruentis partes I et II. Basil. 1562.

Dähnert Pommer. Wb. = Johann Karl Dähnert, Plattdeutsches Wörterbuch nach der alten und neuen pommerschen und rügischen Mundart. Stralsund 1781.

Dalin, A. F., Ordbok öfver svenska språket. I. II. Stockholm 1850—53.

Danneil, Johann Friedrich, Wörterbuch der altmärkisch-plattdeutschen Mundart. Salzwedel 1859.

Dasypodius, Petrus, Dictionarium uoces propemodum universas in autoribus latinae linguae probatis ac uulgo receptis occurrentes Germanice explicans etc. 1535.

Dict. général s. Hatzfeld-Darmesteter.

Diefenbach, Laurentius, Glossarium latino-germanicum mediae et infimae aetatis. Francofurti a. M. 1857.

— Novum glossarium latino-germanicum mediae et infimae aetatis. Francofurti a. M. 1867.

Diefenbach-Wülcker Wb. = Hoch- und Nieder-Deutsches Wörterbuch der mittleren und neueren Zeit von Lorenz Diefenbach und Ernst Wülcker. Basel 1885.

Diez Et. Wb. = Friedrich Diez, Etymologisches Wörterbuch der romanischen Sprachen. 5. Ausg. Bonn 1882.

Dijkstra, W., Friesch Woordenboek. Leeuwarden 1900 ff.

Döbel, Heinrich Wilhelm, Erőffnete Jåger-Practica oder Der wohlgeůbte und Erfahrne Jåger. Leipzig 1746.

Doornkaat-Koolman, J. ten, Wörterbuch der ostfriesischen Sprache. 3 Bde. Norden 1879—84.

Du Cange, C., Glossarium mediae et infimae latinitatis, ed. G. A. L. Henschel. Parisiis 1840—50. Ed. nova a Léopold Favre. t. 1—10. Niort 1883—87.

DWb. s. Grimms Wb.

Eber und Peucer Vocab. = Vocabula Rei Numariae etc. Additae sunt appellationes quadrupedum, insectorum, volucrum, piscium, frugum, leguminum, olerum et fructuum communium, collectae a Paulo Ebero et Caſparo Peucero. Witebergae 1552.

Egilsson, S., Lexicon poëticum antiquae linguae septentrionalis. Hafniae 1860.

Elbinger Vokab. = Das Elbinger Vokabular, hrsg. von E. Berneker, Die preußische Sprache S. 234—245.

Englische Studien, hrsg. von Eugen Kölbing. Heilbronn. Leipzig 1877 ff.

Erlösung, Die, hrsg. von Karl Bartsch. Quedlinburg und Leipzig 1858.

Falk und Torp Et. ordb. = Hjalmar Falk og Alf Torp, Etymologisk Ordbog over det norske og det danske Sprog. Kristiania 1903.

Feist Got. Etym. = Sigmund Feist, Grundriß der gotischen Etymologie. Straßburg 1888.

Festschrift zum VIII. allgemeinen deutschen Neuphilologentage in Wien, hrsg. von J. Schipper. Wien und Leipzig 1898.

Fick, A., Vergleichendes Wörterbuch der indogermanischen Sprachen. 4. Auflage. 2 Bde. 1890—94.
Fischart, Joh., Gargantua, hrsg. von A. Alsleben, Halle 1891.
Fischer, Hermann, Schwäbisches Wörterbuch. Tübingen 1904 ff.
Forcellini, Totius Latinitatis lexicon. t. 1—10. Prati 1858—87.
Forst- und Jagdlexicon. 1773.
Förstemann, Ernst, Altdeutsches Namenbuch. Bd. 1: Personennamen. 2. Auflage. Bonn 1900. Bd. 2: Ortsnamen. 2. Auflage. Nordhausen 1872.
Franck, J., Etymologisch Woordenboek der Nederlandsche Taal. s'Gravenhage 1892.
Franz, W., Die lateinisch-romanischen Elemente im Althochdeutschen. Straßburg 1884.
Freidanks Bescheidenheit, hrsg. von W. Grimm. 2. Ausgabe. Göttingen 1860.
Frisch, Johann Leonhard, Teutsch-Lateinisches Wôrterbuch. 2 Bde. Berlin 1741.
— Vorstellung der Vôgel Teutschlands. 2 Bde. Berlin 1743—63.
Frischbier, H., Preußisches Wörterbuch. 2 Bde. Berlin 1882—83.
Frischlin, Nicod., Nomenclator trilinguis, graecolatinogermanicus. 1588.
Frisius, Johannes, Dictionarium latino-germanicum. Tiguri 1541.
Fritzner, J., Ordbog over det gamle norske Sprog. Omarbeidet Udgave 1—3 Bd. Kristiania 1886—96.
Fromman, G. Karl, Die deutschen Mundarten. Nördlingen 1853—59. Halle 1877—78.
Geistliche Vogelsang, Der, hrsg. von F. K. Grieshaber, Ältere deutsche Sprachdenkmale religiösen Inhalts. 1842.
Georgica Helvetica Curiosa, Das ist Neu Curiöses Eydgnoſſiſch-Schweitzeriſches Hauß-Buch. 1705.
Germania, Vierteljahrsschrift für deutsche Altertumskunde, hrsg. von Franz Pfeiffer. Stuttgart und Wien 1856 ff.
Gesner Hist. avium = Conradi Gesneri Tigurini medici et Philosophiae professoris in Schola Tigurina Historiae Animalium Liber III qui est de Avium natura. Tiguri 1555.
Gesta Romanorum, hrsg. von A. Keller. Quedlinburg und Leipzig 1841.
Gll. Herrad. = Glossae Herradinae, Ahd. Gll. III, 405 ff.
Gll. Hildegardis = Glossae Hildegardis, Ahd. Gll. III, 390 ff.
Gll. Salom. = Glossae Salomonis, Ahd. Gll. IV, 27 ff.
Goekingk, Leopold Friedrich Günther, Gedichte. 3 Bde. Leipzig 1779—82.
Golius, Theophilus, Onomasticon latino-germanicum, in usum scholae Argentoratensis collectum. 1579.
Gottfried von Straßburg, Tristan, hrsg. von K. Marold. Leipzig 1906.
Grimm, Jakob, Geschichte der deutschen Sprache. 2 Bde. Leipzig 1848.
— Deutsche Mythologie. 4. Ausgabe besorgt von E. H. Meyer. 3 Bde. Berlin 1875—78.
— Kleinere Schriften. 8 Bde. Berlin 1867—90.

Grimms Wb. = Deutsches Wörterbuch von Jakob und Wilhelm Grimm. Leipzig 1854 ff.

Haacke, W., und Kuhnert, W., Das Tierleben Europas, 3 Bde. Berlin 1899—1901.

Hadamars von Laber Jagd, hrsg. von Karl Stejskal. Wien 1880 (und von J. A. Schmeller. Stuttgart 1850).

Hahn, E., Die Haustiere und ihre Beziehungen zur Wirtschaft des Menschen. Leipzig 1896.

Hans s. Bruder Hans.

Häpke, L., Die volkstümlichen Tiernamen im nordwestlichen Deutschland.

Hartmann von Aue, Erec, hrsg. von M. Haupt. 2. Ausgabe. Leipzig 1871.

Hatzfeld-Darmesteter = Dictionnaire général de la langue française, par A. Hatzfeld, A. Darmesteter et A. Thomas. t. I—II. Paris 1889.

Hätzlerin, Clara, Liederbuch, hrsg. von C. Haltaus. Quedlinburg und Leipzig 1840.

Heeger, G., Tiere im pfälzischen Volksmunde. Programm des Gymnasiums zu Landau. 2. Teil. 1903.

Hehn, Victor, Kulturpflanzen und Haustiere in ihrem Übergang aus Asien nach Griechenland und Italien sowie in das übrige Europa. 6. Auflage hrsg. von O. Schrader. Berlin 1894.

Heinzelin von Konstanz, hrsg. von Franz Pfeiffer. Leipzig 1852.

Heinzerling, J., Probe eines Wörterbuches der Siegerländer Mundart. Programm des Realgymnasiums zu Siegen. 1891.

Hellquist, Elof, Etymologische Bemerkungen. Gefle 1893.

Hemmersam, M., Guineische und West-Indianische Reisebeschreibung. Nürnberg 1664.

Henisch, Georg, Teütsche Sprach und Weißheit. Augsburg 1616.

Henisch-Mizaldus = Henisch, Übersetzung von A. Mizaldus 900 Geheimnuss. 1582.

Henry, Lexique étymologique des termes les plus usuels du breton moderne. Rennes 1900.

Hertel, L., Thüringer Sprachschatz. Weimar 1895.

Hesse, Elias, Ostindianische Reisebeschreibung. Dresden 1687.

Heyne, M., Kleinere altniederdeutsche Denkmäler. 2. Auflage. Paderborn 1877.

Höfer, Matthias, Etymologisches Wörterbuch der in Oberdeutschland, vorzüglich in Österreich üblichen Mundart. 3 Teile. Linz 1815.

Hoffmann, H., Fundgruben für Geschichte deutscher Sprache und Literatur. 2. Teile. Breslau 1830—37.

Hohberg, Georgica Curiosa oder Adeliches Land-Leben. Nürnberg 1687.

Hönig, Fr., Wörterbuch der Kölner Mundart. Köln 1877.

H. S. = Heinrici Summarium, Ahd. Gll. III, 58 ff.

Hugo von Montfort, hrsg. von J. E. Wackernell. Innsbruck 1881.

Hugo von Trimberg, Der Renner, hrsg. vom Historischen Vereine zu Bamberg. 1833.

Hulsius, Schiffahrten. 1624.

Hund, Wiguleus, Bayrisch Stammen Buch, Ingolstadt 1585—86.
IF. = Indogermanische Forschungen, hrsg. von Karl Brugmann und Wilhelm Streitberg. Straßburg 1891 ff.
Ihre, Joh., Glossarium Suiogothicum. Upsala 1769.
Isidor = Der althochdeutsche Isidor, hrsg. von George A. Hench. Straßburg 1893.
Isidor Origines = Etymologiae sive Origines. Isidori Hispalensis episcopi opera omnia accur. J. P. Migne. t. III. IV. Patrologiae curs. compl. scr. II. tom. 82. Parisiis 1850.
Jb. des Vogesenklubs = Jahrbuch für Geschichte, Sprache und Litteratur Elsaß-Lothringens, hrsg. von dem historisch-litterarischen Zweigverein des Vogesenklubs. Straßburg 1885 ff.
Jb. f. ndd. Sprachf. = Jahrbuch des Vereins für niederdeutsche Sprachforschung. Bremen und Norden 1876 ff.
Johansen, Chr., Die Nordfriesische Sprache nach der Föhringer und Amrumer Mundart. Kiel 1862.
Junius Nomenclator = Nomenclator omnium rerum propria nomina septem diversis linguis explicata indicans etc. Auctore Hadriano Junio Medico. Francofurti 1581.
Kalkar, O., Ordbog til det ældre danske Sprog. Bd. I—IV. København 1881—1907.
Karlmeinet, hrsg. von A. v. Keller. Stuttgart 1859.
Kauffmann, Friedrich, Geschichte der schwäbischen Mundart. Straßburg 1890.
Kehrein, Joseph, Volkssprache und Volkssitte im Herzogthum Nassau. Weilburg. 3 Bde. 1860—64.
Kehrein, Joseph, und Kehrein, Franz, Wörterbuch der Weidmannssprache. Wiesbaden 1871.
Keller, Otto, Tiere des classischen Altertums in culturgeschichtlicher Beziehung. Innsbruck 1887.
Kisch, G., Vergleichendes Wörterbuch der Nösner und der moselfränkisch-luxemburgischen Mundart. Hermannstadt 1905.
Klein Hist. avium prodr. = Jacobi Theodori Klein Historiae avium prodromus. Lubecae 1750.
Kluge, Friedrich, Angelsächsisches Lesebuch. 3. Auflage. Halle 1902.
— Etymologisches Wörterbuch der deutschen Sprache. 6. Auflage. Straßburg 1899.
— Nominale Stammbildungslehre der altgermanischen Dialekte. 2. Auflage. Halle 1899.
— Vorgeschichte der altgermanischen Dialekte. 2. Auflage. Sonderabdruck aus der 2. Auflage von Pauls Grundriß der germanischen Philologie. Straßburg 1897.
Kluge, F., und Lutz, F., English Etymology. Straßburg 1897.
Kögel, Rudolf, Über das Keronische Glossar. Halle 1879.
Kolthoff, Gustaf, och Jägerskiöld, L. A., Nordens fåglar. Stockholm 1898.

Konrad Dangkrotzheim, Das heilige Namenbuch, hrsg. von Pickel. Straßburg 1878.
Konrad von Haslau, Der Jüngling, hrsg. Zs. f. d. A. VIII, 550 ff.
Konrad von Megenberg, Das Buch der Natur, hrsg. von Franz Pfeiffer. Stuttgart 1861.
Konrad von Würzburg, Der Trojanische Krieg, hrsg. von A. v. Keller. Stuttgart 1858.
Korrespondenzbl. f. ndd. Sprachf. = Korrespondenzblatt des Vereins für niederdeutsche Sprachforschung. Hamburg 1877 ff.
Körting, Gustav, Lateinisch-romanisches Wörterbuch. 3. Auflage. Paderborn 1907.
Kramer, Friedrich, Idiotismen des Bistritzer Dialektes. Bistritzer Programm 1876.
KZ. = Zeitschrift für vergleichende Sprachforschung, hrsg. von A. Kuhn. Berlin und Gütersloh 1852 ff.
Leges, Monumenta Germaniae Historica ed. Pertz. Hannoverae (Berolini) 1826 ss. (Lex Alamann., Baiuwar., Frision. tom. III).
Leo, Heinrich, Angelsächsisches Glossar. 2 Bde. Halle 1872—77.
Lex Salica, hrsg. von H. Geffcken. Leipzig 1898.
Lexer, Matthias, Kärntisches Wörterbuch. Leipzig 1862.
— Mittelhochdeutsches Handwörterbuch. 3 Bde. Leipzig 1872—78.
Liedersal, hrsg. von J. von Lassberg. Eppishausen 1820 ff.
Lindelöf, Uno, Glossar zur altnorthumbrischen Evangelienübersetzung in der Rushworth-Handschrift. Helsingfors 1897.
Lindener, Michael, Katzipori (1588), hrsg. von F. Lichtenstein. Tübingen 1883.
Litbl. f. germ. u. rom. Phil. = Literaturblatt für germanische und romanische Philologie, hrsg. von O. Behaghel und Fr. Neumann. Heilbronn 1880 ff.
Lohengrin, hrsg. von Heinrich Rückert. Quedlinburg und Leipzig 1858.
Longolius, Gybertus, Dialogus de avibus et earum nominibus Graecis, Latinis, et Germanicis. Coloniae 1544.
Ludwig, Christian, Teutsch-Englisches Lexicon. Leipzig 1716.
Maaler, J., Die Teütsch Spraach. Tiguri 1561.
Marner, Der, hrsg. von Ph. Strauch. Straßburg 1876.
Martens, Friederich, Spitzbergische oder Groenlandische Reisebeschreibung. Hamburg 1675.
Martin, Ph. L., Naturgeschichte der Tiere. 4 Bde. Leipzig 1882.
Martin-Lienhart Wb. d. Els. Ma. = Wörterbuch der Elsässischen Mundarten, bearbeitet von E. Martin und H. Lienhart. Straßburg 1899—1907.
Mathesius, Johann, Sarepta oder Bergpostill. Nürnberg 1562.
Megenberg s. Konrad von Megenberg.
Meister Altswert, hrsg. von W. Holland und A. v. Keller. Stuttgart 1850.
Mémoires de la Société de Linguistique de Paris. Paris 1868 ff.
Meyer Helmbreht, hrsg. von Fr. Keinz. 2. Auflage. Leipzig 1887.

Miklosich, Franz, Etymologisches Wörterbuch der slavischen Sprachen. Wien 1886.
Minnefalkner, Der, hrsg. von J. A. Schmeller. Stuttgart 1850.
Minnesinger, hrsg. von F. H. v. d. Hagen. 4 Teile. Leipzig 1838.
Mitteilungen der schlesischen Gesellschaft für Volkskunde, hrsg. von Th. Siebs. Breslau 1894 ff.
Molbech, C., Dansk Ordbog. Kjøbenhavn 1859.
Molema, H., Woordenboek der Groningsche Volkstaal. Winsum 1887.
Mones Zeitschrift = Zeitschrift für die Geschichte des Oberrheins, hrsg. von F. J. Mone. 1850 ff.
Montfort s. Hugo von Montfort.
Monseer Fragm. = The Monsee Fragments, edited by George A. Hench. Straßburg 1890.
Monumenta Germaniae Historica: Scriptores. Leges. ed. Pertz. Hannoverae. 1826 ff. 1835—89. Deutsche Chroniken 1877 ff.
Muchar, Alb. von, Geschichte des Herzogtums Steiermark. 8 Bde. Graz 1844—67.
Müllenhoff, Karl, Deutsche Altertumskunde. 5 Bde. Berlin 1870—1900.
Müllenhoff, Karl, und Scherer, Wilhelm, Denkmäler deutscher Poesie und Prosa aus dem VIII.—XII. Jahrhundert. 3. Ausgabe von E. Steinmeyer. 2 Bde. Berlin 1892.
Müller, J., und Weitz, Die Aachener Mundart, Idiotikon. Aachen 1836.
Murbacher Hymn. = Die Murbacher Hymnen, hrsg. von E. Sievers. Halle 1874.
Mynsinger, Heinrich, Von den Falken, Pferden und Hunden, hrsg. von Hassler. Stuttgart 1863.
Naumann-Hennicke = Naturgeschichte der Vögel Deutschlands von Johann Friedrich Naumann. Neu bearbeitet und herausgegeben von Hennicke unter dem Titel Naturgeschichte der Vögel Mitteleuropas. Gera 1896 ff.
Ndd. Jb. = Jahrbücher des Vereins für niederdeutsche Sprachforschung. Bremen und Norden 1876 ff.
NED. = A New English Dictionary on historical principles. Oxford 1888 ss.
Nemnich, Ph. A., Allgemeines Polyglotten-Lexicon der Natur-Geschichte. 4 Bde. 8 Lieferungen. Hamburg und Halle 1793—95.
Noreen, Adolf, Abriß der urgermanischen Lautlehre. Straßburg 1894.
— Altisländische und altnorwegische Grammatik. 2. Auflage. Halle 1892. 3. Auflage 1902.
— Altschwedische Grammatik. Halle 1897—1904.
Notker = Die Schriften Notkers und seiner Schule, hrsg. von Paul Piper. 3 Bde. Freiburg i. Br. und Tübingen 1882—83. a) Cantic. = Die Cantica II, 607 ff. b) Capella de nupt. = M. Capella De nuptiis Philologiae et Mercurii I, 685 ff. c) Boethius de cons. phil. = Boethius De consolatione Philosophiae I, 1 ff. d) Ps. = Die Psalmen II, 1 ff. e) WCantic. = Die Cantica nach der Wiener Hand-

schrift III, 351 ff. f) Wps. = Die Psalmen nach der Wiener Handschrift III, 1 ff.

Ostermanns Vocab. = Vocabularii analytici ad augendum pariter Linguae Latinae usum et rerum cognitionem studiosis pro schola Palatina Lauingana ex suis rerum scriptoribus confecti pars prior. Lavingi 1591.

Oswald von Wolkenstein, hrsg. von J. Schatz. 2. Auflage. Göttingen 1904.

Otfrid = Otfrids Evangelienbuch, hrsg. von Paul Piper. 2 Bde. Paderborn (Freiburg i. Br. und Tübingen). 1878—84.

Ottokars österreichische Reimchronik, hrsg. von J. Seemüller, Monumenta Germaniae Historica, Deutsche Chroniken V. Hannover 1893.

Palander, Hugo, Die althochdeutschen Tiernamen. I. Die Namen der Säugetiere. Darmstadt 1899.

Paul, Hermann, Deutsches Wörterbuch. 2. Auflage. Halle 1908.

— Mittelhochdeutsche Grammatik. 5. Auflage. Halle 1900.

Pauls Grundriß = Grundriß der germanischen Philologie, hrsg. von H. Paul. 2. Auflage. Straßburg 1896 ff.

PBB. = Beiträge zur Geschichte der deutschen Sprache und Literatur, hrsg. von H. Paul, W. Braune und E. Sievers. Halle 1874 ff.

Persson, P., Studien zur Lehre von der Wurzelerweiterung und Wurzelvariation. Upsala 1891.

Pfälz. Id. = Autenrieth, Pfälzisches Idiotikon. Zweibrücken. 1899.

Pfister, Hermann von, Mundartliche und stammheitliche Nachträge zu A. F. C. Vilmars Idiotikon von Hessen. Marburg 1886.

— Idiotikon von Hessen durch Vilmar und Pfister. Erstes Ergänzungsheft. Marburg 1889.

Pfuhl, W., Wendisch-lausitzisches Wörterbuch. Bautzen 1866.

Pinicianus, Johannes, Promptuarium uocabulorum. 1516.

— Auszug v. J. 1521 = Ex Promptuario uocabulorum Ioannis Piniciani uariarum rerum uocabula, ad puerorum usum collecta. Augsburg 1521.

Plinius, Historia naturalis, hrsg. von Sillig. 8 Bde. Gotha 1851—58.

Plinii Bücher = Caii Plinii Secundi Dess weitberuhmbten hoch-gelehrten Philosophi und Naturkundigers / Bücher und Schrifften / von Natur / Art und Eigenschafft aller Creaturen oder Geschöpffe Gottes usw. Frankfurt 1651.

Poetischer Staarstecher. 1730.

Pogatscher, A., Zur Lautlehre der lateinisch-romanischen Elemente im Altenglischen. Straßburg 1888.

Popowitsch Versuch = Versuch einer Vereinigung der Mundarten von Teutschland als eine Einleitung zu einem vollständigen Teutschen Wörterbuche mit Bestimmungen der Wörter und beträchtlichen Beiträgen zur Naturgeschichte aus den hinterlassenen Schriften des berühmten Herrn Prof. Joh. Siegm. Val. Popowitsch. Wien 1780.

Pott, August Friedrich, Etymologische Forschungen auf dem Gebiet

der indogermanischen Sprachen. 2 Bde. Lemgo 1830—36. 2. Auflage 6 Bde. 1859—76.
Regel, Karl, Die Ruhlaer Mundart. Weimar 1868.
Reifferscheid, Al., Mitteilungen aus Handschriften der St. Nicolaibibliothek zu Greifswald. 1902.
Reyger, Verbess. Hist. der Vögel = Jacob Theodor Klein, weiland ålteſten Sekretarius der Stadt Danzig, der Rußiſch-Kayserl. Akademie der Wiſſenſchaften, der Kônigl. Großbritanniſchen Societåt in London, des Inſtituts zu Bononica, der Deutſchen Geſellſchaft in Jena und der Naturforſchenden Geſellſchaft in Danzig Mitgliedes Verbeſſerte und vollſtåndigere Historie der Vôgel, herausgegeben von Gottfried Reyger. Danzig 1760.
Richey, M., Idioticon Hamburgense. Hamburg 1755.
Rietz, Johan Ernst, Svenskt Dialekt-Lexicon. Malmö 1867.
Rolland, Eugène, Faune populaire de la France. t. I—VI. Paris 1877 ss.
Rollenhagen, Gabriel, Vier Bücher Indianischer Reysen usw. Magdeburg 1605.
Romania, publié par Paul Meyer et Gaston Paris. Paris 1872 ss.
Ruef, Jacob, Adam und Eva, hrsg. von Kottinger. Quedlinburg und Leipzig 1848.
Ryffs Tierb. Alberti = Thierbuch Alberti Magni / Von Art Natur und Eygenſchafft der Thierer usw. Durch Waltherum Ryff verteutſcht. Frankfurt 1545.
Sachs, Hans, Das Regiment der anderhalb hundert vögel, Bibliothek des Literarischen Vereins in Stuttgart 105, 278—284. Tübingen 1870.
— Der unglückhaftig Pirser, Bibliothek des Literarischen Vereins in Stuttgart 105, 285 ff.
Saul, D., Ein Beitrag zum hessischen Idiotikon. Marburg 1901.
Schade, O., Altdeutsches Wörterbuch. 2. Auflage. 2 Bde. Halle 1872—82.
Schambach, Georg, Wörterbuch der niederdeutschen Mundart der Fürstentümer Göttingen und Grubenhagen. Hannover 1858.
Schiller, Karl, Zum Tier- und Kräuterbuche des mecklenburgischen Volkes. Schwerin 1861—64.
Schiller, Karl, und Lübben, August, Mittelniederdeutsches Wörterbuch. 6 Bde. Bremen 1875—81.
Schmeller-Frommann Wb. = Bayerisches Wörterbuch von J. A. Schmeller. 2. Ausgabe bearbeitet von G. K. Frommann. 2 Bde. München 1872—77.
Schmid, J. Chr. von, Schwäbisches Wörterbuch. Stuttgart 1831.
Schöpf, J. B., Tirolisches Idiotikon, herausgegeben und vollendet von A. J. Hofer. Innsbruck 1862—66.
Schrader, O., Reallexicon der indogermanischen Altertumskunde. Straßburg 1901.
Schultz, W., Ost-Indische Reyse. Amsterdam 1676.

Schütze, Johann Friedrich, Holsteinisches Idiotikon. Hamburg 1800.
Schwabenspiegel, hrsg. von Wilhelm Wackernagel. Zürich 1841.
Schwenkfeld Ther. Sil. = Theriotropheum Silesiae, in quo Animalium, hoc est Quadrupedum, Reptilium, Avium, Piscium, Insectorum natura, vis et usus sex libris perstringuntur: Concinnatum et elaboratum, à Cap. Schvvenckfeld Medico Hirschberg. Lignicii 1603.
Searle, William George, Onomasticon Anglo-Saxonium. Cambridge 1897.
Seefahrer, hrsg. von Fr. Kluge, Angelsächsisches Lesebuch, 3. Auflage. No XXXVIII.
Seifried Helbling, hrsg. von J. Seemüller. Halle 1886.
Seiler, G. A., Die Baseler Mundart. Basel 1879.
Sibers Gemma = Adami Siberi Gemma gemmarum, seu Nomenclatoris Had. Junii Epitome. Lipsiae 1579.
Sievers, Eduard, Angelsächsische Grammatik. 3. Auflage. Halle 1898.
Simperts Diarium, oder außführliche Reiß Beſchreibung. 1701.
Sitzungsberichte der Kaiserlichen Akademie der Wissenschaften in Wien. 1847 ff.
Skeat, Walter W., A Concise Etymological Dictionary of the English Language. New edition. Oxford 1901.
Snorra-Edda = Edda Snorra Sturlusonar I. II. Hafniae 1848—54.
Socin, Adolf, Mittelhochdeutsches Namenbuch. Basel 1903.
Spangenberg, Wolfhart, Der Ganskönig, hrsg. von E. Martin, Elsässische Literaturdenkmäler aus dem XV.—XVII. Jahrhundert. Bd. IV. Straßburg 1887.
— Anmütiger Weisheit Lustgarten. Straßburg. 1621.
Sprichwörter in der St. Galler Hs., Müllenhoff-Scherer, Denkmäler No XXVII.
Stalder, F. J., Versuch eines Schweizerischen Idiotikon. 2 Bde. Aarau 1812.
Staub-Tobler Id. = Schweizerisches Idiotikon, bearbeitet von F. Staub und L. Tobler. Frauenfeld 1881 ff.
Stirpianus Grammatica Etymologica. 1537.
Stokes, W., Urkeltischer Sprachschatz, hrsg. von A. Bezzenberger. Göttingen 1894.
Strassburg. Vogelb. = Ein kurtzweilig gedicht / von namen / art vnd natur aller vôgel / in reymen geſtelt / vnd gantz luſtig zů leſen. Straßburg 1554.
Stricker, Daniel vom Blühenden Tal, hrsg. von G. Rosenhagen. Breslau 1894.
Stumpff, Joh., Schweytzer Chronik. 2. Ausgabe. Zürich 1606.
Swainson The Folklore = The Folk Lore and Provincial Names of British Birds by Charles Swainson. London 1886.
Sweet, H., The Oldest English Texts. London 1885.
— The Student's Dictionary of Anglo-Saxon. Oxford 1897.
Taler, Der, hrsg. von F. H. v. d. Hagen, Minnesinger II, 146—148.

Tamm, F., Etymologisk svensk ordbok. Stockholm 1891 ff.
Tannhäuser, Der, hrsg. von F. H. v. d. Hagen Minnesinger II, 81—97.
Tatian, Lateinisch und altdeutsch, hrsg. von E. Sievers. 2. Ausgabe. Paderborn 1892.
Thesaurus = Thesaurus linguae latinae. Leipzig 1900 ff.
Thurneysen, R., Keltoromanisches. Halle 1884.
Titurel, Der jüngere, hrsg. von K. A. Hahn, Quedlinburg und Leipzig 1842.
Tommaseo-Bellini Dict. = Tommaseo, Niccolò, e Bellini, Bernardo, Dizionario della lingua italiana. t. I—IV. Torino. 1865—79.
Tremsens plattdeutsche Gedichte, hrsg. von Karl Eggers. Breslau 1875.
Turner Avium hist. = Avium praecipuarum, quarum apud Plinium et Aristotelem mentio est, breuis et succincta historia. Ex optimis quibusque scriptoribus contexta, scholio illustrata et aucta. Adiectis nominibus Graecis, Germanicis et Britannicis. Per Dn. Guilielmum Turnerum et Medicinae Doctorem. Coloniae 1544.
Übersetzung der Bücher Plinii s. Plinii Bücher.
Uhland, Ludwig, Schriften zur Geschichte der Dichtung und Sage. 8 Bde. Stuttgart 1865 ff.
Ulrich von Lichtenstein, Frauendienst, hrsg. von K. Lachmann. Berlin 1841.
Ulrich von Türlin, Willehalm, hrsg. von S. Singer. Prag 1893.
Unger-Khull = Steirischer Wortschatz als Ergänzung zu Schmellers Bayerischem Wörterbuch gesammelt von Theodor Unger, für den Druck bearbeitet und herausgegeben von Dr. Ferdinand Khull. Graz 1903.
Urquell, Am, Monatsschrift für Volkskunde, hrsg. von F. S. Krauss. 1890—96.
Vercoullie, J., Beknopt Etymologisch Woordenboek der Nederlandsche Taal. Gent. s'Gravenhage 1898.
Versus de volucribus, Ahd. Gll. III, 20 ff.
Verwijs, E., en Verdam, J., Middelnederlandsch Woordenboek. s'Gravenhage. 1882 ff.
Vilmar, A. F. C., Idiotikon von Kurhessen. Neue Ausgabe. Marburg und Leipzig 1883.
Vintler, Hans, Blumen der Tugend, hrsg. von J. V. Zingerle. Innsbruck 1874.
Vocabularius incipiens theutonicum ante latinum. Ende des 15. Jhs.
Vocabularius optimus aus dem 14. Jahrhundert, hrsg. von Wilhelm Wackernagel. Basel 1847.
Vocabularius theutonicus. Nürnberg 1482.
Vocabularius trilinguis. Prag 1560.
Voigt, A., Excursionsbuch zum Studium der Vogelstimmen. Dresden 1906.
Wackernagel, Wilhelm, Voces variae animantium. Basel 1867.
Wadstein, Elis, Kleinere altsächsische Sprachdenkmäler. Norden und Leipzig 1899.

Walde, Alois, Lateinisches Etymologisches Wörterbuch. Heidelberg 1906.
Wartburgkrieg, Der, hrsg. von Karl Simrock. Stuttgart 1868.
Weigand, Fr. L. K., Deutsches Wörterbuch. 4. Auflage. Gießen 1881. 5. Auflage hrsg. von Herman Hirt. Gießen 1909.
Weinhold, Karl, Beiträge zu einem schlesischen Wörterbuche. Anhang zum XIV. und XVI. Bande der Sitzungsberichte der phil.-hist. Classe der Kais. Akademie der Wissenschaften. Wien 1855.
Weise, Christian, Die drei ärgsten Erznarren in der ganzen Welt, hrsg. in Braunes Neudrucken. Halle 1878.
Weste, Parallèle des langues françoise et suedoise. Stockholm 1807.
Whitman, Charles, The Birds of Old English Literature, Journal of Germanic Philology (1898) II, 149—198.
Wickram, Georg, hrsg. von J. Bolte. 8 Bde. Stuttgarter Literarischer Verein. 1901—1906.
Wiedemann, Ferdinand Johann, Estnisch-deutsches Wörterbuch. 2. Auflage. Petersburg 1891—93.
Williram = Willirams deutsche Paraphrase des hohen Liedes, hrsg. von J. Seemüller. Straßburg. London. 1878.
Willughby, Francis, Ornithologiae libri III. Londini 1676.
Wolfram von Eschenbach, hrsg. von Karl Lachmann. 5. Ausgabe. Berlin 1891.
Wombach, Helfricus Emmelius, Sylva quinquelinguis vocabulorum et phrasium Germanicae, Latinae, Graecae, Hebraicae, Gallicae linguae etc. 1592.
Woordenboek der nederlandsche Taal, door M. de Vries en L. A. te Winkel. s'Gravenhage en Leiden 1866 ff.
Wörterbuch der Luxemburgischen Mundart. Luxemburg 1906.
Wörterbuch der Mecklenburgisch-Vorpommerschen Mundart von Mi. Leipzig 1876.
Woeste, Fr., Wörterbuch der westfälischen Mundart. Norden und Leipzig 1882.
Wright, Joseph, The English Dialect Dictionary. Oxford 1898 ss.
Wright-Wülcker = Anglo-Saxon and Old English Vocabularies by T. Wright. 2d edition by R. P. Wülcker. Vol. I. II. London 1884.
Zehner, Nomenclator. 1645. Vorrede 1609.
Zingerle, Ignaz Vinzenz, Lusernisches Wörterbuch. Innsbruck 1869.
Zorn, Johann Heinrich, Petino-Theologie oder Versuch die Menschen durch nähere Betrachtung der Vögel zur Bewunderung Liebe und Verehrung ihres mächtigsten, weiſſeſt- und gütigsten Schöpffers aufzumuntern. Pappenheim 1742.
Zs. f. d. A. = Zeitschrift für deutsches Altertum, hrsg. von Moritz Haupt. Berlin 1841 ff.
Zs. f. d. Myth. = Zeitschrift für deutsche Mythologie und Sittenkunde, hrsg. von Joh. Wilh. Wolf. 4 Bde. Göttingen 1853—59.

Zs. f. d. Phil. = Zeitschrift für deutsche Philologie, hrsg. von E. Höpfner und Julius Zacher. Halle 1868 ff.

Zs. f. d. Wf. = Zeitschrift für deutsche Wortforschung, hrsg. von Fr. Kluge. Sraßburg 1901 ff.

Zs. f. frz. Spr. u. Lit. = Zeitschrift für neufranzösische Sprache und Literatur, hrsg. von G. Körting und E. Koschwitz. Oppeln und Leipzig 1879 ff.

Zs. f. rom. Phil. = Zeitschrift für romanische Philologie, hrsg. von Gustav Gröber. Halle 1877 ff.

Nachwort

von Elmar Seebold

Der Finne Hugo Suolahti (1874 – 1944) gilt als einer der Gründungsväter des Universitätsfaches ‚Philologie der germanischen Sprachen' in Finnland – der Lehrstuhl für dieses Fach in Helsinki wurde mit Suolahtis Berufung gegründet. Dieser war dann auch Rektor und Kanzler seiner Universität (und davor schon Abgeordneter des Parlaments). In seiner Dissertation behandelte er die Säugetiernamen im Deutschen (ein weniger bekanntes und auch weniger umfangreiches Werk als die *Vogelnamen*) und wandte sich nach seinem Hauptwerk besonders den Entlehnungen aus dem Französischen ins Deutsche (im 13. Jh.) zu. In der wissenschaftlichen Welt ist sein Name aber vor allem mit der Arbeit über die Vogelnamen (erschienen 1909) verknüpft, die z. B. W. B. Lockwood in *The Oxford Book of British Bird Names* von 1984 selbstverständlich immer noch als *the standard monograph* bezeichnet. In seiner wissenschaftlichen Ausrichtung war Suolahti mit der deutschen Sprachforschung – der Zeit entsprechend vor allem der junggrammatischen Richtung – eng verbunden, seine lexikographischen Arbeiten stehen besonders unter dem Einfluß von Friedrich Kluge, dem Verfasser des damals führenden etymologischen Wörterbuchs – führend nicht nur bei den etymologischen Wörterbüchern der deutschen Sprache.

Die Wichtigkeit von Suolahtis Hauptwerk, nicht nur für den Vogelkundler, sondern auch für den Sprachwissenschaftler, hängt an der Sonderstellung des Themas: Im Wortschatz des Deutschen wie in dem anderer Sprachen nehmen die Systeme von Bezeichnungen für Naturgegenstände, die *Nomenklaturen*, einen besonderen

Platz ein. Schon daß wir sie als *Namen* erfassen, obwohl sie ja keineswegs Individuen benennen, ist auffällig, und es wird gleich noch einiges zu diesem Punkt zu sagen sein. Entsprechend wichtig ist die lexikographische Erfassung dieser Bezeichnungssysteme, und die jeweiligen Sammelwerke genießen bei Fachleuten und interessierten Laien hohes Ansehen – so (unter verschiedenen anderen) schon seit langem *der* Marzell[1] für die Pflanzennamen (das umfangreichste Werk deutscher Sprache für diesen Wörterbuchtyp), in neuerer Zeit etwa auch *der* Lüschen[2] für die Namen der Steine, und – als einer der frühesten Vertreter solcher Werke – selbstverständlich *der* Suolahti für die Vogelnamen. Diese Lexika für die naturwissenschaftlichen Namen und Nomenklaturen bieten ein ganz spezielles Interesse für den Fachmann und den Laien: Einerseits durch die außerordentlich reiche Vielfalt von Bezeichnungen für das gleiche Objekt, andererseits, damit zusammenhängend, die häufig noch durchsichtigen Benennungsmotive, die zeigen, welche Eigenschaften der betreffenden Objekte (der Vögel im vorliegenden Fall) für besonders charakteristisch und unterscheidungsfähig angesehen wurden. Und nicht zuletzt durch die gerade bei Vogelnamen nicht seltenen Umdeutungen, Sekundärmotivationen und ähnlichem (vgl. etwa *Grasmücke, Bachstelze* u. a.).

Suolahti hat in der Einleitung zu seinem Werk einiges über die Benennungsmotive der Vogelnamen gesagt, ebenso einiges zur Morphologie der Wörter und zu wichtigen Quellen für die Bezeugung der Namen in der frühen Zeit. Aber er hat sich – wie im übrigen auch andere Lexikographen seiner Zeit – keine besonderen Gedanken darüber gemacht, warum er von Vogel*namen* redete, obwohl es sich ja nicht um Individualbzeichnungen handelt. Hierzu ist vom heutigen Standpunkt aus wohl einiges nachzutragen:

Die normalen Wörter einer Sprache (beschränken wir uns der Einfachheit halber auf die Substantive) sind Klassenzeichen, d. h. das betreffende Wort erfaßt eine Klasse von Gegenständen usw. und bezeichnet im Einzelfall ein bestimmtes Exemplar der

---

1 H. Marzell: *Wörterbuch der deutschen Pflanzennamen*. Bd. I–V. Leipzig, Stuttgart, Wiesbaden 1943 – 1979.

2 H. Lüschen: *Die Namen der Steine. Das Mineralreich im Spiegel der Sprache*. 2. Aufl. Thun, München 1979.

betreffenden Klasse. Namen bezeichnen der Intention nach Individuen (daß mehrere Individuen den gleichen Namen haben können, ist ein Zufall der Namengebung und hat mit dieser Intention nichts zu tun). Wie ist es nun mit den Tier- und Pflanzennamen, und in der modernen Zeit den Produktbezeichnungen (*Markennamen*)? Sie erfassen ersichtlich keine Individuen – warum halten wir es dann dennoch für richtig, sie *Namen* zu nennen?

Nun – hier liegen Gegenstände vor, von denen der naive Sprecher sagen wird, sie seien *gleich*. Wenn wir etwa eine Kohlmeise sehen, und etwas weiter entfernt noch einmal eine Kohlmeise, dann sagt der naive Sprecher (und das nicht ohne Grund), es sei der gleiche Vogel. Er meint damit natürlich nicht Identität – er sieht sehr wohl, daß es sich um zwei verschiedene Individuen handelt –, aber sie sind gewissermaßen verwechselbar; man kann sie nicht auf eindeutige Weise auseinanderhalten. Logisch gesehen könnte man diesen Befund rekonstruieren als eine Merkmalsklasse mit sehr vielen gemeinsamen Merkmalen, und ein Ornithologe könnte vielleicht die den Kohlmeisen gemeinsamen Merkmale aufzählen. Aber ein normaler Sprecher hat davon keine Ahnung – er kommt von der anderen Seite her und stellt einfach die große Ähnlichkeit fest; negativ ausgedrückt: das Fehlen von auffälligen Unterschieden.

Deshalb bezeichnen die Sprecher unter Umständen auch Tiere gleich, die der Biologe streng auseinanderhält. So gibt es etwa bei den Gliederfüßern verschiedene Arten von Parallel-Entwicklungen. Ein bekannter Fall sind die Saftkugler (die zu den Tausendfüßern gehören) und die Rollasseln (die zu den Krebstieren gehören). Sie sind sich nicht nur ähnlich, sondern haben auch parallel das Verfahren entwickelt, sich bei Bedrohung zu einer Kugel zusammenzurollen. Wo beide Tiere vorkommen, werden sie sprachlich nicht unterschieden – nur die Biologen tun das, weil sie auf die stammesgeschichtlichen Unterschiede aufmerksam geworden sind. Der Biologe sagt dann: Man verwechselt die beiden Tiere – aber vom normalen Sprecher her gesehen ist das unrichtig: Der legt auf die Unterschiede keinen Wert. Oder – wieder anders – um auch noch die Vögel ins Spiel zu bringen: In den süddeutschen Gärten glaubt man gelegentich, Kolibris zu sehen, die im Schwirrflug Nektar aus den Blüten saugen. Nun gibt es in unseren Breiten keine Kolibris (wohl auch keine Ausreißer aus zoologischen Gärten oder Tierhandlungen) – es handelt sich hier um einen besonderen Schmetterling, das Taubenschwänzchen, in dessen Entwicklung das gleiche Verfahren der Nahrungsaufnahme wie bei den Kolibris entwickelt wurde (denen es nach Größe und dem die einzelnen Formmerkmale verdeckenden Schwirrflug auch sonst ähnelt). Sprachlich hat diese ‚Verwechslung' natürlich keine Auswirkung, da wir für die Kolibris keinen einheimischen Namen haben und auch die Taubenschwänzchen nicht eigentlich einheimische Schmetterlinge sind.

Andererseits wird der einfache Sprecher Tiere auseinanderhalten, die für den Biologen mehr oder weniger gleich sind, die aber für den Sprecher, für den normalen Menschen, einen wesentlichen Unterschied aufweisen. So die große Stubenfliege und der Wadenstecher, die ganz gleich aussehen und die auch für den Biologen eng zusammengehören (es sind ‚echte Fliegen'). Aber sie haben für den normalen Sprecher einen ganz wichtigen Unterschied: die eine Sorte sticht, die andere nicht. Und so gibt es auch bei den normalen Sprechern immer wieder Versuche, die beiden Arten sprachlich zu unterscheiden, z. B. als *Stadtfliegen* und *Landfliegen* (oder *Stallfliegen*), denn die Wadenstecher kommen nur auf dem Land vor, o. ä.

Kurzum – was für den Sprecher an solchen Tier- und Pflanzenarten in Form und Verhalten verwechselbar ist, das ist für ihn gleich und deshalb hat es auch einen *Namen*: Man spricht hier von Tier- und Pflanzennamen. In neuerer Zeit ist der Anwendungsbereich dieser Art von Gleichsetzung durch die industrielle Fertigung stark erweitert worden. Fast alle industriell gefertigten Produkte haben die Eigenschaft, untereinander verwechselbar zu sein. Des weiteren haben viele Fachbezeichnungen und etwa Teilbezeichnungen ganz ähnliche Objektbereiche, so daß die Zahl solcher ‚gleicher Gegenstände' in der Erfahrungswelt des einzelnen stark gestiegen ist. Auch hier spricht man meist vonn *Namen* (*Markennamen* usw.).

Wenn wir uns diese Fälle etwas genauer anschauen, so sehen wir, daß die Bedeutung dieser Wörter jeweils nicht auf Individuen zielt; oberflächlich gesehen aber auch nicht auf Merkmalsklassen (bei ganz strikter Beschreibung müßte man sagen: auf Merkmalsklassen mit sehr vielen Merkmalen, oder umgekehrt: auf Klassen von gleichartigen Gegenständen mit sehr geringem Abstraktionsgrad). Sprachlich sind diese Bezeichnungen mit dem Artikel zu verbinden, wenn sie zählbar sind (*eine Kohlmeise, ein VW-Golf*), dagegen macht der Plural bei Markennamen und dgl. häufig Schwierigkeiten (*zwei Kohlmeisen*, aber *zwei VW-Gölfe*? *-Golfs?*).Von der Herkunft dieser Bezeichnungen her ist zu sagen, daß wir häufig mit willkürlichen Namengebungen zu tun haben. Das ist zunächst klar bei den Industrie-Produkten, den Markennamen usw.; aber auch bei vielen Tier- und Pflanzennamen haben wir – wenigstens bei der wissenschaftlichen Bezeichnung seltener Typen – eine solche Willkür, indem z. B. der Name des Erforschers oder Bearbeiters an die allgemeine Bezeichnung angehängt wird. Und während Namen identifizieren, normale Wörter bezeichnen und gegebenenfalls charakterisieren, haben diese Sonderfälle vor allem die Aufgabe zu differenzieren: eine Kohlmeise ist eine ganz bestimmte Meise, die man von Blaumeisen und anderem dieser Art unterscheiden kann. Und der Fabrikant will seine Produkte von den gleichartigen Produkten der Konkurrenz unterscheiden usw.

Es gibt also offenbar zwischen den Individualnamen und den Appellativen als Klassenzeichen noch etwas, das weder zum einen noch zuum anderen gehört. Man kann hier von *Typen* und *Typenbezeichnungen* reden. Ein *Typ* in diesem Sinn wäre zu bestimmen als eine Klasse von Objekten, die einander verwechselbar ähnlich sind. Ihre Bezeichnungen nennen wir umgangssprachlich *Namen* – und so eben auch die Vogelnamen. So viel zur theoretischen und terminologischen Einordnung der Bezeichnung *Vogelnamen* – bei Suolahti wie gesagt noch nicht als Problem erwähnt und auch heute noch von vielen als unwichtig angesehen; aber für eine ernsthafte Beschäftigung und Auseinandersetzung mit diesem Gebiet sollte doch auch das Prinzipielle etwas herausgestellt werden.

Suolahti hat seine Sammlung nach der ornithologischen Nomenklatur aufgebaut und über seine Quellen, besonders seine frühen Quellen, nur mit einigen Worten das Wichtigste gesagt. Er hat es verschmäht, die teilweise hochinteressanten Begleitumstände mitzugeben, die z. B. für die philologische Beurteilung eine wesentliche Rolle spielen können (zugegebenermaßen waren sie zu seiner Zeit noch nicht im gleichen Umfang wie heute erforscht). So gehören die von ihm erwähnten Leviticus-Glossen aus dem frühestüberlieferten Material, die ersichtlich altenglisch bestimmt sind, zu einem der interessantesten althochdeutschen und altenglischen Quellenbereiche. Es handelt sich um Kapitel 11 des alttestamentlichen Buches *Leviticus* mit Glossen (dem Text beigefügten Übersetzungswörtern), bei denen immer wieder gesagt wird, daß ein gewisser Adrianus und ein gewisser Theodor die Gewährsleute für diese Aussage seien. Speziell geht es um Speisegebote und -verbote, d. h. also die Frage, welche Vögel man essen darf und welche nicht. Und das bezieht sich natürlich auf Vögel, die es in Palestina gibt, so daß neu-missionierte Christen in England nicht wissen konnten, welche Vögel ihnen da als Speise verboten wurden. Es war deshalb für sie wichtig zu erfahren, welche hier gemeint waren, und gesagt haben es ihnen offenbar Adrian und Theodor.

Nun sind uns dieser Theodor und dieser (H)adrian bekannt: Es handelt sich um Theodor, den Erzbischof von Canterbury, der 669 nach England kam, und seinen Helfer Hadrian, der im folgenden Jahr zu ihm stieß. Als der von den Engländern zum Erzbischof Gewählte in Rom an der Pest gestorben war, suchte Papst Vitalian Ersatz, und bat Hadrian, einen Afrikaner, der Abt in einem Kloster in der Nähe von Neapel war, das Amt anzunehmen. Der erklärte sich als unwürdig und schlug als Ersatz einen Mönch Theodor vor, der in Tarsus in Cilicien geboren war. Theodor nahm das Amt an unter der Bedingung, daß Hadrian ihn begleiten würde. Die beiden bauten dann in Canterbury eine der bedeutendsten Schulen dieser Zeit auf, und als Afrikaner und Grieche hatten sie mit der biblischen Tierwelt natürlich keine Schwierigkeiten. Auf sie und das Leviticus-Kapitel gehen also diese äußerst merkwürdigen Sammlungen von Vogelnamen zurück. Dabei ist es eine Frage für sich, mit welchen einheimischen Vögeln die betreffenden exotischen Vögel gleichgesetzt wurden und welchen Wert damit die in den Glossen auftretenden Entsprechungen von lateinischen und deutschen Vogelnamen haben.

Die nächstgrößere Gruppe sind dann die *versus de volucribus*[3]. Es handelt sich dabei um eine Sammlung von Vogelnamen, Tiernamen, Baumbezeichnungen und Fischnamen, die in Hexameter gebracht und dann systematisch auf deutsch glossiert worden sind. Insgesamt sind es in der vermutlichen Urfassung 73 Vögel, 38 Tiere und etwa 80 Bäume. Zunächst ist das ein Lehrgedicht, ein Fall für die Schule, eine Gedächtnisstütze. Daß es aber für das Mittelalter mehr war, sieht man z. B. daran, daß in der Handschrift der *Carmina Burana* aus dem 13. Jh. diese Verse über die Vögel und die Tiere als Gedichte mitten unter den Frühlingsliedern stehen, und zwar einschließlich der deutschen Glossen. Ein gewisser Einwand besteht zwar darin, daß an dieser Stelle etwas anderes vollständig ausradiert wurde und das Gedicht darübergeschrieben worden ist; aber auf der anderen Seite geht dem Gedicht ein anderes Lehrgedicht dieser Art voraus, über die Stimmen der Vögel

Merulus cincitat
acredula pruillulat
turdus truculat
et sturnus pusitat

usw. (etwa: die Amsel singt, die Nachtigall kadenzt, die Drossel schluchzt, der Star schmatzt usw.). Die *versus*, um die es hier geht, beginnen mit

Hic volucres celi referam sermone fideli:
Accipiter, nisus, capus atque ciconia, picus,
Pica, merops meropis, larus atque loaficus, ibis

Also etwa: Hier stelle ich die Vögel des Himmels in sorgfältiger Aufzählung dar: Habicht, Sperber, Falke und Storch, Specht, Elster, Grünspecht (mit Angabe des Genetivs – die Bedeutung dieses lateinischen Wortes ist aber sehr umstritten), Möwe und Weih (andere übersetzen ‚Baumpicker‘ – die Bedeutung auch diesen Wortes ist unklar), Ibis.

3 Vgl. Werner Wegstein: Zur Überlieferung der ‚Versus de volucribus, bestiis, arboribus‘. In: *FS K. Matzel*. Heidelberg 1984. S. 285–294. Gertraud Müller: Die althochdeutschen Glossen der Handschrift Augsburg, Arch. 16. In: *BEDS* 6(1986), 49–67.

Daß es sich um typische Werke für die Schule handelt, sieht man schon daran, daß die *Versus* mehrfach in ganz bestimmten Zusammenhängen auftauchen, mit denen sie zusammen offenbar immer wieder abgeschrieben worden sind. Dabei scheint ein Gedicht *de Philomela* eine besondere Rolle zu spielen. Es ist ein lateinisches Gedicht, das dem 10. Jh. zugeschrieben wird, und das beschreibt, wie im Himmel alle Stimmen Gott loben, weil er alles Lebende erschaffen hat. Und wenn der Frühling auf Erden weilt, dann erschallen die Lieder der Vögel, namentlich das der Nachtigall. Das Gedicht enthält eine ähnliche Aufzählung von Tiernamen, hauptsächlich Vogelnamen. Das würde dann auch erklären, warum die Stimmen der Tiere und die Vogelnamen in den *Carmina burana* unter den Frühlingsliedern auftauchen.

In einem anderen Zusammenhang schließen die *Versus* an das *Hexaemeron* des Ambrosius an. Dieses Werk besteht in einer Beschreibung der Schöpfung, und zwar wird in jedem der 6 Bücher ein Schöpfungstag beschrieben, der 5. und 6. Schöpfungstag gilt den Tieren des Wassers, des Landes und der Luft und hier ist nun passenderweise das Lehrgedicht angeschlossen.

In der neueren Forschung wird darauf hingewiesen, daß die Verse über die Vögel eine ganze Reihe singulärer Vogelbezeichnungen aufweisen, die im Lateinischen vor dem 12. Jh. gar nicht bezeugt sind. Es wird vermutet, daß ein Teil dieser Namen einfach von den damaligen Gelehrten erfundene Namen sind, um deutsche Namen wiederzugeben; denn sie tauchen erst im Lateinischen des 12. Jhs., also eben in den *versus*, auf und sind auch sonst nur spärlich belegt (und zwar bei deutschen Schriftstellern, die lateinisch schrieben, z. B. Hildegard von Bingen). Das mag so sein – im einzelnen läßt sich die Entstehung als Übersetzung nicht nachweisen.

Die *versus* wurden früher ohne Bedenken bis ins 10. Jh. zurückverschoben. Neuere kritische Untersuchungen haben ergeben, daß keine Handschrift mit diesen Versen vor dem 12. Jh. erscheint und deshalb auch die Entstehung erst im 12. Jh. angesetzt werden kann. Die Angabe, daß alle Handschriften erst ins 12. Jh. gehören, ist aber nicht ausreichend gesichert (die Datierung einiger Handschriften ist einfach unklar).

Zurück zur Systematik: Suolahti ist von der zoologischen Systematik ausgegangen, bei denen die natursprachliche und die ornithologische Einteilung verhältnismäßig wenige gravierende Unterschiede bieten (etwa im Vergleich zu den Fischen, wo etwa der Wal für die Sprecher ein Fisch, für die Zoologen ein Säugetier ist, oder bei den Pflanzen mit den Nüssen, die biologisch ganz verschieden einzuordnen sind usw.). Deshalb sah Suolahti wohl auch keinen Anlaß, sich speziell mit der Frage der Terminologie der Sprecher des Deutschen im Gegensatz zur Terminologie der Ornithologen auseinanderzusetzen. Damit beschränkt sich das Werk auf das, was es bieten will, nämlich eine Darstellung der Namen der Vögel im Deutschen (und den in der Überlieferung mit diesem zusammenhängenden Sprachen). Die grundsätzlichen Fragen, die nicht nur die Namen der Vögel, sondern solche Typenbezeichnungen und Nomenklaturen allgemein betroffen hätten, bleiben ausgespart. Dargestellt wird vor allem (und dies für die damalige Zeit sehr sorgfältig) die Beleglage für die Namen; dann kommt einiges zur Erklärung und Verbreitung des Namens, zu konkurrierenden Namen im Deutschen und in den verwandten Sprachen und anderes dieser Art. Aufs ganze gesehen merkt man dem Werk schon an, daß es 1909 erschienen ist, und daß dieser Zeitpunkt nun fast hundert Jahre zurückliegt. Aber an die anspruchsvolle und umfangreiche Arbeit einer Neubearbeitung hat sich niemand gewagt und wird sich auch so schnell niemand wagen. Deshalb ist *der* Suolahti noch immer unentbehrlich, und um ihm auch die angemessene Verbreitung zu sichern, erscheint ein Neudruck durchaus als angebracht.

München, Juni 2000 Elmar Seebold